中国城市规划设计研究院七十周年成果集

70TH ANNIVERSARY PORTFOLIO OF CAUPD

规划设计（下册）

中国城市规划设计研究院　编

中国建筑工业出版社

审图号：GS京（2024）1926号
图书在版编目（CIP）数据

中国城市规划设计研究院七十周年成果集．规划设计．下册 / 中国城市规划设计研究院编．-- 北京：中国建筑工业出版社，2024. 9. -- ISBN 978-7-112-30355-7

Ⅰ. TU984.2

中国国家版本馆CIP数据核字第2024PW6518号

责任编辑：徐　冉　刘　丹　焦　扬
整体设计：锋尚设计
责任校对：赵　力

中国城市规划设计研究院七十周年成果集
规划设计（下册）
中国城市规划设计研究院　编

*

中国建筑工业出版社出版、发行（北京海淀三里河路9号）
各地新华书店、建筑书店经销
北京锋尚制版有限公司制版
北京富诚彩色印刷有限公司印刷

*

开本：880毫米×1230毫米　1/16　印张：24　字数：876千字
2024年9月第一版　　2024年9月第一次印刷
定价：**256.00**元
ISBN 978-7-112-30355-7
（43607）

中国城市规划设计研究院70周年系列学术活动

工作委员会

主　任

王　凯　陈中博

副主任

张立群　郑德高　邓　东　杜宝东　张圣海　张　菁

顾　问

王瑞珠　王静霞　李晓江　杨保军　罗成章　陈　锋

邵益生　刘仁根　李　迅　崔寿民　朱子瑜

委　员

（以姓氏笔画为序）

马利民　王忠杰　王家卓　方　煜　孔令斌　石　炼　卢华翔　朱　波　刘　斌

刘继华　许宏宇　孙　娟　李志超　肖礼军　张　娟　张广汉　张永波　陈　明

陈　鹏　陈长青　陈振羽　范　渊　范嗣斌　罗　彦　赵一新　耿　健　徐　泽

徐　辉　徐春英　殷会良　高　峥　龚道孝　彭小雷　董　珂　靳东晓　鞠德东

序

时间镌刻崭新年轮，岁月书写时代华章。

中国城市规划设计研究院成立70年来，践行“求实的精神，活跃的思想，严谨的作风”的院风，在住房和城乡建设部的坚强领导下，在国家有关部委和地方政府的关心指导下，在兄弟单位的帮助支持下，肩负“国家队”的使命与担当，与我国城乡规划建设事业同心同向同行。始终坚持为国家服务、科研标准、规划设计咨询、行业和社会公益四大职能均衡发展，全面推进中规智库、中规作品、中规智绘、中规家园建设，打造了一支政治过硬、技术过硬、专业敬业的城乡规划设计研究队伍，培养了一批在全国城乡规划和相关专业领域有建树、有影响的人才。在完善国家规划体系建设、促进城乡规划学科发展等方面凝练出了丰硕的成果、获得了广泛的赞誉，以实效实绩切实展现了中规院思想的高度、历史的厚度、专业的广度和家园的温度。

从新中国成立初期参与156个重点项目选址以及包头、西安、洛阳、大同、太原、武汉、成都、兰州等8个重点工业城市的总体规划，到1970年代完成唐山、天津的震后重建规划，再到改革开放后参与深圳经济特区设立、海南建省、三峡库区城镇迁建等工作，中规院全程见证、参与了我国城镇化的发展历程。

进入21世纪，中规院紧密围绕住房和城乡建设部中心工作，在既有综合优势的基础上形成了适应新时代发展需要的专业体系，在历史文化遗产保护、住房、村镇规划、公共交通与轨道交通、城市公共安全与综合防灾、城镇水务、生态与环境保护、文化旅游等领域发展迅速。承担了全国城镇体系规划和大量的省级城镇体系规划、城市总体规划编制。长期开展援藏、援疆、援青以及扶贫工作，圆满完成汶川、玉树、舟曲、芦山等灾后重建的艰巨使命，被中共中央、国务院、中央军委授予“抗震救灾英雄集体”荣誉称号。

党的十八大以来，中规院深入贯彻落实习近平总书记关于城市工作的重要论述和重要指示批示精神，不断提高服务中央和地方政府的能力，积极开展雄安新区、京津冀协同发展、长三角一体化、粤港澳大湾区、长江经济带、黄河流域生态保护和高质量发展、成渝地区双城经济圈、海南自贸区等国家战略和重大项目，深度参与北京、上海、天津、重庆等城市的总体规划，聚焦美丽中国建设，在国土空间规划编制中推进生态优先、绿色发展，积极为国家城乡规划建设事业的发展担当历史和社会责任。

中规院矢志不渝地践行“人民城市人民建、人民城市为人民”的理念，紧紧围绕推进中国式现代化这一时代主题，始终铭记中央的要求、人民的需求和行业的追求，从党和国家工作大局中去思考、谋划和推动工作。锚定以努力让人民群众住上更好的房子为目标，从好房子到好小区，从好小区到好社区，从好社区到好城区，进而把城市规划好、建设好、治理好的要求，以科技为先导，以创新为动力，聚焦关键研究领域，深入开展决策支撑研究，积极为政府决策提供科学依据和前瞻建议，不断为谱写中国式现代化住建篇章贡献中规院的智慧和力量。

万物得其本者生，百事得其道者成。中国特色社会主义进入新时代，我国城乡规划建设治理工作进入新的历史阶段。中规院高举习近平新时代中国特色社会主义思想伟大旗帜，秉持想明白和干实在的认识论和方法论，在时与势中勇担使命、危与机中披荆斩棘、稳与进中开拓创新，在建设国家高端智库的历程中，紧扣高质量发展主旋律争先进位，在70年新征程的赶考路上勇毅前行！

登高望远天地阔，又踏层峰望眼开。全体中规院人将携手并肩，共图奋进，以更加崭新的姿态和昂扬的斗志，为推进住房和城乡建设事业高质量发展，提高我国城乡规划建设治理水平，实现中国式现代化不断作出新的贡献！

王凯

中国城市规划设计研究院院长

陈中博

中国城市规划设计研究院党委书记

前言

中国城市规划设计研究院（简称中规院）先后在2004年、2014年出版了院五十周年成果集、六十周年成果集。今年是建院七十周年，中规院继续组织编纂了《中国城市规划设计研究院七十周年成果集 规划设计》，从2014年以来完成的4800余个规划设计项目中选取435项代表性作品纳入成果集，旨在体现中规院为满足人民需求、落实中央要求、服务地方诉求所做的努力，真实记录中规院在新发展阶段推进规划改革和技术进步的历程，全面展示中规院面向各地区、覆盖各领域的丰硕作品。成果集共分上、中、下三册，内容如下。

上册项目类型主要是不同层级的综合类规划。包括城镇体系规划、区域规划、城市战略规划、城市总体规划、“多规合一”规划、国土空间规划、流域规划、村镇规划、灾后重建规划等。从国家层面看，围绕双循环新发展格局的构建，中规院领衔编制国家级规划，深入实施区域重大战略、区域协调发展战略、主体功能区战略、新型城镇化战略等国家战略，助力推动城市群都市圈协同发展及超大特大城市的有效治理，在援疆、援藏、援青以及“老少边困”地区帮扶工作中勇挑重担，在抗震救灾前线出色完成灾后重建任务。从地方层面看，2014年以来，中规院积极服务各级地方政府，牵头或参与编制了大量省、市县、镇村综合类规划，力求探寻城乡发展规律、解决当地实际问题、助力当地走出因地制宜的高质量发展新路子。从历史维度看，2018年前，中规院围绕总体规划改革创新等行业命题，深度参与省、市各级总体规划；此后，落实国家发展改革委、住房城乡建设部、国土资源部要求，在试点省市开展了“多规合一”探索；2018年后，按照国家规划体系改革的新要求，中规院在国土空间规划中统筹开发与保护，推进生态优先、绿色发展，牵头或参与编制了国、省、市县各级国土空间规划共计400余项，其中包括14个省级国土空间规划、18个省会或副省级城市国土空间总体规划，同时在湖北、黑龙江等地积极探索流域规划、战略规划等创新型规划模式。

中册项目类型主要是不同类型的专项规划。包括城市设计、概念规划与方案征集、住房发展规划、历史文化保护传承规划、风景名胜区规划、文化旅游规划、综合交通规划、城市市政基础设施规划等专项规划。中规院以服务人民美好生活需要为愿景，加强城市设计编制工作，实现对城市空间立体性、平面协调性、风貌整体性、文脉延续性的规划管控；始终牢记“让人民群众安居”这个基点，在新一轮住房发展规划中推动建设好房子、好小区、好社区、好城区；坚定文化自信，积极探索多层级、多维度的历史文化保护传承体系，推进历史文化与城市更新改造、新旧动能转化、旅游产业发展的深度融合；协助建立以国家公园为主体的自然保护地体系，开展国家风景名胜区的规划编制；同时编制城市交通、市政、绿地系统等专项规划，满足健全城市基础设施、提升城市安全韧性的需求。

下册项目类型主要是创新型规划和实施类规划。中规院始终坚持以人民为中心，认识尊重顺应城市发展规律，贯彻新发展理念，统筹发展与安全，顺应城市由大规模增量建设转为存量提质改造和增量结构调整并重、从“有没有”转向“好不好”的趋势，推动城市发展方式和发展动力转型，实施城市更新行动，以实施为导向、以项目为牵引，推动城市规划体系的系统性改革，助力城市规划建设、运营、治理体制创新，争创具有全国引领性和示范性的中规作品。中规院服务新区新城规划建设，主动参与包括雄安新区在内的19个国家级新区和省级、市级新区新城的前期谋划、规划建设、落地实施、运营治理工作。中规院推动城市转型和高质量发展，2016—2018年，中规院落实中央城市工作会议要求，开展“生态修复、城市修补”试点工作；2020年以来，中规院落实党的十九届五中全会精神，在城市体检中寻找人民群众身边的急难愁盼问题，剖析影响城市竞争力、承载力和可持续发展的短板弱项，以此为前提实施城市更新行动。中规院贯彻宜居、韧性、智慧、绿色、人文、创新的新发展理念，建设全龄友好城市和完整社区，提升滨水空间活力和枢纽地区辐射力，建设海绵城市、推进黑臭水体治理，协助建立自然保护地体系、建设公园城市，推进生态环境治理、建设绿色低碳城区街区，保护历史街区、鼓励文化旅游、开拓夜景设计，积极培育和营造科创空间。中规院强化规划、建设、运营、治理的全周期服务，在各地担当社区规划师、驻村规划师等角色，开展公众参与和美好生活共同缔造工作，积极发展全过程技术咨询等新业务。

抚今追昔，过去十年，中规院始终以习近平新时代中国特色社会主义思想为指导，深入贯彻落实习近平总书记关于城市工作的重要论述，完整、准确、全面贯彻新发展理念，坚持以人民为中心，遵循城市发展规律，统筹发展和安全，奋力推进城乡规划、建设、治理工作迈上新台阶。

展望未来，中规院将继续把“人民至上”作为一切工作的出发点和落脚点，坚持“人民城市人民建、人民城市为人民”，以创新为动力、以实践为导向，把中规作品绘就在祖国大地之上，助力推进城乡治理体系和治理能力现代化，支撑国家和城市高质量发展，为中国式现代化奉献中规院人的力量！

目录

序
前言

20 新城新区

河北雄安新区系列规划 \ 2
广州南沙新区城市总体规划（2012—2025年）\ 12
海口市江东新区规划建设系列项目 \ 14
三亚市中央商务区系列规划与一体化实施 \ 16

21 “城市双修”

三亚市“生态修复、城市修补”规划设计与实施 \ 20
泉州古城“生态修复、城市修补”中山路综合整治提升 \ 24
延安市“生态修复、城市修补”总体规划 \ 26
景德镇市“生态修复、城市修补”系列规划 \ 28
福州市“生态修复、城市修补”总体规划 \ 30
无锡历史城区“生态修复、城市修补”规划 \ 32
包头市“生态修复、城市修补”综合规划 \ 34

22 城市体检与评估

北京市街区控规实施评估（2022年度）\ 38
重庆市城市体检系列项目 \ 40
海口市城市体检及体检信息平台 \ 42
宁波市城市体检系列项目 \ 44
衢州市2022年城市体检 \ 46
景德镇市城市体检系列项目 \ 48
开封市城市体检第三方服务 \ 50
北京市“十四五”时期城市管理发展规划第三方中期评估报告 \ 52
杭州市规划建设评估 \ 54

23 城市更新

北京崇雍大街街区更新规划与实施示范 \ 58
北京中轴线申遗保护综合实施项目（钟鼓楼及玉河周边环境提升）\ 60
北京市京张铁路遗址公园沿线街区更新控制性详细规划 \ 62
重庆市大磁器口片区整体提升规划与设计 \ 64
重庆市渝中区山城巷及金汤门传统风貌区保护与利用规划 \ 66
深圳市福田区八卦岭更新统筹规划及子单元实施控制导则 \ 68
海口城市更新系列项目 \ 70
江西省吉安市永新古城保护更新规划设计 \ 74
九江市修水历史文化名城创建与保护更新实施系列项目 \ 76
烟台市城市更新系列项目 \ 80
潍坊市城市更新系列项目 \ 82
苏州姑苏区分区规划暨城市更新规划 \ 84
苏州十全街片区综合更新提升工程规划设计与总控服务 \ 86
景德镇市城市更新专项规划 \ 88
抚州市文昌里横街历史文化街区保护更新实施 \ 90
伊宁市老城改造更新规划和城市设计 \ 92
济南市环明府城街道品质提升与街区综合更新实施 \ 94
周口市保护更新实施系列项目 \ 96
淮安市淮安区老城更新规划设计 \ 98
河南宝丰县宝丰古城保护与更新规划 \ 100

24 枢纽地区

北京大兴国际机场临空经济区总体规划（2019—2035年）\ 104
上海市虹桥片区系列规划 \ 106
上海浦东综合交通枢纽周边地区功能布局研究 \ 110
深圳市宝安国际机场近期建设详细规划 \ 112
深圳市大空港地区综合规划 \ 114
深圳火车站与罗湖口岸片区城市设计 \ 116
海口市临空经济区控制性详细规划 \ 118
三亚凤凰国际机场综合交通枢纽整体交通规划 \ 120
长三角一体化发展先行启动区——苏州南站枢纽地区城市设计研究 \ 122

25 科创空间

北京市中关村科学城规划（2017—2035年）\ 126
深圳市光明科学城空间规划纲要 \ 128
深圳市南方科技大学校园建设工程（二期）规划设计及室外工程 \ 130
武汉市经济技术开发区系列项目 \ 132
合肥市未来大科学城专项规划和城市设计 \ 134
苏州市太湖科学城系列规划项目 \ 136
苏州工业园区融入虹桥国际开放枢纽规划研究 \ 138
杭州城西科创大走廊城市设计 \ 140
南通市中央创新区城市设计及实施 \ 142
三亚市崖州湾科技城系列规划与实施 \ 144
武汉市华中科技大学校园总体规划设计 \ 146

26 滨水空间

北京市清河两岸综合整治提升规划相关研究及设计方案 \ 150
北京市“清河之洲”（树村段）滨水绿廊景观提升工程 \ 152
重庆主城区“两江四岸”治理提升方案设计（长江南岸段）\ 154
株洲龙母河水系综合基础设施建设工程整体规划及城市设计 \ 156
株洲湘江东岸整体建设工程规划 \ 158
西宁北川河综合治理核心区城市设计和控制性详细规划 \ 160

江西省吉安市永丰县总体城市设计与恩江两岸地区深化设计 \ 162
北川县开茂临江片区（安和塔主题公园及周边地块）概念性详细规划 \ 164

27 历史街区

拉萨八廓街历史文化街区保护与城市更新规划 \ 168
福州市烟台山历史风貌区城市设计 \ 170
九江历史文化名城创建与保护实施系列技术服务 \ 172
大同历史文化保护系列规划设计 \ 176
滁州历史文化名城创建及保护实施系列技术服务 \ 180
柳州空压机厂老厂区历史地段保护规划 \ 182
湖州小西街历史文化街区保护规划 \ 184

28 自然保护地体系

青海可可西里申报世界自然遗产保护管理规划及环境整治规划 \ 188
湖南韶山风景名胜区系列规划 \ 190
贵州黄果树风景名胜区景区（大瀑布、天星桥、陡坡塘）入口环境整治提升方案设计 \ 192
贵州织金洞风景名胜区详细规划系列项目 \ 194
北京南苑森林湿地公园规划设计 \ 198
北京市潮白河国家森林公园概念规划研究 \ 202
邯郸市两高湿地公园设计 \ 204

29 文化旅游

“浙东唐诗之路”天姥山旅游区规划设计 \ 208
北京市旅游休闲步道规划及步道规划设计导则 \ 210
北京市顺义区五彩浅山国家登山健身步道规划 \ 212
云南丽江长江第一湾石鼓特色小镇系列规划 \ 214

30 公园绿地

北京大运河源头遗址公园一期工程 \ 218
北京市副中心城市绿心园林绿化建设工程设计五标段 \ 220
北京市海淀区北部生态科技绿心总体规划及启动区概念性规划设计 \ 222
永定河左岸公共空间提升工程 \ 224
河北雄安新区金湖公园（中央湖区标段）\ 226
重庆市山城公园总体规划 \ 228
成都践行新发展理念的公园城市建设规划 \ 230
成都蜀园园林景观设计 \ 232
武汉市江汉路步行街环境品质提升规划及综合整治工程设计系列项目 \ 234
昆明滇池绿道建设项目 \ 236
长三角生态绿色一体化发展示范区嘉兴湖荡区规划设计 \ 238
三亚市月川生态绿道项目 \ 240
宁夏固原城墙遗址公园规划设计 \ 242

31 生态环境治理

长三角生态绿色一体化发展示范区水生态环境综合治理实施方案 \ 246
长江大保护治水新模式、新机制系列项目 \ 248
永定河流域综合治理与生态修复实施方案 \ 250
石家庄市滹沱河全线生态修复规划及城区段景观提升规划 \ 252
厦门市筼筜湖流域水环境综合治理系统化方案 \ 254
辽源市东辽河岸带生态修复工程 \ 256
景德镇市水环境综合整治系列规划 \ 258

32 海绵城市

天津市海绵城市建设专项规划（2016—2030年）\ 262
石家庄市海绵城市专项规划 \ 264
南宁市海绵城市总体规划 \ 266
苏州市海绵城市专项规划（2015—2020年）\ 268
信阳市海绵城市专项规划（2016—2030年）\ 270
遂宁市海绵城市建设专项规划 \ 272

贵州贵安新区中心区海绵城市建设规划（2016—2030年）\ 274
武汉市海绵城市试点建设系统方案 \ 276
贵州贵安新区海绵城市试点区建设系统化方案 \ 278
无锡市系统化全域推进海绵城市建设示范城市顶层方案与落地实施 \ 280
鹤壁市海绵城市试点建设全流程技术咨询 \ 282
昆山市系统化全域推进海绵城市建设示范实施方案 \ 284
南宁市石门森林公园海绵化改造工程 \ 286

33 黑臭水体治理

长春市黑臭水体整治示范城市实施方案 \ 290
六盘水市黑臭水体治理实施全过程技术咨询 \ 292
新余市两江黑臭水体整治方案 \ 294
内江市城市黑臭水体治理示范城市建设实施方案及技术服务 \ 296
营口市城市黑臭水体治理示范城市第三方技术咨询服务 \ 298
临沂市污水处理提质增效全过程咨询 \ 300

34 夜景设计

北京朝阳国际灯光节项目（设计施工一体化）\ 304
北京市通惠河（高碑店段）运河文化水岸景观照明建设项目 \ 306
深圳市“星空公园”前期规划研究 \ 308
深圳市宝安区城市照明详细规划 \ 310

35 绿色低碳城区、街区

天津中新生态城修编系列规划 \ 314
海南博鳌近零碳示范区总体设计及实施系列项目 \ 316
上海奉贤新城“数字江海”绿色低碳试点区建设规划 \ 318
东莞市东莞生态园综合规划设计 \ 320
重庆市广阳岛片区总体规划 \ 322
广州南沙粤港融合绿色低碳示范区创建方案 \ 324
青岛市绿色城市建设发展试点评估系列项目 \ 326

36 全龄友好及完整社区

珠海市参与式社区规划试点 \ 330
深圳市无障碍城市专项规划（2023—2035年）\ 332
浙江省衢州市儿童友好城市建设系列项目 \ 334
深圳市景龙社区儿童友好示范点建设规划 \ 336
北京市苹果园地铁2号地全龄友好公园改造 \ 338

37 乡村振兴

拉萨市尼木县吞巴乡特色小城镇示范点规划 \ 342
安徽省潜山市万涧村传统村落保护和乡村振兴系列项目 \ 344
山南市乃东区传统村落集中连片保护利用系列项目 \ 346
黄冈市红安县柏林寺村美好环境与幸福生活共同缔造示范 \ 348
湖州余村“两山”理念示范区综合发展规划及节点详细设计 \ 350
雅安市芦山县飞仙关镇综合规划设计 \ 352
台州天台县白鹤镇重点地区总体城市设计 \ 354
厦门海沧区青礁村芦塘社美丽乡村规划设计 \ 356
长垣市蒲西街道云寨村村庄规划（2019—2035年）\ 358

38 全过程技术咨询

北京海淀责任规划师设计治理全过程系列规划 \ 362
深圳国际会展城总设计师咨询服务 \ 364
深圳市南山后海中心区城市设计系列规划 \ 366

致谢 \ 368

1954
—
2024

20

新城
新区

河北雄安新区系列规划

2020年度华夏建设科学技术奖 | 2018—2019年度中规院优秀规划设计一等奖（项目一）

编制起止时间： 2016.12—2020.1

项目一名称： 河北雄安新区总体规划（2018—2035年）
承 担 单 位： 中国城市规划设计研究院全院
总 负 责 人： 杨保军　**总 规 划 师：** 朱子瑜　**工作推进总协调：** 殷会良　**院内工作组织管理：** 张菁
项目负责人： 朱子瑜、朱荣远、徐建杰、戴继锋、殷会良、马嵩、陈振羽、岳欢、杜恒、王成坤、高均海、王川涛、王泽坚、陈志芬、束晨阳
主要参加人： 李明、史旭敏、殷小勇、刘松雪、钮志强、黄纪萍、牛铜钢、张广汉、陈鹏、翁芬清等
合 作 单 位： 中国科学院、中国宏观经济研究院、中国水利水电科学研究院、生态环境部环境规划院、中国信息通信研究院、河北省水利水电勘测设计研究院、河北师范大学、中国林业科学研究院、中国铁路设计集团有限公司、河北省城乡规划设计研究院

项目二名称： 河北雄安新区起步区控制性规划
承 担 单 位： 中国城市规划设计研究院全院
总 负 责 人： 杨保军　**规划总负责：** 朱子瑜　**市政工程总负责：** 徐建杰　**工作推进总协调：** 殷会良
院内工作组织管理： 张菁　**项目负责人：** 朱子瑜、陈振羽、岳欢
专项负责人： 杜恒、王成坤、高均海、王川涛、王泽坚、陈志芬、束晨阳
主要参加人： 王力、申晨、韩靖北、金刚、朱涛、刘迪、张恺平、司马文卉、王宇、黄纪萍、邓鑫桂等

项目三名称： 河北雄安新区启动区控制性详细规划
承 担 单 位： 中国城市规划设计研究院全院
总 负 责 人： 杨保军　**规划总负责：** 朱子瑜　**市政工程总负责：** 徐建杰　**工作推进总协调：** 殷会良
院内工作组织管理： 张菁　**项目负责人：** 朱荣远、殷会良、李明、叶嵩
专项负责人： 杜恒、钮志强、王成坤、高均海、王川涛、王泽坚、田长远、束晨阳
主要参加人： 史旭敏、顾力溧、赵栓、刘松雪、陈振羽、陈志芬、于鹏、梁峥、韩炳越等

项目四名称： 河北雄安新区综合交通专项
承 担 单 位： 城市交通研究分院
分院主管院长： 戴继锋　**分院主管总工：** 殷广涛
项目负责人： 杜恒　**主要参加人：** 周乐、钮志强、卞长志、王宇、于鹏、吴爽、赵洪彬、高广达、石琳、杨紫煜等

项目五名称： 河北雄安新区起步区排水（雨水）防涝专项
承 担 单 位： 深圳分院
总 负 责 人： 杨保军　**总 规 划 师：** 朱子瑜　**工作推进总协调：** 殷会良　**院内工作组织管理：** 张菁
分院主管总工： 徐建杰　**项目负责人：** 王川涛、黄纪萍
主要参加人： 王成坤、曹喆、刘旼旼、郑琦、崔东亮、高均海、王俊佳

项目六名称： 河北雄安新区起步区地下空间专项
承 担 单 位： 深圳分院
总 负 责 人： 杨保军　**总 规 划 师：** 朱子瑜　**分院主管总工：** 徐建杰　**工作推进总协调：** 殷会良
院内工作组织管理： 张菁
项目负责人： 王泽坚、田长远　**主要参加人：** 邹亮、陈志芬、叶成、肖锐琴、刘荆

背景与意义

雄安新区是以习近平同志为核心的党中央作出的一项重大历史性战略选择，是继深圳经济特区和上海浦东新区之后又一具有全国意义的新区，是“千年大计、国家大事”。雄安新区作为北京非首都功能疏解集中承载地，与北京城市副中心一起形成北京的新“两翼”，共同支撑京津冀协同发展。

在雄安新区规划编制过程中，坚持“开门编规划”，集聚国内外专家和机构共同智慧，围绕绿色、创新、韧性、宜居等方面，建立了“1+4+26”规划体系。我院作为牵头单位承担了规划纲要、总体规划、起步区控制性规划、启动区控制性详细规划四项主要规划并获得党中央、国务院批复，同时负责综合交通、地下空间、排水防涝、新区水系、新区消防、场地竖向、综合管廊、市政基础设施、海绵城市等专项规划编制，有力支撑了雄安新区规划体系构建，保障“千年大计”规划建设顺利开展。

规划内容

项目一：河北雄安新区总体规划（2018—2035年）

（1）紧扣雄安新区战略定位，明确提出了“绿色生态宜居新城区、创新驱动发展引领区、协调发展示范区、开放发展先行区”的发展定位以及分阶段建设目标，推动北京的新“两翼”、河北“两翼”建设，促进京津冀协同发展。

（2）着眼建设北京非首都功能疏解集中承载地，明确了高校、科研院所、医疗机构、企业总部、金融机构、事业单位等北京非首都功能存量承接重点，科学规划功能布局，促进生产要素合理有序流动，增强雄安新区内生发展动力。

（3）以资源环境承载能力为刚性约束条

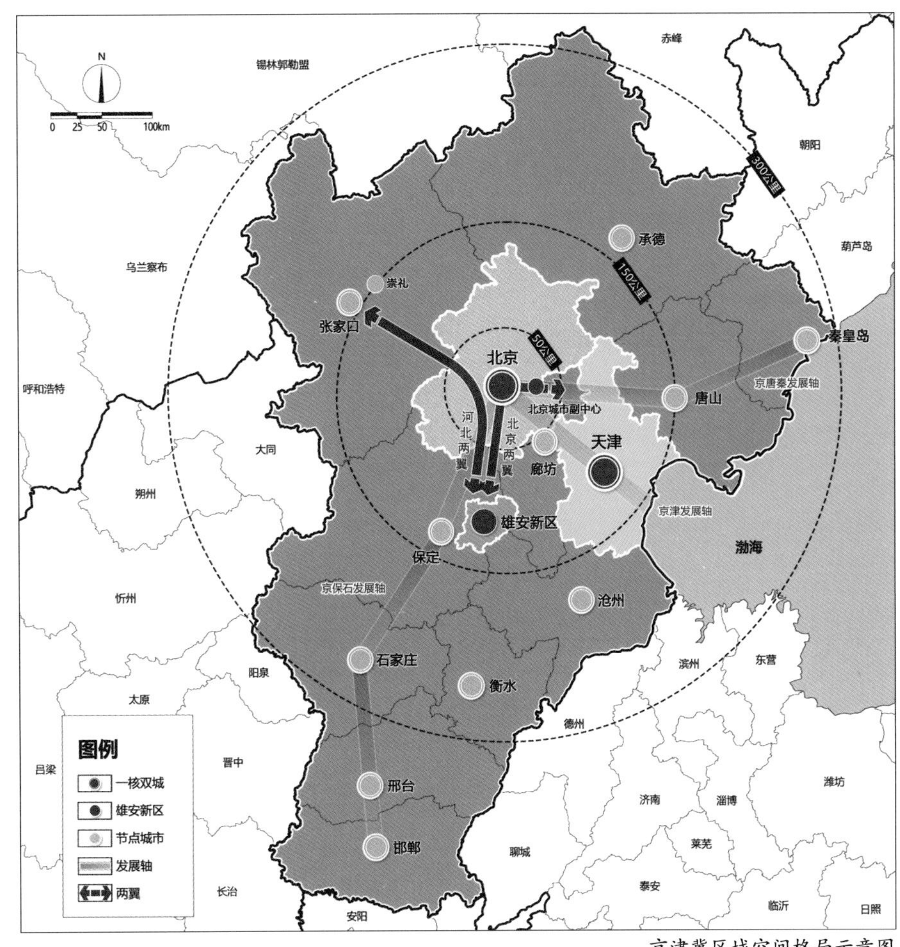

京津冀区域空间格局示意图

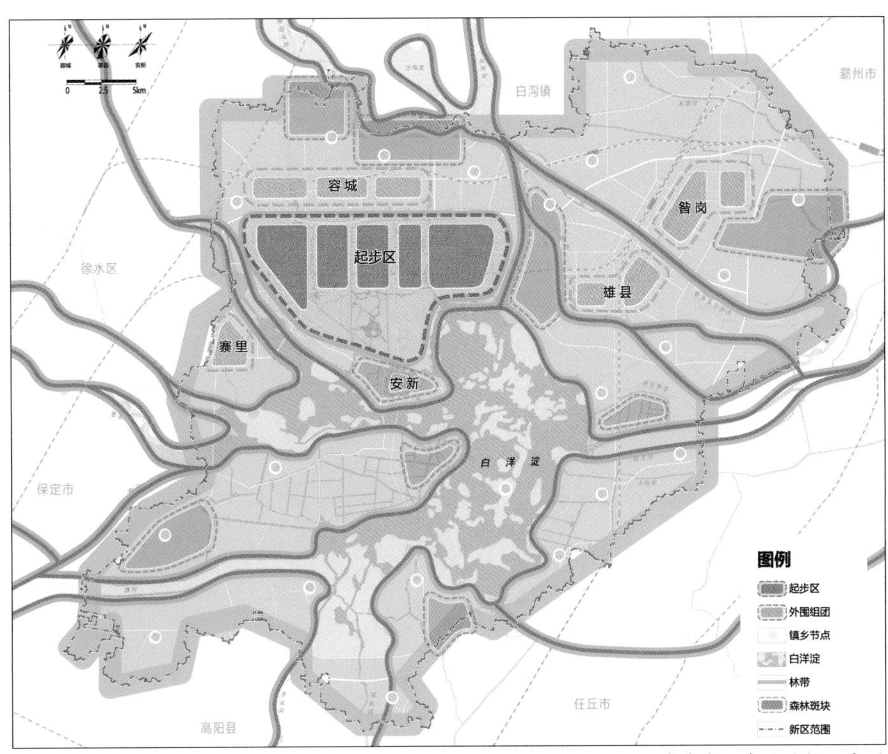

新区城乡空间布局结构示意图

件，统筹生产、生活、生态三大空间，科学划定生态保护红线、永久基本农田、城镇开发边界三条控制线，明确“一淀、三带、九片、多廊”的生态空间格局，强化全域分区空间管控，实现国土空间地域全覆盖。

（4）切实落实新发展理念，按照高质量发展要求，在生态环境打造、城乡融合发展、新区风貌特色塑造、公共服务设施供给、综合交通体系构建、绿色低碳城市建设、创新和数字智能城市推进、城市韧性安全保障等方面先行先试，力争在规划新理念探索方面实现示范引领，努力打造贯彻落实新发展理念的创新发展示范区。

（5）强化规划实施保障，从加强组织领导、完善规划体系、创新体制机制与政策、创新规划管理、加强评估监督以及区域协同发展等方面逐步建立完善的规划实施保障机制，推动规划逐级落实和实施。

项目二：河北雄安新区起步区控制性规划

（1）构建和谐生态的城市格局。充分学习、借鉴中国古代城市巧于因借，重视山水格局的思想，坚持生态可持续发展理念，深刻领会中央对于城市建设的新要求。优先考虑协调“城淀”关系，促进人与自然的和谐共生，明确“禁入淀、慎临淀、宜望淀”的“城淀”空间共生关系。坚持尊重自然、顺应自然，以“用高地、优平地、留洼地”的场地利用方式为原则，塑造“北城、中苑、南淀”的总体城市空间格局。

（2）带状布局规模合理的组团单元。依托城际轨道为起步区的空间发展主轴，考虑通风廊道要求，借鉴国外城镇体系的成功经验，划定20km^{2}为基本尺度，在起步区北部布局五个疏密有度、规模适宜的带状城市组团，建设功能混合、设施完善、环境宜人的生产生活空间。

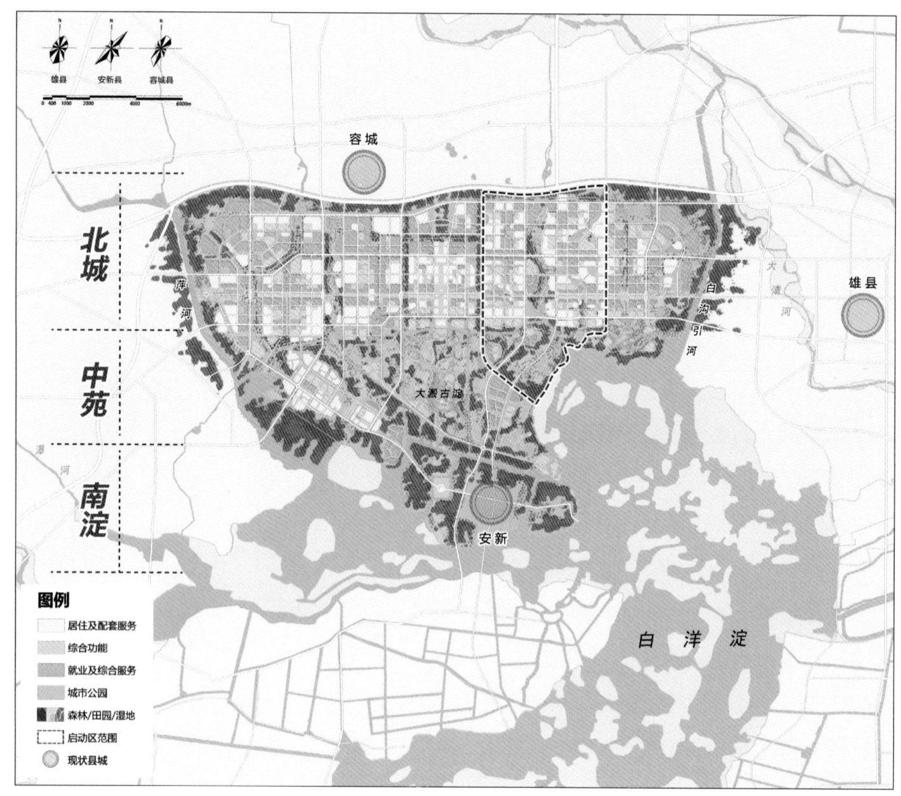

起步区空间布局示意图

起步区功能结构示意图

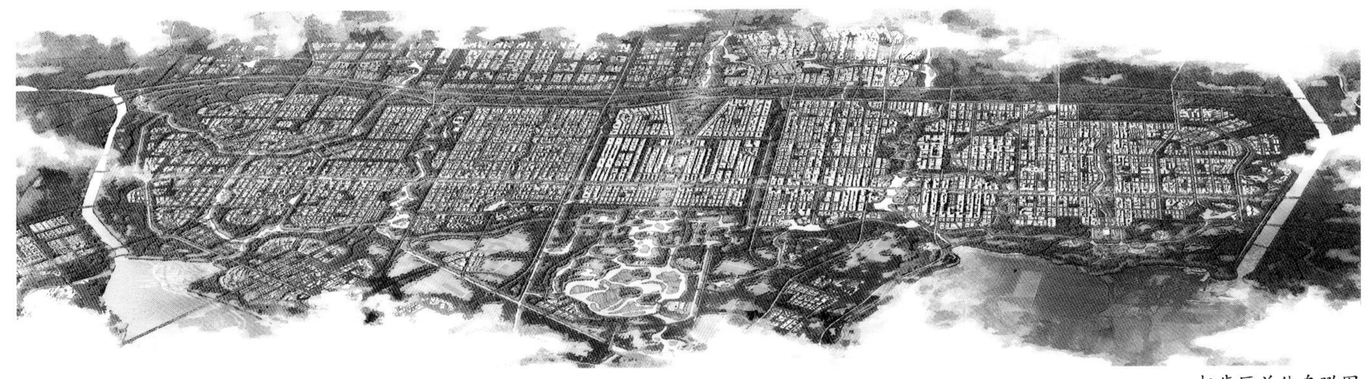
起步区总体鸟瞰图

（3）构建安全活力的蓝绿骨架。合理确定场地竖向，建设龟背式地形，构建南北向主干排涝通道，保障起步区的排水防涝安全。应用全域全要素国土空间用途管制和生态保护修复方法，构建起步区蓝绿空间体系，蓝绿空间占比达到50%。将公园系统作为结构性空间要素和特色风貌要素，统领城市空间格局。实现森林环城、湿地入城，3km进森林，1km进林带，300m进公园，街道100%林荫化，绿地覆盖率达到50%。

（4）形成传承创新的设计框架。保留中华文化基因，塑造代表“中国面孔”的城市风貌，规划形成“一方城、两轴线、五组团、十景苑、百花田、千年林、万顷波”的城市设计框架。

（5）建设绿色智慧的交通网络。起步区构建以公共交通为骨干、步行和自行车交通为主体的出行模式，实现绿色交通出行比例90%的目标。科学规划路网密度，不同功能片区路网密度与形态差异化布局，整体达到10~15km/km^2。构建区域、城市、社区绿道三级体系，落实“区域绿道入城市，城市绿道入社区”理念，营造舒适宜人的慢行环境。通过应用智能驾驶技术，创新提出公交车路协同与需求响应型公交的解决对策。

项目三：河北雄安新区启动区控制性详细规划

（1）立足先行建设和示范引领，明确了“北京非首都功能疏解首要承载地、国家创新资源重要集聚区、雄安新区先行发展示范区、国际金融开放合作区”的发展定位，力争快速形成北京非首都功能疏解承载能力，全面展现新区雏形和阶段性成果，为起步区其他组团开发提供经验借鉴。

（2）以资源环境承载力为约束条件，原则上按照新区规划建设区1万人/km^{2}的要求考虑未来发展需要，坚持疏密有度、合理分布，注重职住均衡，科学确定了建设用地26km^2、地上总建设规模控制在2800万m^2、地下空间总建设规模控制在1000万m^{2}以下的建设规模目标。

（3）顺应自然、随形就势，构建了由“秀林、绿谷、淀湾”组成的生态空间骨架，形成了“一带一环六社区”的城市空间结构，并对蓝绿空间、城市设计、智能城市、公共服务和住房保障、道路交通、市政基础设施、城市安全等支撑系统进行了安排部署，为启动区开发建设提供基本依据。

（4）立足启动区开发建设需要，坚持全域、全要素、全过程管控，分别划分七个生态单元和七个城市单元，细化管控

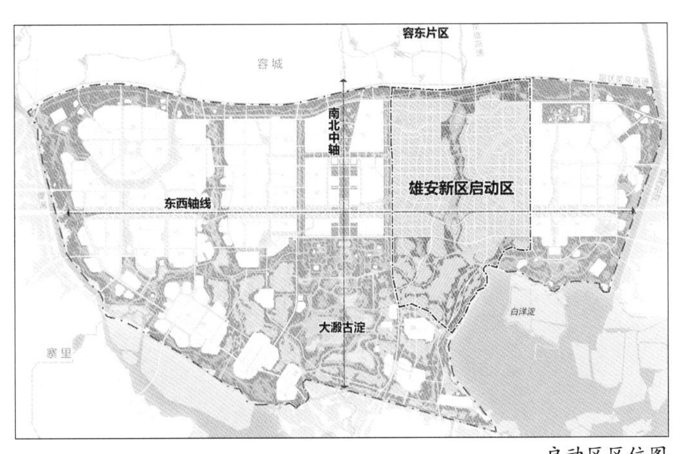

启动区区位图

启动区鸟瞰图

要素和要求，完善实施保障体系，推动规划有序有效实施，确保“一张蓝图干到底”。

项目四：河北雄安新区综合交通专项

（1）将构建快捷高效的交通网作为新区规划建设重点任务之一，统筹新区内外、客货运、近远期等交通发展要求，构建便捷、安全、绿色、智能的综合交通运输体系。

（2）明确对外快捷、内部绿色的交通政策，布局铁路、道路、轨道、公交、步行和自行车、物流、停车、智慧交通等子系统，制定配套的交通组织管理策略。

项目五：河北雄安新区起步区排水（雨水）防涝专项

（1）将排水防涝系统建设作为雄安新区城市安全的基石，统筹雨水管网、城市水系、竖向等系统，构建流域协调、内外统筹、人水和谐的排水防涝体系。

（2）协调流域防洪，确定排涝标准，明确设计雨型，制定起步区水系河道、道路场地竖向以及雨水管渠系统方案，提出雨水径流控制与资源化利用策略。

项目六：河北雄安新区起步区地下空间专项

（1）将合理开发利用地下空间作为雄安新区规划建设重要理念。统筹地上地下空间，实施分层管控，保障地下空间有序利用和安全运营，为高标准建设新区奠定基础。

（2）确定起步区地下空间开发利用规模和功能布局，明确平面与竖向管控分区，构建完备的地下市政、交通、公共服务和综合防灾等地下空间系统。

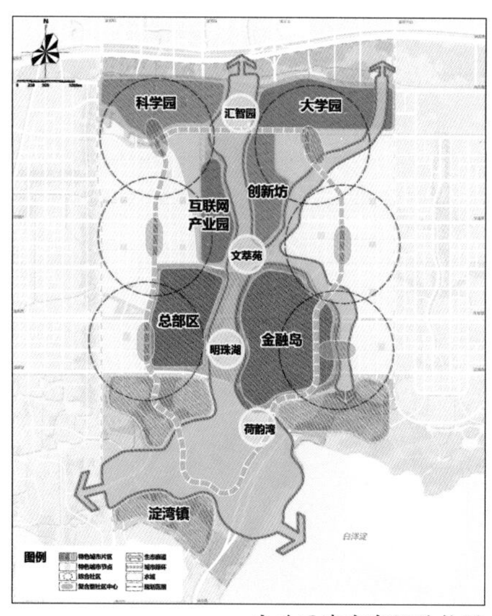

启动区城市空间结构图

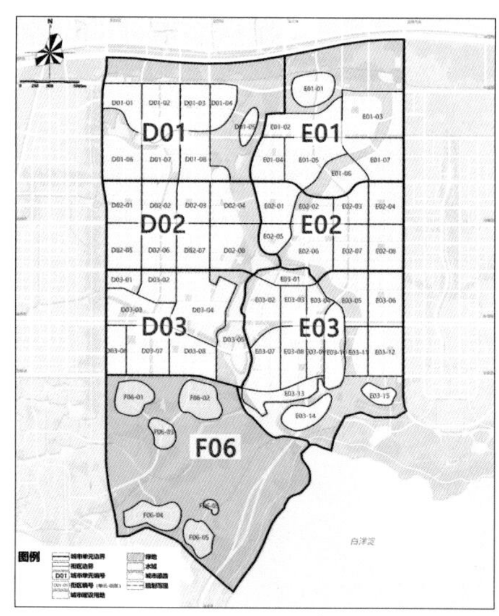

启动区城市单元及街区划分图

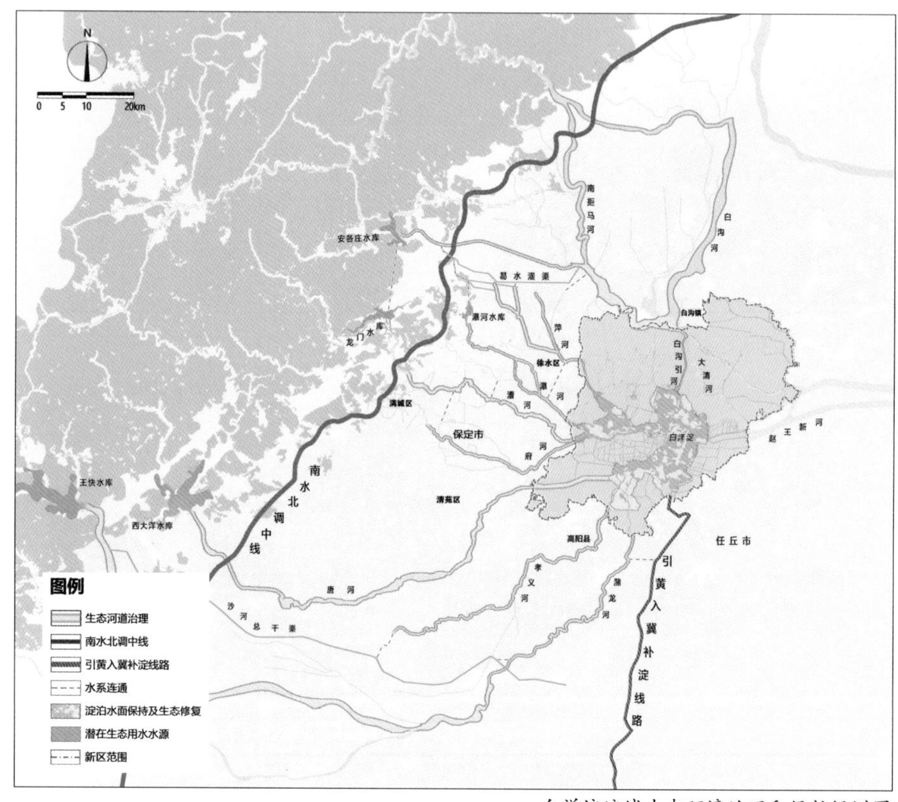

白洋淀流域生态环境治理和保护规划图

创新要点

项目一：河北雄安新区总体规划（2018—2035年）

（1）在区域生态格局构建方面，考虑到城市生态安全的重要性，规划基于新区在京津冀区域的山川定位，构建了衔接“太行山脉—渤海湾”和“京南生态绿楔—拒马河—白洋淀”的生态廊道，同时在白洋淀生态治理中，跳出白洋淀和雄安新区的视野，统筹上下游协同保护和生态整体修复，坚持外源与内源污染同步治理。

（2）坚持“千年大计、交通先行”，在构建高速铁路、高速公路、综合交通枢纽为一体的立体化综合交通网络基础上，基于京雄两地之间人群的出行特征研究，将传统的城市之间“互联互通”优化为城市核心功能区之间的“多点直连直通”，将京雄城际铁路直接引入起步区，并围绕城际站点规划总部办公、商务金融等功能，实现站城一体，有效提升“门到门”之间出行效率。

（3）坚持先底后图、生态优先建设理念，将资源环境承载能力作为城市建设的先决条件，在统筹考虑自然本底、发展目标等因素基础上，规划确定林地、耕地、园地、草地与水域等构成的蓝绿空间占比稳定在70%，远景开发强度控制在30%。

（4）顺应自然、随形就势，综合考虑地形地貌、水文条件、生态环境等因素，形成“用高地、优平地、留洼地”的场地利用方式，因地制宜布局城市建设组团，起步区形成“北城、中苑、南淀”的总体空间格局。“北城”强调高效紧凑开发，实现“城中望淀”，“中苑”鼓励分散灵动功能布局，推进“城淀共融”，“南淀”注重原生保护，严控淀区开发建设。

（5）强化创新探索，围绕生态低碳城市建设方式、绿色智慧出行模式、韧性安全城市构建、CIM数字城市管理及创新城市建设等多个领域开展探索创新，加快规划理论、方法、技术与实施一体的规划决策支撑体系构建，明确提出可应用、可实施的规划方案。

项目二：河北雄安新区起步区控制性规划

（1）构建宜居适度的密度管控体系。为了预防“城市病”，探索宜居适度的城市规模。规划充分研究国内外的成熟经验，综合确定起步区地上建设总规模为1亿m^2左右。统筹平衡不同地段开发密度，保证建设强度15000m^2/hm^2以下的地区占比达到80%。城市形态与建设强度相耦合，超过95%的建设用地高度控制在45m以下，整体形成平缓舒展、韵律起伏、亲近自然的城市空间形态。

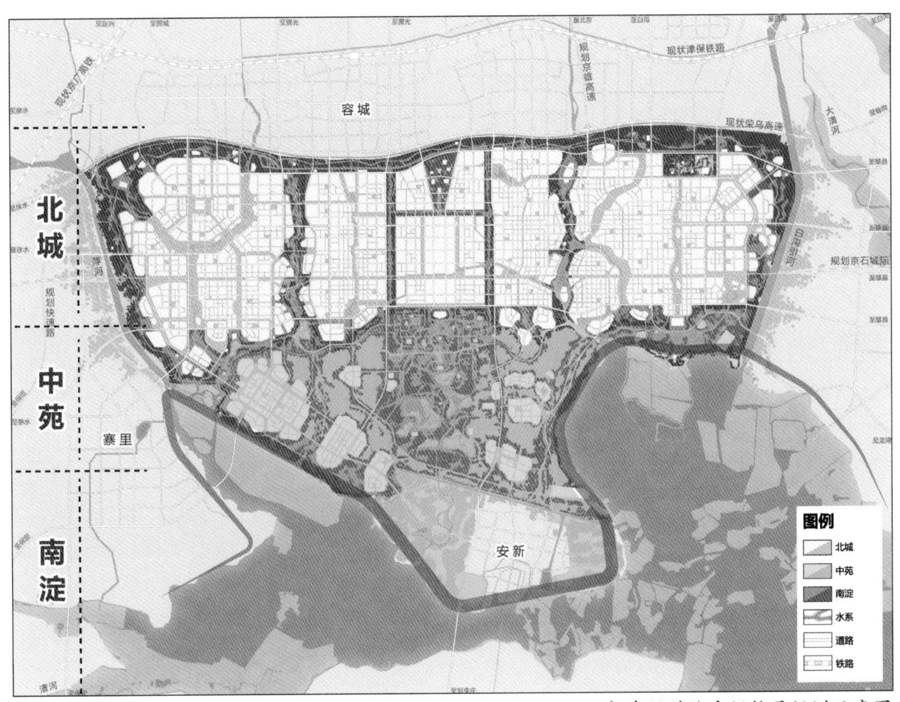

起步区总体空间格局规划示意图

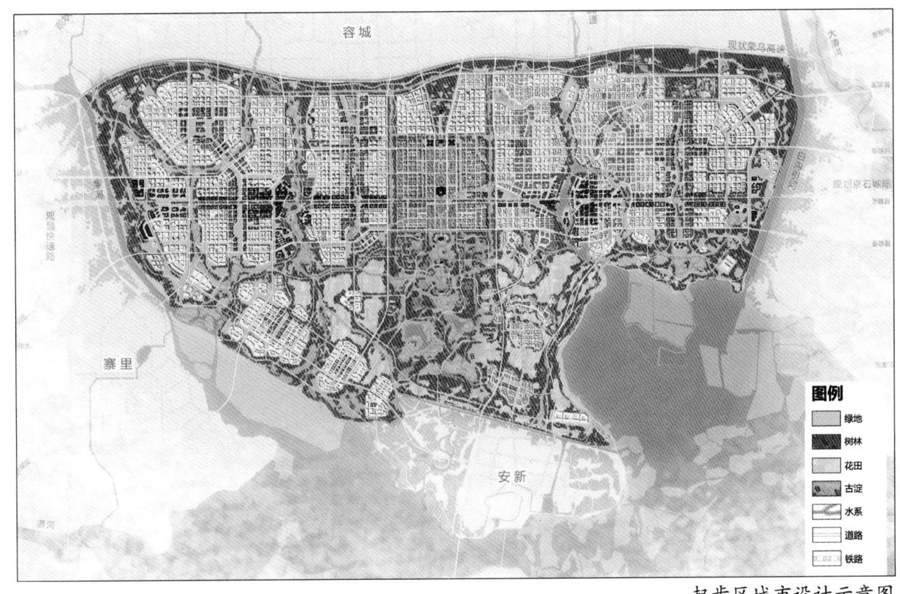

起步区城市设计示意图

起步区空间形态示意图

（2）建立弹性混合的土地利用方式。落实中央集约发展要求，在控制性规划中以“用地综合、业态叠合、设计融合”为导向，鼓励城市建设用地不同程度、不同方式混合利用，同时布局一定比例的综合用地功能，弹性应对城市发展需求。

（3）构建人民乐享的公共服务设施配建方案。全面优化提升社区综合服务水平，打造“社区-邻里-街坊”三级生活圈。按照人口密度的差异化分布，深化各片区公共服务设施配建规模，推进职住均衡，形成28个15分钟生活圈。为了促进特色化、多样化社区形成，规划创新提出“标配”基本保障、“增配”雄安标准、“选配”特色供给的技术方法。

（4）塑造“中国面孔”的城市风貌。总结中国传统城市方正形制的理想原型，构建起步区中央“方城”；充分理解传统城市轴线的内涵，塑造体现中华文明、凝聚城市精神的南北中轴，以及承载城市主要功能和重大基础设施的东西轴线；挖掘平原城市苑囿文化和伴水而生的特征，构建“十景苑、百花田、千年林、万顷波”的景观格局。

（5）推进低碳智慧的保障体系建设。转变基础设施的传统价值印象，在起步区探索构建绿色低碳的基础设标准体系和建设运营模式。此外，面向精细化管理，起步区率先实践数字城市与现实城市同步规划、同步建设，探索和示范数字孪生城市的建设方法，形成事前辅助决策、事中协同管理、事后动态运行的智能城市运行机制。

启动区公园建设意向图

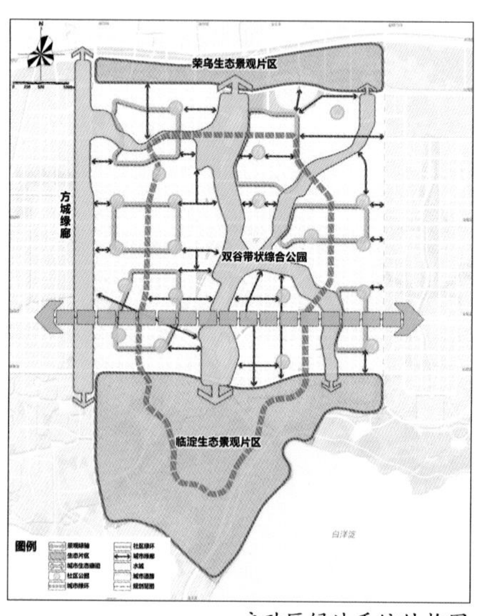

启动区绿地系统结构图

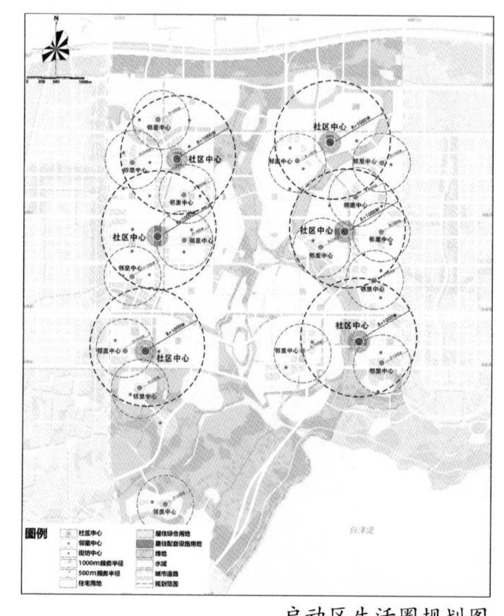

启动区生活圈规划图

全域全要素管控	分级分类管控	全生命周期管控
（1）增加生态管控单元和图则，实现生态地区和建设地区管控全覆盖； （2）细化生境建设和管控内容	（1）建立“单元—街坊—地块”分级管控体系，为下层次规划留有弹性，应对疏解不确定性； （2）兼顾民生设施的刚性和市场型项目的弹性	（1）通过综合用地，建立“人口—用地—建筑”的动态调整机制； （2）加强BIM管理平台动态维护

适应启动区开发建设的规划管控方式

项目三：河北雄安新区启动区控制性详细规划

（1）融合淀水林田自然要素，构建“秀林、绿谷、淀湾”为骨架的生态空间结构；充分考虑华北平原气候特征，提出气候响应型绿地系统布局；顺应地形特征，回应场地条件，塑造具有雄安特色的“低线公园”和“沉山系统”。

（2）加强土地集约复合利用，在明确用地主导功能基础上，通过建立正负面清单形式适度扩大用地兼容性比例，在城际站、轨道站点、社区中心及其周边地块强化用地兼容性，引导不同居住类型的适度混合。鼓励片区、地块、建筑功能混合利用，在金融岛、总部区、创新坊等地区强化功能混合。弹性应对未来疏解承接需求。

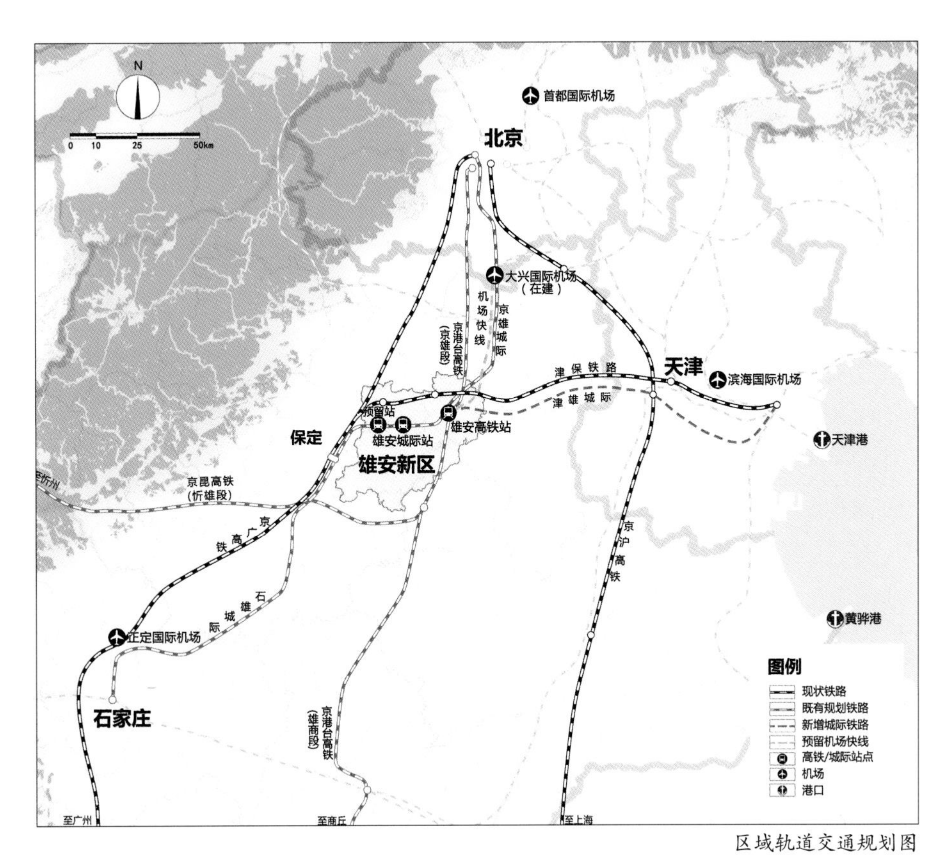

区域轨道交通规划图

起步区防洪排涝系统规划示意图

（3）坚持以人民为中心，建设社区、邻里、街坊三级生活圈体系，实现公共服务供给优质、共享、均好。社区中心创新提出涵盖基础保障类、品质提升类、创新特色类、公益预留类的“菜单式”供给模式，满足不同人群的使用需求。

（4）在数字交通、车路协同、智能城市、绿色基础设施、清洁能源保障等方面开展创新探索，为新区建设提供借鉴和示范。

（5）通过生态单元和城市单元管控实现全域覆盖；建立“单元—街坊—地块”分级管控体系，在保障底线管控基础上，为单元和街区层面留有弹性，应对未来疏解承接非首都功能的不确定性；依托新区规划建设BIM管理平台，实现规划管控内容数字化、动态监测维护和全生命周期管理。

项目四：河北雄安新区综合交通专项

贯彻网络化布局、智能化管理、一体化服务的要求；综合交通枢纽与城市功能核心区耦合布局；实践“小街区、密路网”；推动智能交通体系落地实施。

项目五：河北雄安新区起步区排水（雨水）防涝专项

构建“北截、中疏、南蓄、适排”排水防涝格局；建立内涝模型，定量优化排涝系统方案；充分发挥蓝绿空间蓄排功能，提升起步区应对极端降雨能力。

项目六：河北雄安新区起步区地下空间专项

构建与地面空间功能协调互补的地下空间总体布局，实现城市空间立体化开发；协同与优化地下交通、物流、市政、防灾设施，集约节约地下空间资源。

实施效果

2023年5月10日，习近平总书记在河北雄安新区考察并主持召开高标准高质量推进雄安新区建设座谈会，强调雄安新区建设取得重大阶段性成果，新区建设和发展顶层设计基本完成，基础设施建设取得重大进展，疏解北京非首都功能初见成效，白洋淀生态环境治理成效明显，深化改革开放取得积极进展，产业和创新要素聚集的条件逐步完善，回迁安置工作有序推进。短短六年里，雄安新区从无到有、从蓝图到实景，一座高水平现代化城市正在拔地而起堪称奇迹。具体如下。

（1）基础设施取得重大进展。京雄城际铁路开通、雄安站投入使用，雄商高铁、雄忻高铁等开工建设，京雄高速河北段、荣乌高速新线等建成投用，省道S605安大线保定段等周边干线公路建成通车，对外交通网络基本形成。南拒马河右堤、萍河左堤等基本完工，环起步区200年一遇防洪圈实现闭合，容城、安新组团等同步达到规划防洪标准；新盖房枢纽、新盖房分洪道左堤基本完工，白沟河左堤初步形成防洪能力，区域防洪能力得到有效提升。雄安500kV变电站、雄安干渠工程等重大区域能源、水利基础设施有序建设。起步区骨干路网、东西轴线及相关配套工程、起步区水厂等骨干基础设施全面建设，保障启动区开发和首批疏解项目落地。

（2）启动区城市框架基本成形。基础设施全面建设，启动区北部主次干路基本建成并投入使用，南部道路全面开工建设，路网骨架基本成形；市政管线和综合管廊随路同步实施，变电站、综合能源站、垃圾收运站、消防站等场站设施开工建设。以“秀林、绿谷、淀湾”为骨架的启动区生态空间初具雏形，中央绿谷及东部溪谷北段实现水系贯通，骨干水系具备排涝能力。互联网产业园、科学园、大学园、总部区、综合居住片区等功能片区开

雄安站

中国科学院雄安创新研究院

中交启园住宅区

容东安置片区

雄安宣武医院

中国电信产业园

中国卫星网络集团有限公司

雄安北海幼儿园

史家胡同小学

工建设，北京援建“三校一院”建成移交，大学园图书馆、体育中心、社区中心等一批公共服务设施加快建设。

（3）疏解北京非首都功能初见成效。首批疏解的中国星网、中国中化、中国华能、中国矿产四家央企总部加快落地，北京交通大学、北京科技大学、北京林业大学、中国地质大学（北京）四所高校和中国医学科学院北京协和医院雄安院区、北大人民医院雄安院区两所医院选址落位。出台支持疏解总部企业创新发展六条措施和争取央企二、三级子公司落地三年行动方案，保障承接央企二、三级公司。中国科学院雄安创新研究院科技园区、中国电信产业园一期等市场化疏解项目落地建设。

（4）回迁安置工作有序推进。容东片区基本建成，容西、雄东片区进入持续稳定开发期，近12万群众顺利回迁，雄安商务服务中心会展中心项目建成投用，悦容公园、金湖公园以及郊野公园建成投运。三座老县城更新改造加快实施，持续开展老旧小区改造、市政道路雨污分流改造、城市绿化亮化等工程。积极引导企业改造提升和转移升级，打造传统产业雄安品牌，做好群众就业保障。

（5）白洋淀生态环境治理成效明显。推进多源互济常态化生态补水和退耕还淀还湿，淀区水位保持在6.5~7m左右，淀泊水面逐步恢复。开展区域协同治理，强化城镇和农村污水处理，到2022年八条入淀河流和淀区水质考核断面均达到Ⅲ类标准；中华鳑鲏等淡水环境健康指示物种重现，淀区鱼类较新区成立前增加19种，淀区野生鸟类较新区成立前增加42种，全球极危物种——青头潜鸭观测数量近百只，生物多样性逐步恢复。

（执笔人：史旭敏、王力、杜恒）

广州南沙新区城市总体规划（2012—2025年）

2014—2015年度中规院优秀城乡规划设计三等奖

编制起止时间： 2012.4—2014.10
承 担 单 位： 深圳分院
分院主管总工： 范钟铭　**主 管 所 长：** 赵迎雪　**主管主任工：** 田长远　**项目负责人：** 律严
主要参加人： 石爱华、李云圣、孙婷、汤远洲、王钰溶、杜枫、覃原、黄锦枝、周路燕、吕绛、何舸、王成坤

背景与意义

本规划的编制基于两个背景。第一，国务院批复《广州南沙新区发展规划（2011—2025年）》，南沙正式成为国家级新区，作为华南首个国家级新区，将打造粤港澳全面合作示范区。第二，广州市行政区划调整，将原属广州市番禺区的东涌镇、榄核镇、大岗镇划归广州市南沙新区，形成以沙湾水道为分界，空间相对独立、完整的新区发展空间。行政区划调整后新区总面积约803km^2，具有土地、生态、航运和产业优势是国家推动珠三角区域转型发展的战略性节点。

《广州南沙新区发展规划（2011—2025年）》的获批，开启了南沙新区以粤港澳创新合作为主线的高目标、高质量发展。本规划以科学发展为指导思想，以粤港澳合作为主线，以改革、开放、创新为动力，以新型城镇化为实施路径，始终强调“粤港澳合作”这一国家责任和新型城镇化这一新时期转型目标，构建珠三角综合服务中心和交通枢纽，发展现代服务业和先进制造业，始终贯彻低碳、智慧、幸福的理念，传承与创新岭南水乡文化，充分体现了新时期新区建设对国家、区域和广州的意义。

规划内容

规划紧扣“粤港澳合作、新型城镇化”的主线，明确了城市职能与规模、功能布局、规划层次体系（803-283-103-33）、城市结构、土地利用空间布局，提出了粤港澳合作、新型城镇化发展、新型产业发展、低碳智慧发展的策略，并对大型基础设施、市政设施进行统筹布局。同步开展了多项专题研究，包括：产业结构研究、新型城镇化指标体系研究、土地开发建设策略研究、村镇用地利用研究、城市公共服务设施供给与需求研究等，作为总体规划的有力补充。

规划重点聚焦五个方面的内容：①提供粤港澳合作的发展空间，搭建连接港澳与内地的国际化服务平台；②保护河口地区自然生态环境，协调发展与保护，引导新区可持续发展；③紧密协调、对接区域，坚持高端化发展，建设区域综合服务枢纽；④探索新型城镇化路径，实现城乡高品质、和谐发展；⑤充分利用景观资源优势，塑造精致、气派的岭南水乡之都。

创新要点

（1）粤港澳合作。规划始终围绕粤港澳深化合作的主线，特别强调软环境塑造，即以文化为纽带的融合；提出社会管理创新，反映在空间布局、土地利用和设施配置上；预留和配置了市场化运营的公共事业发展用地，为引进港澳先进的公共产品和公共服务提供了良好的发展平台；以公共事业合作为突破口，建立粤港澳的融合体系。

（2）强调转型。探索先发展地区新型城镇化路径，强调城市建设理念由原有的“生产基地”向“生活家园”回归，即

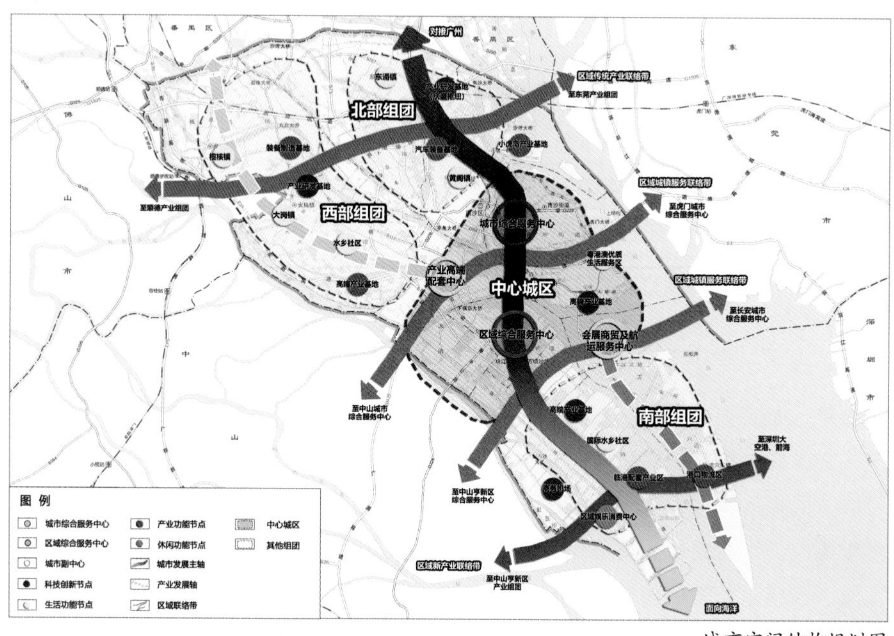

城市空间结构规划图

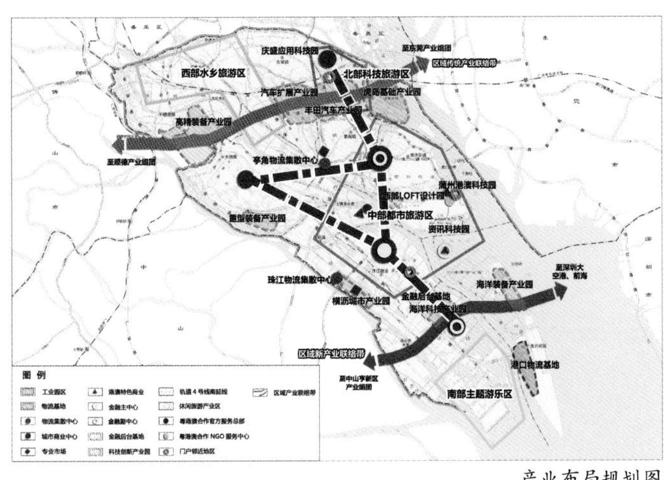

产业布局规划图

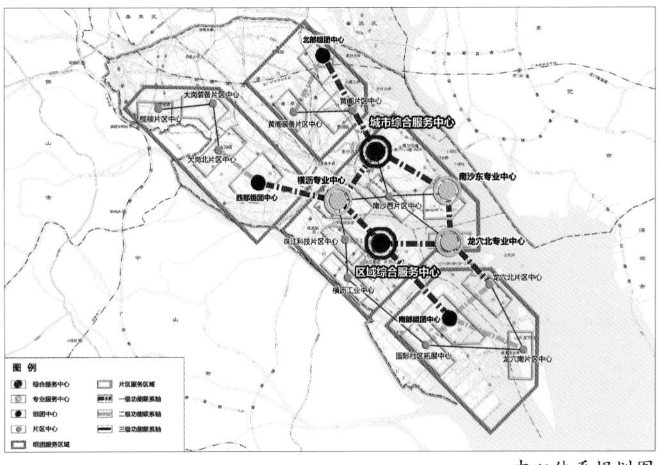

中心体系规划图

城市由服务于生产向服务于人口转型，引领区域经济、社会的转型发展。

（3）生态优先。规划布局中特别强调生态优先的原则，从河口生成、发展的规律及其与人类社会活动的关系出发，寻求人、水、地和谐共处的生态关系，以此为核心开展空间布局；建设用地控制在新区范围40%以下，在规模容量上为新区长远发展预留了可持续发展空间。

（4）开放结构。改变传统区内以自我为中心建立自循环系统的结构方式，跳出广州看南沙，提出全面开放的空间格局；提高南沙新区在区域经济、社会发展中的参与度，建立具有区域价值的城市空间节点，实现城市的区域理想和责任。

（5）水特色营造。规划提出塑造“水城、水乡之都”的空间发展目标，突出水工程、水环境、水特色、水文化、水生活的统筹安排和氛围营造，在堤围设置标准、断面形式及与城市空间关系等方面进行创新，提高城市亲水界面比例；特别安排外河、内河、内涌三级通航航道，在区内开展水上公交、水上游览等线路，凸显城市水特色。

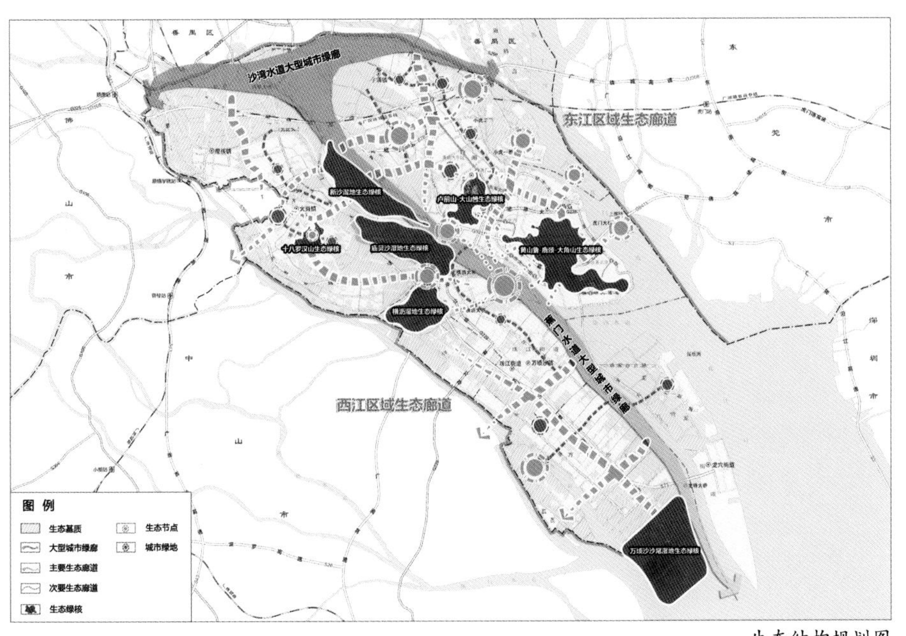

生态结构规划图

实施效果

城市总体规划公众展示以及批复以来，南沙新区的发展明显地转入了一个新的路径和阶段。

（1）总体规划在发展规划的基础上进一步明确了城市职能定位，稳定和提振了市场投资者的信心，新区迅速由原开发区产业基地模式转入城市综合开发模式，人气和商业氛围提升明显。

（2）总体规划在产业布局上充分考虑了粤港澳深化合作的需要，在商业、公共服务领域预留了发展区，为日后自由贸易区的落地和项目引进提供了空间基础，提高了新区产业吸引力，促进了新区产业结构的升级。

（3）总体规划在城市重大交通网络布局上的策划和设施安排也逐步得到区域的认可，部分设施进入深化工程可行性研究和设计阶段。

（4）总体规划为《广州南沙深化面向世界的粤港澳全面合作总体方案》国家战略的发布提供了较好的前期基础研究。

（执笔人：王宁）

海口市江东新区规划建设系列项目

2021年度全国优秀城市规划设计二等奖（项目一）| 2021年度海南省优秀城市规划设计一等奖（项目一）| 2023年度海南省优秀国土空间规划设计奖二等奖（项目三）| 2020—2021年度中规院优秀规划设计三等奖（项目一）

编制起止时间： 2018.6—2023.3

项目一名称： 海口市江东新区总体规划（2018—2035年）
承 担 单 位： 中规院（北京）规划设计有限公司
主 管 总 工： 王凯　　**公司主管总工：** 尹强　　**项目负责人：** 胡耀文、慕野、白金
主要参加人： 王萌、张辛悦、陈欣、李玲、王琛芳、李文军、郭嘉盛、刘鹏、杨硕、胡瑜哲、黄思、陈佳璐、陈栋、黄婉玲、张跃恒、陈钟龙、曾有文、王晨、安志远、杨晗宇、朱胜跃、于泽

项目二名称： 海口江东新区起步区控制性详细规划及城市设计
承 担 单 位： 中规院（北京）规划设计有限公司
公司主管总工： 尹强　　**主 管 所 长：** 胡耀文　　**主管主任工：** 单丹　　**项目负责人：** 慕野、白金
主要参加人： 陈欣、张辛悦、郝凌佳、陈晓伟、王琛芳、胡瑜哲、王萌、赵兴华、陈栋、黄婉玲、黄思、张跃恒、陈佳璐、陈钟龙、陈家豪、左梅、曾有文、安志远、杨晗宇、朱胜跃、于泽

项目三名称： 海口江东新区控制性详细规划及城市设计（国际综合服务组团、国际文化交往组团、国际高教科研组团）
承 担 单 位： 中规院（北京）规划设计有限公司
公司主管总工： 黄少宏　　**主 管 所 长：** 胡耀文　　**主管主任工：** 慕野　　**项目负责人：** 白金
主要参加人： 陈晓伟、王萌、张辛悦、朱胜跃、曾有文、左梅、陈栋、陈家豪、陈佳璐、黄婉玲、张跃恒、陈钟龙、黄思、康瑜

项目四名称： 海口江东新区起步区南片区、滨海红树林南片区、滨海红树林东片区、东寨港大道东部片区四个单元控制性详细规划及城市设计
承 担 单 位： 中规院（北京）规划设计有限公司
主 管 所 长： 李文军　　**主管主任工：** 白金
项目负责人： 米瑞鹏　　**主要参加人：** 安志远、左梅、陈晓伟、杨晗宇、唐德富、梁振钟、张茜

背景与意义

2018年4月13日，习近平总书记在庆祝海南建省办经济特区30周年大会上郑重宣布，中央支持海南全岛建设自由贸易试验区，支持海南逐步探索、稳步推进中国特色自由贸易港建设。2018年6月3日，海南省委、省政府决定建设海口江东新区，作为建设中国（海南）自由贸易试验区的重点先行区域，暨自由贸易港“三区一中心”的集中展示区。

中规院以江东新区全球方案征集为基础，系统完成总体规划、各组团控制性详细规划、城市设计、专项规划暨全过程实施技术服务。

海口江东新区区位及规划范围

规划内容

（1）生境营建，营造和谐共生的全域活力生境。规划遵循

城市安全要求，提出“一港双心四组团、十溪汇流百村恬、千顷湿地万亩园”的全域城乡空间大格局。

（2）功能善建，创造新区高质量发展新路径。规划立足自贸港建设，以开放为主线，提出打造临空经济区、滨海生态CBD等重要国际功能平台，全面构建自贸港产业体系。

（3）人居绿建，打造人民心中的理想城市。规划用地布局强调功能混合与服务均好，遵循“小街区、密路网”模式，通过高度的产城融合、绿色人性的交通组织、高品质的公共服务供给，满足人民群众对美好生活向往。

（4）低碳智建，建造绿色智慧的未来科技新城。规划统筹新区湿地红树、农田林地等空间作为碳汇及绿电供给资源，搭建数字共享、全时响应的全域“智慧大脑”平台。

（5）交通创建，打造便捷绿色的创新交通体系。规划提出构建“双快双慢、快慢分离、枢纽融合”的综合交通系统。

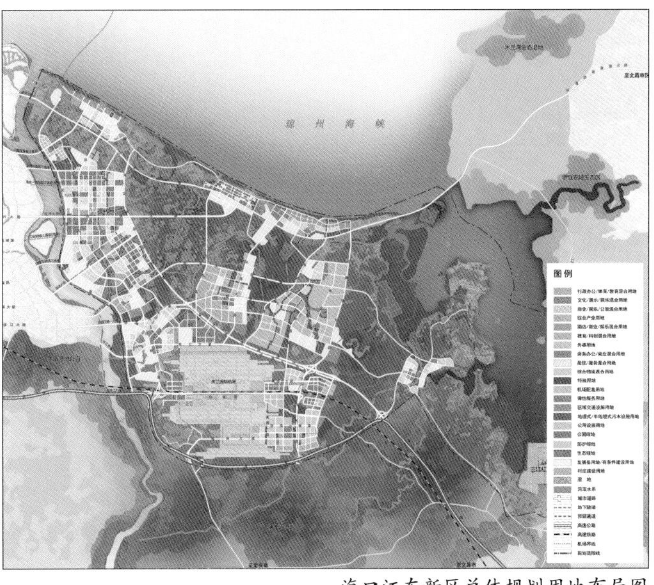

海口江东新区总体规划用地布局图

实施效果

秉承“先破堵点、建章立制、有效设计”的理念，通过五年来全过程、伴随式技术服务，中规院牵头组织多专业力量，深度参与江东新区“规建管”全过程，是实践规划工作从单一蓝图向实施路线图转型的先锋阵地之一。

（1）协助政府建立新区总规划师制度，持续开展重点区域全过程方案指导和审查。通过对起步区（滨海生态CBD）重要地块建筑方案的联审工作，实现规划理念到建筑设计的精准传导，形成起步区整体协调、和而不同的风貌特色。

（2）协同各部门，破除僵化执行标准的堵点。牵头协调消防、住房和城乡建设、市政、园林等部门，通过实地扑救演练测试，协同“窄路密网”模式下小距离建筑退线和消防扑救面管控要求，形成起步区消防解决综合方案。

（3）牵头组建工作营，为新区建设提供全过程技术支撑。统筹建筑、景观、道路等项目设计方案，破解技术难点，既确保规划理念一以贯之，又避免市政工程过度设计。

目前江东新区正在稳步推进起步区、临空经济区等功能组团建设；已完成文明东越江通道、机场快速通道、省艺术中心、水质净化中心等16个先导性项目建设；起步区稳步推进36个项目落地建设，建设进度已达到80%。

（执笔人：张辛悦、陈晓伟、白金）

海口江东新区起步区地下连通道工程方案协调及建设实景

海口江东新区起步区2021—2024年建设情况（实景）

三亚市中央商务区系列规划与一体化实施

2023年度海南省优秀国土空间规划设计二等奖

编制起止时间： 2018.8—2023.9
承 担 单 位： 中规院（北京）规划设计有限公司

项目一名称： 中国（海南）自由贸易试验区三亚总部经济区及中央商务区规划纲要及方案综合
主 管 总 工： 朱子瑜　**公司主管总工：** 郝之颖　**主 管 所 长：** 胡耀文　**主管主任工：** 慕野
项目负责人： 郝凌佳　**主要参加人：** 蔡昇、胡朝勇、吴丽欣、张哲琳

项目二名称： 三亚中央商务区一体化建设实施规划
主 管 所 长： 胡耀文　**主管主任工：** 单丹
项目负责人： 郝凌佳、蔡昇　**主要参加人：** 张哲琳、安志远、孙月、王艺霖、张李纯一、孟宁

项目三名称： 三亚中央商务区四更园单元及桥头单元实施开发细则
主 管 所 长： 胡耀文　**主管主任工：** 单丹
项目负责人： 孟宁　**主要参加人：** 付霜、刘彦含、王丽

项目四名称： 三亚中央商务区绿色园区专项规划及建设管控
主 管 所 长： 胡耀文　**主管主任工：** 单丹
项目负责人： 王富平　**主要参加人：** 高原、曾有文、杨晗宇、吴杰、孙尔诺、王丽

项目五名称： 三亚中央商务区智慧园区专项规划
主 管 所 长： 胡耀文　**主管主任工：** 白金
项目负责人： 孙尔诺　**主要参加人：** 马俊齐、李静

背景与意义

三亚中央商务区是海南省设立的第一批自贸港重点产业园区。有别于“新城新区”的传统CBD建设模式，三亚中央商务区以城市更新为核心理念，因地制宜选取三亚中心城区核心地段的低效存量建设用地，打造一个从城市既有骨架上生长出来的总部园区。

“一盘棋筹划、一体化实施”，中规院自2018年起全过程服务中央商务区规划建设。

三亚中央商务区总体鸟瞰效果图

规划内容

园区位于三亚中心城区三亚湾和迎宾路沿线的凤凰海岸、月川、东岸、海罗四个城市更新单元，园区面积约450.8hm^2。

规划构建“商务轴、滨海带、山水廊、多节点”的空间格局，将生态文明建设贯穿全过程，以“城区就是景区”为理念，编织山、海、河、城、岸、岛。规划重点打造凤凰海岸单元公共海岸休闲带、月川单元文化肌理街区、东岸湿地公园文化创意休闲商圈和海罗国际花园总部与人才社区。

创新要点

1. 盘活低效存量用地，推动三亚城市更新

三亚背山面海，城市用地狭长、腹地纵深短，没有集中成片的可开发区域。

规划识别中心城区低效存量用地，通过成片开发模式盘活低效用地81.55hm^2，承载总部商务、现代商贸、金融服务等园区核心功能（其中低效居住用地46.92hm^2、低效商服用地29.55hm^2、低效设施用地5.08hm^2）。

2. 五个一体化，服务规划编制走向规划实施

将规划语汇转译为建设实施语汇，绘制园区实施总图、项目总库，并开展基础设施一体化、产城融合一体化、公园绿地建设一体化、街区品质提升一体化、空间资源盘活一体化五项一体化实施举措，全过程伴随规划实施。

3. 聚焦精细化城市设计，支撑带方案土地出让

开展精细化城市设计引导工程建设，支撑报建方案审查。通过对空间形态、建筑风貌、城市空间3个方面共17项管控事项精细设计，形成实施开发细则，转化为土地出让条件，开展重要地块带方案土地出让，确保建设不走样。滨海重点单元21宗用地已完成土地出让9宗，其中6个项目正在建设或已建成。

4. 先行谋划绿色智慧园区，助力海南国家生态文明试验区建设

以碳中和为指向，搭建中央商务区绿色园区建设的系统路径。目前，园区内新建重点项目按照LEED铂金级和二星级绿色建筑要求开发建设。建设数字孪生园区，设计“1+1+3+N”智慧园区架构。目前，园区数智化管理调度平台已进入系统开发阶段。

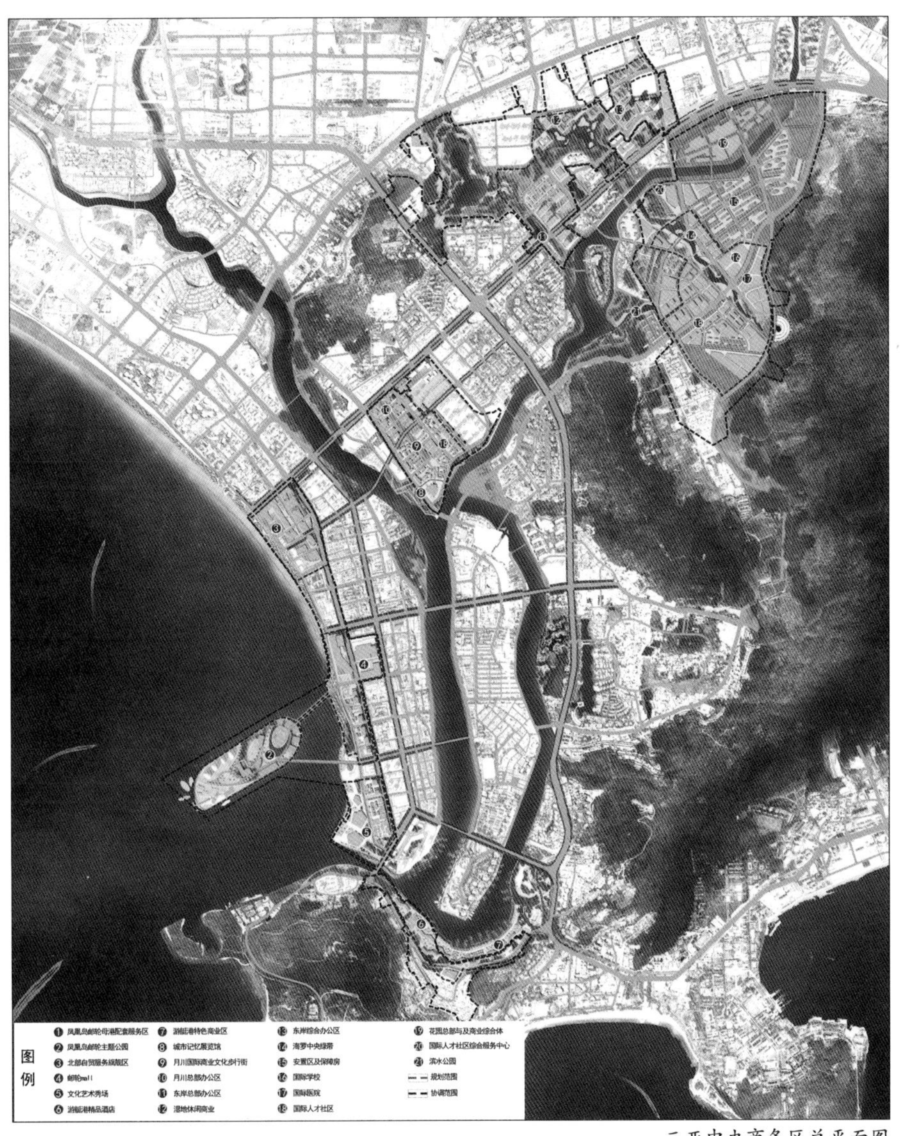

三亚中央商务区总平面图

三亚中央商务区建设实景图

实施效果

五年的陪伴式规划，见证了三亚中央商务区从“一张图”到“一片城”。三亚港公园、凤凰岛桥头公园打通原本割裂的滨海空间；胜利路、月明桥贯通了三亚河东西两岸，便利了往来行人；大悦城、国际金融中心成了三亚新地标和网红打卡地；丹州小学改造等公共服务设施项目弥补了三亚城区服务配套设施短板。

（执笔人：郝凌佳）

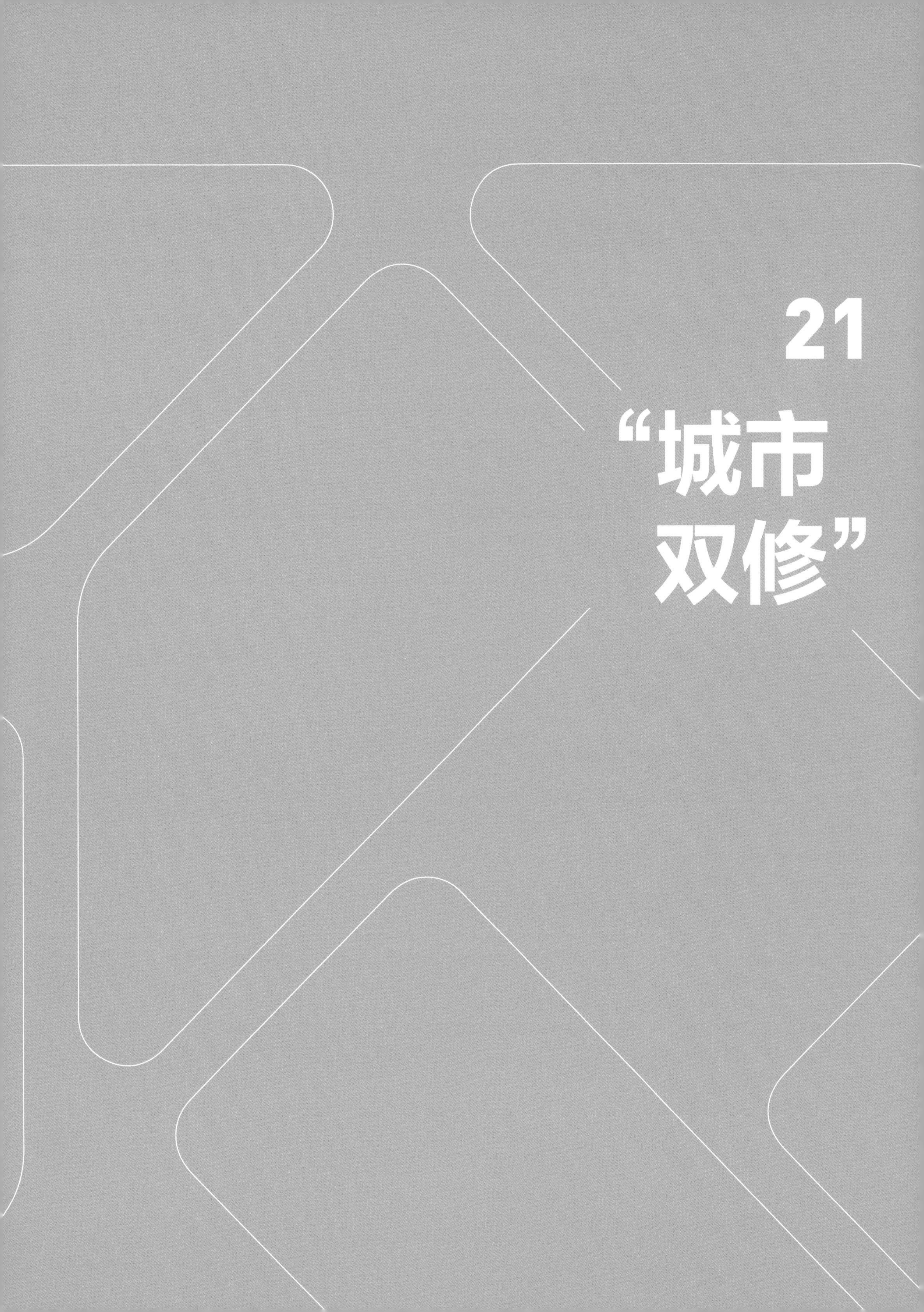

21

“城市双修”

三亚市“生态修复、城市修补”规划设计与实施

2017年度全国优秀城乡规划设计一等奖｜2019年度华夏建设科技一等奖｜2016—2017年度中规院优秀规划设计一等奖｜中国风景园林学会科学技术奖规划设计奖一等奖（项目三）｜2021年度行业优秀勘察设计奖 园林景观与生态环境设计一等奖（项目三）｜2021年北京市优秀工程勘察设计奖园林景观综合奖一等奖（项目三）｜中国人居环境范例奖（项目五）

编制起止时间：2015.3—2016.12
承担单位：城市更新研究分院、风景园林和景观研究分院、中规院（北京）规划设计有限公司、城镇水务与工程研究分院、深圳分院、城市交通研究分院
主管总工：张兵
主要参加人：范嗣斌、王忠杰、詹雪红、马浩然、周勇、黄继军、邓东、闵希莹、梁峥、周乐、谷鲁奇、白杨、张菁、姜欣辰、舒斌龙、缪杨兵、丁戎

项目一名称：三亚市“生态修复、城市修补”总体规划、城市色彩专题研究、广告牌匾整治专题研究
承担单位：城市更新研究分院
主管总工：张兵　**主管所长：**邓东　**主管主任工：**闵希莹
项目负责人：范嗣斌、谷鲁奇　**主要参加人：**姜欣辰、缪杨兵、张佳、刘元、胥明明、李荣

项目二名称：三亚市解放路（南段）综合环境建设规划
承担单位：城市更新研究分院
主管总工：张兵　**主管所长：**邓东　**主管主任工：**闵希莹
项目负责人：范嗣斌、谷鲁奇　**主要参加人：**张佳、刘元、李荣、胥明明、张帆、姜欣辰、李艳钊

项目三名称：三亚市两河四岸景观整治修复工程项目
承担单位：风景园林和景观研究分院、深圳分院
主管总工：张兵　**主管所长：**王忠杰　**主管主任工：**束晨阳
项目负责人：马浩然　**主要参加人：**郭榕榕、王坤、林旻、舒斌龙、牛铜钢、陆懿蕾

项目四名称：三亚市两河四岸景观整治修复规划设计
承担单位：风景园林和景观研究分院
主管总工：张兵　**主管所长：**韩炳越　**主管主任工：**束晨阳
项目负责人：王忠杰、马浩然　**主要参加人：**牛铜钢、王坤、舒斌龙、鲁莉萍、齐莎莎、李蔷强

项目五名称：三亚市月川生态绿道工程项目设计施工
承担单位：风景园林和景观研究分院
主管总工：张兵　**主管所长：**王忠杰　**主管主任工：**白杨
项目负责人：刘圣维、马浩然、丁戎　**主要参加人：**牛铜钢、舒斌龙、齐莎莎、郝钰、程志敏、程梦倩

项目六名称：三亚市解放路（示范段）综合环境建设项目
承担单位：风景园林和景观研究分院、深圳分院
主管总工：张兵　**主管所长：**周勇　**主管主任工：**康琳　**项目负责人：**赵晅
主要参加人：吴晔、王冶、梁铮、郑进、何晓君、王丹江、秦斌、李慧宁、莫晶晶、张迪、阚晓丹、徐亚楠、孙书同、万操、戴鹭、刘缨、冯凯

项目七名称：三亚市海绵城市建设总体规划
承担单位：城镇水务与工程专业研究院
主管总工：张兵　**主管所长：**孔彦鸿　**主管主任工：**郝天文
项目负责人：张全、黄继军、张车琼　**主要参加人：**由阳、杨新宇、吕金燕、周慧、张奕雯、黄俊

项目八名称： 三亚市城市夜景照明专项规划
承担单位： 深圳分院
主管总工： 张兵　　**主管所长：** 王泽坚　　**主管主任工：** 梁铮
项目负责人： 冯凯　　**主要参加人：** 刘缨、张霞、杨艳梅、杨洋、吴潇逸、樊明捷

项目九名称： 三亚湾岸线利用规划及交通整治规划
承担单位： 城市交通研究分院
主管总工： 张兵　　**主管所长：** 戴继锋　　**主管主任工：** 杨忠华
项目负责人： 翟宁、李晗　　**主要参加人：** 王昊、周乐、杜恒、苏腾

项目十名称： 三亚市绿道系统规划
承担单位： 风景园林和景观研究分院
主管总工： 张兵　　**主管所长：** 王忠杰　　**主管主任工：** 束晨阳
项目负责人： 白杨、丁戎　　**主要参加人：** 刘圣维、郝钰、李阳、程志敏、程梦倩

项目十一名称： 三亚市红树林生态保护与修复规划
承担单位： 风景园林和景观研究分院
主管总工： 张兵　　**主管所长：** 王忠杰　　**主管主任工：** 束晨阳
项目负责人： 白杨、丁戎　　**主要参加人：** 刘圣维、郝钰、李阳、程志敏、程梦倩

项目十二名称： 三亚市红树林生态保护与修复规划
承担单位： 风景园林和景观研究分院
主管总工： 张兵　　**主管所长：** 王忠杰　　**主管主任工：** 束晨阳
项目负责人： 白杨、丁戎　　**主要参加人：** 刘圣维、郝钰、李阳、程志敏、程梦倩

背景与意义

改革开放以来，我国城乡建设取得了举世瞩目的伟大成就。但伴随着城市的快速扩张，“城市病”也逐渐滋生，影响城市的健康可持续发展。在这一背景下，“生态修复、城市修补”的概念应运而生，开始对中国城市问题进行反思并进一步探索城市未来的转型发展之路。选择三亚作为首个试点，主要是因为三亚的城市问题也是现阶段我国许多城市在经历了城镇化快速发展后存在的普遍问题。“城市双修”有别于我国近几十年来任何一次环境整治，其实质是实现“城市病”的标本兼治和更高质量的发展，真正推动城市转型发展，全面提升城市综合治理能力。

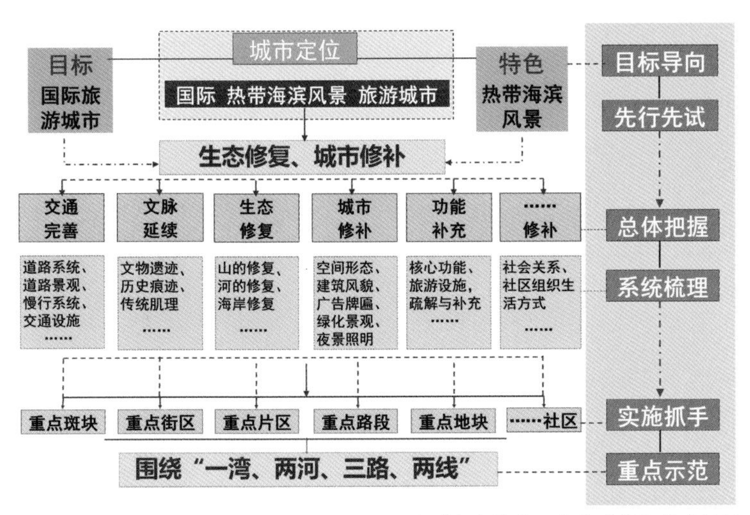

三亚市“生态修复、城市修补”技术框架

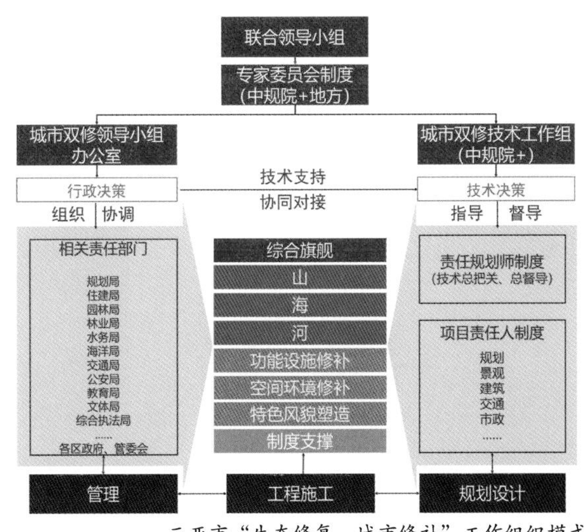

三亚市“生态修复、城市修补”工作组织模式

规划内容

在尊重城市发展规律的基础上，提出系统性生态修复和城市修补行动。通过相关的修复及修补工作改善城市生态环境，完善城市各项功能，挖掘城市文化特色，优化城市景观风貌，最终实现城市品质和治理能力全面提升。

生态修复通过对山、河、海等系统性生态要素的修复，实现三亚自然生态格局的构建和系统串联。城市修补强调系统性，涵盖城市功能完善、道路交通改善、基础设施改造、城市文化延续等多项综合性内容。

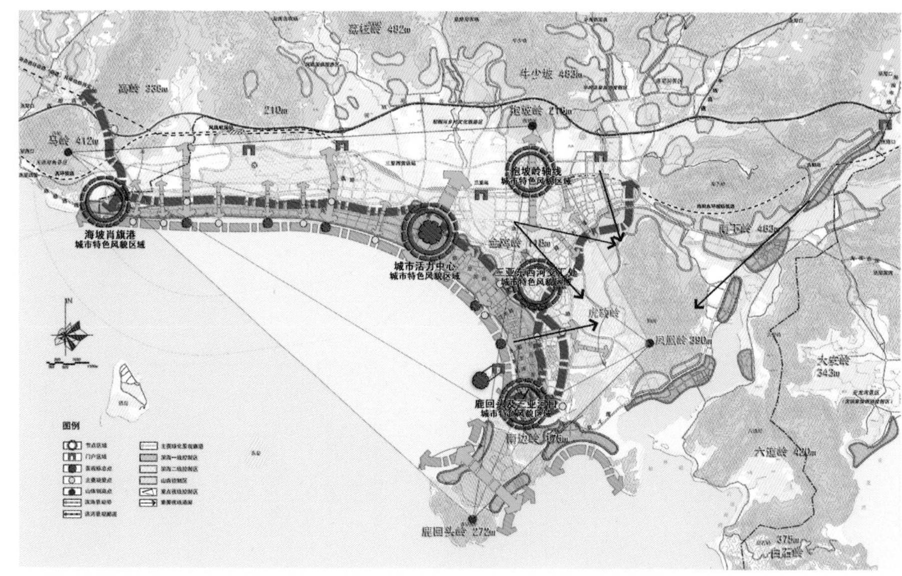

三亚市中心城区总体城市设计结构图

山的修复

针对现状山体被破坏的情况，分类提出生态恢复、基质改良、植被修复、景观美化等山体修复策略。

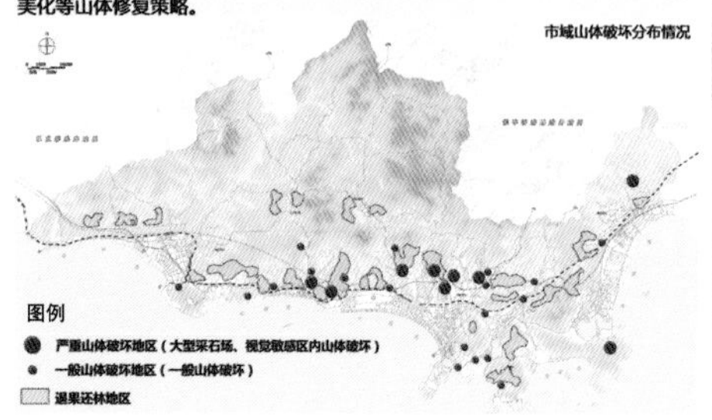

河的修复

针对河道淤塞问题，提出清除淤塞，水系贯通；针对岸线硬质化、污水直排等现状存在的问题，进行分类分段提出相应的修复策略。

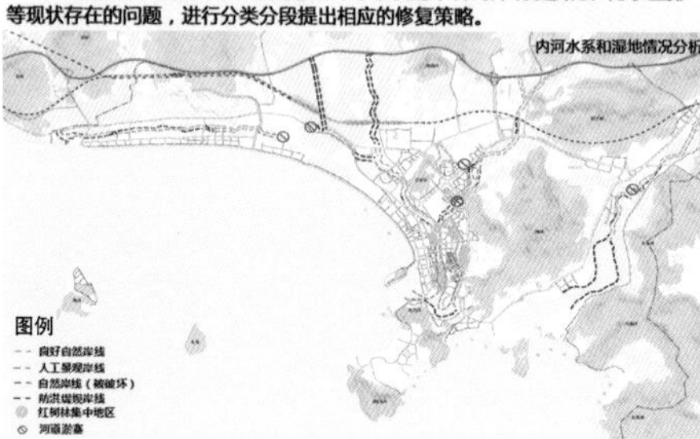

海的修复

针对海岸及海水水存在的主要问题，对海水水质进行了综合治理，对岸线植被、岸滩沙滩以及海底珊瑚礁进行了修复。

生态修复："山、河、海"修复示意

城市空间形态

从总体上强化对建筑高度管控，设立四级建筑高度控制区;同时从人的尺度出发，强化对滨河、滨海、主要步行街等重要区域的建筑界面空间形态的管控和指引。

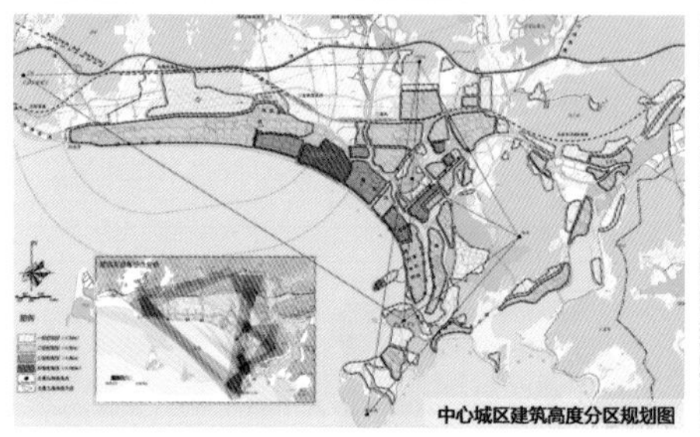

城市建筑色彩

建筑色彩总体以清新淡雅的白色和浅色调为主，度假区可以适当采用木色调，以增强三亚的地方特色，禁止使用深色为主色调，禁止大面积使用高纯度及高饱和度的色彩。

城市广告牌匾

结合现状广告牌匾存在的问题，明确可以设置以及禁止设置广告牌匾的位置及要求，禁止遮挡建筑立面的主体构件，同时明确相应位置的广告在尺寸、材质、色彩等方面的设置要求。

城市绿地空间

完善"山海相连、绿廊贯穿"的整体绿地景观格局；针对现状绿地存在的问题，从生态性、开放性、系统性的角度提出分类修补策略；同时结合近期建设要求，重点打造两河上游地区的绿地建设。

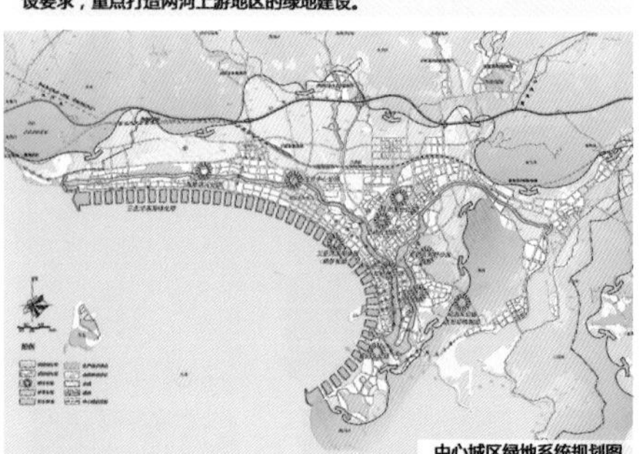

城市夜景照明

结合现状夜景照明存在的主要问题，梳理现状各类照明系统，以点、线、面相结合的方式，提出夜景照明修补的分类指引，同时对沿海、沿河和重要商业街等重点区域提出相应的夜景照明指引。

拆除违章建筑

自2015年5月三亚"生态修复、城市修补"工作开展以来，就同步大力推进了违章建筑的拆除工作，截至 2016年9月底，全市拆除违章建筑10561栋，建筑面积610.8万m^2。

城市修补"六大战役"示意

三亚市“生态修复、城市修补”实施效果

创新要点

在我国城市转型发展背景下，规划工作者深刻领会中央城市工作会议的要求，认真总结吸取我国各地城市环境整治的经验和教训，立足三亚实际、因地制宜，在“城市双修”规划设计和实施中，实现了规划技术的“集成创新”。

（1）集成应用创新，多专业融合。在价值理念上，“城市双修”积极推动城市生态环境、经济活力、社会管理、文化自信、场所塑造、设施完善等各方面综合、全面提升，其价值取向是综合的。各项工作的价值理念都充分体现了综合性。

（2）统筹规划、建设、管理，系统性提升城市综合治理能力。“城市双修”是统筹城市规划、建设、管理的一项系统性工作，其目标在于要实现“内外兼修”，不仅物质空间得到改善，城市治理能力更要提升，进一步促进城市的转型发展。

（3）城市转型发展背景下，探索城镇化可持续发展的“中国方案”。作为我国城市转型发展时期，住房和城乡建设部推进的首个“城市双修”试点城市，三亚的实践对我国城市的转型发展具有重要影响和示范意义。

实施效果

两年多来，“城市双修”使三亚“城市病”得到了有效治理，城市宜居性增强，经济活力提升，设施场所改善，形象风貌优化，文化魅力彰显，市民也更有获得感。2016年底三亚“城市双修”现场会上，住房和城乡建设部高度肯定了三亚“双修”试点的意义，引起了规划行业及社会各界的广泛关注和研讨。2017年初，结合三亚试点经验，住房和城乡建设部印发了《关于加强生态修复、城市修补工作的指导意见》《三亚市生态修复、城市修补工作经验》，为全国进一步开展“城市双修”工作提供了总体指导和技术标准。

（执笔人：谷鲁奇）

泉州古城“生态修复、城市修补”中山路综合整治提升

2019年度全国优秀城市规划设计奖二等奖｜2019—2020中国建筑学会建筑设计奖“历史文化保护传承创新专项”二等奖

编制起止时间： 2018.4—2018.12
承 担 单 位： 历史文化名城保护与发展研究分院、中规院（北京）规划设计有限公司
主 管 总 工： 张广汉 **主 管 所 长：** 鞠德东 **主管主任工：** 方向
项目负责人： 李慧宁、徐萌 **主要参加人：** 周勇、刘敏、黄华伟、郑姿、葛钰、郑进、梁峥、麻冰冰、冯小航、闫江东
合 作 单 位： 泉州市城市规划设计研究院、北京五合国际建筑设计咨询有限公司

背景与意义

2017年3月，泉州古城被列为住房和城乡建设部第二批“双修”试点城市，是全国首批以古城作为重点工作范围的城市之一。中山路位于泉州古城核心区，是首批中国历史文化街区之一。2020年“宋元中国的世界海洋商贸中心”申报世界文化遗产，中山路串联起七处申遗点，是最能展现泉州传统文化的空间主轴。

随着城市发展重心东移，古城在长期被动的保护策略下，呈现出建筑安全、空间品质、配套服务等多方面的现实问题。

系统支撑

（1）规划先行，编制古城多专业专项规划。开展了泉州古城范围的区域交通研究、古城市政专项规划、业态策划等系列专项规划和研究。

（2）骑楼修缮，最大限度还原中山路真实历史风貌。落实上位规划分级分类改善要求，运用原真材料和传统工法恢复骑楼风貌。

（3）市政提升，消除安全隐患，改善民生。更新管线设施，实现雨污分流。对管线进行隐蔽化设计，改善风貌的同时消除安全隐患。

（4）街景营造，挖掘场所价值，引入文化活力。挖掘文化资源，强化街区文化主题，塑造核心景观节点。引入长效管控机制，保障高品质街道环境。

（5）夜景照明，打造特色鲜明的泉州古城夜景名片。统一光色展现历史风貌，烘托夜晚商业氛围，聚集人气。

（6）海绵措施，对接试点城市要求，提升街区排水防涝能力。

（7）交通梳理，打造以步行为主的历史文化街区。开展区域交通统筹，通过道路断面细化，对机动车、行人、综合设施等功能进行优化分配。

修缮后的泉州中山路建筑街景

修缮前后的中山路骑楼建筑

传统工匠对建筑细部进行精雕细琢

构建中山路建筑风貌库

创新利用吊顶空间进行管线隐蔽式设计

更新管线设施，实现雨污分流

采用“分层施治”的提升策略（右图为修缮后）

打造特色鲜明的泉州古城夜景名片

根据商家意见开展门面定制化设计

实施过程

（1）见微知著，从“设计一条街巷”到“研究一座古城”。分层次开展专项研究，制定整合建筑、市政、交通、景观、夜景、海绵等多专业的综合提升方案。市政管网专项通过系统梳理古城范围各类管线布局及管径，框定古城街巷竖向高程，作为示范段市政管线综合提升的设计依据；文化引领专项，提炼中山路2.5km骑楼建筑、窗楣、檐口、柱式等元素，提出“分层施治”建筑修缮改造策略；功能业态专项确定“一点三段”的功能结构，明确示范段文化客厅的功能定位；区域交通专项结合古城出行分析提出“分时段步行化”的提升策略，打造申遗点精品步行文化体验路径。

（2）改善民生，从“设计U形面”到“设计凹形槽”。以改善古城居民居住安全和生活品质为目标，将设计范围从地面延伸至地下，从室外延伸至室内。综合考虑骑楼建筑的现状基础埋深浅的现状，划定市政改造的路面开挖红线与放坡比例。在骑楼空间内部，结合修缮方案的吊顶空间设置隐蔽式管线桥架，将原外挂管线进行隐蔽式迁移，以解决管线外露带来的火灾隐患。

（3）革故鼎新，从“被动做方案”到“参与定制度”。项目组参与了草拟及审定骑楼建筑保护的条例、办法的系列工作中，包括《泉州市中山路骑楼建筑保护条例》等，将保护利用上升到立法高度，使保护工作有章可循、有法可依。项目组还参与了《泉州市传统建筑修建技术导则》编制、审定工作中，使保护设计理念能够发挥长效作用。

（4）共同缔造，从“自己埋头想”到“大家齐动手”。在设计过程中，针对商业功能为主的骑楼首层立面，开展门面、店招定制化设计，在保护风貌的基础上为业主提供“菜单式”店面设计选项。在施工过程中，政府、居民、设计团队与施工团队紧密协作，形成“政府出资、居民出钱、团队出力”的良性机制。在后期运维中，充分发动本地青年文化团体广泛参与更新工作，策划老城徒步活动、南音剧社等一系列活动，为中山路文化活力贡献力量。

实施效果

项目于2018年开工建设，2019年竣工。2021年“泉州：宋元中国的世界海洋商贸中心”申遗成功，中山路综合整治项目获得专家、居民一致认可，并成功入选《历史文化保护与传承示范案例》。中山路的整治提升工作也得到新华社、福建日报、泉州网等国家与地方媒体跟踪报道。

（执笔人：徐萌、李慧宁、葛钰）

延安市“生态修复、城市修补”总体规划

2019年度全国优秀城市规划设计二等奖丨2019年度陕西省优秀城乡规划设计一等奖丨2018—2019年度中规院优秀规划设计奖

编制起止时间：2017.3—2018.12
承担单位：城市设计研究分院、风景园林和景观研究分院、城市交通研究分院、城镇水务与工程研究分院
主管总工：李迅　**主管所长**：朱子瑜　**主管主任工**：刘力飞　**项目负责人**：王飞
主要参加人：鞠阳、郭君君、刘善志、顾浩、王斌、魏巍、康浩、王芮、王巍巍、崔溶芯、曹雄赳、刘广奇、刘冬梅、祁祖尧、贺旭生、徐秋阳、高文龙
合作单位：延安市规划设计院

背景与意义

延安城市建设布局呈现Y形狭长结构，是典型的黄土高原地形地貌。延安作为革命圣地、历史名城，是毛泽东思想的诞生地、中国共产党的精神家园，更是全国人民心中的红色圣地。自改革开放以来，经过近40年的快速发展，延安取得了巨大的成就，但是也带来了一系列城市问题：城市发展空间不足、城市功能不够完善、配套设施相对滞后、城景争地现象愈演愈烈、大量山体导致交通拥堵日益加剧等。

2017年延安市被确定成为全国第二批“城市双修”试点城市。为贯彻落实习近平生态文明思想，探索解决“城市病”等问题的新路径和新模式，实现黄土高原城市可持续高质量发展目标，延安市委、市政府邀请了由中规院牵头，多部门、多设计单位协调配合的“城市双修”专家团队，通过城市设计的手段指导完成了“城市双修”工作的全过程。

规划内容

本次规划是延安“城市双修”工作中的统领性规划，是指导延安行动的纲领，也是当前建设顶层设计，指导延安长远发展。

延安“城市双修”总规形成从“方向”到“方案”再到“方略”的技术框架，以城市设计方法为主线，构建总方针、分对策、落行动的设计路线，重整山体本底、重织山水关系、重铸文化认同、重塑空间场所、重构优质设施、重理社会善治。以目标为导向，从顶层设计、区域机会、城市机遇三个方面全面解读延安所面临的发展机遇，形成落实目标的三个抓手。针对自然环境、文化历史、时代特征提出了“山河气质、圣地特质、居游品质”的“双修”风貌总目标。并结合现状特色与问题形成了“生态延安、圣地延安、幸福延安”三大“城市双修”阵地，育美山、质清水、织绿城；优功能、显风貌、靓空间；优路径、理交通、微更新九大优化提升策略。“城市双修”总规设计了从示范引领到特色营造再到行动串联的“城市双修”工作全周期行动路线，同时对不同类目梳理了一百余个项目清单及建设计划时序，为延安“城市双修”工作的顺利完成奠定了良好的技术基础。

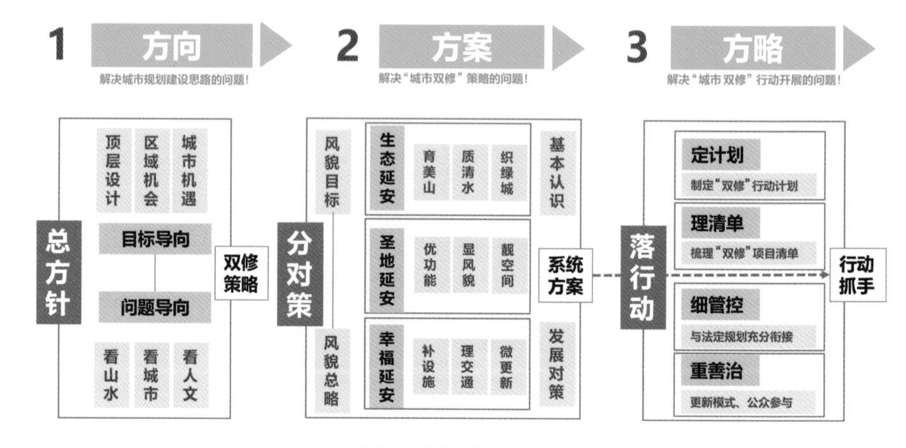

技术框架

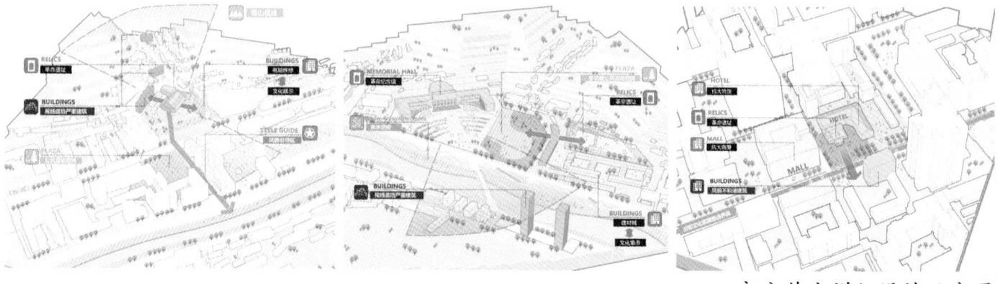

部分节点详细设计示意图

创新要点

（1）坚持了统筹考虑、创新发展的思路，以人民为中心，全面解读了延安面临的问题及困境，针对延安中心城区自然环境、文化历史、时代特征提出了相对应的风貌目标及优化提升策略，把生态修复、文化传承与民生改善三个方面的工作有机结合起来，把革命文物保护与基础设施建设、文化旅游发展、民生福祉改善结合起来。

（2）以城市设计作为“城市双修”规划的重要方法，通过全过程、多维度的设计支撑，全系统、多要素的设计考量，“绣花”式、微创型的更新模式，在宏观、中观、微观等多个尺度指导完成了延安生态修复、城市修补工作。通过城市设计方法，在实践实施中不断适应新的需求。“城市双修”规划也成为老百姓了解城市空间资源、形成共识并引发共同行动的技术平台，是推动中国新型城镇化转型与环境品质提升的重要工作。

三山两河区域工作前后实景对比

延河河道整治工作前后实景对比

实施效果

延安“城市双修”总规中建立了“行政统筹负责、技术协同对接”的工作组织框架，由延安市领导组成领导小组，辖“双修”工作领导小组办公室与中规院技术工作组布置开展任务。

“城市双修”工作开展以来，中心城区全面开展了宝塔山、凤凰山、清凉山和延河、南川河“三山两河”综合治理工作，加快“河流+山体+城市公园+绿道网”的系统建设，生态环境得到很大改善。在活化水岸与流域治理方面，以推动硬质堤岸向生态自然水岸转变为目标，合理对河堤进行改造提升，疏通河道两岸公共空间，连接岸边城市景观。

延安积极推动保护与发展相融合，将遗址空间与城市空间、山体水系、居民活动联系一起，确立了核心保护区多拆少建、革命旧址景区周边只拆不建、力戒大拆大建的原则为革命旧址文物保护腾出更大空间，推动历史文化与城市发展交织融合。在推进“城市双修”试点工作中，将拆迁腾退用地绝大多数用于城市生态恢复和基础设施、活动空间、公共服务设施建设，完善服务功能布局，补齐民生短板弱项，有效解决事关群众生产、生活质量提升的切身利益问题。

2019年8月，住房和城乡建设部“生态修复、城市修补”试点现场会暨工作总结会在延安市召开，黄艳副部长出席会议并讲话。各省（区、市）住房和城乡建设部门及58个试点城市代表参加了本次会议。在总结会上，延安的“城市双修”工作取得的成效受到住房和城乡建设部以及试点城市代表的高度评价。

（执笔人：刘善志）

景德镇市“生态修复、城市修补”系列规划

2019年度全国优秀城市规划设计二等奖 | 2019年度江西省优秀城市规划设计一等奖

编制起止时间： 2017.5—2019.12
承 担 单 位： 上海分院
分院主管总工： 张永波、李海涛
主 管 所 长： 周杨军　　**主管主任工：** 谢磊
项 目 负 责 人： 赵祥　　**主要参加人：** 杜嘉丹、周鹏飞、李璇、刘世光、肖仲进、景哲、鲍倩倩
合 作 单 位： 北京清华同衡规划设计研究院有限公司、景德镇市城市规划设计院有限公司

背景与意义

为深入贯彻中央城市工作会议精神，落实住房和城乡建设部对“生态修复、城市修补”工作的要求，景德镇市积极推进“生态修复、城市修补”工作，将其作为城市转型发展的重要抓手，以提高生态环境质量、补足城市基础设施短板、提高公共服务水平为重点，转变城市发展方式，治理“城市病”，打造和谐宜居、富有活力、各具特色的现代化城市。

景德镇市中心城区规划建设用地面积约110km^2，生态修复重点范围为已建区，面积约60km^2，以“治山理水、显山露水”为总原则，旨在传承、保护与修复绿色、健康、秀美的生态基底。

规划内容

1. 山体修复规划

依托现状“七山一水两分田”的生态本底条件，明确山体整体空间结构，同时将山体绿线纳入城市绿线管理范围。针对城市建设、道路建设等带来的山体不同程度的破坏，通过山体受损综合评估，确定山体受损情况，对破坏的山体或坡面开展分类生态修复，并根据山体不同特点制定山体生态修复技术导则，有效指导山体修复实践。

2. 水系修复规划

针对水系不畅、岸线破损、内涝频发、水质污染等实际问题，规划提出以功能恢复为导向的水系恢复规划与以空间协调为导向的水系协调规划。水系恢复规划重点提出三类水系恢复，分别为洪涝行泄功能恢复、水质净化功能恢复以及生态景观功能恢复；水系协调规划重点对防洪排涝、污水系统整治、海绵城市建设、昌江百里风光带建设等相关系统工程进行空间修复的衔接。

3. 绿地修复规划

通过逐步修复城市绿地，融入景德镇特色文化元素，满足“500米入园，300米见绿”的治理需求。重点控制现有山体面积、连通历史山体组团、更新山体绿地为城市公园，修复山体林地；合理新建绿地公园、提升绿地公园建设品质、增加专类公园种类，修复公园林地；依托生态廊道、林廊、水廊、文廊、城市绿道，修复廊道林地。

创新要点

1. 以山体绿地修复为本底，重塑城市风景线

为有效保护山体，避免城市“摊大

景德镇山水脉络图

饼”式发展，通过划定山体绿线，并将其纳入城市绿线管理范围，结合山体、公园、廊道绿地修复，守住城市建设和城市魅力的底线。规划重点对高价值的受损山体进行体检评估，明确山体修复方向，制定山体修复导则，进一步指导丘陵城市山体修复实践。

2. 以水系修复与治理为核心，重塑水系通道功能

针对丘陵城市与高地下水位的典型特征，系统梳理水系历史脉络、空间功能，提出了“常态与非常态”水系统修复模式，将历史水系修复与污水、海绵、黑臭水体等多项城市治理工作有机结合。通过洪涝行泄、水质提升、生态景观等功能恢复来修复蓝色空间，以“城水耦合”实现“城水共生”。

实施效果

规划遵循“望得见山、看得见水、记得住乡愁”的修复理念，通过治山理水，有效保护与修复了凤凰山、九皇宫等受损山体，建成了昌江风光带、西河水系等河流廊道，完成了老南河等重要支流沿线雨污分流、综合管廊等基础设施建设，把景德镇的山水和人文串起来、城市和乡村连起来，打造了城市重要景观和市民休闲的好去处；通过显山露水，更新实施了昌南湖公园、南河公园、松涛公园等节点，通过拆墙透绿、见缝插绿、退硬还绿、拆迁建绿，实现了山水相依、城湖相融、人水相亲。

住房和城乡建设部2018年12月在景德镇召开了“生态修复、城市修补”现场会，对景德镇市集自然生态修复、城市基础功能提升、城市文化功能复兴于一体的“城市双修”3.0版实施经验予以充分肯定并加以推广。

（执笔人：周鹏飞）

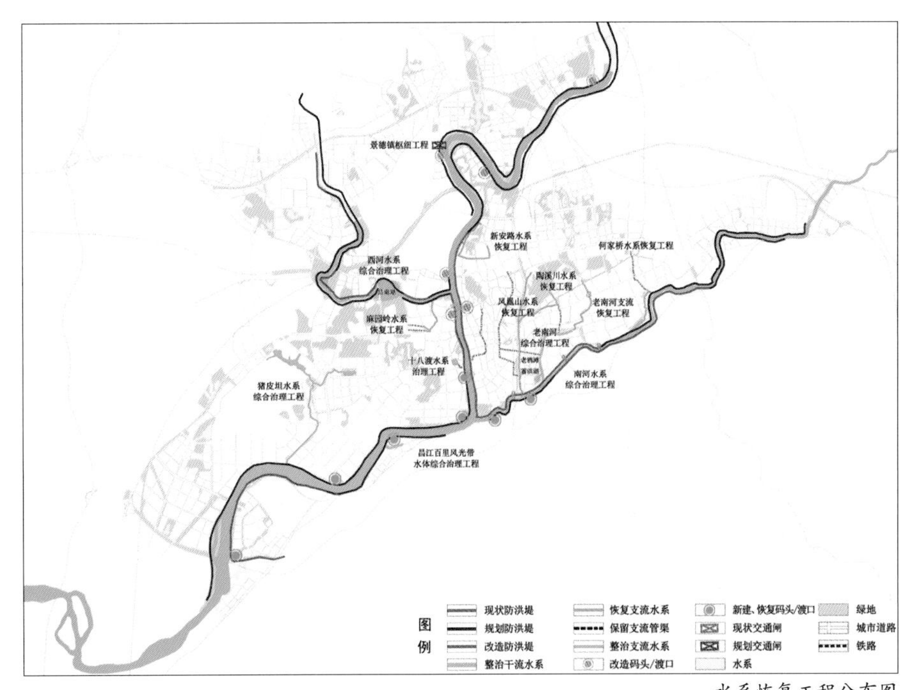

水系恢复工程分布图

景北大道山体修复前后对比图

西河防洪堤生态修复前后对比图

昌南湖公园生态修复前后对比图

福州市“生态修复、城市修补”总体规划

2019年度全国优秀城市规划设计三等奖｜2019年度福建省优秀城市规划设计二等奖｜2021年北京园林优秀设计一等奖｜2018—2019年度中规院优秀规划设计三等奖

编制起止时间： 2018.2—2019.8
承 担 单 位： 风景园林和景观研究分院、历史文化名城保护与发展研究分院、城镇水务与工程研究分院、城市交通研究分院
主 管 总 工： 张菁　**主 管 所 长：** 王忠杰　**主管主任工：** 白杨　**项目负责人：** 高飞、李路平、崔宝义
主要参加人： 王璇、刘宁京、张斌、兰伟杰、曾浩、张浩、吴岩、贺旭生、单亚雷、王雪琪、田皓允、尹娅梦、黄俊、李一萌、陈凯翔
合 作 单 位： 福州市规划设计研究院集团有限公司

背景与意义

2017年4月住房和城乡建设部将福州等19个城市公布为第二批“城市双修”试点城市。项目组依据福州城市特色与试点要求，以美丽与美好为主题，围绕“修山水文脉，提升竞争力，建设美丽福州”“补民生短板，体现获得感，建设有福之州”两个导向开展工作。2018年福州作为试点城市代表，在景德镇“城市双修”现场会作经验交流。

规划内容

一是总体纲领——搭建福州“双修”工作框架。制定了“生态典范、幸福标杆”为总目标引领的八层级技术工作框架。

二是系统治理——开展六大系统修补工作，包括生态环境修复、历史文化延续、景观风貌优化、交通市政提升、公共设施修补、宜居社区建设六个方面。

三是行动计划——以“双轴、六区、一线”为特色示范结构，通过开展一批卓有成效的特色示范项目，展示福州城市的美丽与美好。并且依托“双修”总体规划建立一个长期可持续的福州“双修”工作平台，为打造幸福之城提供支撑与保障。

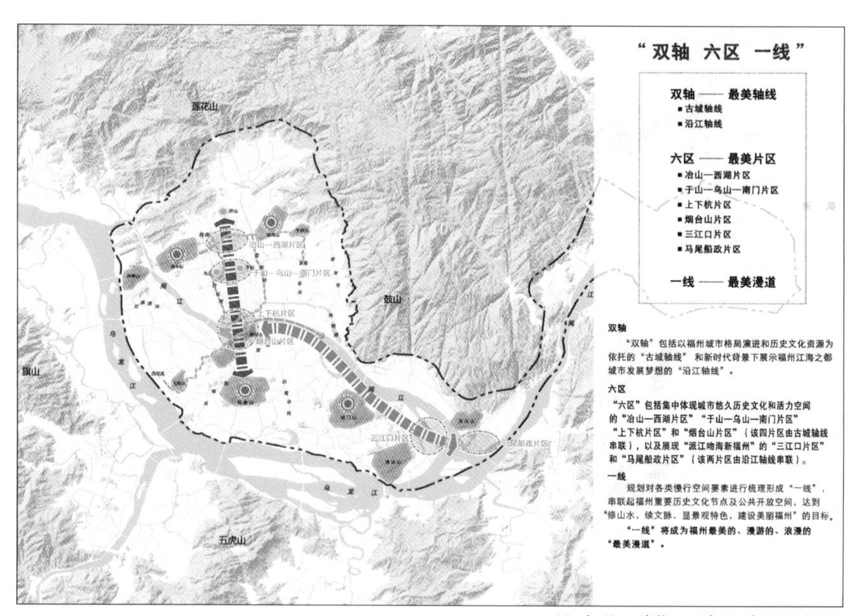

福州“双修”示范区总体结构图

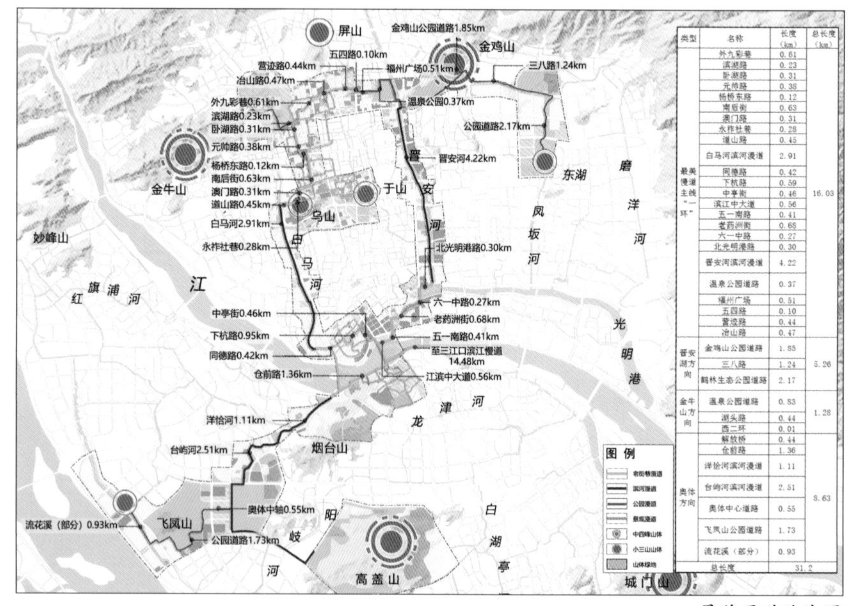

类型	名称	长度（km）	总长度（km）
最美慢道主线“一环”	外九彩巷	0.61	16.03
	滨湖路	0.23	
	卧湖路	0.31	
	元帅路	0.38	
	杨桥东路	0.12	
	南后街	0.63	
	澳门路	0.31	
	永祚社巷	0.28	
	道山路	0.45	
	白马河滨河漫道	2.91	
	同德路	0.42	
	下杭路	0.59	
	中亭街	0.46	
	滨江中大道	0.56	
	五一南路	0.41	
	老药洲街	0.68	
	六一中路	0.27	
	北光明港路	0.30	
	晋安河滨河漫道	4.22	
	温泉公园道路	0.37	
	福州广场	0.51	
	五四路	0.10	
	营迹路	0.44	
	冶山路	0.47	
晋安湖方向	金鸡山公园道路	1.85	5.26
	三八路	1.24	
	鹤林生态公园道路	2.17	
金牛山方向	温泉公园道路	0.83	1.28
	湖头路	0.44	
	西二环	0.01	
奥体方向	解放桥	0.44	8.63
	仓前路	1.36	
	洋柏河滨河漫道	1.11	
	台屿河滨河漫道	2.51	
	奥体中心道路	0.55	
	飞凤山公园道路	1.73	
	流花溪（部分）	0.93	
总长度		31.2	

最美漫道路线图

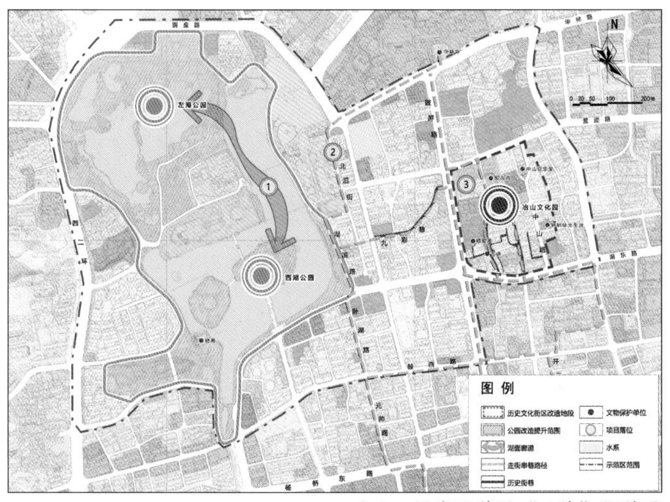

冶山—西湖示范区“双修”指引图

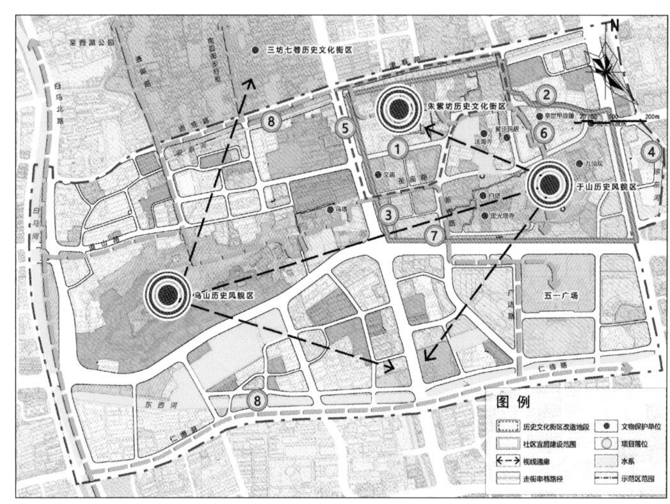

于山—乌山—南门示范区“双修”指引图

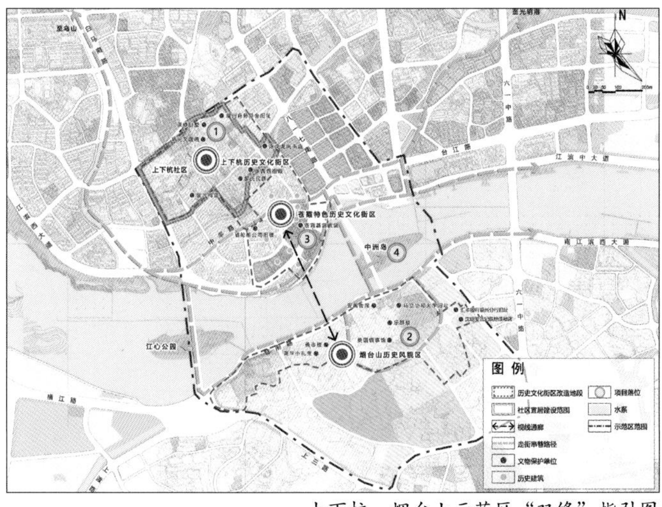

上下杭—烟台山示范区“双修”指引图

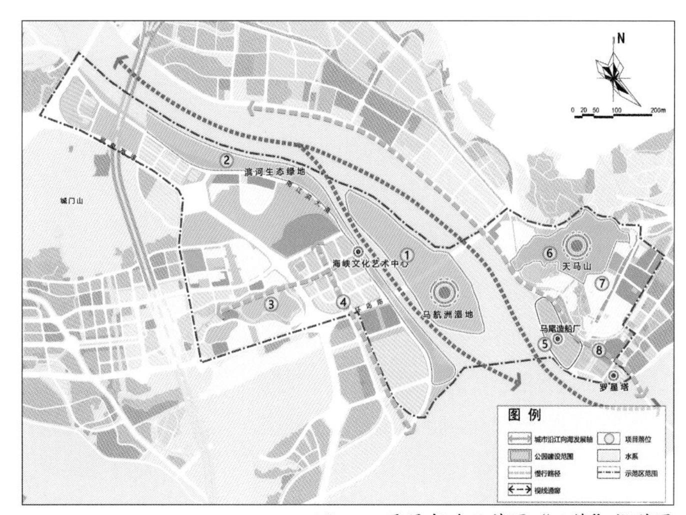

三江口—马尾船政示范区“双修”指引图

创新要点

（1）探索设计与修补结合的新路径。通过城市设计手法入手“双修”工作，从资源特色与人的感知角度描绘福州最美的城市空间画卷。

（2）探索普惠与示范并重的新方法。本次规划的六大系统实现了“双修”工作的主城区全覆盖，同时针对重点片区进行了详细指引与示范工作，起到了普惠与示范并重的作用。

（3）探索体验与修补结合的新思路。“福州最美漫道”就是本次修补规划工作的重要成果之一，规划以人的游憩体验感受和展示为出发点，对路径上的各类慢行空间要素进行梳理整治，组织形成一条展现福州最美、适宜市民及游人慢行、浪漫的线路。

（4）探索标准与修补共进的新模式。依据本次规划的内容，福州市探索制定“实施方案+专项导则”标准和制度体系，形成共计约20项的标准规范成果。

实施效果

全市完成河道清淤265万m^3，打通断头河13条。公共开敞空间方面，打造城市公共休闲步道12条，结合绿道建设串珠公园168个。宜居社区建设全面启动，老城区106个连片旧屋区改造，完成300个老旧住宅小区的整治提升，共惠及群众近17万户。

历史文化得到彰显，规划推进上下杭、朱紫坊历史文化街区与烟台山历史风貌区保护整治；启动冶山历史风貌区、新店古城遗址和鼓岭保护整治。

（执笔人：李路平）

无锡历史城区“生态修复、城市修补”规划

2021年度全国优秀城市规划设计三等奖｜2020年度江苏省优秀国土空间规划二等奖｜2020年度无锡市优秀城乡规划一等奖

编制起止时间： 2018.2—2019.12
承 担 单 位： 绿色城市研究所
主 管 所 长： 董珂　　**主管主任工：** 谭静
项目负责人： 张广汉、董琦、刘畅　　**主要参加人：** 熊毅寒、兰慧东、尚晓迪、王秋杨
合 作 单 位： 无锡市规划设计研究院

背景与意义

无锡历史城区身兼千年吴地文化中心与城市现代商业中心两重功能，近年来出现了文化特色不彰、空间品质不足、整体活力下降等问题，亟待由表及里提升综合竞争力。无锡从古至今繁盛不衰的发展，为老城留下了山水入城的空间格局、街巷成网的传统肌理、散落密布的遗迹故居，也造就了今日功能综合、空间多元、人群聚集、尺度宜人的特点。

历史积淀与当代需求是无锡老城发展中无法分割的两面，项目组聚焦历史城区文化价值的激活，在城市中心公共空间品质优化上遵循以人为本的逻辑，强调古今对话共荣，总体实现回归老城核心价值，治理老城当代问题，落实老城振兴使命。

规划内容

1. 三大任务综合整治

通过“重铸山水映古城之貌”“重塑坐看繁华里之境”“重织流连巷弄间之景”三大任务，实现修复文化空间意向、以文化带动商业与旅游、优化步行空间环境三方面的综合整治。

2. 五启动区详细设计

开展“水陆锡径”全线路详细设计，提升城市文化感知度；开展中山路北段、朝阳广场、站前片区详细设计，升级城市门户功能与品质。

3. 政府部门近远行动

结合系统整治三大任务，提出远期持续性更新的部门行动指南；结合启动区详细设计要求，分解落实部门近期工作。

创新要点

1. 技术内容创新

（1）强调城市的人民性。通过基于人本的空间诊断与有温度的人性化设

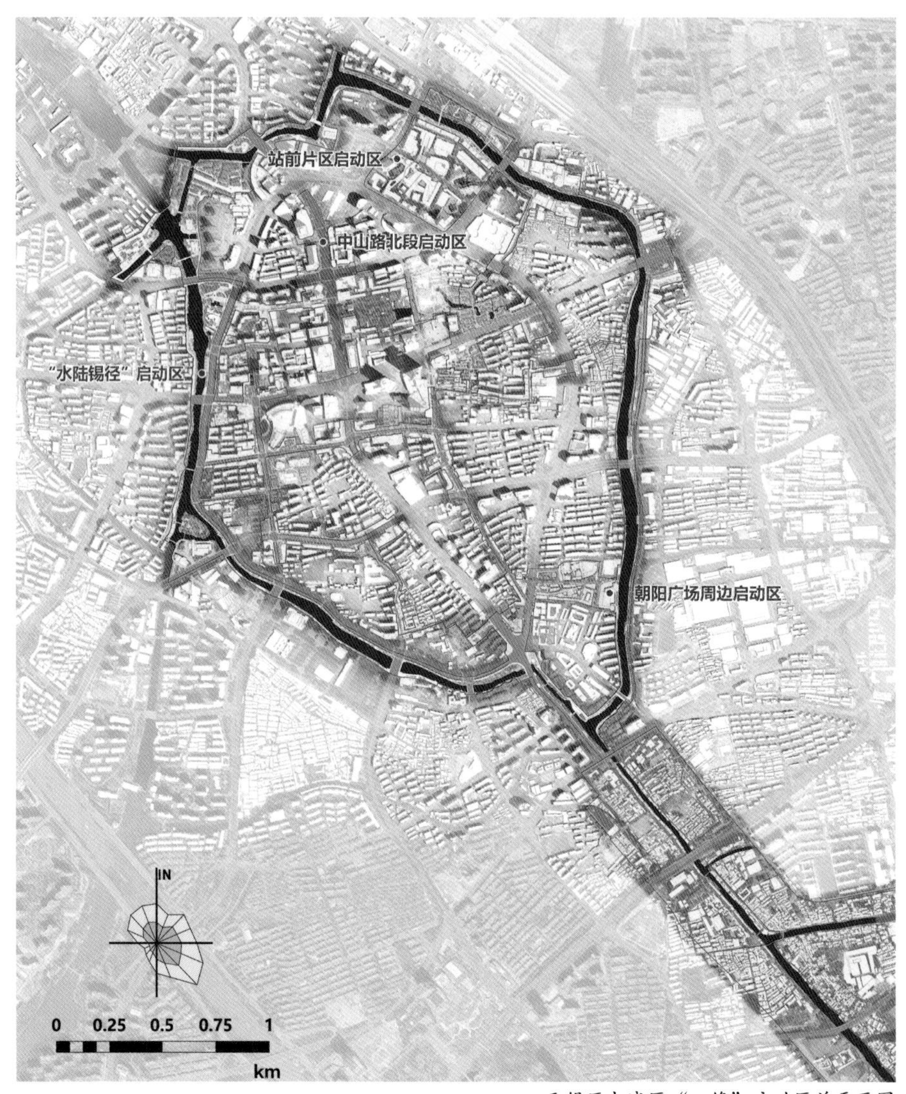

无锡历史城区“双修”启动区总平面图

计，反思与重塑公共空间，激活空间使用价值。

（2）强调文化的延续性。以古今对话式设计延续文脉、织补时空，将现代商业空间、公共开敞空间均作为展示无锡故事的舞台。

（3）强调空间的复合性。打造原创文化主题体验线路“水陆锡径”，沿线将文化主题性设计、小微公园增补改造、道路与水体环境优化融为一体，赋予城市空间传承文化、提振活力、改善民生的复合功能。

2. 工作方法创新

（1）强调规划的实施性。兼顾长远理想与近期实操，以示范项目促进设计到施工一贯到底。

（2）强调整治的系统性。全局谋划、分类更新、多管齐下，发挥系统合力。

（3）强调行动的统筹性。综合施治，做实中、微观尺度的部门协同。

实施效果

本次“城市双修”规划，融入了无锡市、梁溪区各部门的近期工作中，推动了无锡老城中重要建筑和景观节点的改造更新。包括复建泰隆亭、增设南禅寺“乌篷船”形过街天桥、增加“钱钟书与围城”雕塑等。结合“水陆锡径”等规划构想，推动举办了一系列主题文化活动。包括清名桥“今夜良宵”主题夜市，小娄巷“良辰”烟花美集等。沿运河及码头、新生路、南市桥巷等重要游线和历史街巷也逐步开展整治更新。

（执笔人：董琦）

半室外活动空间的构筑物采用反光铝板，如同镜面映出四周的绿意；飘浮艺术装置飘浮于广场草地的上方，使公园显得生动活泼；平静的水池倒映樱花林，游人可在此驻足休息，感受难得的静谧与清凉。

南尖树林滨水一侧布置镜子迷宫，迷宫上方是层层绿荫，通过镜面折射，为游人尤其是孩童提供嬉戏的场所；在树林园路上设置声音互动装置，随声音产生不同色彩的变化。

文化活动广场改造要点：
①功能定位：提供户外交流、玩耍、嬉戏的多主题、多功能场地。各项设施与景观均要可触碰、可互动、可体验。
②景观要求：考虑到南尖北部是已经成形的林地景观区，文化活动广场应以硬地景观为主，适当布置草坪与乔木，注意自然过渡衔接，形成北林地、南广场的景观活动空间。

无锡历史城区“水陆锡径”—“南尖绿地”段落局部设计方案图

责任部门	整治内容	新增工作量	改造工作量	空间布局要求	设计意向	工作时序
梁溪区交管运输局、梁溪区城市管理局、梁溪区住房和城乡建设局	道路拓宽及预留	4条	8条街道	依据控规要求	控规	近期（第6、7、8、15、17、19段落），远期（第1、4、12段落）
	街巷步行	—	4条	优先确保街巷单侧步行道不小于2m，剩余宽度不满足车辆通行要求的，车辆禁入，街巷完全步行		近期（3南市桥巷、3新生弄、7东林书院、7绿塔）
	划设非机动车道	—	4条	确保单侧非机动车道不小于1.5m，确保非机动车有路可走		近期［1崇宁路、4新生路（学前街以南）、12前西溪、20工艺路］
	非机动车停车设施	12处	7条	结合行道树设计沿路非机动车停车带，结合广场、绿地等空间设计集中非机动车停车场		近期
	清除占道停车	—	13条	清理占道停放车辆，引导机动车停车场停放，全线增加步行道隔离设施		近期
	机动车公共停车场	11个	—	结合停车规划，新增公共停车场；借助停车管理平台，整合周边停车资源		近期（第4段落），远期（第2、3、5、12、19、20段落）
	旅游公交站点	4个	10个	结合“水陆锡径”和道路通行条件设计旅游专线，考虑接驳性设置站点		近期

无锡历史城区“城市双修”启动区专项项目库（道路交通部分）

包头市“生态修复、城市修补”综合规划

2019年度全国优秀城市规划设计表扬奖｜2019年度内蒙古自治区优秀城市规划一等奖

编制起止时间： 2018.4—2019.12

承 担 单 位： 中规院（北京）规划设计有限公司

公司主管总工： 朱波　　**主 管 所 长：** 王佳文　　**主管主任工：** 徐有钢

项目负责人： 李壮、董志海　　**主要参加人：** 王玉圳、谢骞、王迪

合 作 单 位： 包头市规划设计研究院

背景与意义

住房和城乡建设部提出加强“生态修复、城市修补”的工作要求，包括修复生态环境、治理“城市病”、改善城市基础设施和公共服务设施条件、提升环境质量、展现城市特色风貌等，并具体部署推进了一批试点城市先行先试。

包头是试点城市中位于西北地区为数不多的人口规模较大、城市发展较为成熟、城市建设基础较好的城市。规划有力统领“城市双修”各领域专项工作，为西北地区的城市建设和品质提升提供了一个可借鉴、可推广的模式。

规划内容

规划分为四个阶段，具体如下。

（1）分析问题阶段。坚持以问题为导向，对包头市生态环境保护和城市功能完善方面存在的问题进行了系统梳理总结，并以此为基础编制了《包头市“城市双修”实施评估报告》。

（2）制定方案阶段。编制了《包头市“生态修复、城市修补”工作方案》，成立了以市长为组长的“城市双修”工作领导小组。将“城市双修”工作细化为青山绿水、蓝天护卫、水土保持、功能完善、景观提升、交通改善、文旅融合七大行动。

（3）项目推进阶段。从总体规划方面、生态修复方面、城市修补方面统筹25项规划，坚持以顶层设计主导重点项目的落地。并以此为基础编制了《包头市“城市双修”三年行动计划》，以重点项目为抓手，针对重点地区谋划一批继续整治的工程项目，指导开展具体项目方案设计，优先形成一批高质、高效示范工程，推动“城市双修”工作有序展开。

（4）评估完善阶段。对“城市双修”实施情况进行长期跟踪和年度动态评估，对城市建设发展中出现的新问题、新情况

包头市“城市双修”重点工程和项目安排示意

土右旗南坡修复前后对比

东河区南坡修复前后对比

昆区南坡修复前后对比

沟谷、河道修复前后对比

赛罕塔拉城中草原修复前后地貌对比

进行定期判别，对“城市双修”重点工作方向进行了完善，并对项目库进行了持续的动态更新和维护，为持续深化“城市双修”工作建立了一套长效工作机制。

创新要点

重视整体评估，重视公众参与；合理制定实施计划；建立具有“城市双修”特色的工作长效机制。三年的规划实施后，包头市完成了生态修复项目39项，城市修补项目404项，并精选出15个具有代表性的案例，为国家在西北地区的城市建设和品质提升提供了可借鉴、可推广的模式。

实施效果

“城市双修”七大行动共计划实施生态修复项目136项，总投资额1299.94亿元，计划实施城市修补项目883项，总投资额3218.44亿元。截至2018年，开复工项目424个，开工率82.3%，完成投资401.921亿元。

青山碧水行动。重点开展了大青山南坡生态修复、矿山综合治理、水生态综合利用、黑臭水体治理、再生水管网建设等工程。其中，大青山南坡生态修复绿化升级工程完成重点区域绿化700hm^2。

蓝天护卫行动。重点实施工业污染防治、城市燃煤锅炉整治等六大工程，减少标准煤消耗近70万t，减排二氧化硫0.95万t，减排氮氧化物0.39万t，减排烟尘0.89万吨。

水土保持行动。主要是对包钢尾矿库、二电厂储灰池进行生态修复，二电厂储灰池经过覆土绿化修复，已成功改造为奥林匹克公园。

功能完善行动。完成新建改造雨污水管网90km；推进地下综合管廊建设，已建成24.3km，投入运营5.8km；开展城市棚户区改造，已开工建设43953套；完成了150个、486.1万m^{2}的老旧小区综合整治任务。

景观提升行动。实施城市园林绿化、重点道路增绿提质等53项工程，新增城市绿地214hm^2；创建72条景观街和综合治理了69条街巷；实施重点地段亮化工程。将赛汗塔拉城中草原西侧腾退出的2800亩（1亩≈666.67m^2）用地，使草原的面积达到了10680亩，成为名副其实的万亩城中草原。

交通改善行动。主要实施了26项道路建设工程，新增道路面积150万m^2；规划55处电动汽车充电设施，已建成39处。实施110国道、沼南大道等道路新建改造工程，贯通城市骨架路网。

文旅融合行动。实施42个重点旅游项目。

（执笔人：李壮）

22

城市体检与评估

北京市街区控规实施评估（2022年度）

2023年度北京市推荐优秀城乡规划二等奖

编制起止时间：2022.4—2022.12
承 担 单 位：中规院（北京）规划设计有限公司
公司主管总工：王宏杰　　**主管主任工：**任帅
项目负责人：郭倩倩　　**主要参加人：**苏晨晨、张迪
合 作 单 位：北京市城市规划设计研究院、北京清华同衡规划设计研究院有限公司

背景与意义

2017年，《北京城市总体规划（2016年—2035年）》获得党中央、国务院批复。2019年，北京市压茬启动控制性详细规划编制工作。随着“三级三类四体系”国土空间规划总体框架的建立和逐步完善，北京市控规由建章立制逐步进入滚动编制、有序实施的阶段。2022年，北京市规划和自然资源委员会委托开展已批街区控规的实施评估工作，探索建立控规实施的评估机制，完善详细规划层级的实施评估机制，实现控规闭环运行。其中我院主要承担控规实施评估的指标体系、技术方法研究，以及石景山区已批街区控规的实施评估工作。

研究内容

（1）构建方法体系。聚焦总规实施，发挥控规实施总规的作用，突出规划编制、管理、实施一体化的思路，落实“三位一体”控规统筹管理制度，衔接近期重点工作，研究提出控规实施评估的指标体系和重点内容。通过指标评估、任务评估、领域评估和满意度评估，开展指标投放与实施进展、空间布局与民生保障、重点任务与完成情况、工作组织与推进力度四个方面的评估，从规划实施的效率、效能、效益和效应等维度分析主要成效和存在的问题。

（2）完善评估机制。建立区级控规运行维护管理平台和实施管理机制。强化与总规体检评估工作的统筹，将工作视角与方法下沉到街区、社区颗粒度。通过与总规体检评估、近期实施计划编制、数据平台建设等工作的统筹联动，完善控规实施评估工作机制，确保规划实施过程可控、不甩项、不走样。

（3）开展评估实践。以北京市总规批复后，编制并且已经取得批复的街区控规为对象，开展实施评估实践工作。按照“提出—验证—反馈—完善—再实践与验证”的工作路线，经过多轮往复循环，不断完善指标体系和技术方法，使评估体系更好地体现街区的实际和特色，更精准地反映街区控规实施过程中存在的问题，为下一步实施计划的制定管理建议。

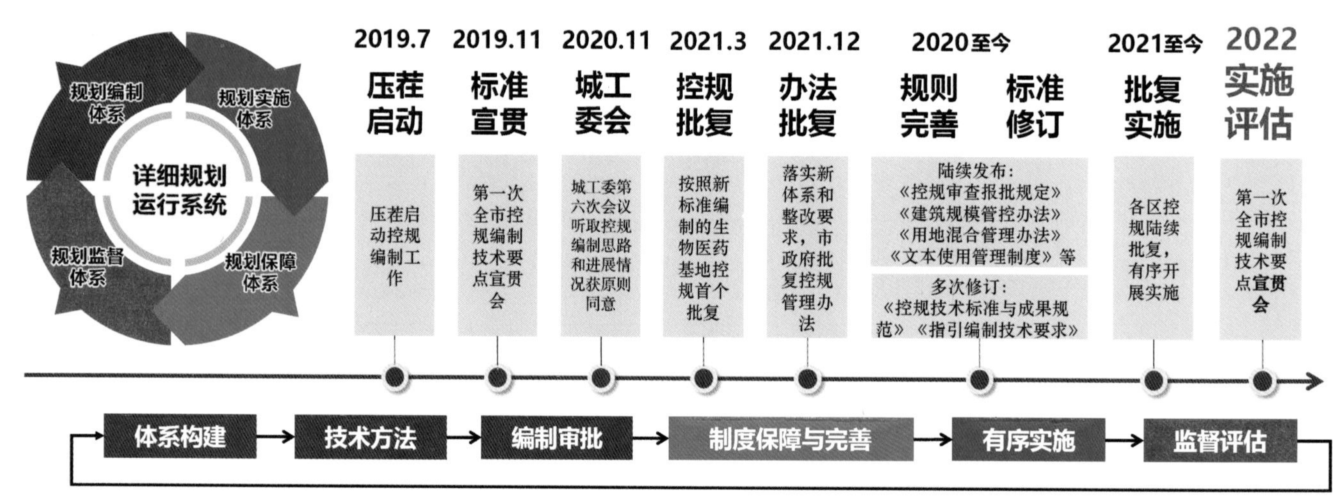

北京市详细规划闭环运行体系示意图

创新要点

当前，国家对于控规实施评估尚未形成制度化设计和指引。项目研究探索建立了控规实施评估的方法体系，完善了规划实施监督体系，可为全国开展详细规划实施体检评估提供参考。

（1）构建“一个工作体系”。落实控规改革要求，聚焦实施，系统提出控规实施评估的目标要求、重点内容、指标体系、工作机制和成果要求等工作体系框架。

（2）形成“一套评估指标”。形成控规实施评估指标体系，包括基本指标和推荐指标。基本指标突出管控类指标监督，推荐指标侧重街区特色引导，指标突出过程性、连续性的评估监督。

（3）完成“一组实践范式”。依托15个已批街区控规评估实践，完成了市区两级控规实施评估工作成果，并面向各区形成技术指南和成果范例。

实施效果

项目研究形成的技术方法、指标体系等结论作为已批街区控规实施评估的技术要点，指导各区开展已批街区控规实施评估工作。

（执笔人：郭倩倩、张迪）

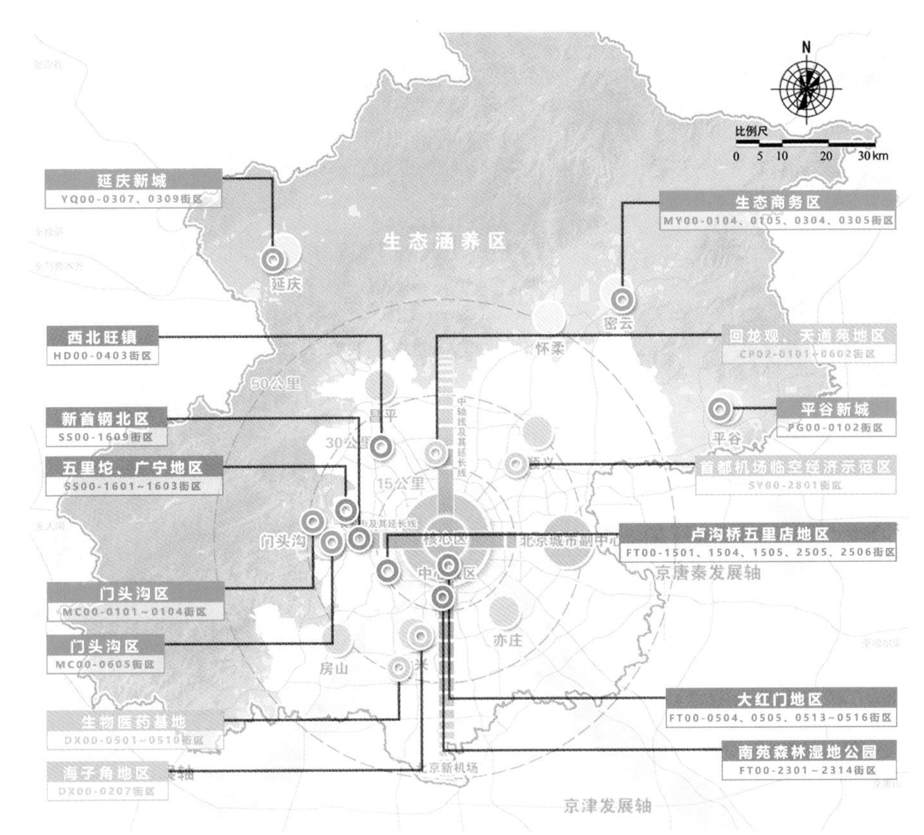

北京市街区控规实施评估（2022年度）已批控规分布示意图

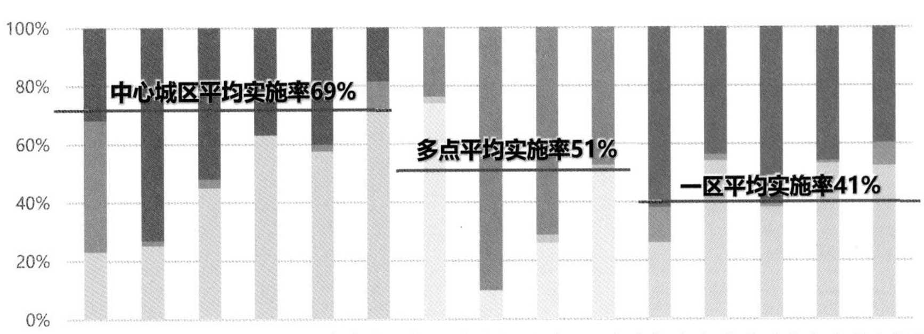

北京市街区控规实施评估（2022年度）城乡建设用地实施率分析图

序号	分类	指标名称	计算公式	统计方式
1	规划实施	城乡建设用地实施率（%）	已按规划实施的城乡建设用地面积（含已审批用地）/规划城乡建设用地面积	平台运算+各区校核
2		流量建筑规模投放率（%）	已按规划实施的流量建筑规模（含已审批规模）/规划基期年流量建筑规模	平台运算+各区校核
3		三大设施用地实施率（%）	已按规划实施的三大设施用地面积（含已审批用地）/规划三大设施用地总面积	各区填报
4		累计土地供应面积（hm^2）	规划基期年后，规划范围内累计土地供应面积	各区填报
5		累计土地供应地上建筑规模（万m^2）	规划基期年后，规划范围内供应土地的地上建筑规模总和	各区填报
6		战略留白用地实地留白率（%）	现状已达到实地留白（场地腾退或临时绿地等）的面积/规划战略留白用地面积	各区填报
7	规模结构	常住人口规模（万人）	实际居住在控规范围内半年以上的人口数量	各区填报
8		城乡建设用地规模（hm^2）	规划范围内现状城乡建设用地总面积，按照北京市相关用地分类标准确定	各区填报
9		地上总建筑规模（万m^2）	规划范围内现状地上建筑规模的总和	平台运算+各区校核
10		三大设施建筑规模（万m^2）	公共服务设施、市政交通设施、公共安全设施的现状建筑规模总和，含不独立占地设施的规模	平台运算+各区校核
11		战略留白用地规模（hm^2）	规划范围内战略留白用地面积	各区填报
12	空间布局	主导功能符合度（%）	符合规划主导功能要求的主导功能分区个数/规划全部主导功能分区个数	平台运算+各区校核
13		基准强度符合度（%）	符合规划基准强度要求的主导功能分区个数/规划全部主导功能分区个数	平台运算+各区校核
14		基准高度符合度（%）	符合规划基准高度要求的主导功能分区个数/规划全部主导功能分区个数	平台运算+各区校核
15	绿色生态	建成区人均公园绿地面积（m^2/人）	城市建设区范围内常住人口人均拥有公园绿地的面积	各区填报
16		建成区公园绿地500m服务半径覆盖率（%）	城市建设区范围内公园绿地按照500m服务半径覆盖住宅用地的比例	各区填报
17	民生共享	一刻钟社区服务圈覆盖率（%）	一刻钟社区服务圈涉及的各类服务设施和服务项目可覆盖到的社区个数占社区总个数的比例	各区填报
18		基础教育设施用地面积（hm^2）	规划范围内各类基础教育设施的总用地面积	各区填报
19		医疗卫生机构床位数（张）	规划范围内各类医疗卫生设施床位数的总和	各区填报
20		养老机构床位数（张）	规划范围内各类养老机构设施中的床位数	各区填报
21		公共文化服务设施建筑面积（万m^2）	规划范围内市级公共图书馆及文化馆、区级公共图书馆及文化馆、街道（乡镇）文化服务中心、社区（行政村）文化活动室四级公共文化服务设施的建筑面积的总和	各区填报
22		公共体育用地面积（hm^2）	规划范围内公共体育用地面积总和，包括体育场馆用地和体育训练用地两类	各区填报
23	便捷交通	集中建设区域道路网密度（km/km^2）	集中建设区道路长度/集中建设区规划用地面积	平台运算+各区校核
24	基础保障	人均应急避难场所面积（m^2）	常住人口人均拥有应急避难场所的面积，包含紧急避难场所、固定避难场所和中心避难场所	各区填报

北京市街区控规实施评估基本指标

重庆市城市体检系列项目

2021年度全国优秀城市规划设计一等奖（项目一）｜2021年度重庆市优秀城乡规划设计一等奖（项目二）｜
2020—2021年度中规院优秀规划设计一等奖（项目一）

编制起止时间： 2020.5至今
承 担 单 位： 西部分院

项目一名称： 重庆市2020年城市体检
主 管 所 长： 肖礼军　**主管主任工：** 郝天文　**项目负责人：** 张圣海、王文静、秦维
主要参加人： 谢亚、蒋力克、赵倩、杨皓洁、胡林、何铁杰、陈君、贾敦新、翟丙英、黄子怀
合 作 单 位： 重庆市市政设计研究院有限公司、北京数城未来科技有限公司

项目二名称： 重庆市2021年中心城区城市体检
主 管 所 长： 张圣海　**主管主任工：** 肖礼军　**项目负责人：** 王文静、秦维、丁洁芳
主要参加人： 贾敦新、黄子怀、雍娟、刘冬旭、翟丙英、陈婷、刘敏、谢亚、赵倩、杨皓洁、何铁杰、曾宪鹏、胡林、陈君、曾永松、李丹、杨浩、陈超、倪志航、谭琦川
合 作 单 位： 北京数城未来科技有限公司

项目三名称： 重庆市2022年中心城区城市体检
主 管 所 长： 张圣海　**主管主任工：** 肖礼军　**项目负责人：** 王文静、赵倩、丁洁芳、秦维
主要参加人： 赵畅、刘冬旭、胡林、何铁杰、陈俊熹、贾敦新、杨航、景晓婷、曾宪鹏、陈君
合 作 单 位： 重庆市设计院有限公司、重庆市市政设计研究院有限公司

项目四名称： 重庆市2023年中心城区城市体检
主 管 所 长： 肖礼军　**主管主任工：** 金刚　**项目负责人：** 张圣海、王文静、赵倩
主要参加人： 秦维、刘冬旭、陈俊熹、景晓婷、刘洋、周扬、贾敦新、杨航、丁洁芳
合 作 单 位： 重庆市市政设计研究院有限公司、中煤科工重庆设计研究院（集团）有限公司

背景与意义

为贯彻落实习近平总书记关于建立“城市体检”评估机制的重要指示精神，推动建设没有“城市病”的城市，住房和城乡建设部于2019年启动城市体检试点工作。城市体检是对城市人居环境现状及相关城市工作实施成效进行定期系统评价分析与监测反馈的工作方法，是掌握城市发展特征、发展城市问题、开展治理行动、推进城市治理能力现代化的重要手段。重庆市2020年入选第二批城市体检样本城市，已连续四年开展体检工作。

规划内容

围绕“住房、小区（社区）、街区、城区（城市）”四个层级，探索建立“从居民满意度调查、体检指标设计、指标计算分析，到把脉城市特征、短板与问题，提出措施建议，实施动态监测”的体检工作机制，形成“一表三单”的综合体检结果，并针对各项问题短板提出城市治理建议，初步构建了城市体检发现问题、城市更新解决问题、推动城市高质量发展

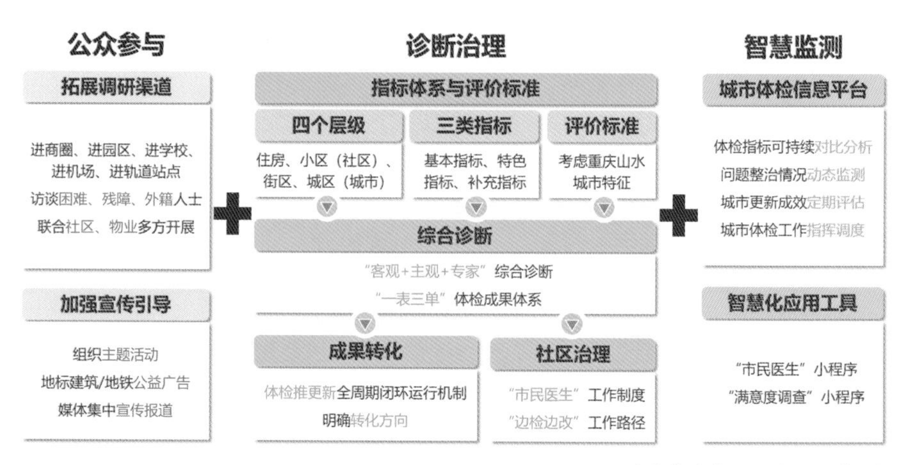

重庆市城市体检总体工作框架

的技术路径。同步搭建城市体检综合治理平台，形成“元数据—指标计算—指标分析—问题诊断—集成展示”于一体的动态监测平台。

城市体检信息平台总览

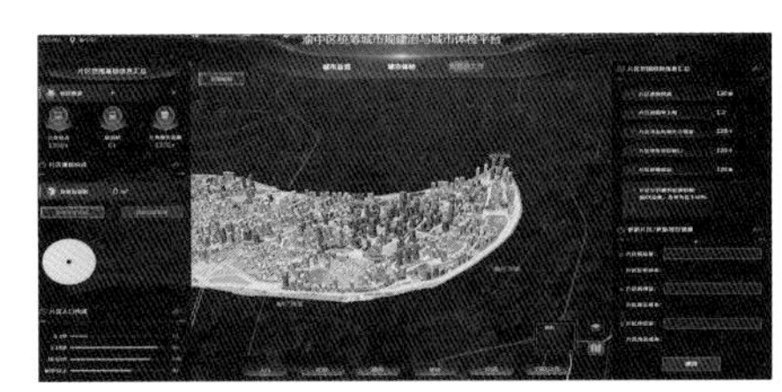
体检信息平台整合楼栋巡查功能

创新要点

（1）突出全过程公众参与。建立从前期调查、指标设计、分析诊断到治疗提升的全过程公众参与机制。调查环节建立“市级统筹、区级安排、街道分配、社区执行”的调查方式，组织开展调查进商圈、进园区、进学校、进机场、进轨道等系列活动，走进社区开展线下调查，上门访谈困难家庭、残障人士、外籍人士；指标设计环节，针对居民提案关注的公共服务、交通出行等问题设计补充指标，拓展指标分析维度；分析诊断环节招募“市民医生”，与社区规划师、本地专家开展广泛合作，建立“主观+客观+专家”相结合的评价方式；治疗提升环节，建立“边检边改”工作机制，及时归纳梳理居民提案，建立分类台账，形成整改建议反馈给相关部门，促进体检成果实时转化。

（2）形成“检验、诊断、治疗”的体检流程机制。检验环节构建指标体系。总结国内外监测城市发展指标体系，大致有评价型、目标型、管控型三种，住房和城乡建设部确定的基本指标多为评价型指标，本次体检结合重点增加的目标型与管控型指标，通过城市对比、目标导向、底线预警，实现城市综合评估与监测。诊断环节构建单指标评价、多指标评价、城市综合诊断三类评价模型，探索从指标主客观评价到城市专项评价、城市综合评价多层次的诊断评价方法。治疗环节开展城市更新专项体检，探索建立“摸家底、纳民意、找问题、促更新、评效果”的城市更新体检机制，形成了更新数据库、居民意见库、“城市病灶”分布图、更新任务清单“两库一图一清单”试点成果，助力城市更新行动。

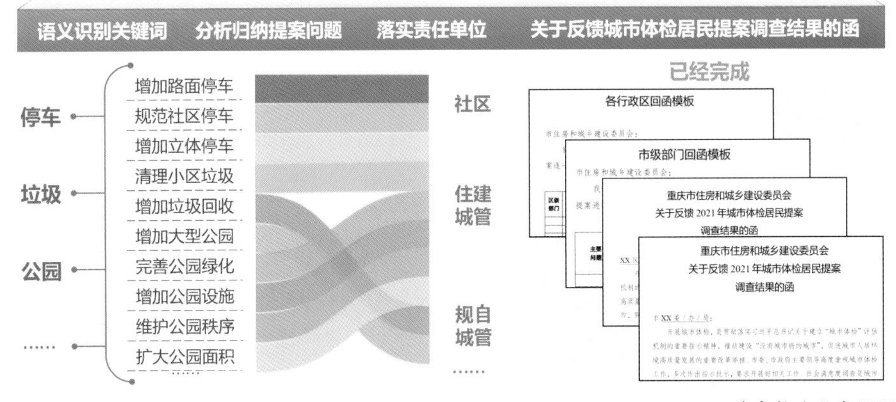

落实整改民生问题

（3）搭建信息平台，辅助智慧管理决策。发挥信息平台在数据分析、监测评估等方面的作用，实现体检指标可持续对比分析、问题整治情况动态监测、城市更新成效定期评估、城市体检工作指挥调度等功能，为城市体检工作提供系统化、数字化、智能化的技术支撑。针对部门数据、年度数据、社会满意度数据以及网络数据等采取不同的方式进行填报和采集，实现数据的共治共享；根据指标规则，接入基础算法模型进行计算，根据评价标准对指标结果进行智能分析，识别城市问题；基于数据整合与空间分析功能，对部分发展短板和“城市病”实现精确定位与下沉；自主研发“市民医生”小程序，大幅提升社区调查、楼栋巡查的工作效率，通过关联调研程序和信息平台实现对各类调查信息的动态汇集。

实施效果

（1）回应民生关切。通过“市民医生”与“边检边改”工作机制，归纳梳理居民提案，建立分类台账，包含机动车停放、垃圾处理、公园绿化等11大类问题，反馈给34个市级相关部门和有关区政府限时销号解决，切实推动城市体检成为办实事、解民忧的重要载体。

（2）指引更新实施。系统分析更新潜力资源与主要问题区域，重点识别出问题相对集中、资源相对集聚的重点更新区域、片区，制定城市优势资源清单、问题隐患清单与更新任务清单，推动制定“缓堵促畅”“城市慢行系统提升”“织补城市立体绿网”等29项行动计划。重庆市开展城市更新专项体检入选住房和城乡建设部《实施城市更新行动可复制经验做法清单（第一批）》。

（3）助推政策制定。城市体检提出的问题与建议融入了重庆市城市提升、人居环境、基础设施建设等重庆市“十四五”专项规划，以及老旧小区改造、养老托育服务提升、城市立体绿化等专项政策。

（执笔人：秦维、王文静）

海口市城市体检及体检信息平台

2020年度中国城市规划学会科技进步奖三等奖 | 2020—2021年度中规院优秀规划设计二等奖

编制起止时间： 2019.4—2020.12
承 担 单 位： 城市规划学术信息中心、城镇水务与工程研究分院
主 管 所 长： 张永波 **主管主任工：** 石亚男 **项目负责人：** 李昊、耿艳妍、徐辉
主要参加人： 翟健、张永波、郭磊、冀美多、张晓瑄、李克鲁、何佳惠、马琰、张海荣、孟凡伍、孙若男、关戴婉静、孔晓红、李宏玲、田川

背景与意义

2019年，住房和城乡建设部为推进以人为核心的城市高质量发展，按照中央城市工作会议精神，在全国启动首批城市体检试点工作，对海口、广州、成都、南京等11个试点城市发展建设体征和人居环境品质进行评估，识别城市规划建设管理存在的问题，提出针对性策略建议。城市体检作为城市规划建设治理领域的开创性工作，在工作内容、技术方法、应用机制等方面急需结合具体的城市案例进行探索创新，为后续在全国范围建立城市体检工作机制提供支撑。

2019年度海口市城市体检项目作为住房和城乡建设部全国城市体检的首批试点实践，重点起到两方面的作用。一是服务于海口城市高质量发展。通过城市体检，分析发展短板和“城市病”问题，提出品质提升项目库建议，推动海口建设自贸港核心区和美丽宜居的滨江滨海城市。二是为全国城市体检工作探索经验。从数据采集、体检技术方法、成果应用机制、信息平台建设等方面结合海口实践进行技术创新探索，为全国城市体检工作提供可复制、可推广的经验。

规划内容

1. 研究构建具有海口特色的体检评估指标体系和评价标准

以住房和城乡建设部城市体检试点评估指标体系为基础，结合海口建设海南自贸港核心区的国家战略要求，以及滨江滨海花园城市特色，构建体现生态、开放等特色的体检评估指标体系。研究确定符合海口实际发展特点的指标评价标准。

2. 开展海口年度城市体检评估工作

以城市体检评估指标现状数值分析为基础，对2019年度海口城市人居环境建设情况进行客观、系统评估。结合体检指标数值与居民满意度调查结果，对海口城市规划建设治理存在的突出问题进行诊断分析。针对交通拥堵、内涝治理等城市重点问题开展专项评估。

3. 开展居民主观满意度调查

编制海口市城市生活满意度调查问卷。广泛开展公众参与，充分调查城市居民对海口城市建设各项工作的满意程度，以及对城市建设各项工作存在问题的认知情况。

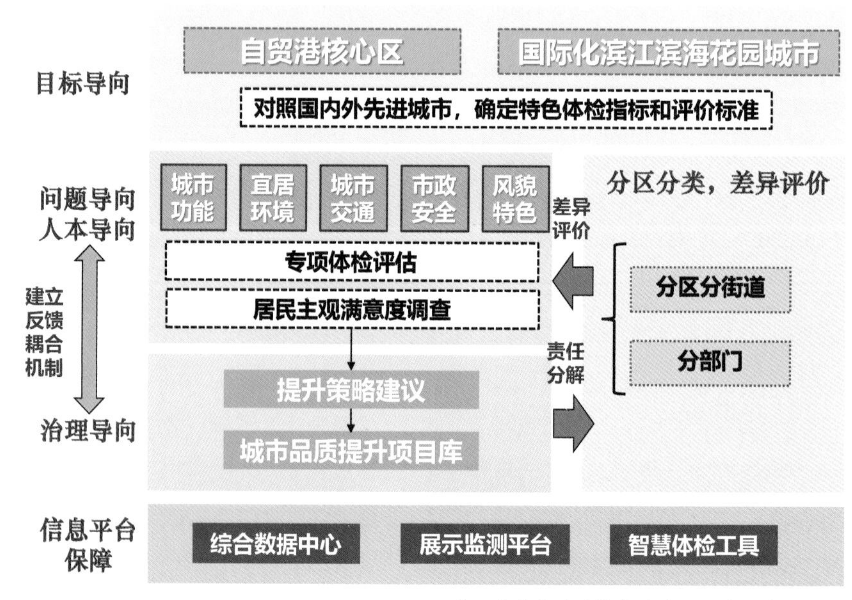

海口市城市体检技术路线与工作内容框架图

4. 制定城市品质提升项目库

基于城市体检识别的城市发展建设突出问题，针对性提出治理策略和建议，结合相关政府部门工作职责，制定城市品质提升项目库。

5. 建设城市体检信息平台

开发建设城市体检数据信息平台和数据库，包括城市体检成果展示、城市体征感知与动态监测、城市体检智能评估、社会满意度调查分析、案例库及舆情展示、指标填报、系统管理功能。

海口城市体检信息平台界面

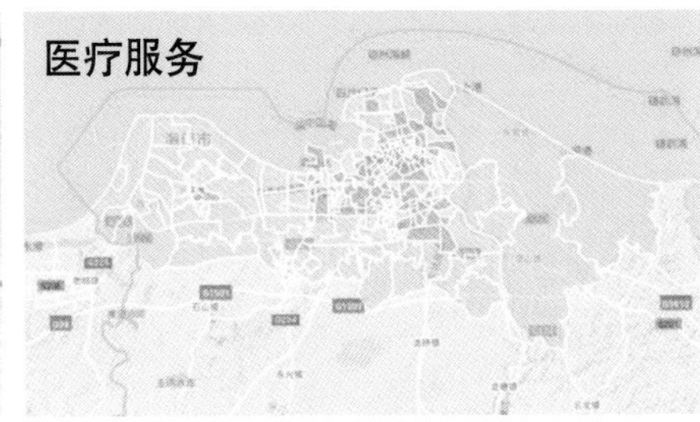

海口城市体检完整居住社区分项评价结果图

创新要点

（1）作为全国第一批试点城市，创新性地构建了城市体检技术方法体系。包括城市体检特色指标体系及标准制定、城市体征三维评估、多渠道民生诉求调查、主客观综合问题诊断等技术方法。

（2）加强信息化技术应用，在全国首批构建“体检咨询+信息平台”的城市体检一体化技术解决方案。一是结合体检咨询工作同步建设城市体检评估信息平台，提高体检工作的智能化、自动化水平，实现多源数据汇集、可视化展示对比、自动计算分析、智能模型评估等功能。二是以政府统计数据为基础，整合手机信令数据、网络大数据、行业专业数据、遥感数据等多源数据，加强基于空间的定量、精细化评估。三是建立街景分析、基于路网的可达性分析等智能化分析模型，支撑人本视角的智能评估分析。

（3）探索建立了“评价—反馈—治理”的体检成果应用机制。针对体检发现的城市短板与不足，提出了针对性的治理策略建议；在此基础上，结合各市直部门、各区工作形成城市品质提升项目库，明确各部门分工；项目库报市政府同意后，相关内容纳入市政府工作报告等政策文件，指引全市人居环境治理工作。

实施效果

（1）项目结论成为海口市人民政府2020年开展城市建设治理工作的重要参考。项目报告针对城市短板与不足，从生态城市、公交都市、公园城市、韧性城市、文化魅力城市五个方面提出40余项行动项目建议，形成海口城市品质提升项目库。报海口市人民政府审查后，其中27项被列入海口市《2020年政府工作报告》中的重点工作任务。

（2）项目结论效促进海口城市人居环境品质提升。城市体检提出的城市品质提升项目库在2020年有序实施，切实增强了居民的获得感、幸福感、安全感。2020年全年完成南海大道、白水塘东段、龙华路、椰航街等多个积水点改造水排涝项目；建成海秀快速路二期、江东大道，完成海口湾畅通工程，新增公交专用道28.9km，城市公交出行分担率从18.7%提高到31.4%；推动省科技馆、省美术馆等十大公共文化设施建设，加快培育城市文化新地标。

（执笔人：李昊）

宁波市城市体检系列项目

浙江省2022年度城市体检优秀案例（项目一、项目二）

编制起止时间： 2021.6至今
承 担 单 位： 上海分院、城市规划学术信息中心

项目一名称： 宁波市2021年城市体检指标体系专题研究
分院主管总工： 李海涛
主 管 所 长： 闫岩　　**主管主任工：** 陆容立
项目负责人： 康弥　　**主要参加人：** 何思源、何倩倩、赵书、怀露、程俊杰
合 作 单 位： 宁波市城乡建设发展研究中心、宁波市测绘和遥感技术研究院

项目二名称： 宁波市2021年城市体检工作技术服务
主 管 总 工： 张菁　　**分院主管总工：** 李海涛
主 管 所 长： 闫岩　　**主管主任工：** 陆容立、谢磊
项目负责人： 康弥　　**主要参加人：** 何思源、何倩倩、赵书、怀露、程俊杰、周鹏飞、杨鸿艺
合 作 单 位： 宁波市城乡建设发展研究中心、宁波市测绘和遥感技术研究院

项目三名称： 宁波市2022年城市体检工作技术服务
分院主管总工： 李海涛、李秋实
主 管 所 长： 闫岩　　**主管主任工：** 陆容立
项目负责人： 康弥、何思源　　**主要参加人：** 怀露、陈晓旭、赵书、程俊杰
合 作 单 位： 宁波市城乡建设发展研究中心、宁波市测绘和遥感技术研究院

项目四名称： 宁波市城市体检评估信息平台
主 管 所 长： 张永波　　**主管主任工：** 石亚男　　**项目负责人：** 耿艳妍、李长风
主要参加人： 翁芬清、李宏玲、国秋花、孟凡伍、张海荣、高宇佳、张苗、郝灵强、赵永帅、关戴婉静、张晓瑄、李凌宇、朱小卉、李鹏飞、孙若男、季辰晔、姚立成
合 作 单 位： 宁波市城乡建设发展研究中心

项目五名称： 宁波市2023年城市体检工作技术服务
分院主管总工： 闫岩、李秋实
主 管 所 长： 陆容立　　**主管主任工：** 朱小卉　　**项目负责人：** 季辰晔、康弥、朱碧瑶
主要参加人： 周大伟、陈晓旭、怀露、徐静、胡雪峰、廖航、杨轶伦、何倩倩、方刚
合 作 单 位： 宁波市城乡建设发展研究中心、宁波市测绘和遥感技术研究院

项目六名称： 宁波市2024年城市体检技术服务
分院主管总工： 闫岩、李秋实
主 管 所 长： 陆容立　　**主管主任工：** 朱小卉
项目负责人： 康弥、季辰晔　　**主要参加人：** 谢萌秋、何杨、韦秋燕、陈晓旭
合 作 单 位： 宁波市城乡建设发展研究中心、宁波市测绘和遥感技术研究院、宁波市房屋建筑设计研究院

背景与意义

为贯彻落实党中央、国务院关于建立城市体检评估制度的要求，住房和城乡建设部自2019年起系统推进城市体检工作。作为对城市人居环境全面、系统、常态化的评价工作，城市体检有助于及时发现城市人居环境问题，针对性治理“城市病”，推动城市高质量发展。

宁波市2021、2022年连续两年入选全国59个城市体检样本城市之一，2023年入选全国十个深化城市体检工作制度机制试点之一，2024年落实住房和城乡建设部在地级及以上城市全面开展城市体检工作要求，第四年开展体检工作。

规划内容

坚持问题导向、目标导向与结果导向相统一，从住房、小区（社区）、街区、城区（城市）四个维度，研究构建体现宁波特色的体检评估指标体系，开展指标计算分析与居民问卷调查，综合评价宁波城市人居环境质量，找出群众反映强烈的难点、堵点、痛点问题，系统梳理城市发展和城市规划建设管理方面存在的问题和短板，提出针对性的治理措施并落实到更新行动中。

创新要点

（1）创新自检技术方法。建立人本导向的指标体系。紧密结合城市特点，特别注重从人的感受出发，围绕“居、游、文、行”等贴近居民日常生活的领域，补充帮助挖掘深层现象与原因的指标，实现以人为本、精准化的“真”体检。

完善多维校核的评价标准。建立“5+1”评价参考系，适配自身发展条件与阶段，支撑指标评价分级。创新网格抽样专项调查方法。对部分实时性较强、不具备年度统计基础的街道风貌秩序相关指标进行实地采样。扩充拓展市民调查。增加调查内容深度，针对公园绿道、滨水地区、历史保护、养老育幼等焦点问题增补专题调查，从调查“满不满意”更进一步，了解“为什么不满意”。

（2）服务部门高效能治理。部门共同参与，更好用。由市住房和城乡建设局牵头，与多个市级相关部门进行覆盖全过程的多轮对接，确保达成共识，提高结论准确性、可靠性的同时，推动成果切实应用。

分解治理任务，更管用。形成问题清单、行动清单，按照市级有关部门职能，将体检发现问题、评价为不足或不达标的指标及相应行动建议逐个分解落实。

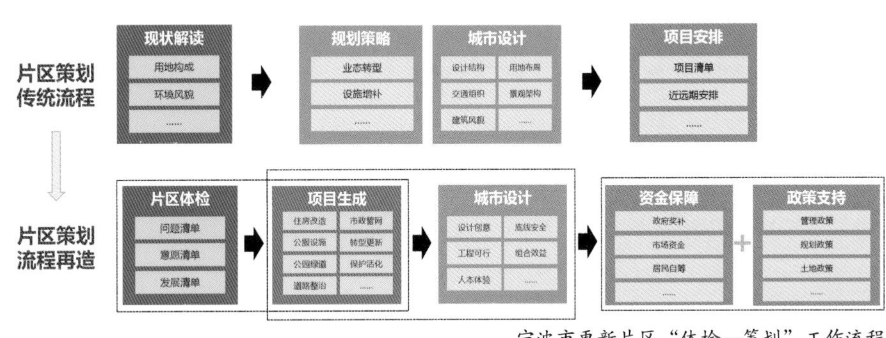

宁波市更新片区“体检—策划”工作流程

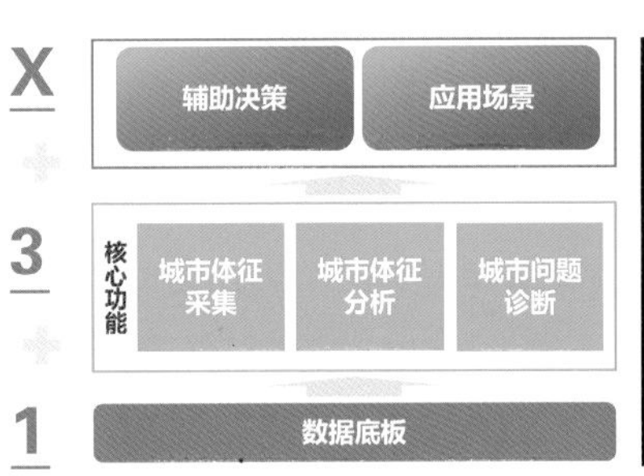

宁波市城市体检评估信息平台功能框架

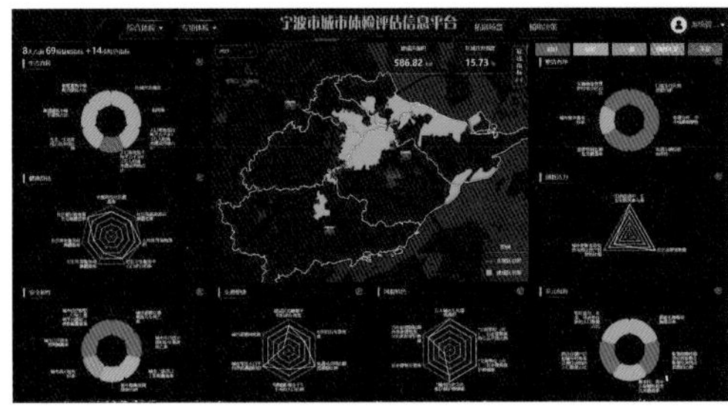

宁波市城市体检评估信息体征分析功能

深度专项体检，更有用。在浙江省住房和城乡建设厅指导下开展供水污水、防涝、环境卫生、燃气、道路交通、园林绿化、社区公共服务设施、住房、历史文化保护九类专项体检，聚焦问题，细化丰富评估内容，对口部门职能落实“城市病”治理，结合专项规划生成近期项目计划。

（3）支撑更新行动实施。搭体系，市级层面打通体检到更新的传导联系。以入选首批城市更新试点为契机，通过体检摸清底数，梳理识别可利用资源，叠合形成更新潜力“一张图”。

推试点，将片区作为衔接体检和更新的关键载体。率先启动鄞州区中河、华严两片区城市体检与更新策划，初步探索出一套“体检—策划”全流程工作链和技术方法集成。

建机制，出台相关技术规范。对工作流程和方法进行归纳总结，先后形成《宁波市县级城市体检编制技术指引》《宁波市城市更新片区（街区）体检和策划方案编制技术指引》等系列文件，指导区（县、市）及各片区规范化、常态化开展城市体检，加强成果应用，衔接更新行动。

实施效果

（1）辅助部门施策。宁波市自年度开展城市体检工作以来，依托反馈机制的建立和完善，多项城市体检提出的行动举措得以纳入次年度政府工作报告及相关部门重点工作，包括公园绿道体系建设、养老托育服务提升、历史文化资源活化利用、消防安全加强、城中村改造等。

（2）推动片区更新。一是明确城市更新片区（街区）体检和策划方案编制要求，建立“街区体检—街区策划—意见征求—审查备案—成果公告”的工作流程。二是规定结合城市更新片区策划方案开展城市设计研究，评审通过后的片区策划方案和城市设计成果作为控制性详细规划优化调整的依据。相关经验入选《实施城市更新行动可复制经验做法清单（第二批）》。

（3）建立“体检大脑”。建成宁波市城市体检评估信息平台，构建“1+3+X”功能框架，包括1个数据底板，城市体征采集、体征分析、问题诊断三大核心功能，以及监测预警、辅助决策等X个拓展功能。

（执笔人：康弥）

衢州市2022年城市体检

2022—2023年度中规院优秀规划设计三等奖

编制起止时间： 2022.5—2022.12
承 担 单 位： 绿色城市研究所
主 管 总 工： 张菁　　**主 管 所 长：** 范渊　　**主管主任工：** 胡晶
项目负责人： 翟健、苏冲　　**主要参加人：** 于凯、王亮、高晗、余莎莎
合 作 单 位： 衢州市国土空间规划设计研究院

背景与意义

衢州市自2020年起连续三年作为住房和城乡建设部城市体检样本城市，高标准完成城市体检工作，2022年探索形成以城市体检切入、城市发展“十大专项”行动为抓手，统筹“规建治投运维”各环节，推动城市更新行动，实现城市高质量发展的工作方法。对地级以上城市全面展开城市体检工作，尤其是在广大中小城市开展城市体检工作，提供了可复制、可推广的衢州经验。

规划内容

（1）优化指标体系。根据衢州人口、社会、经济发展现状和趋势以及城市空间形态，优化调整城市可渗透地面面积比例、社区托育服务设施覆盖率等指标评价标准，增设反映人民群众在文化设施、停车设施、城市“烟火气”等方面诉求的民生指标，提出公园分布均好度、郊野休闲游憩地半小时可达性、基层就诊率等特色指标，探索建立中小城市适用指标体系。

（2）深化问题诊断。面向城市更新，通过结构分析、关联分析、系统分析深入进行问题诊断。

（3）建立应用路径。城市体检的成果形式、深度与地方实施城市更新行动的具体路径相匹配，衢州市依据城市体

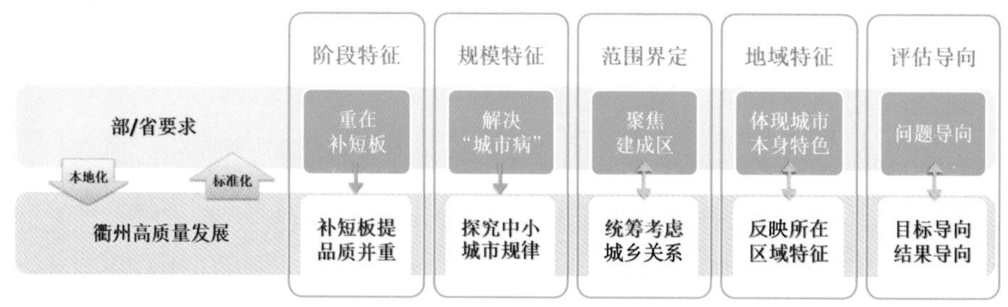

衢州市城市体检任务解读

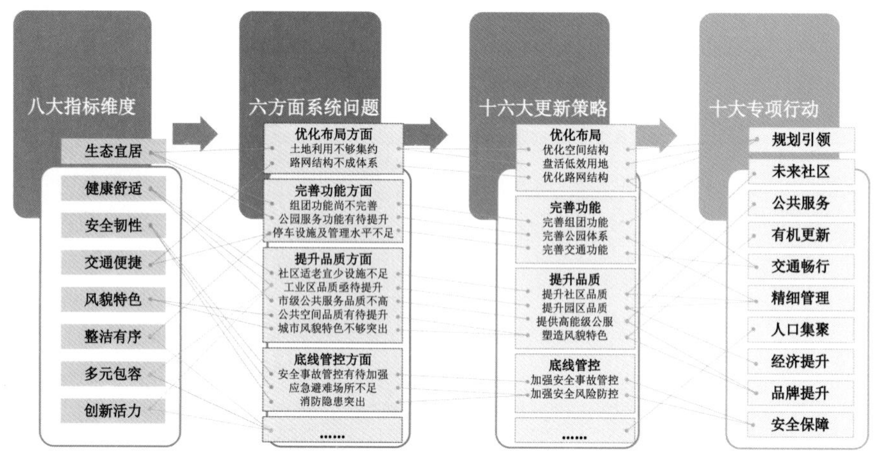

衢州市城市体检应用路径示意

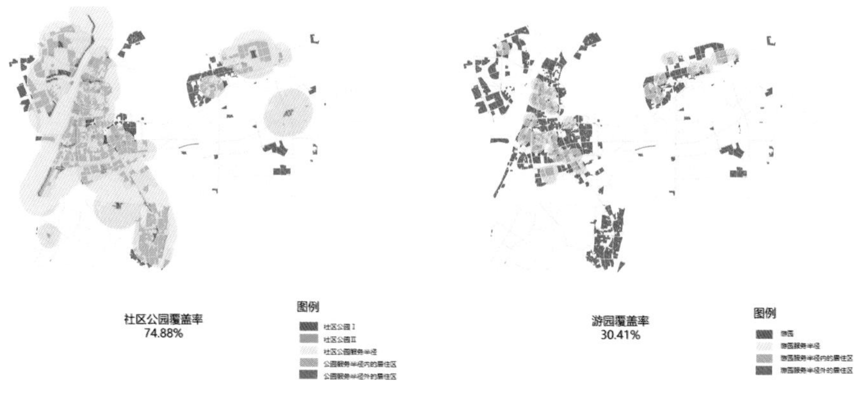

社区公园和小游园服务半径覆盖率分析

检结果，提出六大方面16个建设目标下的38项对策建议。

创新要点

（1）做好城市体检不同环节对接工作。数据采集与指标分析环节，采取“全面座谈、重点走访、全程伴随”的形式，强化与各部门的对接；问题诊断环节，参与市、区一系列重大会议研讨、专项调研活动，深入研究城市规划建设治理领域面临的机遇与挑战，强化与两级政府的对接；对策建议环节，突出实施导向，强化与城市更新实施主体的对接。

（2）做好多层级、跨部门间的技术标准衔接。围绕“完整社区覆盖率”指标，做好完整社区建设标准与浙江省未来社区建设标准之间的技术衔接；围绕“人均避难场所有效避难面积”指标，做好防灾避难场所设计规范与浙江省避灾安置场所建设要求之间的技术衔接等，使得城市体检既发挥自上而下的规范指导作用，又能面向实施、解决既有工作体系下的实操问题。

（3）实现城市体检从单一工作向综合平台的转变。衢州城市体检采取驻场办公、在地服务的模式，体检全过程的海量数据、专业模型、智能技术、先进理念支撑政协提案、城市发展战略研究、风貌建设专项规划等14项市、区两级规划建设治理重要工作，充分发挥了城市体检提高城市治理现代化水平、促进城市高质量发展的综合工作平台作用。

实施效果

（1）融合建立“体检评估—更新行动—考核督查”全链条工作机制，形成具有前瞻性和实操性的五年工作目标、动态的中期项目储备库以及明确的年度项目清单，使城市体检成为系统化推进衢州城市建设发展的综合抓手。

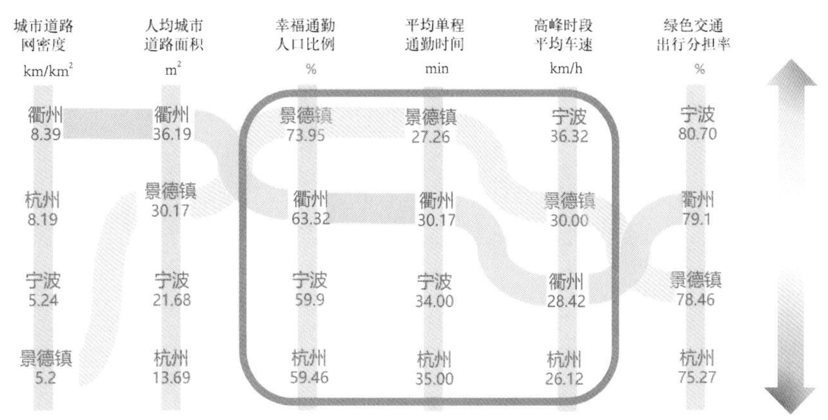

道路交通问题诊断中的关联分析

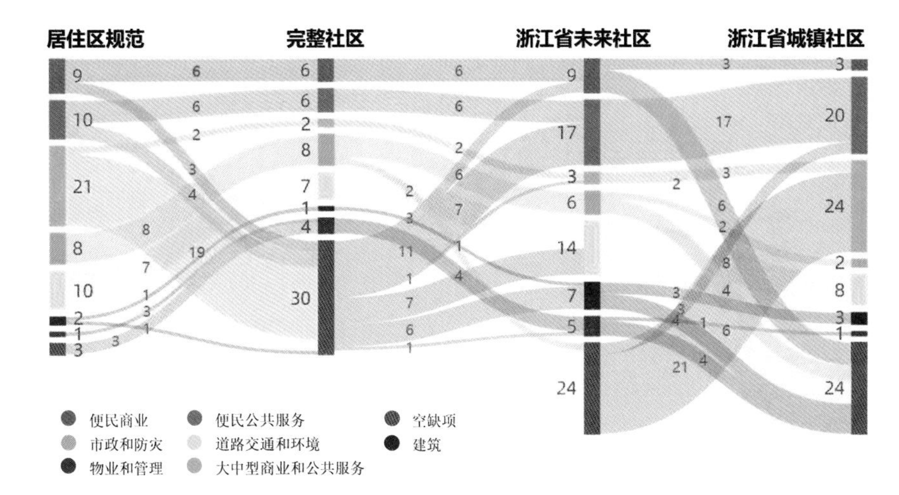

完整社区建设标准衔接分析

城市风貌特色分析

2023年衢州市依据城市体检结果，结合城市发展目标，制定规划引领、未来社区、公共服务、有机更新、交通畅行、精细管理、人口集聚、经济提升、品牌提升、安全保障城市发展“十大专项”行动，高标准谋划实施包括规划编制、课题研究、工程项目等类型的重点项目201个。

（2）结合绿色低碳专项体检，项目组编写《中国衢州：绿色金融碳账户推动城市可持续发展》案例，入选联合国人居署与中方共同推出的2023年度《上海手册：21世纪城市可持续发展指南》。同时，应用城市体检数据及分析成果，为衢州市编制《落实联合国2030年可持续发展议程地方自愿评估报告》，申报2023年首届全球可持续发展城市奖（上海奖），推动衢州城市可持续发展监测评估水平再上新台阶。

（执笔人：翟健）

景德镇市城市体检系列项目

编制起止时间： 2019.5至今
承 担 单 位： 中规院（北京）规划设计有限公司

项目一名称： 景德镇市城市体检评估工作实施方案
主管主任工： 刘世晖　**项目负责人：** 徐钰清　**主要参加人：** 罗莹晶、于沛洋、于良森

项目二名称： 景德镇市2020年城市体检
主管主任工： 刘世晖　**项目负责人：** 徐钰清、于良森　**主要参加人：** 于沛洋、罗莹晶、焦帅、马琰、黄庆

项目三名称： 景德镇市2021年城市体检
主管主任工： 刘世晖　**项目负责人：** 徐钰清、于良森　**主要参加人：** 罗佳、张澍、彭婧麟

项目四名称： 景德镇市2022年城市体检
主管主任工： 刘世晖　**项目负责人：** 徐钰清、于良森　**主要参加人：** 罗佳、张澍、彭婧麟

项目五名称： 景德镇市2023年深化试点城市体检工作报告
主管主任工： 刘世晖　**项目负责人：** 徐钰清、于良森　**主要参加人：** 罗佳、张澍、彭婧麟

背景与意义

开展城市体检工作，是落实党中央、国务院关于推动人居环境高质量发展要求的重要举措。作为住房和城乡建设部首批城市体检试点城市，景德镇2019—2023年连续五年开展城市体检工作。五年间，景德镇积极先行先试，初步探索了能有效发现问题和推动解决问题的体检方法，创新了城市体检与城市更新相结合的特色体制机制，形成了可复制推广的景德镇经验。

规划内容

连续五年对景德镇进行陪伴式体检，对城市运行状态与更新项目状态进行动态评估与监测：一是构建具有景德镇特色的国际瓷都体检指标体系；二是通过科学的数理统计与分析方法，结合居民调查问卷对不同维度指标进行全面诊断；三是将问题指标进行聚焦与空间落位，识别城市短板问题，并结合大数据手段全面评估城市更新潜力；四是将城市短板问题与更新潜在价值进行叠加，综合考虑整体结构系统性、用地边界完整性、平台事权实操性等因素，生成城市更新实施单元，并提出城市更新行动及城市品质提升项目库；五是构建具有体检调研、数据导出、空间可视化等功能的城市体检信息平台，

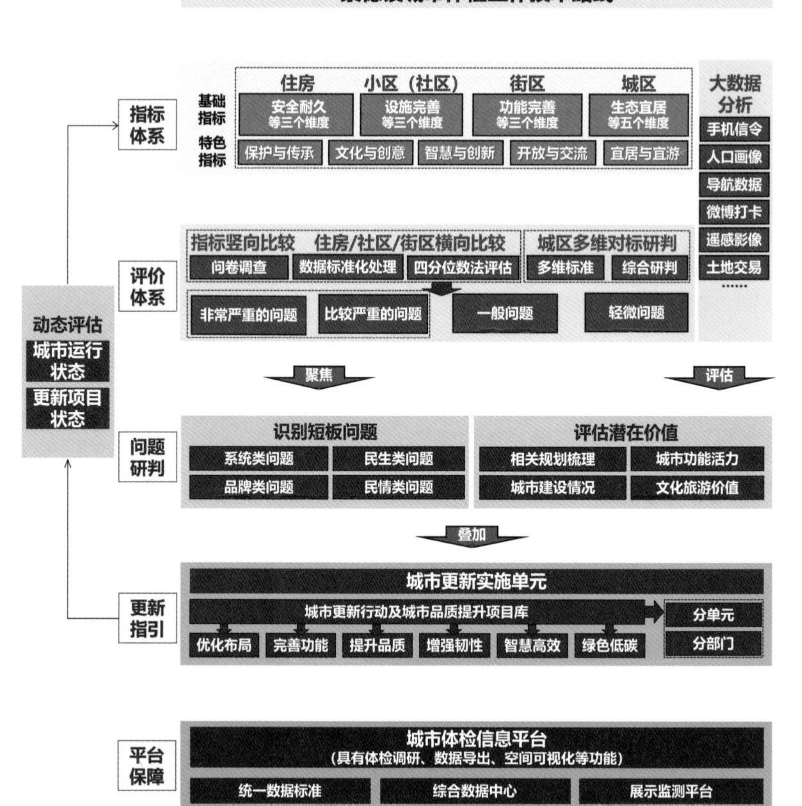

景德镇城市体检总体工作框架

全面提升城市治理的信息化水平。

创新要点

（1）坚持全面体检，构建景德镇特色体检指标体系，形成支撑年度体检的基准框架。构建景德镇国际瓷都特色体检指标体系，在城市体检基础指标体系架构上，延续遗产保护经费投入额、陶瓷相关发明专利数量等十项特色指标，用于专题跟踪国家陶瓷文化传承创新试验区推进情况。同时，选取具有代表性且特色鲜明的试点街区与试点小区（社区），在街区维度结合景德镇市城市更新实施单元，在小区（社区）维度综合考虑实施难易程度、全市老旧小区改造专项工作，开展可持续、多维度监测，全面查找城市存在的问题。

（2）坚持多源开放，构建以精准查找问题为目的、多源数据互相校验的数据采集标准。以精准查找问题为目的，按照可统计、可获取、可计算的原则分解指标。并遵循多源开放的原则对景德镇体检数据进行全面采集，统筹专项调查数据、互联网大数据、遥感数据、居民问卷调查数据等多源数据，经有效验证后，与部门采集的数据进行互相校验、多方比对，确保指标计算的精准度和权威性。

（3）坚持科学研判，构建景德镇城市体检指标评估体系，形成支撑评估、监测、预警的动态跟踪机制。通过科学的数理统计与分析方法，结合居民调查问卷，针对城市体检不同维度特点进行分析，为精准发现城市问题提供保障：一是在住房和小区（社区）维度，对体检指标值进行消除量纲处理，采用体检指标竖向比较、试点社区横向比较、社区内部分类比较三类方法，分别得出全市重点关注问题、全市重点问题区域、社区内部重点问题，并探索不同类型住房的问题规律；二是在街区维度，通过将各个指标达到要求的方面数量占各方面总数量的比例确定评价值；三是在城区（城市）维度，结合景德镇自身特点，从六大方面构建体检指标评估体系，对城区（城市）各子维度体检指标与特色指标的约束值、目标值、指标评估及行动优先级进行判断。

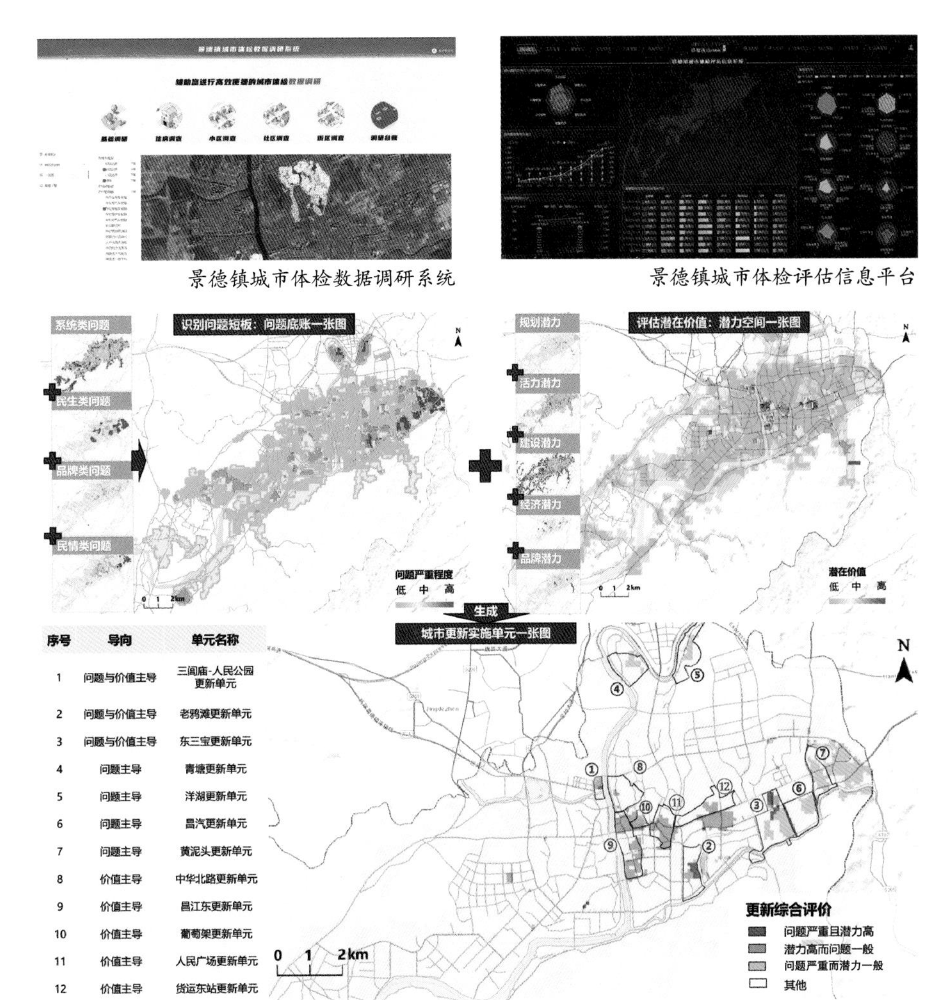

城市体检与更新联动技术方法

（4）坚持动态监测，搭建城市体检数据调研与评估信息平台，推进数字景德镇建设，提升城市治理信息化水平。利用景德镇城市体检调研系统，收集住房、小区、社区、街区各指标问题的空间位置，在城市体检信息平台系统汇总和展示城市体检指标和相关空间数据，形成“动态监测、定期评估、问题反馈、决策调整、持续改进”的人居环境数字化、精细化治理的闭环，实现城市运行可监测、人群活动可感知。

（5）坚持体检与更新联动，构建体检结果与城市更新单元、重点行动项目库的联动机制，推进城市高质量发展。系统科学查找“城市病”问题，强化城市体检成果运用，实现城市体检成果的转化运用：一是通过将城市体检问题“一张图”与城市发展潜力“一张图”叠加，结合平台事权实操性，推导出城市更新单元，并落实到城市更新专项规划中予以实施；二是探索建立“发现问题—解决问题—巩固提升”工作机制，对体检出来的问题进行梳理，分清轻重缓急形成问题清单，并分门别类地提出整治措施，作为下一年度城市功能与品质提升工作重点。

（执笔人：徐钰清、于良森、罗佳）

开封市城市体检第三方服务

2023年度河南省优秀城市规划设计一等奖

编制起止时间： 2022.3—2023.6
承 担 单 位： 城乡治理研究所、中规院（北京）规划设计有限公司
主 管 所 长： 杜宝东　　**主管主任工：** 曹传新
项目负责人： 许宏宇、王璇　　**主要参加人：** 关凯、单鑫琳、任金梁、高诗文、孙道成、史志广
合 作 单 位： 河南省城乡规划设计研究总院股份有限公司

背景与意义

开封市委、市政府高度重视城市更新和城市体检工作。2022年1月24日，开封市城市更新工作指挥部办公室印发《开封市城市体检工作方案》（汴城更指办〔2022〕3号），要求结合开封市城市更新工作实际开展城市体检。开封市以城市体检为抓手，查找城市人居环境现状问题与短板，提出对策建议和具体措施，推动建设"没有'城市病'的城市"，提升城市品质和人居环境质量。

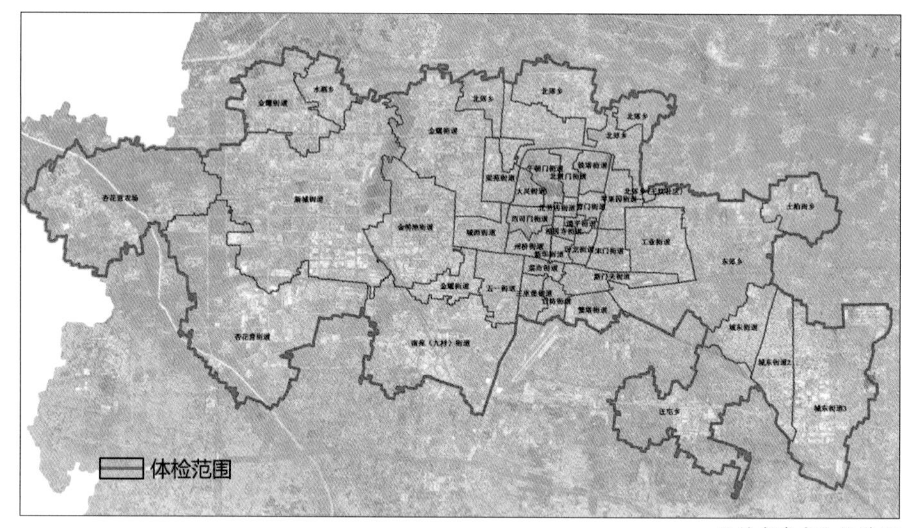

开封市城市体检范围

规划内容

按照住房和城乡建设部要求、开封市城市特征和发展目标，形成包括基础指标、特色指标在内的"8+1"个维度，共计77项指标的城市体检指标体系。

确定评价标准，进行指标计算。基于不同维度的指标计算结果，对城市发展状况进行分析评价，客观评估城市发展情况；开展满意度调查，经过数据整理汇总和满意度评分，得到主观评价结论。

通过指标和满意度评价，系统分析城市建设和城市管理的主要问题和短板，发现开封市城市问题16项，归纳为品质需提升、城市功能需完善、安全底线需管控、管理效能需加强、发展方式需转变这五项主要问题。

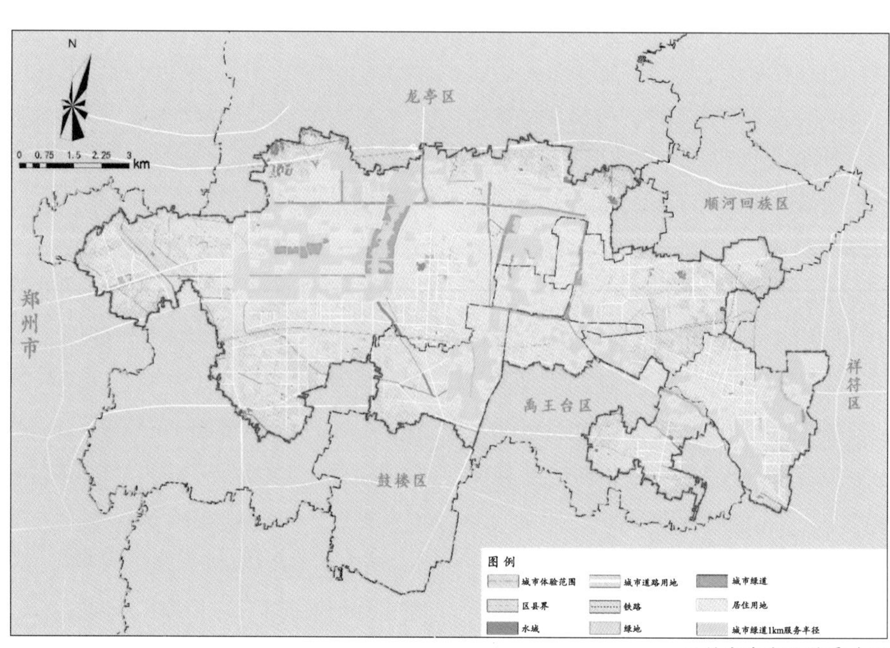

开封市城市绿道覆盖图

围绕城市更新行动，提出围绕历史文

化名城建设，提升城市品质；补齐短板设施，完善城市功能；建设韧性城市，管控安全底线；多元手段协同，加强管理效能；推进建筑减排降碳，推动由“开发方式”向“经营模式”转变等五项整治建议。同时提出相应对策和行动建议，将开封市的体检成果最终落实在行动计划和项目谋划上，共计六项行动计划和67个项目。

头部 政府主导：成立城市体检工作领导小组。

中枢神经 住建主管部门：积极牵头，组织协调各部门，上传下达，宣发工作文件，监督工作流程，组织局委座谈。

四肢 区政府（管委会）：组织各街道召开座谈会，推荐调研试点社区。

各局委：按时按质提供数据资料并负责指标数据校核。

躯干 街道、社区：配合做好社区调研工作。

全民参与：通过开展居民抽样问卷调查、征求专家意见、公开征集建议等方式，广泛听取社会各界对城市体检工作的意见和建议，增强城市体检工作的公信力和社会影响力。

“四级联动”工作机制图

创新要点

（1）“四级联动”，推动城市体检有序开展。探索建立“政府主导、部门协同、层级联动、社会参与”的工作机制。

（2）“因地制宜”，突出开封市城市特色。特色指标制定紧抓城市特色，助力开封建设世界历史文化名都。

（3）“三个导向”，切实提升城市品质。坚持问题导向，解决百姓急难愁盼的问题；关注目标导向，衔接城市发展阶段性目标；重视实施导向，清单管理复杂的城市工作。

（4）聚焦城市更新方向。通过三大视角和四把标尺找出城市建设问题，紧扣住房和城乡建设部提出的城市更新方向，整合问题策略，提出项目清单。

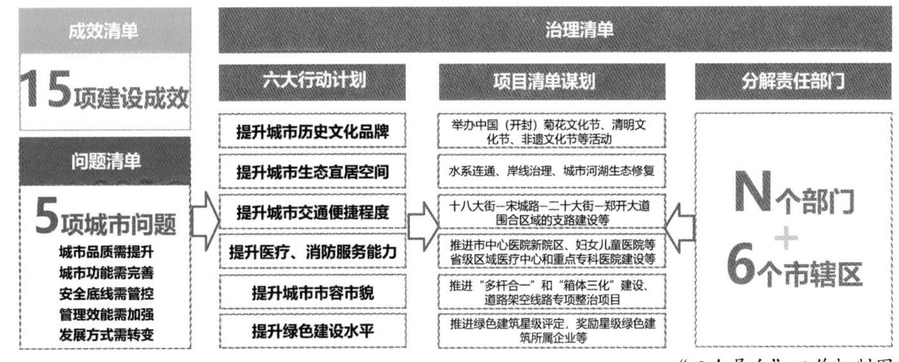

“三个导向”工作机制图

实施效果

（1）体检促进更新规划编制，全面助力城市建设品质提升。在本次城市体检成果的基础上，2023年9月开封市城市更新规划动员大会，正式启动城市更新专项规划编制项目。

（2）推动项目生成，促进城市品质提升。开封市以城市体检成果为基础，谋划2023年开封市城市更新十大任务、十大片区、十大项目。

（3）支撑专项工作，衔接各项试点申报。城市体检的部分指标成果直接用于开封市节水城市申报等工作。

（执笔人：王璇）

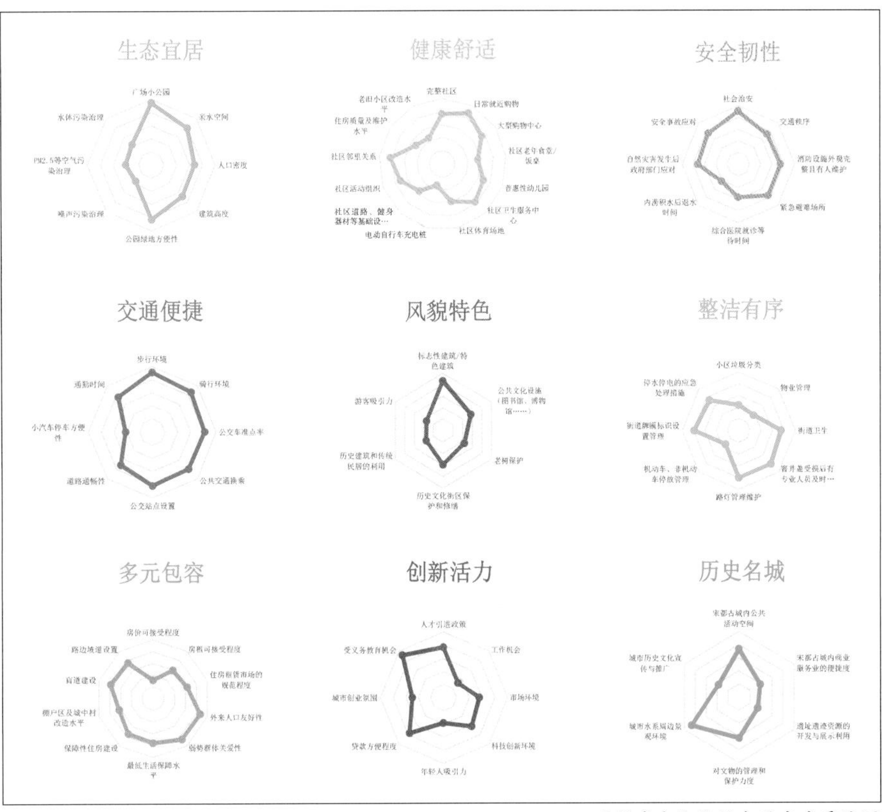

开封城市体检社会满意度雷达图

北京市“十四五”时期城市管理发展规划第三方中期评估报告

编制起止时间： 2023.1—2023.12
承 担 单 位： 城乡治理研究所、中规院（北京）规划设计有限公司
主 管 所 长： 杜宝东　　**主管主任工：** 冯晖
项目负责人： 邓东、许宏宇、周婧楠　　**主要参加人：** 金丹、陈昆、孙道成、冯一帆、耿幼明

背景与意义

2022年3月《北京市“十四五”时期城市管理发展规划》正式出台，本规划是2016年北京市城市管理委员会组建后的首部发展规划，也是全国第一批城市管理发展规划，北京市将本规划列为十大市级重点规划之一，作为“十四五”时期首都城市管理发展的行动纲领。

本次中期评估，针对“首都”和“首部”等特点，在本规划实施情况评估基础上，进一步评估国家、部委和市委市政府相关决策部署落实情况，认真查找首都城市管理各方面工作存在的短板弱项、堵点难点，提前研究针对性措施。聚焦改革创新，重塑首都城市管理体制机制，形成一套顶层设计清晰、行动路线明确、先进技术赋能的城市治理体系架构，对未来首都城市管理工作的战略定位、目标体系、转型路径、配套体制机制等方面作出更具创新实践和先进示范意义的系统性安排，对推动首都超大城市治理体系和治理能力现代化具有重要的现实意义。

工作内容

（1）评估规划主要目标和指标完成情况。全面检查本规划14项目标指标实现情况，特别是指标完成情况是否符合进度要求。

（2）完善建立首都城市治理指标测度体系。在本规划指标的基础上，纳入部门专项规划相关指标，链接自然资源部、住房和城乡建设部两部委城市体检相关指标，完善建立反映大国首都和超大城市治理水平的指标测度体系，并进行全面监测及系统评估。

（3）评估重点任务完成情况。围绕城乡环境建设管理、城市运行绿色低碳转型、安全韧性城市建设、智慧城市管理、大城管体系建设等六方面132项重点任务，客观评价规划实施进展情况，深入剖析实施中存在的问题及原因。

（4）提出推进规划实施的对策举措。对标新时代首都城市管理发展新要求，针对规划实施存在的问题，提出规划后半程推动规划实施的政策建议。

（5）规划调整建议。针对本规划执行进度情况，综合考虑“十四五”规划后半程所面临的新形势、新情况、新要求，提出本规划指标部分内容作适度调整的建议。

指标、重点任务执行情况
主要指标执行情况评估
重点任务执行情况评估

新阶段、新趋势
城市工作着力点：从规划建设转向管理
城市管理着力点：从城市管理转向治理
步入转型关键期：要推动实现体系重塑

成效评估
服务首都保障民生能力增强
城乡环境面貌更加和谐美丽
市政设施韧性水平有效提升
城市低碳能源体系加速布局
城市综合管理更加精细智慧
“大城管”体制机制不断完善

问题与挑战

规划实施存在问题
科学发展思路还不清晰
政策配套措施还不完善
协同推进机制还不健全
可持续发展能力还需加强

高质量发展面临挑战
工作组织架构滞后于系统治理需要
信息技术运用滞后于智慧治理需要
法规标准建设滞后于依法治理需要

总体思路：**聚焦五个突出，构建具有首都特色的超大城市治理范式**

突出首善之都，明确治理目标：坚持以服务保障首都发展为统领
突出体系之变，推动系统重塑：布局一个高效能城市管理总架构
突出制度之要，推动制度之治：构建一套高水平城市管理法规标准
突出破题之道，推动政策创新：加强一批高协同度政策支撑
突出可感之效，推动示范引领：打造一批高显示度“首都治理样板”

中期评估技术路线

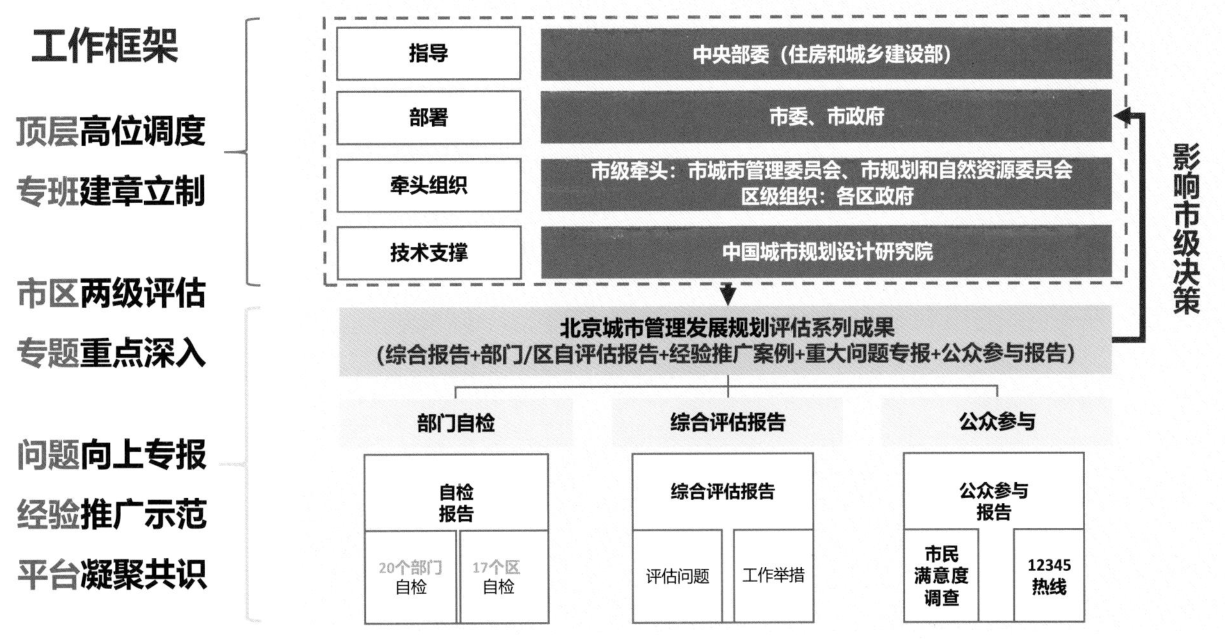

中期评估工作组织框架

创新要点

1. 项目类型创新

当前全国大多数超大特大城市编制了城市管理类发展规划，其中，上海、北京两个城市是在习近平总书记对城市工作亲自谋划部署下推动形成，城市管理“十四五”时期规划升格为由政府组织编制印发的市级重点专项规划。围绕该类型规划的中期评估，目前鲜少有成熟的评估体系可以具体指导实践。北京市兼具超大城市和大国首都双重属性，编制适合首都发展的评估工作方案是此次评估工作全新的探索，具有创新意义。

2. 工作组织创新

新时期的城市管理工作是从系统要素、结构功能、运行机制、过程结果等方面进行的全周期统筹和全过程整合，具有跨部门、跨层级、跨地域的特点。因此，本次评估按照“政府组织领导、指标全面监测、各区及部门自评估、第三方评估和市民满意度调查”相结合的方式，构建了一个多元开放式的工作体系，包括顶层高位调度、专班建章立制、市区两级评估、专题重点深入、问题向上专报、经验推广示范等内容，形成自评估与第三方评估相衔接，系统全面和突出重点相结合，立足当下与着眼长远相协调的工作组织框架。此外，针对城市管理者、居民等不同群体开展居民满意度调查，深入了解人民群众的切身感受和诉求期待，以便更加精准推动规划后半程的实施。

3. 技术路线创新

一是注重“实施过程”评估，在考量规划符合性及主要目标任务是否达成的基础上，深度分析规划实施过程是否科学合理，识别路径难点堵点；二是注重“系统治理”评估，深入分析新时期首都城市管理范式变化，统筹把握各层级、各板块、各专业条线管理对首都战略目标的支撑发展关系，系统梳理首都治理体系和治理能力现代化建设存在挑战；三是注重“综合施策”评估，推动问题解决由部门思维向多层次、多领域、多行业协同思维转变。为新时期超大城市管理发展评估工作提供可借鉴、可推广的工作方法。

实施效果

评估工作整体达到了“以评促改、以评促进、以评促优”的效果。

一是以评促改，报告提出的对策建议为重点任务深化推进、重点项目执行落实等起到了关键支撑作用，部分建议已上升至年度工作计划和重点专项行动层面，并完成了部分指标“十四五”末期目标的科学合理化调整。

二是以评促进，通过评估工作，建立完善首都城市管理的科学评估体系，推动评估工作从阶段性评估向动态长效的常态化评估转变。

三是以评促优，对标先进城市经验做法，结合大国首都城市治理需求，构建一套具有首都特色的超大城市治理范式，并为“十五五”时期首都城市治理体系构建提供思路和行动建议。

（执笔人：周婧楠、全丹）

杭州市规划建设评估

2022—2023年度中规院优秀规划设计一等奖

编制起止时间： 2022.6—2023.10
承 担 单 位： 上海分院、历史文化名城保护与发展研究分院、城市规划学术信息中心
主 管 总 工： 靳东晓　**分院主管总工：** 闫岩、李秋实　**主管主任工：** 张振广
项目负责人： 郑德高、孙娟、马璇、张永波、张亢
主要参加人： 吴浩、李镝、徐秋寅、张洋、林辰辉、谢磊、蔡润林、陶诗琦、林彬、汤芳菲、宋源、戚宇瑶、杨敏明、王晨、丁浩然、张楠、石亚男、高宇佳、冀美多、李萌、李昊、李长风、尹俊
合 作 单 位： 杭州市规划设计研究院

背景与意义

党的二十大报告提出“提高城市规划、建设、治理水平，加快转变超大特大城市发展方式”新要求，评估体检作为公共政策链的重要环节，成为各城市检视成效、推进高质量发展的重要抓手。

杭州近年城市能级不断跃升，并借力亚运会，各类设施加快建设。但快速发展时期，更需要理性地回头看，因此杭州市委、市政府提出希望围绕规划建设快速推进中的战略性、系统性问题进行评估。

规划内容

本轮规划建设评估紧扣中国式现代化新内涵与新要求，统筹底线与发展、空间效率与人的需求、“规划—建设—治理”三组关系，开展六大关键维度的系统评估。

评估总结出当前杭州存在人口快速增长与公共设施供给不足，经济、用地规模快速增长与用地绩效偏低，历史文化保护与城市快速建设，生态韧性与城市快速拓展，交通设施建设与居民出行需求，市场灵活度大与规划刚性传导要求等六组矛盾。如人口、住房与公共设施评估中，发现杭州在人口快速导入的同时，城市设施供给存在面向青年的安居保障不足、职住关系局部失衡和公共设施建设滞后等问题。再如空间、经济与用地绩效评估中，发现目前杭州仍然存在总体空间绩效偏低、土地财政依赖明显、产业用地供需不匹配、低效用地更新动力不足等阶段性问题。

在此基础上，围绕“规建治”一体化思路，从人群精准化匹配、用地精细化供给、文化风貌保护、高度密度强度管控、生态空间管控优化、交通系统优化、规划分层传导等方面提出对策建议。

创新要点

本次评估是新时期高质量推进规划建设、优化城市治理的有益尝试，主要有

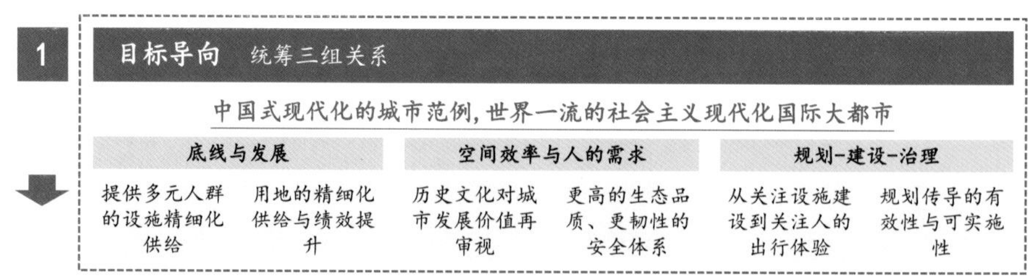

评估技术路线

杭州绕城内高度、密度、强度分析

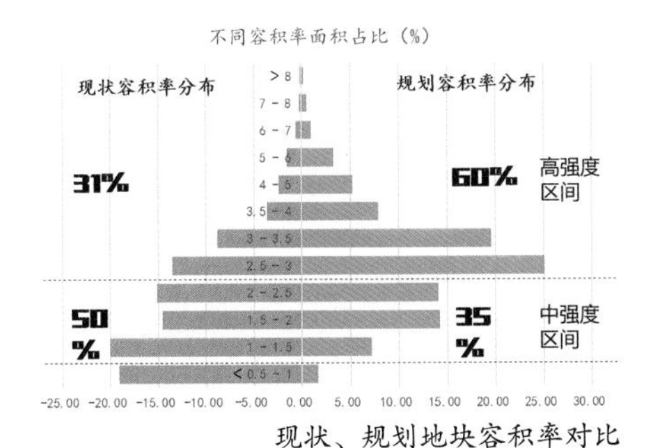

现状、规划地块容积率对比

“1个支撑+3个超越”的工作创新。

（1）多元大数据支撑，以精准画像识别城市问题。空间上，实现从二维到三维的深化，精准刻画高度、密度、强度等“空间秩序”；企业上，从数量到绩效，精准识别低效空间；人群上，既关注静态总量，也关注动态的通勤流动。进一步结合历史脉络和调研分析，评估识别出了城市中一系列问题，并在繁杂的表象问题中归纳凝练出六大核心矛盾。

（2）超越规划，开展“规建治”一体全生命周期的评估。区别于传统评估就规划论规划，本次评估尝试规建治全链条分析、解决问题。如关于保障性住房供给不足且空间错配的问题，既有规划层面的总量过少、与地铁站耦合度低的问题，也有建设层面的力度不足的问题。此外，在治理层面，指标以市级考核为主，与各区新增就业人口不匹配。所以对策上就从“规建治”一体化方面提出优化规划供给规模和布局、加快轨道站点周边建设、分区指标与预期新增就业紧密挂钩等建议。

（3）超越部门，不局限于单一部门事权，而是整体联动。推动由规划建设领域主导、其他部门配合，转向规划建设领域牵头、相关部门协同。一是联合审定规划，不再是单纯参与提出意见，而是共同作为主责部门联合审定规划；二是联合推进实施，精准识别需联合推动实施的关键性工作；三是联合出台政策，统筹分管条线，推动政策联合印发。

（4）超越静态，强调过程比结果更重要。一是项目团队高度重视部门、区县的参与，通过多轮汇报、意见征询促进了部门之间的沟通讨论，进而达成共识、形成对策；二是项目组以专报形式将技术文本快速转化为可决策的行动建议，得到市委批示后，下发各区县（市），成为工作推进与问题有效解决的重要保障。

实施效果

在编制过程中已推动近20项“规建治”一体化工作的提升优化。规划上，推动启动杭州更新专项等规划编制和研究，加快了重点地区国土空间规划、重大产业平台详细规划以及相关专项规划的编制完善。建设上，加快了公共设施补短板、公园城市建设、综合交通治理等民生工程的建设行动。治理上，推动政策法规完善、部门工作提升，如《大运河核心监控区国土空间管控细则》补充整体保护，低效用地认定与腾退相关政策文件陆续出台。

此外，评估梳理形成了可操作、需考核的工作任务清单，已由杭州市规划委员会下发落实。明确了完成时间、牵头单位和责任单位，为杭州近期“规建治”一体化提升工作提供了明确抓手。

（执笔人：徐秋寅）

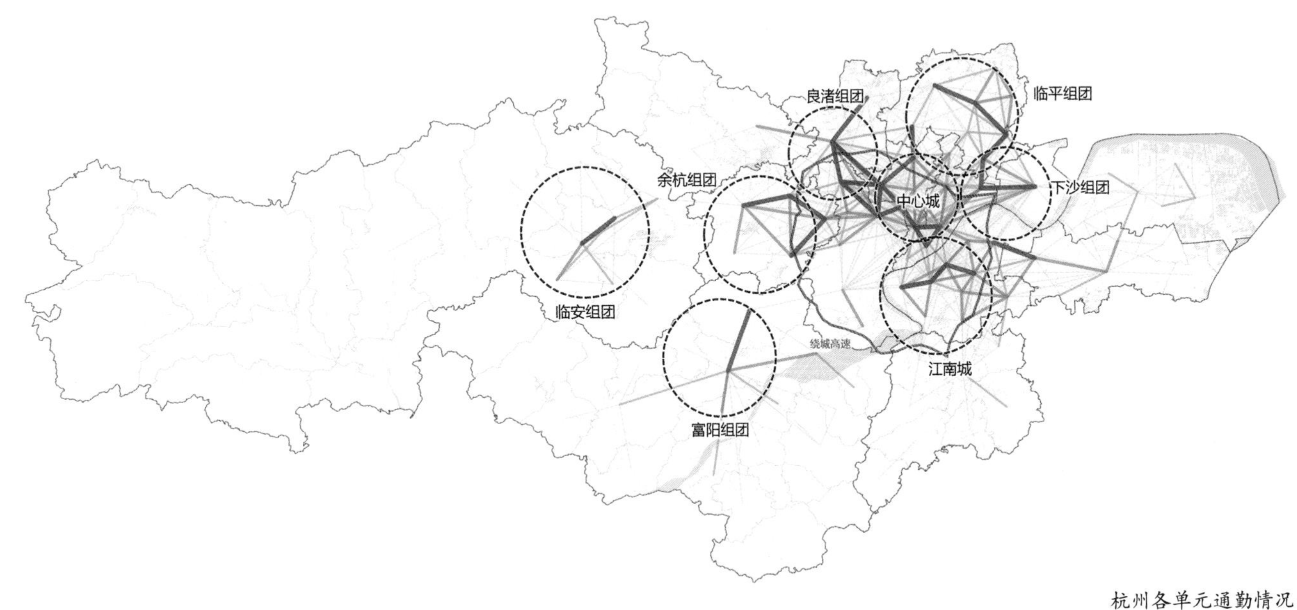

杭州各单元通勤情况

23 城市更新

北京崇雍大街街区更新规划与实施示范

2021年度全国优秀城市规划设计奖一等奖 | 2021年度北京市优秀城乡规划奖二等奖 |
2020—2021年度中规院优秀规划设计奖二等奖

编制起止时间： 2018.11—2020.4
承 担 单 位： 历史文化名城保护与发展研究分院、中规院（北京）规划设计有限公司、风景园林和景观研究分院、城市交通研究分院、城市规划学术信息中心、城市设计研究分院、深圳分院
主 管 总 工： 王凯 **主 管 所 长：** 鞠德东 **主管主任工：** 赵霞、苏原 **项目负责人：** 钱川、徐萌、张涵昱
主要参加人： 周勇、马浩然、孙书同、梁昌征、郭磊、刘缨、吴晔、谭敏杰、陈仲、周瀚、鲁坤、冉江宇、王忠杰、刘力飞、余独清
合 作 单 位： 首都师范大学、中央美术学院

背景与意义

《北京城市总体规划（2016年—2035年）》提出，擦亮首都历史文化的“金名片”做好历史文化名城保护和城市特色风貌塑造。

北京老城是北京历史文化“金名片”的核心承载地，过去简单的街巷整治已经无法满足人民群众对于老城环境品质提升的要求，系统性、整体性、多维度的街区更新工作呼之欲出。

规划内容

（1）街区更新顶层设计。顶层设计层面首先明确了街区更新的概念。针对东城区情况，依据行政管理、重大项目、重点片区、自然界线等因素确定更新单元划定成果，构建了“一级更新单元、二级更新单元”街区更新传导体系，打通了从研究到规划、从规划到实施的“最后一公里”。

（2）街区更新规划示范。以崇雍大街两侧的典型一级更新单元和二级更新单元开展规划示范，印证体系、标准的可操作性。

（3）综合提升工程示范。以崇雍大街二级单元的城市设计为指引，落实并反向校验顶层研究与规划示范，建立总控方案一张蓝图统筹规划、历史保护、建筑、交通、景观、市政、业态、公共参与八大专业团队，开展了综合提升工程设计与实施。

创新要点

（1）知行合一，搭建多层次街区更

雍和宫大街街景

雍和宫大街街景

国子监街路口

新体系。项目从“顶层设计、规划编制、示范工程”三个层次搭建了北京老城的系统更新方案。形成了“规划技术导则、风貌管控导则、街区示范导则”的一整套技术标准体系，指导两个层次单元更新。

（2）文化引领，擦亮首都历史文化“金名片”。以文脉传承为内核，从时空双视角对崇雍大街的历史沿革与文化脉络进行了全面梳理，形成大街保护与更新工作的认识基础，提出“文风京韵、大市银街”的总体传承主题。以价值彰显为目标，提出各更新单元的历史文化保护与传承总体结构，在各级更新单元中进行传导，布局重要公共空间节点进行文化景观意向的展示，如生动展示胡同肌理、串联胡同文化探访路、由点及面地展示历史文化信息等。

（3）共同缔造，坚守民生改善基本出发点。通过“崇雍议事厅”“崇雍公众号”“崇雍工作坊”“崇雍小程序”“崇雍展示厅”的公共参与五大计划体现“以人民为中心”的规划理念，回应城市治理观念转变要求，创新规划方法。项目动员社会各界力量，众筹智慧。广泛听取了崇雍大街两侧在地的居民、商户、管理部门多方意见，发动社区居民积极参与，同管共治。

（4）规管结合，建立基层长效治理新机制。研究探索了更新规划与街道行政事权在空间与时间上的双协同。在空间上，综合行政管理边界、空间形态、发展定位等因素，将东城全区划分为82个更新单元，作为实施更新工作的基本单元。同时，结合东城区的功能、风貌特点因地制宜地细化单元功能分类。

实施效果

以北京市东城区街区更新规划研究、崇雍大街城市设计为指导，项目组于2019—2021年开展街区更新实施工程，是包含了建筑、景观、交通、照明、综合杆工程的综合性示范项目。

历经三年，通过70多名技术人员的驻场工作，北京崇雍大街街区更新实施工程最终竣工亮相。最终实现了“文风京韵，大市银街”的定位。

历史风貌得到整体保护与展示。建筑保护与更新方面采用分类施治策略，全景式展现大街700年间的“多元并存、北古南新”的风貌特色。

人居环境品质得到显著改善。充分落实了城市设计“从街面走向院落”的规划要求。

街道空间资源配置更加人性化。在人性化、绿色化、智慧化、共享化的目标指导下，从“以车优先”转变为“以人优先”。

市政设施更加集约高效。实施了北京首次“多杆合一”示范工程。实践成果促成了多项技术标准的出台。

公共空间更具文化特色内涵。沿街选取16处景观节点作为“雍和八景、东四八景”。

取得了较大的社会效应。得到了居民、商户和访客的一致认可，人民群众获得感得到了显著提高，街道和社区的治理模式和治理能力得到了提升。

（执笔人：钱川）

“翠帘低语”景观节点

“宝泉匠心”景观节点

雍和宫大街街景

崇雍大街建筑细部

北京中轴线申遗保护综合实施项目（钟鼓楼及玉河周边环境提升）

2023年北京市城市规划学会优秀城乡规划设计一等奖

编制起止时间： 2021.6—2023.7

承 担 单 位： 中规院（北京）规划设计有限公司、历史文化名城保护与发展研究分院

主 管 所 长： 周勇　　**主管主任工：** 房亮　　**项目负责人：** 孙书同

主要参加人： 何晓君、刘自春、曲涛、鲁坤、王治、张涵昱、李宁、姚小虹、庞琦、张福臣、王丹江、钟曼琳、钱川、李梦、王铎

背景与意义

本项目以中轴线申遗工作为主线，分为钟鼓楼邻近地区、鼓楼东大街综合整治提升项目及玉河（北段）沿线环境整治提升项目分别开展设计工作。改造内容包括：建筑风貌提升、第五立面净化、景观环境优化、水体生态治理、业态更新指引、多杆合一及电箱“三化”市政工程等内容。

随着北京中轴线申遗驶入快车道，2021年初，北京市先后启动了鼓楼东大街一、二期建筑风貌整治，鼓楼东南望第五立面整治提升以及玉河（北段）沿线环境整治提升工作。本项目重点通过对遗产点周边环境的综合整治，净化中轴线视廊，改造影响风貌的建筑，提升历史水系景观，突出古都文化特色，助力展现壮美的中轴线秩序。

规划构思及空间布置

本项目紧密围绕中轴线申遗的要求开展工作。包含线（街巷）—面（河湖）—体（第五立面及视廊）的全面立体化的更新改造。

鼓楼东大街，自元代起即是北京城内仅次于长安街的东西长街，更是商贾云集之地。大街以“京潮流转、后市长街”作为街区定位，挖掘发展鼓东大街现存的特色京潮文化，采取分类引导、分级整治的工作思路，充分挖掘发展建筑年代特色。

玉河属京杭大运河，其上的万宁桥，被称为“中轴线第一桥”。玉河（北段）沿线环境整治以“文化可知，水岸相融”为理念，紧扣首都核心区控规“加强历史水系恢复、绿化空间建设，完整勾勒清晰可辨的四重城廓”的要求，推动历史水系恢复，强化水系周边生态缓冲带保护、提高公共空间开放度、提升河湖水质及滨水空间景观环境，展现玉河及万宁桥的历史文化特色。

创新要点

1. 搭建多专业合作实施平台，全技术视角系统施策

搭建多专业协作实施平台，建筑、景观、市政、交通、水体治理等七大专业合作。从城市设计层面提出了功能布局、交通系统、业态提升、建筑风貌、景观环境、水体治理的系统性方案。

2. 多维度开展公众参与，全过程问计于民

项目组在设计前期精心打造线上公众参与交流平台“鼓楼传声计划”，众筹群众智慧，吸纳公众创意。在项目实施过程中，设计师及街道服务人员多次进行现场宣讲，定期现场配合，及时了解居民诉求，保持密切沟通。

3. 纵跨百年研究历史演进，保护传承风貌及景观特征

项目组梳理120年间的历史照片、文献，着重保留曾经的样貌，甄别、尊重历史形成的变化，及时治理影响风貌保护和传承的问题。整治提升钟鼓楼第五立面，有效净化中轴线视廊、展现中轴线的壮美秩序。

项目区位及工作分布图

实施效果

鼓楼东大街建筑风貌整治工作共改造沿街建筑共191户，通过“一户一设计、一家一方案”，实现了闹街静巷、鼓韵共赏的设计定位。以鼓楼园为例，街区通过业态引导，补齐了片区的旅游服务功能短板，实现多方共赢。

钟鼓楼南望视廊第五立面的改造，通过拆除违建、构件消隐和美化，建筑色彩协调，净化了中轴线视廊，突出钟鼓楼周边“两侧平缓、翼卫中轴”的视廊景观，延续了以胡同和四合院合瓦屋面为主题的形态特征。

玉河北段周边环境整治项目通过底泥原位处理、水下森林构建、安装微生物发生器及生物控藻技术等多项措施，实现了水质标准从Ⅳ类到Ⅲ类的提升，达到与什刹海水系相同的较高水体质量水平。

片区现已完成风貌及业态提升，更有秩序的钟鼓楼吸引了更多的游客前来打卡，较2019年客流量提升40%。项目先后接受《北京日报》《中国青年报》等媒体的采访，社会反响良好，获得了大众的认可和称赞。项目突出了“以中轴线申遗为抓手，带动老城整体保护”的战略意义，为深化沿线街区更新奠定了基础。

（执笔人：曲涛、孙书同）

“鼓楼传声计划”公众参与小程序

再现传统风貌的历史建筑和老商铺

业态提升后的鼓楼园

整治提升后的鼓楼东望第五立面

环境改善后的玉河北段亲水区

北京市京张铁路遗址公园沿线街区更新控制性详细规划

编制起止时间： 2022.11至今
承 担 单 位： 城市设计研究分院
主 管 总 工： 刘继华　　**主 管 所 长：** 刘力飞　　**主管主任工：** 陈振羽
项目负责人： 顾宗培、岳欢、黄思曈　　**主要参加人：** 靳子琦、杨凌艺、郝丽珍、王煌、袁璐、陈志芬、贾鹏飞
合 作 单 位： 北京市首都规划设计工程咨询开发有限公司

背景与意义

1. 工作背景

京张铁路遗址公园的规划建设和北京海淀区打造人工智能创新街区的发展要求，为海淀南部地区带来前所未有的更新机遇。本次控规工作范围包括北下关、北太平庄和中关村3个街道，9个街区，总面积16.7km^2。

2. 工作意义

统筹上位规划与人工智能创新街区建设要求，通过街区控规做好地区产业发展、三大设施完善、公共环境提升的用地保障，推动重点项目落地。

城市设计示意图（征求意见稿）

规划内容

（1）明确功能定位，规划以绿色公共空间建设引领区域城市更新，支撑海淀人工智能创新街区建设，打造科技创新、绿色生态、宜居宜业的城市街区智慧发展新格局；形成具有国际影响的创新智汇城区、绿色生态引领的更新标杆城区、人文活力共享的宜居花园城区。

围绕大钟寺先导区、五道口先导区建设，构建智慧高效、城绿交融、活力共享的城市创新街区样板间；结合京张铁路遗址公园创新交往带建设，打造串联多样创新文化交流场所的公共空间骨架。

（2）构建“一轴一带，两心多点”的整体空间结构。“一轴”为中关村大街创新发展轴线，“一带”为京张铁路遗址公园创新交往带，“两心”为五道口中心、大钟寺中心，“多点”为知春路、四道口、海淀黄庄、西土城等多个重要空间节点。

（3）强化街区控规法定管控底线，规划落实上位规划对人、地、房等核心指标的管控要求，结合存量地区特点，创新形成“建筑规模指标池”，可在规划范围内统筹，随项目审批动态落实。从而在确保刚性管控的基础上，为未来的城市更新与地区发展预留一定弹性。

创新要点

（1）示范性，通过公共空间带动地区发展。以京张铁路遗址公园建设为触媒，进一步完善片区公共空间系统。统筹公园与在途项目、机遇用地，优化功能互补，提升空间品质，实现公园及周边地区“南北通、东西融”的空间通达性。以京张铁路遗址公园为南北主轴，布局体育锻炼、休闲游憩、生活服务、商业娱乐等公共活动空间，打通城市南北生态网络。提升京张向公园东西两侧延伸的主要道路的环境品质，串联高校、

历史节点、滨水空间，实现城绿交融的慢行游憩网络，以线带面提升城市空间品质与服务水平。

（2）创新性，结合机遇用地支撑创新产业。发挥中关村大街创新发展轴线的辐射作用，为京张铁路遗址公园沿线的科技创新提供持续动力。强化五道口、大钟寺创新核与不同产业组团之间的连通性，综合违建台账、土地权属、地理国情普查数据、在途项目等，深入挖掘具有更新机遇的潜力空间，结合机遇用地支撑数字经济、人工智能、大数据、5G应用、卫星航天新兴产业等新兴产业空间布局，同时补充商业交流设施、文化服务设施、体育活动设施等公共服务设施与第三空间，完善区域创新网络。

（3）统筹性，多方主体参与推动城市更新。建立以中国城市规划设计研究院为技术统筹团队的“4N+1”工作组织框架，统筹相关部门及主体的设计意图。在开展城市更新工作的过程中，邀请相关权属方和涉及的各部门共同参与，充分沟通北京市规划和自然资源委及园林、发改等相关部门与沿线街镇的工作要求和计划，全面对接实施项目需求，统筹地区三大设施短板，依托城市设计等方法搭建技术平台，统筹主体利益与公众利益，及时就公共空间、实施时序、管理界面等达成共识。

（4）落地性，城市设计引导推进项目落地。全面对接京张铁路遗址公园建设、地铁13号线扩能提升、西郊食品冷冻厂城市更新、明光村地区更新改造等实施项目，从产业发展、三大设施完善、公共环境提升角度引导项目落地。以西郊食品冷冻厂更新项目为例，通过盘点区域短板，形成设施增补建议及城市设计指引，实现城市空间和建设时序上的协调互促，有效推进项目落地实施。

（执笔人：顾宗培、黄思曈）

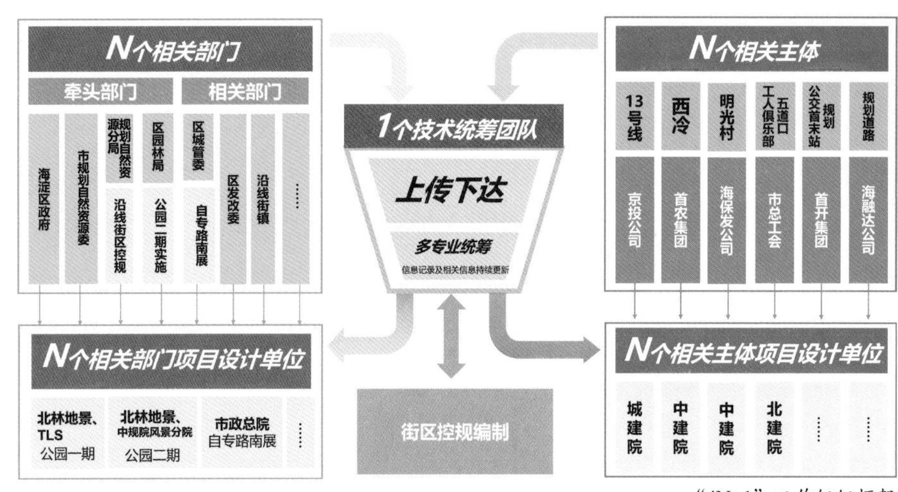

“4N+1”工作组织框架

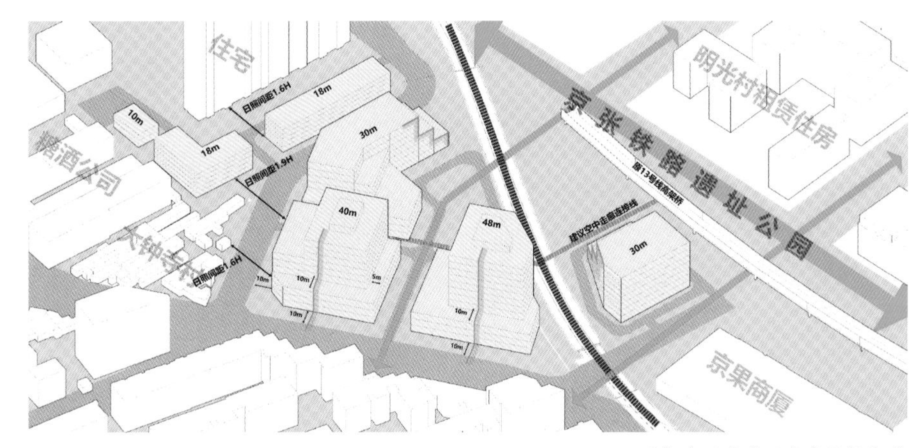

西郊食品冷冻厂城市设计指引

大钟寺地区城市设计示意图（征求意见稿）

重庆市大磁器口片区整体提升规划与设计

2021年度全国优秀城市规划设计二等奖丨2021年度重庆市优秀城乡规划设计二等奖丨
2020—2021年度中规院优秀规划设计一等奖

编制起止时间： 2019.4—2021.3
承 担 单 位： 西部分院、风景园林和景观研究分院
主 管 所 长： 肖礼军　　**主管主任工：** 张圣海　　**项目负责人：** 刘静波、熊俊、王海力、刘加维、汪先为、贾莹
主要参加人： 蔚枫睿智、胡玲熙、余姝颖、梁策、宋欣、王坤、张迪、李博、陈俊熹、雷凯、邬皓天、徐萌、郭沁、赵畅、彭俣、陈希希、鲍天博、程懿昕、邓代江、刘钰婷、赵冬阳
合 作 单 位： 重庆大学建筑规划设计研究总院有限公司

背景与意义

磁器口古镇是重庆主城区目前唯一的“中国历史文化街区”，也是重庆最美历史文化名片之一，2018年古镇年游客量已达到1200万人次。以古镇为核心的3km^{2}内，汇集了歌乐山渣滓洞、白公馆、二十四兵工厂旧址等多元历史文化遗产，聚集了景区、厂区、城区、校区等多种城市功能，交通阻塞、景区拥挤、风貌杂乱、安全隐患等问题也日渐凸显。2019年，随着重庆市城市提升行动计划的全面开展，重庆市委市政府对磁器口提出扩容提质、整体打造优质资源的工作要求。在沙坪坝区政府组织下，中规院项目组从前期整体提升规划到具体方案设计实施服务全过程，探索了城市历史文化地区更新提升的方法路径。

从嘉陵江对面看提升后的磁器口古镇

规划内容

以磁器口片区整体为研究对象，运用城市体检的方法聚焦解决群众急难愁盼问题、补齐城市建设发展短板弱项，以推进城区景区“共荣共生”的目标思路，在片区范围内就功能业态、交通组织、开放空间、城市风貌、配套设施五个方面开展系统规划和编制项目计划。先后完成磁童路步行化改造、古镇核心区风貌整治提升、磁横街整体提升、滨江民居小区改造提升等多个近期项目具体方案设计与实施工作。

更新提升后磁器口片区“一江两溪三山四街”山水格局

创新要点

平衡保护与发展，保持地区原有活力与特色，同时满足现代城市的功能需求，因地制宜运用多种策略与措施。

（1）小切口，抓关键。以问题为导向，精准识别紧邻古镇的磁童路承担大量过境交通是导致城区景区割裂、长期拥堵的主要原因。通过优化片区交通组织分流过境交通，将磁童路步行化改造，连通马鞍山和清水溪，以空间织补方式扩大景区，有效提升景区容量，为居民和游客创造了安全舒适的开敞空间，解决了交通杂乱拥堵的问题，实现了片区空间价值整合与功能提升。

（2）低扰动，微更新。摒弃大拆大建模式，不拆一栋传统民房，不搬迁一户原有居民，不关停一个原商户。在更新提升整个过程中，秉持共同缔造理念，商户、居民全过程参与更新实施。建立“分类型、抓要素、塑节点”的微更新方法体系，沿用传统建造工艺修复，整治不协调构筑物，保护历史文化景观，彰显传统巴渝风貌。在沟通与协调中同时兼顾居民日常生活需求与游客游览配套需求，在有限空间下建立公共设施分时共享机制，既保护了当地烟火气息，又提升了居民的生活品质，实现了历史文化与现代生活的和谐共存。

（3）续历史，显文化。依托空间资源和文化底蕴，以“文化”为核，塑造“最民俗”“最文艺”“最红岩”“最创意”和“最国际”这五个主题鲜明的文化功能区，构建文化传承与创新发展生态圈。策划打造多个文化触媒功能设施，推动了磁器口片区从旅游市场到城市文化市场的转变和升级。

（4）保安全，强韧性。采取适应性措施，秉持“水进人退，水退人进”思路，结合防洪水位线分布，分层引导功能业态布局，联合街道办事处制定应急疏散组织机制，增设高压水枪点快速清淤，减少洪水灾害损失。利用现有巷道划分防火控制区，采用增厚、分隔的防火墙替代传统封火墙；清理、整改老旧线路，对重餐饮设施采用电加热方式；在古镇制高点设置高位水池，利用支路、车位空间完善消防通道，“防”“消”结合，系统提升消防安全。

实施效果

从2020年8月首批工程动工至次年6月重新开街；2021年11月，磁器口古镇入选第一批国家级夜间文化和旅游消费集聚区；2022年1月，获评首批国家级旅游休闲街区；2022年2月，入选重庆城市更新白皮书优秀案例。

（执笔人：刘静波、王海力）

磁童路步行化改造后，为居民和游客创造了安全舒适的开敞空间，同时解决交通拥堵问题

以菜单式手法更新门窗、店招、栏杆等外立面构件，清洗墙面，规整各种管线，彰显传统风貌

整治民居阳台杂乱，设置共享晾衣杆等设施，改造废弃建筑为公厕，兼顾古镇居民和游客需求

《重庆1949》推动文化消费提档升级，带有文艺元素的商家开始增多，文化活动变得丰富

重庆市渝中区山城巷及金汤门传统风貌区保护与利用规划

2019年度全国优秀城市规划设计二等奖 | 2018—2019年度中规院优秀规划设计二等奖

编制起止时间： 2015.11—2017.12
承 担 单 位： 西部分院
主 管 所 长： 彭小雷 **主管主任工：** 肖礼军 **项目负责人：** 金刚
主要参加人： 向澍、刘园园、黄俊卿、王文静、贾莹、朱涛、陈婷、程代君、陈岩、张力、杨滨源
合 作 单 位： 重庆筑恒城市规划设计有限公司、重庆大学

背景与意义

渝中区山城巷及金汤门是《重庆市主城区传统风貌区保护与利用规划》（2015年批复）明确的28个传统风貌区之一，本次工作是以指导实施为目标开展的非法定规划。

规划在重庆尚未启动系统性城市更新的时期，完成了针对地方传统风貌区在跨界技术合作、多元利益协调、编制管理目标结合三方面工作探索，支撑了管理、建设以及经营相结合的长效发展需求，开启了片区微更新进程，为同类型项目作出了有效示范。

规划内容

（1）可操作的托底，多要素测绘记录。对建筑、场地环境、风貌构筑物、重要树木、街巷尺度等内容进行测绘与评估，无论方案能否实现，均存留工作的前提资料。

（2）可操作的业态，邀请市场化专家咨询。为达到指引实施的可行度，规划在项目前期阶段主动邀请文旅专家进行咨询，将项目业态精准定位为精品民宿酒店。以此为标的，全面研究渝中半岛的酒店未来规模容量，校核民宿发展的可实施性。

（3）可操作的路径，定制化更新措施。综合原有居民诉求、更新建设成本估算、不同经营模式策划、政府投放机制探索等研究，确定山城巷宜采用微更新的模式，并引入小型开发主体推动共同实施。

（4）可操作的管控，明确核心要素向法定规划传导。本规划并非施工性质的建筑设计与景观设计，因此完成常规方案工作后，必须进行下位管控工作。最终以“街巷空间划线管控”和“一院一图导则指引”为两个抓手，向下位设计传递规划信息。

沿江透视图

创新要点

（1）拓展规划工作边界，促进多方达成共识，推动实施。通过搭建政府、规划、民生以及市场项目讨论平台，引导多方参与决策，达成了各方共识，探索了具备实施性的更新路径与经营模式。

（2）建立从价值识别到实施控制的全脉络规划控制体系。一是以影像形式对重要建筑、街道立面、阶梯、树木等要素进行测绘，保存山城巷的历史空间记忆，为后续实施过程中涉及的更新与拆除行为提供重要的判断依据。二是以用地形式对既有街巷格局进行刚性管控，通过院落分图则指引下位开发建设，建立满足城市历史空间记忆保护与保障开发建设创新和弹性空间的长效实施机制，激发市场和社区等各类主体加入片区保护与传承活动中来。三是探索实施导向的政策机制。对传统风貌保护区提出更具针对性的建设规范，对按照“原位置、原高度、原面积、原材料”执行改造建设，在落实消防保障的前提下，可以不小于原有建筑间距进行实施。

实施效果

规划编制完成后，在当地平台公司和设计机构的精心操盘下，改造后的山城巷及金汤门传统风貌区于2019年以“重庆最后的街头巷里”的身份回归，面向公众开放。

“山城基因、时尚颜值”使山城巷一跃成为重庆新晋“网红”打卡点，受到众多品牌、网络媒体、外地游客以及市民青睐。

（执笔人：向澍）

保护规划方案总平面图

保护规划方案南侧鸟瞰图

保护规划方案西侧鸟瞰图

深圳市福田区八卦岭更新统筹规划及子单元实施控制导则

2018—2019年度中规院优秀规划设计二等奖

编制起止时间： 2017.3—2019.5
承 担 单 位： 深圳分院
分院主管总工： 王瑛　　**主 管 所 长：** 王飞虎　　**主管主任工：** 陈满光
项目负责人： 赵若焱、王树声　　**主要参加人：** 周天璐、高健阳、王陶

背景与意义

进入存量发展时代的深圳经过十多年的城市更新带来了不少问题，如碎片化改造难以落实重大设施、小单元更新容易造成合成谬误等。八卦岭作为深圳市大片区更新统筹的先行探索区，为强化其更新改造中有效的管控引导，促进片区转型升级，编制了本次规划。

规划内容

本次更新统筹规划是在“总规—法定图则—更新单元专项规划”法定规划体系基础上增加了片区统筹的一次规划实践。规划采用“片区统筹+子单元控制导则”的形式，形成从目标定位到空间设计再到实施管控的传导体系。

片区统筹层面，强调人与城的相融、空间的开放包容和多元功能的共荣，形成以金融科技产业为核心、文化创意产业和跨界商业配套的“一体两翼”产业体系。整体空间管控主要聚焦于大单元层面的主导功能和开发规模，而非具体到用地，为更新单元专项规划留有弹性。

子单元导则层面，从设计语言转为管理语言。强调公共设施与更新项目的捆绑建设，评估各个子单元的开发量、土地移交率、附建公共服务设施规模等，确保“权责统一”。

创新要点

（1）在“总规—法定图则—更新单元专项规划”的法定规划体系基础上增加了片区统筹与引导。

（2）管控思路下的功能控制。以单元为基础控制主导功能和开发规模，而非具体到用地，为更新单元专项规划留有弹性。

（3）从设计语言转为管理语言。将片区统筹研究的结果落实到子单元控制导则中，每个子单元形成六张管控导则，并将

片区统筹总平面布局图

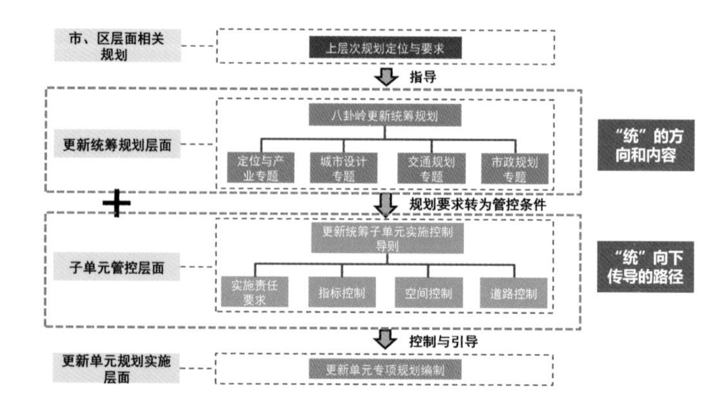

片区统筹技术路线图

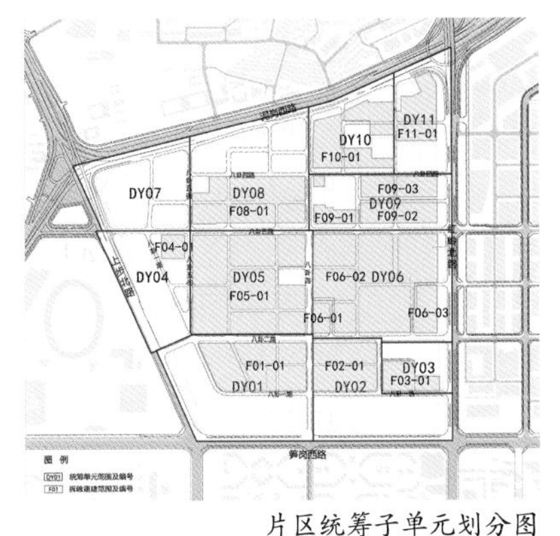

片区统筹子单元划分图

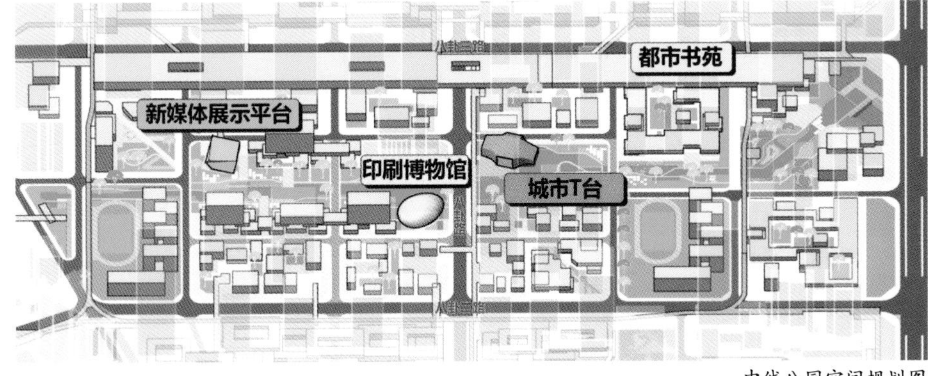

中线公园空间规划图

片区统筹鸟瞰效果图

具体管控要求在“实施责任要求”中明晰，作为深圳市城市更新局审批项目的管理手册。

（4）体现统筹规划的协商机制。项目编制过程中与各开发主体充分沟通，如03子单元本意规划为商业商务功能，但因深圳标准中新兴产业与商务办公功能均为楼宇经济形态，且开发量相近，但地价相差三倍，因此沟通后落实为新型产业功能。

实施效果

规划自2017年审批通过后，起到了良好的管控效果。在统筹规划的控制与引导下，03、04、06子单元项目陆续列入更新计划及审批通过更新单元专项规划。其中，04子单元平安大厦项目（已批专规）落实了指标控制、公共服务配套、建筑退线、二层连廊及道路控制的要求；03子单元智联泰项目（已批计划）落实了公共配套服务、公共空间、公共通道及道路控制等；06子单元上林苑项目（已批计划）落实了指标控制、公共服务配套、建筑退线、二层连廊及道路控制的要求。八卦岭片区未来将在片区统筹的指引下有序更新，成为先行示范区下深圳高质量城市更新的标杆之一。

（执笔人：陈满光）

海口城市更新系列项目

2019年度全国优秀城市规划设计一等奖（项目一）| 2018—2019年度中规院优秀规划设计奖一等奖（项目一）|
2021年北京市工程勘察设计协会城市更新设计一等奖（项目一）| 2020年中国风景园林学会科学技术奖（规划设计奖）二等奖（项目一）|
2020年IFLA 国际风景园林师联合会亚非中东地区奖荣誉奖（项目一）| 2020—2021年度中规院优秀规划设计二等奖（项目二）

编制起止时间： 2017.2—2019.12

项目一名称： 海口城市更新——增绿护蓝专项规划
承 担 单 位： 风景园林和景观研究分院
主 管 总 工： 王凯　　**主 管 所 长：** 王忠杰　　**主管主任工：** 束晨阳　　**项目负责人：** 刘冬梅、郝钰
主要参加人： 刘宁京、贺旭生、魏柳、牛铜钢、马浩然、舒斌龙、盖若玫、孙培博、杨眉、韩笑

项目二名称：（海南省）三角池片区（一期）综合环境整治项目——环境景观工程设计
承 担 单 位： 风景园林和景观研究分院、城市交通研究分院、中规院（北京）规划设计公司
主 管 所 长： 王忠杰　　**主管主任工：** 束晨阳　　**项目负责人：** 马浩然、舒斌龙
主要参加人： 高倩倩、牛铜钢、辛泊雨、吴雯、盖若玫、赵恺、张悦、徐丹丹、魏柳、郝钰、周勇

背景与意义

1988年海南建省以来，伴随着快速的发展，海口也出现了交通拥堵、设施落后、形象欠佳、特色缺失等诸多方面"城市病"问题。

2018年，在海南省建省30周年之际，海口针对"城市病"问题进行了全面梳理并开展城市更新工作。面对快速城镇化过程给海口市带来的生态破碎度增加、连续的生态廊道被切断等问题，规划结合海口市区位价值及"山海林田园，江河湖海湾"全要素景观资源，通过恢复生态本底的连续性、整体性，提高生态系统服务功能，保护海口全国领先的优质蓝天资源，为人民群众提供人与自然和谐共生的美好空间。同时，三角池片区因其民生关注度高、区位条件显著、问题典型突出、百姓认同度高、可实施性强，其片区综合环境整治项目被确定为海口城市更新综合性示范项目和海南建省办经济特区30周年精品工程。

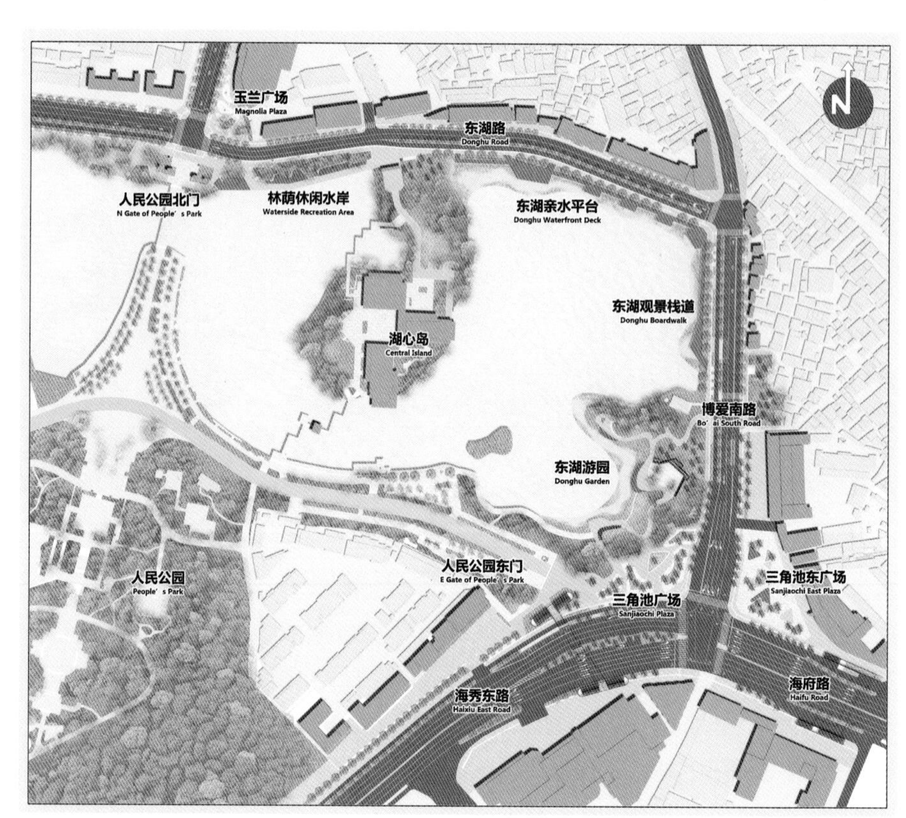

三角池片区（一期）综合环境整治项目设计平面图

规划内容

《主城区生态绿线划定规划》在传统生态空间管控的模式下，注重绿地生态效益、有效保障可实施性。对城市生态本底条件展开评估，采用生态服务功能评价与生态安全格局叠加，构建海口市理想生态空间格局。守住海口主城区55%的蓝绿空间底线，保证生态空间相对完整，实现生态结构相对稳定。针对关键片区、廊道、节点提出规划调整策略与建设指引，最终形成主城区绿线划定方案。

《中心城区绿地增量提质建设实施规划》主要包括结构性增绿、公园体系游憩和绿化品质提升三个方面。梳理现状问题与发展目标的差距，作为非法定规划，项目组协调多项法定规划，拿出“绣花”功夫展开现场调研，落实规划用地。编制绿地整体布局规划、完善服务增绿规划、江河通海绿廊规划、公园改造提质规划、道路绿化景观提升规划、历史街区绿化风貌规划，并制定海口市城市增绿三年行动计划与实施项目库。

《三角池片区（一期）综合环境整治项目》建设面积约11hm^2，包括滨水绿地景观提升、景观湖体水质净化、城市道路及慢行系统改造、沿线建筑立面改造更新等内容，是一项多专业联合的系统性城市更新工作。

创新要点

1. 建立系统全面的城市更新绿地专项规划工作模式和技术方法

区别于快速城镇化时期绿地专项规划对空间划定与数量规模的提升，本次规划旨在探索城市更新阶段绿地专项规划技术方法。建立生态评价、绿地评估、生态空间管控、生态修复和生态建设指引、绿地增量和服务品质提升、实施项目指引等系列工作方法，聚焦到生态品质的量化与美

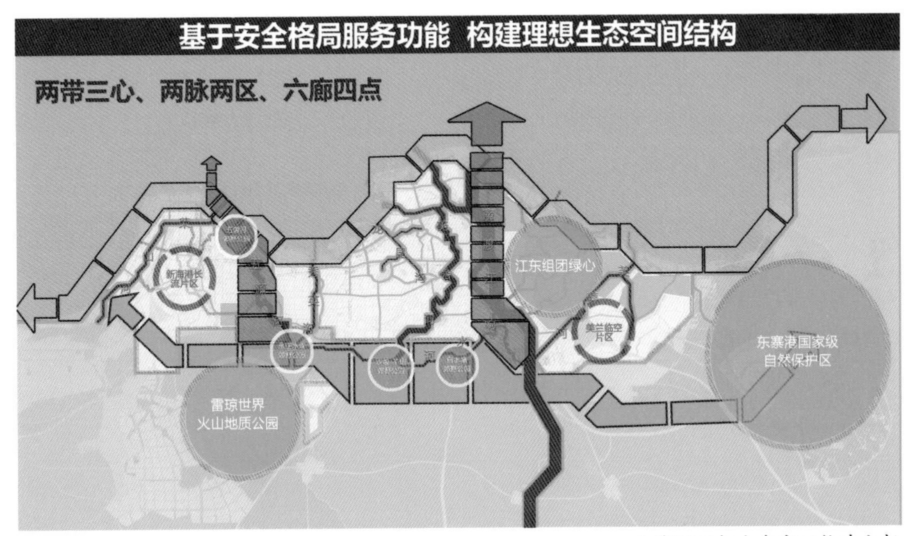

主城区理想生态空间构建分析

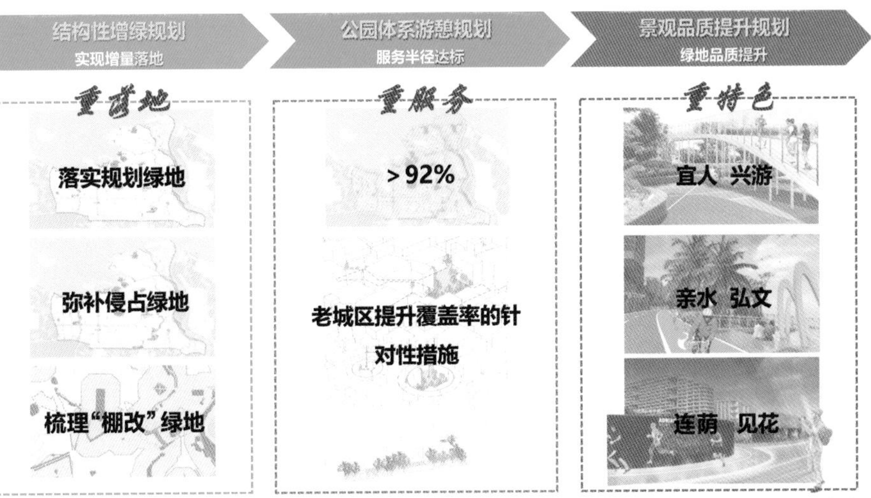

中心城区绿地增量提质规划“三步走”

三角池片区（一期）建成鸟瞰实景

好生活的引领。从描绘愿景的规划转变成可落地实施的规划。拆解中心城区绿地指标与建设要求，衔接四个行政区的管理部门，形成分区项目库，突出各区绿地特色。

2. 生态绿线划定兼顾格局管控和功能修复，守住城市良好生态

基于格局安全与功能完善的城市生态空间保护指引。规划注重生态研判与规划统筹、管控指引的有效衔接，研判生态保护理想分区，统筹相关保护规划要求，提出生态绿地保护指引。在传统绿线规划空间管控基础上强化生态网络建设和生态功能恢复。该研究作为支撑城市绿色生态空间的保护与协调基础，有效支撑衔接后续国土空间相关规划。

3. 采用全方位增绿提质路径，助力城市美好生活体验

通过结构性增绿，修复城市现状绿地网络中的两大生态断裂位，加强绿地生态过程的完整性与稳定性。完善游憩服务，针对海口近郊游憩公园、社区级公园供给不足等问题，培育特色公园，构建城乡一体、全龄友好的公园体系。通过“绿道兴游、街区弘文、滨海亲水、连荫见花”的增绿策略，拉近人与自然的距离。

4. 通过“景观生态效能评价”确定项目时序，科学推进城市绿地项目建设实施

通过生态效益评估、生态网络重要度评价等新技术，推进城市绿地建设实施。以生态网络结构分析法为手段，通过闭合度、通达性、连通度三个网络连接特征指数，对规划方案的绿地结构优化效果展开定量评估。通过固碳释氧、环境净化、热岛效应缓解三个方面定量评估绿地功能优化效果。通过生态网络要素重要度评价确定近期项目建设时序。

5. 项目更新过程中多专业协同，系

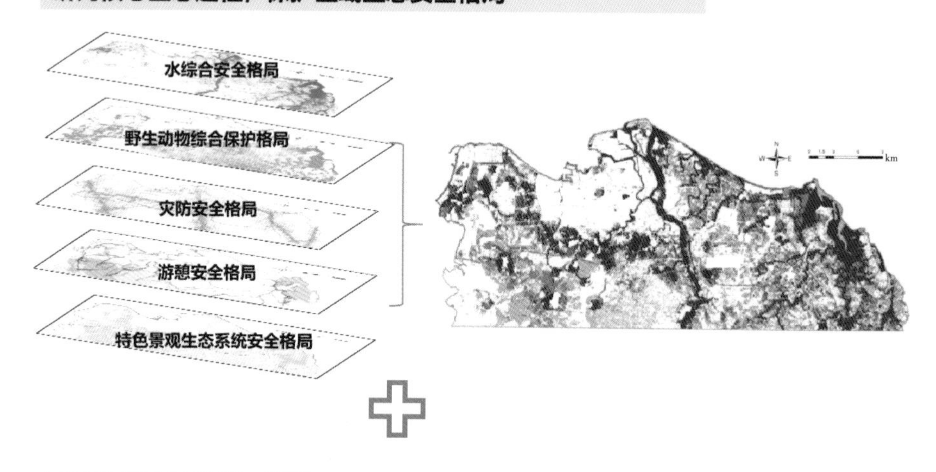

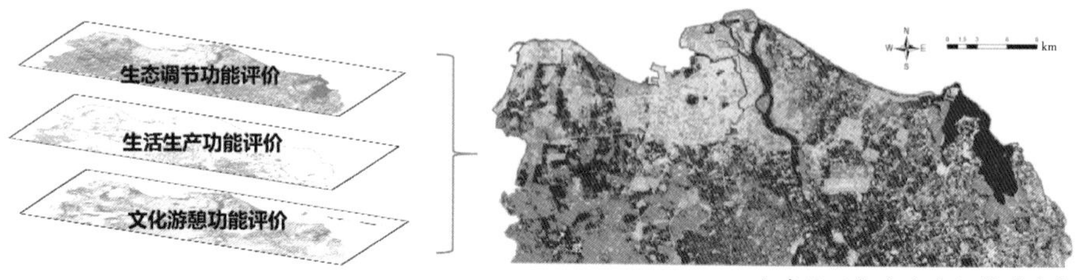

主城区理想生态空间构建分析

三角池滨湖平台

统解决公共空间、交通、生态、建筑、文化等问题

聚焦场地，问诊把脉，有的放矢“针灸式”更新，通过整理建筑风貌，突出地域特色；规范交通秩序，塑造完整街道；提升景观设施，引蓝绿空间入城；重现记忆场景，彰显闯海精神，四项更新措施，实现三角池片区“最海口”的目标愿景。

实施效果

项目组于2020年末对规划实施开展自评估，三年行动计划增绿项目完成度已达到85%，对城市绿地结构优化率完善程度达到75%。

三角池综合环境整治作为城市更新类项目，于2017年启动，2018年初竣工开放。建成后的三角池破茧成蝶，华丽回归，如今风貌新语，交通新序，生活新趣，自然新颜。

该项目已经成为海口城市更新的样板工程，海口市广播电视台、南海网等媒体对三角池项目进行了大量跟踪报道和宣传，产生了较大的社会影响力。

（执笔人：徐阳、郝钰）

绿荫倒映在水中

蓝绿交织、水绿城融合的景象

江西省吉安市永新古城保护更新规划设计

2021年度全国优秀城市规划设计一等奖丨2020—2021年度中规院优秀规划设计一等奖

编制起止时间： 2019.5—2021.5
承 担 单 位： 历史文化名城保护与发展研究分院
主 管 总 工： 张广汉　　**主 管 所 长：** 鞠德东　　**主管主任工：** 赵霞
项目负责人： 王军　　**主要参加人：** 余独清、李梦、李亚星、张子涵、任瑞瑶、韩晓璐

背景与意义

永新县位于江西省吉安市西部，是井冈山革命根据地重要组成部分，生态美、人文浓。但是在城镇化过程中永新遇到了和全国其他城市类似的发展困境。2019年永新古城保护更新规划设计积极探索非名城县历史文化保护传承新模式，经过五年努力，取得了显著成效，为全国大量普通县城实施城市更新行动以及在城乡建设中加强历史文化保护传承提供了可复制、可推广的经验。

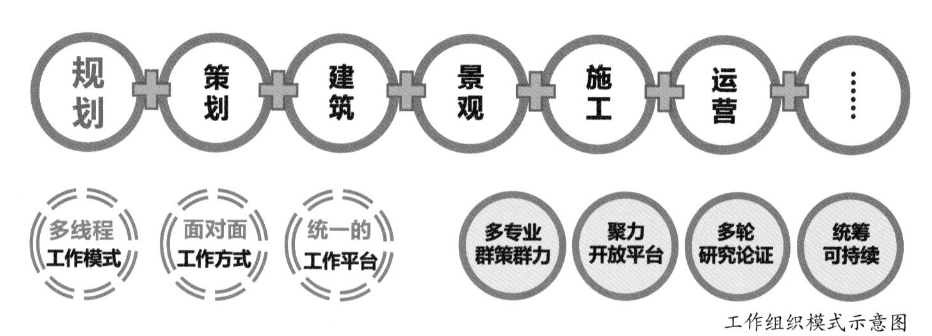

工作组织模式示意图

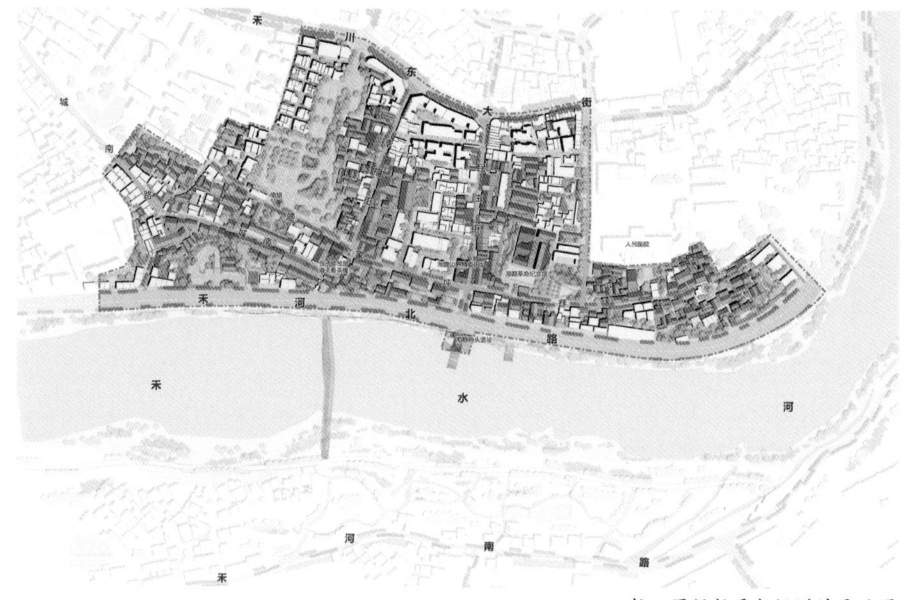

核心区保护更新规划总平面图

规划内容

（1）深入挖掘永新古城文化特色。提出了永新营城六大智慧，从传统智慧汲取营养，重塑永新城市精神，为保护更新和活力重塑提供了历史启迪。

（2）明确永新古城发展方向。规划将永新特色综合型古城打造为兼具旅游、商业、生活功能，宜游、宜业、宜居的特色山水小城，提出了多方参与的小规模渐进式实施路径。

（3）为永新古城量身打造了四大系统规划策略。包括山水格局融入、空间网络修补、特色风貌重现、功能活力提升。四大系统规划策略配合，综合发力，共同带动永新古城再生和可持续发展。

（4）以禾水河两岸的古城核心区保护提升为启动点，制定了详细的规划设计措施，成为古城可持续发展的重要引擎。

（5）分区分类制定古城每个地块的设计指引导则。将古城细分为12个地块，分项落实规划策略和具体措施。

创新要点

1. 立足天人合一理念，建立永新古城山水人文秩序识别与修复法则

深入挖掘传统营城智慧，凝练出“营城六法”——因山为屏、理水塑城、依势筑城、修文荣城、聚市兴城、立标识城，辨识古城迎山接水的自由形态和人文内涵。建立了保护更新中利用自然资源的规则，提出不破坏地形地貌等的正负面清单。对古城依山就水的轮廓进行修复，强化山水城市意象。

2. 立足传统城市整体特征，形成古

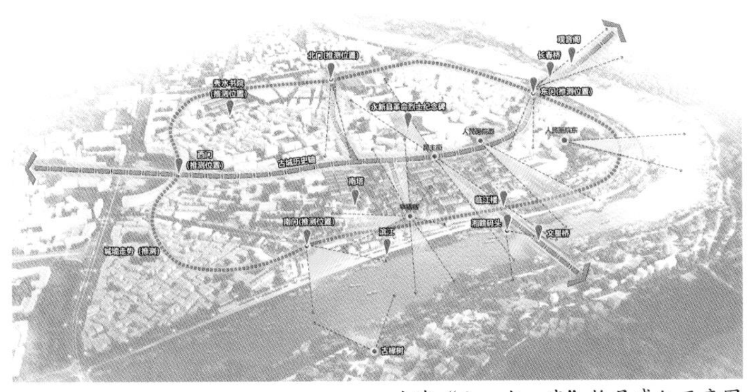

古城“山—水—城”格局感知示意图

永新古城街巷更新前后对比

民主街更新前后对比

幸福街民居改造前后对比

南塔历史环境提升前后对比

城保护与微更新系统规划技术

修补强化“一横三纵”的街巷骨架及滨水区域的鱼骨状空间秩序，强化主街巷空间和功能，疏通连接主街巷和滨水空间的小街小巷。制定保护更新四“不”原则——产权基本不动、肌理基本不改、居民基本不迁、社会网络基本不变。制定每栋建筑风貌保护提升措施。

3. 立足现实条件，探索了普通县城高质量发展的规划实施路径

以古城文化资源为基础，培育六大特色产业。以规划为统领，搭建策划、建筑、景观、运营、文化、艺术等跨界融合协作平台，推动建立社区自组织机制。

实施效果

规划编制完成后，永新县政府与社会资本联合成立在地化运营团队具体开展实施运营，一期投入资金1.57亿元。

（1）完成3条主要街巷的沿街建筑立面提升、街巷铺装更新、街巷小品、指示牌、路灯、设施等建设。整治沿街一进院落的建筑总面积约3.9万m^2。

（2）完成51栋有保护价值建筑的修缮，共计建筑面积约2.4万m^2；完成了古城650栋普通住宅居民楼的整治、加固，共计建筑面积约19.5万m^2。

（3）完成地埋改造供水、雨水、供电、通信、消防管线5km，新辅设污水、燃气管线3km；充分利用现状巷口、民居宅旁闲置地等设计7个“口袋公园”。

（4）引入6类、30余项新业态，孵化出图书馆、民宿、奶茶店、汉服体验馆、网络直播、文化传媒等新业态，文创收入、旅游收入逐年提升。

（执笔人：王军、余独清）

九江市修水历史文化名城创建与保护更新实施系列项目

2023年度北京市优秀城乡规划一等奖｜2022—2023年度中规院优秀规划设计二等奖

编制起止时间： 2021.5—2024.6

项目一名称： 修水古城保护与更新规划
承 担 单 位： 历史文化名城保护与发展研究分院、住房与住区研究所、城市交通研究分院、城镇水务与工程研究分院
主 管 总 工： 张广汉　**主 管 所 长：** 鞠德东　**主管主任工：** 赵霞　**项目负责人：** 杨亮、李晨然
主要参加人： 刘倩茹、尹晓梦、付凌峰、祁祖尧、叶昊儒、王丽、汪琴、田欣姝、凌伯天、芮文武、王玲玲

项目二名称： 修水历史文化街区修建性详细规划（一期）
承 担 单 位： 历史文化名城保护与发展研究分院、住房与住区研究所
主 管 总 工： 张广汉　**主 管 所 长：** 鞠德东　**主管主任工：** 赵霞
项目负责人： 杨亮　**主要参加人：** 王丽、刘倩茹、李晨然、叶昊儒、王丽、汪琴
合 作 单 位： 上海水石建筑规划设计股份有限公司

项目三名称： 通远门老城墙遗址公园规划
承 担 单 位： 历史文化名城保护与发展研究分院、住房与住区研究所
主 管 所 长： 鞠德东　**主管主任工：** 徐萌
项目负责人： 杨亮、刘倩茹　**主要参加人：** 徐漫辰
合 作 单 位： 苏州市文物古建筑工程有限公司

项目四名称： 修水历史文化保护规划规划及申报国家历史文化名城文本
承 担 单 位： 历史文化名城保护与发展研究分院
主 管 总 工： 张广汉　**主 管 所 长：** 鞠德东　**主管主任工：** 赵霞
项目负责人： 王玲玲　**主要参加人：** 王丽、刘倩茹

背景与意义

修水县位于江西省西北部，隶属九江市，具有深厚的历史文化底蕴。修水是中国革命伟大转折的新起点，打响了秋收起义第一枪，诞生了中国共产党第一面军旗，组建了工农革命军第一军第一师；是历史悠久、名人辈出的赣北古邑；是山环水绕、藏风聚气的宜居之所，赣北民居典范之地，拥有众多颇具特色的祠堂和民居建筑；是茗香悠远、非遗璀璨的人文福地，作为万里茶道重要生产地和贸易地，宁红茶、双井绿远销海外。

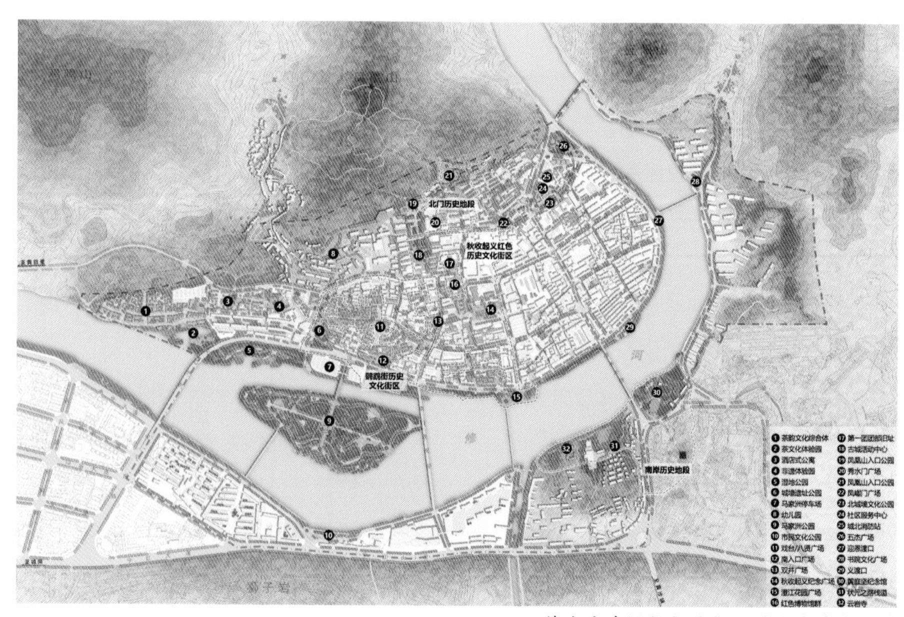

修水古城保护与更新规划设计总平面图

2021年，修水提出申报国家历史文化名城；2022年，中共中央办公厅、国务院办公厅（简称“两办”）印发了《关

于推进以县城为重要载体的城镇化建设的意见》；同年4月，修水被列为江西省第一批城市更新试点县。修水古城是历史文化资源核心地区、城市更新行动焦点地区、新型城镇化建设的示范地区，但随着城市建设迅速发展，古城周边的城市建设与传统风貌不相符合，并未彰显独特的营建理念和风韵。与此同时，市政基础设施老旧缺损、公共设施供给不足、人居环境亟待改善、交通拥堵显著等问题日渐突出。

系列项目以修水申报国家历史文化名城为契机，坚持“以申报促保护”理念，践行城乡历史文化保护传承、以县城为载体推动新型城镇化建设、实施城市更新行动三大政策的创新型技术服务，为地方树立正确的保护理念、全面解决各空间层次保护对象的保护及更新关键问题提供技术支持。

规划内容

《修水古城保护与更新规划》秉持了“整体谋划、系统施治；分类更新、‘绣花’功夫”的更新理念，采取了完善功能设施、赓续山水文脉、优化交通系统和提升整体风貌四大策略，并对五大重点片区进行了详细的规划设计，明确了更新实施项目库，指导更新工作的有序实施。

《修水历史文化街区修建性详细规划（一期）》落实了古城更新规划的整体要求，对标江西省城市更新试点工作，探索了“适度疏解人口+人居品质提升+文旅产业导入”更新模式。

《通远门老城墙遗址公园规划》充分落实“两办”文件“应保尽保”的政策要求，在考古发掘研究的基础上建设遗址公园，创新遗产保护方式、营造特色文化场所、提升历史城区人居环境品质，成为展示地域历史文化的新地标。

《修水历史文化名城保护规划（2021—2035年）》按照时空全覆盖、要素全囊括的

修水古城保护与更新规划设计鸟瞰效果图

修水古城北部综合服务区鸟瞰效果图

修水古城西摆地区鸟瞰效果图

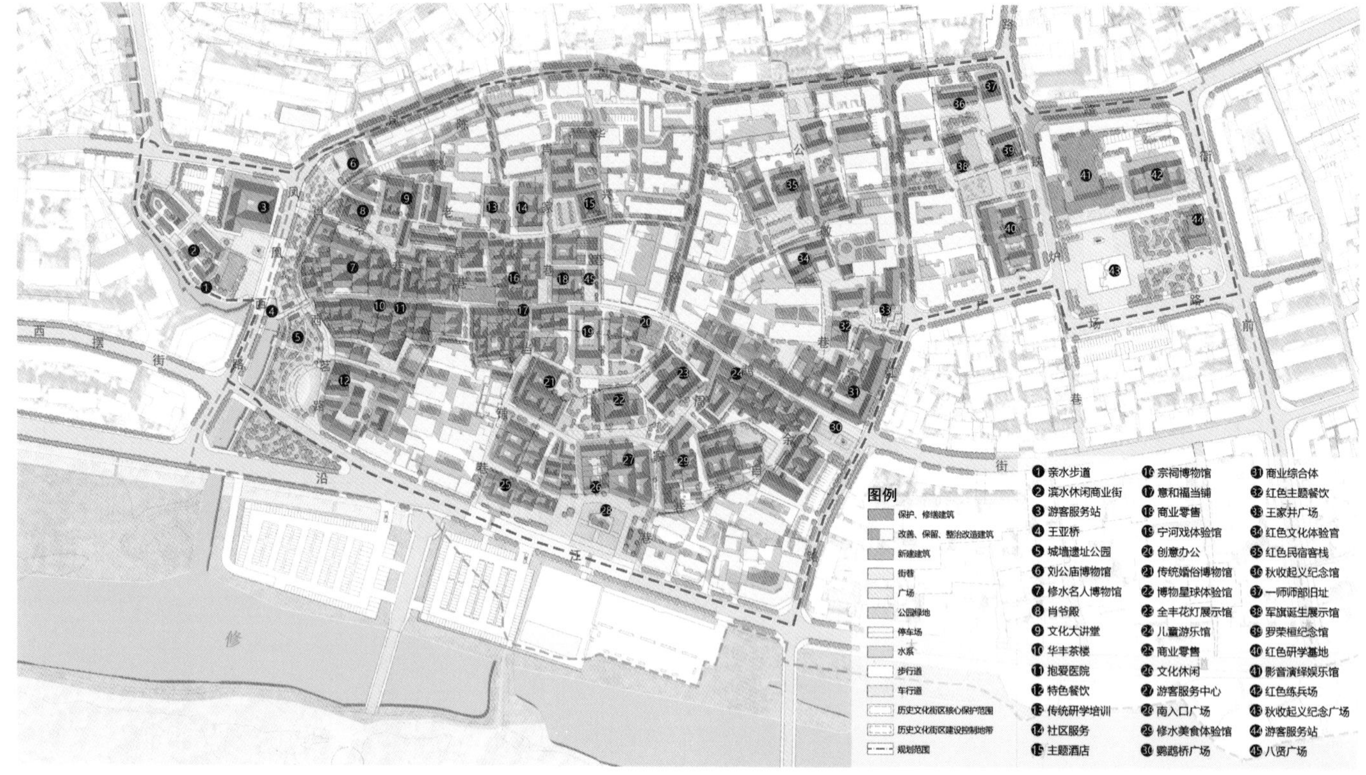

修水历史文化街区修建性详细规划总平面图

原则，系统全面地对修水历史文化价值和历史文化资源进行提炼和梳理，构筑全域保护传承体系。深挖修水“红、古、绿”价值特色，以历史保护传承提升修水城市竞争力。同步编制《修水申报国家历史文化名城文本》，为修水历史文化名城申报和提升保护管理工作提供技术支撑。

创新要点

（1）正本清源，囊括全时空保护要素，筑牢文化安全底线。在历史文化价值和特色研究的基础上，从踞山为形、理水融城、因势筑城、崇文荣城、聚市兴城、文镇识城六方面，构筑“山—城—江—滩—洲”一体化的历史城区保护空间格局。规划重点关注了新中国成立后的时间维度，增补历史地段和代表城市记忆的时代风貌建筑。

（2）守正创新，传承古人营城智慧，塑造特色魅力场所。系列规划从总体格局构建、肌理风貌修补、重要节点塑造三个方面，探索续接城市记忆、重现历史场所精神的历史地区城市设计技术方法。

（3）团队集成，多维技术手段回应民生需求，提升环境人居品质。融合规划、历史保护、交通、市政、业态、建筑等多个专业团队，针对多项关键问题开展专题研究。通过历史信息识别、大数据、公众参与等多种方式识别关键问题，确定古城发展目标及功能优化措施，提出功能准入清单。

鹦鹉街历史文化街区更新前后（部分）对比图

（4）服务伴行，注重落地实施，多维一体打造“中规作品”。系列技术服务从单一的保护底线控制向保护、利用、传承融合转变，从单一的规划控制向落地实施转变，从单一的规划编制向全程陪伴式服务转变。团队以打造“中规作品”为核心目标，注重“规划、建设、管理”有效协作，建立了“全域保护规划—历史城区保护更新规划—历史文化街区修规及设计—实施技术服务”的全流程工作框架，提供全专业的技术保障工作。以专家咨询、书面意见、专业培训等多种形式，将名城保护传承的新要求、新理念、新方法及时融入修水实践，全面提升地方管理能力。

鹦鹉街更新前后街景对比图

实施效果

（1）推动修水申报国家历史文化名城的顺利进展。系列技术服务搭建了修水城乡历史文化保护传承的工作框架，在重要空间层与城市更新行动结合，有效实现了遗产保护与民生改善的“双赢”，践行了新时期“以申报促保护”的重要理念，助力修水于2022年10月被成功列为江西省级历史文化名城。

内部历史街巷整治提升效果

原烈士纪念馆更新为游客服务中心

（2）凝聚规划共识，支撑行业重大课题研究。系列规划成果得到国内相关领域知名专家的充分肯定，为科技部“十四五”课题、国家自然科学基金委员会课题、住房和城乡建设部课题等提供实践案例。

（3）一大批重点项目落地实施。历史文化街区一期项目于2024年1月开街，受到社会各界广泛关注与好评。鹦鹉街沿线保护整治、红色文化体验片区已完成实施。通远门城墙遗址公园已初见成效，成为修水人民休闲活动、体味乡愁的特色文化主题开敞空间。秋收起义修水纪念馆和查�公祠两处历史建筑入选江西省第一批历史文化街区和历史建筑保护利用优秀案例。

（执笔人：杨亮、李晨然）

通远门遗址公园保护更新后航拍影像

通远门遗址公园保护更新后实景效果

烟台市城市更新系列项目

2022—2023年度中规院优秀规划设计一等奖丨2023年度烟台市优秀工程勘察设计成果一等奖（项目一）

编制起止时间： 2021.11—2022.12
项目一名称： 烟台市城市更新专项规划
承 担 单 位： 城市更新研究分院
主 管 总 工： 邓东　　**主管主任工：** 王仲
项目负责人： 范嗣斌、谷鲁奇、张帆　　**主要参加人：** 孙浩杰、柳巧云、王亚洁、王路达、冯婷婷、刘春芳

项目二名称： 芝罘区重点区域城市更新规划
承 担 单 位： 城市更新研究分院
主 管 总 工： 邓东、詹雪红　　**主 管 所 长：** 范嗣斌　　**主管主任工：** 王仲
项目负责人： 魏安敏、王亚洁　　**主要参加人：** 孙浩杰、李启迪、仝存平、王小天、曹双全

背景与意义

2021年底，烟台市成为住房和城乡建设部第一批城市更新试点城市，要求在城市更新统筹谋划机制、可持续模式、配套制度政策等方面试点探索。为落实国家试点要求，中规院协助烟台市构建了“1+1+N+X”的城市更新规划体系，以烟台市最老城区芝罘区为重点开展城市更新系列工作，为推动烟台市城市更新行动系统、科学、有序开展提供顶层设计。

规划内容

（1）市级更新规划的重点在总体统筹、项目筛选、政策支撑三大方面。总体统筹方面，提出“生态、宜居、创新、品质”四大更新目标，分系统、分类、分区提出更新指引；项目筛选方面，把握各区空间格局与特色，结合理结构、试政策、谋亮点三个法则，形成12个市级重点更新示范项目库；政策支撑方面，在规划管理体系、实施推进体系、法规政策体系、行政决策体系四方面提出了相关建议。

（2）区级更新规划的重点在本底识别、系统谋划、项目生成、实施推动四大方面。本底识别方面，通过城市体检和底账梳理，明确关键问题和潜力地区；系统谋划方面，明确城市更新整体思路和方向，明确各板块更新目标、策略和任务；项目生成方面，提出系统的分类城市更新项目库，并对各项目提出更新引导要求；实施推动方面，通过与政府相关部门紧密对接，生成重点项目库，分部门、分街道、分阶段有序滚动实施。

创新要点

（1）市区联动。建立了市级出台政策、区级组织实施、专班调度督导，专家辅助决策的城市更新组织模式。

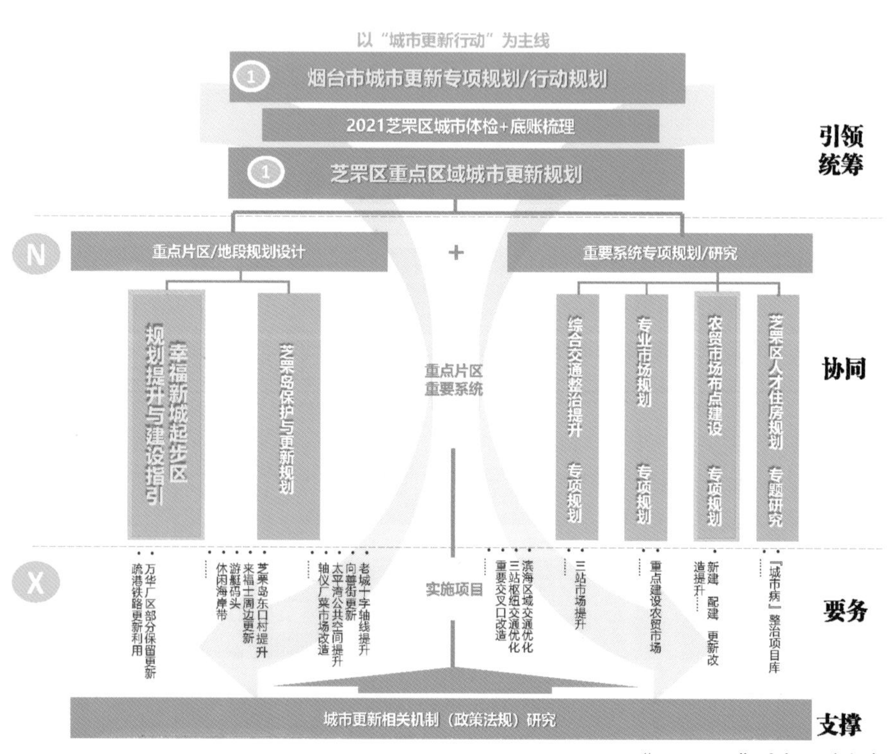

“1+1+N+X”更新规划体系

（2）强化统筹。构建了“1+1+N+X”更新规划体系，覆盖城市体检、市区两级更新规划、更新单元规划、落地实施项目，为住房和城乡建设部《城市更新规划编制工作指南》以及中规院《城市更新工作技术指引》提供实践支撑。

（3）双总结合。运用总体规划方法，确定全区空间结构，更新优化思路。运用精细化的城市设计方法引导城市更新，聚焦滨海、文化中轴、工业遗产带等城市更新重点空间。

（4）政策突破。针对项目实施中发现的各方面政策堵点，市级层面结合实际诉求，协助出台若干政策文件，如《“突破芝罘”城市更新配套政策》。

（5）政银合作。积极探索“政府引导、市场运作”的多元融资模式，通过成立城市更新基金、银行贷款、发行专项债等方式，融资助力城市更新项目实施落地。协助芝罘区对接山东省国家开发银行，争取政策性金融支持，保障更新工作可持续推进。

实施效果

系列规划实施效果：其一，实践经验纳入住房和城乡建设部可复制经验做法清单；其二，有力支撑相关规划编制；其三，促进了向善街、莱山区步道、亚东七号、夹河景观提升等项目落地实施；其四，促进了规划向公共政策转化，包括“突破芝罘”24条更新政策等。

（执笔人：王亚洁）

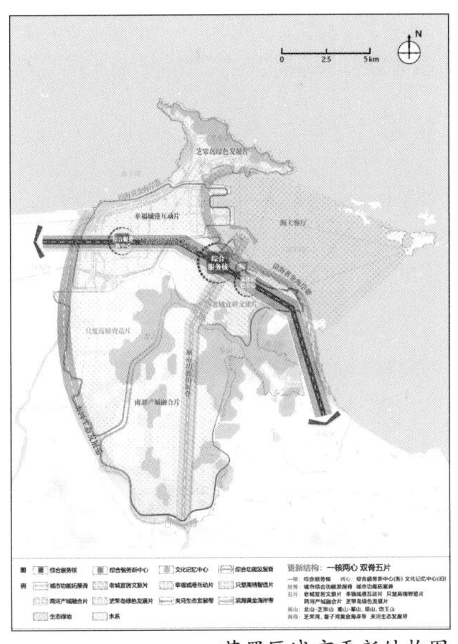

芝罘区城市更新结构图

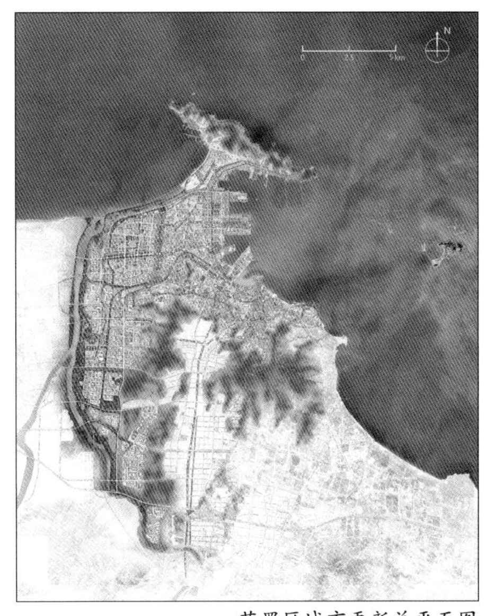
芝罘区城市更新总平面图

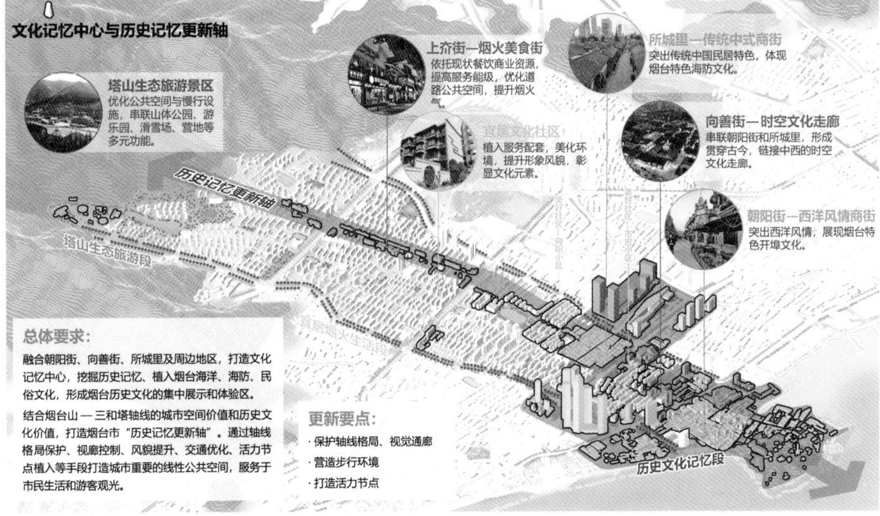

芝罘区“文化中轴”

烟台城市更新实施项目（亚东九号、夹河景观提升）

潍坊市城市更新系列项目

编制起止时间： 2022.3—2024.5

承 担 单 位： 中规院（北京）规划设计有限公司、风景园林和景观研究分院、城镇水务与工程研究分院、城市交通研究分院、历史文化名城保护与发展研究分院、村镇规划研究所

主 管 总 工： 邓东　**公司主管总工：** 刘继华、孙彤　**主 管 所 长：** 李家志　**主管主任工：** 涂欣　**项目负责人：** 李潇、王纯

主要参加人： 董博、杨婧艺、孔令骁、王雯秀、高翔、任帅、郭娇、郭倩倩、苏晨晨、王洋、王迪、张迪、程喆、张俊鹏、岳巍、成思敏、徐辉、张冬越、周勇、刘自春、李慧宁、葛钰、郑进、何易、赵浩、卢薪升、刘吉源、刘世晖、杨凌茹、袁博、赵越、于沛洋、张澍、李悦晖、王忠杰、韩炳越、马浩然、舒斌龙、刘宁京、王兆辰、王乐君、郝钰、梁庄、程鹏、邓鑫桂、刘广奇、王召森、程睿、韩项、曾浩、王翊瑄、姚越、周乐、陈仲、张乐诗、郑子昂、杨亮、李晨然、吕金燕、张涵昱、张楠、邱岱蓉、付忠汉、李亚、刘晓玮、索靖轩等

合 作 单 位： 潍坊市规划设计研究院

背景与意义

本次潍坊市城市更新系列项目是2021年住房和城乡建设部第一批城市更新试点城市的探索性更新规划。系列项目旨在严格落实城市更新底线，转变城市开发建设方式，重点探索城市更新工作机制、实施模式、支持政策、技术方法和管理制度，形成可复制、可推广的经验做法，对城市更新从体检评估、规划统筹到落地实施具有重要借鉴意义。

规划内容

（1）市级更新规划制定城市体检、专项行动、项目策划、政策保障机制等内容，梳理底账，盘点问题，统筹分类更新单元，明确城市更新行动的目标、工作思路和工作重点，形成可向下传导的实施抓手。

（2）区级构建全区城市更新总体框架，细分更新片区、单元，制定重点片区策划方案、实施路径和投资回报测算。

（3）项目层级以重点示范项目为抓手，深化实施方案，协同运维管理，为政府和实施主体提供高品质的统筹设计服务和产业导入资源，实现项目目标价值、重点示范意义、运营主体意愿的“三统一”。

创新要点

（1）搭建平台，统筹片区。规划团队通过前端介入、规划统筹、项目策划、资

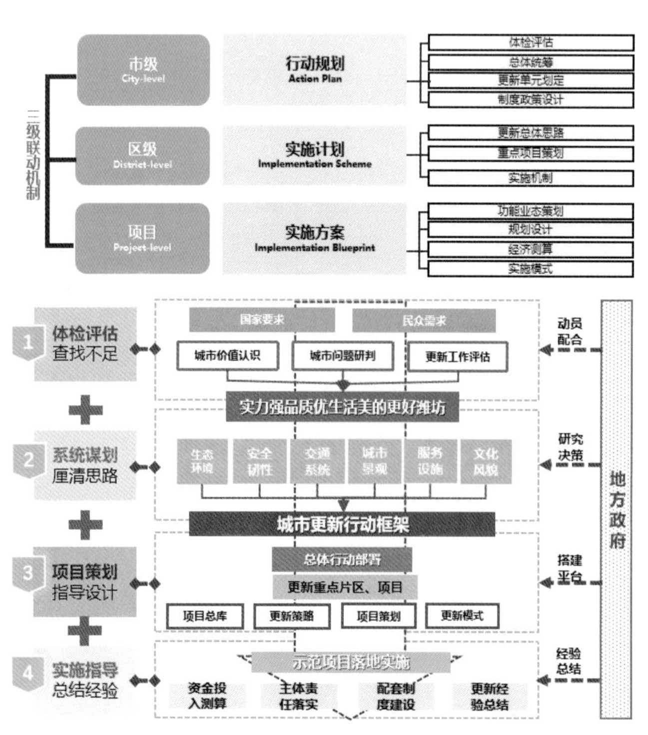

潍坊市城市更新机制与规划技术路线图

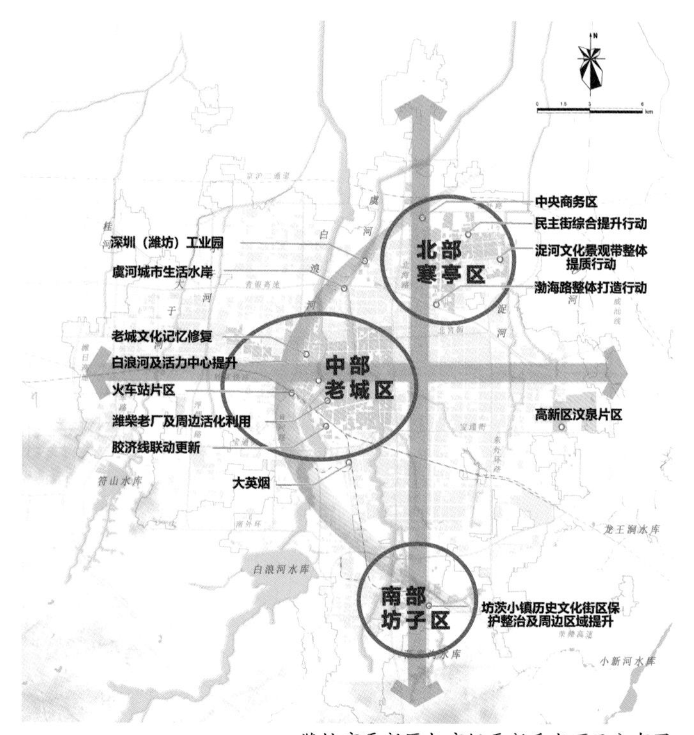

潍坊市更新区与市级更新重点项目分布图

金筹措、政策创新等全流程服务，明确片区城市更新行动部署，与周边新建地区进行功能协同，推动城市整体功能格局优化。

（2）规划引领，指引项目。实施规划以重点示范项目为抓手，实现片区综合目标、重点示范意义、运营主体意愿的“三统一”。

（3）项目统筹，筹措资金。采取“肥瘦搭配、近远结合”的城市更新平衡模式，在实施规划方案编制中，加入融资可行性研究编写内容，争取金融机构贷款，积极引入社会资本。

实施效果

（1）探索城市更新实施保障机制，协助潍坊市住房和城乡建设局出台《潍坊市城市更新考核办法》，制定规划政策篇章，强化更新项目实施与行政管理的监督考核。

（2）积极谋划城市更新重点片区和示范性项目，潍城区十笏园片区列入山东省第二批城市更新试点片区，预计2027年5月全面竣工。

（3）协助寒亭区老旧工业厂区城市更新项目争取国家开发银行贷款64.95亿元，目前到位资金17.50亿元。先行启动的11栋单体建筑正在有序建设；生态廊道已完成建设总量的80%，金马北路、银枫北路及永康街计划年内建设完成。

规划实施以来，先后有两项工作入选住房和城乡建设部第一批实施城市更新行动可复制经验做法清单，三条经验被住房和城乡建设部《城市更新情况交流》刊发推广，三条经验被山东省住房城乡建设厅发文推广，有效指导了潍坊城市建设和经济社会发展，对其他城市更新工作具有借鉴意义。

（执笔人：杨婧艺、孔令骁）

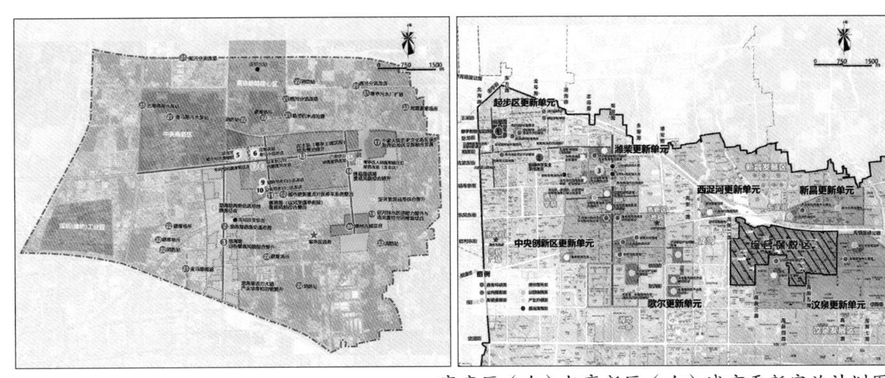

寒亭区（左）与高新区（右）城市更新实施计划图

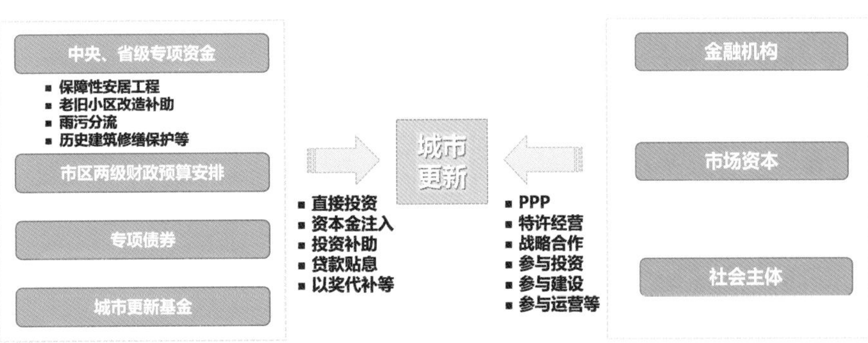

寒亭区城市更新项目的资金筹措途径梳理

寒亭区欣海花园及周边地区更新项目社区入口效果图

潍城区松园子文化遗存修缮前实景（左）与更新后效果（右）对比

苏州姑苏区分区规划暨城市更新规划

编制起止时间： 2020.8至今
承 担 单 位： 城市更新研究分院
主 管 所 长： 范嗣斌　　**主管主任工：** 缪杨兵　　**项目负责人：** 邓东、谷鲁奇、李晓晖
主要参加人： 吴理航、王仲、翟玉章、张祎婧、孙心亮、王路达、薛峰
合 作 单 位： 苏州规划设计研究院股份有限公司

背景与意义

姑苏区作为苏州历史城区所在的行政区，是苏州历史最为悠久、人文积淀最为深厚的老城区。苏州是第一批国家历史文化名城，姑苏区也是国家历史文化名城保护示范区。历史文化传承和人居环境品质提升是姑苏区最为迫切的需求。2020年初姑苏区启动编制了《姑苏区分区规划暨城市更新规划》，围绕“空间”与“人”两大主题，从人文视角关注物质空间更新，回应当地居民的现实需求。

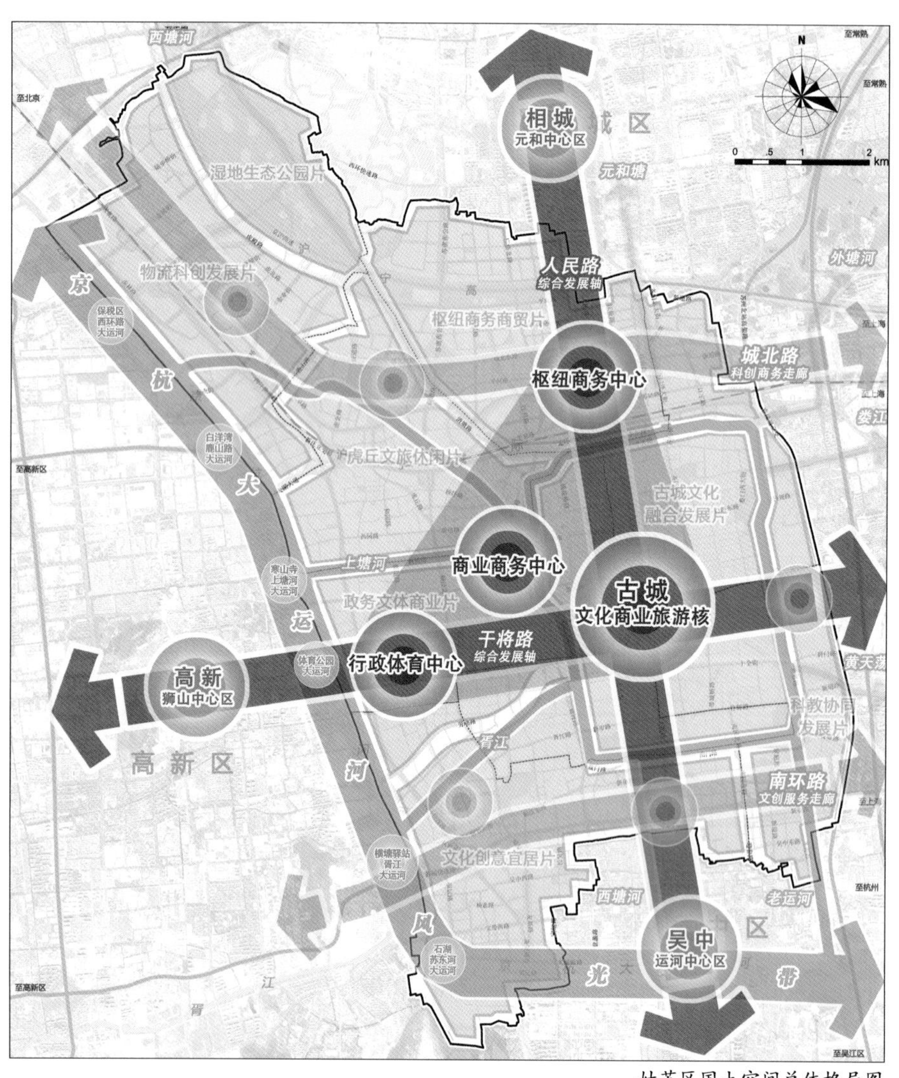

姑苏区国土空间总体格局图

规划内容

（1）开展现状分析与潜力评估。立足于问题导向，从文化、产业、空间、宜居四个角度分析姑苏区现状发展情况。通过梳理潜力地区，在摸清姑苏区的资源底账并进行更新潜力评估的基础上，形成姑苏区城市更新的底图底账。

（2）谋划目标定位与更新策略。从上位要求和自身诉求出发，提出打造“世界文化名城、幸福宜居姑苏”的发展愿景，确定“亮核、硬核、聚核、和核”四大核心策略。

（3）优化空间布局与系统要素。在宏观目标定位和核心策略的指引下，结合更新潜力地区分析，形成姑苏区总体空间结构。对历史文化保护、蓝绿生态、公共服务、交通、市政、景观风貌、产业创新等各系统要素进行优化布局。

（4）传导更新片区与更新指引。规划在姑苏区级层面划示30片城市更新重点片区。依据片区未来发展的不同主导功能分为五种片区类型。不同类型的城市更新重点片区匹配差异化的城市更新引导路径与开发策略。

（5）制定更新计划与实施项目。规划考虑宏观定位和整体空间结构，结合各部门与业务条线意愿，自下而上、上下结合谋划形成一个动态更新的近期城市更新项目库。

创新要点

（1）首次融合空间规划与更新规划编制。规划首次将国土空间分区规划与城市更新规划同步编制。更新规划回应市民关切问题，改善民生诉求。空间规划实现城市更新与法定规划的有效衔接，为城市更新的落地实施提供保障。

（2）率先探索更新体系与更新片区传导。规划提出以更新重点片区的方式指导下位单元详细规划和项目。以城市更新计划的方式，策划近期更新项目。

（3）超前谋划重点更新项目。规划系统谋划、策划近三年重点更新项目库。筛选出六个旗舰项目，指导市区两级整体、有序地开展更新实践。

（4）创新应用新型技术研判人的需求与城市问题。通过新技术的赋能，规划有效衔接“人—数据—空间—更新供给”的数据链接，开展了人口大数据等专题研究，更细致地摸清现状，更准确地识别问题。

实施效果

（1）有效指导下位规划编制。在规划提出的更新体系下，姑苏区编制竹辉路沿线地区、环苏大生态文创圈等多个重点片区的更新规划。

（2）引导更新重点项目落地实施。在规划的更新引导下，苏州多个项目入选江苏省级城市更新试点以及住房和城乡建设部第一批城市更新典型案例，包括平江路历史文化街区保护更新项目、山塘四期试点段等。

（3）促进相关政策制度及技术标准出台。姑苏区以本规划为基础，编制了《保护区、姑苏区城市更新指引》《苏州城市更新试点工作实施方案》等城市更新政策文件。同时，规划为苏州市出台市级政策提供了先行先试的探索经验，如《苏州市城市更新技术导则（试行）》《苏州市城市更新条例》等。

（执笔人：张祎婧、吴理航、谷鲁奇）

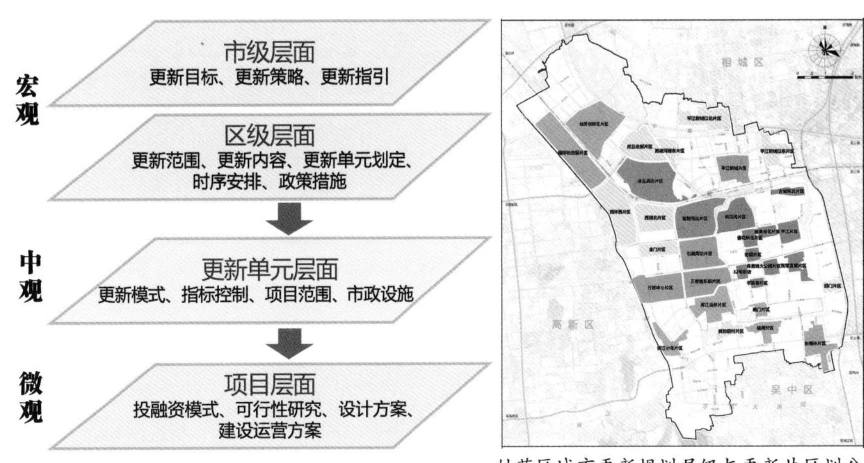

姑苏区城市更新规划层级与更新片区划分

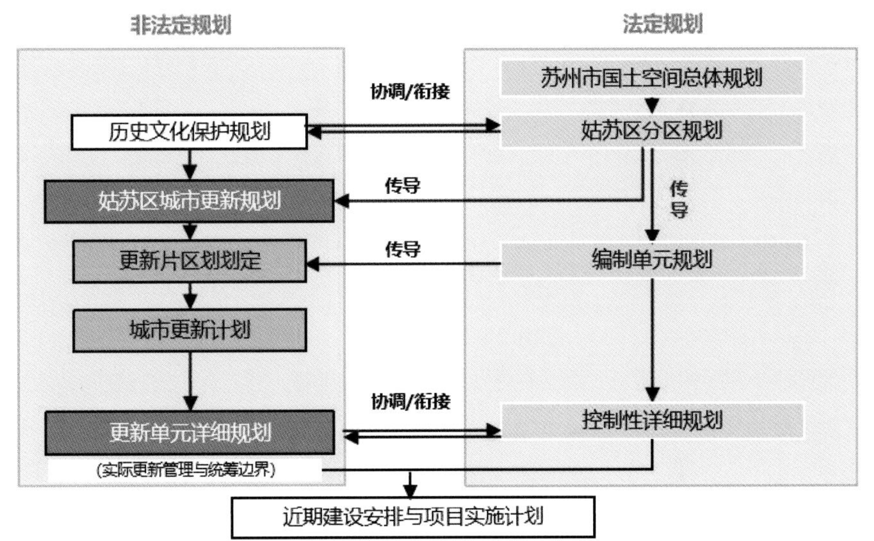

姑苏区城市更新规划体系构想

姑苏区古城更新意向

苏州十全街片区综合更新提升工程规划设计与总控服务

编制起止时间： 2023.12至今
承 担 单 位： 城市更新研究分院
主 管 所 长： 范嗣斌　　**主管主任工：** 缪杨兵　　**项目负责人：** 邓东、李晓晖
主要参加人： 郭陈斐、张祎婧、曹双全、吴理航
合 作 单 位： 苏州规划设计研究院股份有限公司

背景与意义

十全街位于姑苏古城东南，东起葑门安里桥堍、西至人民路三元坊，长约2km。沿路有网师园、沧浪亭、织造府等名胜古迹，改革开放前曾是涉外宾馆的集聚地，如今两侧小店错落，“网红餐饮”等多元业态日渐充盈，是古城传统风貌街道自我生长、自主更新典型。

近些年，十全街开放空间不足、步行环境欠佳、交通混行情况等问题日益突出。2023年12月，江苏省、苏州市领导专题调研十全街保护更新，提出要更大力度推动环境提升、功能完善、业态升级，当月十全街综合整治提升工程正式开展，全力打造更具底蕴、更具特色、更具人气的“古城保护更新示范街区。”

规划内容

（1）编制综合更新提升工程规划设计。以规划设计为引领，协同统筹整体工作开展。以轻扰动模式，推动以人为本的古城街道自主更新。结合十全街“自发生长”价值特点和“步行条件差”的问题分析，明确“步行化、轻扰动”的整体工作目标和原则，引导正确的设计与实施方向，明确空间清理、步行化、开放空间、活力促进、场景展示、机制创新六大行动，框定必要的设计实施内容，指引开展市政、景观、建筑、照明、公共艺术、城市家具等六类专项设计，制定道路交通提升、街区风貌提升、空间活力焕新等专题指引。

（2）总控咨询及技术指导。成立总控团队：组建专业技术团队为十全街片区综合更新提升工作提供总控服务。提供技术总控指导：对片区重要专项、重要节点开展技术方案审查，进行设计指导和建议。开展工作统筹协调：对项目推进的关键环节、关键流程、关键内容与关键技术等进行协调统筹。组建专家团队：邀请相关领域专家组建技术专家组，召开研讨会听取方案，把控技术方向、深度和成果质量，并形成专家意见。

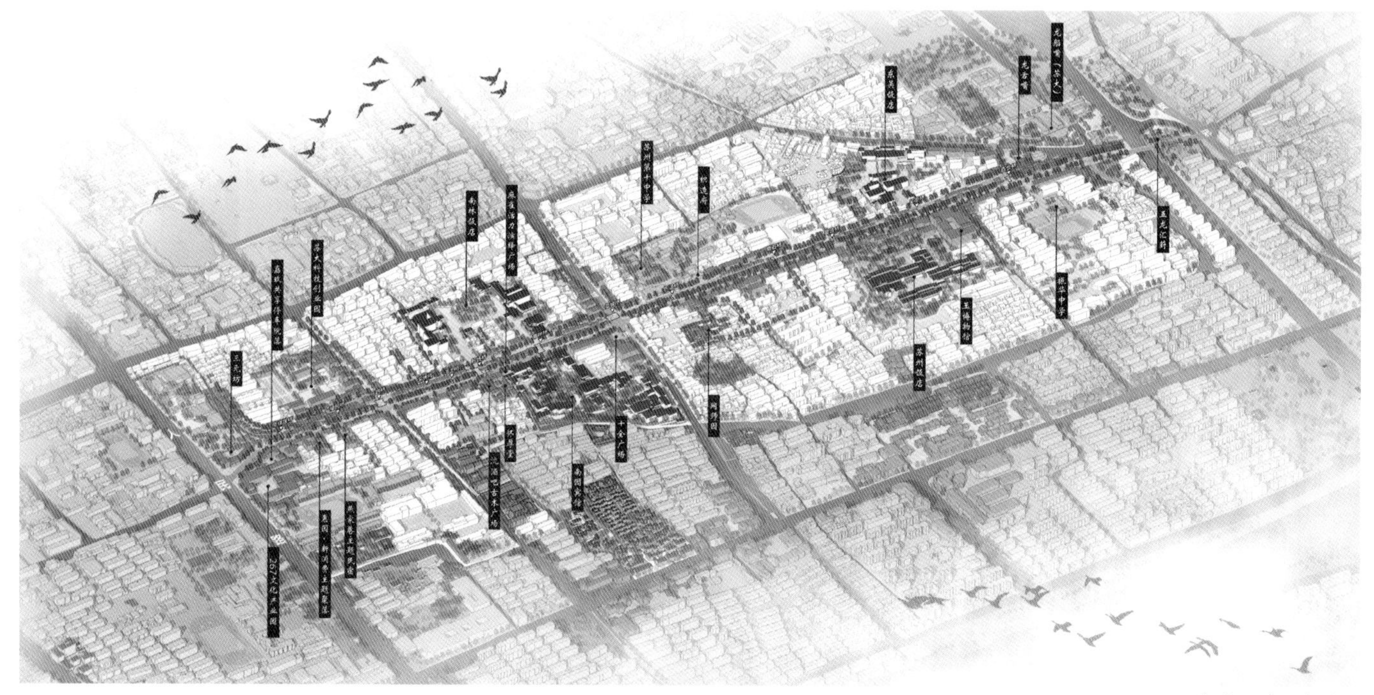

十全街片区总体鸟瞰图

创新要点

成立工作专班，建立统筹协调机制。联合市区政府、国企平台、技术专家成立十全街综合整治提升工作专班，下设六个工作组，专门设立技术专家组，发挥技术总控支撑作用。

协商对接，密集协商压茬推进。召开专班例会、专班分组专题会、工作协调会、项目推进会、居民商户座谈会等数十次工作会议，联动姑苏区社情民意日等活动、动员社区规划师等力量、推动现场考察现场设计等方式，联合推进工作。此外，项目组组织现场踏勘、问卷调研、随机访谈、大数据采集等十余次，内部召开讨论会数十次。

市民参与，共同缔造问计于民。通过召开社情民意日活动、居民商户座谈会等形式，搭建沟通平台，倾听市民声音，协商讨论、动态解决实际问题，让市民全过程参与决策道路交通、市容环境、业态发展和施工安排，并邀请入驻商户认养绿化，共治共享长效维护更新成效。

规划引领，整合协调多主体。协调城管、自然资源和规划、交警、苏州名城保护集团、街道、居民、商户等多方主体，协同交通、市政、景观、策划、建筑、照明等多家专业团队，高效对接反馈，整体推进整治提升工作。

总体设计，统筹指导专项设计。编制《十全街片区综合更新提升规划设计》，识别特征问题，明确目标原则，制定行动计划，指导专项实施，总控统筹各专项设计，最终指导落地实施。

总师总控，现场全过程指导实施设计。中规院作为技术总控单位，指导实施方案。对后续重要景观节点设计、照明专项、建筑专项、市政专项、形象标识、花镜等几十版方案调整提出优化建议，现场踏勘指导实施设计；针对重点方案召开技术专家组研讨会，并形成专家意见。

十全街街道更新前后对比图

十全街片区更新前后对比图

实施效果

拆除电箱、多杆合一、疏解非机动车停车，优化道路断面，取消十全街南侧非机动车道，拓宽南侧人行道至原绿化分隔带，大幅拓展步行空间，步行空间品质显著提升。打造十全广场、乌鹊桥等活力核心，结合桥体空间、“口袋广场”补充小型停歇节点，补充休憩设施、街道家具，营造兼具市井烟火和艺术美学的体验街区。激活街道功能转换、产业转型和活力提升，吸引首店经济、“网红”经济，并以主街为中轴线向外延伸，联动周边街区实现共荣共生，展现古城年轻生命力。

（执笔人：李晓晖、郭陈斐）

景德镇市城市更新专项规划

2022—2023年度中规院优秀规划设计一等奖

编制起止时间： 2022.6—2023.5

承 担 单 位： 历史文化名城保护与发展研究分院、城市交通研究分院、风景园林和景观研究分院、城镇水务与工程研究分院、中规院（北京）规划设计有限公司

主 管 总 工： 张广汉　　**主 管 所 长：** 鞠德东　　**主管主任工：** 苏原　　**项目负责人：** 王军

主要参加人： 丁俊翔、郭璋、王铎、苏腾、李晗、张子涵、许子兴、王忠杰、梁庄、马浩然、辛泊雨、宋梁、张婧、吕明伟、刘世晖、徐钰清、罗佳、彭婧麟、于良森、廖聪、魏锦程、王真臻、李梦、赵子辰、汪琴、陈伯安、王梓茜

背景与意义

景德镇市是世界瓷都、第一批国家历史文化名城、世界手工艺与民间艺术之都。2019年7月，国务院正式批复景德镇国家陶瓷文化传承创新试验区实施方案。景德镇成为国家首个文化旅游类试验区。

2021年11月，住房和城乡建设部印发了《关于开展第一批城市更新试点工作的通知》(建办科函〔2021〕443号)，将景德镇等21个城市（区）作为第一批城市更新试点。为推进景德镇城市更新试点工作的科学有序开展，2021年12月，我院启动编制《景德镇市城市更新专项规划》，为城市更新试点建立统筹机制、可持续模式、配套制度政策，确定城市更新重点和实施计划提供技术支撑。

规划内容

城市整体尺度，全方位摸排存量资源底账底数，构建城市更新总体布局和统筹协调技术方法。

重点区域尺度，统筹存量资源、直面突出问题，对症下药，系统谋划城市更新行动和任务。

更新单元尺度，精确评估单元存量资源和更新潜力，精细化指引各单元内更新活动和重点项目建设。

示范项目尺度，严守底线、应留尽留，关注多元人群的多样化需求，积极探索小微更新和多元主体共同参与的可持续实施路径。

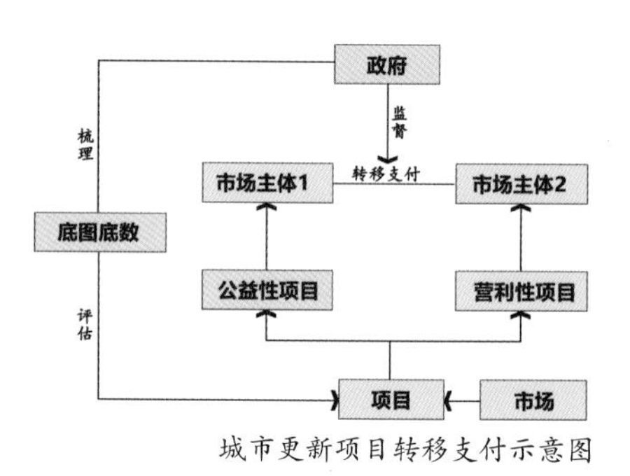

城市更新项目转移支付示意图

创新要点

（1）立足山水城市格局和传统手工业文化特质，建立了存量资源底数底账识别系统方法和更新整体框架。探索了存量

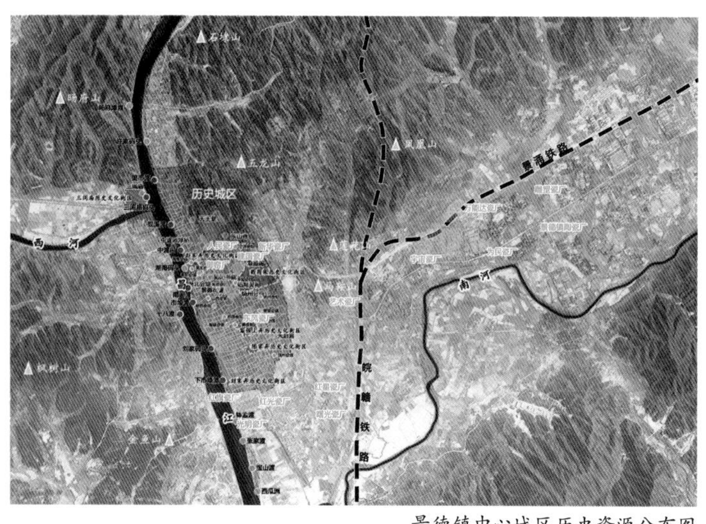

景德镇中心城区历史资源分布图

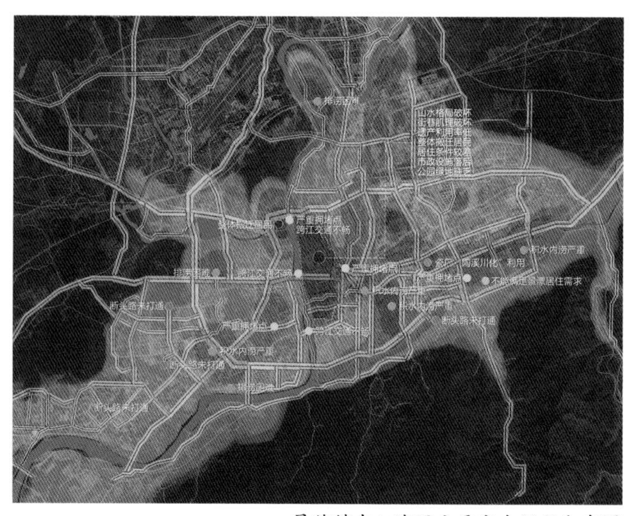

景德镇中心城区主要突出问题分布图

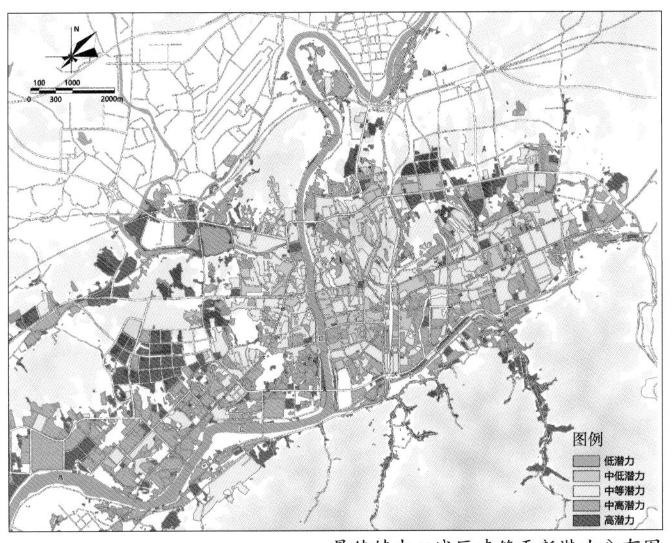

景德镇中心城区建筑更新潜力分布图

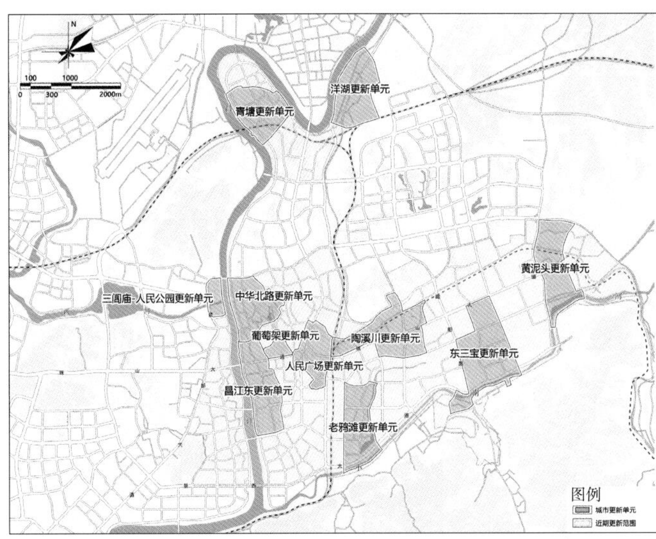

景德镇中心城区第一批城市更新单元分布图

资源底数底账识别系统方法，构建了城市层面的更新整体方法框架，支撑了更新规划统筹协调的机制。

（2）立足城市存量资源和突出问题，形成了多层次、多尺度、多要素的适应性城市更新技术体系。厘清了城市整体—重点区域—更新单元—示范项目的资源底账和更新指引层级传递的内在机理，系统谋划了城市更新行动的重点任务，创立了城市更新单元划定和单元更新精细化指引的技术方法。

（3）立足景德镇城市发展独特条件，探索了更新重点项目可持续实施路径和制度。坚持以小规模、渐进式、微循环的方式推进老城区城市更新重点项目，探索形成了“共谋、共建、共治、共享”的多元主体参与更新的实施路径。

实施效果

（1）推动城市更新单元内项目实施。规划划定了11个更新单元，谋划了21个重点项目。其中4个项目已经开工、6个项目已经开展方案设计。

（2）推动出台了系列政策机制。在规划指引下，景德镇市政府成立了城市更新行动指挥部，颁布了《景德镇市城市更新管理办法（试行）》，出台了《景德镇市历史城区修缮保护及老厂区老厂房更新改造工程项目消防管理暂行规定》等适用于存量更新的相关配套支持政策，目前正在研究出台《景德镇市既有建筑改造工程消防设计指南》。

（执笔人：丁俊翔）

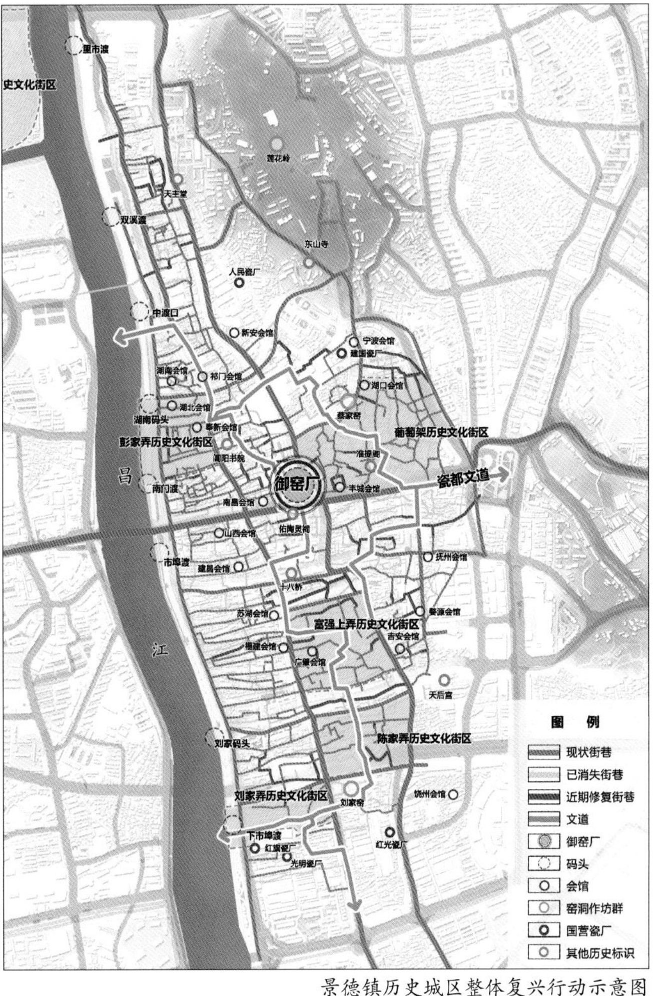

景德镇历史城区整体复兴行动示意图

抚州市文昌里横街历史文化街区保护更新实施

2019—2020年中国建筑学会建筑设计奖-历史文化保护传承创新专项奖二等奖

编制起止时间：2016.4—2017.8
承担单位：历史文化名城保护与发展研究分院
主管总工：张菁　**主管所长**：鞠德东　**主管主任工**：张广汉
项目负责人：杨涛、陶诗琦　**主要参加人**：钱川、赵子辰、王川
合作单位：江西省文物保护中心、德国莱茵之华设计集团

背景与意义

抚州文昌里历史文化街区位于江西省抚州市的抚河东岸，是江西省保存最完好的历史文化街区之一，街区规模65.56hm^2，核心保护规划范围16.9hm^2。其中，横街保护更新项目位于文昌里历史文化街区的核心保护范围，包括横街及其两条支巷（三角巷、竹椅街）沿线的院落范围。用地规模2.9hm^2，总建设规模26925m^2。

项目内容

（1）总结提炼“前店后坊进深长，木架缸瓦夹泥墙”的一字形布局建筑特点。采访收集各建筑的历史人文信息，为确定建筑历史信息、开展分类设计奠定基础。全市上下形成对街区传统风貌建筑的保护共识。

（2）严格落实历史文化街区保护规划逐项要求，指导完成横街片区内的保护、更新实施工程。以保护规划要求为核心，实现层层落实，从规划到实施不走样。

（3）为街区规划范围内的文旅策划、建筑景观设计、市政设计、道路工程等多专业设计成果提出技术意见，以参加咨询会、技术对接会、现场办公会等方式帮助业主统筹多专业成果，把控设计质量。探索形成“三函两会”工作组织模式。

创新要点

（1）因地制宜，分类开展建筑保护整治。项目根据片区内163栋建筑的评定成果和建筑分类定制整治方案。6个分类对应6类建筑保护整治方式，并形成“原材料、原形式、原结构、原做法”“老门脸，新肚子”“协调现代”三大保护更新措施。

（2）老料原用、老艺新用。实现传统材料与技艺的现代化传承。对老料进行防腐浸泡、防潮处理等现代化处理，确保材料性能。按建筑编号整理老材料，做到原物原用。设传统工艺示范区，改进抚州传统竹编夹泥墙工艺和缸瓦铺设工艺，创

文昌里历史文化街区总图

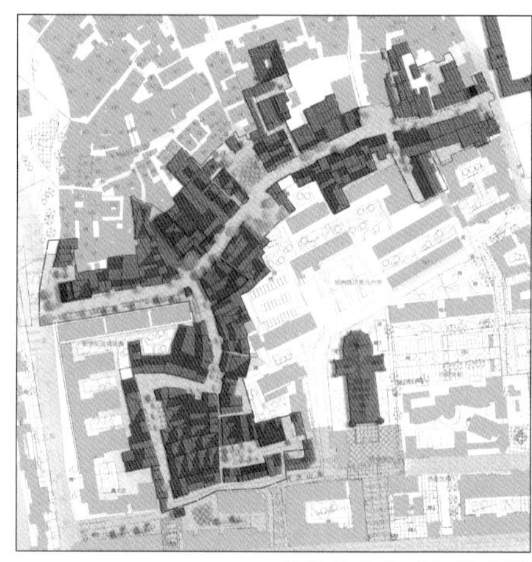
横街保护更新项目总图

横街保护更新项目建筑专业平面图

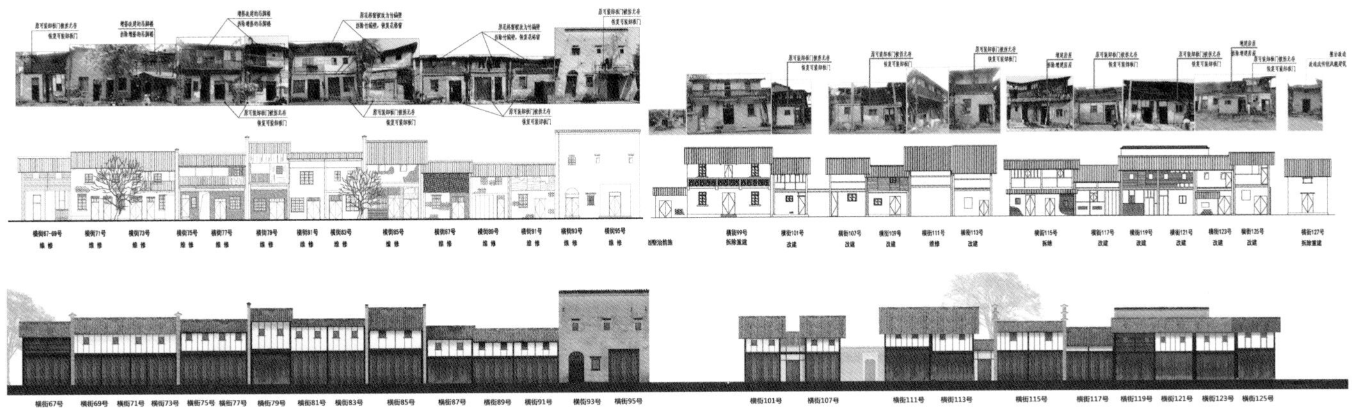
横街建筑立面整治图

新建筑构造工艺。尊重原有的色彩基调，符合横街的现状历史氛围，形成协调又有差异的新旧材料关系。

（3）探索历史地区人居环境提升的技术方法。对街区环境、基础设施、公共服务设施予以综合完善，实现横街片区内建筑上下水、电力、燃气的全覆盖，结合传统防火墙的修复，形成有历史街区特色的消防系统。

实施效果

（1）保护更新实施工作获得了专家学者的认可，助力文昌里历史文化街区成功申报省级历史文化街区，2022年抚州市获批国家历史文化名城。

（2）保护实施工作有益地增进了抚州市民对城市的文化认同感，取得较好的社会影响力。第五季中央电视台《记住乡愁》、2024年《文脉春秋》专题片抚州剧集均以横街为拍摄地；2018年江西省旅游发展大会主要活动在横街举办，文昌里街区获批国家4A级旅游景区，年游客接待量突破100万人次。

（执笔人：陶诗琦、赵子辰）

横街保护实施项目鸟瞰效果图

活化利用成效展示

横街保护更新项目实施前后对比

伊宁市老城改造更新规划和城市设计

2021年度新疆维吾尔自治区优秀城市规划设计一等奖

编制起止时间： 2020.9—2022.2
承 担 单 位： 城乡治理研究所、中规院（北京）规划设计有限公司
主 管 总 工： 邓东　　**主 管 所 长：** 杜宝东　　**主管主任工：** 曹传新
项目负责人： 许宏宇、关凯　　**主要参加人：** 车旭、王璇、高诗文、任金梁、孙道成、杨立焜、杨进
合 作 单 位： 新疆广域博创工程设计有限公司

背景与意义

实施城市更新行动是党中央根据城市发展的新阶段、新形势和新要求作出的重大战略决策部署，也是“十四五”时期以及今后一段时期我国推动城市高质量发展的重要抓手和路径。

2019年伊宁市城镇化率为77%，已经步入城镇化发展后期，伊宁市面临由大规模增量建设转向存量提质改造阶段的城市更新重要时期。为此，伊宁市委、市政府于2020年在全疆率先开展了《伊宁市老城改造更新规划和城市设计》编制工作，以促进边疆地区多民族融合为出发点，贯穿规划编制、政策保障、项目实施全过程，搭建民族友谊桥梁，推

规划平面设计图

动共同富裕。

规划内容

以打造伊宁生态之城、文旅之城、宜居之城、活力之城为目标，通过复生态、兴文化、增活力、扩功能、提韧性五方面手段，实现伊犁州环境友好、民族融合的首善之区总体定位。

根据住房和城乡建设部实施城市更新行动的目标任务，确定八方面规划主要内容。

一是完善城市空间结构，以行政管辖划分11个街道单元，对11个街道单元分别进行指引；二是实施城市生态修复和功能完善工程，构建“四横、四纵、多节点、多渠系”的老城生态体系；三是强化历史文化保护，推进历史文化遗产活化利用，新产业形态导入；四是塑造城市风貌，划分风貌分区；五是加强居住社区建设，因地制宜、见缝插针补齐服务设施短板；六是推进新型城市基础设施建设，高质量推进能源保障系统，建设安全低碳的燃气、热力供应系统；六是加强城镇老旧小区改造，制定改造更新时序计划；七是增强城市防洪排涝能力，推进全域系统性海绵城市建设；八是推进城镇化建设，着重提升老城综合交通服务能力。

创新要点

1. 结合民族地区特点制定工作开展方式

在规划编制初期采用汉语、维吾尔语双语调查问卷并配备懂民族语言的编制人员，保证各民族群众能听得懂、搞得清，充分听取各民族群众的意见和诉求；与老城区内所有的街道、社区开展多次座谈对接工作，并保证一定数量的民族群众代表参会，使规划内容有效地传达，同时认真听取各民族群众的反馈意见并进行修改调整。在制定政策保障方面，提出按照街道管辖范围划定11个城市更新单元，以2—3年为一个周期，确定各项民生保障项目和小型绿化空间的具体位置，使更新工作落到实处。

一桥街头绿地改造前后对比

小区道路改造前后对比

2. 从建筑风格风貌上提出要体现中华民族特色

伊宁市对老城区内的街巷肌理、绿地绿化、街区水系提出保护目标和要求。特别是针对六星街和喀赞其街区两个特色历史街区的更新提出了管控要求。

3. 从产业上考虑民族特点特色，制定相关文旅项目

由于伊宁少数民族在历史上就有制作手工皮革、手工铜器、手工烤馕等特色民间传统家庭产业，在六星街历史街区、喀赞其旅游景区保留俄罗斯族、哈萨克族、维吾尔族等多民族融合的居住方式，通过旅游线路将重要的历史建筑、景区景点串联，利用现有民族家庭院落房屋，逐步恢复历史传统家庭产业，并适时引入餐饮、民俗、大数据互联网应用等适合老城民族的新产业新业态，提升老城民族餐饮、商业、商务等活力。

实施效果

1. 推动伊宁老城功能品质提升

聚焦百姓所急开展老旧小区改造，重点实施一批给水排水、燃气老旧管网改造，小区破损道路修整，街头“口袋公园”绿地改造等项目，实现旧貌换新颜、居民绽笑颜。

聚焦民生所盼开展公共资源改造，重点建设一批幼儿园、小学、社区卫生服务站等，补齐公共服务设短板，提升居民幸福感、获得感。

2. 建立更新统筹谋划机制

确立市、街道两级城市更新管理体制，明确市决策、街道实施的职能分工，建立全流程管理的城市更新机制，分为总体统筹、片区工程设计与实施、片区运营三个阶段，贯穿策划、规划、设计、建设、运营、治理等多个环节，保障更新项目的有序推进。

（执笔人：关凯）

济南市环明府城街道品质提升与街区综合更新实施

2019年度全国优秀城市规划设计二等奖｜2018—2019年度中规院优秀规划设计一等奖

编制起止时间： 2017.7—2020.10
承 担 单 位： 城市设计研究分院、风景分院、深圳分院、中规院（北京）规划设计有限公司
主 管 所 长： 朱子瑜　　**主管主任工：** 陈振羽　　**项目负责人：** 何凌华
主要参加人： 周勇、李慧宁、齐莎莎、杨艳梅、刘缨、申晨、葛钰、曲涛、马浩然、石琳、牛铜钢、杜燕羽、徐丹丹、梁峥、杜衡、杨跃、王宇、方向、范红玲、刘吉源、陈瑞瑶、张悦、何晓君、郑进、张霞、刘孟涵、牛春萍、王丹江

背景与意义

环城地区是济南明府城与现代城区的过渡区域，既是老城复兴的重要支点，又是城市品质提升的重要场所，街区综合更新希望通过一系列规划与实施模式的探索，建立济南未来城市更新“以人民为中心引导城市功能更新升级”的价值观、方法论。项目通过战略层面的策略设计为老城的历史过渡地区建立价值共识，链接文化核心资源要素，刺激业态更新，服务多元人民，突出泉城品牌的塑造。

规划内容

（1）针对济南老城特色资源难寻、多元矛盾暴露、更新项目失序这三方面的现状发展问题，以建立老城整体发展战略定位为方向指引，在“世界泉城·文化景区”的构建共识下，提出“显文化、提业态、为人民”的三大核心目标。

（2）以“泉道”品牌营造为特色抓手，形成自下而上到自上而下有机统一的更新策略，明确本次环明府城街区综合更新的工作定位——建立战略共识、瞄准重点方向、打造更新样板。

创新要点

（1）从“触媒发展”到“回归统筹”的系统观。改变过去由点及面的城市整治思路，从整体出发，统筹各专业的设计体系、推进全生命周期的工作流程。

（2）从“被动参与”到“共创共赢”的缔造观。抓住“利益”核心诉求，通过业主利益诉求对接会、相关部门协调会以及不定期的随机访谈等形式，明确利益主体诉求，创造共赢局面。

（3）从“方案设计”到“制度设计”的管理观。制定了《黑西路趵北路特色街区综合更新项目设计变更及设计对接管理规程》，避免施工中的随意修改。同时，通过广告、交通、照明等相关管理导则的编制，实现街区对未来运营的持续管理。

（4）从“微观落实”到“宏观传导”的方法观。将“泉道”落实进入《济南市中心城区总体城市设计》《济南市城市设计编制技术导则》和《济南市城市设计成

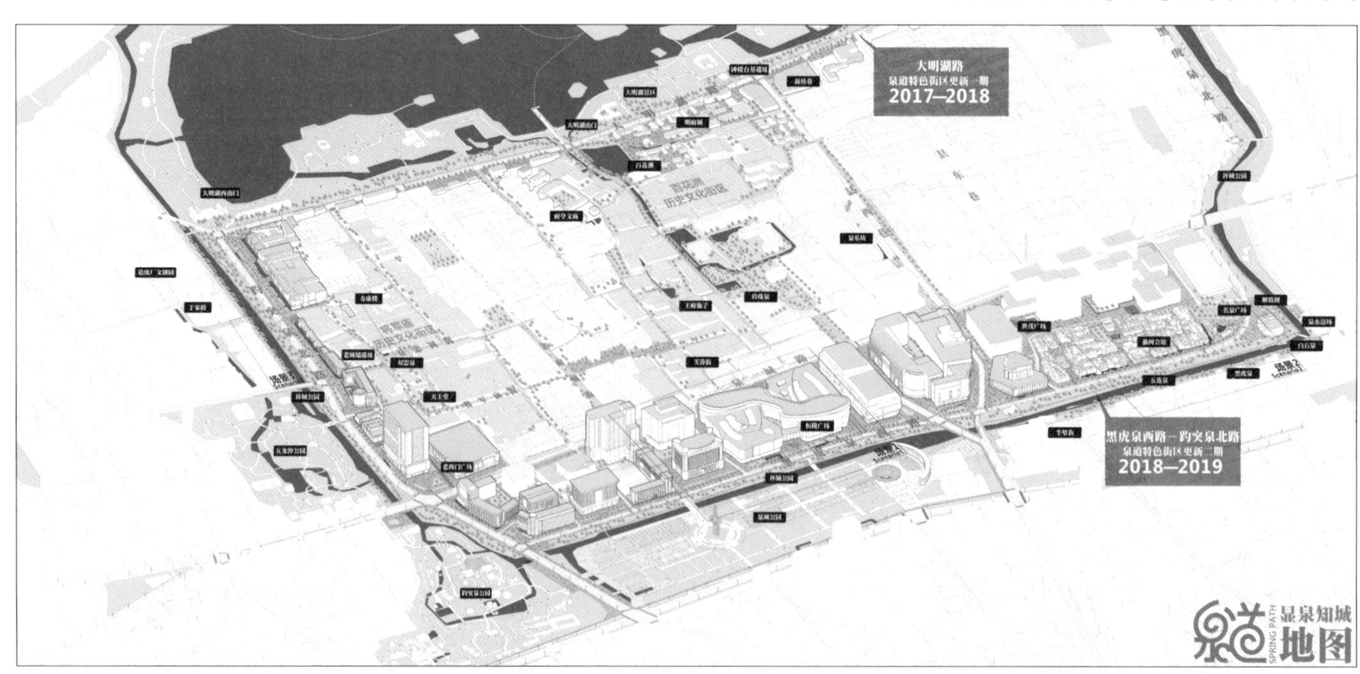

环明府城地区资源示意

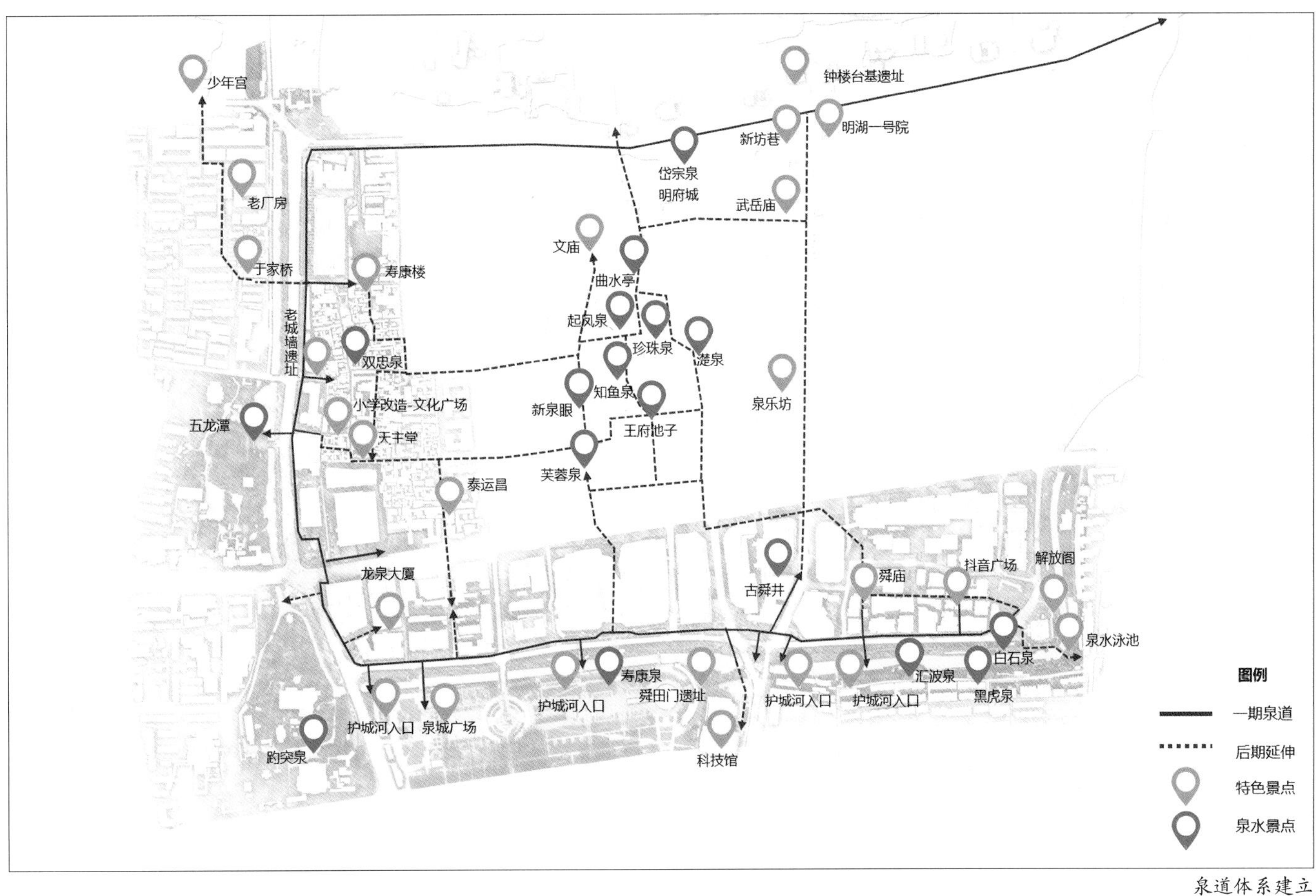

泉道体系建立

果技术标准》等技术文件中，使“泉道”的核心理念在技术标准和技术导则的指引下能够更有效地发挥作用。

实施效果

（1）实现了从街道整治向街区综合更新的转变。修缮后的街区得到居民、商户、游客、政府等社会各界的认同和赞誉，“泉道”体系在老城区的首次亮相便得到了广泛关注。济南日报就“泉道”进行了封面报道。

（2）关键节点的更新设计指导了相关规划的编制。在环明府城街区更新提出的设计框架体系下，结合更新设计提出的关键节点更新建议，明府城地区已开展十余项相关更新规划。

（执笔人：何凌华）

实施——泉道铺装系列

周口市保护更新实施系列项目

编制起止时间： 2022.5至今
承 担 单 位： 历史文化名城保护与发展研究分院
主 管 总 工： 张广汉　**主 管 所 长：** 鞠德东　**主管主任工：** 苏原
项目负责人： 汤芳菲、张涵昱、张凤梅、杨宇豪、任瑞瑶　**主要参加人：** 丁浩然、冼怡静、冯小航、闫江东、尹晓梦

项目一名称： 周口历史文化保护规划系列规划
主 管 总 工： 张广汉　**主 管 所 长：** 鞠德东　**主管主任工：** 苏原
项目负责人： 汤芳菲、张凤梅　**主要参加人：** 张涵昱、杨宇豪、冼怡静、丁浩然
合 作 单 位： 广州市城市规划设计有限公司、河南省城市空间规划设计有限公司、北京交通大学

项目二名称： 淮阳古城总体城市设计
主 管 所 长： 鞠德东　**主管主任工：** 汤芳菲
项目负责人： 杨宇豪、张涵昱　**主要参加人：** 冼怡静、丁浩然

项目三名称： 周口市川汇区住房和城乡建设局沙南老街地区保护更新规划项目
主 管 所 长： 鞠德东　**主管主任工：** 苏原
项目负责人： 张涵昱、杨宇豪　**主要参加人：** 冼怡静、丁浩然、祁祖尧、芮文武
合 作 单 位： 河南省城市空间规划设计有限公司、周口市规划建筑勘测设计院

项目四名称： 周口市老淮中（淮阳中学）历史文化街区保护规划和周口市人民街历史文化街区保护规划
主 管 所 长： 鞠德东　**主管主任工：** 徐萌
项目负责人： 任瑞瑶、冯小航　**主要参加人：** 李佳薇、杨宇豪、尹晓梦、闫江东

项目五名称： 周口市黄泛区农场场部历史文化街区保护规划
主 管 所 长： 鞠德东　**主管主任工：** 汤芳菲
项目负责人： 杨宇豪、张涵昱　**主要参加人：** 张凤梅
合 作 单 位： 河南省城市空间规划设计有限公司

项目六名称： 周口市沙南老街历史文化街区城市更新项目（EPC）
主 管 所 长： 鞠德东　**主管主任工：** 汤芳菲
项目负责人： 张涵昱　**主要参加人：** 杨宇豪、冼怡静、丁浩然
合 作 单 位： 中国建筑设计研究院有限公司、北京市市政工程设计研究总院有限公司、上海水石建筑规划设计股份有限公司、东南大学建筑设计研究院有限公司、中冶建工集团有限公司、北京五合国际工程设计顾问有限公司

项目七名称： 周口市淮阳区老淮中文化街区改造项目、周口市淮阳区人民街历史文化街区传承保护利用工程
主 管 所 长： 鞠德东　**主管主任工：** 徐萌
项目负责人： 任瑞瑶、冯小航　**主要参加人：** 李佳薇、尹晓梦、闫江东
合 作 单 位： 北京五合国际工程设计顾问有限公司、广州市城市规划设计有限公司、中国建筑设计研究院有限公司、北京中厦建筑设计研究院有限公司

背景与意义

2022年3月以来，河南省周口市全面启动申报国家历史文化名城，中规院以周口市历史文化名城保护规划为切入口，开展了街区保护、更新实施、EPC统筹、城市设计等多种类型的项目，从工作方案、规划编制、实施统筹等方面全方位伴随服务支持周口申报国家历史文化名城工作，服务支持周口以文化为引领的高质量发展。

规划内容

周口保护更新实施系列项目，在城市层面开展了“名城保护规划”系列规划和申报国家历史文化名城文本编制工作，统筹了历史建筑普查建档与图则编制。

历史城区层面，开展了淮阳古城总体城市设计。街区层面开展了周家口南寨、人民街、淮阳中学旧址、黄泛区农场场部四个历史文化街区的保护规划编制，并主

导推进更新实施工作。目前，周家口南寨街区已初见成效，人民街、淮阳中学旧址、黄泛区街区正在推进基础设施和风貌提升工作。

创新要点

项目以国家历史文化名城申报为契机，全面构建了保护规划引领下的中规作品全流程落地工作机制，实现了综合性城市更新EPC项目探索，建立了与“规划—策划—设计”更新实施阶段耦合的“单元—地块—院落”三级传导系统。坚持共同缔造，实现多专业、多团队、多领域合作。“产学研”一体，街区更新实施作为“十四五”课题中市政基础设施适应性改造、历史建筑绿色改造、公共服务设施集成化改造的示范工程与验证性实践案例。

（执笔人：张涵昱）

周口市域历史文化遗产保护规划图

李家大院修缮后建筑实景

李家大院修缮后院落实景

大渡口码头改造后实景

磨盘山码头改造后实景

周家口南寨（沙南老街）历史文化街区保护更新效果图

淮安市淮安区老城更新规划设计

编制起止时间：2020.6至今
承 担 单 位：历史文化名城保护与发展分院、上海分院、城市交通研究分院
主 管 所 长：鞠德东　　　　**主管主任工：**赵霞
项目负责人：徐萌、许龙　　　**主要参加人：**任瑞瑶、韩雪玉、汪美君、古颖、尹维娜、赵洪彬
合 作 单 位：上海水石建筑设计集团、北京Citylinx设计联城

背景与意义

淮安位于江淮平原东部，地处长江三角洲地区，是苏北重要中心城市之一，南京都市圈紧密圈层城市。淮安还是周恩来总理的家乡，是名人辈出的文脉之地、闻名遐迩的美食之乡、久负盛名的运河之都。1986年淮安区被国务院公布为国家历史文化名城。

近年来，淮安迎来了发展的重要提升时期。长江经济带、长三角区域一体化、淮河生态经济带、大运河文化带等多重战略在淮安叠加交汇。2020年，淮安市提出要全面推进京杭运河淮安段景观提升改造、文旅设施建设、河道治理管护、沿线环境整治，提升城市功能片区品质。坚持亮点提优、特色重塑推动城市发展，不断提升城市吸引力。继续推进大运河国家文化公园建设，打造大运河文化带标志城市。

在国家政策的要求和指引下，淮安老城城市更新工作以高质量发展及寻找创新动力为目标，积极保护、传承、利用运河文化遗产。通过对老城历史文化的保护与传承、服务功能的再生和环境品质的提升等方式，推进淮安老城的振兴。

规划内容

本项目以“实现历史文化遗产的保护与利用”和“推进老城高质量发展与品质提升”为两大规划目标，系统梳理老城本体资源，研究老城文化特质，衔接国家、省、市对于老城发展的要求，确定总体定位。从空间更新的整体设计策略和空间资源的挖潜策略出发，确定老城更新“湖渠链古今运河都、轴带串一镇三联城”的总体更新结构。

在总体更新结构的指导下，研究确定公共服务设施、绿地景观、文化展示、交通系统、总体风貌、夜景照明六大支撑系统，划分七个更新单元分别进行更新指引，并提出城市更新改造类、文化保护传承类、河湖水系公园建设类、交通设施提

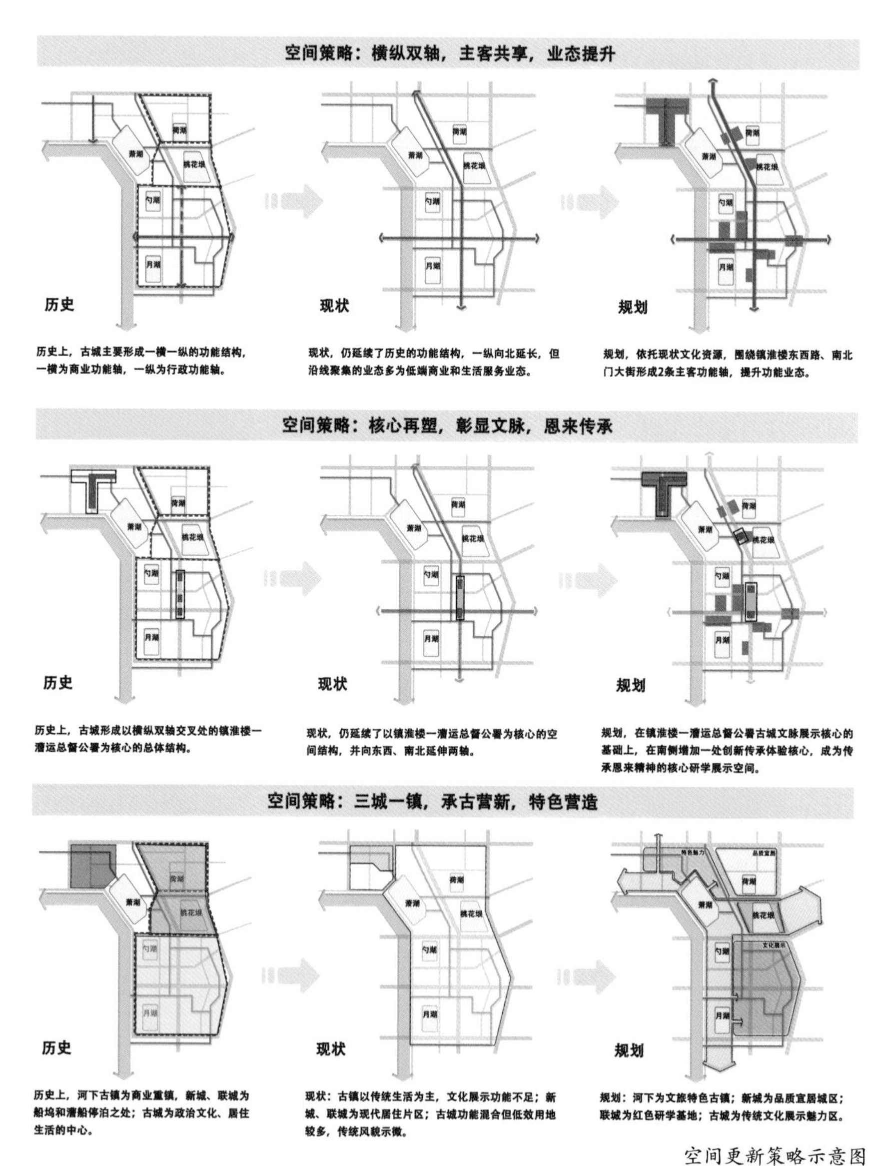

空间更新策略示意图

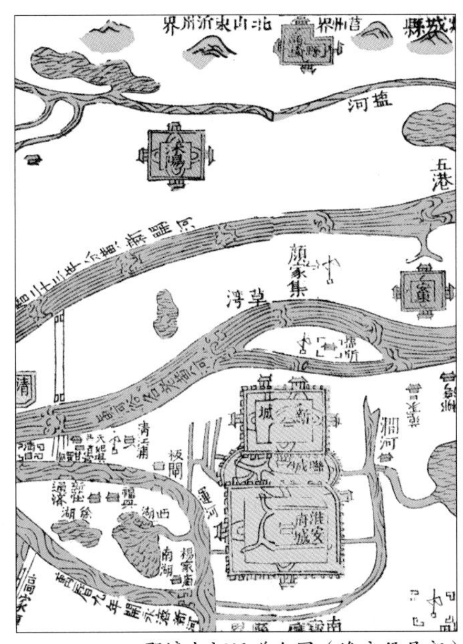
郡境大河运道全图（淮安段局部）

升类、产业转型类共五类项目库，同时提出更新的工作保障机制。

创新要点

（1）探索大运河沿线历史城市通过城市更新优化城市空间结构、促进城市发展的方法。通过"三城一镇"、百里画廊等分段分主题激活运河活力。

（2）探索老城更新中文化价值的转换与赋能路径，提出孕育"新淮人"，讲好古今辉映的新故事；打造"新淮业"，构建产业发展的新形态；营造"新淮城"，塑造市民生活的新场景的路径和策略。

（3）构建从更新规划到指导具体项目实施的方法路径。以"绣花"功夫推进老西门历史地段城市更新。

实施效果

老城更新规划编制以来，历时三年，有效指导淮安老城社会经济发展和城市建设；老西门历史地段的规划实施，践行新发展理念，倡导参与式营造，成为淮安历史地段更新的样板工程。

（执笔人：徐萌、许龙、任瑞瑶）

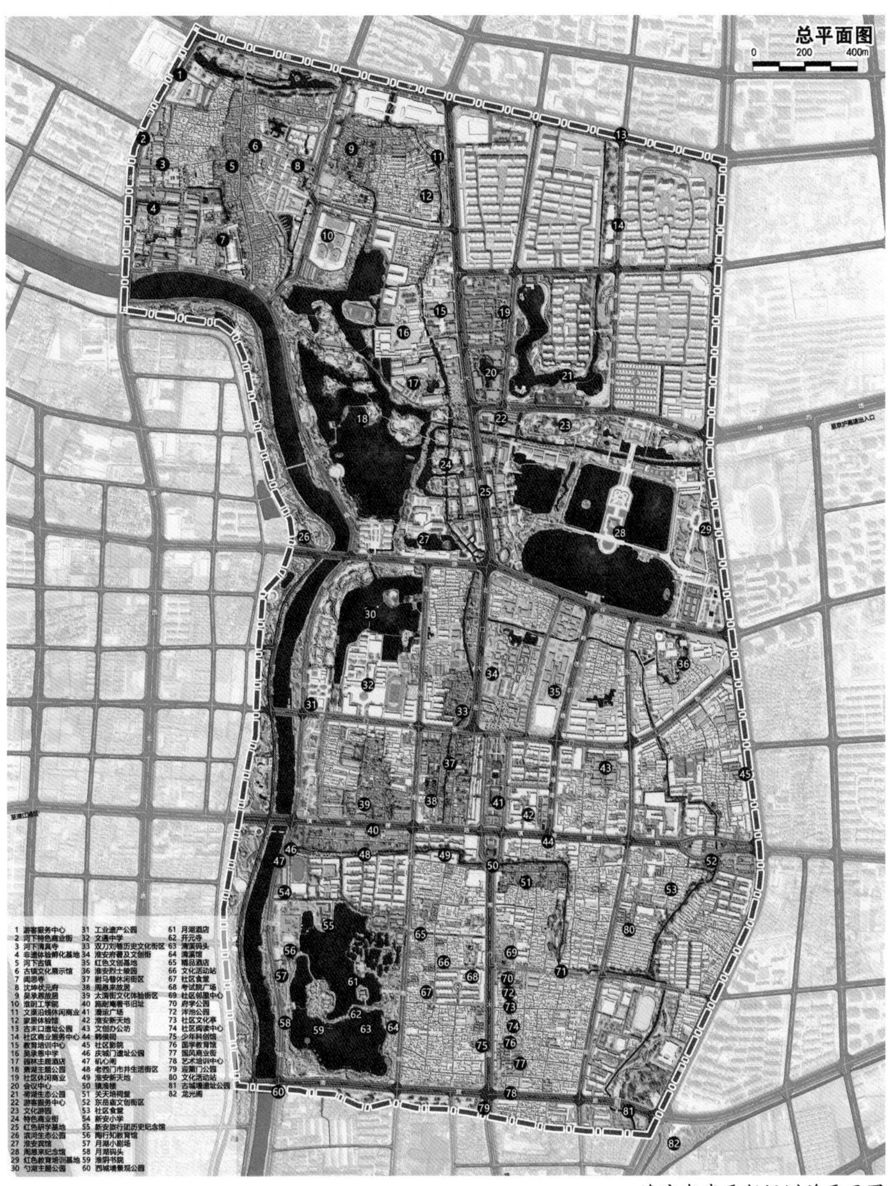

淮安老城更新规划总平面图

淮安老西门历史地段保护更新概念设计图

河南宝丰县宝丰古城保护与更新规划

2016—2017年度中规院优秀城乡规划设计二等奖

编制起止时间：2016.11—2017.10
承 担 单 位：上海分院、中规院（北京）规划设计有限公司
分院主管总工：李海涛、刘昆轶
主 管 所 长：刘迪　　**主管主任工：**刘竹卿
项目负责人：朱慧超、俞为妍　　**主要参加人：**俞为妍、李英、马群、刘世光、简思君、朱剡
合 作 单 位：苏州规划设计研究院股份有限公司

背景与意义

随着国家对于历史文脉修复的重视，越来越多的非典型历史古城加入到古城更新的浪潮中。但是由于这类古城保护价值低且整体性较弱，往往难以简单套用国家或省级历史古城的更新修复路径，而此类古城更新实践缺少具体范式指导。

2016年11月，受宝丰县人民政府委托，中规院承担编制《河南宝丰县古城保护与更新规划》。宝丰古城就属于非典型古城范畴。规划基于HUL理念（历史性城镇景观），以城市“针灸式”“微更新”的方式介入古城的规划，遵循更新可实施的原则精准地找到古城重要“穴位”进行有机更新、适度修补，从而实现宝丰文脉的传承以及功能的提升，使其成为宝丰城市内涵提升的亮点地区。

规划内容

（1）目标定位。结合宝丰古城整体特征以及在区域中的价值，综合明确古城发展目标及定位，将宝丰古城打造为中原民俗文化名城。成为传承宝丰民俗文化、展示宝丰历史遗迹以及体验宝丰原真生活的特色古城。

（2）四大设计原则。一是挖掘历史古地图，传承古城营城文脉；二是明晰公私产权，建筑模式上修旧如旧；三是着眼城市运营，强调经济财务平衡；四是促进

精明更新引导下的宝丰古城效果图

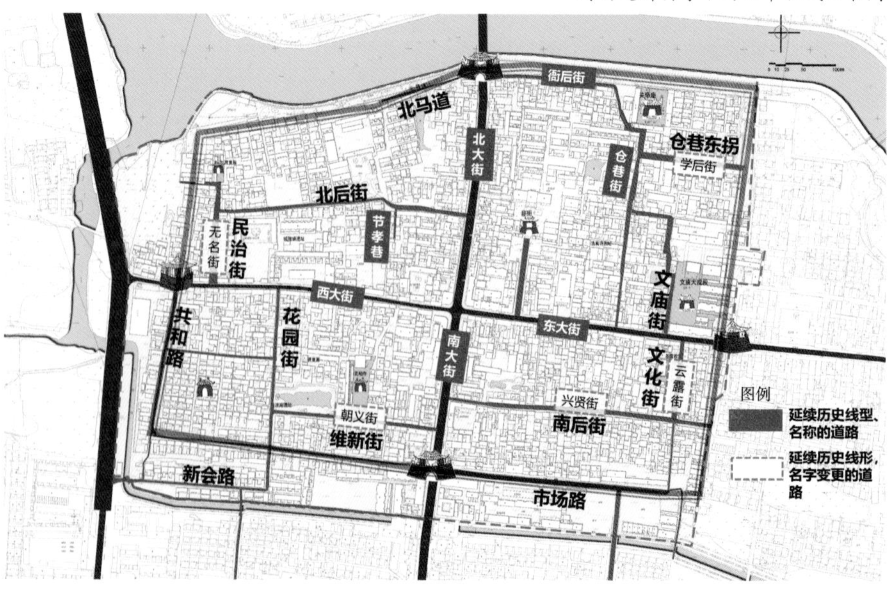

历史地图现代解读示意图

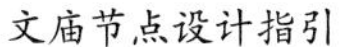
文庙节点设计指引

东西大街设计导则

民族融合，留住百姓的生活和就业，提升生活品质。

（3）古城城市设计。从大系统、中系统和节点三个层次着手：大系统包括道路交通、市政设施以及生态等内容，积极融入和对接区域系统设施；中系统包括古城墙、古城内部道路、开放空间等，在整个古城层面进行统筹安排；节点层面即通过规划梳理分析得出古城保护与开发中的关键性“四街八巷”格局和16个设计节点，并综合保护与开发要求对其进行指引设计。

（4）“四街”立面整治导则。严格保持街区内的历史街巷走向与基本形态，保持现状，严禁侵占街巷空间进行建设，保护街区内沿街民居的传统建筑形式，恢复街巷及两侧建筑的传统尺度关系。主要对街巷空间关系、街巷界面和街道景观三个方面进行整治。

（5）“八巷”街面整治导则。结合各巷道不同的目标与现状差距，制定针对性改造措施，通过不同程度的改造、低成本、简单易操作的方式进行空间环境和建筑风貌的整治，凸显传统文化。

（6）节点地块设计指引。秉承精明更新思路，规划以历史地图为基础，充分研究判断宝丰古城之于宝丰发展的价值，并梳理产权边界，综合明确项目保护边界，分别形成设计导则。

创新要点

（1）以“精明更新”“针灸式更新”探索一般性历史古城更新路径。对于交通、市政等大系统需要从整个城市区域进行协调与组织；而公共服务、开放空间、城墙恢复以及街道整治等中系统则必须在古城层面进行协调布局。其中，遴选重要节点、找准古城“穴位”是关键，依托触媒节点带动古城逐步实现整体更新。

（2）精读历史地图，回溯历史脉络，识别并明确需要恢复或修复的各个时期的重要历史建筑和公共空间。通过梳理和挖掘，形成16个兼具人文历史底蕴和现代开发价值的节点、东西两条主街、八条垂街小巷的更新格局。

（3）更新模式上不盲目推倒重建，采用“留人留房”的形式，尊重原有住民的生活权益，保护古城的烟火气。重点通过补足基础设施和公共服务设施短板，实现居民生活品质的提升。

（4）促进民族融合交流，尊重民族生活方式。社区层面坚持民族混居，风貌治理注重将现代建筑风格与民族元素融合，沿用当地白墙红门灰瓦的院落形制。公共空间营造关注不同民族的文化特性和生活方式，依托邻里中心进一步促进居民交往空间、心理空间和居住空间的融合。

（5）以融合社会需求的功能业态激活古城活力。采用非文物保护建筑的更新方法，保留或者恢复外部传统形制，进行内部功能转化，以适应周边居民需求。例如，恢复文庙格局，开放化处理文庙前导空间，导入运动广场共享给周边小学和职业学校师生使用。

（6）借力社会资本，构建有活力、有魅力的历史场所。政府主要负责公共文化项目的修缮和基础设施的建设，同时“让市场自由决策”，放宽建筑用地功能转换管制，建立临时使用规则，吸引社会资本共同参与到古城更新行动，从而实现对于公共文化项目的维护与支撑。

（执笔人：俞为妍）

24
枢纽地区

北京大兴国际机场临空经济区总体规划（2019—2035年）

编制起止时间：2017.5—2019.5
承 担 单 位：城乡治理研究所、城镇水务与工程研究分院
主 管 所 长：许宏宇　　**主管主任工**：曹传新
项目负责人：杜宝东、田文洁　　**主要参加人**：路江涛、王颉、陈大鹏
合 作 单 位：北京市城市规划设计研究院、河北省城乡规划设计研究院有限公司、廊坊市城乡规划设计研究院

背景与意义

为深入落实习近平总书记关于京津冀协同发展和视察北京大兴国际机场建设时的重要指示，按照国家有关部委、北京市、河北省推进北京大兴国际机场临空经济区建设安排部署，高质量建设北京大兴国际机场临空经济区，依据国家顶层设计相关要求，编制《北京大兴国际机场临空经济区总体规划（2019—2035年）》（本项目中简称《临空经济区总体规划》）。

科学编制和有效实施《临空经济区总体规划》，有利于强化国际交往功能，优化提升首都核心功能，展示大国首都高质量开放发展的新形象；有利于发挥大兴机场大型国际航空枢纽的辐射作用，服务好河北雄安新区，打造京津冀世界级城市群新的增长极，提升国际竞争力；有利于促进中国（河北）自由贸易试验区大兴机场片区的建设，探索创新区域协同发展的新机制，示范带动京津冀协同发展。

规划内容

围绕临空经济区“国际交往中心功能承载区、国家航空科技创新引领区、京津冀协同发展示范区”的总体定位，重点突出五方面规划内容。

（1）以“多规合一”为重点，进行全域全要素规划引导。通过划定永久基本农田、生态保护红线、城镇开发边界，统筹明确全域的生产、生活、生态空间利用要求和规模比例结构要求，衔接协调土地利用规划、城乡规划、发展规划、产业规划、交通规划等，规划形成多规融合的“一张图”布局。

（2）以临空经济布局规律为抓手，确定总体产业布局。规划以发展航空物流、航空科技创新、综合服务保障业等临空指向性强、航空关联度高的高端高新产业集群为重点，按照圈层分布、廊道拓展的布局思路，明确了临空经济区的航空物流区组团、科技创新区组团、服务保障区组团功能布局与总体管控区城镇组团、乡镇的功能定位。

（3）以北京大兴国际机场为核心，构

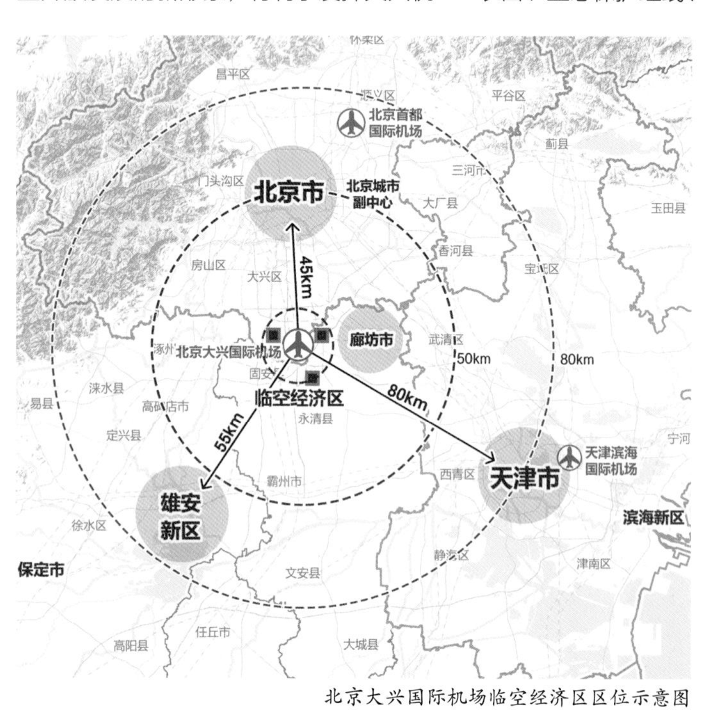

北京大兴国际机场临空经济区区位示意图

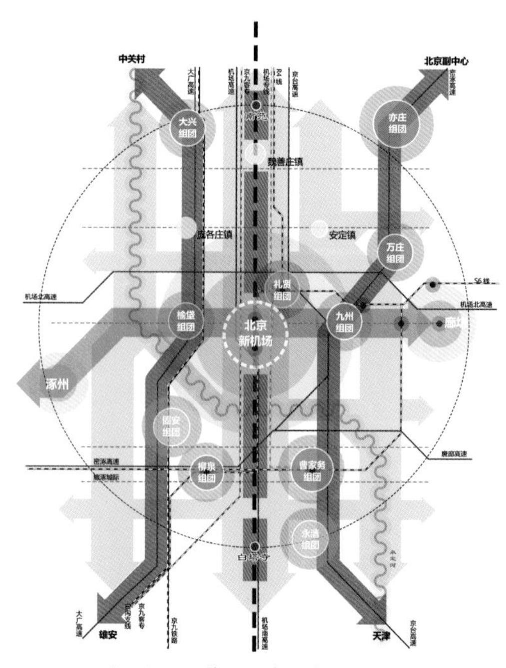

“一轴、三带、四廊、多点”区域空间结构图

建高效综合交通体系。规划打造以轨道交通为引领、轨道枢纽与功能中心耦合布局的区域铁路骨干网络；建立统筹机场红线内外和综合保税区内外的集疏运体系；建立机场与临空经济区，临空经济区与北京、廊坊市区之间多层次快速衔接公交系统。

（4）以区域协同发展为目标，统筹跨区域基础设施和公共服务设施布局。统筹机场红线内外、临空经济区京冀之间的给水、电力、燃气等资源能源供给，分片区建设市政基础设施系统；按照“区域级—区级—社区级”三级跨区域统筹公共服务设施布局，结合国际化人群、产业人群、回迁居民等不同人群的差异化服务需求，突出分类型服务设施供给。

（5）以首都门户形象展示为重心，强化风貌特色塑造。重点在区域尺度对飞机起降区域大地景观和城市风貌进行控制引导，强化北京南中轴的文脉传承，整体塑造“蓝绿萦城、中轴续脉、星团聚秀、国风巧筑”的风貌特色。

创新要点

聚焦北京大兴国际机场临空经济区发展的阶段性、体制机制的差异性、跨省级行政区的独特性，重点在三个方面进行了创新。

（1）应对未来发展的不确定性，规划采取大分区、小组团布局模式，保持布局的结构弹性，承载不同机遇的空间需求。依据临空经济圈层发展规律，严格控制核心高价值圈层开发建设节奏，划定待深入研究区域，实现战略留白，为未来国家战略性发展需求和国际化功能预留弹性。

（2）根据临空经济区“规划—建设—治理”不同环节、不同主体及职权关系，重点研究制定“管、协、督”等不同治理工具包，通过计划工具、政策工具、平台工具、机制工具，协调建设时序和形式、完善协同政策、实现动态协同管控、强化权责对应，实现从单一规划系统转向“规划—建设—治理”闭环系统。

（3）应对跨省级行政区的规划布局特点，创新性地提出采用“空间统筹+政策适配”的思路对策，在跨界地区采用一体化空间规划布局，同步制定对应跨界土地出让及供后管理等方面的针对性配套政策，从空间维度和政策机制维度解决跨界协同问题。

实施效果

北京大兴国际机场临空经济区的规划建设推动了京津冀城市群空间格局的优化，促进大兴机场作为国家发展“新的动力源”不断释放新动能。

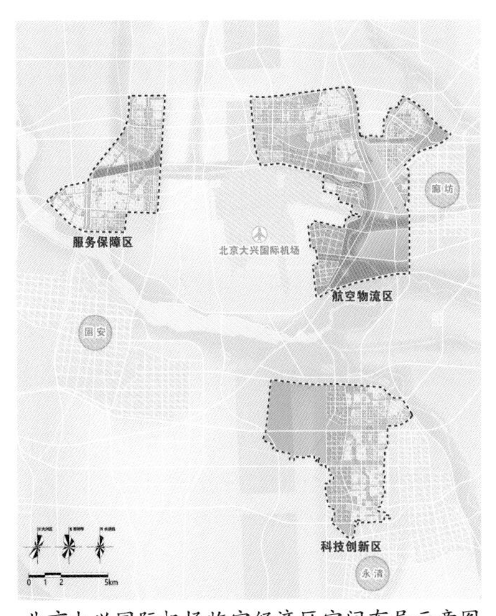

北京大兴国际机场临空经济区空间布局示意图

通过五年的开发建设，建成及在建道路里程330km，6条跨省主要道路实现连通，新建社区“一刻钟社区服务圈”覆盖率达100%，完成生态绿地建设、平原生态林建设工程1.6万亩，新建绿色建筑占比100%，落实了总体规划的主要指标。

有效指导了北京、河北开展并完成临空经济区控制性详细规划和专项规划编制。

（执笔人：曹传新、田文洁、路江涛）

北京大兴国际机场临空经济区鸟瞰意向图

上海市虹桥片区系列规划

第十四届全国优秀工程勘察设计银奖（项目一、二、三）| 2009年度全国优秀城乡规划设计一等奖（项目一、二、三）|
2015年度全国优秀城乡规划设计三等奖（项目四）| 2021年度全国优秀城市规划设计一等奖（项目五）|
2015年度上海市优秀城乡规划设计一等奖（项目四）| 2006—2007年度中规院优秀城乡规划设计一等奖（项目一）|
2008—2009年度中规院优秀城乡规划设计一等奖（项目二）| 2008—2009年度中规院优秀城乡规划设计二等奖（项目三）|
2020—2021年度中规院优秀规划设计一等奖（项目五）

编制起止时间： 2006.1—2020.6

项目一名称： 上海虹桥综合交通枢纽功能拓展研究
承 担 单 位： 城市建设规划设计研究所
主 管 总 工： 杨保军　　**主 管 所 长：** 张全　　**主管主任工：** 鹿勤
项目负责人： 李晓江、郑德高　　**主要参加人：** 杜宝东、王明田、王贝妮、张全、靳东晓、朱子瑜、朱莉霞、刘岚

项目二名称： 上海虹桥综合交通枢纽概念性详细规划及重要地区城市设计
承 担 单 位： 上海分院、城市设计研究所
主 管 总 工： 朱子瑜
项目负责人： 蔡震、郑德高　　**主要参加人：** 张晋庆、赵一新、袁海琴、朱莉霞、陈勇、刘中元、陈雨

项目三名称： 上海虹桥临空经济园区一体化规划
承 担 单 位： 上海分院
分院主管总工： 郑德高、蔡震
项目负责人： 孙娟、刘昆轶　　**主要参加人：** 陈烨、李英、陈雨、李维炳

项目四名称： 虹桥商务区机场东片区控制性详细规划
承 担 单 位： 上海分院
分院主管总工： 郑德高　　**主 管 所 长：** 陈勇　　**主管主任工：** 伍敏
项目负责人： 陈雨　　**主要参加人：** 季辰烨、朱剡、陈勇、徐靓、李英、沙莉

项目五名称： 上海市虹桥主城片区单元规划
承 担 单 位： 上海分院
分院主管总工： 郑德高、孙娟、陈勇　　**主 管 所 长：** 葛春晖
项目负责人： 罗瀛、郭祖源、赫辰杰　　**主要参加人：** 徐靓、蔡言、肖林、刘世光、李海涛、徐冲

背景与意义

2004年，经国家铁道部、国家民用航空总局和上海市政府同意，全球首个集机场、高铁于一体的虹桥综合交通枢纽应运而生。上海虹桥综合交通枢纽地区的在地化规划服务分为两个阶段。第一阶段规划工作聚焦枢纽本体开发建设和枢纽周边地区功能拓展研究,规划工作自2006年10月起，2009年7月完成规划审批。中规院是唯一一支参与全过程工作、负责从宏观到微观多层次规划工作的团队。第二阶段规划工作聚焦虹桥主城片区，规划工作自2018年1月起，2020年2月完成单元规划审批。单元规划批复后成为虹桥主城片区开展下层次规划编制、实施和管理的重要依据，提出的“虹桥标准”转换为建设导则；提出的“两同步”与“弹性管控”开发机制，成为协同开发建设中政府与市场关系的重要准则。

中规院持续跟踪伴随虹桥地区发展，

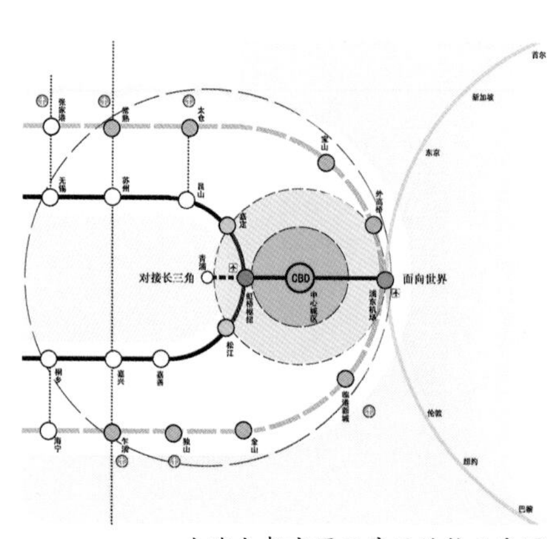

上海大都市圈双扇面结构示意图

陆续开展多年单元规划年度实施评估、编制各类专项规划，为枢纽地区健康发展起到了重大作用。中规院持续伴随式的规划设计模式对枢纽地区发展有着较强的创新意义。

规划内容

（1）谋划片区功能定位。基于节点—场所理论，从区域和城市双重视角理性分析虹桥，认为虹桥枢纽地区应平衡好交通功能和城市功能。从区域视角出发，认为长三角地区将逐步形成更加复杂的城市网络型空间结构体系，一些关键节点将在城市网络框架下发挥战略性作用。城市视角出发，把握向东面向国际、向西面向国内的两个扇面，在上海现代服务业空间发展呈明显东西轴线布局的基础上，位于东西轴线端点位置的虹桥地区有条件成为西部地区的关键性节点。规划提出虹桥枢纽地区功能定位为“面向长三角的商务地区”，作为上海对长三角辐射的新经济增长极。

（2）开展精细化空间设计。设计秉承“以人为本”理念，枢纽站房设计强化方便换乘、无界衔接、凸显功能，尽可能减少旅客步行距离，实现枢纽与周边地区的快速链接。城市片区强化对外开放衔接、塑造整体板块拼接的空间框架，板块整合处形成服务枢纽人群的站前标志性公共空间。板块内部采用“小街密路”模式，在保障高密度和高强度开发的同时，营造丰富活力水岸和街道空间、连通立体步行通廊，打造枢纽地区人行友好的步行环境。

（3）动态监测与优化布局。对于日均到发旅客规模和常住人口规模均超百万、以商务办公为核心功能之一且建成比例高达70%以上的虹桥枢纽地区，搭建覆盖虹桥枢纽地区人群、企业和建筑画像的监测信息平台。通过平台定量化识别“人—企—房”特点及其演变特征，判断发展趋势，对用地布局进行针对性优化调整，进

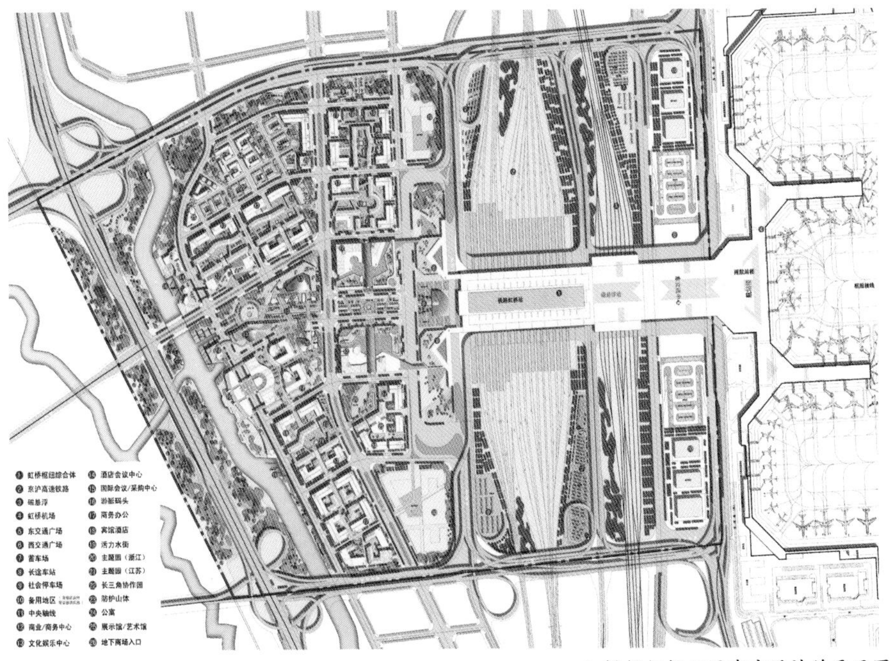

虹桥枢纽核心区城市设计总平面图

虹桥枢纽核心区总体鸟瞰效果图

虹桥枢纽核心区夜景鸟瞰效果图

虹桥主城片区土地使用规划图

而实现动态维护枢纽地区开发建设目标。

创新要点

（1）首次提出枢纽经济区概念。面对功能综合、规模庞大、地位重要的枢纽地区，借鉴前沿理论、国际案例、上海与区域关系的研究，认识到虹桥地区的开发应该上升到长三角地区乃至国家层面加以把握，以长三角视野思考确定虹桥地区的发展战略，结合空港经济区与高铁经济区理论，前瞻性地提出“枢纽经济”区概念，并将其定位为上海服务长三角地区的商务地区。

（2）城市设计贯穿规划全过程。枢纽站房设计强化方便换乘、无界衔接、凸显功能，尽可能减少旅客步行距离，实现枢纽本体与周边地区的快速链接。城市片区强化对外开放衔接、塑造整体板块拼接的空间框架，板块整合处形成服务枢纽人群的站前标志性公共空间。板块内部采用“小街密路”模式，在保障高密度和高强度开发的同时，营造丰富活力水岸和街道空间，连通立体步行通廊，打造枢纽地区人行友好的步行环境。将城市设计要求落实到控规之中。城市设计贯穿全过程与法定规划相结合，保证“一张蓝图干到底”。

（3）规划的综合协调作用。规划对多部门建设管理、多专业设计、多团体不同诉求进行综合平衡与协调，并从地区发展前瞻性角度，为未来发展预留足够的空间与弹性。规划同时重视对结构要素的战略性控制和实施技术的细节协调。规划建立控制要素动态平台,对道路红线、河道蓝线、基础设施黄线、绿线进行图则控制，为应对未来发展的不确定性，鼓励混合开发，规划创新储备用地和综合发展用地等新型用地类型。在此基础上，聚焦2.8km^{2}核心区编制城市设计导则，贯彻以人为本的空间设计方案，对开放空间、建筑形态、地下空间、换乘通廊、街道设施等强化设计管控与引导，保障空间建设的人性化和特色化。

（4）搭建首个枢纽地区动态监测平台。基于人群位置服务的LBS全轨迹链出行数据、工商注册企业全量数据和建筑开发利用数据，搭建覆盖“人—企—房”的监测分析平台。实现对客群画像及其空间行为特征、企业画像及其区域关联特征以及空间开发容量、入驻率等建筑信息的监测。

（5）动态优化空间布局与城市更新。在动态监测人群画像、企业画像和空间画像基础上，预判未来演化趋势和空间需求特征。结合不同人群、不同企业需求差异，从人本主义的功能提升角度对用地布局、设施供给、空间形态、交通网络进行精准优化，实现枢纽片区的动态优化与城市更新。

（6）探索长期跟踪伴随的规划协调机制。从系统化、任务式的规划编制到常态化、动态式的规划修正，构建起与虹桥管委会长期合作的智库伙伴机制。搭建一个持续服务的智库团队，成立30余人多专业、持续跟踪的技术团队，全面参与虹桥规划与咨询工作，为近百份规划与建设项目建言献策。开展年度动态评估，推动规划实时优化，基于年度动态评估与监测，打通“规划—计划—实施—评估”闭环，形成规划与建设螺旋优化的反馈机制。

实施效果

规划提出的枢纽经济区概念得到全面落实，推动重大基础设施、公共服务设施、公共空间、住房以及商务和展览等功能设施项目实施落地，实现了规划设计预期与控制要求，成为继世博会之后上海城市建设的重点发展地区之一。虹桥枢纽地

虹桥交通枢纽地区现状用地图

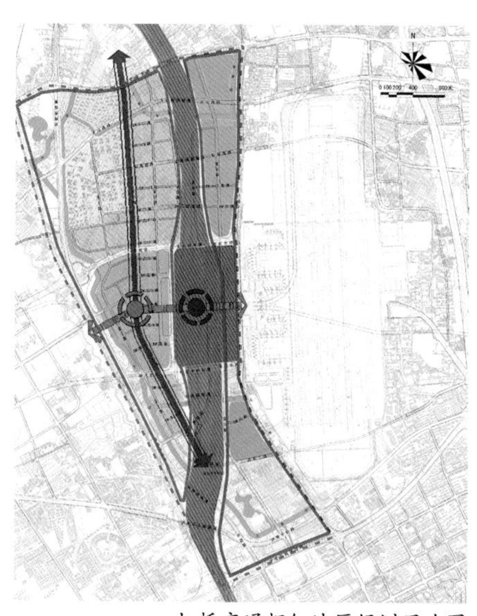
虹桥交通枢纽地区规划用地图

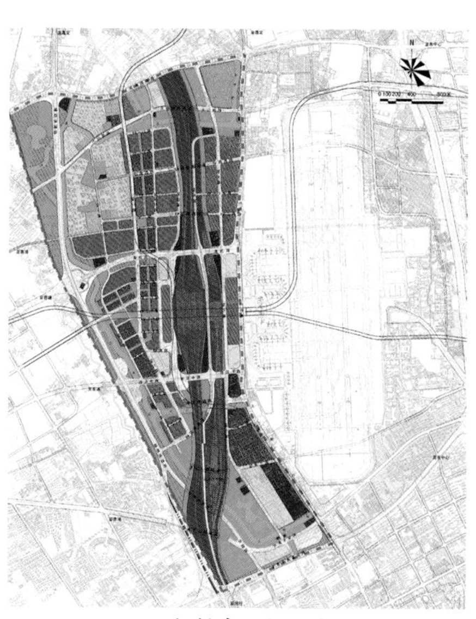
虹桥交通枢纽地区功能结构图

区的成功经验得到了国家部委与专家学者的认可，成为许多城市规划建设高铁、空港枢纽的学习样板。

（1）指引建设新标准。规划提出的建设要求转换为建设导则，成为指导开发建设的基本准绳。在落实《上海市虹桥主城片区单元规划》规划要求的基础上，2020年3月，上海虹桥商务区管理委员会与上海市规划和自然资源局联合印发《虹桥商务区规划建设导则》，进一步统一虹桥主城片区的规划建设要求、形成统一的“虹桥标准”，从产城融合的国际社区、联通世界的交通枢纽、集约低碳的市政设施、品质高尚的美丽街区、智能互联的智慧虹桥、统筹有力的保障机制六个维度为提升地区的整体空间品质，打造国际一流的商务环境和生态环境提供保障。规划提出的开发机制，成为协同开发建设中政府与市场关系准则。

（2）落地一批实施项目。规划推动了虹桥枢纽地区一系列建设项目的实施落地，包括重大交通设施、大型开放空间、特色艺术空间等。

应对虹桥地区城市交通服务相对滞后的现状问题，重点推进了地区重大交通设施的实施落地。2021年6月，轨道交通13号线西延开工建设，推动虹桥实现与中心城区的多通道链接，强化轨道交通对国际会展中心周边地区会展贸易功能的保障作用，并进一步带动北虹桥、南虹桥地区的功能培育，提升轨道交通对片区的服务水平与地区居民的出行便利度。

在规划提出的“枢纽可步行”理念引导下，虹桥枢纽地区步行空间品质持续提升。在既有步行基础上，建成虹桥枢纽至国家会展中心二层步行连廊，总长约1.5km，实现从商务区核心区至国家会展中心步行时长缩短至10分钟。

在规划提出的“廊道变公园”理念引导下，虹桥地区一批公园陆续开工建设。南虹桥的前湾公园于2021年开工，公园位于南虹桥核心，成为生态引领、公共空间建设先行的开发典范。新家弄湿地公园作为嘉闵城市公园带中的重要项目，成为改善城市微气候、提供虹桥地区生态休憩服务的重要空间。

在规划提出的“艺文范点亮”理念引导下，一系列文化艺术空间正蓬勃而生。其中既包括独立占地的市区级文化设施，也有商业空间特色化利用、被称为沪上最美书店的玻璃宫艺术书局以及通过改造商务楼宇采光中庭形成的金臣·亦飞鸣美术馆等。

（执笔人：郭祖源）

南虹桥地区前湾公园

地铁13号线西延线开工建设

沪上最美书店——玻璃宫艺术书局

上海浦东综合交通枢纽周边地区功能布局研究

2023年度上海市优秀国土空间规划设计三等奖

编制起止时间： 2022.7—2023.8
承 担 单 位： 上海分院
分院主管总工： 孙娟、李海涛、蔡润林　　**主管所长：** 罗瀛　　**主管主任工：** 陈阳
项目负责人： 林辰辉、陈海涛、吴乘月
主要参加人： 李丹、马浩宇、祁玥、王重元、朱梅

背景与意义

浦东国际机场伴随浦东新区开发开放30年，现已成长为长三角地区的国际航空门户枢纽和全球客货运量“双前十”的繁忙机场，是链接国际与国内的洲际门户枢纽。随着上海东站的建设，将会进一步带动浦东机场功能提升，成为链接国内国际双循环的重要枢纽，代表国家参与全球深度竞争，推动上海全球城市功能能级与核心竞争力的提升。

一定时期内，浦东枢纽的国际门户地位仍将进一步提升，周边地区合理集聚资源和需求是有必要的。但目前浦东综合枢纽周边地区与洲际门户枢纽的定位仍有落差，远郊型机场有其自身的劣势，所以需要客观分析合理的服务范围和客群。面对优势与短板，既要目标导向，防止高端资源被低效利用；又要客观理性，识别潜在的挑战与风险。基于客观认识，通过愿景性研究，探讨浦东综合枢纽地区发展的多种可能。

客群视角
上海东站建设，带来枢纽客群的多元化

货运视角
航空货运价值提升，并带来更多衍生功能

地区视角
大飞机等重大项目利好，带来新兴功能

新场景 国际休闲
新融合 流通贸易
新交互 科创商务

浦东机场周边地区主要功能

浦东机场周边地区“三廊”区域发展格局示意图

规划内容

1．功能定位

因循枢纽优势，通过客群、货物和地区三重视角，综合研判浦东综合交通枢纽周边地区的国际休闲、流通贸易和商务科创三大功能业态。

从客群来看，未来浦东综合交通枢纽地区将新增国际客群、休闲、商务和科创等四类主要客群。浦东枢纽凭借国际航线和区域腹地优势，将进一步吸聚国际客群，稳定承担长三角地区70%的国际旅客。综合分析东站链接的区域腹地和浦东功能关联，进一步识别东站所带来的休闲、商务和科创三类主要新增客群。基于客群行为特征，策划国际交往、休闲度假、科技创新和商务办公功能。

从货运功能看，面向枢纽运力、集货能力和服务能力三力提升，前瞻谋划货运功能。保障运力，建设空铁联运港；强化集货力，拓展综合保税区；提升算力，延伸国际贸易服务功能。

从地区周边资源看，迪士尼等重大项目将对浦东枢纽周边地区产生重大影响，带来国际休闲和商务功能。

2. 区域发展廊道

依托浦东新区的世界级资源，聚焦休闲、科技、供应链核心功能，识别“海纳百川”“创智江海”“海陆空铁”三条区域发展走廊。以浦东枢纽为核心，发挥浦东本地国际级资源优势，引导枢纽衍生功能向廊道地区布局。

3. 空间布局

综合人流、噪声、污染等三大因素，考虑未来东站、机场T3航站楼以及轨道线的建设影响，对于浦东枢纽地区为人服务功能、为货服务功能进行适宜性评价，明确枢纽地区不同区域的价值区段。结合枢纽地区“北休闲、中流通、南科创”的空间发展格局，规划形成“三廊四港四区”空间结构。

4. 交通提升

强化浦东枢纽与苏州、湖州等内陆城市的直连直通，提高东西联络线设计速度至350km/h，与沪苏湖高铁、通苏嘉甬高铁贯通运营，打通浦东枢纽至内陆高铁的通道。

稳定东站与浦东机场陆侧空铁捷运线方案，提供面向多元客流的弹性服务。预控东站至T3航站楼的地下直连通道，并向枢纽周边地区进一步延伸走线，兼顾航空旅客及非航客群的交通服务需求。

优化枢纽地区道路交通整体布局。两横一纵的高速公路服务与对外快速联系，一横三纵的快速路服务于空铁枢纽集散，八横七纵的主干路服务周边邻近组团。

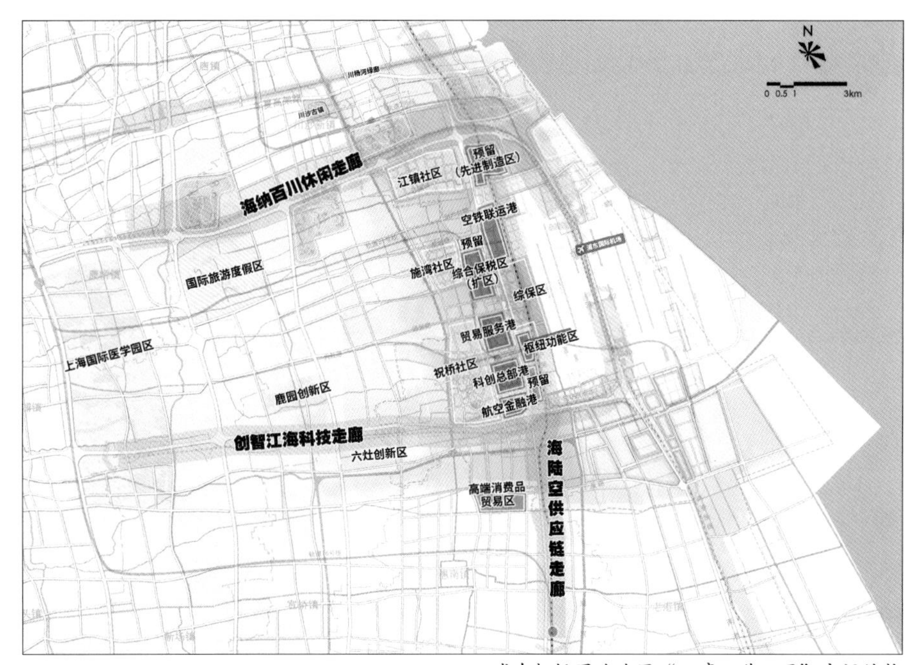

浦东机场周边地区“三廊四港四区”空间结构

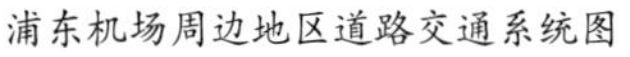

浦东机场周边地区道路交通系统图

浦东机场周边地区土地利用规划图

创新要点

1. 探索了基于枢纽客货运特征，精准研判功能业态的新方法

从客群视角和货运视角出发，研判枢纽客货运特征和未来发展新趋势，精准识别适应枢纽变化的为人和为货功能业态。

2. 发展了航空大都市理论模型，提出了“圈层+廊道”的空间布局模式

通过对现状本底资源和发展趋势的研判，认识到枢纽衍生功能有沿区域廊道拓展布局的可能，并在浦东枢纽周边地区识别了休闲、科技、供应链三条区域发展廊道。在此基础上，提出了“圈层+廊道”的枢纽周边地区空间布局模式，丰富和发展了航空大都市理论模型。

（执笔人：林辰辉、罗瀛、陈海涛）

深圳市宝安国际机场近期建设详细规划

2019年度全国优秀城乡规划设计二等奖｜2019年度广东省优秀城乡规划设计二等奖

编制起止时间： 2015.7—2018.1

承 担 单 位： 深圳分院

分院主管总工： 朱荣远　**主 管 所 长：** 周俊　**主管主任工：** 卓伟德　**项目负责人：** 龚志渊

主 要 参 加 人： 王泽坚、石蓓、汤雪璇、屈云柯、李瑶、李春海、张文、吕绛、周路燕、金鑫、杜宁、欧阳卓、谭秀霞

背景与意义

深圳宝安国际机场处于珠江东岸广佛、深港两大都市圈交汇节点处，北邻空港新城，南接前海自贸试验区，同时处于滨海走廊和传统产业转型走廊的关键节点。近年来，深圳地区机场航空业务量持续快速增长，已超出原机场总规的规划框架，且国家及区域层面对深圳机场发展提出了新的要求。因此，机场集团除了亟待对机场总规进行修编以外，也需要尽快启动能够有效传导总规意图的下层次规划。

规划内容

为全面衔接和落实大空港地区综合规划的相关要求，推动产城融合、港城一体，促进空港门户地区的综合性开发。规划顺应深圳西海岸地区整体发展趋势，形成“东部城市产业创新走廊、中部航空商务自贸走廊、西部滨海生态活力走廊”三廊集聚、区域链接的发展格局。围绕机场“十三五”规划以航空业务为核心的“一核多元”发展战略，发展现代物流、创新研发、临空商务、文化休闲以及生活配套服务等六大产业。

规划重点研究引入高铁、城际轨道、轨道快线、干线等多种交通方式，构建一个轨道上的航空港。作为大湾区东岸标志性门户地区，在整体定位与用地功能完善的前提下，从城市设计角度打造粤港澳大湾区空港城市新形象。

机场东片区城市设计效果图

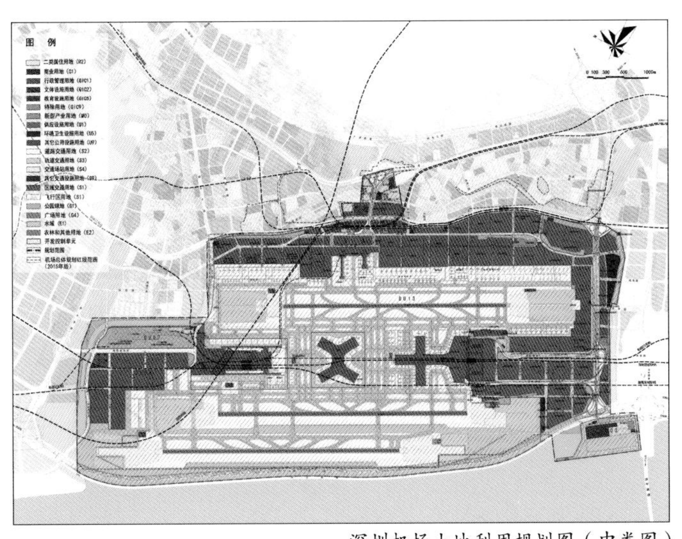

深圳机场土地利用规划图（中类图）

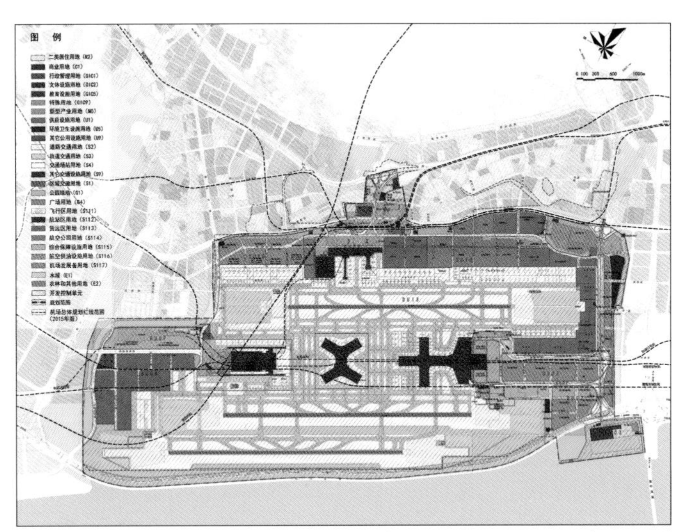

深圳机场土地利用规划图（细分图）

创新要点

（1）这是深圳市探索城市规划体系与机场总规衔接的一种新尝试，补充了法定图则未覆盖机场片区的历史遗留问题，形成指导机场片区后续规划与建设的法律依据。

（2）立足现实需求，结合《民用机场总体规划规范》MH5002—1999，以现有《深圳市城市规划标准与准则》用地分类标准为基础，对深圳机场用地分类方式进行探索与创新应用。最终在土地利用规划方面采用了“两张图”的方式进行控制。

（3）港城一体，针对机场交通流量、空铁联运协调、用地基础条件、更新实施难度、轨道衔接预留等因素进行多方案比选，研究确定机场东A、B航站区作为空铁联运枢纽。

（4）通过详细城市设计研究，遵循统筹布局、总量控制原则形成一系列开发控制单元，弹性应对未来机场发展的不确定性，充分体现了规划的灵活性与适应性。

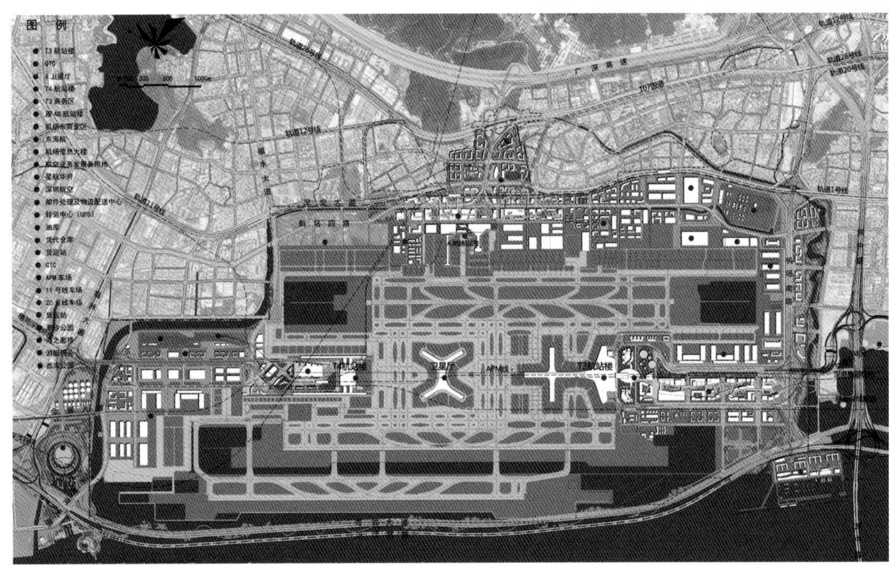

深圳机场规划总平面图

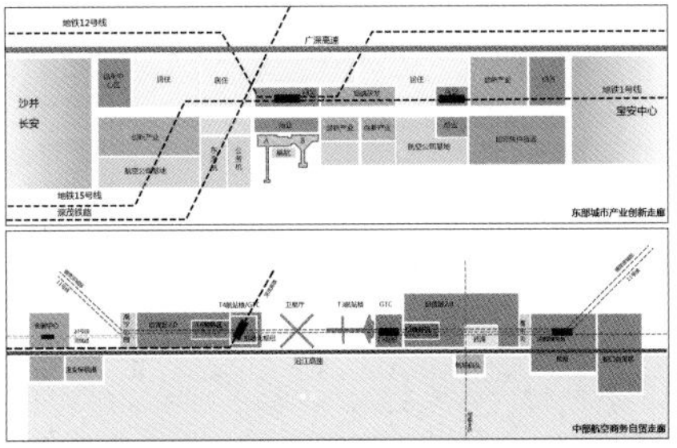

深圳机场产业发展走廊功能布局规划图

深圳机场T3航站楼实景鸟瞰

实施效果

目前，本规划已作为机场近期建设项目规划管理的依据。以此为基础，本规划顺利落实了机场“十三五”发展战略规划的一系列重大投资项目。

2020年，国家发展改革委批复，同意实施深圳机场三跑道扩建工程，设计为最高等级4F。2021年，深圳宝安国际机场卫星厅投入使用，机场地空资源得到进一步释放，保障供给能力实现有效提升，预计新增年旅客吞吐量2200万人次的容量。

近期，为了促进深圳参与粤港澳大湾区的区域竞合，与之相匹配的深圳宝安国际机场T2航站楼规划设计工作也已提前启动。

（执笔人：龚志渊）

深圳市大空港地区综合规划

2017年度全国优秀城乡规划设计二等奖｜2014—2015年度中规院优秀城乡规划设计一等奖

编制起止时间： 2011.9—2015.5
承 担 单 位： 深圳分院
主 管 总 工： 李晓江　　**分院主管总工：** 朱荣远　　**主 管 所 长：** 王泽坚　　**项目负责人：** 周俊
主要参加人： 曲建、卓伟德、劳炳丽、王志力、李春海、黄斐玫、莫思平、汤雪璇、龚志渊、陈郊、覃原、王川涛
合 作 单 位： 水利部·交通运输部·国家能源局南京水利科学研究院、综合开发研究院（中国·深圳）

背景与意义

大湾区经历30年酝酿，作为一个经济地理单元正在崛起，有望成为经济实力和影响力跻身全球最前沿的国际性湾区。

大空港地区是深圳高敏感战略性价值地区，这版规划被寄予了在全新的区域格局和发展机遇下，聚焦产业经济、空港枢纽、湾区生态、填海工程，建立系统性的空港发展计划，从而激活“深圳西岸”，在粤港澳大湾区中发挥前沿作用的期望。

规划内容

大空港地区拥有功能强大的设施体系，汇集了空港、海港、高铁、城市轨道、过江通道等高等级的交通设施与枢纽节点。

在粤港澳大湾区全新的区域发展格局下，大空港地区集成空港枢纽、湾区经济与填海工程，建立综合性的工程设施计划。使“深圳西岸”实现跨越式发展，在珠江口与茅洲河交汇处构建全新的都市中心和大湾区新的经济地理中心。

规划提出“国际一流空港都市区、粤港澳大湾区新城”的发展目标；打造深圳“创新、创业”的经济新引擎、空间新载体，粤港澳协同发展引领区，前海战略拓展区，国家未来产业创新集聚区。

通过深港合作、门户推动、载体优先、替代更新、环境优先五大战略路径和七大行动计划，有序推进大空港实施建设。

创新要点

（1）大空港作为大湾区高敏感、高价值地区，其发展研究既涉及水环境、水生态、交通枢纽、产业部署等多专业参与和复杂基础设施工程建设，同时还需统筹

深圳大空港地区城市设计效果图

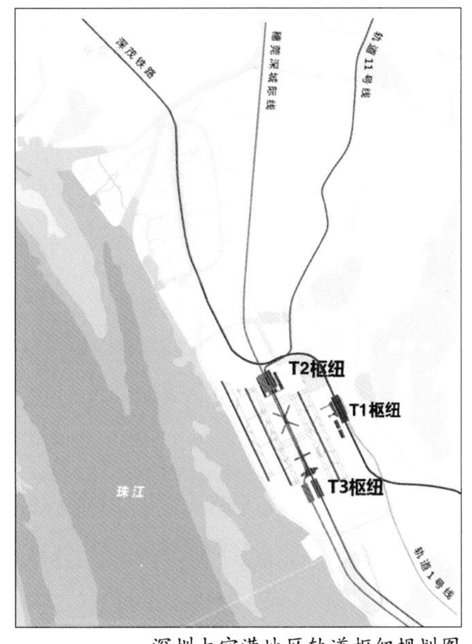

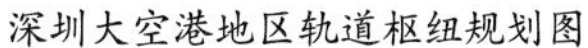
深圳大空港地区轨道枢纽规划图

深圳大空港地区填海示意图

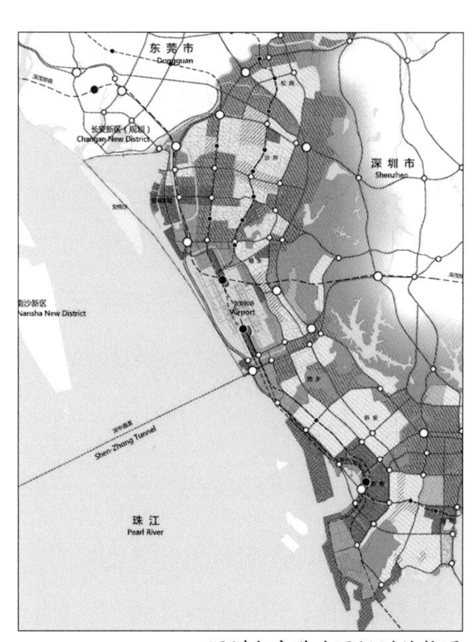

深圳大空港地区规划结构图

协调民航、铁道部、发展改革委、交通委、水务、经信等国家与省市多个管理部门，通过多专业、跨学科、多部门协同合作解决复杂大型基建工程的建设和落地。

（2）对大湾区区域航空、深圳机场客货流进行预测和判断，在T3枢纽的基础上提出建设T1、T2枢纽，整合高铁、城际轨道、城市轨道，合理布局复合综合交通枢纽，分步实施，预留弹性，奠定了深圳西海岸乃至整个大湾区东岸的交通格局。

（3）在机场北选址建设新的深圳国际会展中心，作为大空港地区的战略性启动点，解决福田会展中心日趋饱和的展会需求，并形成差异化发展。

（4）考虑珠江口的水流形态、水下地形条件、城际合作等因素，根据水动力数字模拟分析，科学推演填海工程形态和多方案比较，确定双通道入海的填海方案，构建海陆统筹的生态格局。

实施效果

本次规划促成了深圳机场形成T1、T2、T3航站区布局结构，科学地预留了深圳国际会展中心、深茂铁路、广深第二高铁等重大项目的工程实施空间，提出了合理的填海形态方案，为深圳大空港地区的建设奠定了切实可行的空间发展框架。

目前（2024年），轨道12号线、机场20号线及深中通道已经建成通车；一期围填海工程已经完成，海洋新城正在建设；国际会展中心、截流河已建成并投入使用；T1航站楼即将启动开工建设。

（执笔人：周俊、劳炳丽）

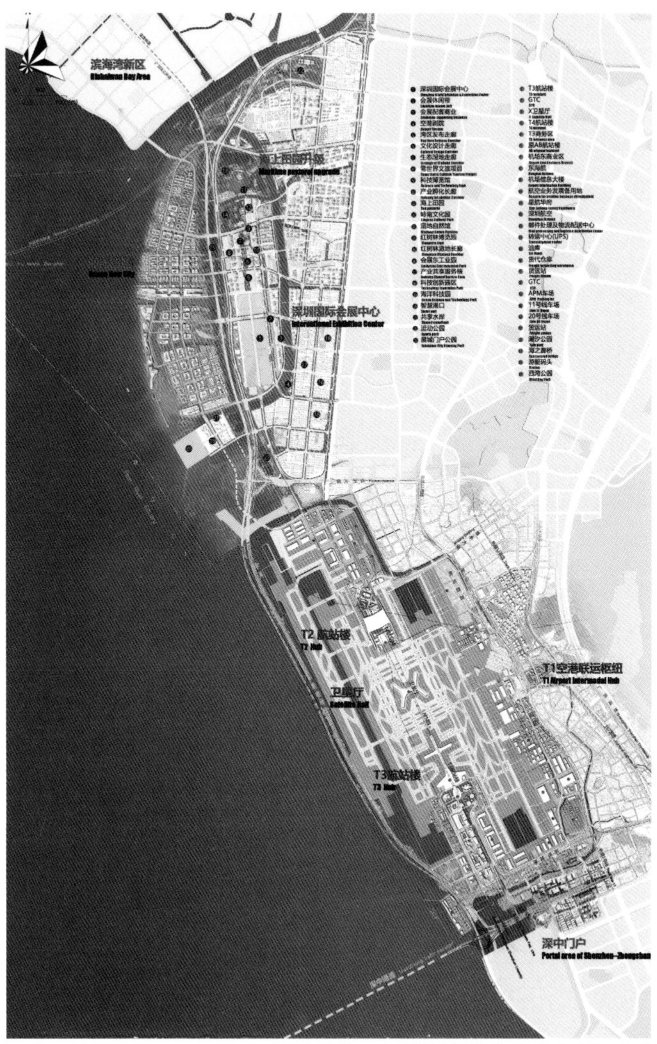

深圳大空港地区总体规划图

深圳火车站与罗湖口岸片区城市设计

2019年度全国优秀城市规划设计一等奖丨2020年大湾区城市设计大奖入围奖丨2018—2019年度中规院优秀规划设计一等奖

编制起止时间： 2018.9—2018.12
承 担 单 位： 深圳分院
分院主管总工： 朱荣远 **主 管 所 长：** 王泽坚 **项目负责人：** 何斌
主要参加人： 李春海、刘奕、孙文勇、梁尚婷、蔡燕飞、金鑫、徐鼎壹、胡诗齐、崔焱瑶、刘菁、张文娜、殷瑞琴、刘宝龙、邱凯付、李雪等
合 作 单 位： 株式会社日建设计、深圳市城市交通规划设计研究中心股份有限公司、中国铁路设计集团有限公司

背景与意义

深圳火车站与罗湖口岸片区是深圳城市历史的起点，沉淀了粤港百年交往与四十年改革开放的历史印记。如今辉煌不再，片区面临着枢纽功能弱化、中心功能边缘化、城区衰败的问题。

基于远景城市价值的重塑，提出三大核心任务。一是结合粤港民生需求，演绎粤港融通、深港互动的新篇章；二是在大湾区互联互通的新格局中，寻找枢纽发展新坐标，实现枢纽的价值与新生；三是抓住存量空间释放的契机，营建国际消费中心，实现片区的转型复兴。

规划内容

以"粤港枢轴，万象都会"为目标推动片区全面复兴。

深化开放，探索深港服务合作。依托过境土地，构建三个开放梯度政策试验区，探索深港医疗、教育、消费合作。

复合连接，重塑罗湖枢纽价值。融入高铁线路，引入香港东铁建设一地两检口岸，不停运改造铁路站场，将罗湖枢纽提升为连接粤港的门户枢纽。

站城一体，营造先锋枢纽站城。以中庭重组新旧交通设施，建设绿谷公园连通香港山水，营造融合交通、生活与景观的站城一体都市。

经络再生，以公共空间激活城市复兴。以人民南时尚消费脉、广深铁路创新绿脉、深圳河景观带为城市再生的主脉络，以高品质公共空间驱动城市复兴。

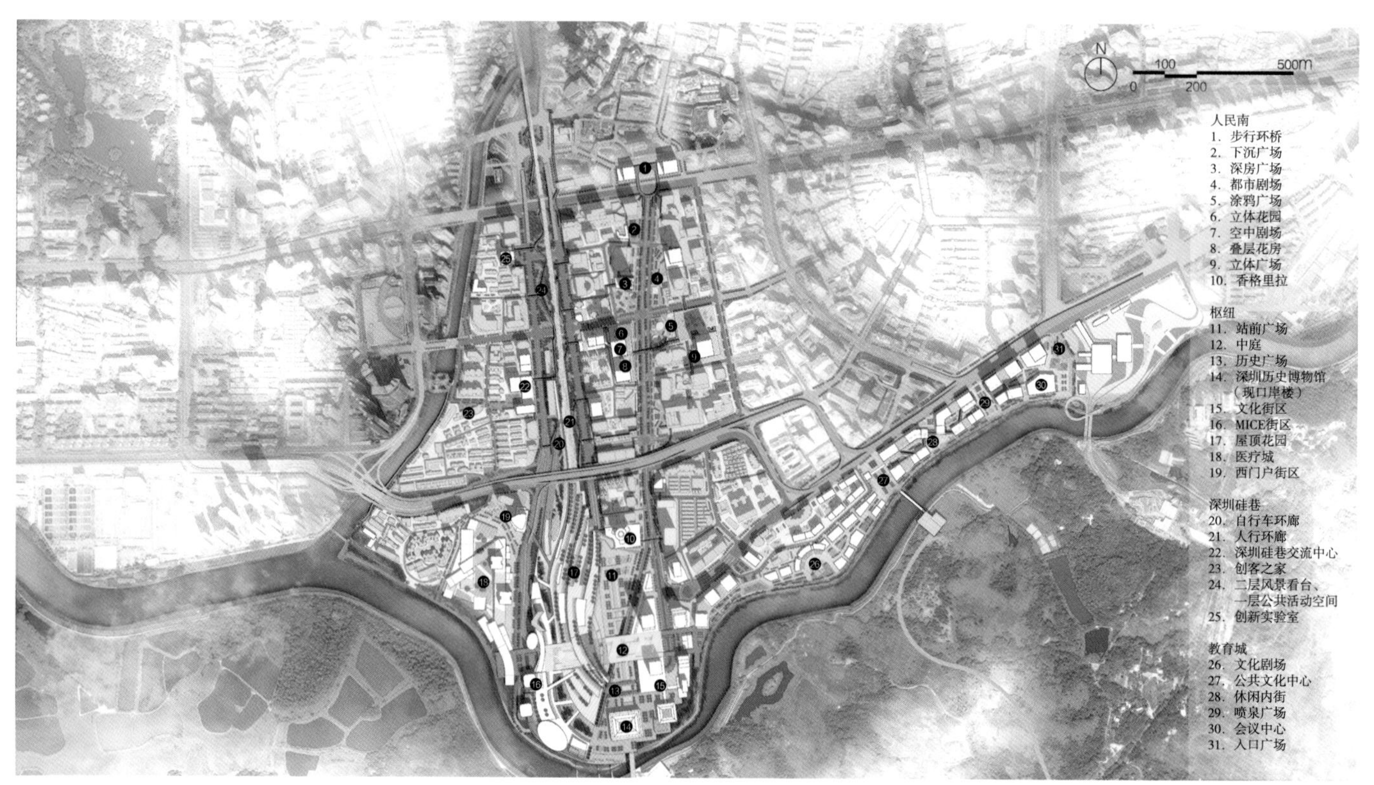

总平面图

鸟瞰图

中庭空间剖面图

创新要点

1. 构建特别政策区，探索深港互动新篇章

规划利用“过境土地”优势，构建三个开放梯度的特别政策区。特别政策区A为医疗城，是制度高度开放的片区，这里执行香港标准、香港法律，是香港医疗服务内地的平台；特别政策区B为教育城，是政策创新试验的片区，采用香港标准和服务，是香港专业、职业教育服务内地的平台；特别政策区C为深圳河自贸区，应用相对成熟的自贸区政策，是依托深圳河沿线口岸的深化开放平台。

2. 重塑罗湖枢纽价值，推动湾区轨道网络重构

以“粤港枢轴”为定位，从三个方面建设连接粤港的复合型门户枢纽：建设粤港城际主枢纽，全面融合对接湾区城际网络；提升深圳站为服务深圳和香港两地的高铁枢纽，依托现有广深铁路，连接厦深、深汕、赣深高铁，南向接入广深港高铁，建设连接粤港的高铁第二通道；引入香港东铁建设一地两检口岸，接入深圳地铁，整合深港双城轨道。

3. 融合交通、生活与景观，营造先锋枢纽站城

未来的罗湖枢纽不仅是便捷高效的交通枢纽，还是融合深港生活、融汇城市与自然的生活与景观枢纽。交通枢纽方面，整合新旧交通设施，以中庭重组枢纽交通流线；生活枢纽方面，将罗湖枢纽重新定义成一处吸引人们中转逗留、游览、休闲以及工作的全天候生活枢纽；景观枢纽方面，设计枢纽“绿谷”公园承接铁路绿脉，连通香港山水，营造出融合自然与都会的城市阳台。

4. 经络再生，以公共空间激活城市复兴

片区改变空间增量主导的城市更新方式，以高品质公共空间激发城市创新，通过“一带双脉”（深圳河景观带、人民南时尚消费脉、广深铁路创新绿脉）作为城市再生的主脉络，带动片区的转型与活力再生。

5. 传承深圳历史，彰显改革开放文化记忆

片区沉淀了百年粤港交往、40年改革开放的历史印迹。设计传承香格里拉至口岸大楼的历史长廊，改造口岸大楼为改革开放博物馆，营造历史与未来对话的空间场所。建设独具深圳特色的改革开放展示之路，活化展示改革开放40年的激荡记忆。

6. 东西腾挪，不停运改造

不停运滚动更新枢纽与城市协同再生的行动策略。一期接入地铁，迁出普速铁路功能，将枢纽集散功能转移至西广场，推动人民南路整治与创新绿脉建设；二期将枢纽集散功能重新腾挪至东广场，进行深圳站改造，建设文锦渡口岸和教育城；三期接入西九龙高铁支线，迁入香港东铁实现一地两检，建设医疗城。

实施效果

规划构思与设计方案得到政府、专家、市民的认可，也指导了后续展开的《深圳火车站与罗湖口岸片区更新统筹规划》与一系列专题研究。在本规划推动下，设计团队后续向罗湖区领导进行了多次汇报，并与相关部门进行了多次沟通协调，以推动片区更新改造。有关枢纽改造与深港合作的战略设想，已纳入省、市两级推进粤港澳大湾区建设行动计划与实施方案、深圳市建设中国特色社会主义先行示范区行动方案等核心政策文件，成为落实国家战略的重点实施行动。

（执笔人：胡诗齐）

海口市临空经济区控制性详细规划

2021年度海南省优秀城市规划设计二等奖 | 2018—2019年度中规院优秀规划设计二等奖

编制起止时间：2018.10—2019.8
承 担 单 位：上海分院、中规院（北京）规划设计有限公司
主 管 总 工：王凯、郑德高　　**分院主管总工：**孙娟、张永波、李海涛
主管主任工：董淑敏　　**项目负责人：**林辰辉、陈阳
主要参加人：高靖博、白金、谢磊、张永波、吴浩、李丹、吴乘月、杜嘉丹、鲍倩倩、高艳、王玉、王良

背景与意义

海口临空经济区是江东新区“一港双心”中的“大空港”引擎，为实现空港枢纽引领下的中国(海南)自由贸易试验区先行示范，有序指导高水平开发建设，特编制《海口临空经济区控制性详细规划》。规划范围为海口美兰机场周边5km的紧邻地区，规划总面积50.5km^2。

规划内容

规划重点探索了基于“人-货-航”维度的临空地区规划技术路线，突出“为航”视角的安全保障，“为人”视角的活力共享及“为货”视角的精细布局。

（1）为航视角上，突出关键系统的“安全保障”,重点强化飞行、场地、交通三大系统的安全保障。飞行安全角度，合理布局航站管理、海关安检、消防急救、航油能源等关键设施。场地安全角度，应对海南典型的暴雨极端天气，通过保留江海通廊、布局多向排涝、设置调蓄空间，防止机场内涝。交通安全角度，保障未来7500 万客运量的集疏运需求，提出“双系统”组织方式。

（2）为人视角上，突出航站走廊的“活力共享”。以航站楼为核心的航站走廊地区是“为人服务”的“黄金价值”空间，规划建设一条活力共享的“航空都市走廊”，围绕航站楼，建设高效便捷的航

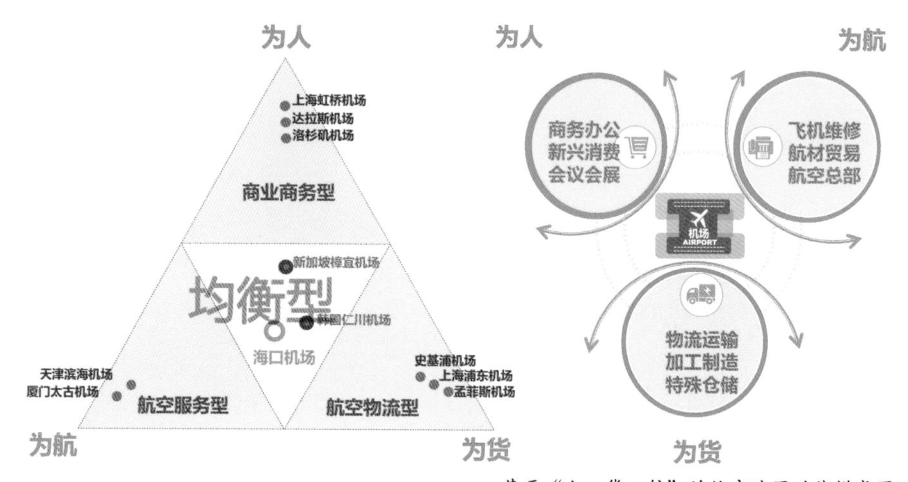

基于“人—货—航”的临空地区功能模式图

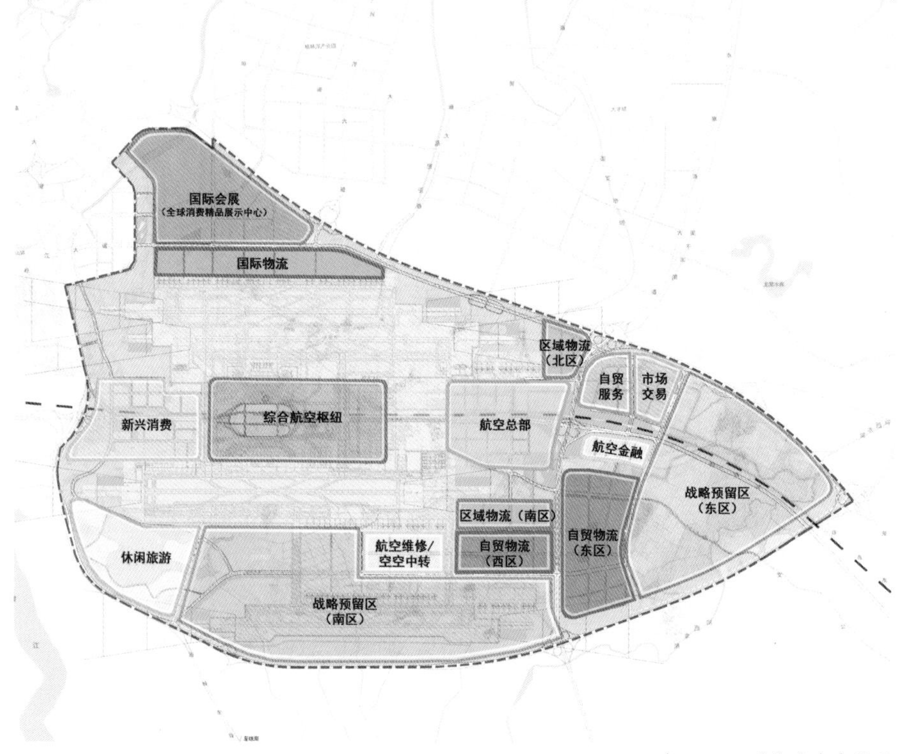

功能业态布局图

空枢纽综合体。在走廊地区，以“人文尺度”“混合业态”“阳光庭院”“立体开发”四大策略引导精细布局。

（3）为货视角上，突出岸线空间的“精明使用”。改变以往机场红线内外割裂的布局模式，规划强调实现“为货功能”与跑道岸线的深度融合。依据不同类型货物的时效需求，合理分配岸线空间资源。进一步划定特殊监管区域，支撑保税物流、保税航材交易等产业发展。按功能与跑道的关联度强弱，划分紧邻与非紧邻功能，组织陆侧空间布局；按监管流程要求，细化海关巡查道路、下穿道路等特殊交通组织。

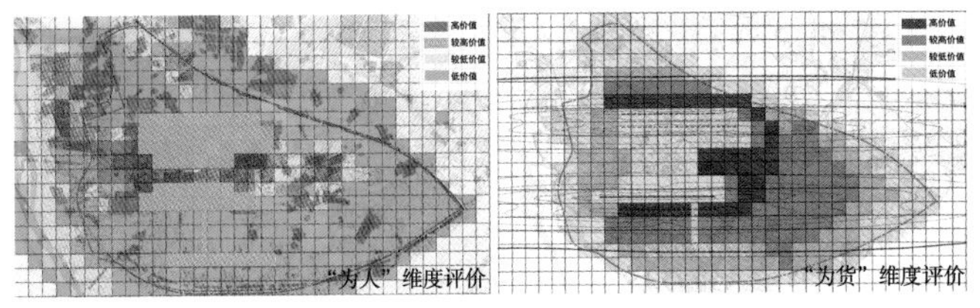

临空经济区功能空间价值评价图

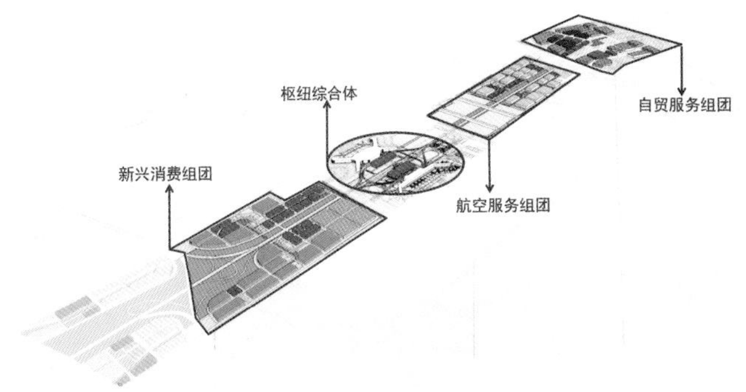

航空都市走廊布局示意图

创新要点

规划避免了以往临空地区内外割裂、价值错配的规划模式，建立了基于“人—货—航”维度的临空地区规划范式。

（1）识别了人、货、航不同功能空间的价值逻辑。以“为航”的空陆安全为基础；“为人”的高价值空间主要围绕航站走廊地区组织；“为货”的高价值空间围绕跑道岸线组织。

（2）建立了以人—货—航为线索的精细规划方法，包括安全系统的精确保障、走廊地区的精心设计、岸线空间的精细布局，力图实现临空区开发的安全高效、活力共享与内外融合。

（3）在规划编制组织上，“为人”视角的城市规划团队、“为货”视角的重点企业团队、“为航”视角的机场设计与运营团队跨专业紧密合作。规划过程得到国家民用航空总局机场司、民航机场建设集团等专家把关，多次研讨临空区布局的关键问题。项目组还与铁四院、北京市政院等6家施工团队多轮磨合，以期实现关键系统的安全保障。

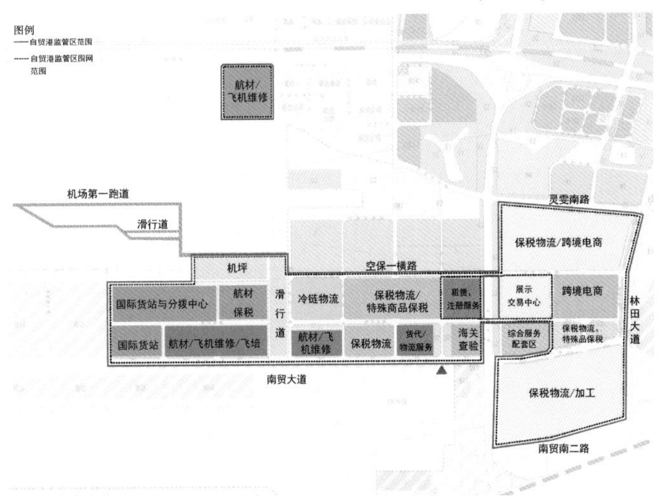

海口临空经济区特殊监管区功能布局示意图

实施效果

“为人”服务的全球消费精品展示交易中心和共享服务中心，“为货”服务的顺丰国际生鲜港、圆通物流基地和菜鸟跨境电商中心，“为航”服务的海航一站式飞机维修和航材保税等重大项目落地开工。“五网”基础设施建设工程有序推进，云美大道南延线、空保一横路、东进场路等机场二期周边路网完工通车，相应的排水、照明和绿化工程同步完成。空港环路地下综合管廊智慧工程已开工建设。控规确定的特殊监管区一期、海口空港综合保税区，已经国务院批准设立，成为海南省自贸港政策的先行承载地。

（执笔人：林辰辉、陈阳、高靖博）

海口临空经济区空间意向图

三亚凤凰国际机场综合交通枢纽整体交通规划

编制起止时间： 2014.12—2017.9
承 担 单 位： 城市交通研究分院
主 管 所 长： 戴继锋　　**主管主任工：** 全波
项目负责人： 李晗　　**主要参加人：** 周乐、陈仲、钮志强

背景与意义

既有凤凰机场规划编制年份较早，在诸如机场客运吞吐量估算、跑道数量、航站楼规模等方面前瞻性不足，导致凤凰机场已经超饱和运转。航站楼空间局促、机场集散通道单一、停车泊位不够等问题严重影响凤凰机场运行效率和品质。

由于先期对机场周边土地等资源的预留不足，现有机场这种运输服务能力的缺口无法采用常规的场站扩张和航站楼改建来缓解，只能依靠提升运输效率，集约化、精细化的改善设计和旅客组织才能保障未来凤凰机场的正常运转。

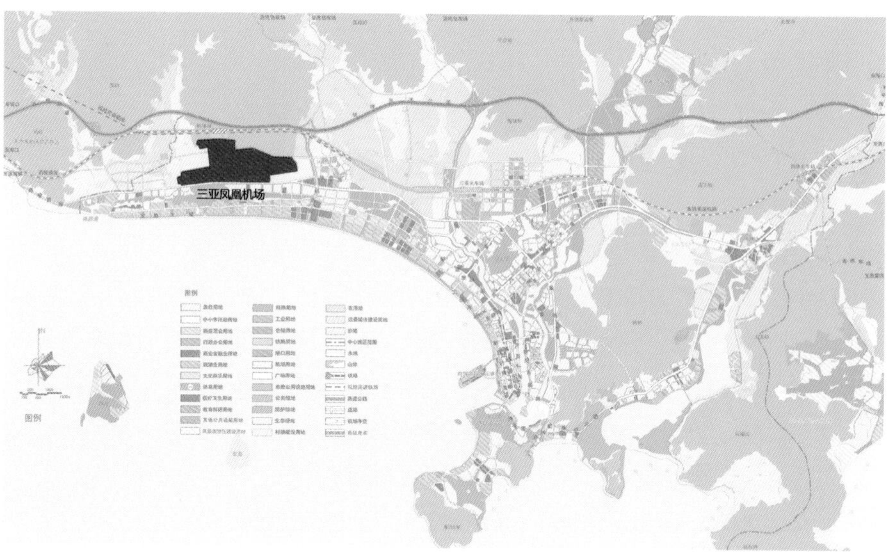

三亚凤凰国际机场区位图

规划内容

（1）根据凤凰机场功能定位及交通发展趋势，结合凤凰机场规划年吞吐量预测，规划年机场陆侧交通设施规模，包括出场通道容量、停车设施规模、航站楼车道边长度等。

（2）地面集散交通系统规划。通过梳理局部道路网，新增东西向过境通道，将城市过境交通与机场集散交通进行交通空间分离。

（3）站前综合体及交通中心交通组织。以“人行其便、车畅其流”的总体思路规划站前综合体及交通中心，坚持“分离、分层、分散”的基本原则。

“分离”，贯彻行人优先理念，实行严格的人车分离，最大程度保障旅客的安全、便捷，打造旅客友好型机场。

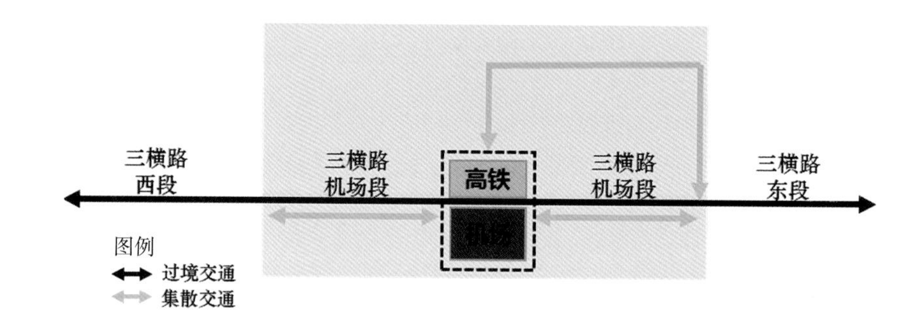

三亚凤凰国际机场现状集散交通系统组织模式图

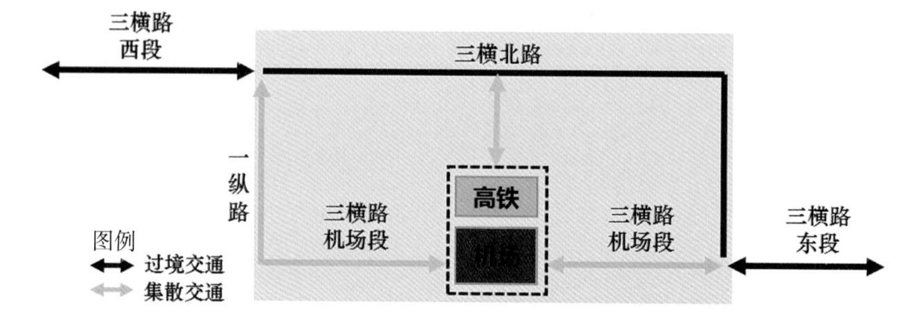

三亚凤凰国际机场规划集散交通系统组织模式图

“分层”，车辆进出、旅客到发上下分开，采用高进低出的组织思路分离不同目的交通流线。

“分散”，航站楼前区交通组织尽可能采取单向交通组织，减少不同流线间的冲突和干扰，提高整体交通运行效率。

（4）对外交通更新设施布局及交通组织方案。以高铁、有轨电车、公交、大巴等集约化运输方式为集散主体，统筹合理安排各类设施规模和布局，构建可靠、绿色、高效、集约的机场枢纽体系。

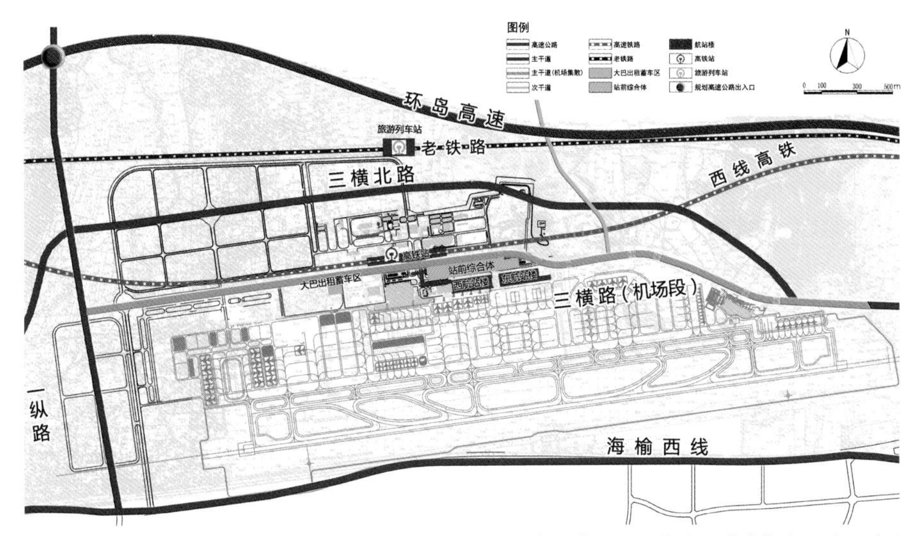

三亚凤凰国际机场交通设施布局及对外集散通道规划图

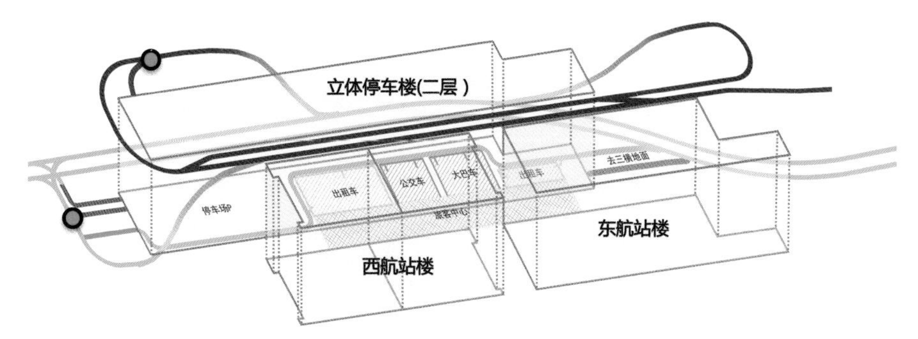

三亚凤凰国际机场航站楼及站前综合体基础方案交通组织

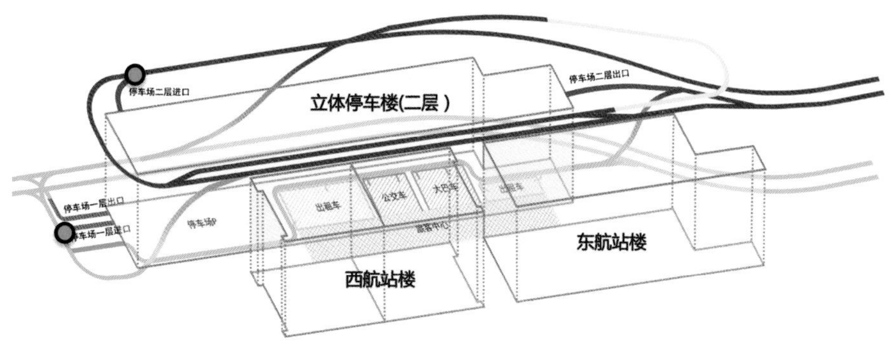

三亚凤凰国际机场航站楼及站前综合体扩容方案交通组织

创新要点

（1）三亚凤凰国际机场由单一的交通运输场站转变为三亚市的门户和窗口，对外展示和推介的平台，中远期成为带动城市发展和更新的触媒和引擎。

（2）三亚凤凰国际机场由现有单一的道路集散方式转变为集高铁、有轨电车、公共交通等多种方式的综合城市交通枢纽。

（3）新建综合交通中心，扩建现有航站楼，立体化解决停车设施不足的问题，配套服务设施进一步完善。

实施效果

（1）三亚凤凰国际机场交通中心的建成，解决了凤凰机场长久以来交通服务设施规模不足的问题，航站楼车道边有效服务长度增加、社会车辆停车场泊位充足、出租车蓄车区及上客区运行高效，大幅提升了凤凰机场对外集散效率。

（2）三亚凤凰国际机场站前综合体作为凤凰机场航站楼的扩展延伸，有效增加了凤凰机场候机空间，改善了旅客候机体验。

（3）三亚凤凰国际机场人车分流的交通组织模式，最大程度保障了旅客的安全、便捷，减少不同流线间的冲突和干扰，提高了整体交通运行效率。

（执笔人：李晗）

长三角一体化发展先行启动区——苏州南站枢纽地区城市设计研究

2021年度全国优秀城市规划设计三等奖｜2021年度江苏省优秀国土空间规划三等奖｜2020—2021年度中规院优秀规划设计二等奖｜2021年度苏州市优秀国土空间规划一等奖

编制起止时间： 2019.3—2020.12
承 担 单 位： 城市更新研究分院
主 管 所 长： 邓东　　**主管主任工：** 缪杨兵
项目负责人： 李晓晖、魏安敏　　**主要参加人：** 冯婷婷、尤智玉、何兆阳、吴理航、仝存平、翟玉章、黄硕、孙璨
合 作 单 位： 苏州规划设计研究院股份有限公司

背景与意义

2018年11月长三角一体化上升为国家战略，苏州南站作为一体化示范区内唯一十字交会的高铁枢纽，成为服务苏州南部、面向国家和区域的关键枢纽节点，被定位为示范区对外交通门户，枢纽定位显著提升，具有重要战略价值。

苏州南站枢纽地区位于江南水乡带核心，是示范区“一厅三片”近期重点项目。为应对枢纽定位的跃升，项目重新审视南站及枢纽地区的定位功能及建设要求，探索水乡生态敏感地区的绿色创新设计，并发挥统筹协调作用。

苏州南站枢纽地区城市设计鸟瞰效果图

规划内容

（1）区域一体，溯源顺势。在区域一体化网络中，识别苏州南站枢纽价值，积聚“创新、生态、文化”三大要素，遵循国内外枢纽地区发展趋势，提出“江南水乡门户·协同创新聚落”的建设愿景。

（2）古圩今用，创新布局。向场地学习，总结江南人居环境五大特征，凝练场地核心“圩田”文化景观单元特色。延续圩田格局，保留溇港水网，梳理林田阡陌，留存乡愁聚落，保护江南水乡特质基因，融合现代新功能需求，尊重、修复、演绎、再生，赋予圩田单元新内涵，构建“一心、三片、四象限，一脊、双核、九圩田”规划结构，示范水乡地区布局模式，实现从“塘浦圩田”到“创新圩镇”的跃迁。

以圩田组织创新功能，结合九个圩田单元的不同尺度和圈层距离，植入生态创新经济和枢纽相关功能，以站为心形成“枢纽、创新、文旅、商旅”四大象限。以圩田承载生活功能，延续传统乡村社会空间层次，以小、中、大圩田单元匹配三级生活圈。以圩田形成建设单元，由内向外，滚动开发。

（3）融合枢纽，示范设计。推动多网融合，统筹轨道、水上、绿色交通线路组织与接入站方案。探索站城融合，建设多式交通与多样功能“集成转换”枢纽服务区，提出站前区开发规模建议，引导站房设计。融合江南风貌，明确枢纽地区建设风貌指引，体现“小镇味”街巷尺度和“江南韵”小镇特色。

创新要点

（1）探索区域一体化背景下的枢纽地区设计新范式。在示范区中发掘区位的五维优势以谋划发展方向和定位，探索人与自然和谐共生的高质量营城模式。将高

铁枢纽及枢纽地区设计融入江南水乡环境和绿色科创小镇。

（2）凝练圩田主题，从江南“圩田”到创新“圩镇”。将原有圩田结构融入南站及周边区域规划、设计与建设开发中，形成文化景观空间的有机更新，保护传承江南圩田生态文化格局，延续“人—水—地”可持续发展关系。

（3）以技术统筹和过程伴随，支撑“规建管”与决策环节，实现城市设计多面作用。发挥“战略研判”作用支撑国土空间布局优化；发挥“统筹平台”作用协调属地政府与铁路部门技术对接，支撑重大决策；发挥“技术指导”作用指导下位设计编制和项目实施。

实施效果

协调统筹铁路站房、铁路联络线、枢纽集疏运系统多团队形成共识，支撑站房和站台扩大规模；引导站前区设计，落实圩田理念；指导南站站房方案扩容、增加水运功能等修改；指导水乡城际、轨交10号线等接入南站方案。目前沪苏湖高铁江苏段已全面开工建设，通苏嘉甬高铁南站建设施工有序推进，有效指引了苏州南站枢纽地区的建设施工。

（执笔人：李晓晖、吴理航）

苏州南站枢纽地区城市设计总平面图

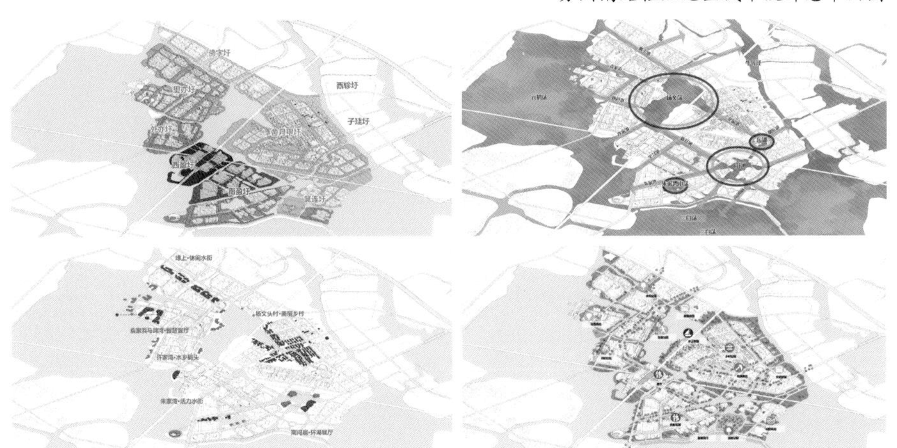
识别场地核心“圩田”文化景观单元特色，延续圩田格局

统筹示范区轨道线网，提出多线交叉接入站点布局方案

25
科创空间

北京市中关村科学城规划（2017—2035年）

2018—2019年度中规院优秀规划设计三等奖

编制起止时间：2017.6—2019.1
承 担 单 位：城乡治理研究所、城市设计研究分院
主 管 所 长：许宏宇　　**主管主任工**：李秋实
项目负责人：杜宝东、许尊　　**主要参加人**：张欣、周婧楠、张嘉莉、方思宇、周洋、王颖楠
合 作 单 位：北京市城市规划设计研究院、北京清华同衡规划设计研究院有限公司

背景与意义

中关村科学城是落实北京非首都功能疏解要求，践行创新空间从“强势建设”向“存量优化”转变的先行示范区。下一步，中关村科学城将在人口规模减量、建设用地与建筑规模减量、开发边界管控的要求下实现国家战略赋予的使命。

《中关村科学城规划（2017—2035年）》（本项目中简称《规划》）是在北京中心城区“人口疏解”与“双控”背景下，在创新目标与空间政策要求下，在科学城自身空间资源少、分布散、权属复杂等多重特殊发展前提条件下的实施路径与动态服务式的规划。《规划》坚持“科学”与“城”的互动促进，系统研究功能提升与空间优化，积极探索创新空间发展模式，以协调多层次多类型需求。

中关村科学城总体空间结构图

渐进式、协商式、动态化规划编制制度

规划内容

1. 统筹“内”与“外”的关系

联动区域创新共同体与创新功能区。联动区域高端创新中心，推动中关村科学城逐步由“产业输出”向“集群培育”继而向“综合运营”升级。加强与北京市内创新功能区的联动合作，由“竞争”走向“竞合”。

2. 统筹“科学”与“城”的关系

构建创新、生态与城市互动交融的新格局。以中关村大街、北清路为创新功能骨架，加强西山历史文化与创新功能交融互动，重塑绿色生态与人文发展骨架，明确多级多点的存量更新与产城融合的指引方向。

3. 统筹“用”与“留”的关系

探索“城内”“城外”联动。在科学城交界地区建立四大统筹联动发展区，推进跨地区的高端要素联动、院校协作、创新服务与信息智能的融合。

统筹“院内”“院外”。发挥地区知识外溢与低成本优势，探索高校院所与周边地区共建机制，将院内产权制度与院外市场规律相结合，发挥政府作用，通过非正式更新与制度设计，解决资源不平衡与发展困境等问题，将院墙的阻隔作用转变成为功能与政策优势。

统筹高端化与低成本。有重点地聚焦国际化与高端化功能，控制低成本空间利用，探索依托高校科研院所集体、老旧社区、工业厂房用地等存量空间，打造高端国际化服务中枢与服务平台和国际化创新创业基地的路径。

创新要点

（1）突出“动态管理”向“实施动员”转变。加强重点地区规划衔接与传导，针对10个节点、3个组团提出指引细则，与市、区规划部门对接，试点突破空间政策。

（2）重点突破，实行重点项目追踪服务。针对瓶颈节点，将推进南北联动的轨道交通列入海淀区近期建设计划，推动中国科学院核心区疏解腾退、中关村大街主轴的沿线界面改造与存量更新、13号线沿线改造京张铁路带状遗址公园等项目实施，随着项目实施，同步开展规划咨询服务。

（3）从“为人做规划”到“与人做规划”。中关村科学城大部分属于建成区，面临着多主体的复杂性，规划更多采用渐进式、协商式、动态化的方式予以落实。通过制度与政策、技术路径、主体需求之间的协调关系，使规划编制转变为“实施过程”，规划结果转变为“实施共识”，使规划最终回归使用者。

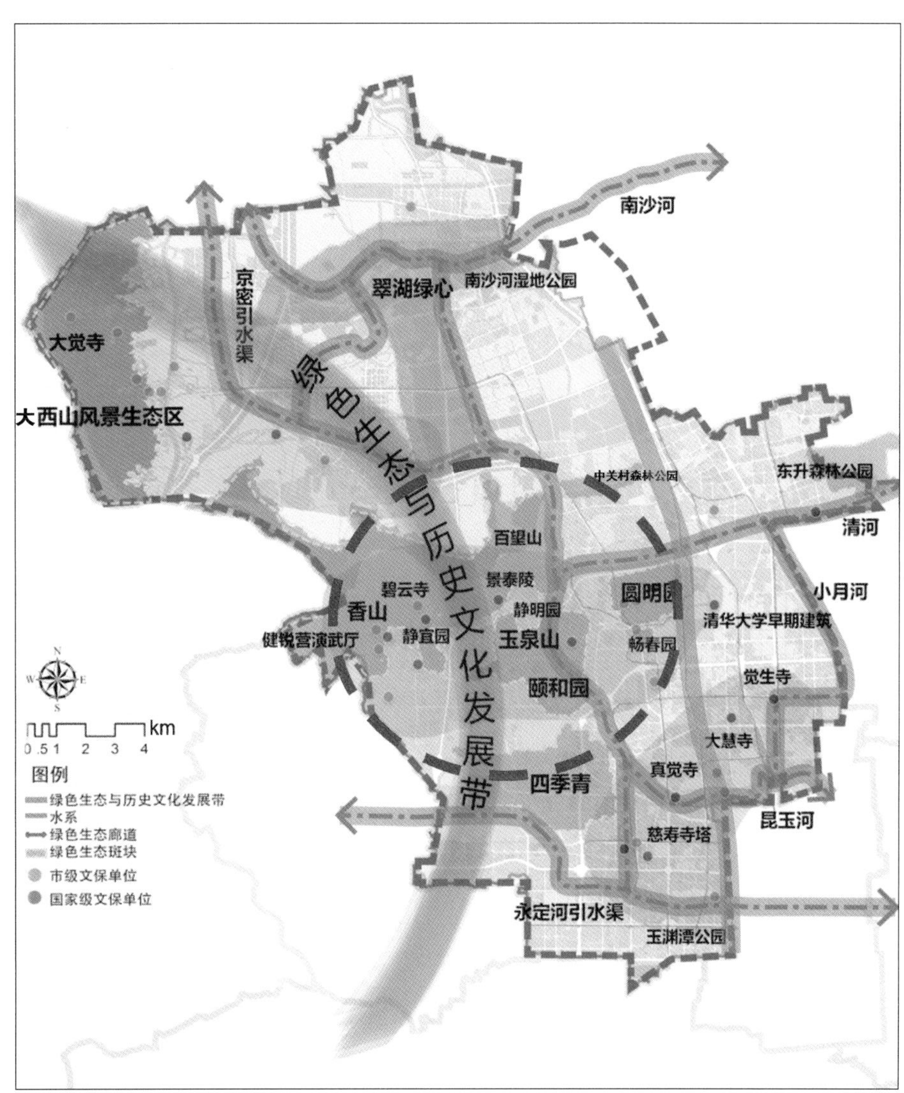

中关村科学城魅力空间体系规划图

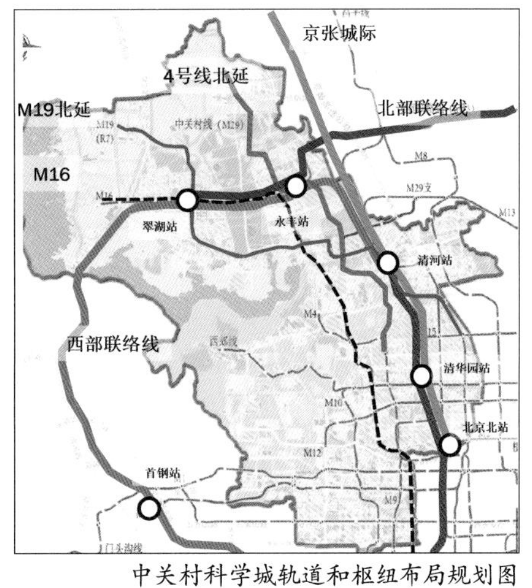

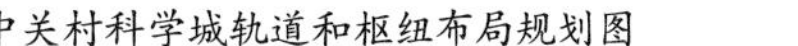

中关村科学城轨道和枢纽布局规划图

中关村大街改造功能提升规划图

实施效果

（1）《规划》作为桥梁，推动中关村科学城创新、产业发展更好地与空间谋划协同起来。其中，《规划》中的重大战略和重点的地区规划指引细则已纳入《海淀分区规划（国土空间规划）（2017年—2035年）》中，为更好地推进城市建设提供支撑。

（2）《规划》推动责任规划师制度继续深化创新。在既有的协作规划、责任规划制度的基础上，探索试点街镇责任规划师“1+1+N”制度，使规划充分融入城市建设决策过程，下沉到基层单元，最终回归使用者。

（执笔人：许尊、张欣）

深圳市光明科学城空间规划纲要

2021年度全国优秀城市规划设计三等奖｜2021年度广东省优秀城乡规划设计一等奖｜
2020—2021年度中规院优秀规划设计一等奖｜深圳市第19届优秀城市规划设计一等奖

编制起止时间： 2018.7—2020.5
承 担 单 位： 深圳分院
分院主管总工： 方煜、朱荣远、范钟铭　　**主管主任工：** 田长远
项 目 负 责 人： 夏青、孙婷　　**主要参加人：** 王宁、叶芳芳、李澜鑫、罗仁泽、胡旸健、邱凌偈

背景与意义

当前，新一轮科技革命和产业变革蓬勃兴起，全球科技竞争不断向基础研究前移。与世界科技强国相比，我国基础科学研究短板依然突出，原始创新能力亟待提升。为进一步加强基础科学研究，我国先后成立了北京怀柔、上海张江、安徽合肥三个综合性国家科学中心，并提出推动粤港澳大湾区打造国际科技创新中心。

作为粤港澳科技创新合作的前沿阵地之一，深圳希望发挥国家创新型城市的引领作用、产业基础与应用创新优势，结合香港科教与基础科研优势，推进深圳光明科学城、深港科技创新合作区、西丽湖国际科教城共建综合性国家科学中心。通过世界级大科学装置集群建设，提升湾区源头创新能力和科技成果转化能力，支撑粤港澳大湾区国际科技创新中心建设。

规划内容

应对“深圳为什么要建科学城、科学城的建设规律和标准、如何建设光明科学城”三大核心挑战，以“科学为纲、以人为本、生态为底”为核心思路，明确光明科学城的目标定位、空间结构、蓝绿体系、公共服务、交通网络、城市风貌等空间框架。以大科学装置为核心，构建科学装置集聚区、科学城和综合性国家科学中心三个层次空间布局；基于科学家等特殊人群需求，提供支持科学发展的国际化和特色化的公共服务；坚持“绿色风、国际范、科技韵”，以山水环境为感知基调、公共空间为感知场所、建筑风貌为感知焦点，形成“北林、中城、南谷”的差异化城市风貌；依托自然生态本底，构建“湖光山色入城、蓝绿活力交织”的蓝绿格局；重点推进智慧基础设施、虚拟数字城市和城市治理平台建设，最终把光明科学城建设成为开放创新之城、人文宜居之城、绿色智慧之城。

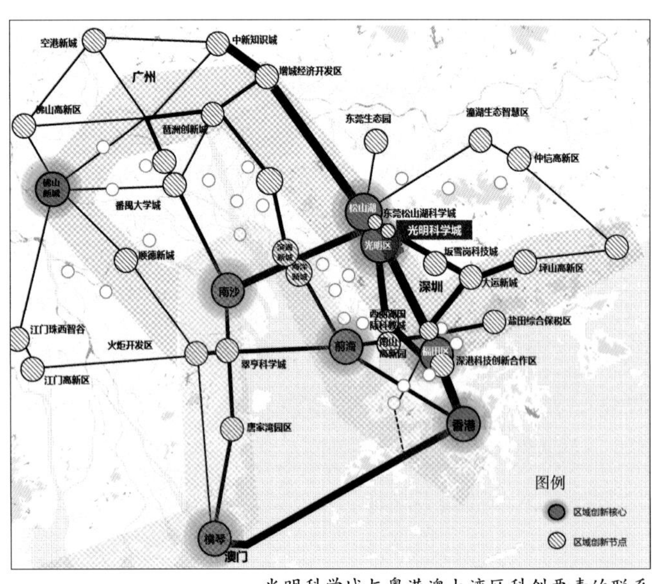

光明科学城与粤港澳大湾区科创要素的联系

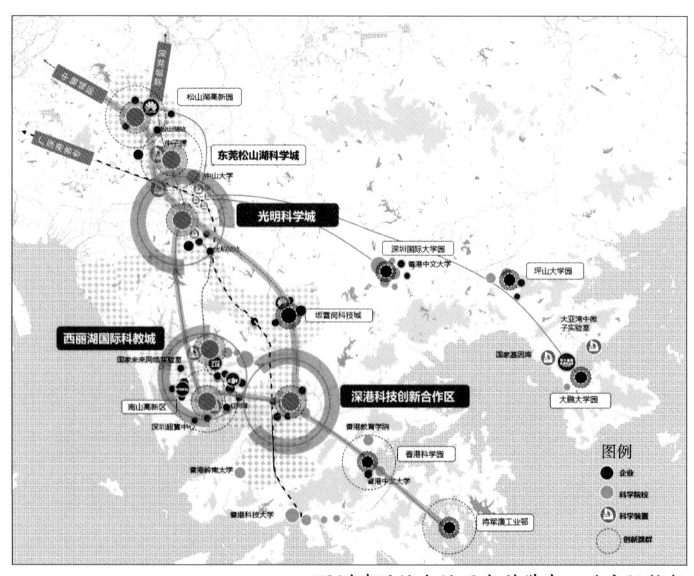

深圳建设综合性国家科学中心的空间构想

创新要点

（1）新一代科学城空间模式创新。在“装置用地—装置单元—装置集群”三个层级分别预留弹性空间，并设置科学功能留白用地，充分为未知和衍生的装置及科研机构提供空间保障。依托各级公园、各类绿道和各种IEAD空间，营造全域交往体系，以城野相融的科研环境吸引科学人才。结合科学家工作时间长、交流频率高等特点，量身定制公共服务，营造科学家园。

（2）新一代科学城科创体系构建。“研学产”融通，建立“基础科研—应用研究—中试孵化—生产制造”全过程创新链，针对大科学装置运行费用高且研究成果具有不确定性的特征，形成四种产业化模式，推动大科学装置“沿途下蛋”。注重大科学装置的开放共享和区域共建，面向全球共享科技基础设施，促进深港莞等地共同推进大科学装置建设，共建湾区国际科技创新中心。

（3）新一代科学城运行管理模式。加强城际铁路、城市轨道和干线道路网建设，实现科学城与机场、口岸、区域重大科创发展平台的便捷联系。重点推进信息基础设施、国际网络节点、数字虚拟城市以及智能化城市治理平台建设，为科学城治理精细化赋能助力。从科学和城市两大方面构建指标体系，实现科学城开发建设的可量化、可考核、可评估，凸显科学的集中度、显示度，城市的高质量、高颜值。

实施效果

（1）使光明科学城上升为国家战略。2020年7月，国家发展改革委、科技部批复光明科学城为大湾区综合性国家科学中心先行启动区，本规划纲要对光明科学城的定位得到了国家认可。

（2）高起点搭建光明科学城规划“四梁八柱”。依托本规划纲要推动光明科学城构建“3+16+N”政策研究体系和“2+9+N”空间规划体系，并科学指引《光明科学城开发建设计划（2021—2025年）》的制定，分时分区分类统筹全域开发建设项目，全面保障科学城有序建设。

（3）加速集聚具有全国影响力的科创设施和科研人才。本规划纲要提出布局重大科技基础设施、前沿交叉研究平台、科研机构、大学等创新链条。目前光明科学城已规划建设“9+11+2+2”共24个科技创新载体，高层次人才、博士人才、留学回国人员总量已实现“三个倍增”。

（执笔人：夏青）

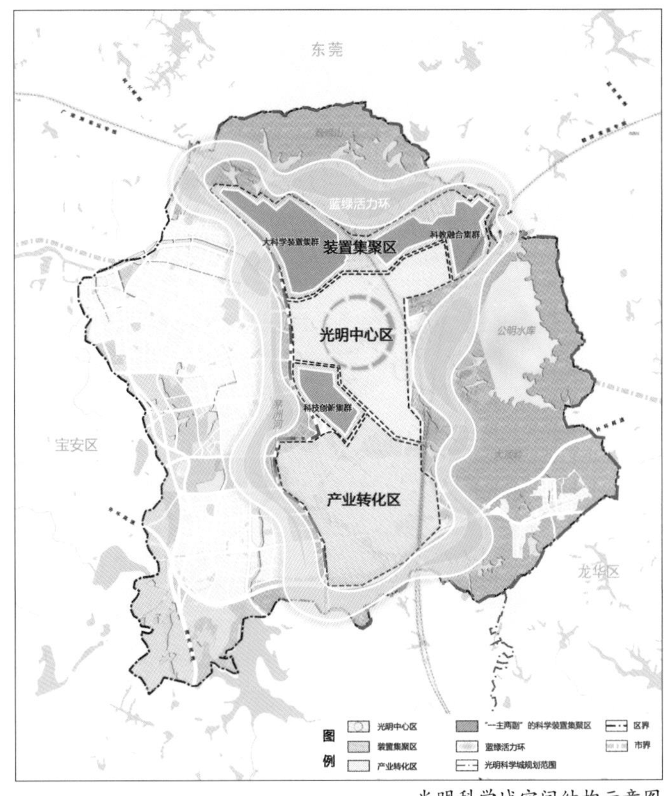

光明科学城空间结构示意图

光明科学城脑解析与脑模拟、合成生物研究重大科技基础设施

光明科学城深圳理工大学

深圳市南方科技大学校园建设工程（二期）规划设计及室外工程

服务起止时间： 2015.6—2024.6
承 担 单 位 ： 深圳分院
分院主管总工： 朱荣远、张若冰　　**主 管 所 长：** 周俊、钟远岳
项目负责人： 俞云、曹方、劳炳丽　　**主要参加人：** 陈郊、卓伟德、曹烯博、陈智鑫、黄纪萍、苏阅
合 作 单 位 ： 香港华艺设计顾问（深圳）有限公司

背景与意义

南方科技大学（本项目中简称南科大）2011年建校，是深圳大沙河创新走廊的重要节点。作为“创新之都”的深圳本土设立的学校、中国高等教育改革背景下创建的综合改革试验校，南科大采用的教学模式与提供的人才培养路径，都意在为大学生创造一个多元创新的成长土壤，而校园环境正是这个全新土壤的承载空间。

校园地处塘朗山下，大沙河畔，“九山一水”，优美僻静。校园一期投入使用后，存在交往空间设计针对性不强，与师生行为规律不符合；公共空间系统未按原中标方案完全实施，校园整体识别度低、公共生活平淡以及校园雨洪系统设计和实施不完善等不足。为满足未来学科建设及日益增长的师生需求，2015年，校园二期开始谋划建设。

校园二期共涉及约2km^{2}校园管理范围与近50万m^{2}校园新建筑，共分四个阶段开展，包括城市设计、详细蓝图编制、建筑设计、工程实施阶段。

项目以“国际智慧门户、生态人文校园”作为目标，探索了创新型大学校园的适应性空间设计：从大学办学理念、师生特点、校园特征出发，提出了南科大作为创新型大学的四个关键特征——包括学科建设的协同创新、校园文化的“可能性”、环境理念上的岭南风格以及环境技术上的可持续，并通过弹性校园、学科社区和岭南X园三个设计概念与“两轴、三廊、一环”结构（即学术天街廊、自然山水廊、大沙河景观廊以及溪流花园环）回应特征塑造，确保贯穿设计及实施全过程。

城市设计总平面图

规划内容

中规院与华艺联合体，以“规划师+建筑师+工程师”三师合一的类总师角色，通过建立多专业融合的统一技术平台，为甲方提供了重要的辅助决策环境，历经9年，完成了从概念规划到工程实施的全过程实践。

作为总图设计方、方案及施工图阶段的统筹方，类总师采取了“1张动态总图+多个系统要素导则+动态设计伴随”的方式不断探索适应性的导控方式并动态强化校园特色：通过总图动态设计，指导并协调统筹了6个标段的海绵城市建设、竖向及排水系统、道路交通系统、消防系统、供水及水资源综合利用系统、强弱电系统等系统的设计，在过程中既确保了校园特色要素的建设实现，也建立了校园二期各系统与校园一期系统、各建筑单体的衔接；通过将城市设计中的校园特色转化为特色要素系统，编制相应系统导则文件（如建筑设计导则、海绵城市建设导则、户外标识系统导则等），由各标段设计方明确落实。在项目推进过程中，类总师追加了全天候系统，精细化了慢行系统，优化了岭南X园体系，不断在认识深化的基础上强化校园特色。

2016年校园二期工程建设拉开序幕，类总师以现场设计、现场协调为主要形式，历经几百次会议的沟通协调、意见征询回复与设计变更，持续推进工程建设。

校园建成整体航拍

校园中北部航拍

实施效果

2022年，人文社科学院、南科大中心、办公楼、工学院、公共教学楼、理学院、商学院相继完工，整体室外工程完整建设，目前二期校园已全部建成投入使用，二期校园规划亮点从设计蓝图——变为现实。

（1）实现了“两轴一廊一环”的校园总体空间结构。二期结合校园设计概念优化一期的布局，以大学原有书院制为基础，将南科大的教学、科研、生活功能整体形成“两轴、三廊、一环”结构。其中，重点建设了校园学术主轴和人文景观轴：学术主轴串联起大沙河、大草坪、古榕树和校园多个建筑地标，形成校园学术性景观主轴；人文景观轴则重点强调对院、园和自然山体要素的整合，形成具有浓厚岭南特色的景观主题廊道。

（2）实现了弹性校园、学科社区、岭南X园三个主要设计概念。以每个微单元作为蓄排一体的生态子系统，形成了弹性的生态发展模式；以步行尺度为模数，组织形成了教学聚落，实现了适应创新的学科社区化单元；以院落系统为共同语言，以宅园一体的岭南园林为共同线索，塑造了适应本土的新岭南特色场所。

（执笔人：曹方）

武汉市经济技术开发区系列项目

2023年度湖北省优秀城乡规划设计二等奖（项目二）| 2023年度湖北省优秀城乡规划设计三等奖（项目一）| 2023年度中规院优秀规划设计三等奖（项目三）

编制起止时间： 2020.10至今

项目一名称： 武汉经济技术开发区产城融合发展规划
承 担 单 位： 城市设计研究分院、城市交通研究分院、深圳分院
主 管 所 长： 陈振羽　**主管主任工：** 岳欢　**项目负责人：** 何凌华
主要参加人： 范凯阳、王力、纪叶、靳子琦、郑琦、冉江宇、康浩、王川涛、杨凌艺、唐睿琦、黄思瞳、钟楚雄、耿洋、王森

项目二名称： 军山新城城市设计
承 担 单 位： 城市设计研究分院
主 管 总 工： 郑德高　**主 管 所 长：** 陈振羽　**主管主任工：** 岳欢
项目负责人： 何凌华、范凯阳　**主要参加人：** 王煌、耿洋、叶珩羽

项目三名称： 武汉经开区港口新城综合规划编制
承 担 单 位： 城市设计研究分院
主 管 所 长： 陈振羽　**主管主任工：** 岳欢　**项目负责人：** 何凌华、王力　**主要参加人：** 范凯阳、耿洋

项目四名称： 汉南片区产城融合规划设计
承 担 单 位： 城市设计研究分院
主 管 总 工： 郑德高　**主 管 所 长：** 陈振羽　**主管主任工：** 岳欢
项目负责人： 何凌华、纪叶　**主要参加人：** 郝丽珍、范凯阳、郗凯玥
合 作 单 位： 中交第二航务工程勘察设计院有限公司、中冶南方工程技术有限公司

背景与意义

当前中国经济技术开发区的发展已进入转型升级关键时刻。随着产业转型任务艰巨、产城矛盾突出、公共交通不足、人才集聚效应不强等问题的加剧，武汉经开区从工业园区向综合性的产业城区的转变已迫在眉睫。本次系列规划以产城融合发展规划为起始，加强国土空间规划的前提研究，并向下传导落实，接续编制《军山新城城市设计》《武汉经开区港口新城综合规划编制》《汉南片区产城融合规划设计》，稳步推进武汉经开区从“八大园区”的生产性职能向“三城一镇”的综合服务职能转变。

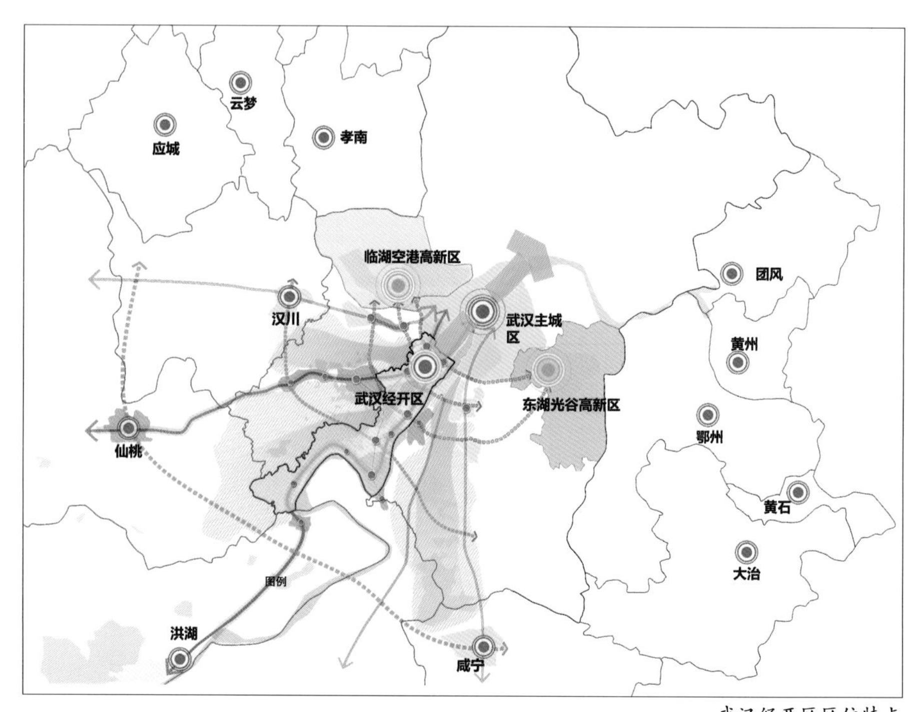

武汉经开区区位特点

规划内容

战略性调整空间结构，改变经开区

“两轴两核”的既有格局，建立“一核三带”的全新结构，以生产串城镇，聚焦创新及服务场景的塑造和营建。

创新要点

（1）“场景设计”的方法创新。改变传统战略规划、概念规划偏向宏观概念的技术路线，用设计作战略，让战略思路落实到城市场景中去，直接支持共识建立、招商推介、园区宣传、项目落实等相关工作。

（2）“强城策略”的逻辑转变。改变产业园区惯有逻辑，从“引产业”向“营城市”上转变，大力提高城市服务设施供给水平，高水平设计策划保障优质城市空间的建设和运营。

（3）“多维对接”的全程跟踪。改变传统战略大而虚的问题，通过专题研究、城市设计、更新规划、时序建设、项目清单等内容，全面对接操作实施，实现战略概念的落实传导。

（4）“宣传引导”的舆论支持。配合对接多元团队，通过宣传宣讲、园区对接、公众参与、招商推介等方式形成舆论支持，让一纸规划全面走向社会共识，并促进相关项目的空间落实。

实施效果

武汉经开区产城融合系列规划，通过规划、设计、更新、专题研究，实现了边规划、边设计、边实施。第一，实现了对国土空间规划的战略传导，包括空间结构、重点地区等内容。第二，实现了“三城一镇”的优化调整，促进经开区部门架构及园区划分的调整和重构，管委会搬迁至军山新城，力推新中心。第三，实现了具体项目的实施引导。华科、武大、理工大三院纷纷落位，商学院马影河校区进一步壮大职业人才的培养；进一步补齐基础设施短板，多个重大公共服务设施项目开始方案征集，八所小学、幼儿园投入使用。第四，实现了社会共识的充分建立，通过经开区公众号、宣传片、展厅、手册等不断走入社会，实现经开区共识的全社会建立。

（执笔人：何凌华）

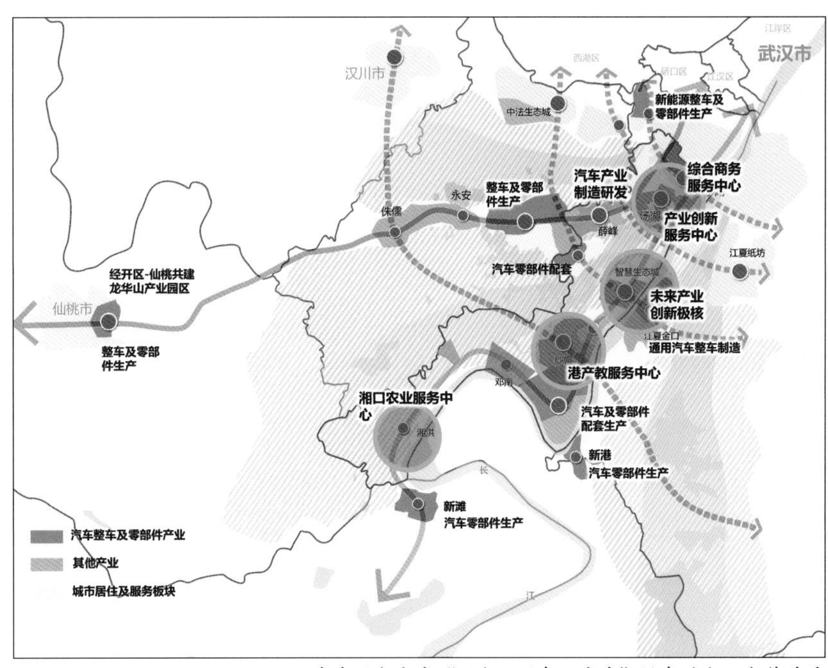

产城融合突出“研发—服务—生产”链条的分工合作关系

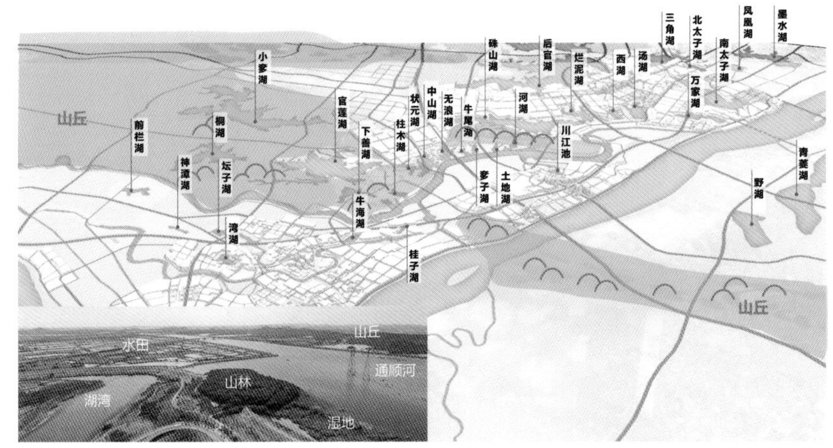

武汉经开区山水要素分析

纱帽新城老旧产业街区转型升级

合肥市未来大科学城专项规划和城市设计

2023年度安徽省推荐优秀城市规划设计一等奖

编制起止时间： 2020.11—2021.6
承 担 单 位： 深圳分院
分院主管总工： 朱荣远
项目负责人： 卓伟德、刘宝龙 **主要参加人：** 李长春、逄浩廷、陈琦、曹烯博、蔡海根、张献发
合 作 单 位： 合肥市规划设计研究院

背景与意义

2021年，合肥正式成为综合性国家科学中心，其拥有同步辐射、全超导托卡马克、稳态强磁场等大科学装置，是全国除北京之外大科学装置最密集的地区。近年来，全国范围内科学城多点开花，一流科学城建设正成为新一轮城市发展的重要赛道。合肥以创新为引领，通过科学城建设与创新产业联动发展，合肥未来大科学城应运而生，迸发出蓬勃的生机与潜力。

规划内容

本次专项规划和城市设计实践积极探索了具有科学城特色导向的规划设计相应策略。

1. 专项规划

落实战略定位、明确发展目标，形成“一心一脉，绿野多园”的整体规划结构，明确“科研胜地+田园耕地+旅游胜地”的总体规划定位。在国土空间规划的指导下，明确发展规模，构建生态安全格局和整体空间格局，从交通规划、设施配套、产业发展多角度谋划未来大科学城。

2. 城市设计

结合片区优越的生态本底形成科学绿脉，激发风景中的原始创新能力。形成单元特色组团，强调功能互补、科城融合

总体鸟瞰效果图

的单元模式 。对标世界一流标准大科学装置区的建设标准，突出国际化的设施配套和风貌形象，塑造低开发强度、高品质的整体空间形态。从生态景观、建筑风貌、空间形态、活动策划等角度进行系统设计，形成独具魅力的合肥未来大科学城。

创新要点

1．科学引领——基于科学装置属性和规律的空间布局

基于科学装置的特殊属性，规划提出了“科研—技术—生产簇群”空间布局模式，相应搭建三类科学社群：①大科学装置区，功能独立，环境优美，场所私密，推进高效集群化的基础科学研究；②科学小镇，功能混合，配套完善，为科学交往与服务提供富有活力的空间场所；③成果转化区，空间高效，场所共享，促进研究院、企业、科研机构等就地转化。以科学走廊串联各个组团，形成点、线结合的科普服务展示空间。

2．生态营城——基于自然本底的自然互联和品质营城

科学城应该营造有别于一般城市地区的整体意象与空间秩序，为科学家创造一片舒适宜人的园区场景。设计结合生态环境本底，构筑蓝绿生态骨架，预控长8km、宽400m的生态农业廊道，形成农业景观、林野生境与巨大而富有科幻感的大装置对话的独特景观，体现了科学理性与自然浪漫之间的平衡。

3．安全筑基——基于装置功能需求的城市基础设施建设

根据不同科学装置的工艺要求，对空间区位、物理环境、交通条件以及相邻设施等诸多领域均有不同的要求。在规划布局中遵循科学原则，在满足其科学工艺与安全性要求的前提下，进行科学城的功能空间布局。

4．科城服务——基于科研多元需求的国际化城市服务供给

项目研判片区人口构成，梳理国际化人群需求，配套高品质服务设施，组织国际化科学交往场所，为科学家提供随时随地、交流讨论、独处思考的特色交流场所。打造灵感环廊，构建各组团之间联系的纽带。凸显科学与文化交融的特色，将地域文化融入小尺度建筑的设计上，以科学元素、著名科学家等设计或命名空间，凸显科学文化属性。

实施效果

1．项目效益

城市设计成果提出的核心策略、总体定位和发展框架作为重要内容，被纳入《安徽省国民经济和社会发展第十四个五年规划和2035年远景目标纲要》。城市设计的用地布局、功能分区、空间设计等内容，也被纳入《合肥市国土空间规划（2021—2035年）》和《长丰县岗集镇国土空间总体规划（2021—2035年）》，并指导地块详细规划编制，保障大科学装置项目实施。

2．实施情况

随着大装置的落位，合肥已成为全球核聚变领域大科学装置最为集中的城市，目前片区已入驻八个大科学装置设施，成为建设综合性国家科学中心的核心载体和创新保障。合肥未来大科学城也受到了社会各界的广泛关注，成为全国科学活动的重要承载地。

（执笔人：刘宝龙）

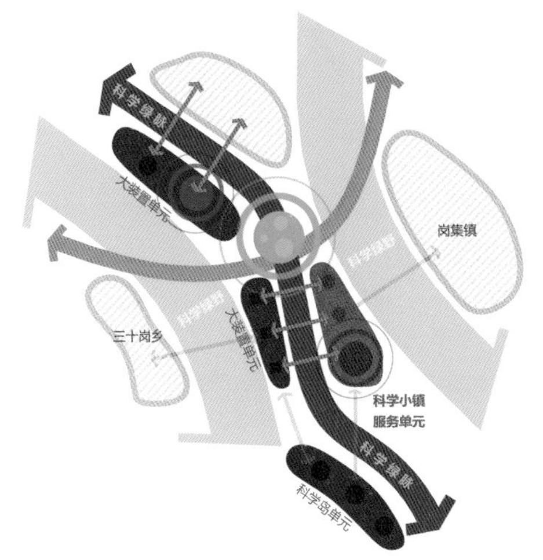

研究范围规划结构图

科学小镇人视角效果图

科学小镇鸟瞰效果图

科学绿脉鸟瞰效果图

苏州市太湖科学城系列规划项目

2023年度苏州市优秀国土空间规划奖二等奖（项目一）| 2022—2023年度中规院优秀规划设计二等奖（项目一）

项目一名称： 太湖科学城战略规划与概念性城市设计国际方案征集整合规划
编制起止时间： 2020.6—2021.12
承 担 单 位： 城市更新研究分院、城镇水务与工程研究分院
主 管 所 长： 范嗣斌　　**主管主任工：** 缪杨兵
项目负责人： 邓东、李晓晖、吴理航
主要参加人： 尤智玉、仝存平、郭陈斐、魏安敏、孙璨、王路达、刘春芳、刘彦鹏、程小文、吴爽、芮文武

项目二名称： 太湖科学城产业和科技发展战略规划
编制起止时间： 2021.8至今
承 担 单 位： 城市更新研究分院
主 管 所 长： 范嗣斌　　**主管主任工：** 缪杨兵
项目负责人： 李晓晖、吴理航、尤智玉　　**主要参加人：** 仝存平、郭陈斐
合 作 单 位： 中国科学院科技战略咨询研究院

背景与意义

太湖科学城的国际方案征集整合规划、产业和科技发展战略规划对国家“十四五”规划中布局建设综合性国家科学中心和区域科技创新中心的号召的响应，依托城市更新研究分院在苏州20年陪伴式服务的基础，结合苏州城市发展需要，在长三角、环太湖地区先行先试，探索在基础发展较好的地方建设科学城。

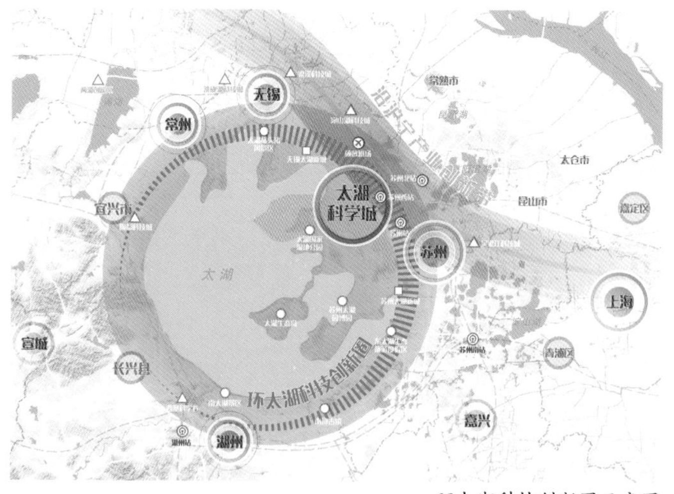

环太湖科技创新圈示意图

规划内容

明确新价值，构建“链+圈”型的功能体系，打造具有影响力的原始创新高地，培育一体化产业创新集群，孵化国际一流创新生态，夯实区域创新核心枢纽。

构建新形态，形成“一轴一带、一核一心、多区联动、三环相映”的空间结构布局。营造具有苏式韵味与生态人文特色的山水园林型科学城。

打造新场景，塑造“科学新高地、未来新出行、低碳新山水、苏式新生活、水乡新意境”科学城核心区五大空间场景。

创新要点

（1）结合科创发展规律，创新性提出了“链+圈”型科学城功能构成体系。为科学城的建设提供理论支撑。

（2）尊重场地基因，赓续人文脉络，探索生态水乡地区科学城营建空间范式。

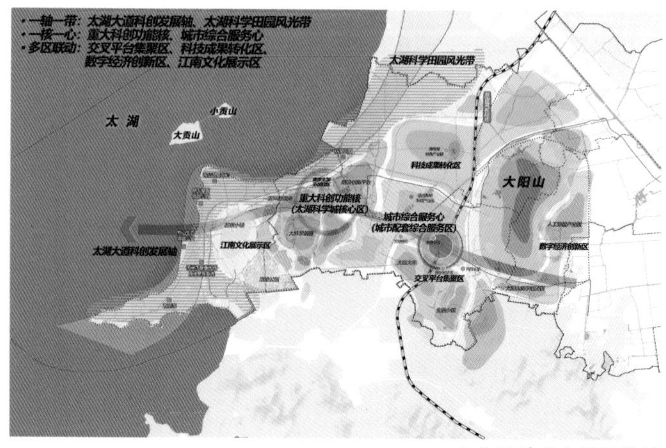

太湖科学城空间结构图

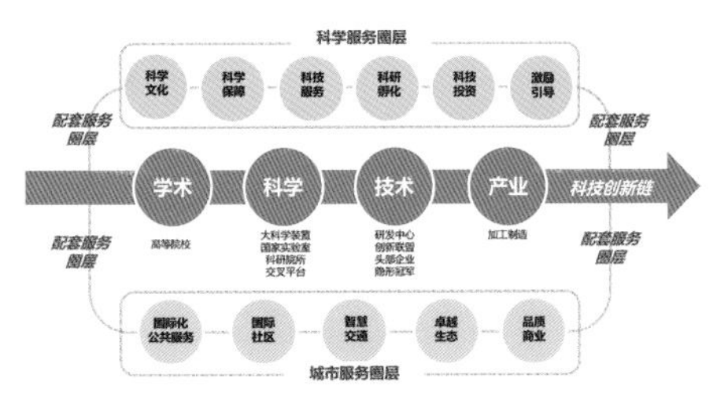

科创“链+圈”功能体系示意图

（3）综合采用建筑、交通、废弃物及能源替代减排措施，率先探索了碳中和模型在规划设计中的创新技术运用。

（4）联动政府部门和其他院所，探索跨专业多方协同的工作机制。

（5）从2003年苏州总规“西育太湖”谋划开始，抓住2019年高新区分区规划编制和南京大学苏州校区入驻新区的契机，推动国际竞赛征集，服务地方，支撑实施，实践了“谋划—征集—整合—服务—实施”长周期、全流程的伴随式设计方法。

实施效果

（1）向上生成环太湖科创圈带重大战略，纳入省“十四五”规划、市级国土空间规划等。

（2）支撑高新区分区规划和三大功能片区规划编制，影响行政区划调整。

（3）指导下位规划编制、启动区城市设计、轨道交通线选线、控规调整等。

（4）助力工作推进，服务招商宣介，协助资源导入。

（5）引导南京大学苏州校区、中国科学院医工所等重大项目建设与实施。

（执笔人：仝存平）

太湖科学城核心区总平面图

太湖科学城鸟瞰图

太湖科学城核心区鸟瞰图

苏州工业园区融入虹桥国际开放枢纽规划研究

服务起止时间： 2021.9至今
承 担 单 位： 上海分院
分院主管总工： 林辰辉　　**主 管 所 长：** 罗瀛　　**主管主任工：** 陈阳
项目负责人： 陈勇、吴乘月
主要参加人： 孙娟、罗瀛、李丹、张庆尧、姚炜、董韵笛、肖林、缪千千

背景与意义

苏州工业园区于1994年2月经国务院批准设立，总面积278km^2，其中，中新合作区80km^2、中国（江苏）自由贸易试验区苏州片区60.15km^2。2020年，苏州园区常住人口113.39万，较“六普”增加43.86万，相当于已跨越大城市门槛；地区生产总值达到2907.09亿元，产业结构为0.03：48.39：51.58，第三产业增加值占比已经过半。经过近30年发展，园区已成为标杆型高科技园区，取得了国家级经开区综合考评六连冠、国家级高新区综合排名第四等成绩。

三十而立之际，园区面临国际发展环境的深刻变局，需要从外资主导、外循环高依赖转向自主可控、内外双循环发力的新发展方向；同时，区域发展格局正在重塑，长三角一体化等国家战略下区域要素流动加速，且上海五个新城发展迅速、苏州市域各板块普遍发力，园区面临的区域竞争加剧。在此背景下，园区及时审视自身发展面临的环境和机遇，谋划园区作为苏州面向未来的城市新中心，思考步入新时期的园区如何再平衡升级产业、城市、中心功能，如何差异化地做好与上海的服务对接和辐射承接。

规划内容

（1）国际新形势新格局下，园区新一轮发展面临的问题识别。一是高外资依赖导致园区抗风险性较差；二是园区创新龙头、孵化加速有短板，创新生态相对割裂；三是面向年轻人才的新一代国际化品质空间和可负担住房的挑战。

（2）长三角一体化、市域一体化背景下，园区建设城市新中心面临的挑战。一是商务网络化背景下，商务和国际交往功能的发展定位、规模和路径应清晰；二是创新自主可控趋势下，园区创新策源能力应提升；三是作为市域中心，园区消费能级和消费场景不足；四是对标全球城市新中心，高能级服务设施建设应提升；五是交通扁平化格局下，园区

1994—2000年

2001—2006年

2007—2011年

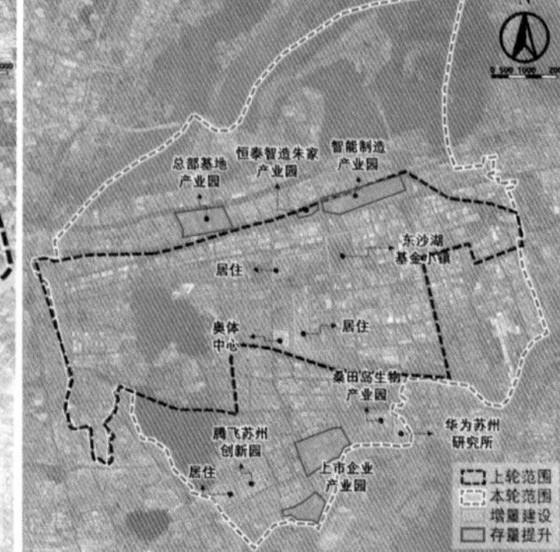

2012年至今

苏州工业园区四阶段建设示意图

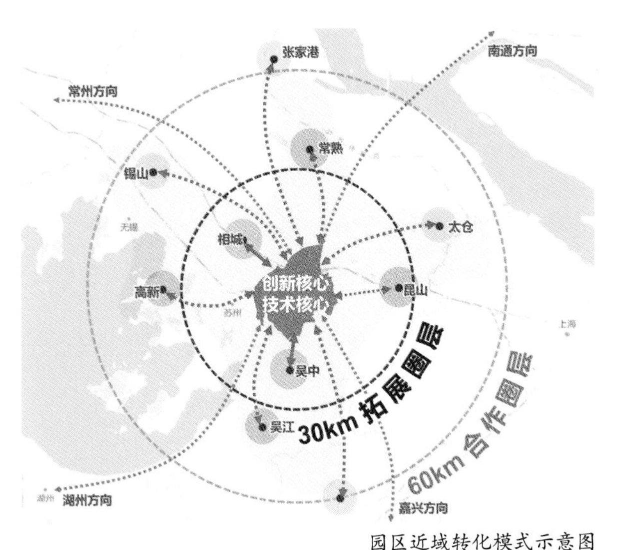

园区近域转化模式示意图

园区场景营造示意图

需要提升枢纽能级和中心链接能力；六是建设年代较早，园区建设标准与新一批新城新区具有较大差距。

（3）新格局下苏州工业园区的关键转型策略。一是双轮驱动，强化自主品牌与国际场景；二是区域整合，提升产业韧性与空间延性；三是产品升级，强化尖端品质与多样保障；四是更新突破，创新重点空间更新机制。

（4）园区产业、城市、中心功能平衡再升级的发展策略。一是商务交往功能进一步突出区域的“特色总部+国际交往”；强化长三角民营企业总部、科技企业总部和跨国机构业务中心三类总部经济；共建金融后台和专业服务两类贸易平台；会展经营向专业型商贸展会转型，培育国际会议承载功能，打造湖西CBD、湖东CWD、吴淞湾未来城三大高端商务服务高地，以及企业总部基地、月亮湾商务区两个专业型商务服务高地。二是研发创新功能，突出“强强联合、策源转化双轮驱动”，加强与上海张江、紫竹等创新平台的联动；强化应用技术策源，植入企业加速器，鼓励创新功能植入商务楼宇，破解土地困境打造垂直混合的创新空间；构建园区“独墅湖科创硅谷+金鸡湖科创硅巷+东站创新枢纽”的创新雨林格局。三是文化消费功能，对标全球城市中心商圈标准，突出“时尚新江南”主题IP，塑造“文化（江南）+”零售消费新场景；建设金鸡湖中央活力区，打造青剑湖、东沙湖、月亮湾三个特色活力商业街区，提升邻里中心体系，营造国际性、多样化的活力消费新场景。

创新要点

（1）区域视角下再审视园区发展。剖析园区在区域中的联系与功能，紧扣产业链、创新链与供应链三大区域功能网络的具象体现，总结园区区域势能特征。进一步结合新格局下趋势判断，如“区域合作从强弱帮扶转向联合开发、要素互补”，“科技园区近域组织分园协作，企业供应链缩短”等，提出园区未来区域合作从原来的远距飞地到近域飞地，关注30km的紧密圈层，形成5km创新圈、30km转化圈、100km供应圈。

（2）以产业为核心、功能互促的新发展逻辑。园区发展从新城新区逐渐向城市中心转型，建设逻辑需要对产业发展、城市配套、中心城市功能进行重新组织。规划提出园区再出发需要形成以产业为核心、功能互促的新形态，城市功能与中心功能互为补充，以活力提升、服务提升共同助力产业功能提升。产业功能以守住底盘为重点，在区域视角下优化三链组织；中心功能转向兼城兼产；城市功能从产城互促角度进行品质再造。

（3）规划理念的创新：趋势研判的战略思维、空间落实的策略输出。新格局下科技园区面临产业组织转向国内大循环、创新竞争遭遇国际国内双向夹击等挑战，空间生产逻辑及供给方式均发生变化。园区作为标杆对象，前无古人，难以借鉴他山之石，未来发展的不确定性极大。因此，本项目一方面回溯发展历程，总结园区成功的“核心基因”；另一方面面向未来，以趋势判断为引领，识别全球产业链、创新链、贸易链、创新策源能力与资源配置等多个领域的发展趋势，紧扣标杆园区的破局再出发，构建了趋势研判—问题剖析—策略输出的研究思路，并将宏观判断与中微观的空间优化相结合。

（执笔人：吴乘月）

杭州城西科创大走廊城市设计

2021年度上海市优秀国土空间规划设计三等奖丨2018—2019年度中规院优秀规划设计二等奖

编制起止时间： 2018.8—2019.11
承 担 单 位： 上海分院
分院主管总工： 郑德高、刘昆轶　　**主 管 所 长：** 闫岩　　**主管主任工：** 柏巍
项目负责人： 陆容立　　**主要参加人：** 康弥、何倩倩、卢诚昊、陈蕾蕾、朱小卉

背景与意义

1. 杭州城西科创大走廊建设进入战略机遇期

杭州城西地区历经近十年的发展，科技创新主导的功能定位基本达成共识。2016年，浙江省委、省政府为策应国家创新驱动发展战略，作出重大决策，提出规划建设杭州城西科创大走廊，目标打造全球领先的信息经济科创中心，成为国际水准的创新共同体、国家级科技创新策源地、浙江创新发展的主引擎。

2. 城市设计工作提出高品质新要求

2016年，《中共中央 国务院关于进一步加强城市规划建设管理工作的若干意见》中提出要提高城市设计水平。2017年，《杭州市总体城市设计（修编）》提出杭州的风貌特色定位为“风雅钱塘、诗画江南、创新天堂”，对城西科创大走廊提出了更高品质的新要求。

3. 城西地区自身发展亟待设计优化提升

近年来，城西地区发展迅速，在创新功能及人才资源迅速积聚的同时，也存在忽视城市功能织补和风貌品质塑造的问题，从而带来一系列“城市病”和阶段性问题，亟待在总体层面进行设计优化提升。

基于以上背景，开展本次城市设计。一方面是对标国际趋势，借鉴创新地区发展趋势，关注营造丰富多样的创新交往空间；另一方面是凝练地方气质，挖掘城西生态风景与创新活力高度融合的场地特质。提出“风景画卷、科创趣城”的目标愿景，以湿地湖链、创新趣街、共享客厅三大交往空间系统营造策略，支撑杭州城西地区创新发展，探索创新空间发展的样板地区。

规划内容

围绕创新交往空间塑造，设计形成湿地湖链、创新趣街、共享客厅三个核心策略。

城市设计总平面图

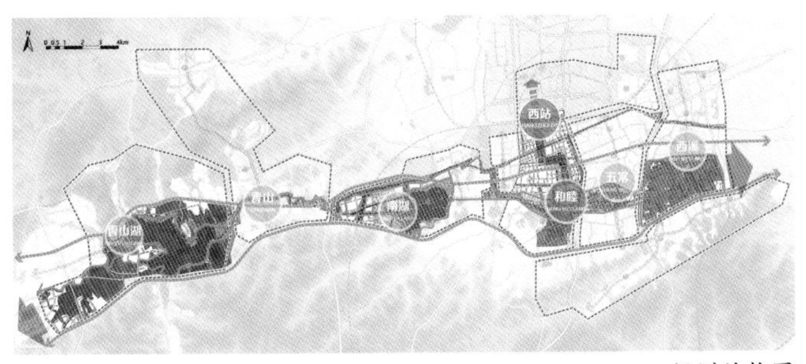
规划结构图

湿地湖链策略布局图

整体鸟瞰效果图

湿地湖链效果图

1. 湿地湖链：促进生态风景与创新活力高度融合

一是连通湿地湖链。以河道、绿道连通中部西溪湿地、五常湿地、和睦湿地、南湖与青山湖等五大湿地湖泊。二是划定刚性边界。划定湿地湖链约50km^{2}的刚性管控范围，明确新增建设应以公共功能为主，强化开发比例、建设高度和形态风貌的管控要求。三是谋划亮点工程。贯通一条100km最美的湿地湖链风景路，实现“漫步道、跑步道、骑行道”三道贯通。

2. 创新趣街：营造活力多样的街道生活

一是建设中央趣街。通过5条1km长、步行尺度的主题街道，营造城西公共中心板块的特色轴线。二是建设8条片区趣街。每个片区设计1条南北向主导的趣街，将创新人群引向中央湿地湖链。三是建设40条活力绿街。结合各片区生活性街道均衡布局，打造连续有趣、成网成环的慢行系统。

3. 共享客厅，塑造创新人群的交往活动中心

一是营造6个最有风景的湖链客厅。在湿地湖链沿线，塑造片区级的创新交往与形象展示中心。二是营造30个最宜交往的小镇客厅。结合创新小镇、历史街区与特色节点，每片区布局2～4个特色型交往中心。三是满足5分钟交往圈的邻里客厅。围绕科创企业、院校等集聚的创新单元，布局100个左右邻里客厅，满足青年创新群体就近交往的需求。

创新要点

1. 构建结构完善的创新空间交往体系

以创新人群需求出发，营造促进创新人群交往的创新趣街、共享客厅，构建起结构完善、特质鲜明且具有吸引力的公共交往空间体系。

2. 塑造城西气质的生态人文魅力骨架

通过挖掘城西地区的创新空间模式，借鉴西溪湿地刚性边界、有限开发的生态地区空间发展经验，提出贯通五大湿地湖泊，形成湿地湖链，以保护良好的湿地生态与独特气质的历史人文。

（执笔人：陆容立）

南通市中央创新区城市设计及实施

编制起止时间： 2016.9至今
承 担 单 位： 城市更新研究分院
主 管 所 长： 范嗣斌　　**主管主任工：** 缪杨兵
项目负责人： 邓东、刘元　　**主要参加人：** 姜欣辰、冯婷婷、尤智玉、王亚洁、李锦嫱、苏子玥
合 作 单 位： 南通市规划编制研究中心

背景与意义

南通中央创新区是南通市委、市政府应对转型和创新发展的重大战略安排。通过建设中央创新区，集聚创新要素、吸引创新人才、培育创新产业，形成创新发展新动力。按照城市设计，在后续中央创新区建设过程中，城市更新研究分院持续进行规划技术服务。南通创新区已经成为提升城市竞争力的核心平台和全面增强市民百姓幸福感的城市新中心。

规划内容

城市设计工作内容，立足城市发展和人民幸福两个方面，回应三大问题：①如何改善生态环境，孕育科技创新；②如何完善公共服务设施，服务百姓民生；③如何展现城市文化，提升人才吸引力。确定工作要点在于，营造生态环境、培育科技创新、完善城市功能、服务百姓民生、彰显城市文化、提升人才吸引力。以大师领衔的方式，绘制城市蓝图；以机制保障为基础，搭建工作框架。

创新要点

（1）从人出发，研究创新人群的需求。将“有风景的地方就有新经济”和“创新生态系统的基础在于高品质的空间环境”转化为中央创新区的多元、混合用地功能组织和城市设计空间语言。

（2）传承和演绎南通魅力特质，提升空间品质，吸引创新人群。重点构建

以城市和人的双重视角，绘制城市蓝图

湖山廊道，联系狼山与中央森林公园核心区域。通过理水，塑造“水街+岛链”的街区开敞空间体系。研究和运用通派建筑元素，烘托中央创新区的文化氛围，展示城市文化底蕴。

（3）立足实施管理，加强设计传导和管控。从区域整体和重点片区两个层面制定城市设计导则，形成有效的传导机制。以机制保障为基础，搭建工作框架，对中央森林公园、大剧院、美术馆、总部经济区等重要项目，进行全程跟踪和设计指导，确保设计理念得到贯彻。

实施效果

按照城市设计的中央创新区建设有序开展，目前紫琅湖和中央森林公园已经建成，在提升城市生态环境的基础上，加强了城市安全韧性。科创一期代表项目紫琅科技城全面入驻招商，吸引腾讯双创社区、帝奥微电子等一批科技项目入驻办公，吸引各类人才超3000人入驻。一系列品质公共服务设施和商业服务设施，完善了城市服务功能。紫琅新天地占地面积5.24万m^2，打造“城湖共融”特色商业场景，成为“网红”主题公园商业街。南通大剧院、美术馆奠定了中央创新区的文化基调，节庆期间各种“青”引力的城市活动，在此开展，吸引长三角人才来此工作创业、定居落户。

（执笔人：刘元）

紫琅湖和中央森林公园，改善生态环境，提升安全韧性

紫琅科技城，孕育科技创新

彰显城市文化，提升人才吸引力

品质服务设施，完善城市服务

三亚市崖州湾科技城系列规划与实施

2020—2021年度中规院优秀规划设计三等奖（项目三）｜2023年度海南省优秀城乡规划设计一等奖（项目五）

编制起止时间： 2016.12至今

项目一名称： 三亚崖州湾科技城总体规划（2018—2035）
承 担 单 位： 中规院（北京）规划设计有限公司
主 管 所 长： 胡耀文　　**主管主任工：** 慕野
项目负责人： 单丹、胡朝勇　　**主要参加人：** 余欢、徐钰清、郭嘉盛、郑玉亮、陈欣、王炜岑、赵权、于良森

项目二名称： 三亚崖州湾科技城控制性详细规划
承 担 单 位： 中规院（北京）规划设计有限公司
主 管 所 长： 李文军　　**主管主任工：** 白金
项目负责人： 胡耀文、单丹、胡朝勇
主要参加人： 余欢、徐钰清、吴丽欣、张哲林、黄泽坤、郑玉亮、毛雨果、王炜岑、苏心、孙尔诺、崔鹏磊、安志远、于泽、杨晗宇

项目三名称： 三亚崖州湾科技城绿色低碳城市专项规划
承 担 单 位： 中规院（北京）规划设计有限公司、城镇水务与工程研究分院
主 管 所 长： 胡耀文　　**主管主任工：** 慕野
项目负责人： 单丹、苏心　　**主要参加人：** 朱玲、罗义永、王炜岑、胡朝勇、黄泽坤、陈允来、揭思成、郭紫雨、佟昕、赵权

项目四名称： 三亚崖州湾科技城风貌专项规划
承 担 单 位： 中规院（北京）规划设计有限公司
主 管 所 长： 胡耀文　　**主管主任工：** 慕野
项目负责人： 单丹、王炜岑　　**主要参加人：** 苏心、佟昕、胡朝勇、黄泽坤、陈允来、郭紫雨、揭思成、杜青春、赵权

项目五名称： 三亚崖州湾科技城智慧城市专项规划
承 担 单 位： 中规院（北京）规划设计有限公司
主 管 总 工： 朱波　　**主管主任工：** 刘世晖
项目负责人： 李昊、赵晓静　　**主要参加人：** 曾辉、王翔、华远、李梦垚、王维、袁博、徐钰清、张鹤鸣、王俊、于沛洋

背景与意义

三亚崖州湾科技城是承载海南省自贸港建设的先导性战略平台，是三亚市培育产业转型新业态、激活经济发展新动能、打造自贸港建设新标杆的重要增长极。

通过伴随式规划技术服务模式，立足种业科技、深海科技、生物科技等高新技术领域，完成崖州湾科技城东拓、北扩、西展的规划编制研究，逐步形成了1个总规、9个专项和1个控规的“1+9+1”规划体系，为崖州湾科技城高标准建设、高质量发展和高水平开放提供保障。

崖州湾科技城城市设计方案

创新要点

（1）空间模式创新。以科技创新为纲，建设崖州湾科技创新服务平台，服务国家深海、南繁重大战略科研项目落地，以科研机构为骨架构建科技人才生活圈，营造高品质人居环境。

（2）规划模式创新。通过“规划编制+驻场服务”的方式，提供全流程的规划技术服务，保证规划不走样、项目准落地，通过管控图则和管理手册，提高规划管理效率。

（3）技术手段创新。通过建筑热辐射、风光环境模拟等技术探索热带地区人居环境低碳建设模式，构建城市信息模型CIM，实现全流程、智慧化、可追溯的数字化管理服务。

实施效果

通过“规划编制+驻场服务”的方式，利用CIM平台和智慧城市信息基础设施建设，形成“精准感知、高速互联、智能认知、开放演进、安全可控”的规划管理服务体系。优化传统规划设计条件，采取“一张法定图则”加“一套管理手册”的方式，明确刚性控制内容并实现精细化管控。项目建设方在报建前按照手册要求，增加自评环节，在项目审查会上提交自评报告，缩短设计评审和修改周期。

目前，已有中国科学院海南种子创新研究院、南繁种业科技众创中心、中国热带农业科学院、全球动植物种质中转基地等研究院所项目，深海科技创新公共平台、环岛中学、科教城幼儿园、南繁科技城医院、南繁中央公园等公共服务设施项目，G98环岛崖州科技城段改建、科技城集中供冷设施等支撑系统项目在规划指导下开工建设，实施成效显著。

（执笔人：单丹、王炜岑）

崖州湾科技城建设情况实景

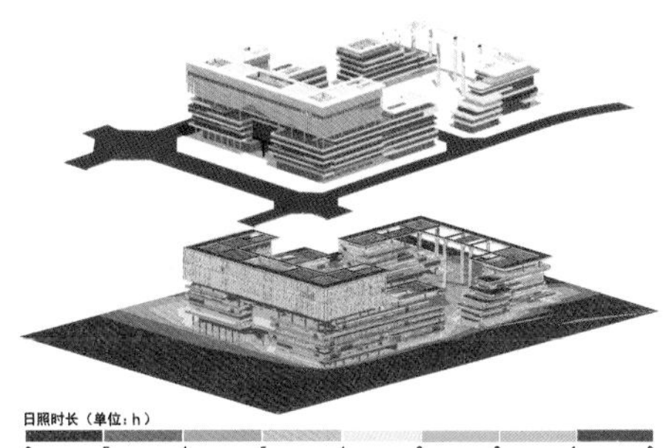

中国科学院海南种子创新研究院项目热辐射模拟分析及实景建设情况

南繁科技城种业众创中心建设情况实景

G98环岛崖州科技城段改建工程建设情况实景

深海科技创新公共平台建设情况实景

南繁中央公园建设情况实景

崖州湾科技城集中供冷设施建设情况实景

武汉市华中科技大学校园总体规划设计

2020—2021年度中规院优秀规划设计二等奖

编制起止时间： 2019.6—2022.2
承 担 单 位： 城市设计研究分院
主 管 所 长： 刘力飞　　**主管主任工：** 陈振羽
项目负责人： 王飞、王力　　**主要参加人：** 顾浩、刘善志、管京、齐静宜、郭文彬、唐睿琦、谢婧璇

背景与意义

华中科技大学是教育部直属重点综合性大学，是国家“211工程”重点建设高校和“985工程”建设高校之一，是首批“双一流”建设高校，由原华中理工大学、同济医科大学、武汉城市建设学院于2000年合并成立，生物医学中心校区于2016年1月由教育部批复设立。华中科技大学空间上由彼此独立又各具特色的主校区、同济校区、医学中心三个部分组成。在国家高等教育“双一流”发展建设和实施城市更新行动的双重战略部署下，高校空间规划的内涵也在发生着变化，校园空间的责任逐渐转向复合、开放、创新、生态，校园更新规划工作也逐渐聚焦扩容空间、强化结构、彰显文脉等方向。

规划内容

1. 强化空间秩序

主校区以轴线空间内新建的学习交流中心为契机，剥离非校园服务职能，提升校园主轴的公共属性；围绕喻园生活带布置多处生活服务节点，提升生活服务效能，增强校园东西向的空间联系；形成中心服务层级清晰、轴带空间各具特色的空间结构。同济校区作为典型的“马路大学”，以“合而不同”的思路，将校区的功能和形态与周边城市充分融合，营造安全宁静的绿色交通环境；修补历史轴线来重构校区空间秩序，塑造独具园林魅力的城市院落大学。医学中心校区布置多功能叠加的活力空间，塑造灵活的方院空间，将核心科研、教育等功能相互融合，满足师生科研的空间需求；链接自然山体、水体、街道空间及微景观院落空间，搭建校园的“蓝绿骨架”。

2. 营建魅力场所

以师生意愿为前提来选择校园魅力场

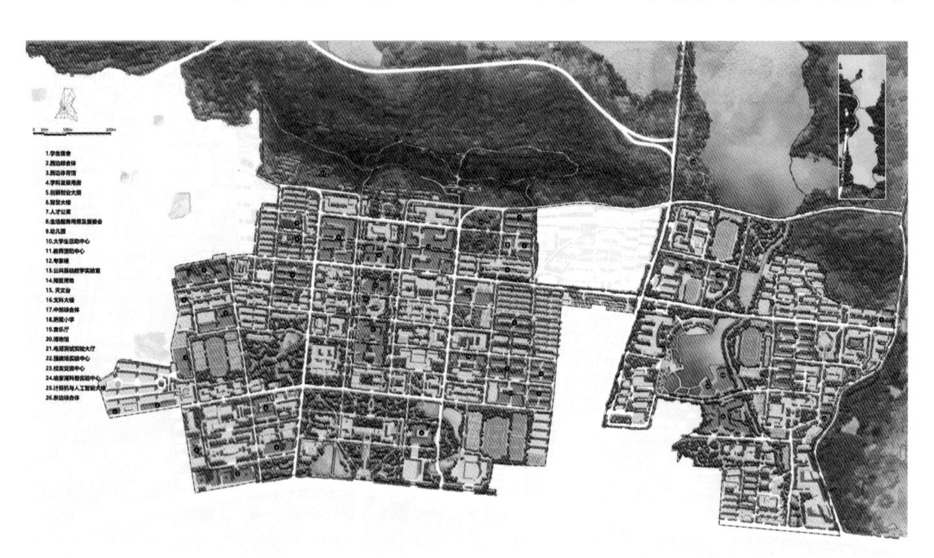
华中科技大学主校区设计总平面图

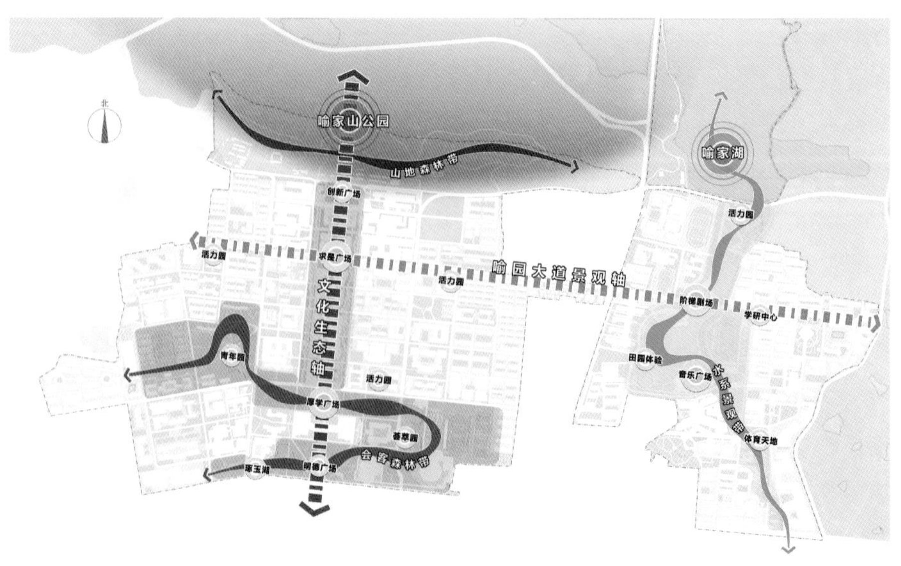

华中科技大学主校区景观结构图

所，进行重点塑造，包括主校区的南北轴线、梧桐森林、东九湖、湖溪河以及同济校区的文化庭院、立体操场等场所。

创新要点

两年的规划编制过程中，项目组以“伴随服务”的方式，为校园建设项目提供技术咨询，使校园风貌得以有序引导。

对于先期已经完成立项的双创大楼，在规模无法减小的前提下，项目组做了多形态方案比对，以板楼、塔楼和裙房相结合的方式，尽可能降低建筑体量对校园风貌的负面影响，同时对校园的城市界面、珞喻路的天际线效果作了统筹的考虑。

对于毗邻轴线空间的基础实验大楼，由于建筑设计方案的高度突破了控制要求，项目组将其与周边建筑体量关系做了三维模拟，在严守规划高度控制的前提下，对其建筑密度、围合形式和竖向形态给出了技术指引，从而确保了“森林大学”的整体风貌不受破坏。

对于先期启动的医学中心校区轴线区域，项目组协同建筑方案设计团队，做多风格、多形态比较，基于该校区方正、严谨的风格，采纳了规整且竖向富于变化的建筑造型，并对入口的景观布设提出了优化建议。

实施效果

校园总体规划作为校园内建设行为的法定依据，具有较强的落地性。扎实的工作成果、严谨的工作流程都为华中科技大学各校区的建设提供了有力的保障。

目前主校区、同济校区、医学中心校区均已按照校园总体规划相关成果开展校园建设工作。其中主校区湖溪河沿线改造、计算机大楼、留学生宿舍、羽毛球馆等已经建成投入使用；同济校区的立体操场、学子新苑等设施已投入使用；医学中心校区生物医学成像大楼、医学质子加速器研究与应用大楼、医工交叉研究大楼等重要实验设施已建成。

（执笔人：顾浩）

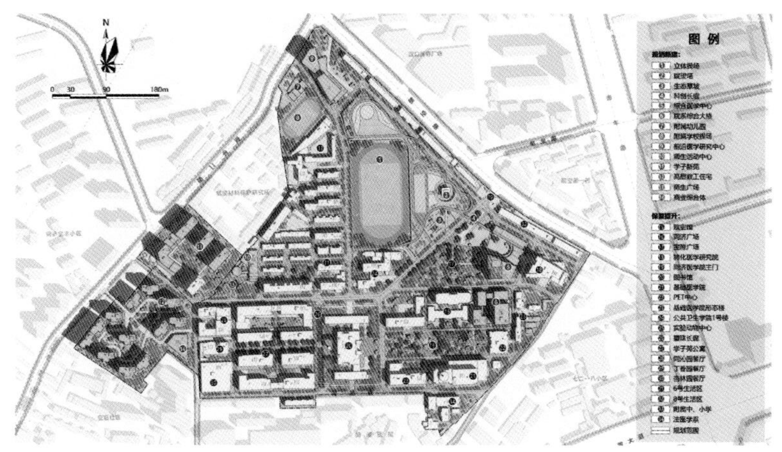

华中科技大学同济校区设计总平面图

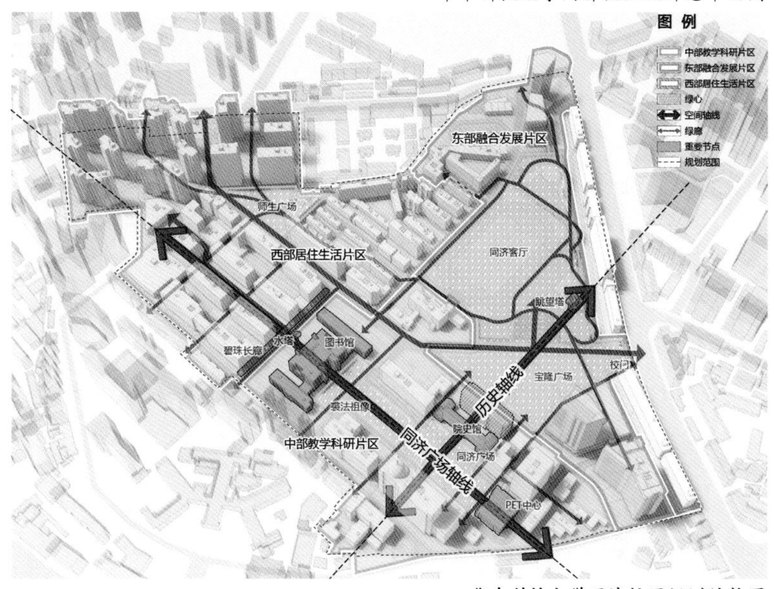

华中科技大学同济校区规划结构图

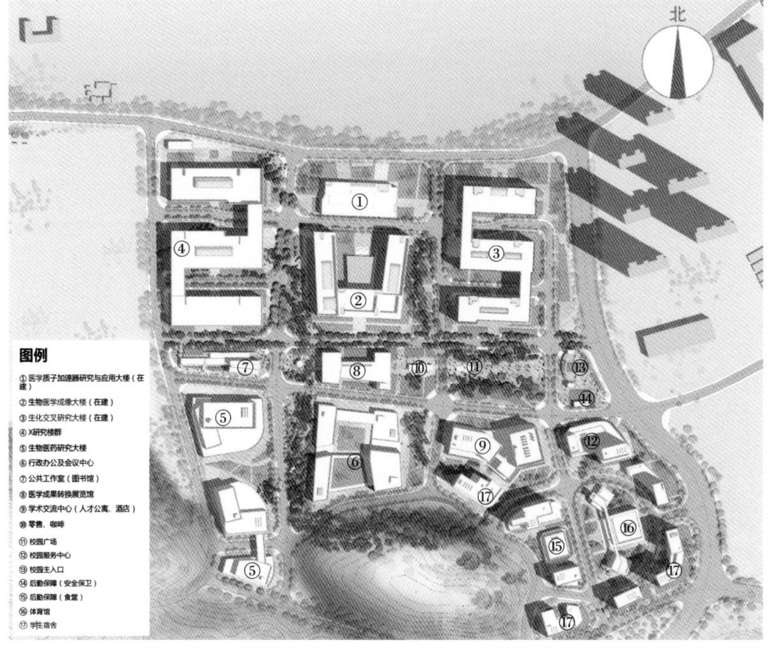

华中科技大学医学中心校区设计总平面图

26
滨水空间

北京市清河两岸综合整治提升规划相关研究及设计方案

2023年北京市优秀工程勘察设计成果评价一等成果 | 2023年度北京市优秀城乡规划二等奖 | 2022—2023年度中规院优秀规划设计三等奖

编制起止时间： 2020.5—2022.3
承 担 单 位： 城市设计研究分院、城市交通研究分院
主 管 总 工： 朱子瑜　　**主 管 所 长：** 陈振羽　　**主管主任工：** 王飞
项目负责人： 管京、刘善志　　**主要参加人：** 王颖楠、马云飞、郭文彬、尹思楠、魏钢、王芮、王洋

背景与意义

为全面落实北京城市总体规划，支撑《海淀分区规划（国土空间规划）（2017年—2035年）》，2020年，北京市规划和自然资源委员会海淀分局牵头联合海淀区水务局、园林局等，启动了清河两岸综合整治提升工作。项目组于2021年完成清河两岸综合整治提升规划相关研究及设计方案和设计导则的编制工作，形成织补城市功能、提质低效空间的系统性施治策略，提出“清河七龙珠计划”，选取重要节点进行塑造，为推进清河行动的实施制定了规划设计方案指引。在此基础上，2021年组织建立“清河行动”第一阶段总体设计统筹服务工作的总师团队，负责沿线各类规划设计及实施项目的技术统筹服务工作，清河两岸空间整治工作全面进入实施阶段。

规划内容

（1）面对生态上绿廊不连、堤岸硬质、水质较差的问题，提出生态优先策略。通过链绿、柔岸、净水三步，打通山水绿脉；通过对清河沿岸环境整治，改善清河水质，提供更多滨河公共空间。

（2）面对文化上文脉不显、要素消失等问题，提出文化复兴策略。以“清河故道+”为主题，提出四类清河故道的利用方式，串联现存文化要素，营造15处具有代表性的历史文化节点，形成“清河15幕”。

（3）面对功能上城河不融、交通人本不足等问题，提出活力塑造策略。通过交通体系的塑造、城市功能的优化、滨河空间的活化，提升清河沿线的活力；补足沿岸社区配套设施短板，使清河与城市体系和功能更好融合。

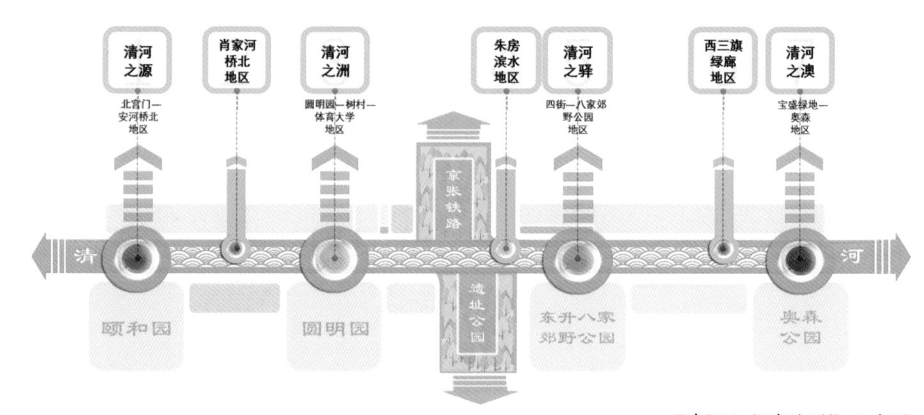

“清河七龙珠计划”示意图

清河沿线效果图

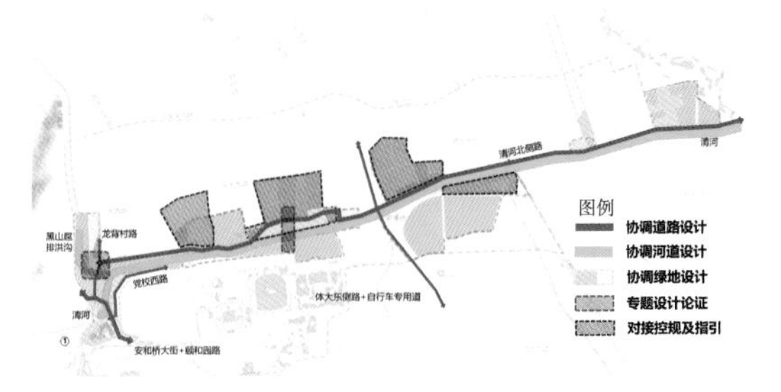

城市设计纳入控规、实施方案情况图

“清河之洲”实景

“清河之洲”改造实施前后对比图

创新要点

1．从规划共识到行动安排

聚焦清河两岸“生态、文化、活力”三大问题，因地制宜形成“以水为脉，复绿提质”“全线贯通，激活慢行骨架”“绿廊织补、互联互通”“路网优化，系统改善交通供给”“多级设施引领城市更新，创造多维城市活力”等五大成效。结合部门工作职能，项目拆分、用地权属、产权主体、资金来源等要素，形成项目库与项目建设时序计划，进而拟定实施工作方案，明确阶段工作目标与实施抓手。针对近期工作目标，形成具体工程设计、相关规划设计内容及活动策划，并逐年滚动入库年度项目计划。

2．从设计团队到多级组织

项目采用多方协同的工作模式。通过多团队协作、现场会议、座谈访问、方案协调等方式，深入了解各方诉求；通过责任规划师持续参与，了解街镇动态，协调街镇项目计划统筹建设时序；通过总设计师牵头、技术统筹团队引领，促进多部门同步协调并联合多设计实施主体，群策群力确保蓝图建成。创新性探索现代化城市治理模式，提高综合社会效益。

实施效果

项目结合清河两岸综合整治提升规划相关研究及设计方案和设计导则，通过技术协调纪要、上报区政府文件等形式，将关键内容融入不同主体编制的控规、综合实施方案中，实现了利用蓝绿空间优化交通组织，布局服务市、区、街镇不同层级关键设施节点等系统性施治策略，形成了面向更新行动的城市设计成果及实施建议。例如，通过调整清河北侧路，形成“清河之洲”的设计策略，纳入了海淀区树村地区街区控规成果，并已于2023年10月建设完成；关键节点“清河之驿”中对清河古城、清河古镇的历史文脉保护性利用等内容，已纳入海淀区东升镇朱房四街地块规划综合实施方案成果之中；关键节点“清河之源”中的公园部分已纳入北京市“疏整促”重点区域综合治理提升专项任务，将于2024年底完成。

同时，建设项目统筹推进落实城市设计各系统要素。在设计指引等控制性文件和项目组持续跟踪协调的作用下，清河行动在实施深度方面获得了充分的保障，有效落实了总体规划设计方案中对各类配套设施的建设要求，使原有的硬质岸线变得生态自然，使原有的封闭河闸能够让滨水步道连续畅通。结合周边居民诉求，沿河落实了多处休憩驿站和活动场地，形成高品质的滨水公共空间。此外，正在实施推进中的一号节点“清河之源”贯彻设计导则中“蓝绿融合”的设计理念，再现清河水系历史走向，并深化了导则中与“三山五园”景观轴线相呼应的要求，使文化、生态、功能等要素有机融合，打造为山水田园、古今融合的蓝绿开放空间。

（执笔人：刘善志）

北京市“清河之洲”（树村段）滨水绿廊景观提升工程

编制起止时间： 2021.8—2023.8
承 担 单 位： 风景园林和景观研究分院
主 管 所 长： 韩炳越　　**主管主任工：** 牛铜钢　　**项目负责人：** 王坤
主要参加人： 马浩然、刘媛、宋原华、舒斌龙、张思达、黄冬梅、赵娜、王春雷、牛春萍、杨光伟、吴宜杭、纪静、赵茜、徐阳、王兆辰
合 作 单 位： 北京禹冰水利勘测规划设计有限公司

背景与意义

为落实北京城市总体规划要求，加快城市更新步伐，北京市规划与自然资源委员会海淀分局于2020年5月启动清河两岸综合环境整治提升规划研究工作，推动清河绿廊与京张遗址公园共同构成海淀新时期发展的绿色活力十字景观廊道，以蓝绿公共空间品质提升带动城市功能有机织补。

根据历史资源和自然禀赋本底，结合可落地的用地条件，确定了七个重要文化和功能节点，形象称为“七龙珠”，“清河之洲”作为其中第三珠，起着起承转合的重要作用。

设计内容

“清河之洲”（树村段）滨水绿廊景观提升工程总面积25.7hm^2，其中巡河堤北侧绿地面积14.05hm^2。将全面修复清河滨水生态空间、传承三山五园历史文脉、塑造地区历史品质风貌，构建古今交融、蓝绿交织、开放共享、活力创智的滨水开放空间。

创新要点

蓝绿交织：柔化河道驳岸，使清河水岸与公园绿地界面完美融合，清河绿道贯穿东西，沿途设置亲水步道、滨水平台、湖心洲岛等市民亲水活动场所，打造开放共享的蓝绿空间。

城园融合：公园与城市无界融合，互为借景。公园界面全开放，市民可便捷顺

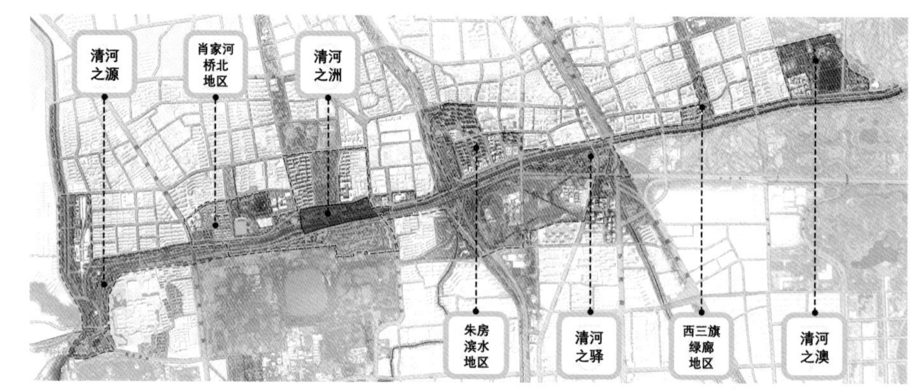

“清河行动”总平面图

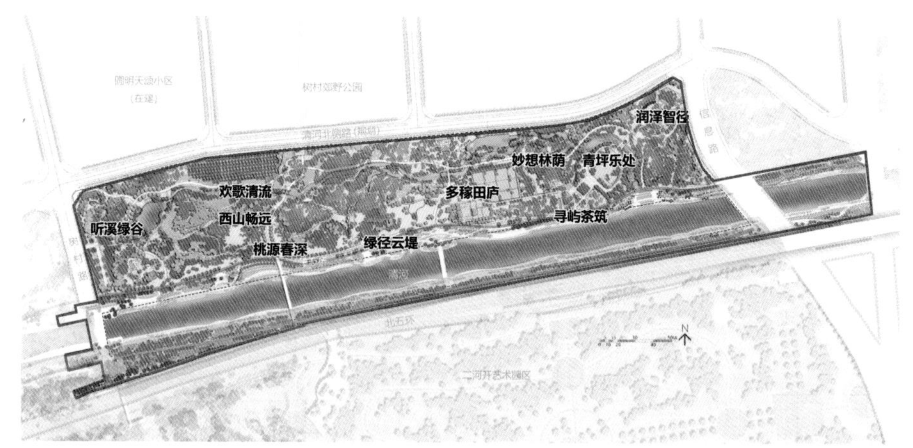

“清河之洲”总平面图

“清河之洲”鸟瞰效果图

保留现状皂荚树，传承乡土记忆树

现状林地改造后

自然式假山泉眼，模拟林泉景观

传承三山五园地区京西稻文化，恢复三亩稻田

结合现状柳树，打造林溪景观

休闲广场改造后

畅到达园中。园内设置滨河绿道、儿童球场、开放草坪、观景平台、书屋茶室等设施，全龄友好，儿童、青少年、中年人、老年人均可在此开展丰富多样的休闲活动，享受轻松惬意的户外时光。

文化传承：借景圆明园、颐和园和西山风景，传承三山五园历史文脉。园中溪流写意清河故道，“一亩田”再现园外稻田记忆，并融入现代生活，创造具有传统韵味的新型活动场所。

生态自然：以乡土植物为主体，构建地域生态群落，应用食源、蜜源植物种类，吸引鸟类和小型哺乳动物筑巢。绿地将圆明园、树村郊野公园及周边绿地连为一体，提升海淀区生态系统的多样性、稳定性、持续性。

实施效果

自2023年10月开园以来，“清河之洲”吸引了大量游客进园游玩，在社交媒体上广受欢迎，成为海淀区新晋“网红”打卡地；成功入选2023年北京市市级“幸福河湖”名单，将对未来蓝绿空间的建设起到了示范作用。

（执笔人：刘媛）

重庆主城区“两江四岸”治理提升方案设计（长江南岸段）

2021年度全国优秀城市规划设计二等奖丨2020年度重庆市优秀城乡规划设计二等奖

编制起止时间： 2019.11—2024.6
承 担 单 位： 西部分院
主 管 总 工： 朱荣远、靳东晓　　**主 管 所 长：** 张圣海　　**主管主任工：** 吕晓蓓
项目负责人： 金刚、王文静、陈婷（国际竞赛阶段）；肖礼军、刘加维、郑洁（方案设计阶段）
主要参加人： 陈超、刘加维、郑洁、陈彩媛、吴松、林森（国际竞赛阶段）；刘加维、王海力、刘静波、陈超、陈婷、陈彩媛、陈希希、梁策、陈俊熹、余姝颖、伍柯（方案设计阶段）
合 作 单 位： 深圳市清华苑建筑与规划设计研究有限公司、凯纳（Cracknell）景观设计有限公司

背景与意义

重庆“因水而生，因水而兴”，“两江四岸”地区见证了巴渝文化的发源、城市的兴盛，沉淀了老重庆的记忆与魅力，不仅承载了长江上游重要生态屏障的功能，还承载着重庆人民对美好滨江公共空间的期盼和向往。

2018年以来，重庆以新发展理念为指引，以“两江四岸”作为城市发展主轴推进城市有机更新，统筹江、岛、岸、城空间关系，修复生态水岸、营造亲水空间、提升滨江产业、传承历史文脉，朝着建设“山水之城，美丽之地”的典范城市大步迈进。

规划内容

项目团队采用设计伴随式服务的方式，围绕“两江四岸”长江南岸段治理提升工作，完成了3个主要节点工程、4个贯通工程、2个延伸工程，共计40km滨江岸线治理提升方案设计工作，并在后期实施过程中长期跟踪服务。

（1）岸线生态修复，保育滨江生物多样性。高程165~175m的江水涨落区域，重点修复江滩环境，培育并保护鸟、鱼、草等动植物生境，维护长江生态文明示范的水文“标本”与自然“乐园”。

重庆主城区“两江四岸”长江南岸段节点

（2）贯通滨江步道，复兴多维活力滨江生活。高程175～193m的区域，包含滨江首层界面，重点塑造具有重庆特质的人文魅力场所，重塑山城滨江的多元文化生活，复兴重庆多样魅力的活力水岸。

（3）链接城区与江岸，勾勒有机生长的互动岸城。滨江首层界面以外直至南山前的区域，通过滨水地区的触媒激活，划定江山城之间的发展联系廊道，带动沿江腹地的更新与生长，构建因滨江而兴、全盘皆活的江山城样板。

创新要点

（1）聚焦长江生态和水安全，打造与水共生的韧性滨江。基于自然本底资源，分析江河底质和水位变化对动植物生命活动的影响，提出以自然恢复为主，分层抚育、分类治理的生态修复策略。针对现状防洪标准较低的江岸，采用微地形重塑，提高防洪能力。疏通城市腹地路网，保障洪水期间城市交通正常运行，提升沿江基础设施防洪抗灾能力。

（2）还江于民，打造城市公共生活新容器。从人的需求出发，采用大数据分析、现场踏勘等手段深入开展滨江活力点调查。结合洪水岸线季节性涨落特征，打造江滩弹性游步道、江岸亲水跑步道和城市活力骑行道三重游径。对标国际一流滨水岸线，策划丰富的活动，打造滨江公共生活舞台，实现人民城市为人民。

（3）复兴城市场所记忆，重塑人文共情的魅力滨江。结合江岸江、石、崖、滩等自然要素分布特征，重塑长江南岸新十二景。激活旧洋行、老厂房、开埠文化遗址等历史场所，植入文创、休闲、文博展示等公共功能，汇聚演艺、戏剧、电影、书店、艺术展览等文化业态。

“大鱼海棠”广场实施效果

市民休闲步道实施效果

雅巴洞湿地公园实施效果

实施效果

从“系统规划、专项研究、详细设计”到“落地实施”，取得了良好成效。

（1）积极响应了长江生态大保护战略，江岸生态修复成效明显。搬迁修复码头、趸船十余处，建成花溪河、雅巴洞等长江江滩生态文化的展示点，江滩生境得到明显改善，雅巴洞江边再现水鸟集聚，“两江四岸”多处水域出现成群红嘴鸥。

（2）滨江历史资源得到保护与激活，有效带动城市腹地更新建设。国家级文物保护单位大佛寺的保护修复已基本完成；重庆开埠文化遗址公园等特色项目正在实施；弹子石老街、龙门浩老街、米市街等老街记忆场景修复再现。

（3）大力改善了滨江生活环境，塑造了多个特色节点，40km滨江慢行道逐步贯通，滨江带成为城市大型公共活动及市民日常休闲活动的新载体。

（执笔人：刘加维）

株洲龙母河水系综合基础设施建设工程整体规划及城市设计

2014—2015年度中规院优秀城乡规划设计二等奖

编制起止时间： 2011.7—2013.7
承 担 单 位： 上海分院
主 管 所 长： 郑德高　　**主管主任工：** 蔡震
项目负责人： 赵哲　　**主要参加人：** 朱郁郁、闫雯

背景与意义

龙母河位于湖南省株洲市云龙示范区，基于国家要求与本底资源，云龙新城确定生态城市的建设主题。龙母河是云龙示范区核心空间资源，也串联了示范区主要的中心功能，率先实现资源节约、环境友好的“两型”发展之路是国家赋予该地区的要求和使命。

该地区如何在向城镇化转变的过程中，全面保护本地区生态自然的特质，提供城市所需要的景观与公共空间资源，并确保城市安全，成为本次城市设计需解决的主要问题之一。水系基础设施工程领域众多，层次复杂，如何选择合理适用的技术与方法，在规划阶段充分协调各领域工程设计，确保规划设计顺利实施，也成为本次设计的重要命题。

规划内容

整个设计工作包括了全流域进行生态格局的塑造，通过八大领域技术措施形成示范区基本生态本底和公共空间构架；通过六项空间策略打造沿线整体滨水空间系统；根据龙母河主干流域不同区段特征和周边城市功能，将沿线分为八大主题区段，形成特色滨水空间；最后进行基础设施项目库设计和开发单元划分，便于整体开发运作。

（1）全流域生态格局。根据国家示范区要求和规划区本底特征，本次规划明确了生态之源、活力之脊、水城融合、“两型”平台的总体定位，对研究范围内水系及相关内容进行梳理，形成了水利、排水、消防、生态、交通、景观、“两型”、文化主题八大领域技术支撑与示范。通过八大领域技术创新，形成规划区基本生态本底和公共空间构架，确保整体层面符合“两型”示范要求。

（2）主干流域设计策略。主干流域通过生态优先、水岸多

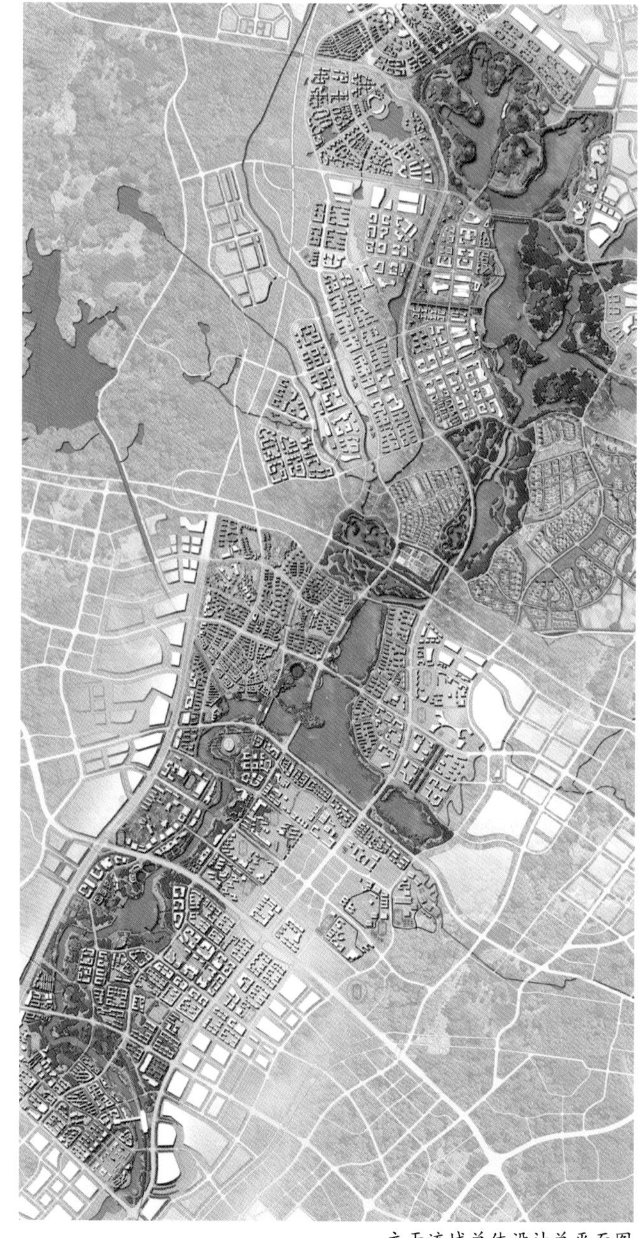

主干流域总体设计总平面图

样、通道连续、以人为本、水城渗透、文脉传承六项空间设计策略，将主干流域沿线进行系统设计，分系统将总体理念在主干流域一一落实，确保水系基础设施的规划与布局，并引导工程设计。

（3）区段详细设计。结合场地特征与总体定位，本次规划形成绿化背景下的组团化空间格局和多样的用地功能布局。在此基础上主干流域形成八大主题景观区段，分别是园博览胜、印象云龙、都市绿野、龙母之源、智慧谷、龙潭汇、龙门峡、活力绿脉。

（4）项目库与建设指引。将整体工程分为政府主导的基础设施项目和市场主导的城市开发项目。对于基础设施项目本次规划紧密结合各工程设计，规划设计与工程设计同步展开，形成道路、水利等多领域项目库。对于市场开发项目，规划划定用地边线、功能定位等主要设计条件并给出意向设计方案，确保后期市场运作符合规划要求。

创新要点

本次工作由多个工程设计团队共同工作，规划设计与工程设计同时展开，统筹考虑生态、水利、排水、排涝等基础设施之间的关系，并充分考虑其与城市建设的协调对接，在联合技术团队的协调下形成以下四大技术创新。

（1）流域视角的生态防洪。本次规划设计改变了传统的筑堤防洪模式。通过对流域水系统的计算，针对流域落差大、水量季节性分布不均的特点，规划设计采取了蓄湖防洪的模式，建设四座水坝，形成四个蓄水湖面，形成了充分结合排水、排涝、城市空间的水利设计。

（2）结合地形的自然排水。本次规划设计改变了传统的道路排水模式。通过对地形的充分识别，发现龙母河地区的自然丘陵地形具有明确的雨水分区。自然排水系统不仅能够顺利完成排水功能，还起到减少地下管网的投入，解放道路功能实现道路自由起伏、实现雨洪利用等多方面的作用。

（3）排水路径的湿地净化。本次规划设计改变了传统的单一污水处理模式。采取污水生态处理与人工处理相结合的方式，雨水在自然排水基础上进行湿地生态化净化。湿地净化系统的建设最终确保湖区水质达标，减少了污水人工处理量，同时湿地作为城市重要的绿色公共空间还丰富了城市景观。

（4）生态前提的空间设计。本次规划改变了传统的功能主导设计模式。根据生态与市政基础设施布局划定空间格局，再进行空间与功能设计和布局。

（执笔人：闫雯）

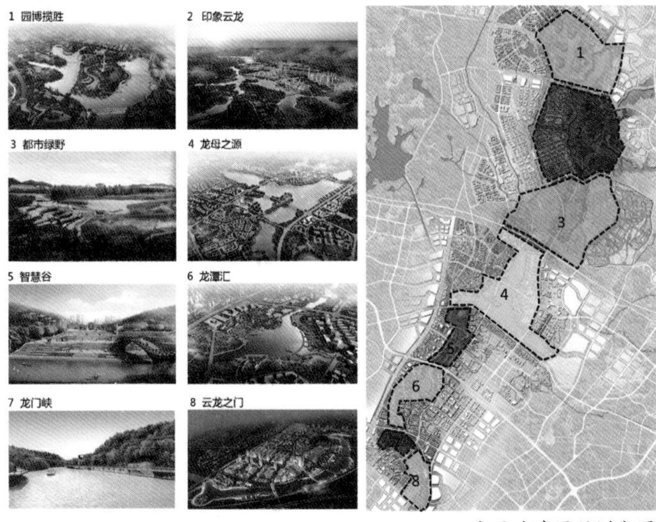

主干流域区段划分图

核心流域效果示意图

株洲龙母河职教城片区

株洲湘江东岸整体建设工程规划

2017年度全国优秀城乡规划设计二等奖｜2017年度湖南省优秀城乡规划设计二等奖

编制起止时间： 2011.4—2012.12
承 担 单 位： 上海分院
分院主管总工： 蔡震　　**主管主任工：** 朱郁郁　　**项目负责人：** 刘律、袁海琴
主 要 参 加 人： 唐志军、谢鹏、葛春晖、刘智钰、黄靓怡、齐佳利、周小寒、魏歆、夏慧君、邹鹏彪、李斌、李艳兵
合 作 单 位： 株洲市规划测绘设计院有限责任公司

背景与意义

湘江作为湖南省的母亲河，孕育了湖南的生态文明和城市文明，在新的历史时期，湖南省政府提出以“打造东方莱茵河”为目标，将湘江作为区域转型与城市提质提升的重要抓手。

已建成的株洲河西湘江风光带是湖南最生态、最具活力的湘江风光带，其设计结合自然和设计亲近生活的理念和实践为湘江风光带建设提供宝贵经验。

规划内容

包括功能与用地布局、综合交通、滨江天际线、公共空间与公共活动五方面内容。

其中功能与用地强调“织补城市，有机更新”的理念，包括以绿网织补城市和以地块更新功能两大内容。综合交通强调滨江路的定位与设计，通过VISUM模型模拟交通量，明确采取全线四车道方式，在交通饱和度较高的中心段，采用人行上跨的立体化方式进行疏解，绿道上结合地形变化和景观设计灵活采用分层独立布局、结合沿江路和融入活动节点三种模式，并通过其高程变化结合周边丰富景观打造富有活力的绿道；滨江天际线通过对自然环境、城市地标和现状高层建筑簇群三类天际线构成要素识别和重要视点的控制，塑造层次衬江和韵律耀江滨江天际线，并且通过开发地块高度、滨江建筑斜制、滨江建筑面宽、滨江界面、景观视廊与公共廊道等地块控制指标进行落实；公共空间上，规划提出打造滨水滩地空间、一层公共空间和二层活动空间三类位于不同标高的滨水公共空间，并通过三层次空间与山体无缝衔接形成“滨水空间立体场”，为市民提供富有乐趣的公共活动空间；公共活动上，策划市民日常活动和城市事件两大类公共活动，使东岸风光带成为市民休闲娱乐、充满生活气息的场所，为老城居民营造新的生活方式。

总体设计平面图

整体鸟瞰

老株洲鸟瞰图

银河天街效果图

创新要点

1. 面向实施的规划设计方法

（1）与水利工程相结合。集中体现在防洪堤线的布局与驳岸形式两方面。防洪堤线方面，将规划与景观团队依据城市设计与滨水景观方案提出的方案，与水利专业提出的专业方案进行协调。驳岸形式方面，景观团队将驳岸分层标高和形式交给水利专业进行论证并结合到相应专项设

计中，有利于结合水利工程的实施形成基础景观。

（2）与道路工程相结合。体现在滨水道路与重要交通节点的工程设计上。滨水道路设计方面，强调交通性与景观性的平衡，交通团队利用VISUM交通模型模拟滨江路的交通量，对滨江路的设计起到了很好的支撑作用。

（3）与开发建设相结合。资金平衡是影响实施建设的关键因素。团队提出建设成本，建筑团队与株洲市城市建设投资控股有限公司计算用地拆迁和安置成本，最后将成本与收益进行综合平衡。

2. 面向实施的规划控制与引导

导则包括开发用地与滨江绿地两类。其中开发用地导则中强化滨江大际线和滨水景观设计对地块控制要求，包括联系地块与滨江绿化的二层联系廊道、滨江第一排建筑高度、建筑风格、色彩、材料等定性指标，在控制方法上增加滨水天际线控制，将方案放入滨水天际线中进行具体分析评价；滨江绿地导则中对滨水慢行系统、驳岸形式、竖向标高、场地空间和服务设施等景观核心要素进行控制与引导，可直接指导下一步施工建设。

实施效果

实施过程中提升了区域的防洪能力的同时，项目对土地整理、市政道路、水利工程和环境治理等基础设施进行了全面升级。二期沿江南路新建工程也大力推进了道路、照明、景观等工程建设，为市民提供了更加便捷和优美的公共空间。通过建设现代化产业聚集区和生态宜居幸福区，逐步形成了具有示范意义的精品项目，改善了城市防洪能力和人居环境，优化了片区投资环境，加快了城市发展。

（执笔人：陈娜）

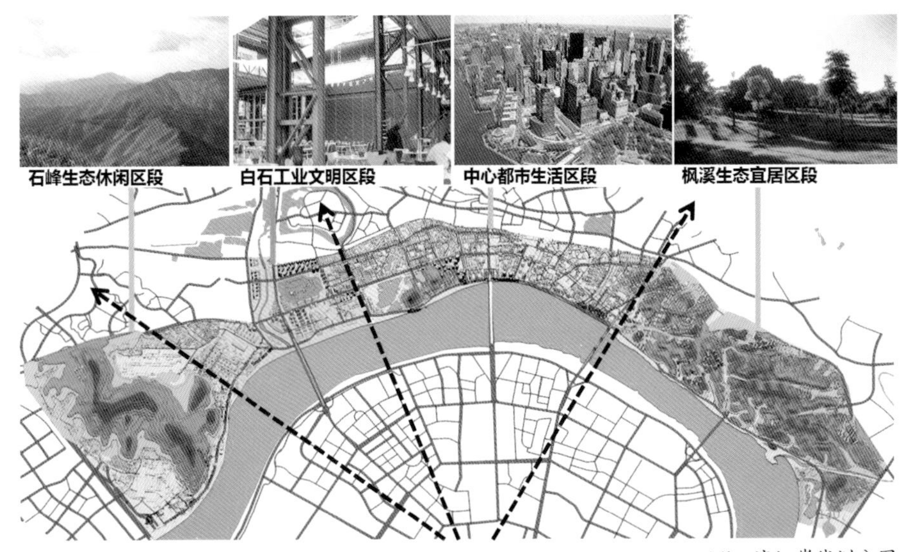

14km滨江岸线划分图

白石水韵鸟瞰图

神农眼鸟瞰图

幸福岛鸟瞰图

滨江实景

西宁北川河综合治理核心区城市设计和控制性详细规划

2017年度青海省优秀城乡规划设计一等奖

编制起止时间： 2013.1—2017.10
承 担 单 位： 历史文化名城保护与发展研究分院、城镇水务与工程研究分院
主 管 所 长： 鞠德东　　　**主管主任工：** 林永新
项目负责人： 蔡海鹏、徐萌
主要参加人： 王勇、王军、周浪浪、杨亮、陈岩、张春洋、王晨、黄卫、崔勋、于子琪、陈双辰

背景与意义

湟水河是青海的母亲河，曾经很长一段时期，水环境质量总体呈中度或重度污染。青海省和西宁市两级政府决定下大力气整治湟水河及沿岸生态，2011年提出了“还青海人民一条清澈的母亲河”的重要建设目标，启动湟水河综合治理。北川河是湟水河的重要支流，也是湟水河生态和水质变化的缩影。北川河核心区的综合整治是复杂的巨系统，涉及城市安全、生态保护、水利工程及城市开发建设，需要多专业共同参与多维度统筹协调，是践行新时期我国生态文明建设理念的特色实践。

规划内容

在“高原水城、夏都花园、文化走廊”的形象定位基础上，确定“西宁城市特色滨水休闲区、城市片区的综合活力中心”的功能定位，形成以特色商业、商贸、酒店公寓、休闲娱乐及居住为一体的综合活力中心。在充分解读场地特质的基础上，结合水系统、文化系统、交通系统三大支撑系统，提出规划方案的场地特征、总体结构、空间创意、功能布局与空间形态，并在开发时序、设计管控、项目

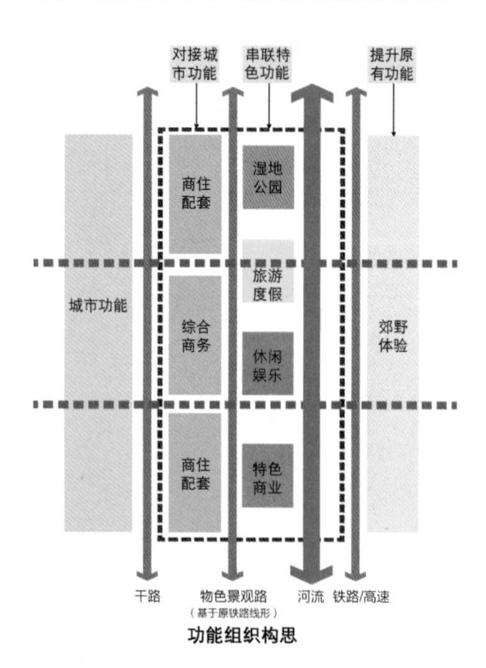

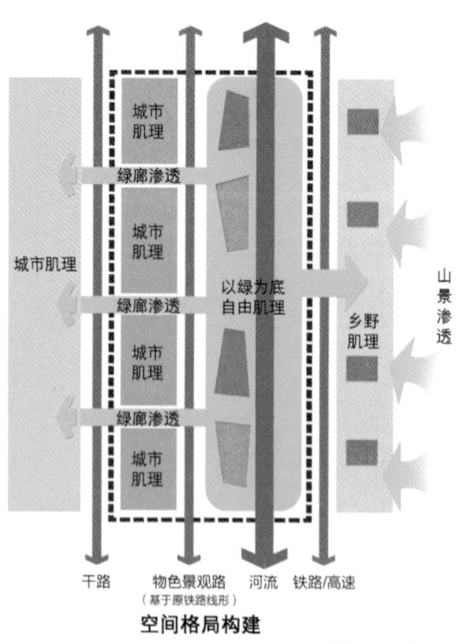

设计构思分析图

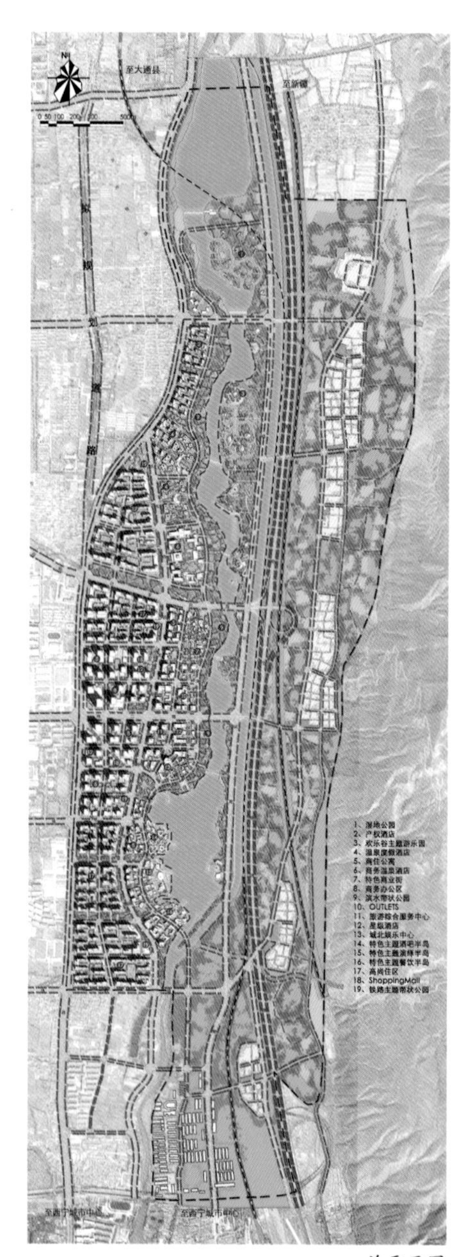

总平面图

库等方面指导开发实施。

创新要点

（1）传承修复场地自然景观。构建顺应自然山水格局的空间景观系统，尤其注重对历史水系形态的修复与传承，充分利用地形地貌营造特色城市片区。

（2）赓续发扬地域文脉特色。通过建筑风貌、空间组织、设施设计等延续和弘扬地域文化。

（3）营造展示现代城市景观。顺应北川河片区的“时代景观”需求，营造具有现代城市特征的片区建筑景观风貌，精心组织和引导建筑高度，形成起伏有致的现代城市空间轮廓线。

实施效果

在规划指导下，北川河综合整治工程得以有序开展实施。目前，已形成集生态防护、休闲绿地、旅游景区、文化展示、自然生态环境功能恢复等于一体的绿色景观生态廊道，得到了社会各方的一致肯定，并入选了生态环境部组织评选的第二批美丽河湖优秀案例。为西北地区缺水城市河流综合治理提供借鉴，产生了较好的生态效应、文化效应和经济效应。

（执笔人：杨亮）

总体鸟瞰效果图

河湟商街轴线鸟瞰效果图

项目建成实景鸟瞰

江西省吉安市永丰县总体城市设计与恩江两岸地区深化设计

2015年度全国优秀城乡规划设计二等奖｜2014—2015年度中规院优秀城乡规划设计一等奖

编制起止时间： 2014.4—2015.5
承 担 单 位： 上海分院
主 管 总 工： 杨保军　　**主 管 所 长：** 朱郁郁　　**分院主管总工：** 郑德高　　**主管主任工：** 刘律
项目负责人： 刘迪、陆乐　　**主要参加人：** 翁婷婷、周韵、刘世光、王玉、陈海江、陈海涛、赵哲

背景与意义

永丰县位于江西吉安市东部，是唐宋八大家欧阳修的故乡，在千年庐陵文化的熏陶下孕育了独特的山水人文环境。随着县城人口的集聚，城市建设进入快车道，但城市空间格局、人文精神传承、雨洪排涝系统却面临各种危机。县城亟待一个能够对建设行为进行把控和引导的操作手册。为此，永丰县启动了“县城总体城市设计”。

如何弥补县城总规在操作管理中的不足，探索符合县城地域特征的本土化设计方法，是本次规划关注的焦点。

规划内容

规划从地域主义和人文主义视角出发，关注历史地理、强调场所精神、突出乡土情怀，提出“文化追根、公众掌舵、地理诊脉、历史问道”的策略。

1. 文化追根

在永丰，带有功能兼容性的街道才是城市组织的灵魂。规划采用街巷要素去组织城市，延续县城开放的街道系统，维护社会关系的物质形态。社区道路设计采用适合交流的窄路网，保证尺度和功能上动态转变的可能性。此外，县城城中村密布，宗祠是各村落空间组织的精神内核。设计通过对村落空间结构的甄别，让村间路、村内街的设计改造主要围绕和保留宗祠空间而开展，使设计带有文化属性和本土味儿。

2. 公众掌舵

通过问卷和现场心理地图的绘制，引入大数据的方法，透过大众的“众眼”来“广角”分析城市的微空间和大格局，形成了既具有实施意义、又带有人文色彩的县城总体发展框架。另一方面，对大众诉求高、记忆深刻的节点，设计采用增设贯山高阁、门户处设置欧阳修雕塑、增加江心洲廊桥等地标强化的方式。而针对负面印象较深的问题空间，则采用景观覆盖的方式，改善城市的景观疮面。从而形成了一个结合民意问题反馈、考虑轻重排序的城市更新实施手册。

3. 地理诊脉

通过对县城历史变迁的分析可以发现，老城所在地区，是古人通过长期不断试错，逐渐形成的一种稳定格局。在这一地理格局中，古城及城东处于水口高地，一直是城池拓展的首选地。而城西低洼，易遭内涝，古代一直是农田泄洪区。因此，怀着对历史敬畏的心态，借鉴古人象天法地、用高舍低的选址法则，并辅助GIS技术，规划提出城市“东进”的发展策略，调整总规战略方向，优先利用东部高地。同时，为优化建设中的城西低地，采用地形自然排涝方式，保留低洼地，形

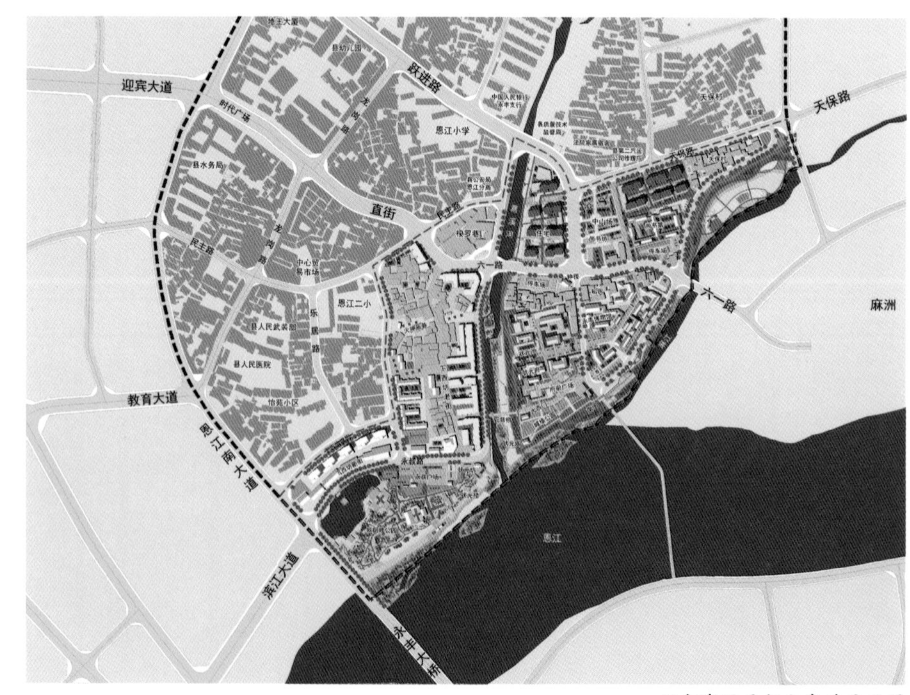

历史城区更新方案总平面图

成蓄水湖，缓冲内涝压力。

4. 历史问道

通过对人文地理的挖掘与考证，我们绘制了县城历史格局地图，发现城关镇的生长一直遵循着“双十字街+内城府第”的脉络线索。在这一形制的控制下，空间秩序得以构建。规划通过重拾历史格局的办法，最终使古街得以保留。并采用业态更新的方式，复兴老街的活力。此外，在历史地图的指引下，承载县城风雨记忆的历史建筑得以被定位和发掘。状元府、尚书第等历史坐标已纳入城建修复名单。

创新要点

视角创新。规划探索了新常态下不以效率为先，而以人的心理需求和传统人文地理为第一关注点的小城镇设计方法。用地域化的设计语言，在城市上规划城市、在文化中接续文脉，构建可持续发展的县城格局。

方法创新。设计探索了将“社会学调研方法、地理学分析方法及历史学求证方法”融入设计，找寻设计的依据与支撑。并采用大数据的方法，自下而上反映民众需求，实现与公众的对话。

实施效果

2015年规划获得了永丰县人民政府的批复。在总体设计的指引下，目前基本建成中轴线“城市客厅”和“一江两岸”风光带，恩江古城历史街区通过古街石板修复、巷道提升改造、房屋外立面及内部结构修缮等方式，延续街巷、院落、民居的空间格局。按照局部拆建、修旧如旧的方式，启动下西坊老街民俗文化区、永叔路美食文化区改造，恢复重建了学宫、万寿宫、关帝庙、古戏台等公共建筑及商业内街。恩江县城正在逐渐发展成为一个格局清晰、人文昌盛、脉络连续、公众认可的庐陵新城。

（执笔人：刘迪）

恩江一江两岸鸟瞰效果图

恩江古城下西坊老街实施实景

恩江一江两岸永叔公园

北川县开茂临江片区（安和塔主题公园及周边地块）概念性详细规划

2020—2021年度中规院优秀规划设计二等奖

编制起止时间： 2019.11—2020.12
承 担 单 位： 中规院（北京）规划设计有限公司
公司主管总工： 孙彤　　**主管主任工：** 方向
项目负责人： 周勇　　**主要参加人：** 张迪、申彬利、耿幼明、郑李兴、邵宗博、张艳杰、李燕艳
合 作 单 位： 北京易景道景观设计工程有限公司

背景与意义

北川羌族自治县隶属四川省绵阳市，县政府驻地——永昌镇，是“5·12”特大地震后整体异地搬迁的新县城。2019年，由于新县城行政区划进行调整，撤销安昌镇，划归永昌镇管辖。

本次项目选址位于北川羌族自治县开茂临江片区，原安昌镇和永昌镇交界处，现为两镇融合后新县城空间结构的枢纽地带。规划设计充分完善城市的整体结构，建立城市与景区有机协调、互动发展的格局，提升城市整体环境与品牌形象。依托区域及周边的历史文化、自然景观资源，打造集“观光、娱乐、体验”于一体的安和塔宜居生活示范区，使其成为北川城市形象的精华之窗、自然文化的共融舞台、百姓休闲的市井客厅，推动北川休闲度假旅游整体品质，带动周边产业发展。

规划内容

项目规划设计范围共54.51hm^2，用地周边山水环绕，自然资源丰富，景观类型多样。依托于项目用地的自然本底条件，开茂临江片区的规划结构从闭环体验、无界融合、塑景显文三方面打造并串联安和塔郊野公园、水岸休闲区和滨河绿地三个功能片区。

规划设计从自然资源提取“林、台、田、水、光”五大要素，结合各地块功能定位、现状地形及树木，设计丰富的慢行系统及景观节点，串联各功能板块的服务设施、公共空间及娱乐场地，将游客从山间引向广

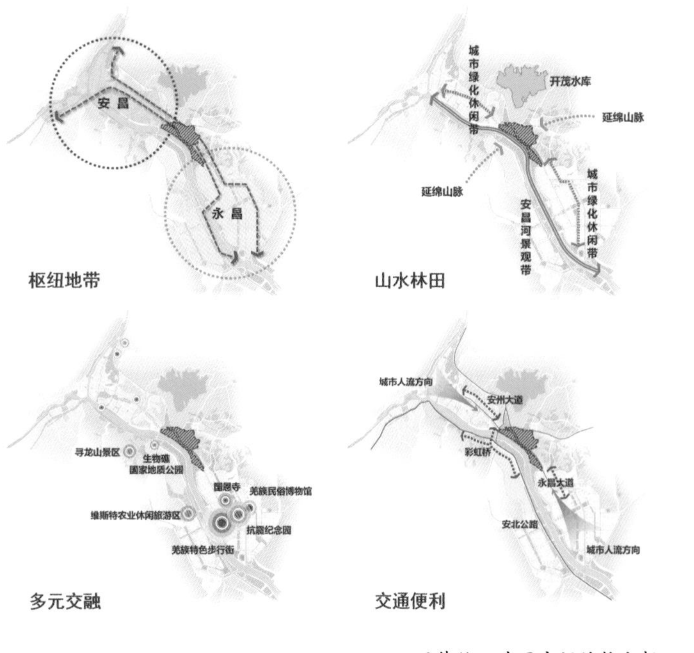

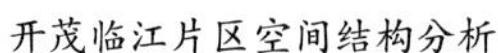
开茂临江片区空间结构分析

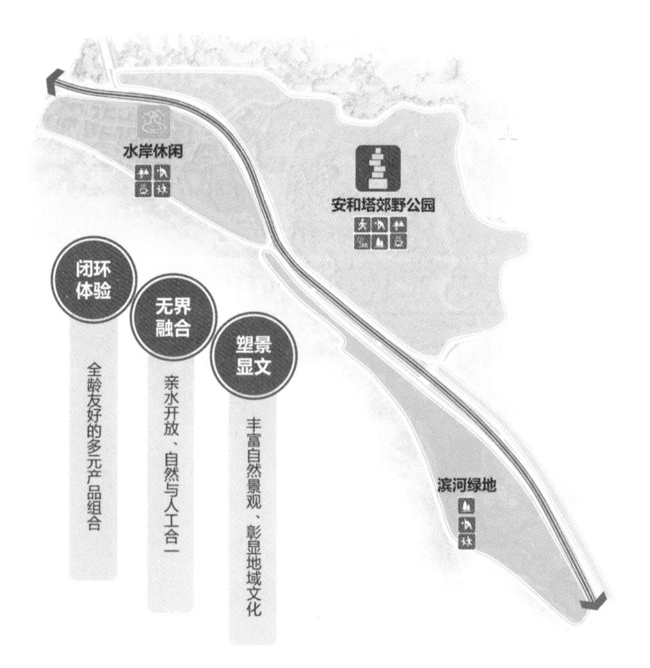

功能片区划分

场、水边，提供多样有趣的空间体验。

创新要点

本次规划是涵盖从概念性详细规划到实施落地的全过程设计项目。

1. 安和塔主题公园

山顶的安和塔是两镇枢纽地带的制高点，也是项目的标志性节点。中国古代建城讲究“无塔不立城”，城内以“昂物”镇守，寄予城市守外安内、祈福平安、兴旺人丁之意。故以“川塔”和羌族传统文化“白石垒叠”为源，通过对传统元素的提炼与创新演绎，体现了四川地域文化及羌族民族特征。

安和塔通体采用清水混凝土材质，形体变化丰富，虚实对比强烈，具有极强的雕塑性及可识别性。山间的公园突出郊野特点，充分利用现状植被树木，结合对景朝向、地形起伏变化设置灵活多样的景观平台，创造步移景异的漫游体验与观景效果。夜景照明设计力图营造山巅宝塔辉映、田间星光点点、水岸灯火一线的整体氛围。山下的公园入口及建筑兼顾管理接待、餐饮服务、生态停车等功能，建筑融于四季花海梯田，与安和塔山鸣谷应。

2. 水岸休闲区

永昌大道南侧地块被溢洪渠一分为二，西侧打造具有地域特色的休闲商业街区，东侧建设文化建筑集群。沿安昌河设置生态宜人的滨水文化景观，打造特色鲜明的城市开放空间环境，形态丰富、功能复合、和谐自然的城市休闲水岸。项目提出了系统全面的城市设计管控要求，包括总体要求、形态布局、建筑风貌这三主题、五类别、六十多项的管控细则以及规划设计意向、地块规划设计条件建议，为

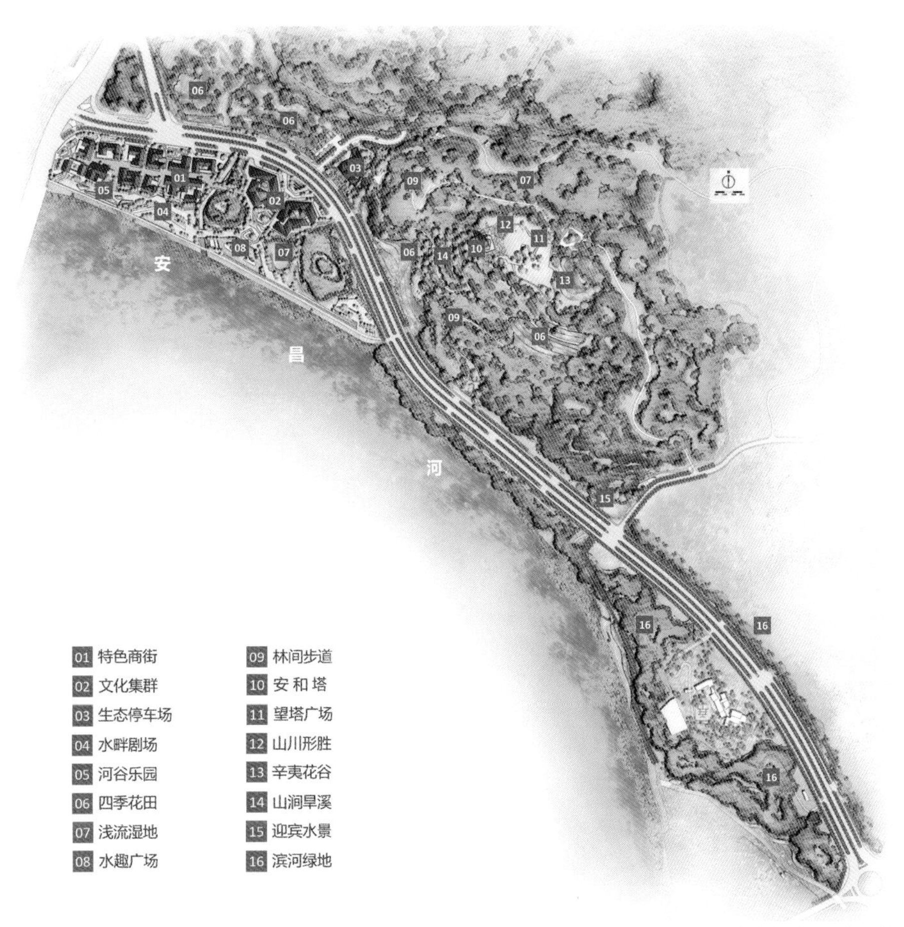

总体概念规划设计

安和塔建成效果

土地出让和开发建设提供规划设计条件参考和城市设计管控要求。

实施效果

2023年，片区标志性构筑物——安和塔竣工。工程实施期间，技术团队攻克建筑形体扭转、错层带来的结构难题；同时精细化节点设计，满足清水混凝土施工工艺的严苛要求；项目施工过程中，技术团队坚持全过程驻场技术配合，确保安和塔最终高质量顺利落地。随着公园及水岸休闲区陆续建设实施，开茂临江片区将成为北川文化旅游发展的一张新名片。

（执笔人：申彬利）

27
历史街区

拉萨八廓街历史文化街区保护与城市更新规划

2015年度全国优秀城乡规划设计奖二等奖｜2014—2015年度中规院优秀城乡规划设计一等奖

编制起止时间： 2012.8—2013.12
承 担 单 位： 历史文化名城保护与发展研究分院
主 管 总 工： 张兵　　**主 管 所 长：** 郝之颖　　**主管主任工：** 张广汉
项目负责人： 杨涛、王军　　**主要参加人：** 周浪浪、钱川、杨开、张帆、崔昕

背景与意义

拉萨八廓街历史文化街区是全国藏民族传统文化积淀深厚的代表性街区之一，八廓街的形成最早可以追溯到吐蕃王朝，因大昭寺和小昭寺的建设而兴起，佛教与商贸的发展促成了街区雏形的出现，在近1400年的发展中，八廓街一直是拉萨的城市核心，街区与周边自然环境有着紧密的联系。

中规院与拉萨八廓街结缘已经30余年，相继编制了1992版《拉萨市八廓街详细规划》、2004版《拉萨八角街地区保护规划》。2012年8月，为加强拉萨八廓街地区规划管理工作，有效保护历史文化遗产，提高基础设施与公共服务设施的保障能力，拉萨市委、市政府委托我院对2004版《拉萨八角街地区保护规划》进行修编。本版街区保护与城市更新规划是在《历史文化名城名镇名村保护条例》颁布后，国内外遗产保护理论不断发展的背景下编制的，为我国的历史文化街区保护规划提供了新的思路。

规划内容

规划的主要内容和特点包括四个方面。第一，探索了历史文化街区价值特色的研究方法。规划以历史性城镇景观理论为基础，从历史观、系统观、整体观与环境观四个角度对街区的历史脉络进行深入研究，在历史脉络梳理与遗存层积规律分析的基础上，构建了街区的价值信息与重点保护的遗存网络。第二，构建了街区整体保护方法框架。通过历史文化价值的再研究和价值载体的梳理，制定了八廓街区的整体保护方法框架和系统性的保护策略。第三，通过系统策略强调了基础设施更新与风貌整治指引，实现了民生改善和特色提升。第四，形成了面向保护与可持续发展的规划管理机制。

创新要点

（1）强调从更加广泛的城市背景与地理环境中看待街区价值，规划以历史性城镇景观理论为基础，建立了多维度价值辨识方法。

（2）经过历史文化价值的再研究，规划对八廓街历史文化街区真实性的认

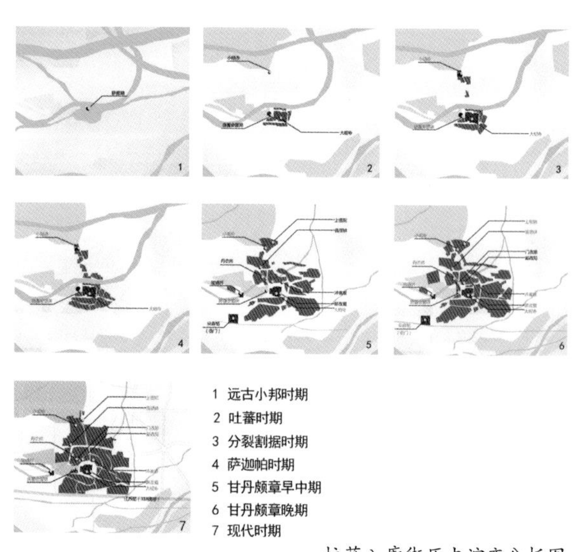

拉萨八廓街历史演变分析图

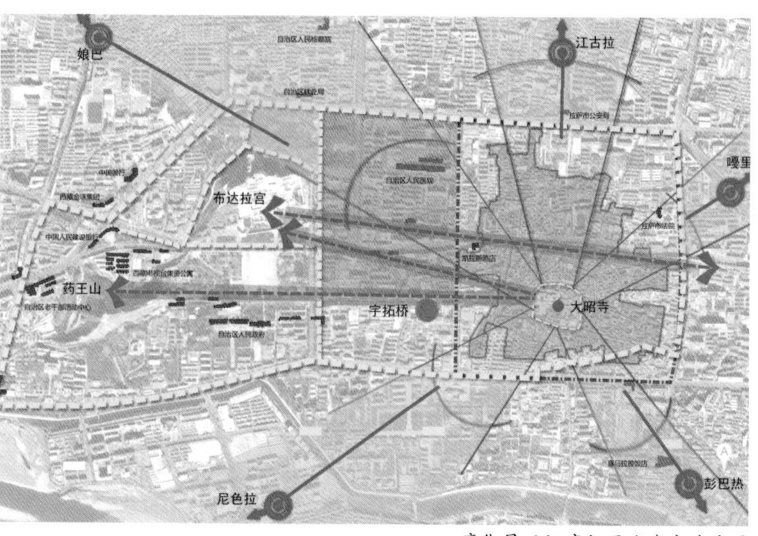

八廓街景观视廊与周边遗产关系图

知得到进一步提高，与其历史文化层积规律相关的体系化载体被重新认识，街区格局演化的内在规律更加清晰。在此基础上，规划制定了八廓街历史文化街区的整体保护方法框架和系统性的保护策略。

（3）历史遗存与现代发展的和谐共存是当前遗产保护的正确方向，历史文化街区地上地下基础设施发展本身就是城市发展背景的重要构成，影响到街区历史文化价值及载体的延续。可持续发展已经成为遗产保护的重要基础。规划针对具体问题，从建筑风貌控制、街巷风貌控制两个层面制定了风貌整治指引手册。

（4）规划从空间管控与保护管理要求两个层面，提出在街区保护规划中制定保护规划管理导则，明晰保护要素与保护要求，并探索在街区层面实现保护的数字化管理。

实施效果

规划得到西藏自治区、拉萨市委市政府的高度认可并予以批复。依照规划建议，2012年7月23日，拉萨市政府成立了八廓古城管委会。2013年7月25日，西藏自治区第十届人大常委会第五次会议批准了八廓街首部古城保护管理条例。该条例于2013年10月1日正式施行。街区的保护制度与管理机制得到了系统性提升。依照规划，街区保护修缮与人居环境提升工程随即启动。2013年6月30日，拉萨历史文化街区保护工程竣工，街区居住条件与街巷环境得到显著提升，街区的文化魅力充分彰显。

（执笔人：王军、杨开）

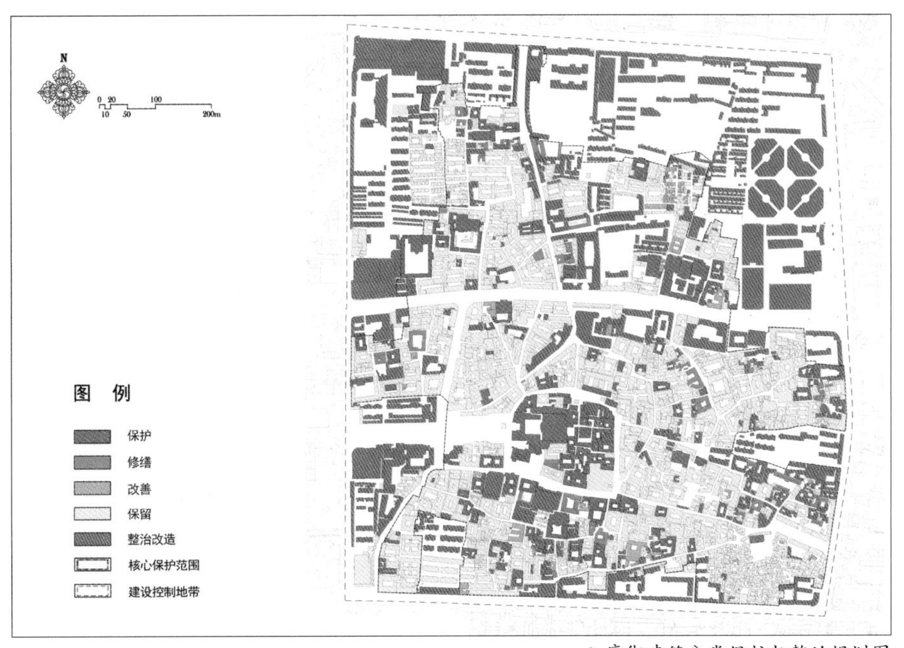

八廓街建筑分类保护与整治规划图

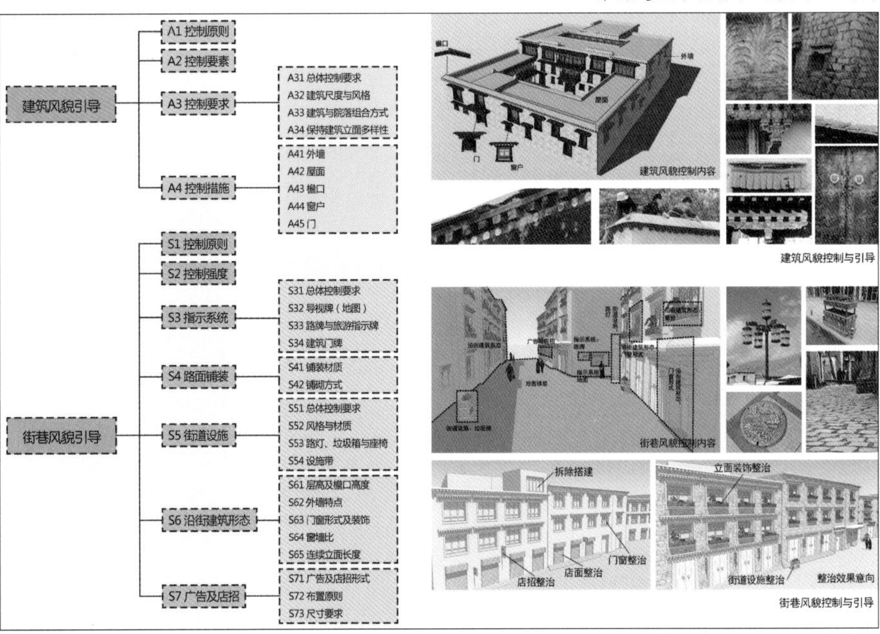

街巷环境风貌控制与引导图

东孜苏路风貌整治前后对比图

福州市烟台山历史风貌区城市设计

2021年度全国优秀城市规划设计二等奖 | 2020—2021年度中规院优秀规划设计一等奖

编制起止时间： 2015.10—2017.12
承 担 单 位： 深圳分院
分院主管总工： 朱荣远　　**主管主任工：** 梁浩
项目负责人： 何斌　　**主要参加人：** 张兴丁、陈志洋、李雪、刘星、阮永锦、雷奕吉、李长春
合 作 单 位： 都市实践（北京）建筑设计咨询有限公司

背景与意义

烟台山历史文化风貌区位于闽江南岸、福州历史中轴的南端。在2015年万科拍得烟台山地块前，庞大体量的小高层建筑以及部分危房已经被拆除，片区内历史建筑和文保单位被完整保留下来。在历史文化保护要求和土地出让合同条件的双重约束下，综合考虑现实条件基础，项目以“传承骨子里的烟台山、融入时代精神”作为设计理念，探索了烟台山特色的历史文化风貌区保护复兴路径。

规划内容

城市设计在剖析烟台山空间文化基因的基础上，提出了“九巷双街，多元院落”的空间格局，彰显其山地街巷空间、小尺度院落空间肌理、多元中西建筑交融的风貌特色。以历史与现代共融的策略重现公众对烟台山过往的诗意认识，寻求百姓、政府、市场的多方共识与共赢。

创新要点

（1）基因解析——传承骨子里的烟台山。在整体层面识别出市坊居所、庙宇文化、商会洋行三个历史空间段落，以及九条历史山巷的空间骨架；梳理历史要素，归纳烟台山独有的山地街、巷、弄的空间特征和构成要素，小尺度宅院的院、园、墅三种空间形态。

（2）格局承续——九巷双街。城市设计提出了构建“九巷双街、多元院落”的总体空间格局。在仓前路基础上，平行等高线新增加了一条半山步道，形成“九巷双街”作为保护复兴街巷历史空间的脉络。

（3）遗存保护，历史彰显。美丰银行、天安堂、美领馆是片区内的三个标志性历史建筑，城市设计将它们作为依山面江1km多长的三个空间段落中的“制高点”，其他历史建筑作为“风貌锚固点”，并以此为基准管控周边建筑的高度和尺度。

（4）历史织补，文脉承续。对九条古石阶山巷采用整体保护、局部修缮的策略，延续固有的空间词汇与语法。对仓前路，在深入解析其建筑布局和立面元素的基础上，运用其原有的设计语言，织补形成整体统一、富有节奏韵律的滨水界面。提炼历史照片中的屋顶作为特征性风貌元素，传承屋顶的组合模式和形式秩序，织补屋顶体系。

（5）基因再生，原汁原味。西部街区以美领馆统领历史记忆轴线，以现代手法再现“万国建筑博物馆”的建筑风貌名片，重塑“市坊居所”特色滨江风貌。中部街区以天安堂为空间控制要素，延续小尺度宅院肌理，编织新老建筑共同营造“庙宇文化”的历史空间氛围。东部地街区以古宅为空间内核，以美丰银行为外部控制要素，紧扣“商会洋行”风貌特征展开布局。

（6）多专业整体统筹，集群设计的工

规划设计总图

作方法。万科组织了中规院和都市实践联合的城市设计统筹团队，以“设计公社”平台招募了多个集群建筑设计团队。整体性统筹工作以城市设计为平台，协同了文保、规划、建筑、景观等多个专业，将城市设计管控要素和设计意图提炼形成系列设计导则，以管控统筹建筑和景观设计。

实施效果

经过7年的规划建设和更新改造，片区内的古建筑已全部修缮完毕，原美领馆已经华丽变身为烟台山历史博物馆，仓山影剧院被改造成为人文与艺术相融的烟台山文化艺术中心，闽海关税务司官邸变身为闽海关主题文化展览馆，石厝教堂在樟树、银杏树两棵古树的掩映下带来哥特式的静谧与美……

城市设计总体构思和管控要求、历史与现代共融的保护复兴价值观，透过导则传递和总设计师协调统筹，传递到了建筑和景观的集群设计，乃至施工环节。在后期的建筑设计和施工阶段，集群设计团队扮演了更重要的作用，他们与商家紧密协作将设计推进到更细微的精度。

2021年商业漫步街一期开业，以潮流零售、轻餐饮为主要业态，一亮相便吸引了福州潮人们的目光。2022年“十一”期间，烟台山二期开街，范围覆盖了仓前路与乐群路之间的池后弄、天安里、佛寺巷、崇圣庵、仓观顶五条巷道，业态由餐饮零售扩展到酒店、书店，烟台山形成了快慢结合的多元消费业态。

烟台山的更新改造，没有简单地去复制历史，而是采用了传承历史、生长迭代、融入时代精神的方法，探索了一套烟台山保护复兴模式。历史和现代的碰撞形成了独特的城市生活，激发出属于当下的在地性活力。

（执笔人：李雪）

人文趣城网络示意图

鸟瞰效果图

实施效果实景

九江历史文化名城创建与保护实施系列技术服务

2023年度北京市优秀城乡规划设计一等奖 | 2020—2021年度中规院优秀规划设计二等奖

编制起止时间： 2017.3—2019.12

项目一名称： 九江历史文化名城保护规划
承 担 单 位： 历史文化名城保护与发展研究分院
主 管 所 长： 胡敏　　**主管主任工：** 赵霞
项目负责人： 王玲玲　　**主要参加人：** 杜莹、康新宇、汪琴、麻冰冰

项目二名称： 九江申报国家历史文化名城文本
承 担 单 位： 历史文化名城保护与发展研究分院
主 管 所 长： 鞠德东　　**主管主任工：** 赵霞
项目负责人： 王玲玲　　**主要参加人：** 兰伟杰、杜莹、汪琴

项目三、四名称： 九江大中路历史文化街区保护规划、九江庾亮南路历史文化街区保护规划
承 担 单 位： 历史文化名城保护与发展研究分院、城镇水务与工程研究分院
主 管 所 长： 鞠德东　　**主管主任工：** 赵霞
项目负责人： 兰伟杰　　**主要参加人：** 王玲玲、汪琴、周广宇、徐丽丽、芮文武

项目五、六名称： 九江市大校场东南（老地委大院）历史文化街区保护规划、九江市动力机厂历史文化街区保护规划
承 担 单 位： 历史文化名城保护与发展研究分院
主 管 所 长： 鞠德东　　**主管主任工：** 赵霞
项目负责人： 兰伟杰　　**主要参加人：** 汪琴、张子涵、郭璋

项目七名称： 九江动力机厂历史文化街区修建性详细规划
承 担 单 位： 历史文化名城保护与发展研究分院、中规院（北京）规划设计有限公司
主 管 总 工： 张广汉　　**主 管 所 长：** 鞠德东　　**主管主任工：** 赵霞
项目负责人： 徐萌　　**主要参加人：** 张涵昱、郭璋、房亮、孙书同、鲁坤、王丹江

背景与意义

对标新时期历史文化保护的最新要求，九江市于2017年全面启动国家历史文化名城申报工作。技术团队确定了“以申报促保护、以保护促发展”的工作思路，陆续编制了历史文化名城、历史文化街区等保护相关系列规划，并持续开展了伴随式技术服务。

规划内容

系列技术服务以名城保护规划为龙头，深入挖掘了九江在中华文明各时期的突出地位，建立了全域全要素的保护

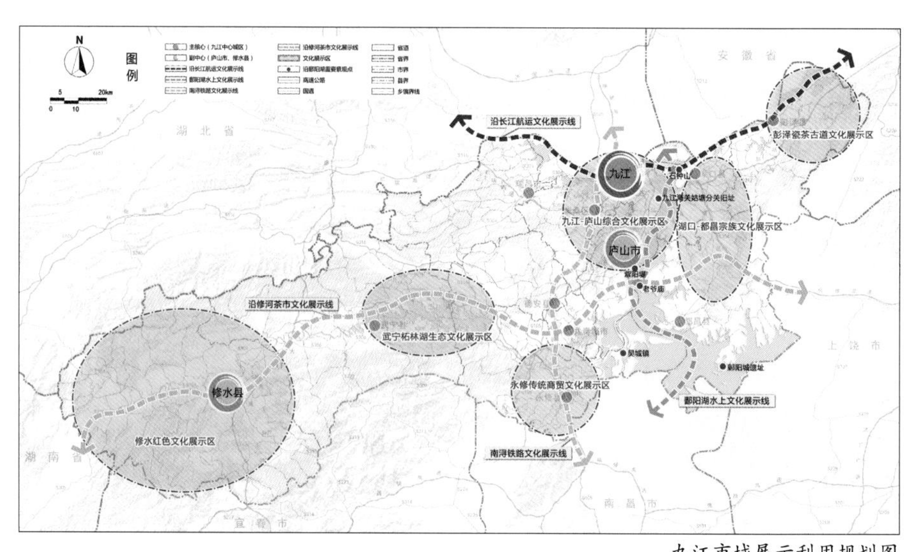

九江市域展示利用规划图

体系；以街区保护规划、修建性详细规划为抓手，明确了历史文化街区的保护管控要求，提出了指导实施的设计方案和行动计划；以名城申报文本为平台，总结梳理了九江名城的价值、资源和保护工作，推动地方完善了名城保护管理的各项制度。

创新要点

（1）以大历史观为指导，建立系统关联的价值体系。规划从九江发展脉络、区位特征入手，准确把握历史上九江在长江中下游重要的政治、经济地位；从近代发展视角，着重强调九江开埠对江西省近代转型的重要影响。

（2）拓展保护对象认定的时空范畴，丰富了保护内容。针对九江传统风貌不突出的现状，着重挖掘近代开埠、新中国成立以来的代表遗存，丰富历史文化街区和历史建筑的内涵和类型。以大中路、庾亮南路、庐山牯岭街三片历史文化街区共同见证了九江开埠后租界商业区、文教生活区、庐山避暑地的整体格局。以动力机厂、老地委大院历史文化街区传承新中国单位大院的时代记忆。

（3）坚持整体保护，明确保护重点，满足精细化管理要求。总体层面，保护“襟江带湖、枕水望山”的山水格局，控制历史城区与庐山之间的通视区域。历史城区着眼于古城及其关联地区的整体保护，将九江老城、租界区、甘棠湖与南湖、南浔铁路老火车站等片区整体纳入保护范围。历史文化街区坚持综合统筹视角，从全要素保护、人居环境改善、建筑修缮整治三方面提出针对性、精细化保护要求。

（4）坚持以用促保，以保护传承引领城市高质量发展。注重历史文化街区实施引导，针对不同空间特征提出公共空间

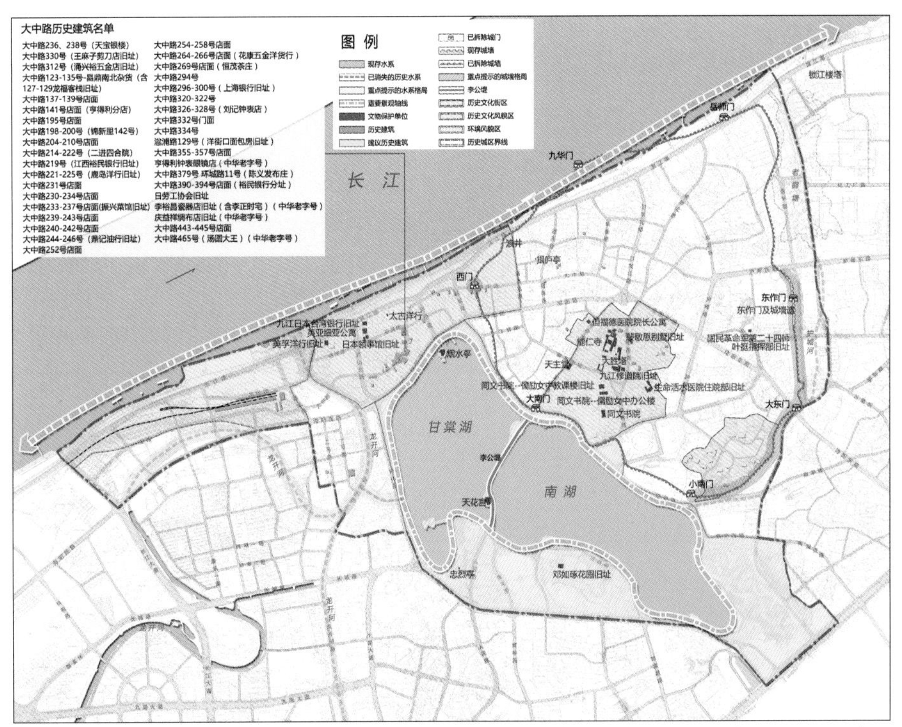

历史城区保护规划总图

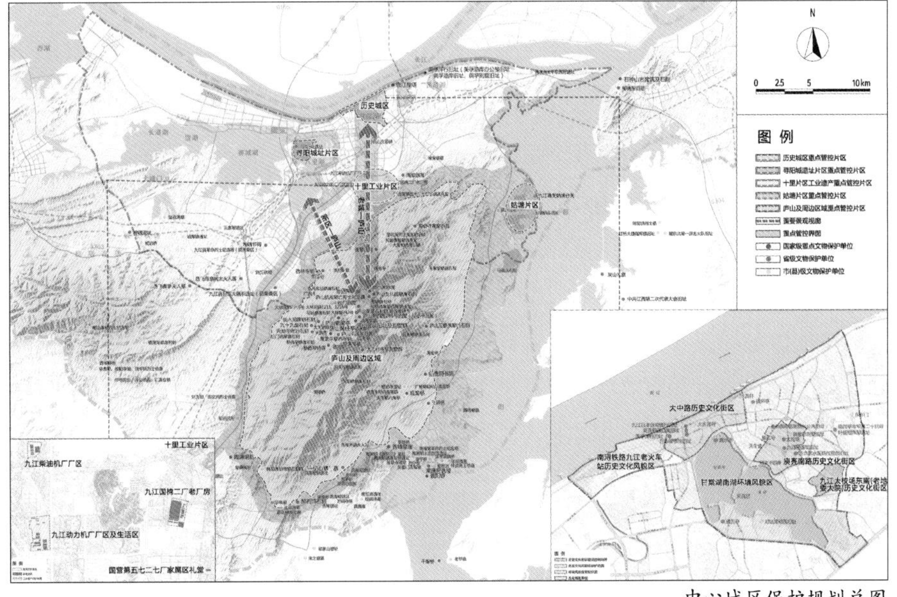

中心城区保护规划总图

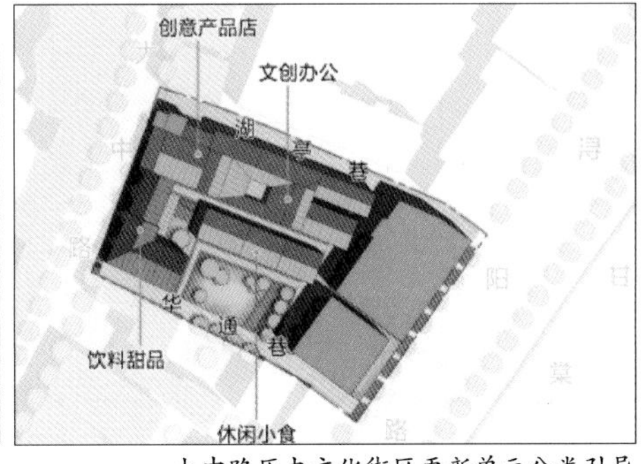

大中路历史文化街区更新单元分类引导

“织补”、更新单元分类引导、公共建筑先行等不同实施模式。在庾亮南路街道空间整治中，响应居民诉求、注重整体协调，重点改善首层立面和步行环境。局部增加特色节点、环境小品，传承城市记忆。在九江动力机厂项目中，规划深入研究工业遗产利用模式，结合城市整体功能需求，提出动力机厂活化利用的适宜模式和合理定位。结合不同类型厂房特征，融入工业博物馆、体育运动、商业办公等新业态，焕发厂区新活力。

（5）坚持服务伴行，协助支撑地方健全完善保护机制。推动地方逐步建立了历史文化名城保护规划、街区保护规划、历史村镇保护规划、历史建筑保护图则等完善规划体系。

实施效果

2021年，庾亮南路历史文化街区顺利实施，亮出了文物和历史建筑，增加了公共活动空间，改善了街区的环境品质，增加了市民的获得感和自豪感。街区保护保留了街区各时期的时代记忆，新中国成立后的车队广场成为展示千年大胜塔的最佳观景点；修道院周边拆除沿街现代建筑后，历史风貌得到完整展现。2022年，老地委大院历史文化街区

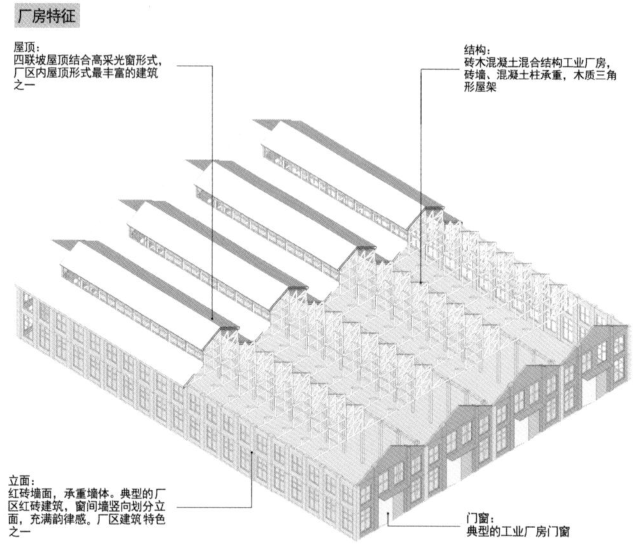

九江动力机厂厂房修缮指引

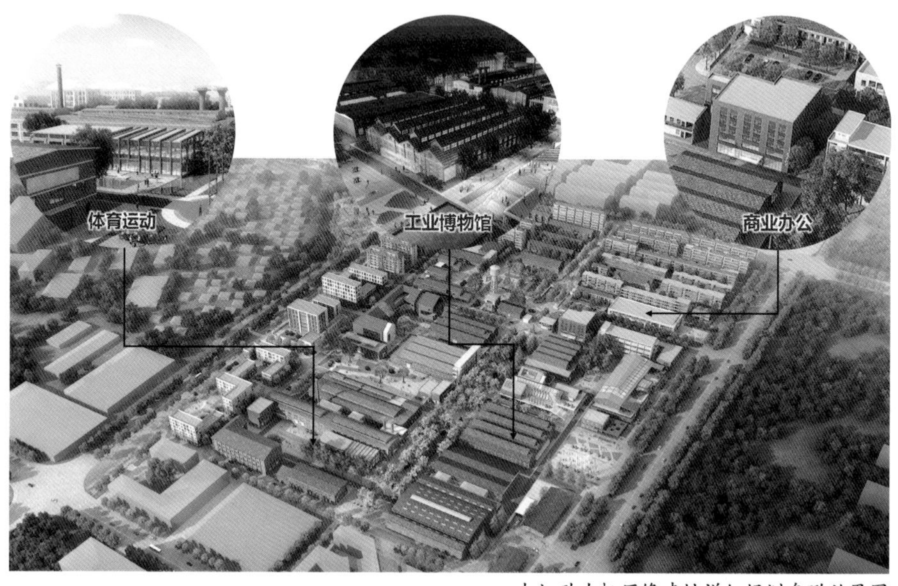

九江动力机厂修建性详细规划鸟瞰效果图

S195大件加工车间修缮效果

S195大件加工车间内部利用效果

九江动力机厂历史文化街区保护规划实施效果

庾亮南路历史文化街区公共空间“织补”

老地委大院历史文化街区公共建筑先行

修缮了1949年以后的历史建筑，传承了城市文脉。

九江动力机厂以街区保护规划确定的保护格局和展示体系为前提，以修建性详细规划为指导，开展了修缮和提升，2024年以“九动梦工厂”的名义正式开街。修缮后的厂房重点修缮突出了规划确定的外观和结构特征；保留了主轴线两侧的原有树木，延续了历史环境；更为重要的是，通过内部结构改造，引入书店、文化展示等业态，成为市民新打卡点。

当前，大中路也正在按照街区规划的相关要求推进保护实施与活化利用。

2022年3月，九江市被国务院公布为国家历史文化名城。在伴随式服务支撑下，九江市形成了“以申报促保护、以保护促实施，以实施促发展”的工作模式，是新时期保护工作的一次综合实践。

（执笔人：兰伟杰、王玲玲）

车队广场整治前后对比

修道院广场整治前后对比

九江修道院东侧整治前后对比

庾亮南路历史文化街区保护规划实施效果

大同历史文化保护系列规划设计

编制起止时间： 2013.7—2017.2
承 担 单 位： 历史文化名城保护与发展研究分院

项目一名称： 大同历史文化名城保护规划
主 管 总 工： 张兵、詹雪红　**主 管 所 长：** 鞠德东　**主管主任工：** 赵霞
项目负责人： 张广汉、杜莹　**主要参加人：** 康新宇、杨亮、王川、王现石、苏月、李刚
合 作 单 位： 大同市规划设计研究总院

项目二名称： 大同鼓楼西街历史文化街区保护规划
主 管 所 长： 鞠德东　**主管主任工：** 张广汉
项目负责人： 杜莹　**主要参加人：** 杨亮、康新宇、王玲玲、王现石、苏月、刘超、郭博雅
合 作 单 位： 大同市规划设计研究总院

项目三名称： 大同广府角历史文化街区保护规划
主 管 所 长： 鞠德东　**主管主任工：** 张广汉
项目负责人： 杜莹　**主要参加人：** 杨亮、康新宇、王玲玲、王现石、苏月、刘超、郭博雅
合 作 单 位： 大同市规划设计研究总院

项目四名称： 大同古城更新建设指引
主 管 总 工： 张兵　**主 管 所 长：** 鞠德东　**主管主任工：** 张广汉
项目负责人： 王军　**主要参加人：** 杨亮、许龙、孙建欣、王川、王嵬
合 作 单 位： 大同市规划设计研究总院

项目五名称： 大同古城十字大街沿街建筑景观及风貌整治设计（城市设计部分）
主 管 总 工： 张兵　**主 管 所 长：** 鞠德东　**主管主任工：** 张广汉
项目负责人： 杨亮　**主要参加人：** 王军、陈双辰、韩孟、李刚、何思宁、王旻烨、张亚宣

背景与意义

大同是首批公布的24个国家历史文化名城之一，历史悠久，人文荟萃，具有厚重的历史文化价值和鲜明的城市特色，在政治、军事、文化、建筑艺术等多领域对中华文明体系的形成与发展起到了关键作用。

2008—2013年，大同市在3.28km^{2}的古城范围内集中大规模地实施修复工程，引发了一系列突出问题，主要包括：局部地段拆真建假、大拆大建，大规模迁出居民导致古城活力丧失等；财政压力巨大、工程难以为继等。

2013年底，《大同历史文化保护系列规划设计》开始编制，贯彻中央精神、落实部委要求，从价值和问题双重导向，依法依规搭建保护工作框架。在完善保护体系、明确保护底线的同时，也提出了改善民生、重塑活力、促进发展的措施，并对古城、历史轴线等重点地区提出了规划设计指引。

系列规划是大同名城保护工作的新起点，起到了拨乱反正、正本清源的关键作用。为地方及时反思和整改出现的问题，从而树立正确理念、采取恰当保护路径提供了有力的技术支持。

规划内容

《大同历史文化名城保护规划》在对2008年以来既有修复工作评估的基础上，提出大同名城保护的原则和目标；从大同在中华文明谱系中的历史地位出发，纠正古城拆真建假的错误做法，保护真实的物质载体，构建历史文化保护传承体系；抢救传统民居，改善基础设施；提出完善古城功能、提升古城服务品质、促进古城产业发展、激发古城活力的措施。

《大同广府角历史文化街区保护规划》《大同鼓楼西街历史文化街区保护规划》

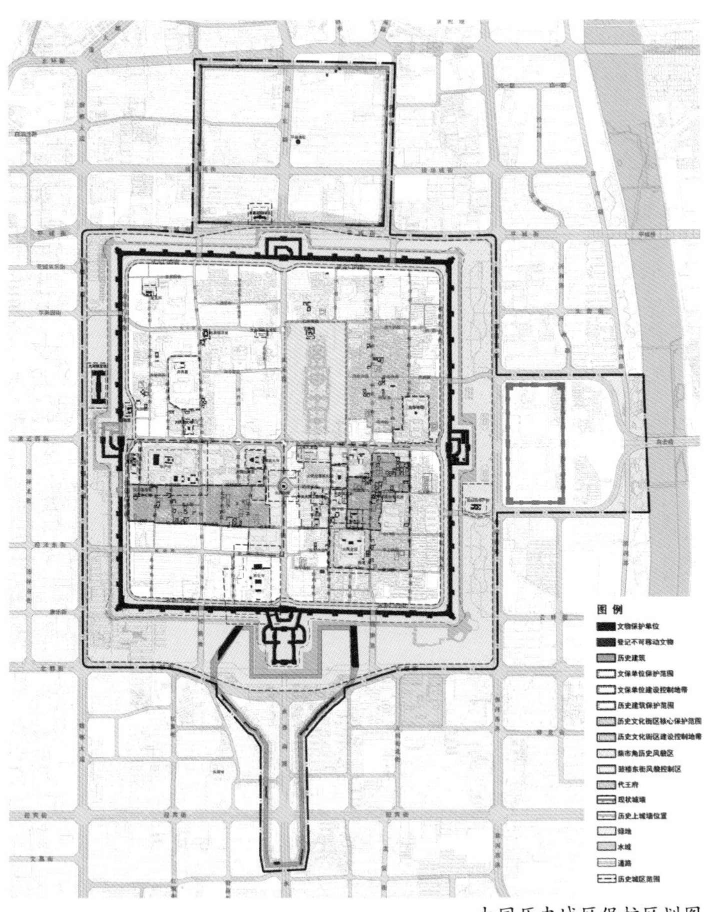
大同历史城区保护区划图

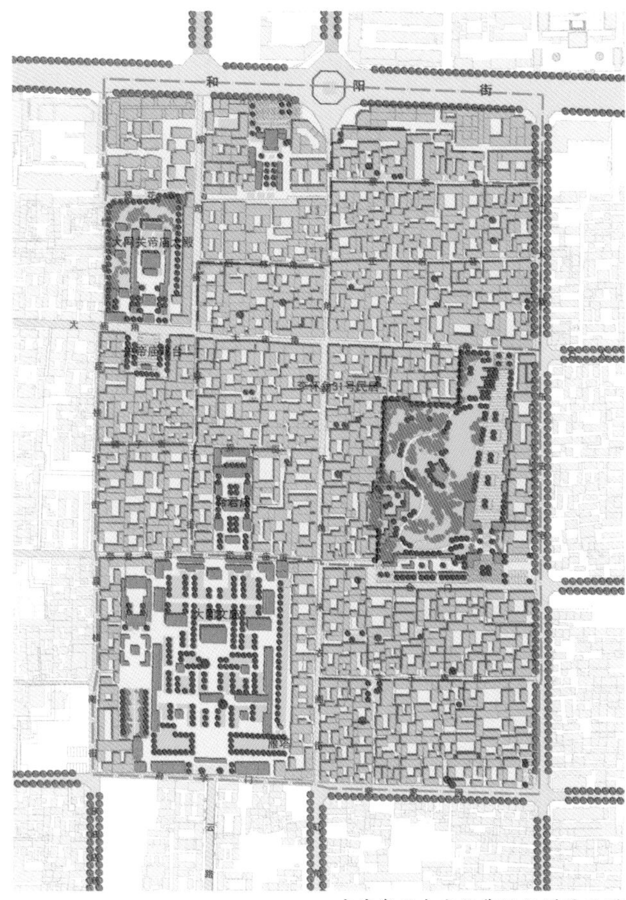
广府角历史文化街区规划平面图

重点关注历史文化街区真实性、完整性和生活的延续性，注重格局风貌的保护延续、人居环境品质提升和整体功能活力再生的技术路径。在深入研究历史文化价值和特色的基础上，明确保护范围和保护管理规定，提出建筑和院落分类保护整治措施，并对人口规模容量、用地功能和公共服务设施、历史街巷和道路交通、景观系统、基础设施、展示利用等发展性内容进行引导。强化了建筑要素修缮指引和规划实施保障等内容。

《大同古城更新建设指引》指明大同古城保护更新中面临的特殊困境，提出了“宜居、宜业、宜游”的发展目标，秉持了“小规模渐进式”的有机更新理念，采取了历史文化保护、传统风貌提升、功能活力复兴、空间网络织补、更新保障实施等策略。特别强调应形成“政府组织引

广府角历史文化街区规划效果图

导，企业、社会组织，社区居民广泛参与”的更新模式，为古城各个片区更新提供技术导则。

《大同古城十字大街沿街建筑景观及风貌整治设计（城市设计部分）》针对大同古城十字大街历史风貌消失的突出问题，研究十字大街的历史变迁，弥补城市文脉断裂和城市记忆缺失。通过城市设计串联古今，适当恢复各时期重要历史建筑和街道转角处传统建筑，其余建筑在高度、体量和细部设计上与相邻历史建筑协调。从复兴城市活力、传承发扬特色风貌和优化提升街道空间三方面提出设计方案，明确分段设计控制指引和设计意向。

创新要点

（1）认识历史层叠演化特征，保护和恢复古城传统空间秩序。对大同历史脉络进行分层解析，通过剖析古城演变规律，进一步认识不同时期历史资源的特色，从而提供多样的保护途径。

（2）探索了“整体复建”重创后的古城复兴路径。深化国际遗产保护理念在中国本土文化语境中的认识，构建了基于遗产“碎片化”现状的整体保护方法，保护古城系统结构的真实性。通过认识古城的生命特征和演化规律，促进了经济社会的可持续发展。

（3）基于历史文脉修复，探索古城中轴线城市设计方法。提出了注重历史信息挖掘展示和提示城市记忆、引导形成多元复合的城市功能、鼓励形成传古扬今的整

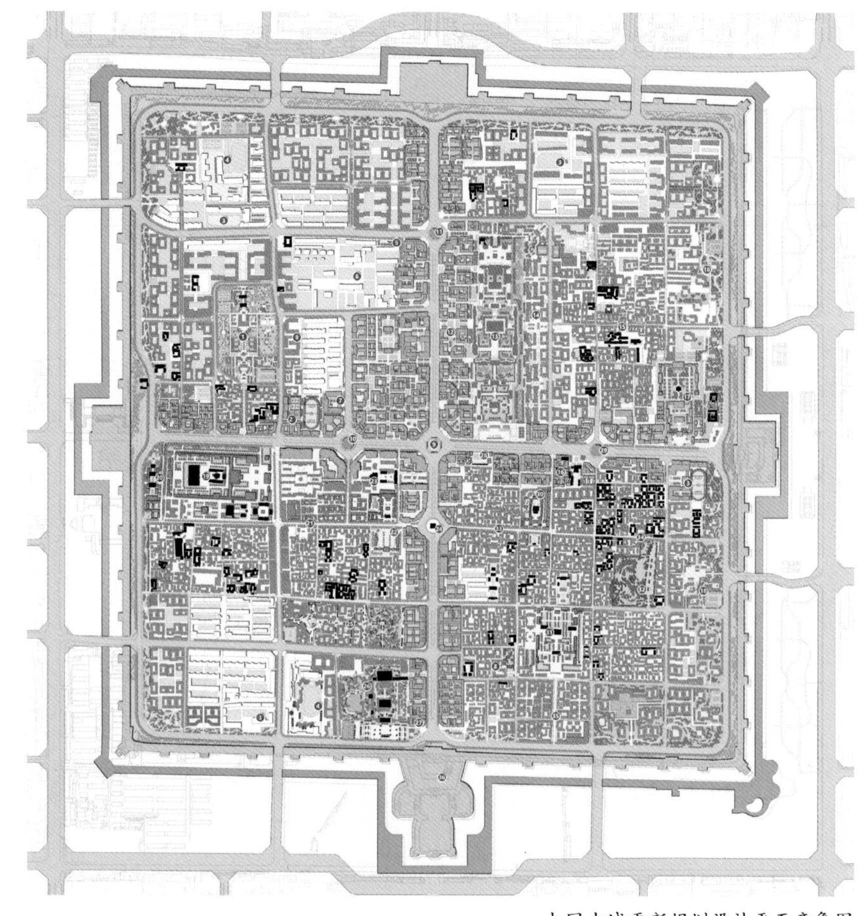

大同古城更新规划设计平面意象图

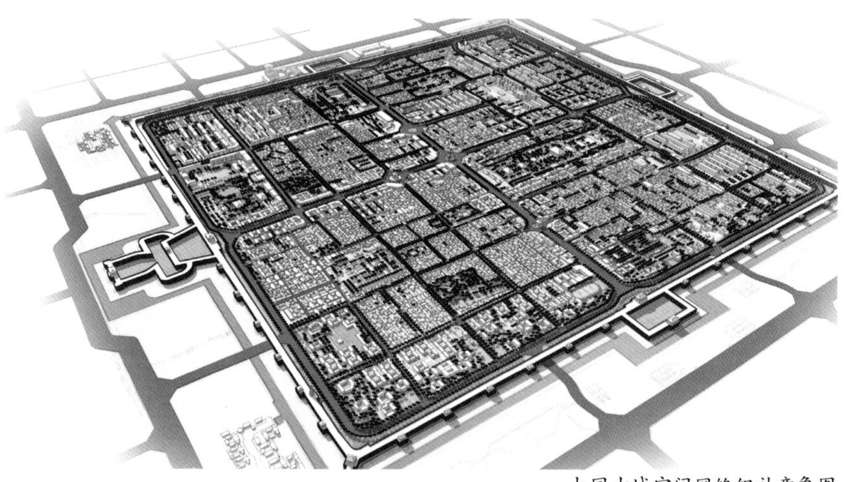

大同古城空间网络织补意象图

清远街大皮巷至四牌楼段北立面现状设计对比图（上图为现状街景、下图为街景规划设计意象）

体风貌等准则和方法。

实施效果

作为大同城乡历史文化保护传承的纲领性文件，系列规划进一步凝聚了社会共识、树立了正确的保护理念，指引了后续系列保护对象普查认定、各类规划编制、相关制度完善和众多工程设计工作。近年来，大同开展了对前期破坏古城等行为的全面整改，一大批传统建筑得到有效保护修缮，历史文化街区人居环境品质显著提升，历史轴线两侧的功能业态、空间形态和建筑风貌得到有效提升，古城整体活力得到充分恢复。

（执笔人：杨亮）

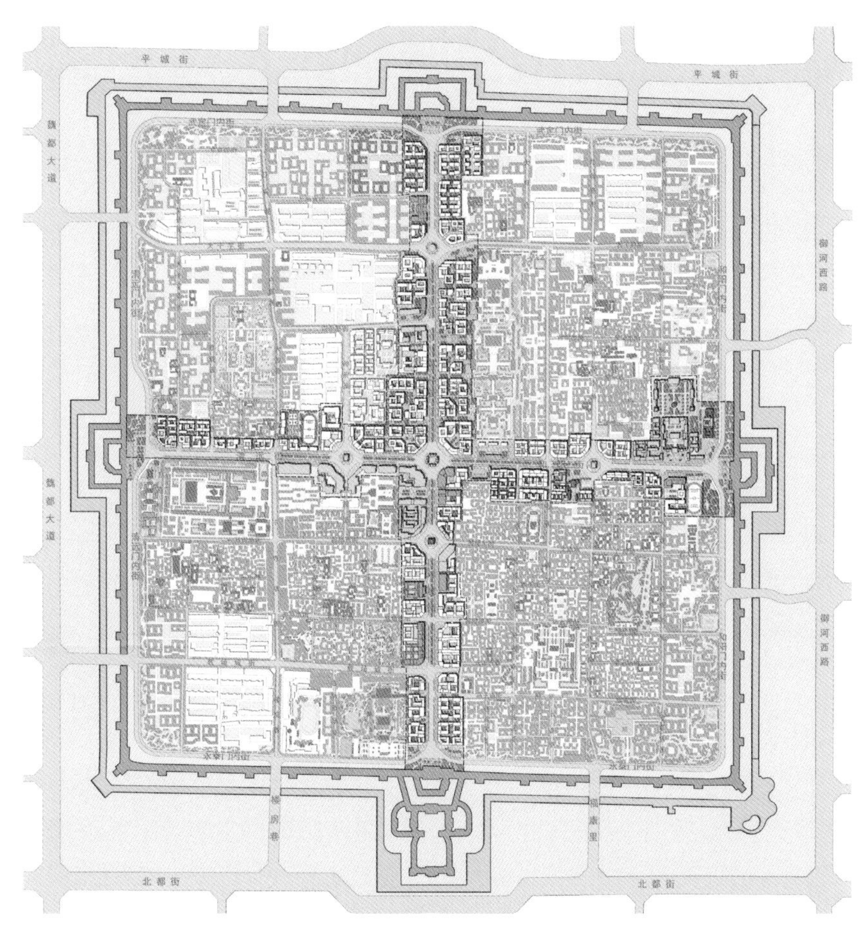

大同古城十字大街平面意象图

清远街街道转角传统建筑街景

广府角历史文化街区内历史街巷整治提升后街景

永泰门北望永泰街鸟瞰效果图

滁州历史文化名城创建及保护实施系列技术服务

编制起止时间： 2016.9—2024.7
承 担 单 位： 历史文化名城保护与发展研究分院
主 管 所 长： 鞠德东　　**主管主任工：** 赵霞
项目负责人： 许龙、张帆　　**主要参加人：** 郭璋、王现石、韩晓璐、王川、赵子辰
合 作 单 位： 滁州市城乡建设规划设计院上海水石建筑规划设计股份有限公司

项目一名称： 滁州市历史文化名城保护规划（2016—2035年）
主 管 所 长： 鞠德东　　**主管主任工：** 赵霞
项目负责人： 张帆、许龙　　**主要参加人：** 王川、赵子辰

项目二名称： 滁州市北大街、金刚巷、遵阳街历史文化街区保护规划
主 管 所 长： 鞠德东　　**主管主任工：** 赵霞
项目负责人： 许龙、张帆　　**主要参加人：** 王川、赵子辰

项目三名称： 滁州老城区历史文化名城保护修缮工程设计
主 管 所 长： 鞠德东　　**主管主任工：** 赵霞
项目负责人： 许龙、张帆　　**主要参加人：** 郭璋、王现石、韩晓璐

背景与意义

滁州山川环绕，自古为皖东山水城市，因《醉翁亭记》而名扬天下，其“双水、双关、双瓮”的明清城池格局保存至今，为我国古代城市遗存所独有，是“山、城、水”交织的人居和谐典范。滁州人文底蕴深厚，地以文传，古城承载着滁州千百年的历史文化，是城市文化复兴、活力提升、特色塑造的引擎。

2016年，滁州市委、市政府全面启动历史文化名城申报工作，我院编制的名城保护规划是滁州第一版，也是安徽省面向2035第一个批复的名城保护规划。保护规划明确了保护内容，划定了历史文化街区，并同步启动了三片历史文化街区的保护规划工作。

2019年滁州市历史文化名城保护申报工作取得阶段性收获，成功获批安徽省历史文化名城，年底滁州市以申报国家历史文化名城和实现古城复兴为目标，决定开展古城保护更新，重点围绕北大街、金刚巷两条历史文化街区开展保护修缮。两街区是滁州古城历史上市井生活的重要承载，是滁州古城十字轴线的重要体现，是皖东传统建筑在古城保存的典型。街区的实施工程搭建了从古城整体更新规划设计指引到街区整体修缮实施、再到启动引擎示范项目建设的工作框架，为滁州古城“绣花式更新”工作开展在地实践探索提供了切实有效的路径。

规划内容

名城保护规划以中心城区为重点，形成了全域覆盖的保护体系，规划重点解决“保什么、如何保、谁来保、如何

首版名城保规
明确保护战略
明确底线
提出保护路径
街区修缮
指导实施
完成示范区
持续推进
《滁州历史文化名城保护规划（2016—2035年）》
同步编制
《滁州北大街、金刚巷、遵阳街历史文化街区保护规划》
规划传导
《滁州老城区历史文化名城保护修缮工程设计》
层次1：古城整体更新规划设计指引
层次2：北大街、金刚巷历史文化街区保护更新规划
层次3：示范区和二期保护修缮工程设计
35-37-39号历史建筑改造试点
四牌楼公园等七个文化游园建设
北大街街道文化活动中心建设
基础设施改造工程
微改造片区的环境提升

滁州历史文化名城创建及保护实施的系列技术服务

用”四个问题，以融入城乡建设为着力点，凸显“双水、双瓮、双关”的古城格局，传承凝聚古人营建智慧的琅琊山、清流河等山水环境，提升城市品质。

街区保护规划落实名城要求，提出三片街区的保护重点，并提出未来更新建设的底线要求和传承指引。

滁州老城区历史文化名城保护修缮工程设计从三个层次入手：古城层面谋划整体更新的空间骨架，传导形成古城层面的项目库，并明确街区中应该承担古城规划要求的系统内容；街区更新规划层面确定更新定位，明确街区的实际建设内容，并明确示范区域和二期区域的建设时序；示范区实施工程围绕“1+2+7+7”重点实施四类项目，包括：1个基础设施网络，2个示范片区，7个文化主题院落，7个口袋公园，着力提升人居品质，补全服务设施，传承古城基因，实现共同缔造，打造成为古城人居品质提升的示范。

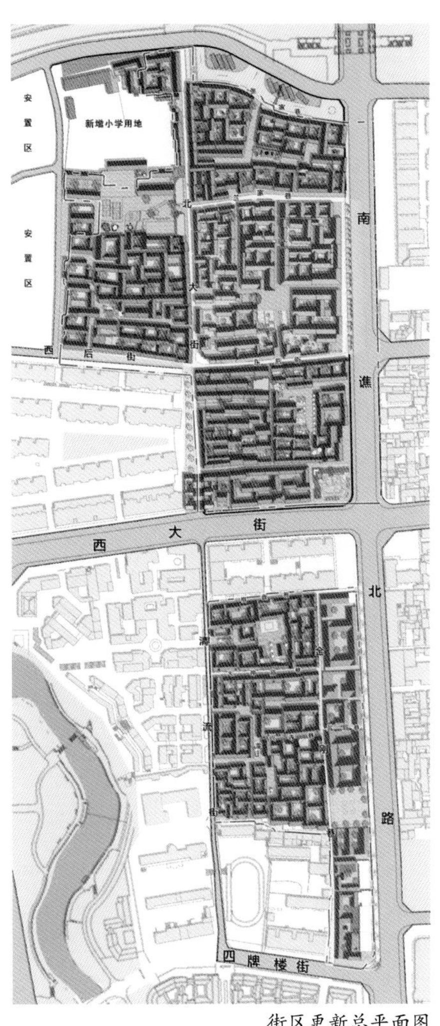

街区更新总平面图

北大街文化游园保护修缮

北大街示范片区保护修缮

金刚巷历史建筑保护修缮

创新要点

（1）底线约束、目标引领，创新面向实施和管理的规划路径。项目组扎根滁州，历时六年，接地气、重实施、重长远，体现向“目标引领和底线约束”治理型规划转变的引导方向，形成面向实施和精细化管理的持续技术服务模式。

（2）塑造风貌、彰显文脉，续千年滁城历史。以“山水环、文脉轴、生态带、邻里径”的整体结构引领古城更新。街区层面塑造“五街七巷”结构，以市坊街巷寻忆路为主线串联街区新八景，形成贯穿古城南北的历史发展轴，串起滁州千年发展的历史序列。

（3）承载生活，提升品质，见人见物见生活。扭转整体商业改造的惯常路径，对当地957户居民开展入户调查，开展一户一案，为居民定制特色生活空间，未来将通过安置政策把修缮保留的约350套房屋交还于原来住户，维系古城传统生活网络，让原来住户成为街区保护修缮工程的最大受益者。

（4）分期实施，示范引领，探索滁州微更新路径。采用分期实施步骤，围绕“1+2+7+7”重点实施。两个示范片区重点建设古城街道服务中心、社区活动、适老医疗服务等设施，新建特色商业文化空间营造，改善人居品质。

实施效果

街区已完成一期工程和历史建筑片区的保护修缮实施，重塑了青砖黛瓦的明清民居风貌，再现环滁皆山的空间格局，凸显“山—水—城”一体的古城人居特色，增强了居民的文化认同与信心，取得了较好的社会效应。街区内吴棠故居、章益故居进行展陈布置后免费开放，举办了多项传播历史文化的相关活动，年接待游客量超10万人次。街区保护修缮工作成为古城复兴的引擎示范，积极助力滁州申报国家历史文化名城工作，探索了一条以名城保护规划为平台，融入城市建设、全面指导保护实施的突破之路。

（执笔人：许龙、郭璋、张帆）

柳州空压机厂老厂区历史地段保护规划

2023年度广西壮族自治区优秀城市规划设计二等奖 | 2016—2017年度中规院优秀城乡规划设计二等奖

编制起止时间： 2015.11—2016.9
承 担 单 位： 历史文化名城保护与发展研究分院
主 管 所 长： 胡敏　　　　**主管主任工：** 赵霞
项目负责人： 王军　　　　**主要参加人：** 许龙、苏原、陶诗琦、王川、李梦、丁俊翔、汪琴

背景与意义

柳州空气压缩机厂（本项目中简称柳空）位于柳州北部，始建于1958年，是“二五”时期柳州的十大重点项目之一。老厂区占地面积约28hm^2，厂区内绿树成荫，环境优美，是广西著名的花园工厂。2013年，老厂区停产。

按照柳州历史文化名城保护要求，柳空老厂区进行整体保护再利用。《柳州空压机厂老厂区历史地段保护规划》明确了老厂区保护更新的基本方向，建立了完整的保护更新体系框架，制定了详细的规划设计策略和措施。在规划的指引下，2017年柳空老厂区开始实施系统的保护更新工程，目前已取得了阶段性实施成效，成为广西工业历史地段保护更新的经典范例。

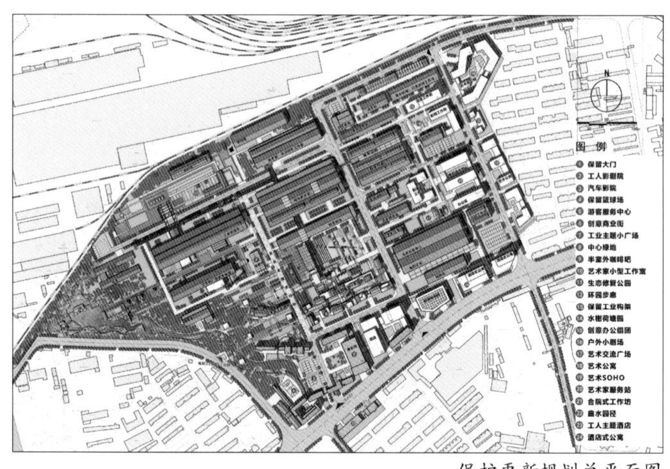

保护更新规划总平面图

规划内容

（1）建立工业历史地段价值评估系统方法，分别从工业化发展、工业区建设、生态文明等视角对柳空老厂区的综合价值进行评估，明确价值特征、价值载体。

（2）从保护和发展维度制定保护更新的主要目标。保护方面，柳空老厂区应成为工业文化遗存保护再利用、空间格局和特色景观保护延续、工业用地生态修复的示范区域；发展方面，柳空老厂区应成为城市老工业地段功能转型与复兴的标杆、活力再造的引擎。

（3）以价值为导向，分别从保护体系建立、存量用地转换与城市功能转型、棕地污染治理与地段景观重塑三大方面系统构建柳空老厂区历史地段的保护更新方法框架和系统策略。

（4）制定详细规划措施。包括建筑分类整治方式规划、业态功能布局规划、道路交通系统规划、特色景观系统规划等，并制定近期实施的具体项目库。

（5）建筑分类指引与详细设计，分项落实规划策略和具体措施。

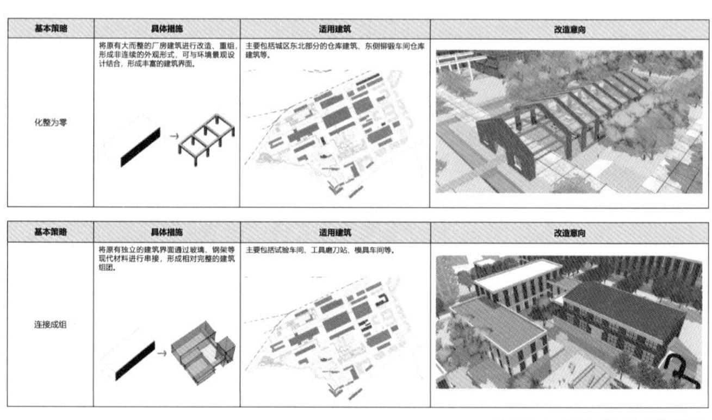

基本策略	具体措施	适用建筑	改造意向
化整为零	将原有大而整的厂房建筑进行改造、重组，形成非连续的外观形式，可与环境景观设计结合，形成丰富的建筑界面。	主要包括城区东北部分的仓库建筑、东侧铆锻车间仓库建筑等。	

基本策略	具体措施	适用建筑	改造意向
连接成组	将原有独立的建筑界面通过玻璃、钢架等现代材料进行串接，形成相对完整的建筑组团。	主要包括试验车间、工具磨刀站、模具车间等。	

保留建筑保护修缮引导

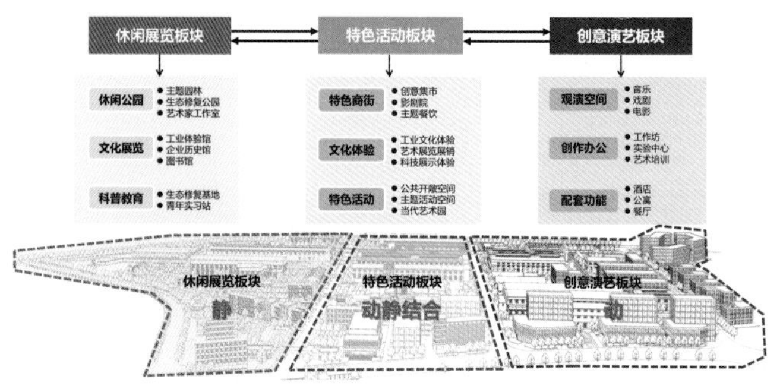

功能布局引导示意图

创新要点

（1）以工业文明传承为导向，科学构建保护体系，避免保护的盲目性。规划针对工业类文化遗产特征，破除了“以古为贵”的认识束缚，以柳空老厂区为样本，跳出建筑和地段本身，从人类文明发展的视角，深入研究工业文明的核心——工业技术的发展脉络及其与人之间的互动关系，围绕空间与技术脉络的关联性特征，挖掘了工业文明的核心价值。以工业文明传承为导向，科学评估和甄别保护对象，构建了以技术价值为核心的工业历史地段保护体系，避免了工业历史地段和工业遗产保护的盲目性。

（2）以城市转型提质为目标，合理确定功能业态，避免改造的随意性。规划深入分析了新时期柳州城市发展的典型特征和城市转型提质的需求，准确把握了城市存量空间资源优化的基本规律，积极引导柳空老厂区由原传统的“以生产为核心”模式向“以生活为核心”新模式转变，针对性地引导适应柳州城市高质量发展的地段功能业态布局，避免了工业历史地段和工业遗产更新改造的随意性。

（3）以场地环境安全为前提，加大棕地污染治理，促进地段生态修复和品质提升。规划针对工业历史地段这类特殊的空间对象，对环境污染治理进行科学的管控和引导。充分参考《工业企业场地环境调查评估与修复工作指南（试行）》（环保部公告〔2014〕第78号），将场地污染风险评估与生态修复作为柳空工业历史地段相关功能更新的前置条件，针对不同污染类型提出具体的修复策略，加大棕地污染治理和生态修复的力度。

翻砂车间保护修缮前后对比

机加工车间内部空间改造前后对比

改造后的老厂房内部空间

改造后的厂区公共空间

实施效果

规划编制完成后，柳州市组织文化旅游、城市建设等多元主体共同推动规划的实施和运营，目前已投入资金6.84亿元，取得了明显的成效。

（1）空间格局和景观特色得到有效保护与品质提升。保护了场地原有的自然景观要素，结合新功能业态，重现了柳空老厂区特有的花园式景观环境。

（2）工业遗产得到科学保护修缮与合理利用。在保护更新措施的指引下，柳空老厂区内有价值的老厂房等工业遗存陆续开展了保护修缮工程，取得了良好的实施效果。

（3）典型老设备设施完整保护展示，与新功能有机融合。设备设施得到有效保护和完整展示，与新功能融为一体，成为独特工业文化元素。

（4）文化功能有机植入，形成高品质的城市活力空间。老厂区形成了以工业体验、文化创意、演艺为主体的城市特色中心。

（执笔人：王军、李梦）

湖州小西街历史文化街区保护规划

编制起止时间：2012.8—2015.12
承 担 单 位：历史文化名城保护与发展研究分院
主 管 总 工：张兵　　**主 管 所 长：**郝之颖　　**主管主任工：**张广汉
项目负责人：康新宇、王军　　**主要参加人：**戴健、陈嗣栋、徐明、姚致祥、吴晔
合 作 单 位：湖州市城市规划设计研究院

背景与意义

湖州是国家历史文化名城，小西街历史文化街区是湖州历史城区的核心区域，街区保护范围面积为17.68hm^2，街区内现有省级文物保护单位1处，市级文物保护单位5处、市级文物保护点5处、历史建筑12处，街区内传统民居建筑占街区总建筑数量的80%以上，是湖州明清时期传统居住街区的典型代表。

2012年以来，湖州以申报国家历史文化名城为抓手，启动小西街历史文化街区保护规划编制与实施。规划研究中深入开展了居民诉求调查、建筑风貌和质量评定，提出了建筑分类整治、街区整体环境品质提升、历史文脉传承等相关规划措施，为后期推进保护修缮工作打下坚实基础。2013~2016年，湖州市政府以街区保护规划为引领，先后投入1.7亿元专项资金，开展了街区保护修缮和更新提升工作，街区整体风貌与人居环境改善显著；2016至今，成立运营管理平台，植入了休闲、艺术、文创、商业等多元业态，营造街区文化创意产业根植的特色环境，推动街区向文物保护、文化展示、商业、居住等功能集于一体的城市复合功能区转变。

规划内容

（1）从城市整体视角，控制引导街区格局肌理、历史环境保护修复。从湖州历史城区整体层面研究制定小西街街区的格局保护、建筑高度管控、交通优化措施，提出街区整体格局肌理、历史环境景观的保护规划控制要求。

（2）发扬工匠精神，以“样板房”为试点培养专业队伍，推进微更新。保护修缮并未急于全面铺开，而是选择若干处代表性传统建筑作为“样板房”进行修缮试点，邀请专家、群众参观指导，对“样板房”外观风貌、梁架结构、装饰构件、配套设施的修缮反复打磨推敲，最终在专家群众一致认可并公示后进行推广。

（3）以人民为中心，提升基础设施、增加小微空间、改善人居环境。保持历史街巷尺度的同时，重构基础设施系统，构建适合于街区的防灾应急和自救体系，大力推进消防通道、消防设施、应急避难场所等重点防灾设施的配套建设。修复驳岸、码头、古桥等典型历史环境要素，增加小微公共空间。

（4）积极发展新业态，提升街区活力。依托街区历史文化资源特色，将其建设成为湖州老城的文化创意、传统居住、特色商业、休闲体验特定功能区。

创新要点

（1）各层次规划设计深度伴行与有效传导。通过《湖州历史文化名城保护规划》《小西街历史文化街区保护规划》制定总体层面的保护要求，通过《小西街历史文化街区修建性详细规划》《小西街历史文化街区保护修缮工程设计方案》深化实施层面的保护修缮措施。形成宏观—中

湖州小西街整体鸟瞰

观一微观、规划一设计一实施一体化的技术体系，保护底线刚性传导和建筑多元特色呈现有机结合。

（2）形成建筑分类保护修缮和“一院一方案”的微更新模式。建筑修缮整治不搞“一刀切”，而是在对每栋建筑详细评估基础上，建立分类保护修缮模式。以建筑、院落、街巷为单位逐个推进，形成“一栋一设计”“一院一方案”。

（3）因地制宜地改善人居环境、延续社会网络。补齐社区配套服务短板，保持街区内长期形成的社会网络结构、生活方式。

（4）创新实施管理机制，构建全流程的政策体系。组建街区保护管理、文化产业运营等专业机构，引导多方力量共同参与。

实施效果

街区整体保护得到提升。保护修缮了各类建筑700余处、建筑面积约3.7万m^2，保护修复了历史街巷20余条，河道驳岸近1km，古埠头10余处，古桥、古树、古井等历史环境要素100余处。街区居住条件得到很大改善。地埋改造供水、雨水、供电、通信、消防管线近5km，新敷设污水、燃气管线近3km。街区业态功能完善丰富。街区至今共引入近10种、20余项时尚新业态，2019年全年接待游客数量近60万人次，创造旅游收入近3000万元。街区社会效应与影响力突出。目前街区内共有年轻创客200余人，各类文创公司100余个，2019年文创企业经营收入总计超过1000万元。2019年初，湖州小西街登上中央电视台大型纪录片《记住乡愁》栏目，2020年，住房和城乡建设部领导实地考察后，对湖州小西街保护利用工作给予了高度评价。

（执笔人：王军、杨开）

规划设计总平面图

滨水空间修复

保护改善前

保护改善后

保护改善前

保护改善后

建筑单体改造实施前后对比图

28

自然保护地体系

青海可可西里申报世界自然遗产保护管理规划及环境整治规划

2018年度华夏建设科学技术奖一等奖｜2017年度全国优秀城乡规划设计一等奖

编制起止时间： 2015.5—2017.7
承 担 单 位： 风景园林和景观研究分院
主 管 所 长： 王忠杰　　**主管主任工：** 唐进群
项目负责人： 贾建中、于涵、李泽　　**主要参加人：** 邓武功、孙培博、宋梁、舒斌龙、梁庄、王笑时
合 作 单 位： 北京大学、中国科学院西北高原生物研究所

背景与意义

作为“世界第三极”，可可西里被视为地球的“活态实验室”，亟待系统地研究和保护。2014年11月，为提升可可西里的国内、国际知名度，吸引更多的社会关注，加强青海可可西里的保护力度，青海省正式启动“青海可可西里申报世界自然遗产”工作。在青海省层面设立的“青海省申遗领导小组”，其办公室设在青海省住房和城乡建设厅，申遗工作由其统一协调安排。在技术服务方面，中国城市规划设计研究院、北京大学、中国科学院西北高原生物研究所组成技术团队开展基础研究、申遗材料和相关规划的编制工作。

规划内容

申遗工作分为两个阶段。第一阶段核心工作内容是按照世界遗产申报要求和程序，由住房和城乡建设部推荐、中国联合国教科文组织全国委员会认可，经国务院批准后，将青海可可西里世界自然遗产提名地上报至联合国教科文组织世界遗产委员会，作为2017年世界遗产大会的表决项目。此阶段我院主要承担遗产申报材料中的保护管理规划编制工作。

第二阶段核心工作是开展环境整治，迎接IUCN（世界自然保护联盟，世界遗产委员会的技术咨询机构）的正式考察评估，并对其提出的问题进行回复。此阶段我院主要承担《青海可可西里申报世界自然遗产环境整治规划》的编制工作。

创新要点

（1）首次系统研究了可可西里的地质地貌、生物多样性、生态系统状况，针对特定物种的特定科学问题开展了深入研

可可西里地貌

究，并在上述研究成果的基础上，提出其突出普遍价值的内涵。

（2）首次运用大数据技术指导了空间规划。规划运用了青藏高原物种大数据技术，分析关键动物物种的空间分布和季节性迁徙特征，进而指导保护分区与管理分区划定、管理站点规划和野生动物迁徙廊道保护等内容，为后续的遗产管理提供了支撑。

（3）在世界遗产理念下构建了本土化的管理架构。规划在充分满足世界遗产管理理念的基础上，通过与各利益相关方进行充分沟通，构建了从国家到地方、从部门到机构、从政府到民间的管理架构，明确了不同责任主体的角色、权利和义务。

（4）全面运用了世界自然遗产适应性管理框架建立遗产地管理体系，为管理架构中的不同主体制定出管理有效性评估周期和计划，并最终建立起以突出普遍价值保护为核心，目标、措施和监测指标三个体系结合的保护管理方法。

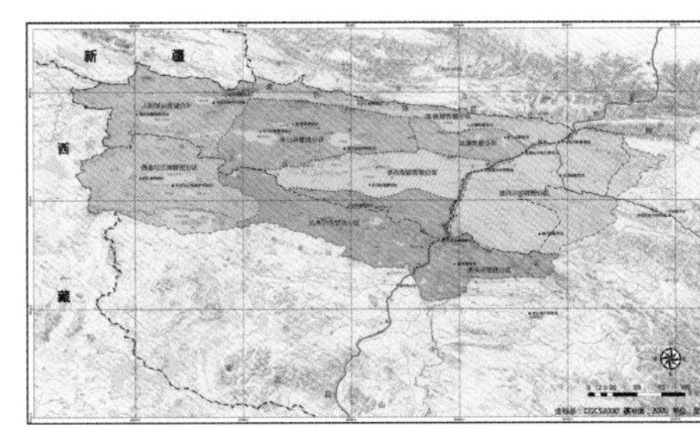
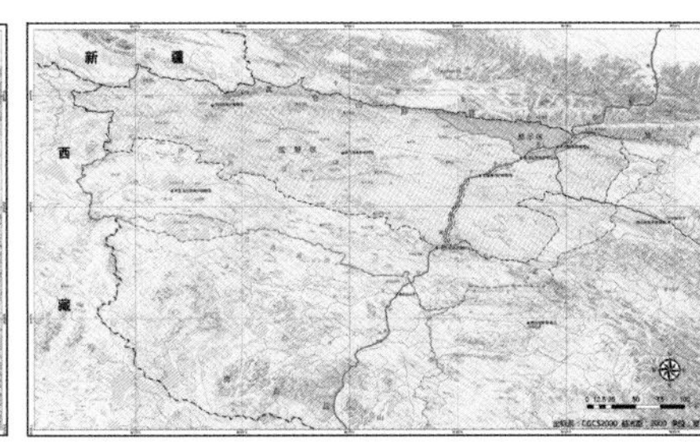

遗产地管理分区和保护分区规划图

实施效果

（1）支撑了青海可可西里成功申报世界遗产。2017 年 7 月，在波兰克拉科夫举行的第41届世界遗产大会上，青海可可西里自然遗产地获准列入《世界遗产名录》。

（2）支撑了可可西里保护立法工作。申遗过程中青海省颁布了《青海可可西里世界自然遗产保护条例》。保护管理规划中的条款纳入该条例，为遗产地的可持续发展奠定了基础。

（3）切实提升了遗产地的环境水平和硬件设施。在规划和研究成果的指导下，管理部门开展了环境修复工作。对五道梁等相关建筑立面和场地进行了改造，并完善了环卫、科普教育等设施。

（执笔人：于涵）

遗产地部分设施和环境改造提升后实景

现场调研工作

湖南韶山风景名胜区系列规划

第三届全国林草行业创新创业大赛全国半决赛三等奖丨2018—2019年度中规院优秀规划设计三等奖

编制起止时间： 2012.3—2023.12
分项目名称： 湖南韶山风景名胜区总体规划、韶山村详细规划、韶峰景区旅游产品提升方案与景区详细规划、韶山风景名胜区游客换乘中心建设规划研究及详细规划
承 担 单 位： 文化与旅游规划研究所、城镇水务与工程研究分院
主 管 总 工： 戴月、詹雪红　　**主 管 所 长：** 徐泽　　**主管主任工：** 岳凤珍
项目负责人： 周建明、苏航、刘小妹
主要参加人： 米莉、巩岳、李佳睿、朱诗荟、刘海龙、贾书惠、宋增文、刘翠鹏、周之聪

背景与意义

湖南韶山是毛主席的故乡，也是他青少年时期生活、学习、劳动和早期从事革命活动的地方，是红色旅游的经典景区。韶山风景名胜区批准于1994年，是以毛泽东同志故居等伟人胜迹和纪念地为核心资源，集革命红色文化、湖湘地域文化等多元文化与秀丽山水于一体，以纪念瞻仰、爱国主义教育为主要功能，辅以生态观光、乡村休闲等功能的国家级风景名胜区。作为传统红色旅游胜地，韶山风景名胜区在发展过程中面临着城景空间混杂、乡村缺乏管控、游客分布失衡等关键问题。

规划内容

规划通过两个层面的编制解决现状问题：一是编制新版《韶山风景名胜区总体规划》，协调城景空间关系、优化景区整体格局、明确重点发展方向；二是同期编制《韶山村详细规划》《韶峰景区旅游产品提升方案与景区详细规划》和《韶山风景名胜区游客换乘中心建设规划研究及详细规划》，挖掘梳理红色资源、管控引导乡村发展，推进红色旅游与乡村振兴互动发展，实现韶山风景区的高质量发展。

创新要点

（1）协调城景村的空间关系。从实际出发调整了风景名胜区边界，并预留出城景过渡地带，清晰界定了城景各自的管控边界，整体上构建韶山市域“东城西景北农”的空间结构。

（2）重视红绿资源的协同保护。纳入了韶山冲革命文物保护规划，依据风景名胜区的生态环境评价将重要的生态功能区域纳入了核心景区，并通过三级保护区划制定了各分区的管控要求。

（3）创造性地将乡村转化为景区。规划针对韶山风景名胜区特征提出了以“乡村景区”作为重点，支撑主席故居、铜像广场的思路，将标志性景点的极小空间延展到整个韶山冲乡村景区，并通过韶山村片区的详细规划落实发展意图。

韶山风景名胜区总体规划与韶山村详细规划的空间格局

（4）从单一分散的红色景点，到“以线串点”的主题故事线，构建韶山故事叙事空间。规划梳理了毛主席的“韶山故

事”，以“一环四线”故事主线串联散点资源，生动立体地展示毛主席在韶山幼年生活、少年启蒙、青年革命及老年回望的生平事迹，构建完整的伟人纪念系列线索。“一环四线”包括伟人瞻仰游览环线、饮水思源求学线、革命求索求是线、韶峰探祖求知线、山林农业景观线。上述主线串接15处主题文化节点，每个节点承载的主席故事，既有革命奋斗事迹，也有年少生活趣事、家人温暖情怀、乡邻好友见闻，多维度展现毛主席的鲜活人生。将游览空间由故居一点拓展到纪念地全域，实现均衡发展。

实施效果

（1）2020年9月，国家发展改革委社会司、文化和旅游部资源开发司联合发布《关于公布红色旅游发展典型案例遴选结果的通知》，全国共评选出60个红色旅游发展典型案例，本次系列规划助推韶山风景名胜区荣列此榜单。

（2）重点区域整治方面，韶山市人民政府落实此次规划，下发交通管理、旅游经营管理、农民建房管理等多个文件（《特许经营管理办法》《村庄分类和布局方案》《农民建房管理办法》），乡村治理初见成效，景村关系得到有效协调。

（3）新增的韶山村景区成为乡村振兴样板。自2019年规划实施以来，韶山村陆续入选第五批中国传统村落、中国美丽休闲乡村、第九批全国“一村一品”示范村镇、第二批全国乡村旅游重点村等荣誉品牌。

（执笔人：米莉、刘小妹）

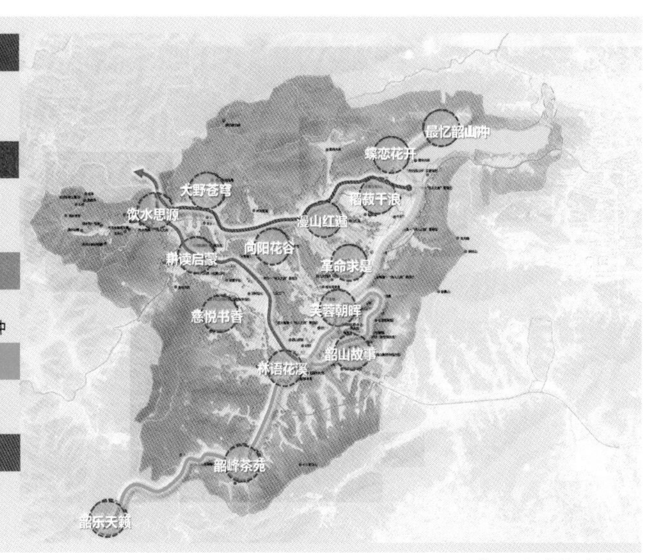

韶山故事叙事空间

实施效果——韶山村风貌管控与整治提升

实施效果——韶山游客换乘中心

贵州黄果树风景名胜区景区（大瀑布、天星桥、陡坡塘）入口环境整治提升方案设计

编制起止时间：2018.3—2019.6
承 担 单 位：风景园林和景观研究分院
主 管 所 长：王忠杰　　**主管主任工：**束晨阳
项目负责人：刘宁京、孙培博　　**主要参加人：**郝钰、肖灿、尹娅梦、贺旭生
合 作 单 位：北京清水爱派建筑设计股份有限公司

背景与意义

黄果树风景名胜区是我国首批国家级风景名胜区，其中大瀑布、天星桥、陡坡塘景区更是风景名胜区内游客最集中的区域。

近些年来，由于游客数量激增，现状游客中心布局以及游览组织难以满足新时期的游客需求，入口区域的整体景观形象也无法与世界遗产级的大瀑布风景资源相匹配。

为了进一步强化景区入口的风景资源保护、优化完善游览交通组织、提升游客中心服务水平、增强入口区域的游赏体验，受黄果树旅游区规划建设管理局的委托，由我院牵头开展大瀑布、天星桥、陡坡塘景区入口整体改造工程。

规划内容

（1）优化入口空间，净化非入口服务功能。进行场地功能优化，疏解对景观生态环境影响较大的传统餐饮区域，腾出空间用于升级景区入口导览问询、科普展示、休憩服务等多样化服务功能。在大瀑布景区，通过对现状大体量的餐饮区进行减量置换，拆违复绿，重塑入口整体景观风貌。

（2）梳理交通游线，高效组织景区游览。借助现状场地高差，采用立体交通形式解决出入口人流与车流交叉冲突的矛盾，同时确保游览区域内部游览车辆顺畅行驶。在天星桥景区，通过建筑的立体交通形式解决出入人流与车流交叉冲突矛盾，限制社会车辆进入景区入口、净化游览线路，提升了游览效率，保障了游客游览安全。

（3）完善服务功能，提升游客的游览体验。强调以人为本的设计理念，增加游客活动空间在入口区域占比，强化游览集散功能；丰富游客服务中心使用功能，加强景区咨询展示、科普教育、休憩留念等服务。在大瀑布景区，将原餐饮服务调整至出口候车区域，优化了游览功能布局，并通过覆土景观建筑形式，将游客中心消隐于自然空间，有效避免了入口区域的功能交错和景观干扰。

（4）提升整体形象，突出地域生态景观特色。景区入口游客中心是开启景区游赏的首站，也是游客游赏序列形成的最

大瀑布景区入口改造前鸟瞰图

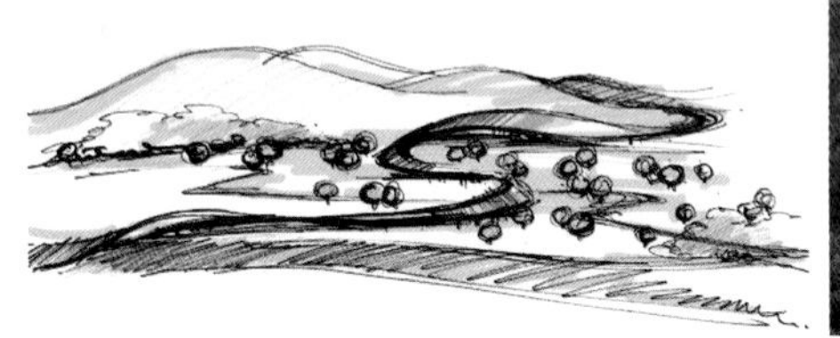
大瀑布景区入口设计手稿

大瀑布景区入口区域改造后实景鸟瞰图

天星桥景区改造前现状交通问题分析

天星桥景区改造优化示意分析

天星桥景区入口区域改造后实景鸟瞰图

初印象。将乡土建筑景观、田园、流水等元素提炼融入园林及建筑设计当中，在体现景区自然风貌的同时，让流动起来的乡土元素化作浓浓的乡愁和绿水青山间的纽带。

大瀑布景区的建筑景观设计顺应了白水河的山水之势，以有机流动的线条凝练瀑布、山麓、流水等地域自然形态，展现“山水之意，天地相融”的规划设计理念。营造一种绿水青山间的氛围，建筑的曲线布置方式除顺应白水河之势，还起到了引导和分流游客的作用。

天星桥景区的建筑景观设计意向源自天星桥景区独有的自然山水风光特色，以绿岛为“林”、以铺地为“水”、以建筑为“石”，营造出山水交融、石林共生的整体景观风貌。

创新要点

（1）人工融入自然——在改造的过程中，优先考虑生态保护及景观体验。场地中的园林与建筑均顺应自然山水，建筑以分散布局的模式与场地融为一体，借由自然地貌而形成一种聚落关系，开合之间空间层次徐徐展开，青砖墙、覆土屋面与瓦面屋檐组成虚实的对比。场地内原有林木悉数保留，与增补乔木共同形成林荫空间，原生的树木穿过屋顶自由生长，与新落成的建筑景观形成和谐的共生关系。

（2）回溯本土记忆——黄果树风景名胜区是我国布依族的聚居区域，规划设计团队通过提炼地域文化特色，借鉴当地传统“石头民居”的建筑风格、挑选本土筑造材料，在设计与施工的过程中尽量避免人工痕迹，拉近人与自然的距离，遵循地域特色。

（3）低碳可持续发展——为实现该区域的可持续发展，建筑屋顶大面积铺设植被，对适宜区域开展立体绿化；建筑预留多处采光及通风口，特制的屋顶系统能够兼顾遮阳、通风及吸收太阳能的功能。

通过一系列低耗能的技术手段，新改造的入口区域有效降低了对化石能源的依赖，将游客中心运营的碳排放量降低至改造前的15%以内。

实施效果

项目团队对景区入口的功能布局、交通组织、园林与建筑设计进行了统筹规划，并伴随从规划至设计、再到施工的各个环节，最终项目成果得到了业主单位、景区管理部门以及游客的一致好评。其提升成效主要表现在以下几个方面：完整保留场地原生植被，有效保护景区入口整体生态环境；疏解景区入口非必要功能，优化提升空间布局和景观风貌；实现人车完全分流和游线立体交会，根本上改善了入口交通拥堵；完善多元服务功能，突出智慧服务，满足新时期的游客需求；服务建筑与自然景观有机融合，彰显鲜明地域文化的特色。

（执笔人：孙培博）

贵州织金洞风景名胜区详细规划系列项目

编制起止时间： 2017.2—2020.10

项目一名称： 游客中心区及官寨老街详细规划
承 担 单 位： 风景园林和景观研究分院
主 管 所 长： 王忠杰　　**主管主任工：** 束晨阳
项目负责人： 刘宁京、孙培博　　**主要参加人：** 肖灿、袁敬、尹娅梦、吴岩、贺旭生、魏巍、崔溶芯、王宝明

项目二名称： 下红岩服务区详细规划
承 担 单 位： 风景园林和景观研究分院
主 管 所 长： 王忠杰　　**主管主任工：** 束晨阳
项目负责人： 梁庄、邓鑫桂　　**主要参加人：** 张守法、宋梁、王宝明、芮文武

背景与意义

党的十九大明确了建立以国家公园为主体的自然保护地体系，风景名胜区是重要的保护地类型之一。在自然保护地优化整合的背景下，织金洞风景名胜区需要守住生态和发展两条底线，努力走出一条生态优先、绿色发展的新路子，如何协调好保护与游赏、自然与文化、居民与游客的依存关系，是风景名胜区需要面对的重要问题。

织金洞风景名胜区是以典型的喀斯特地貌为特征，以独具特色的岩溶洞穴和峡谷为主体的国家级风景名胜区，2017年《织金洞风景名胜区总体规划》通过批复，是各景区详细规划编制的重要依据。本次规划的游客中心区及官寨老街位于地下天宫景区，规划总面积为166.69hm^2，承载了织金洞入口生态保育、游览组织、旅游服务等重要功能；下红岩服务区地处风景区腹地，为有效引导地下天宫景区游赏活动向红岩峡谷景区的延伸，规划从功能布局、活化村落、田园观光等方面提升风景区旅游服务水平，强化景区的保护和利用。

规划内容

1. “风景交融”重点加强生态敏感区域的生态修复及保护

规划严格落实总体规划保护要求，通过科学分析识别生态敏感区域加以有效保

游客中心区及官寨老街规划总图

下红岩服务区规划总图

护，对于山体绿化覆盖率低、石漠化现状突出区域，依据喀斯特地貌特征针对性的提出生态修复措施。规划区内划定重点生态保育区域面积超过45%，重点生态修复提升区域面积超过28%。

2.“功能怡容”全面优化提升织金洞入口区域的游览组织

针对景区现状游览组织问题，通过科学分析论证游客中心选址，以游客中心为枢纽联动各景区游览组织；加强入口区域游览设施的优化提升，将现状内部散点分布的停车场转移至入口外围区域，净化景区内交通组织；提出现状入口处景观提升改造措施，塑造彰显织金洞风情的景区入口场景。

3.“文旅汇融”打造独具魅力的彝苗族融合文化旅游体验

梳理官寨乡集镇的民族文化脉络，融入规划设计及改造提升策略之中，以文化体验为主线，重构入口区域游览序列，打造文化感知、深度体验、民族记忆三个游览段落，营造酒与歌、舞与戏、天与人等九个特色场景体验节点，并重点通过官寨老街的风貌改造，共同成为特色民族文化载体，提升地域文化影响力。

4.“景镇共荣”谋划景镇同步高质量发展的宜居宜游模式

以集镇居民生活与景区旅游观光的和谐共生、共荣发展为基础原则。细化官寨乡集镇的功能分区，优化用地布局并加强建设管控，完善集镇基础设施；面向新时期新的游赏需求，升级官寨游览服务供给，找到高品质游赏服务和高品质村镇生活互促共赢的发展新模式。

5.“合理布局”尊重人地关系

规划以场地现状灌溉水渠为脉络，结合两侧橘林形成田园休闲带；选择合适场地建设服务设施，落实总体规划要求与定位；保持现状村落的体量与规模，形成3

官寨老街鸟瞰效果图

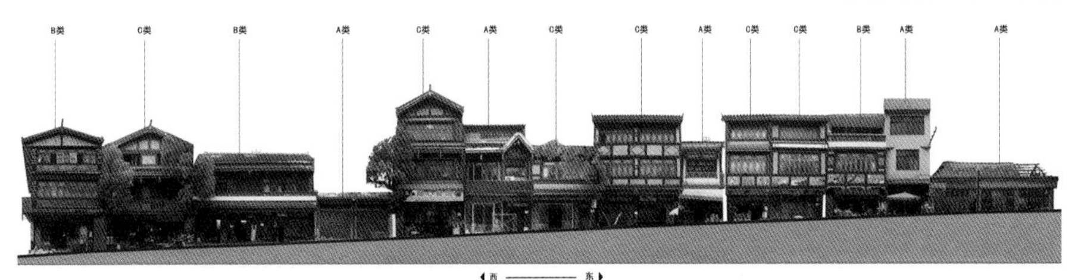

官寨老街风貌改造效果图

游客中心设计效果图

处文化村落。统筹安排下红岩服务区内旅游服务、接待度假、旅游村落、休闲游览等主要功能板块，形成“一带、两区、三村”的布局结构，对下红岩服务区内游览设施、道路交通、绿化景观、居民点等进行具体安排，落实各类建设项目，形成总体布局方案。

6.“有机更新”活化传统村落

对现状村落进行更新改造与合理利用，引入精品特色接待设施，保留乡土记忆，丰富接待度假功能业态。

7.“延续传统”再现山居别院

借鉴贵州传统村寨依山就势、融于自然的理念，尽可能减少人工建筑对自然环境的干扰，同时使游客能够更好地享受自然、贴近自然。建筑设计充分考虑与地形的关系，错落有致，借景山水。

8.“发现特色”塑造诗意田园

以现状灌溉水渠为游线，结合生产橘园与滨江水景，注入观光、休闲、文化功能，为留宿与度假游客提供观光游览与休闲活动空间，提升乡居环境感染力。建设贯穿场地的灌渠步道与滨江步道，串联沿线各类休闲设施和活动场地，供游客漫步其中，体验乡土风情、欣赏滨江风光。

创新要点

1. 资源保护与游览组织互促互进

通过加强入口区域生态保护与修复，优化景区形象、提升游览品质；通过游览组织优化、净化，助力入口区域生态恢复及保育管理。

2. 文化体验与奇观游赏相辅相成

通过强化入口区域的文化感知，推进旅游模式从短时观光型向深度体验型转变，打造“山水相依、文景相融”的自然文化景区的深刻印象。

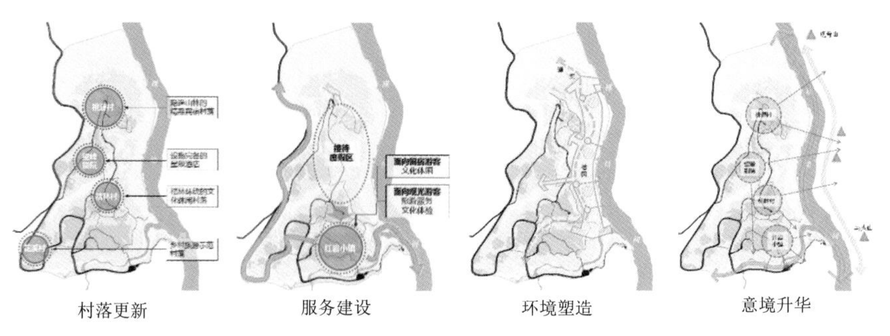

下红岩服务区现状概况图

山居别院效果图

灌渠步道效果图

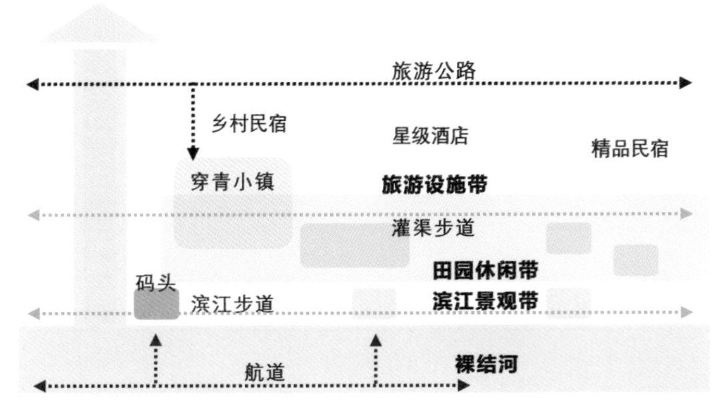

下红岩服务区空间模式图

下红岩服务区山水结构图

3. 集镇生活与旅游发展共赢共荣

通过优化集镇用地布局、完善集镇功能结构、升级集镇旅游供给，贯彻“以人为本”理念，成为新时代景镇共荣的发展典范。

4. 尊重传统村落的有机演进

在项目实践中，基于对场地的整体认知与场地价值的再发现，强调原生村落的有机演进，试图构建山水桃源的整体意象，实现新时代自然与人的和谐共生。

5. 通过“形法文荫”的方法发现乡村价值

将乡居意趣和乡愁慰藉融入传统空间形态中，进行活态传承。不仅关注乡村景观的物质空间，更扩展为“生态—经济—社会—文化”的整体维护。于当地居民是乡愁，于游客是差异化体验，于政府是乡村振兴的有效手段。

游客中心建成实景1

游客中心建成实景2

实施效果

2019年织金洞游客中心正式建成，建筑设计由中规院延续主持，将“别有洞天”的规划设计理念落地实施，游客中心整体采用下沉式设计，建筑与周边环境无界融合，同时为游客提供售票、咨询、导览、休憩、简餐等系列服务，大大提升了景区的游客接待服务能力。

（执笔人：孙培博、邓鑫桂）

北京南苑森林湿地公园规划设计

编制起止时间： 2018.11至今
承 担 单 位： 风景园林和景观研究分院
主 管 所 长： 王忠杰　　**主管主任工：** 牛铜钢
项目负责人： 韩炳越、刘华、郝硕
主要参加人： 辛泊雨、王坤、郭榕榕、安炳宇、宋原华、祝启白、王苏宁、范红玲、许卫国、黄冬梅、高倩倩、赵娜、舒斌龙、赵晅、杨光伟、牛春萍、王春雷
合 作 单 位： 北京禹冰水利勘测规划设计有限公司、中外园林建设有限公司、北京北建大建筑设计研究院有限公司

背景与意义

在生态文明与文化自信精神的指导下，在区域格局重塑、南北均衡发展的首都功能格局重大调整契机下，在发展南中轴地区的重大举措下，北京市于2018年启动南中轴地区规划设计，南苑森林湿地公园是南中轴的重要组成，位于南中轴与一道绿隔公园环交会处，总面积约17.5km^2，目标定位为“首都南部结构性生态绿肺，享誉世界的千年历史名苑”。

规划内容

（1）营造自然野趣风貌，再现南囿秋风景致。规划依托现状平原造林、郊野公园、小龙河水系等，构建蓝绿交织、湿地为底、森林为体、草地有之的森林湿地系统，恢复苑囿“大自然·真野趣”的景观风貌，再现南囿秋风的燕京胜景。

（2）构筑完整生态系统，再现鸢飞鱼跃景象。根据历史文献和现代观测记录，选择20种指示性物种，以保护优先、

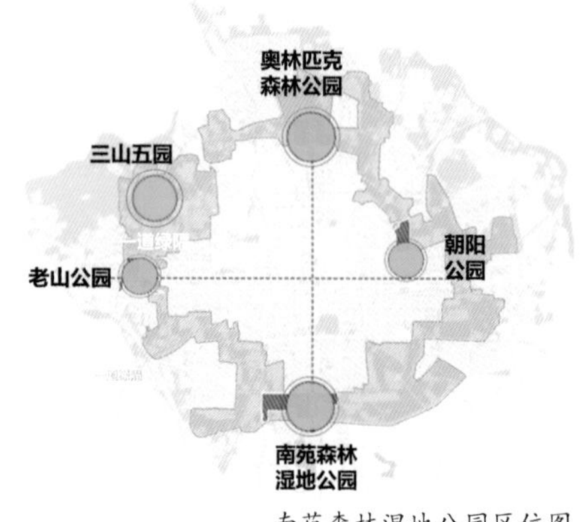

南苑森林湿地公园区位图

南苑森林湿地公园鸟瞰图

自然恢复、人工促进的生态修复方式，构建两处无人干扰的森林和湿地生态保育核，营造森林、灌草、季节性湿地、水域四大类生境和12小类生境，吸引迁徙水鸟和猛禽前来觅食和繁育，构建中心城区最大的观鸟胜地。

（3）发掘场地文化印记，延续南苑历史文脉。再现“御道双台、一墙一门”的历史印记，塑造蕴含历史文化、场景生动的南苑新十景。保护场地内近现代工业遗址和村庄元素，塑造皇家苑囿、近现代工业和乡村文化融合的文化体系。设置七座主题文化馆，开展研学体验、展览讲座等活动，更为生动直观地传承历史文化。

（4）传承尚武体育精神，融入多元休闲功能。延续南苑行围狩猎、演武阅兵的尚武精神，依托公园21km环路，规划公园内半程马拉松线路。规划卡轮圈运动休闲谷和足球运动公园两片大型体育综合体，并在森林中融入多处运动健身和儿童游戏场所，营造多元活力的绿色空间。

（5）布局重大文化设施，带动大南苑文化复兴。在首都功能格局重塑、南北均衡发展的背景下，结合南中轴发展和建设，沿南中轴规划国家文化博览片区，布局国家级博物馆、展览馆和文化设施，提升区域品质和形象，以多元文化融合为触媒，展示城市文化活力和文化魅力，带动大南苑地区复兴。

创新要点

1. 以生态为基，因地制宜、生态修复

对渣土山、淤泥地、垃圾坑、密林地等不同环境，因地制宜，通过清理回填、分选破碎、夯实碾压、岩土加固、坡度调整、土壤改良、植物恢复、疏移间伐、适地适树等方式进行生态修复，恢复开阔湖泊、溪流水系、疏林草地、山体林地等景观生境。

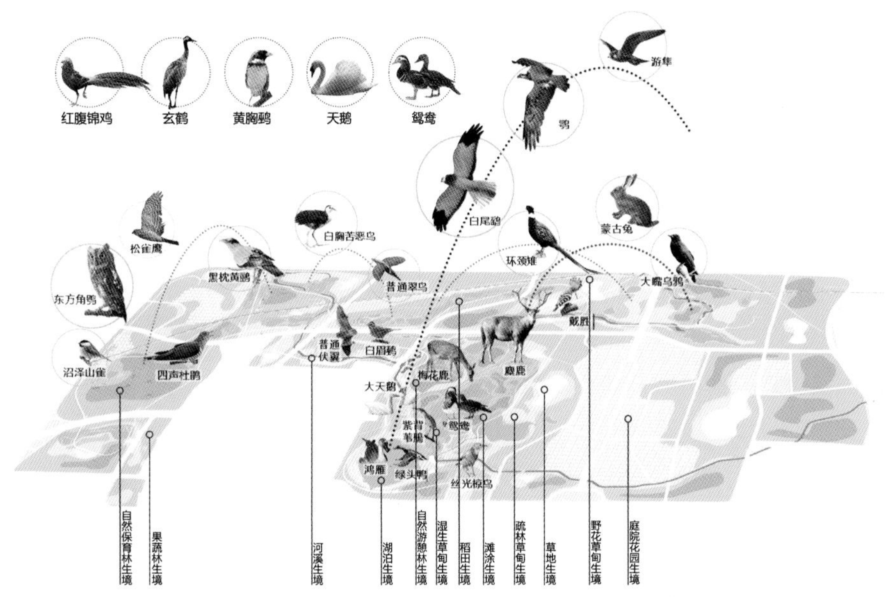

南苑森林湿地公园生境规划图

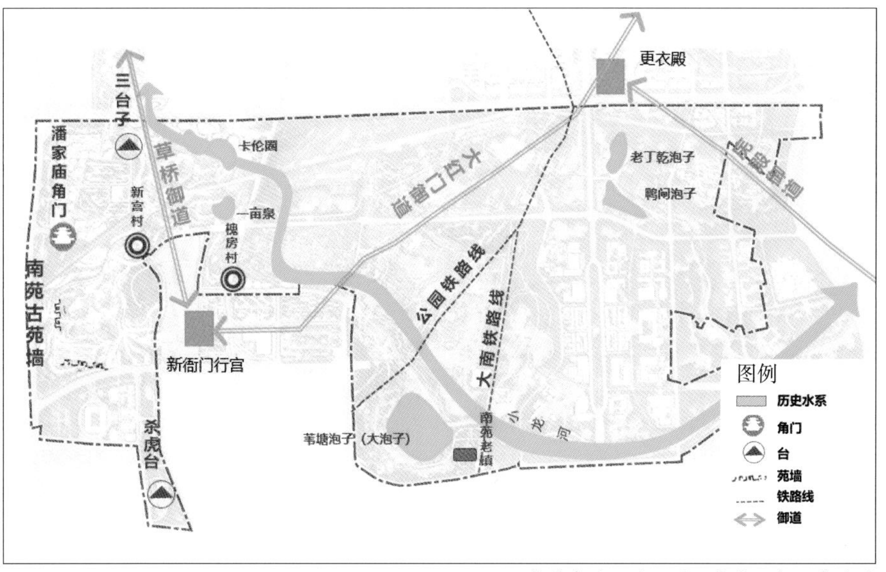

南苑森林湿地公园历史文化印记布局图

南中轴国家文化博览片区与南苑森林湿地公园

2. 以低碳为纲，循环利用、节约建设

规划设计过程中，通过土方平衡、就地消纳、渣土利用、本地乡土植物栽种等方式，践行低碳发展、节约建设。建筑垃圾破碎加工、无害化处理后用于公园道路基础、湖堤驳岸、石笼挡墙工程，实现就地消纳、循环利用。植物景观模拟乡土群落、混播草地，降低建设运输、维护管理成本。

3. 以文化为魂，传承文脉、文化复兴

梳理南苑历史发展脉络，历史上南苑是辽金元明清五朝皇家猎场，明清帝都苑囿，中国近代变迁的历史见证地。南苑是古都历史文脉和文化精华的重要承载地，是首都文化精华传承的典范地区，也是国际文化交往的重要载体。挖掘历史文化资

改造后西土山北坡实景

改造前建筑渣土山北坡

改造后西土山东坡实景

改造前建筑渣土山东坡

原槐房村市集

新建槐房记忆廊

源，构建以皇家苑囿为主的多元文化体系，展示文化魅力，带动大南苑复兴。

4. 以人民为本，城园融合、活力共享

建设用地与蓝绿空间有机融合，四片文体休闲区和三片城市服务片区，承担体育赛事、文艺展演、国际交流、商业服务等功能，提升区域品质和形象，展示城市活力和文化魅力，树立花园城市典范，满足人民美好生活的需求。

实施效果

南苑森林湿地公园2019年启动建设，至今已建成2.87km^2。先行启动区城市森林地块于2023年10月建成，再现“一亩泉”、御道、囿台文化景观，融入多样活动设施。

据生物多样性观测，鸟类由建设前的40余种增长至120余种，生态修复效果显著。公园建筑如驿站、廊架、卫生间等各具特色。

周边居民可在公园登山远眺、体验亲水活动、健身游玩、参加市集聚会等，活力满满，公园深受居民好评和喜爱。

（执笔人：郝硕）

再现“一亩泉”

清泉茶室

大红门主题西入口

“一亩泉”茅轩

周边居民露营市集

国风汉服打卡

北京市潮白河国家森林公园概念规划研究

编制起止时间： 2020.12—2023.3
承 担 单 位： 风景园林和景观研究分院
主 管 所 长： 王忠杰　　**主管主任工：** 韩炳越
项目负责人： 刘华、刘玲、王笑时　　**主要参加人：** 王剑、施菁菁、康晓旭、张元凯

背景与意义

本规划是构筑北京城市副中心与廊坊北三县绿色一体化发展新高地的重要地区，是副中心国家绿色发展示范区建设与北三县绿色一体化发展的重要内容，意义重大、责任重大，具有较强的创新性。

规划内容

（1）明确了公园范围和定位。严格遵循上位规划要求，以通州区与廊坊北三县交界地区生态绿带范围为基础，根据国家森林公园建设要求，确立规划面积约 $104km^2$，整体打造为引领京津冀绿色一体化发展的先行示范区、体现人与自然和谐共生的高质量发展样板区、展现绿色文化新风尚和绿色经济新动能的魅力体验区。

（2）统筹林田水草村，构建三生融合发展格局。构建“一带三区、三园多点、绿道链接”的绿色一体化发展新格局，以林为体、以水为脉、蓝绿交织的高质量国家森林公园，融合生产与生活，实现人一村一境一业合一，成为人与自然共生和高质量发展的大国首都魅力生态地区。

（3）着力打造五个协同，实现共规共建共管共享。包括生态系统协同、多元功能协同、三生空间协同、文化风貌协同、规划实施协同，将潮白河国家森林公园建设成生物栖息共生家园、森林活力共享乐园、潮白河历史文化走廊、两地绿色一体化发展的共赢平台，成为贯彻习近平生态文明思想、践行“两山”理念、开展美丽中国建设、实现高质量发展的又一份“首都答卷”。

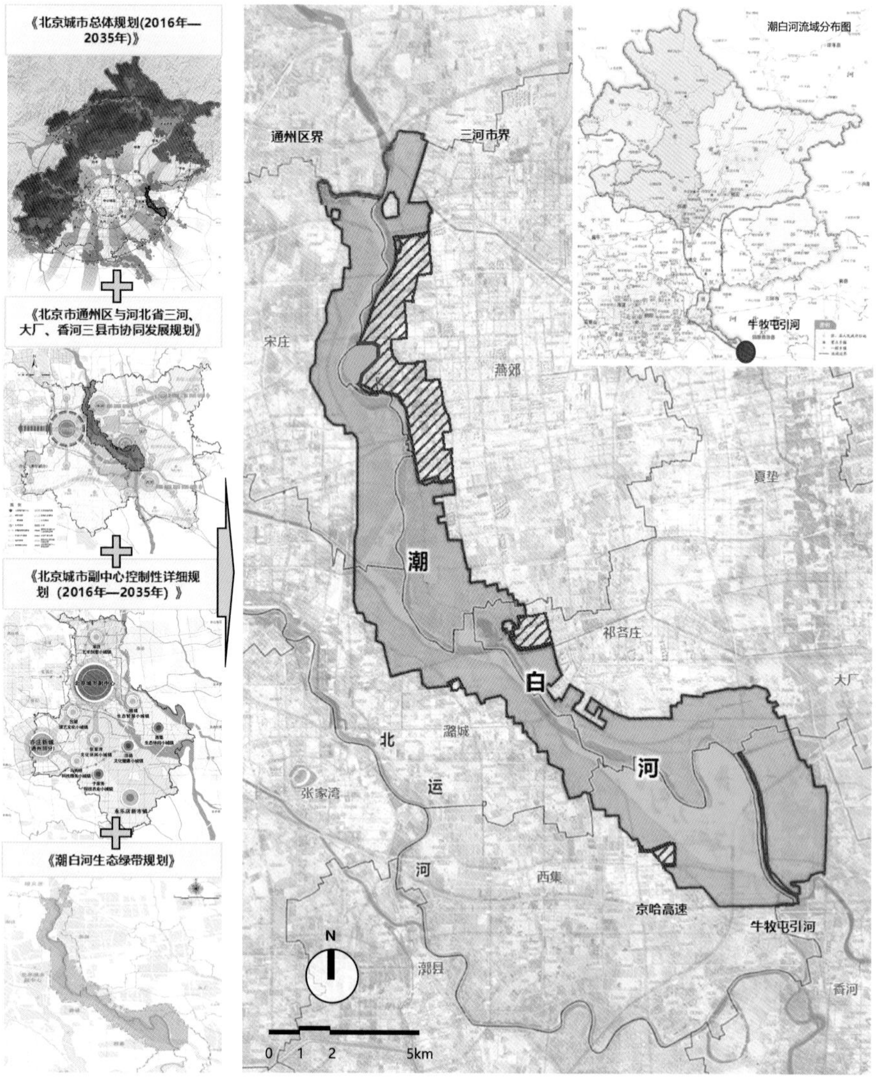

规划范围划定

创新要点

（1）体现了生态系统协同理念。统筹林田水草湿生态综合治理，抚育多个千亩、万亩的结构性森林片区，搭建百里森

林网络，广植乡土长寿树种，构建大河复层森林生态系统，成为两地“碳库”；加强自然留野保育，营建拟自然生境，结合生物廊道贯通，形成占比20%以上的自然留野带，提升生物多样性。

（2）探索了多元功能协同方法。构建涵盖三个跨界协同的主题特色园、多个自然人文景点、绿道慢行网络、乡村森林服务驿站的游憩体系，植入森林运动和康养、植物科研和引种示范、自然教育和休闲等多元功能，结合文化风貌协同，共讲潮白河文化故事，促进生态人文价值转化，激活区域绿色发展新动能。

（3）创新了规划实施协同模式。以森林抚育为引领、以三园为带动，近期重点围绕先行启动区项目实现率先突破，全面创新两地规一建一管一养模式，打造区域绿色一体化发展示范区建设窗口。

（执笔人：刘玲）

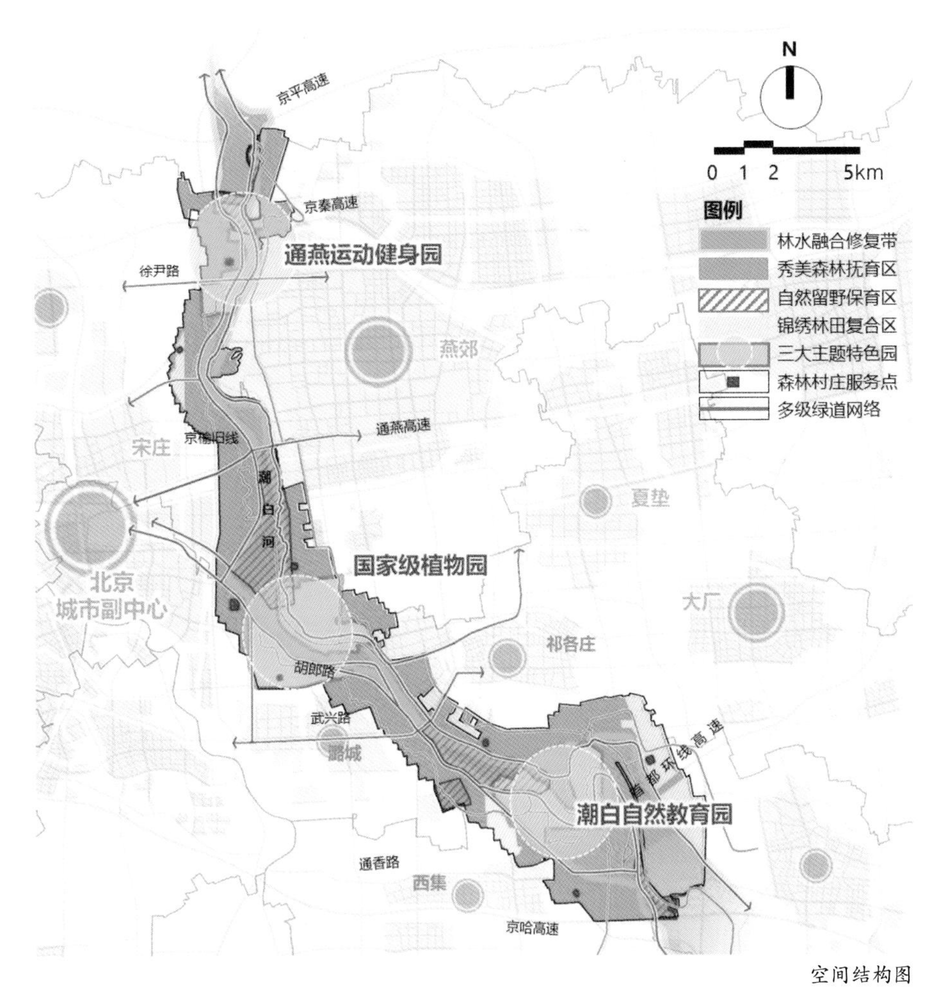

空间结构图

两地游憩体系一体发展构想

邯郸市两高湿地公园设计

2023—2024年度河北省园林优秀设计一等奖

编制起止时间： 2019.9—2021.6
承 担 单 位： 中规院（北京）规划设计有限公司
主 管 所 长： 王家卓　　**主管主任工：** 吕红亮
项目负责人： 王欣、侯伟　　**主要参加人：** 马静惠、潘立爽、李佩芳、鲍风宇、于德淼、胡应均、李婷婷、张浩浩
合 作 单 位： 中国市政工程华北设计研究总院有限公司

背景与意义

在全球气候变化、我国城镇化进程快速发展的时代背景下，城市面临内涝频发、水环境恶化、生态环境退化、基础设施改扩建困难等诸多问题，如何在有限的城市用地空间内高效蓄排雨水，有效改善水环境、提升水生态、打造水景观，避免邻避效应，提高城市韧性和人居环境品质越来越受到社会关注。

两高湿地公园项目从实际问题出发，从系统化、全局化的视角实现了绿色生态、雨水蓄滞、水质净化、活力开放四大目标，践行“水进人退、水退人进、旱涝两宜”的建设理念。

规划内容

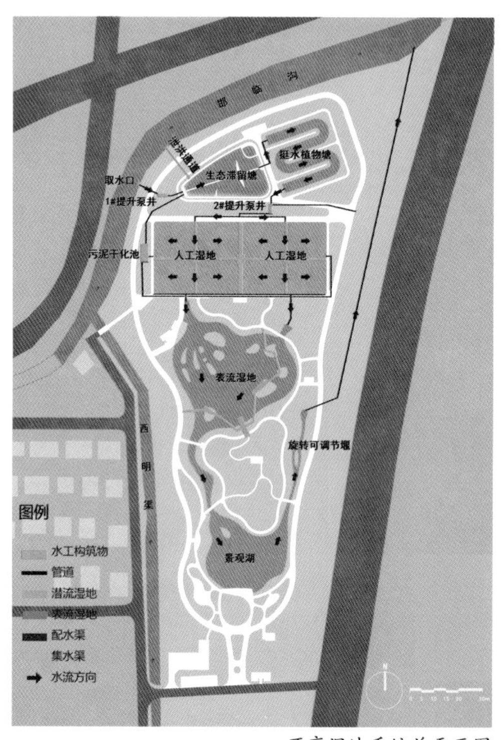

两高湿地系统总平面图

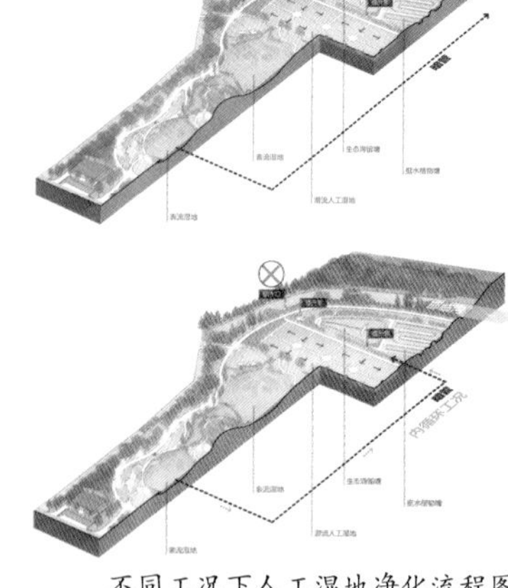

不同工况下人工湿地净化流程图

项目从现状问题出发，以“整体统筹、精准施策、经济合理、美观大方”为原则，确定了“绿色生态、雨水蓄滞、水质净化、活力开放”四大目标。项目聚焦水安全保障、水环境改善、水生态修复、水资源利用四大能力提升，依托模型模拟、多维度综合效益评估，突破单目标壁垒，实现多元重塑城市韧性。项目基于尊重自然的解决方案，强调人与自然的和谐共生，以实践探索应对气候变化的韧性策略；同时，基于项目问题的多面性，采用系统思维和发展视角来应对，横向组织多专业协同合作，纵向从设计、建造、运营、管理和维护通盘考虑，最终形成系统性、全生命周期的综合解决方案。

设计方案功能分区包括前置塘、挺水植物塘、水平潜流湿地、表流湿地、山地微丘、隔离防护等若干片区，空间布局上“藏灰、露绿、显蓝”。人工湿地因需要方便引水且限制游人进入，因此邻临沟紧凑布置；表流湿地布局在场地南部，方便游人使用；微丘地形位于场地中部，起到保护现状燃气和给水干管、分隔通透的纵向空间、形成视觉焦点的作用，也是实现土方平衡的主要手段；场地东西两侧设置隔离防护区，利用地形和植被营造内向园林空间、降低空间干扰。

湿地湖区及小径微丘

生态岛湿地及水上栈道

湿地出水口景观

创新要点

（1）推进生态修复工程，恢复绿色生态基底。设计保留坑塘低洼区，恢复已被填埋的水域，塑造完整、连续的湿地水网系统。植物品种选择力求养护管理经济简便、寿命长，并且有较强的水质净化能力。栖息地营造主要针对鸟类、鱼类进行设计。水域精细化设计水面宽度、水深、水体遮阴、岸线蜿蜒度等。滨水区域植被空间采取疏密结合的方式，为鸟类提供良好的隐蔽、休息和捕食空间。

（2）设置雨水蓄滞空间，提高雨洪调蓄能力。以“水进人退、水退人进”为指导,将雨洪蓄滞区与绿色开放空间相结合，旱天开放空间承担居民休闲活动功能，雨天则发挥雨洪蓄滞功能。雨水蓄滞空间除了具有提高调蓄能力、削减径流峰值、抵抗雨洪冲击等功能外，对减少碳排放、雨水净化、美化环境、节约投资等也有突出贡献。

两高湿地的调蓄空间包含生态滞留塘、挺水植物塘、湿地湖区3个部分，设计了弹性的调蓄模式，既能利用小范围空间满足小规模调蓄要求，也可利用全园水域空间达到整体调蓄目标。

（3）建设复合净化湿地，发挥生态净化功能。方案选用水平潜流人工湿地和表流湿地相结合的净化手段，湿地组成部分主要包含生态滞留塘、挺水植物塘、水平潜流人工湿地、污泥干化池、表流湿地，设计日处理再生水规模达2000m^3。

人工湿地运行方面，考虑到河道引水水质可能受到外界影响而波动，方案设计了常规引水净化、减量引水净化、内循环三种运行模式。在进水端(配水井及提升泵)设置水质在线监测设施，根据来水水质情况对设计工况进行调控。

（4）统筹考虑人水关系，打造活力休闲空间。以湿地游览、湿地科普、雨水管理和水资源回用为主题，湿地公园将生态修复、雨洪蓄滞、湿地净化巧妙地融入景观中，为市民提供休闲、游赏以及科普教育场所。

公园设计了生态岛湿地、杉影溪、樱花溪、小径微丘、秘境花园等活动空间。湿地科普方面，针对湿地净化机制、净化工序、净化效果、净化植物材料选择等进行展示。

方案采用了透水混凝土、透水砖、植草沟、植被缓冲带等，提高雨水在园区的自然转输、自然积存、自然净化的过程。净化后的水一部分回补邯临沟，作为下游的生态用水补给，另一部分则用于园区的绿化灌溉、路面清洁和厕所冲洗。

实施效果

两高湿地公园于2019年底动工，湿地主体部分于2020年底基本完成，绿化工程在2021年5月完成，如今已是一幅水清岸绿、生机盎然的湿地景象。2020年底，湖面已出现野鸭等动物，生态状况明显好转，湿地公园也已成为周边居民日常休闲的好去处。2021年雨季，两高湿地公园运行调蓄两次，周边内涝情况明显缓解。随着系统化方案工作的推进，邯临沟水质逐步改善，2023年3月两高湿地出水水质监测数据显示，氨氮含量为0.2~0.8mg/L，总磷含量为0.01~0.06mg/L，达到地表水环境质量标准Ⅲ类标准。

（执笔人：侯伟、鲍风宇）

29

文化旅游

“浙东唐诗之路”天姥山旅游区规划设计

2023中国国际园林景观规划设计大赛金奖、杰出设计奖 | 2020—2021年度中规院优秀规划设计一等奖

编制起止时间： 2019.5—2021.9
承 担 单 位： 文化与旅游规划研究所
主 管 所 长： 张娟　　**主管主任工：** 罗希
项目负责人： 周建明、刘小妹、苏航　　**主要参加人：** 李佳睿、丁拓、宋增文、苏莉、米莉、朱诗荟
合 作 单 位： 北京方州基业建筑规划设计有限公司、中科（北京）建筑规划设计研究院有限公司

背景与意义

2019年浙江省着力建设以“浙东唐诗之路”等四条诗路文化带，打造“诗画浙江”的鲜活样板。浙江新昌天姥山是“浙东唐诗之路”精华地，享有“一座天姥山，半部全唐诗”的文化盛誉。

在此背景下，新昌启动编制天姥山旅游区规划设计项目。采用“总体规划+详细规划+方案设计+现场服务”一体化的全过程陪伴式工作框架，指导天姥山自然资源保护、文化保护传承与文旅产业发展。

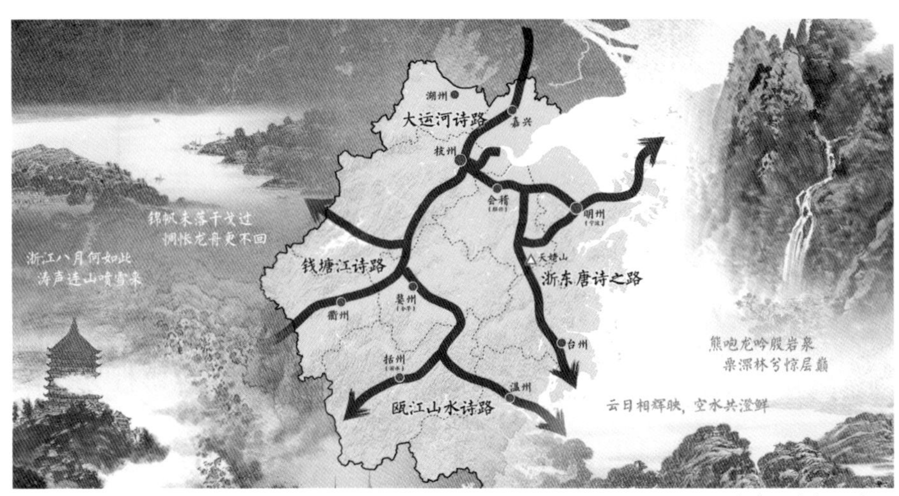

唐诗之路与天姥山

规划内容

紧扣唐诗之路的文化主线，构建“文化意象空间识别—文化景观保护修复—唐诗文化景观营造—文化旅游功能配套”的技术路径。

（1）文化意象空间识别。规划创新性地采用NLP自然语言处理技术，选取48900首全唐诗与1500首天姥山诗歌进行语义挖掘分析，总结提炼天姥山文化意象时空图景。

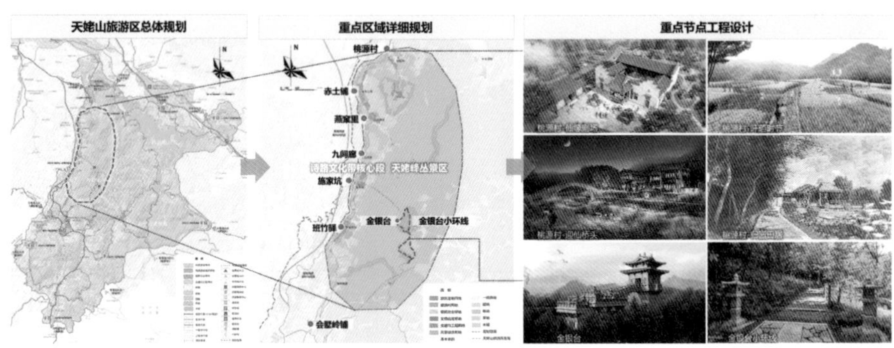

“总体规划+详细规划+方案设计+现场服务”一体化的全过程陪伴式工作框架

（2）文化景观保护修复。按照真实性与完整性，将唐诗之路沿线历史遗存及其依存的自然山水整体作为文化景观保护、修复与展示的主体，构建全要素、多层次的天姥山文化遗产保护展示体系。

（3）唐诗文化景观营造。规划重点在“古道寻幽迹、乘舟入剡溪、登临天姥岑”三条天姥山唐诗之路历史线路上，通过诗景

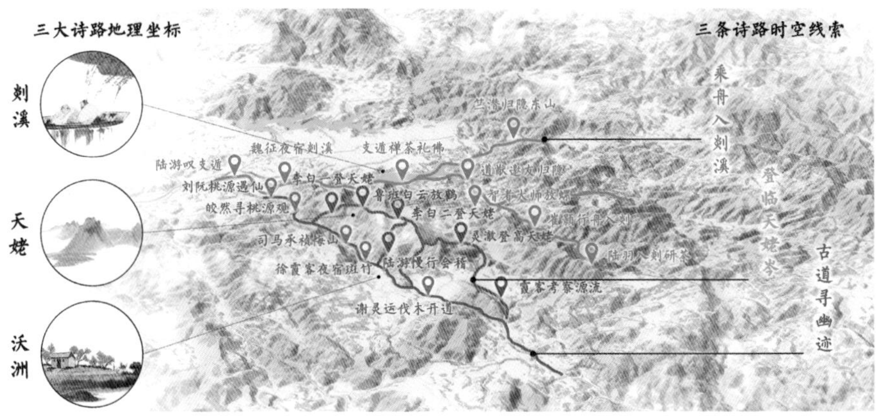

天姥山诗歌文化意象时空图景

相应、寓诗于景，诗画景一体化呈现唐诗意境；实现“人在诗中走，心在画中游”。

（4）文化旅游功能配套。规划结合浙江“数字诗路”建设，在文化景观中融入数字互动科技体验，打造实景版的中国诗词大会；策划文化演艺与诗路夜游，让传统文化动起来、活起来；配套特色文化旅游功能，为游客提供良好旅游体验。

创新要点

（1）类型创新。本规划是“文化保护传承+旅游活化利用”文旅融合型规划，探索了以唐诗为代表的中华优秀传统文化旅游利用模式。

（2）思路创新。注重无形诗词文化的有形景观表达和传承创新，展现看得见的唐诗之路。

（3）技术创新。采用前沿的NLP自然语言处理技术、空间景观识别技术，为天姥山文化遗产保护展示体系科学构建提供有效技术支撑。

实施效果

（1）规划设计建设效果显著。诗路古驿桃源村、天姥峰丛核心景区的金银台及环线步道等建成开放。

（2）有力推动文旅发展与乡村振兴。围绕“诗歌+音乐+旅游+露营”各类文化研学项目陆续开展，天姥山文化魅力得到彰显。

（3）获得多项文化旅游品牌。2021年天姥山成功入选“浙江名山公园”，天姥古驿风景线入选“浙江省美丽乡村风景线”。

（执笔人：刘小妹）

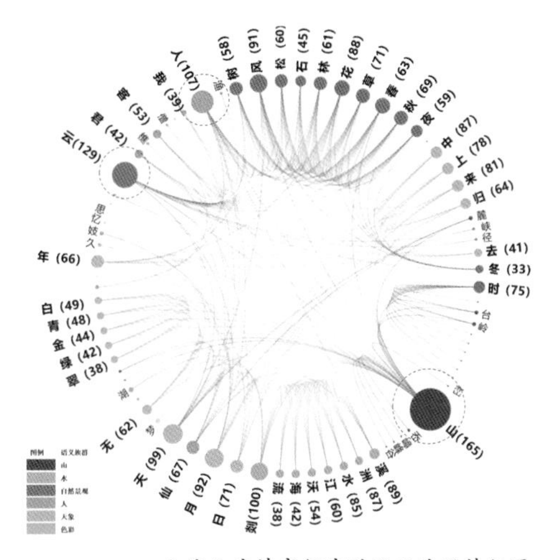

天姥山唐诗高频字的语义共现特征图

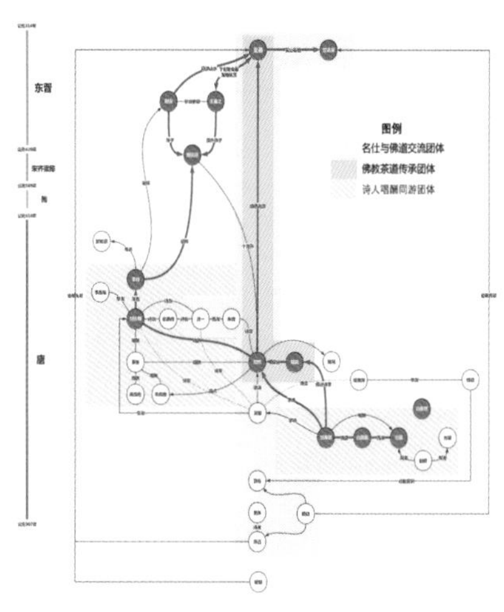

天姥山文化群体关系图

实施效果——诗路古驿桃源村·仙缘剧场

实施效果——诗路古驿桃源村·迎仙桥头

实施效果——诗路古驿桃源村·归园田居

实施效果——天姥峰丛核心景区：环线步道

实施效果——天姥峰丛核心景区：金银台

北京市旅游休闲步道规划及步道规划设计导则

2019年度全国优秀城市规划设计二等奖｜2018—2019年度中规院优秀规划设计二等奖

编制起止时间： 2014.10—2017.6
承 担 单 位： 文化与旅游规划研究所
主 管 所 长： 周建明　　**主管主任工：** 岳凤珍　　**项目负责人：** 丁洪建、贺剑
主要参加人： 刘剑箫、郭余华、李克鲁、石亚男、彭瑶瑶、罗希、张浩然、孙依宁、岳晓婧、苏莉、陈杰

背景与意义

为落实中央生态文明建设、打造中国特色国民休闲体系、实施全民健身国家战略有关精神，支撑建设国际一流的和谐宜居之都，北京市响应居民巨大的户外休闲及文化旅游体验需求，以旅游休闲步道为抓手，提高居民健康水平和幸福指数。

在当时国内尚无相关规范标准的前提下，项目组先后编制完成北京市域步道系统规划、市级步道规划及步道规划设计导则，集成创新步道规划技术体系，出版国内首部国家步道规划著作，并成功申报住房和城乡建设部科技计划项目“国家步道系统标准及步道规划设计导则研究”。

规划内容

1. 针对缺乏规范，原创提出我国步道系统标准

针对我国步道发展尚处探索阶段、缺乏标准规范的现状，借鉴海外步道发展经验，将步道界定为以徒步为主、兼顾骑行等多种户外休闲用途的廊道，明确步道系统的分级、分类及构成，并根据使用者需要，配置10类步道设施。

2. 面向落地实施，首创构建北京市域步道规划体系

面对步道建设的迫切要求，既要描绘市域远景步道蓝图，又要指导各区近期步道施工。在全市层面创新编制市域步道总体规划，细化编制市级步道规划，制定步道规划设计导则，指导各区开展分区步道规划、分段步道设计及建设。

（1）探索编制北京市域步道总体规

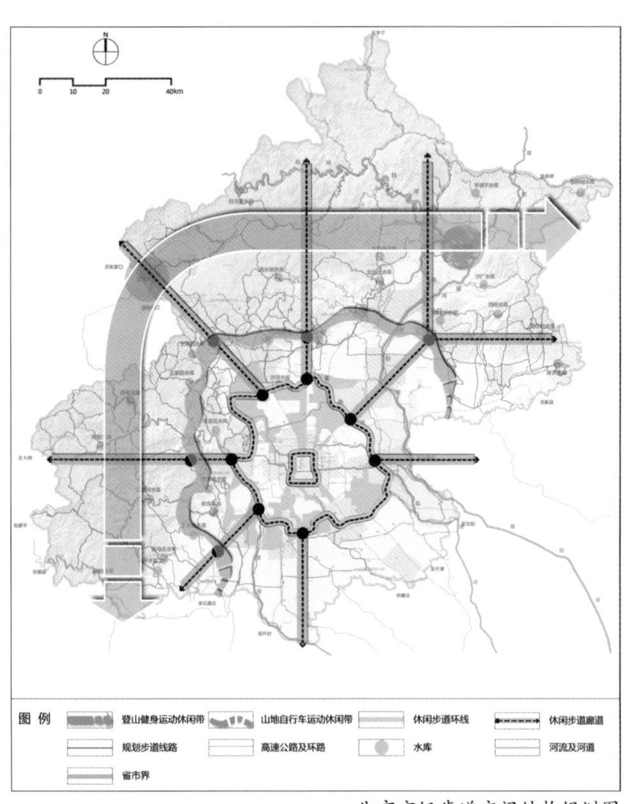

北京市级步道空间结构规划图

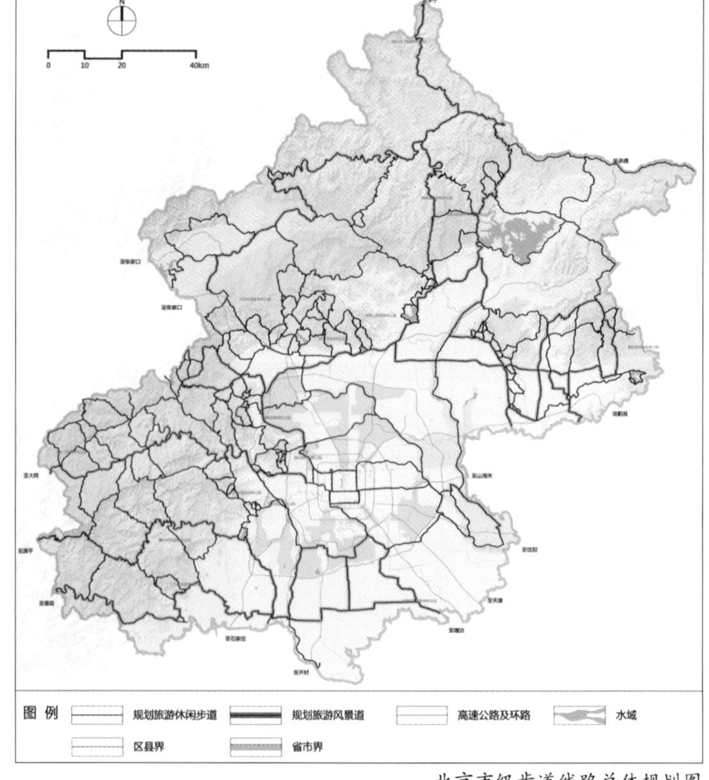

北京市级步道线路总体规划图

划。坚持生态为本、安全第一、文化融入、联动富民的原则，以山为基、以水为廊、以文为脉、以绿为带、以景为珠，在全市形成“两环、两带、多廊”的步道空间结构，规划步道总长3000km，支撑北京创建世界一流的户外休闲目的地。细分登山步道、滨水步道、历史步道、山地自行车道等类型，明确各类步道的空间布局、路面设置、设施配套及细化引导要求。

（2）深化编制北京市级步道规划。构建十大市级步道线路，作为全市步道系统的骨架，彰显首都风范、北京特色。明确市级步道在各区的具体布局、设施配套及建设要求，指导各区细化设计及建设。

3. 落实生态文明，首创制定北京市步道规划设计导则

如何克服常见的开山凿石、林木伐移行为，减少生态干扰，是步道建设面临的难题。落实生态文明要求，吸纳生态工法理念，首创制定北京市步道规划设计导则，包括步道路面、配套设施及标识系统建设指引。

4. 基于三维空间，集成创新“3D-3S-Big Data”步道规划技术

在地形复杂的三维空间，传统的二维空间规划方法难以科学确定步道选线与设施选址。规划团队深入各区实地，携带手持GPS，筚路蓝缕、寒暑三易，徒步踏勘700余千米，充分发挥“3S”技术的空间信息采集、分析和表达优势，将其集成应用于步道规划全过程，深入基础数据准备、步道建设适宜性评价、步道线路规划、步道设施规划和规划成果展示各环节。

应用大数据技术工具，抓取人们分享的户外航迹，绘制户外活动热度地图和情绪认知地图，纳入热门步道线路，优化服务设施布局。

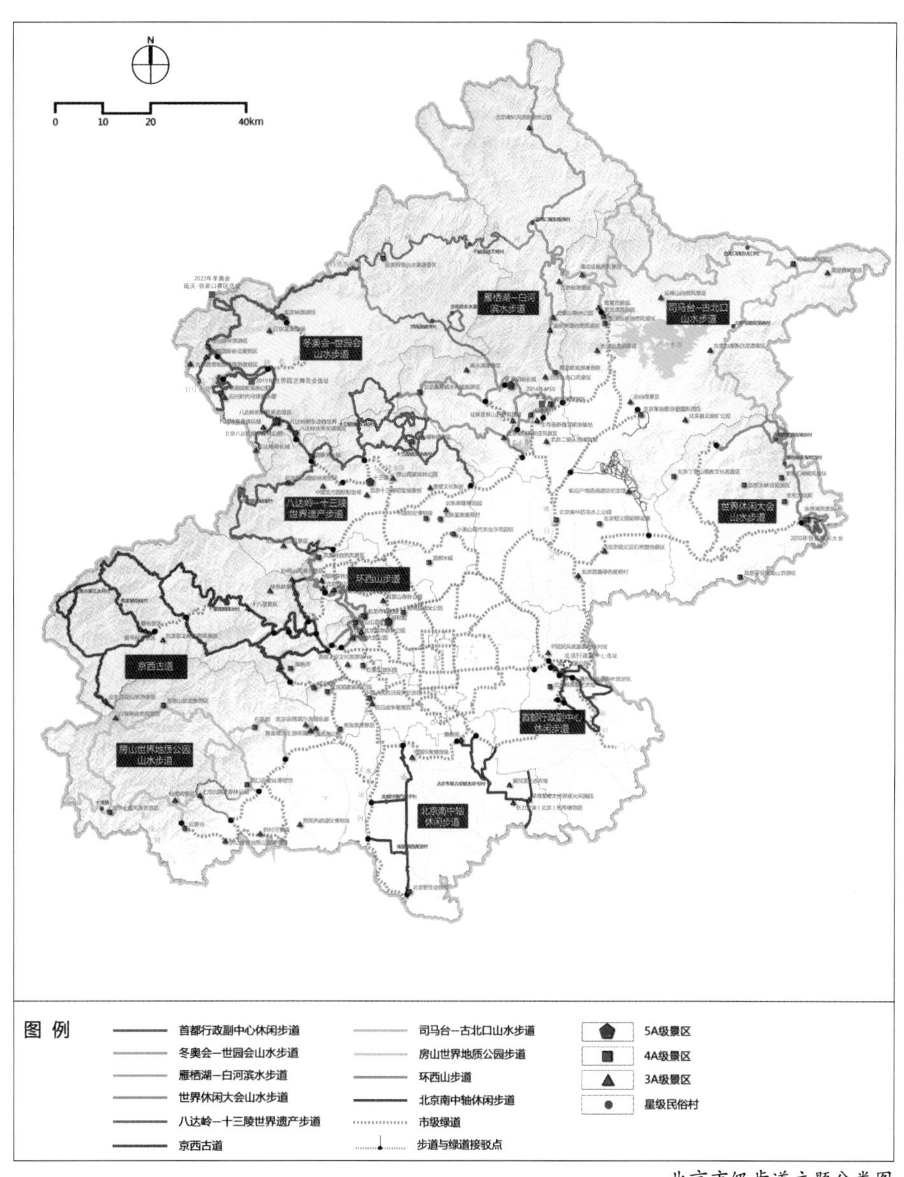

北京市级步道主题分类图

实施效果

（1）全市印发实施。2015年，北京市依据《北京市旅游休闲步道总体规划》，决定建设步道3000km。2016年，《北京市级旅游休闲步道规划》《北京市旅游休闲步道规划设计导则》印发。支撑北京市旅游发展委员会等五部门联合印发《关于加快北京市市级旅游休闲步道建设工作的意见》（京旅发〔2017〕87号），建立步道规划建设管理一体化实施机制。

（2）建成规模较大。北京市各区按照步道规划及导则建成步道超过2400km，每年举办百余项户外赛事。

（3）填补研究空白。项目组发表步道规划论文十篇，出版《国家步道规划理论·技术·实践》专著。

（4）促进标准推广。项目组成功申报住房和城乡建设部科技计划项目“国家步道系统标准及步道规划设计导则研究”，北京市步道规划设计成果向全国推广。

（执笔人：丁洪建）

北京市顺义区五彩浅山国家登山健身步道规划

2015年度全国优秀城乡规划设计二等奖｜2014—2015年度中规院优秀城乡规划设计一等奖

编制起止时间： 2012.10—2013.10
承 担 单 位： 文化与旅游规划研究所
主 管 所 长： 徐泽　　**主管主任工：** 岳凤珍
项目负责人： 丁洪建、贺剑　　**主要参加人：** 岳晓婧、石亚男、鲍捷、郭余华、刘剑箫、李克鲁、宋增文

背景与意义

本次规划范围为顺义浅山区，包括北石槽镇、木林镇、龙湾屯镇、张镇和大孙各庄镇，总面积308km^2。因既不具备山区特有的旅游资源优势，又缺乏平原地区特有的发展机会，顺义浅山区属于北京市后发地区，2012年农民年均纯收入仅为1.1万元。通过深入挖掘，发现顺义浅山区拥有舒缓的山形地势、优良的生态环境和初具规模的运动项目，具备登山健身步道的建设条件。根据发达国家经验，人均GDP达到1万美元时，人们的休闲、体育需求显著提升。2012年北京市人均GDP已达到1.38万美元，人们不断高涨的户外运动需求，使步道项目成为后发山区突破发展瓶颈的必然选择。

《顺义五彩浅山国际休闲度假产业发展带规划》已付诸实施，其中策划的五彩浅山国家登山健身步道项目，是塑造“五彩浅山”品牌形象、带动区域整体发展的纽带。

规划内容

规划包含两个层次，侧重近期建设。在顺义浅山区，确定步道骨干线路280km，明确6个综合服务基地，并衔接区域综合交通，构建步行、骑行、自驾“三位一体”的国家登山健身步道系统。

在启动区，构建2条步道主线、10条步道环线，规划步道线路140km，达到举办国际和国家登山比赛的场地要求，成为全民健身的理想场所。步道尽量串联更多的旅游资源、景点及民俗村，细分10类主题功能步道、高中低难度步道，满足不同人群的需求。细分7种步道材质、3种建设方式，指导近期施工。

创新提出按照综合服务基地、服务驿站、服务站点3个等级，构建完善的步道设施体系，实现对步道线路的全覆盖，达

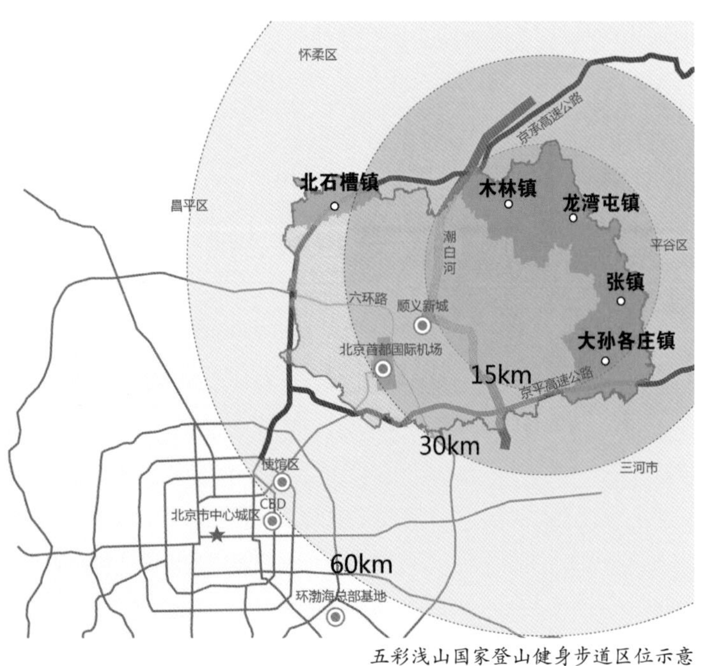

五彩浅山国家登山健身步道区位示意

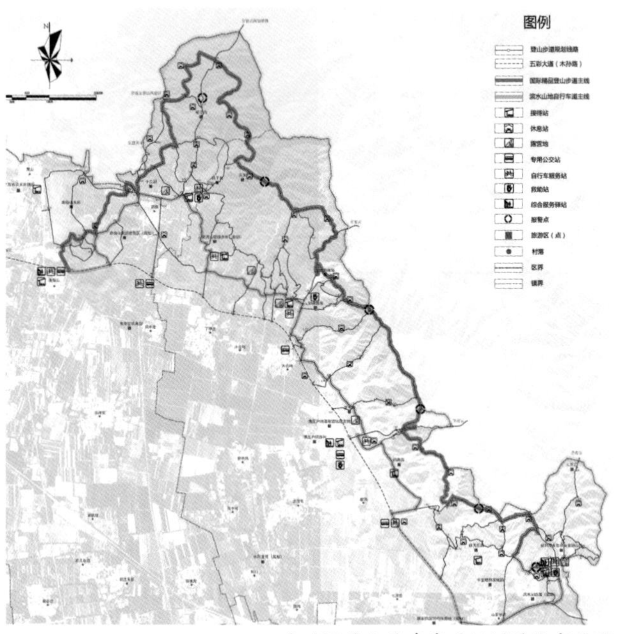

启动区登山健身步道规划总体布局图

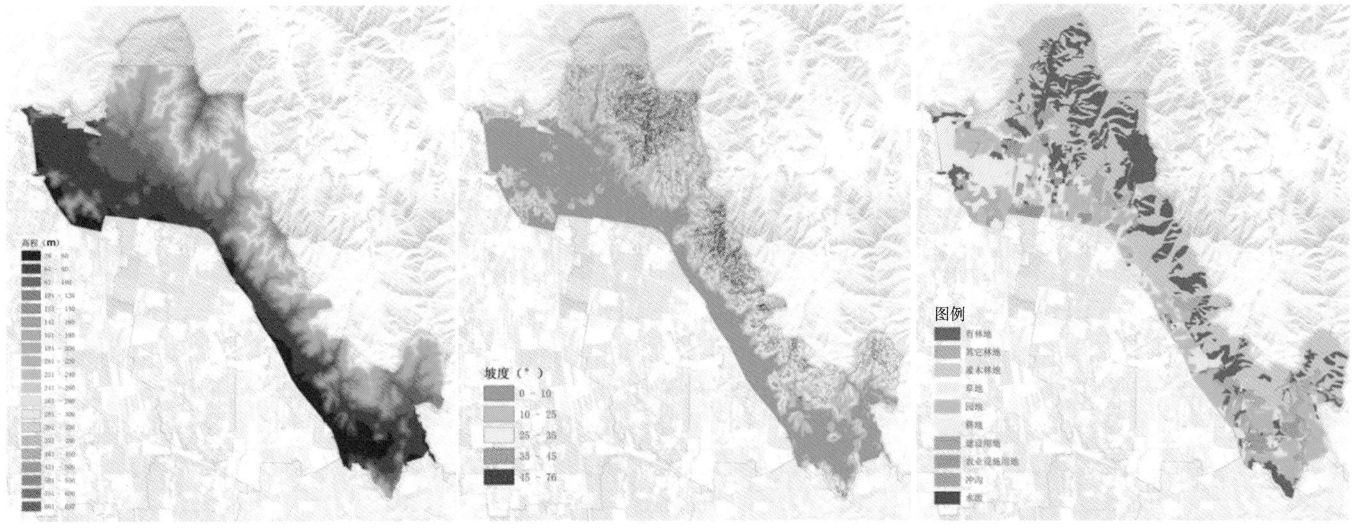

利用3S技术进行坡度、地形、植被地貌等规划建设条件评价分析

到并超过《国家登山健身步道标准》的设施配置要求。明确标识系统和安全救援系统的布局方案。

创新要点

（1）借鉴海外经验，完善步道标准。美国拥有世界上最成熟的国家步道建设经验。本次规划借鉴美国等海外经验，将步道定义为具有步行、自行车等多种户外休闲用途的通道，并根据实际需要，丰富《国家登山健身步道标准》提出的步道设施类型。

（2）3S技术全程参与，创新步道规划技术。为克服传统二维空间规划方法的局限性，本次规划发挥3S技术的空间信息采集、分析和表达优势，将其集成应用于国家登山健身步道规划全过程，深入基础资料准备、建设条件评价、步道线路规划、步道设施规划和规划成果展示各环节。

（3）生态工法技术理念，引领步道设计施工。生态工法是基于生态学原理和生态工程理念，设计出符合且有利于自然的新型生态施工方法。基于生态工法理念，结合北京实际，制定步道建设标准指引、步道设施建设标准指引、步道特色风貌设计指引。

项目施工建设现场：就地选材，应山就势，充分利用既有田间路、山间野径，体现生态工法建设理念

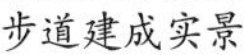
步道建成实景

顺义区首届登山大赛举办盛景

实施效果

顺义五彩浅山步道是北京市规划建成的首条国家登山健身步道，已经建成步道125km，成功举办多届国际登山比赛。

顺义五彩浅山步道已成为北京市的品牌步道。五彩浅山步道成为顺义浅山区2013年以来最大的投资项目，北京市和顺义区政府共投资3.2亿元，成为带动浅山区发展的引擎，有效缩小了城乡差距。

2014年，顺义五彩浅山步道接纳游客80余万人次，带动旅游综合消费超过2.4亿元，带动民俗村14个，当地农民人均纯收入提高至1.6万元/人。

（执笔人：贺剑）

云南丽江长江第一湾石鼓特色小镇系列规划

第三届全国林业草原行业创新创业大赛全国总决赛银奖丨2018—2019年度中规院优秀规划设计三等奖

编制起止时间： 2018.1—2019.12

承 担 单 位： 文化与旅游规划研究所

主 管 总 工： 詹雪红　　**主 管 所 长：** 周建明　　**主管主任工：** 岳凤珍

项目负责人： 苏航、刘小妹　　**主要参加人：** 李佳睿、巩岳、米莉、周旭影、朱诗荟

背景与意义

特色小镇是我国特定发展时期“三生融合”驱动经济发展的创新创意新平台，特别是其中的一大类文旅小镇，要按照国家5A级旅游景区的标准进行打造。

长江第一湾位于金沙江上游，是“三江并流”世界遗产地的地理景观标志；石鼓镇地处“三江并流”世界自然遗产的缓冲区，是遗产地的东南门户、南方丝绸之路与茶马古道的中心驿站。对标国家发展和改革委员会与云南省培育特色小镇的标准要求，石鼓镇具备创建文旅型特色小镇的必要条件和突出优势。本项目旨在通过创建特色小镇，有效推进长江第一湾与石鼓镇的科学保护与绿色发展。

规划内容

本项目包括长江第一湾石鼓特色小镇总体规划和详细规划。

依托长江第一湾的壮丽景观，以现状石鼓镇、大树村等乡村聚落为基础，结合新镇区与码头区，创建国家级精品旅游特色小镇。规划以世界遗产地“生态优先、绿色发展”为核心理念，紧扣特色小镇“产业特而强、功能聚而合、形态小而美、机制新而活”总体要求，确立“统筹保护与利用”的规划主线。

（1）统筹“长江第一湾”与“石鼓特色小镇”生态保护，构建“聚而合”的功能空间。规划严格保护“长江第一湾”江湾银滩、滨江柳林、田园河谷、山林景观，系统保护“长江第一湾”自然遗产景观体系；采用小规模、组团式、集约化的布局方式，构建“聚而合”的功能空间。

（2）统筹“长江第一湾”与“石鼓特色小镇”联动发展，构建“特而强”的产业体系。构建“1+2”的产业体系，即以“旅游+”作为主导产业，以旅游、文化、体育作为特色产业，并以“旅游+”引领构建产业集群。

以石鼓特色小镇作为长江第一湾的最

总平面图

石鼓特色小镇创建思路示意图

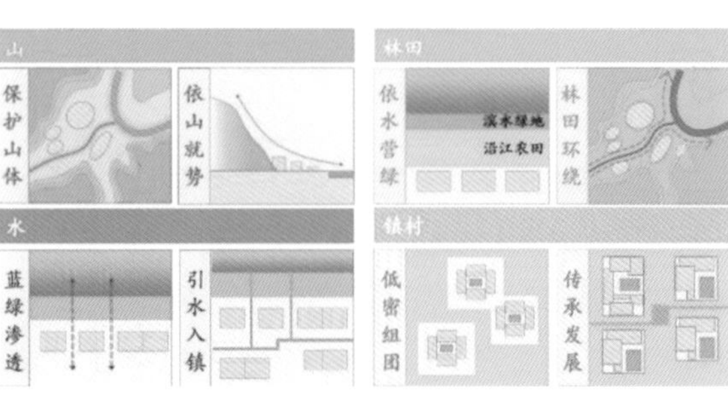

空间构思示意图

佳观赏展示空间与旅游服务基地，以长江第一湾作为石鼓特色小镇的核心吸引物与发展引擎，并以小镇特色产业培育为引领，推进石鼓镇竹园村、海螺村等传统村落的保护与发展，带动周边大树村、保夫落村等美丽乡村建设。

（3）统筹原乡风貌保护与新镇风貌营造，构建“小而美”的特色景观风貌。针对古镇区与现状村落，采用“有机更新、空间织补”的理念，保护延续整体格局与街巷肌理，实行建筑分类保护整治，提出典型民居改造方案。

针对新镇区与码头区，提炼纳西族民居传统符号、结合新的功能需求进行发展演绎，营造具有纳西意象的新时代风貌形象。

（4）统筹地域文化保护与传承发展，构建“新而活”的创新创业平台。遵循整体性保护、原真性保护、活态保护的原则，保护传承发展石鼓镇地域文化。加强非遗名录体系保护管理工作；培养非遗传承人，设立非遗专项保护资金。

在政府层面，积极落实双创扶持政策，强化财税金融政策支持，支持众创空间等各类创新孵化载体建设，鼓励创意研发投入，并给予税收优惠政策，强化服务型管理，搭建一站式服务平台。

在企业层面，通过统一运营管理，保障服务品质；通过运营平台助力双创产业与旅游新业态，吸引双创人才；扶持小微旅游企业，吸引居民在地创业，打造共建共享小镇平台。

古镇文化体验区
①古道花语七彩花田
②石鼓纳西古乐社
③纳西原乡主题民宿
④茶马古道风情街
⑤石鼓碉千年文化苑

长江景观游览区
①长江云水舞大型实景演艺
②长江第一湾文化景观公园
③三江并流世界遗产博物馆
④长江峰会国际论坛
⑤石鼓长江休闲码头

长江景观游览区
①金沙江油画走廊
②冲江河田园风光带

新镇综合服务区
①小镇会客厅
②雪山探秘全景观光火车
③当美慢享生活坊
④悠山户外装备中心
⑤石鼓精品度假酒店群
⑥滇中引水生态公园
⑦石鼓生命健康理养园

文化创意休闲区
①大雪素文创工坊

文化创意休闲区
①极限探索户外基地
②马帮骑行俱乐部
③热气球飞行基地
④田园温泉养生度假村
⑤高原生态农庄

总体鸟瞰图及项目布局

茶马古道风情街更新提升效果图

三江并流世界遗产博物馆方案设计效果图

创新要点

本项目积极探索了世界自然遗产地（缓冲区内）特色小镇的发展路径。在保护世界遗产原真性、完整性的前提下，针对遗产地不同等级保护地域，因地制宜地采用“遗产综合展示、特色产业发展、区域联动发展”等综合利用方式，旨在实现石鼓特色小镇创建培育、周边乡村振兴发展、长江第一湾科学保护与永续利用的多重目标。

实施效果

2018年石鼓特色小镇被列入云南省“四个一百”特色小镇重点建设项目计划，成功进入重点特色小镇的创建行列。

2019年4月，云南省提出打造“德钦—香格里拉—丽江—大理—保山—瑞丽—腾冲—泸水—贡山—德钦”大滇西旅游环线，推动滇西旅游全面转型升级。石鼓镇与长江第一湾作为滇西旅游环线上重要节点，受到云南省委、省政府高度重视。

（执笔人：李佳睿、刘小妹）

30

公园绿地

北京大运河源头遗址公园一期工程

2022—2023年度中规院优秀规划设计一等奖

编制起止时间：2018.1—2022.4
承 担 单 位：风景园林和景观研究分院
主 管 所 长：韩炳越　　**主管主任工：**牛铜钢
项目负责人：郭榕榕、赵桠菁
主要参加人：刘华、王剑、辛泊雨、马浩然、舒斌龙、范红玲、祝启白、高倩倩、牛春萍、王苏宁、刘玲、邓力文、张婧、赵恺、郝硕、李爽、徐向希、谭敏杰、胡碧乔、李沛、史健、程梦倩

背景与意义

大运河源头遗址公园因白浮泉为运河之源头而命名，位于昌平区东沙河右岸，京密引水渠以北。龙山东麓的白浮泉是京杭大运河最北端水源，是世界文化遗产京杭大运河的肇始点，是千年运河的水源承载地。著名历史地理学家侯仁之先生这样评价："与历史上之北京城息息相关者，首推白浮泉。"白浮泉九龙池和因之而建于龙山山顶的都龙王庙均为全国重点文物保护单位。大运河源头遗址公园是落实首都文化中心建设的重要节点，也是大运河国家文化公园上的璀璨明珠。大运河源头遗址公园一期工程建设面积11.6hm^2。

规划内容

项目紧紧围绕"保护好、传承好、利用好"三个要求展开。

1. 保护好

对与遗址无关、影响风貌的构筑物进行拆除；对遗址本体，谨小慎微，严格保护；对古树名木、山体植被，全部保留；对周边环境，进行生态织补、水源涵养的渐进式修复。

2. 传承好

查阅古籍文献，提取关键历史时期片段，奠定公园整体设计风格。多方征询意见，完善公园整体结构及功能布局。考古挖掘工作与设计同步展开，动态调整设计方案。讲好泉文化故事，精心设置一条探泉线路，沿游览序列，将探泉之旅的感受层层渲染。从知泉、认泉、读泉、敬泉、听泉，最终到达白浮泉遗址本体进行赏泉。

3. 利用好

运用静态展示、动态展示、活态展示和参与展示多种方法，在公园内全方位展示运河历史文化内涵，普及运河历史文化知识。公园内常态化举办大运河研学活动、白浮泉读书会等主题活动。

创新要点

1. 提出"拆、保、留、补"四字诀的渐进式遗址保护路径

拆除与遗址无关的建筑及阻隔山水的围墙。严格保护遗址本体及现状植被。对

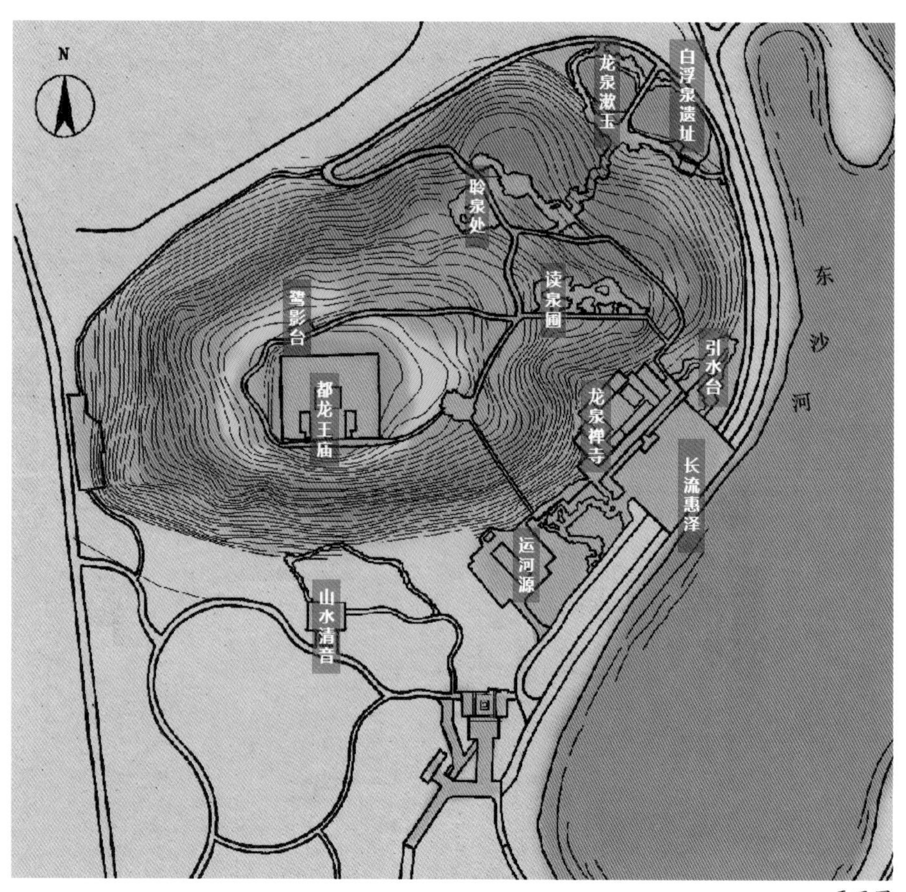

平面图

白浮泉遗址（九龙池）

恢复山河一体的风貌

建筑拆除后的裸露区域补植适应性强的乡土地被。对白浮泉区域进行生态补水，逐步修复生态本底，为白浮泉复涌创造条件。

2. 采用“三重证据法”确定公园风格基调

通过研读古籍文献、走访专家及附近村民、考古挖掘地下实物三种方式反复验证，确定设计风格参考元代特点，呈现大气古朴的水源地风貌。从古籍古图中分析历史风貌，力求再现山、泉、庙、村、河一体的山水格局。

3. 探索以小见大的多元感官文化游览线路

从入口至白浮泉遗址，在有限的空间内精心设置一条探泉线路，通过视觉、触觉、听觉等感官调动，将赏泉前的感受层层递进升华。文化的表达从京杭运河全线到元大都引水段，再从龙山区域到白浮泉，形成由线到面抵达点的过程，游人同时也完成了一次穿越千年的探泉时空之旅。

实施效果

现在的大运河源头遗址公园已经完全走进人们生活，成为孩子们文化研学、观鸟科普的好去处，多项非物质文化遗产也在这里得到传承和弘扬。“州之游观者无间四时”又一次成为现实。

（执笔人：郭榕榕）

（项目实景图片来源：张锦影像工作室）

新建入口牌楼

大运河全图浮雕

龙泉禅寺俯瞰东沙河

自东沙河河对岸看龙泉禅寺

北京市副中心城市绿心园林绿化建设工程设计五标段

2022年度北京园林学会科学技术奖规划设计特等奖｜2023年度北京市优秀工程勘察设计成果评价一等成果

编制起止时间： 2018.12—2020.11
承 担 单 位： 风景园林和景观研究分院
主 管 所 长： 韩炳越　　**主管主任工：** 牛铜钢
项目负责人： 马浩然、辛泊雨
主要参加人： 王新、舒斌龙、赵娜、邓力文、盖若玫、张婧、谭敏洁、刘梦涵、齐莎莎、刘睿锐、张悦、程梦倩、徐丹丹、赵恺、牛春萍、高倩倩、宋欣、李爽

背景与意义

1. 项目背景

城市绿心森林公园是北京城市副中心（本项目中简称副中心）“两带、一环、一心”绿色空间结构的重要组成部分，是集生态修复、市民休闲、文化传承于一体的大型城市森林公园。《城市绿心园林绿化建设工程设计五标段》（本项目中简称玉带河东支沟段）为东支沟两侧的带状空间，占地共计63.4hm^2。

2. 项目意义

玉带河东支沟段面向城市组团，是绿心森林公园最长的城市界面，是未来最具活力的功能载体，也是副中心防洪排涝最关键的水脉通廊。

规划内容

以“森林水韵、生态活力”为主题，打造“一水+三景”的景观结构，形成副中心范围内生态为主、功能复合的蓝绿水廊。

“一水”为蝶畔花溪。应用纵向分区、蓝绿交织、两岸连通的治理思路，将玉带河支沟上的原有盖板打开，河道线形由直线改成曲线，增加叠水划分区域，形成缓流和水面等不同形式；驳岸拓宽形成浅滩缓流区，补充河岸植被从而形成自然景观

鸟瞰图

的河流；满足防洪需求的同时，增设桥梁和汀步连通两岸，为居民提供蓝绿相间的自然休闲走廊。

“三景”为“夕林玉畔、嬉林故水、疾林驰影”。“夕林玉畔”在六环高架公园起点附近营造一片惬意舒适的林下休憩区，成为绿心西南片区的市民综合自然休闲地。“嬉林故水”通过地形与植物营造一片自然生态的儿童游乐区，游戏设施风格乡野但功能丰富，让儿童在自然中安全且乐趣十足地玩耍嬉戏。“疾林驰影”通过地形的营造以及极限运动场地的引入，为极限运动爱好者打造一片自然生态的活动场地。

方案通过生态筑底、空间重构与功能点亮，打造绿心森林公园中万物共生、场景丰富的城市滨水绿廊。

玉带河东支沟实景

童趣森林实景1

童趣森林实景2

创新要点

1. 蓝绿筑基，重塑滨水通廊

玉带河东支沟原为一条地下排洪暗渠，周边建筑垃圾遍布，生态基底恶劣，是副中心内一条“灰色地带”。方案结合东支沟防洪排涝需求，两岸滨水空间总体顺直，局部河段自然弯曲，有效规避高压线塔，保证电力设施及未来游人安全。统筹协调植物空间、道路空间，在割裂的场地里打造完整的滨水空间，塑造景观连续完整的滨水岸线。同时通过优化河道布局实现蓝绿相融，增设海绵措施保障防洪排涝，重构生态驳岸提升雨洪管理，隐化水工设施打造韧性河道，这几大策略科学打造副中心排水通廊。

2. 多元栖息，重建生物家园

以副中心本底动物调查为依据，根据数量优势、指标性物种、生境需求的典型性为筛选原则，营造适宜指标鸟类、指标小型哺乳类动物和指标昆虫等的典型生境空间，增加食源植物丰富的灌丛、形成郁闭度适宜的复层群落，营造适合鸟类的觅食地。

通过乡土花卉混栽或混播，为蜂蝶提供蜜源的同时，形成多种季相变化，种类丰富的高草地被植物景观。

3. 点亮林窗，塑造童趣森林

互动性儿童游乐场地布置在运河故道水畔，规避场地不良因素，集中布置儿童游戏设施，利用景观人行桥与外围市政相连，形成内外直连互通，最大限度保证儿童游戏场地的安全性和便捷性。

以童趣森林为主题，结合海洋、森林、沙丘等不同自然要素为故事线，形成乐沙园、欢游园、雨水花园、溪水谷等适合不同年龄儿童玩耍的节点，是绿心中最大的集中型儿童游乐体验区。

4. 彩廊重现，营造多彩景观

沿东支沟两岸设计连续完整的园路体系，在道路中央增设乔木分隔带，形成全林荫慢行体系。同时在道路沿线选取以银红槭为代表的骨干树种，实现较大尺度的连续统一的风貌体验。

在京津公路一侧，结合行人及行车视角，应用大组团的植物种植，形成变化多样的观赏节奏；结合两岸景点特色，适度打开透景线，留出景观视廊，展现滨河画卷。

（执笔人：王新）

北京市海淀区北部生态科技绿心总体规划及启动区概念性规划设计

2015年度全国优秀城乡规划设计二等奖｜2014—2015年度中规院优秀城乡规划设计一等奖

编制起止时间： 2012.5—2014.7
承 担 单 位： 风景园林和景观研究分院
主 管 所 长： 贾建中　　**主管主任工：** 唐进群
项目负责人： 白杨、丁戎　　**主要参加人：** 李阳、林旻、刘华、叶成康、刘圣维、王玉圳

背景与意义

海淀生态科技绿心又称中关村绿心，位于北京市海淀区北部新区，该区域为中关村国家自主创新示范区核心区，其发展承载着建设具有全球影响力、科技创新基地的国家战略。按照北京市相关部署，绿心将与中关村核心区同步建设，成为与之战略地位相匹配的绿色空间体系及中关村发展的绿色引擎。绿心规模约为32km^2。

规划内容

1. 形成“两廊、三核、六区”的空间结构

“两廊”：南沙河绿色生态画廊通过梳理水网、整治沟渠、完善水景、调控水质、软化驳岸、改善交通等规划措施，打造绿心北部水、绿、人和谐共融的生态滨水画廊。上庄路森林风景画廊通过营造森林、连通廊道、以水穿绿、彰显科技、展示文化等规划手法营造绿色游憩系统和森林风景画廊。

“三核”：湿地生态核以生态湿地为核心内容，推进北部生态水系统的恢复。历史人文核以故宫北院为核心，挖掘曹氏风筝等乡土文化资源，展现历史文化。生态科技核以生态科技为核心内容，打造海淀北部的生态科技展示基地。

“六区”：森林休闲区、湿地保护与展示区、人文博览区、田园牧歌区、科技主题区、生态修复区。

2. 场地要素提升

针对场地五大核心要素林、水、田、居、游分别提出改提升措施。

3. 开展启动区概念方案

启动区在整体结构中位置关键，处于“两廊”中的南沙河绿色生态走廊，“三核”中的生态湿地核，“六区”中的森林休闲区和田园牧歌区。

创新要点

1. 面向实施的规划手段

通过GIS技术形成量化数据，为管理

上位规划图

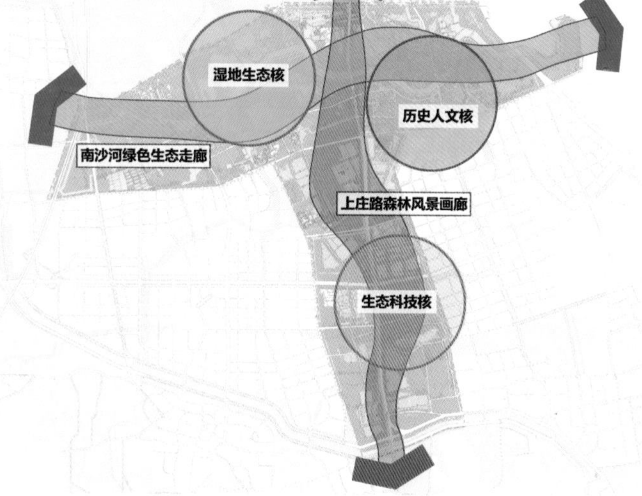

空间结构图

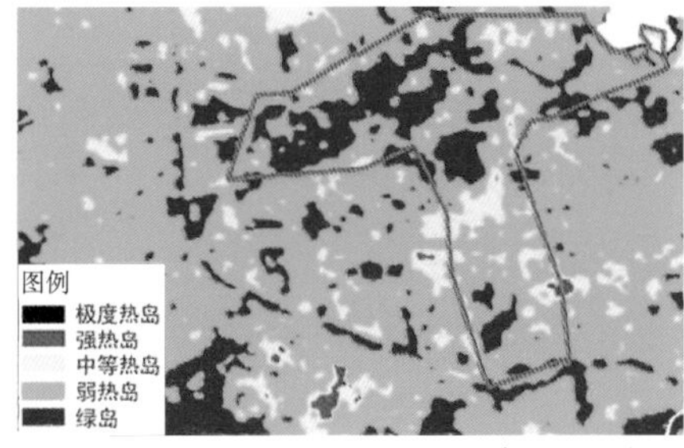

热岛效应分析图

森林斑块分析图

启动区概念规划总图

部门厘清用地权属关系、清算土地腾退资金、计算拆建总量等决策提供数据支持。

2. 低扰动的设计手法

采用近自然系统营造、生态修复的手段在现状景观风貌的基础上进行梳理提升，尊重自然肌理，不搞大拆大建。

实施效果

（1）生态建设取得效果，上百种野生鸟类得以回归，生态系统得到了维系和改善。

（2）助推中关村核心区翠湖园区、环保园等建设，助力园区吸引高科技产业和人才。

（3）翠湖湿地公园建成对外开放，故宫第二博览区启动建设，提升区域文化和生态竞争力；每年举办的京西稻文化节，延续乡土文脉；南沙河绿色生态走廊成为北京市绿道试点，为市民尤其是周边高科技人群提供一个追寻自然田园牧歌的场所，为儿童提供一个体验乡村生活、湿地生态的好去处。

（执笔人：白杨、丁戎、刘圣维）

启动区概念规划鸟瞰图

京西稻田效果图

湿地花园效果图

永定河左岸公共空间提升工程

2023年度中国风景园林学会科学技术奖（规划设计奖）一等奖 | 2023年度北京园林学会科学技术奖规划设计二等奖 | 2022年IFLA 国际风景园林师联合会亚非中东地区奖经济活力类荣誉奖

编制起止时间： 2020.9—2021.12
承 担 单 位： 风景园林和景观研究分院
主 管 所 长： 王忠杰　　**主管主任工：** 牛铜钢　　**项目负责人：** 舒斌龙、刘华、宋欣
主要参加人： 韩炳越、许卫国、徐阳、王乐君、王兆辰、赵恺、孙明峰、郭榕榕、祝启白、赵桠菁、赵娜、高倩倩、牛春萍、范红玲、程梦倩、史健

背景与意义

2022年冬奥会和冬残奥会于2022年2月在北京、张家口两地举办。为保障服务冬奥、保护利用冬奥遗产，保持赛后场所活力，北京市重点打造永定河左岸公共空间，成为北京冬奥公园的核心组成部分。该项目紧邻北京冬奥会标志性景观——首钢滑雪大跳台，承担了冬奥会北京市中心城区内唯一冬奥雪上赛事场地环境建设与冬奥火炬传递的历史使命。

项目西临永定河，东靠首钢园区与石景山，是永定河与首钢园区之间的重要公共开放空间之一，也是西山永定河文化带建设的重要实践。

在2022年北京冬奥会的契机下，首钢工业园区进行转型发展，永定河开展生态建设，这块被遗忘的场地被重新激活，回到了人们的视线中，成为北京市城市更新的示范案例。

规划内容

项目位于永定河（石景山段）左岸，北起麻峪东街，南至京原路闸门，西至堤顶路防浪墙，东至新丰沙铁路控制线，长6.2km，宽24~125m，总面积为30.87hm^2。针对场地环境破败、城河割裂、空间破碎、文化消隐等问题，结合问卷访谈调研周边百姓真实需求，利用新首钢园区和永定河之间的废弃地，围绕空间缝合、生态修复、以文化境、全龄共享四个策略进行综合施治，系统更新。场地形成丰沙记忆、织梦奥运、生活聚场、冰雪童趣四个主题休闲区，打造服务冬奥、体验文化、服务市民的大型绿色滨水开放空间。

创新要点

（1）缝合空间，开放边界，实现首都西部区域融合发展。

（2）修复生态本底，营造大美朴野生态绿廊。

（3）以文化境，突出冬奥特色，传承铁色记忆。

（4）以人为本，全龄共享，打造冰雪特色的公共活动空间。

实施效果

项目于2021年开始施工，2021年底基本完工，施工期间，“冬奥环境志愿

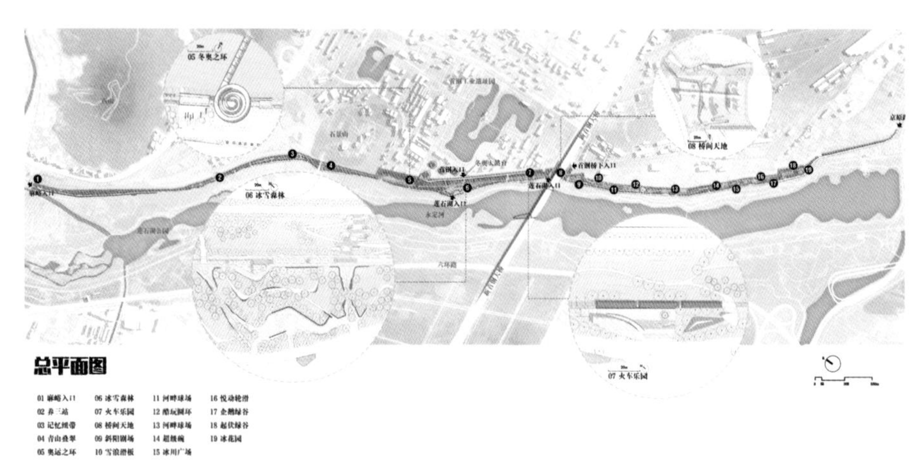

永定河左岸公共空间提升工程（设计）总平面图

冰雪森林设计前（左）后（右）对比

冰雪森林：从工业文明迈向生态文明

者林”亮相永定河畔。2022年2月2日，该项目成为北京冬奥会火炬传递第二站。2022年4月在项目中完成“中国冰雪冠军林”植树。2023年4月22日在项目中成功举办了2023北京永定河马拉松。该项目成为北京首个冬奥主题公园和市民游客新的打卡地，成为首都西山永定河文化带及冬奥文化的展示窗口，获得百姓的肯定。

永定河左岸公共空间与莲石湖公园、首钢工业园区、永定河休闲森林公园等空间互连互通，形成了共计1142hm^{2}的北京冬奥公园，在冬奥会开幕前成为冬奥火炬接力点、冬奥期间作为赛事户外服务保障区、冬奥会后将继续为周边26个小区近8万居民提供户外休闲场所，服务半径可辐射至周边60km^2，激发了北京西部区域整体的城市活力。

（执笔人：徐阳）

冬奥之环与石景山对景：历史与现代的对话

火车乐园

河北雄安新区金湖公园（中央湖区标段）

2023年北京市优秀工程勘察设计成果评价一等成果｜2024年天津市风景园林学会优秀规划设计奖一等奖

编制起止时间： 2019.9—2022.6
承 担 单 位： 风景园林和景观研究分院
主 管 所 长： 韩炳越　　**主管主任工：** 牛铜钢　　**项目负责人：** 王忠杰、马浩然、辛泊雨
主要参加人： 李爽、徐向希、舒斌龙、赵娜、邓力文、齐莎莎、谭敏洁、赵恺、张婧、刘安然、王资清、刘睿锐、刘媛、许卫国、孙明峰、安炳宇、王乐君、王兆辰、高倩倩、赵茜、徐阳、王美琳、王凯伦、王春雷、杨光伟
合 作 单 位： 天津市政工程设计研究总院有限公司、河北省水利规划设计研究院有限公司、上海市园林设计研究总院有限公司

背景与意义

金湖公园位于雄安新区容东片区，是片区内主要绿色开放空间的统称。公园南邻荣乌高速，西接容城县城，由多条带状空间组合而成，其绿色之势与启动区相连，总体设计范围共计248hm^2。

容东片区作为最先开工建设的安置片区，是雄安新区以生活居住功能为主，宜居宜业、协调融合、绿色智能的综合性功能片区。金湖公园（中央湖区标段）位于容东片区的核心地带，东西跨度2.5km，南北长约1.3km，占地87.4hm^2，旨在营造以园化城、融入绿色生活、传承地域记忆的“绿色城市客厅”。

金湖公园项目于2019年启动规划设计，获得国际方案征集第一名，并于同年进入深化设计。中央湖区标段于2020年10月进场施工，历经近两年的连续建设，最终于2022年6月竣工并投入使用。

规划内容

1. 城绿交融的山水都心

金湖公园（中央湖区标段）构建以城为轴、以水为心、以阁点景的空间架构，辅以西堤、东岛、北山、南湖的山水元素，形成以古托今的城园融合格局，共同营造“山水都心”的中式文化场景。

2. 城园一体的绿色场所

园内以城市生活为功能引领，形成创新展示、文化娱乐、聚会交流和休闲游憩的多样活力场景，串接便捷顺畅的绿色通行系统和宜人舒适的公共活动场所，承载着运动健身、通勤慢行、智慧服务、文化科普、休闲聚会等丰富多样的公园生活。

金湖公园（中央湖区标段）建成鸟瞰实景

3. 安全滨水的韧性绿廊

考虑区域降水季节性变化，沿园内滨水岸线设置可淹没区，结合水面消落进行水体设计，弹性应对水面变化。为适应狭窄河道空间，结合初雨调蓄池、多级管涵等城市雨水设施，构建台式城市景观体系，便于日常休闲活动和雨季汛期的安全游览组织。同时，链接公园道路体系，串联桥下通行走廊，构建滨水贯通的快速通达系统。

创新要点

作为整个金湖公园的核心区段，中央湖区标段成为容东片区实际意义上的“城市绿心”。因此，如何在高质量发展新阶段构建大型绿色空间的“新示范”，如何在密集宏大的城市森林中构建“公平共享”的绿色生活，如何真正做到“以柔融城、以园化城”，都是在项目实践过程中所面临的核心命题。

项目主要围绕以下技术方法进行创新设计。

1. 山水空间耦合城市多维体系的系统设计

传承中华造园理念，突破以往城市公园独自成景的“城中点绿”和“集锦造园”模式，创新性地以自然山水空间融合城市格局，系统性耦合多维度的城市体系，将公园营建为城市户外公共空间的真正核心。

2. 全龄全时为导向的人性化场景设计

不同于传统公园设计中围绕“赏景”来构建活动场所，而是围绕“以人民为中心”的场景来设计公园空间。创新性地采用“容东全民24小时”为场景导向的设计方法，赏景的同时全面考虑全时段全龄友好的功能构建。

3. 公园生物多样性设计

统筹多类型绿地空间共同构建蓝绿交织、人与自然和谐共生的城市生态网络，结合不同生境条件下动物的栖息需求，以乡土生境为导向科学构建城市生态栖息环境，丰富群落组成，形成24种不同生境，让更多动物重新回归城市。

4. 全过程信息化设计

综合使用参数化设计工具，建立全专业全要素三维信息模型，支撑全景预览、施工建造深化设计、数字化建造技术对接、计算机模拟分析等工作。

金湖公园（中央湖区标段）东侧河道建成鸟瞰实景

定安阁建成实景

金水湾建成实景

柳云堤建成实景

实施效果

项目自建成后作为雄安居民最喜爱的游览目的地之一，单日最高游人数量达到6万余人，已成为雄安新区城市园林建设的重要展示窗口和城市“金名片”。

（执笔人：徐向希、辛泊雨）

（项目实景图片来源：张锦影像工作室）

重庆市山城公园总体规划

2016—2017年度中规院优秀城乡规划设计二等奖

编制起止时间： 2013.8—2016.6
承 担 单 位： 西部分院、风景园林和景观研究分院
主 管 所 长： 彭小雷　　**主管主任工：** 肖礼军
项目负责人： 刘静波、熊俊　　**主要参加人：** 郑洁、郝硕、易青松、张敏、舒斌龙、唐川东

背景与意义

项目位于重庆市渝中区化龙桥片区，大坪街道和化龙桥街道之间，是一条东西长约4500m，南北宽50~300m不等的狭长坡地。因地形陡峭，难以开发建设而得以保留，场地内现状高差最高达180m，交通可达性差，长期被忽视，成为分割城市的边界，将渝中上下两个半城连通不畅，总面积约101hm^2，其中包含红岩村、佛图关、鹅岭和李子坝四座现状公园。渝中区人民政府于2013年提出打造山城公园，提升化龙桥片区公共空间城市品质。

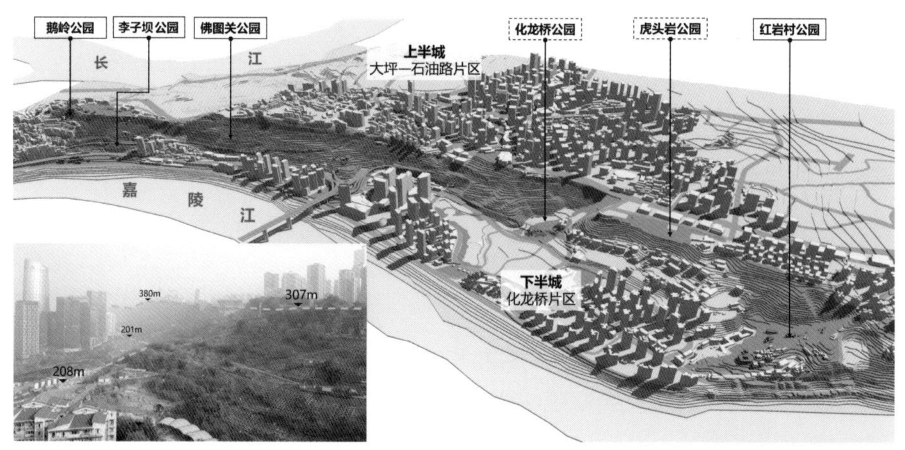

项目场地现状地形模拟

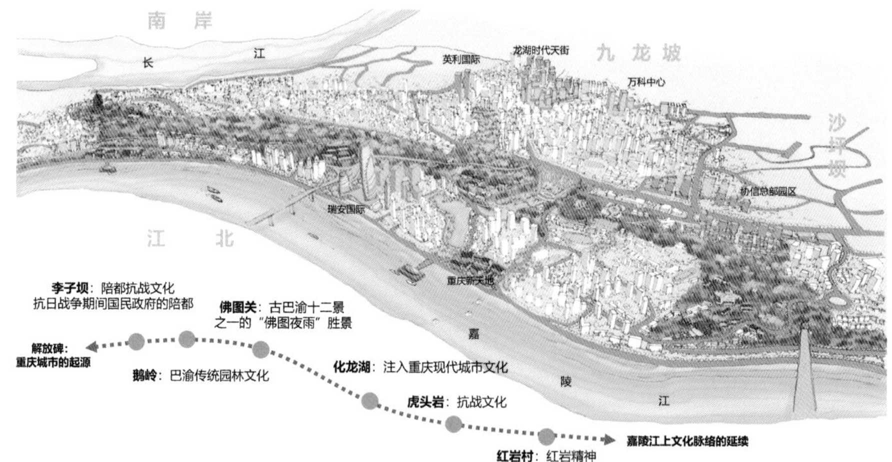

构建连续完整的重庆文化脉络体验

规划内容

（1）串点成线，打造公园聚落。通过拆除围墙、改造和新增游步道，构建连续的游览系统，连接历史文化遗存，形成展示巴渝、抗战、红岩等文化主题的游线。全园统筹服务设施，融合巴渝文化元素，统一沿线小品风貌，强化公园整体感，形成和谐统一且各具主题特色的公园聚落。

（2）由线及面，缝合上下半城。以公共绿道为主线，以山地公园为主体，整合下半城的滨江绿带、街头公园及公共街区，形成丰富多彩的公共开放空间网络。基于公园十分钟步行圈范围内人群的需求分析，规划提出差异化的公共服务设施配置策略。

上下半城城市天际线控制引导

（3）展面成体，刻画立体画卷。从山体视线廊道、滨江城市天际线、背景城市天际线“三线”进行协调，根据不同的公园主题种植季相景观林，描绘四季有景的彩林画卷。上半城以背景协调为原则，控制临公园侧建筑高度均匀一致；下半城以显山露水为原则，控制建筑的“大疏大密，高低错落”，形成簇群式分布，留出山江通廊。

创新要点

创建了重庆市主城区第一条城市山脊观光步道。利用公园高差大、视野开阔的特点，规划沿山脊、山腰形成两条连续的观光线路，并设置不同标高的观景平台，塑造人在画中游的景观体验。

山脊观光道东西向贯通五个公园，采用架空、悬挑等形式，减少对场地的破坏，整体依山就势，突出山地景观特色。沿途设置景观节点，坡度大的节点设置垂直电梯、自动扶梯、滑梯等特色交通设施联系周边社区和市政道路。建筑以覆土形式消隐地形高差，并利用屋顶花园打造丰富的活动场地，与山地相融合。

实施效果

项目于2013年8月开展相关规划研究工作，于2016年6月完成规划批复，陆续完成鹅岭公园、佛图关公园、化龙桥公园、虎头岩公园、红岩村公园具体景观方案设计，其中虎头岩公园已于2017年完成项目施工并投入使用，其他公园也于2022年底基本完成改建升级，并建成了山脊观光道4.6km，目前成为重庆渝中旅游一大景点，被评为重庆母城“新十景”之一。

（执笔人：刘静波）

山脊观光道建成实景

山城公园建成实景（从虎头岩公园看化龙桥公园、佛图关公园和鹅岭公园）

山体视线廊道、滨江城市天际线、背景城市天际线“三线”控制引导下的城市高层地标

成都践行新发展理念的公园城市建设规划

编制起止时间： 2020.7—2021.12
承担单位： 风景园林和景观研究分院、西部分院
主管总工： 董珂　**主管所长：** 韩炳越　**主管主任工：** 束晨阳
项目负责人： 王忠杰、吴岩、王斌
主要参加人： 王全、景泽宇、李云超、肖莹光、吴凯、吴雯、廖双南、曾真、尹娅梦、李想、吴熙、杜晓娟、雷夏、马晋嘉、田涛、覃光旭

背景与意义

2018年2月，习近平总书记视察成都天府新区时首次提出公园城市理念。2020年1月，习近平总书记主持召开中央财经委员会第六次会议，对推动成渝地区双城经济圈建设作出重大战略部署，明确要求支持成都建设践行新发展理念的公园城市示范区。公园城市的战略意义发生跃迁，成都城市发展建设领域担当新使命、承担新任务。

本规划是落实中央、四川省委省政府和成都市委市政府要求，以新发展理念为统领，聚焦于引领全市公园城市空间实体建设的统筹实施，构建“5+20+6+23”公园城市建设核心技术框架，统筹指导相关专项领域的建设实施、各区（市）县的公园城市建设统筹和公园城市示范片区规划建设。

规划内容

（1）全局统筹，明确目标愿景与布局结构。以建设全面体现新发展理念的城市为总目标，以建设践行新发展理念的公园城市示范区为统揽，以人民为中心，聚焦城乡发展建设领域，将“绿水青山就是金山银山”理念贯穿城市发展全过程，创新变革城市战略思维、规划理念、建设方式、治理体系、营城逻辑。到2025年，

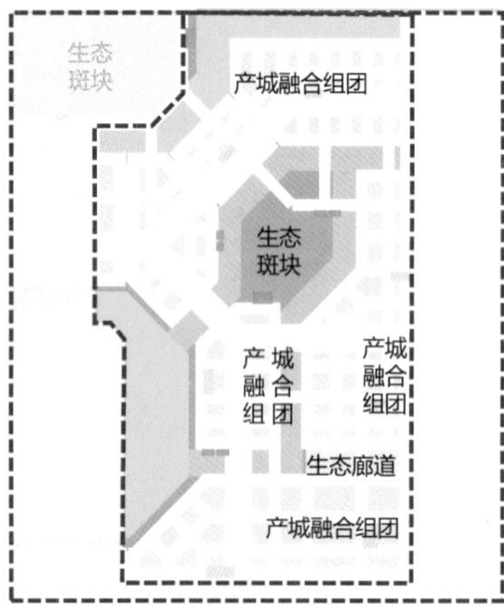

产业型公园城市示范片区模式

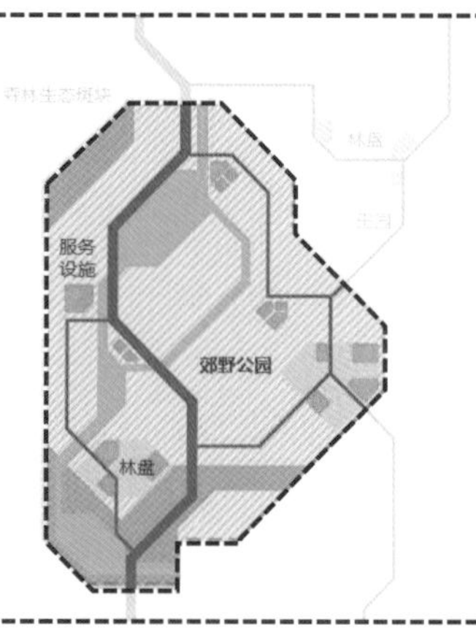

郊野型公园城市示范片区模式

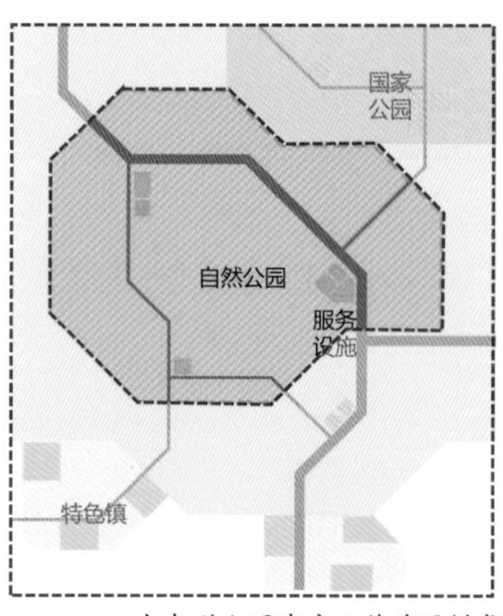

生态型公园城市示范片区模式

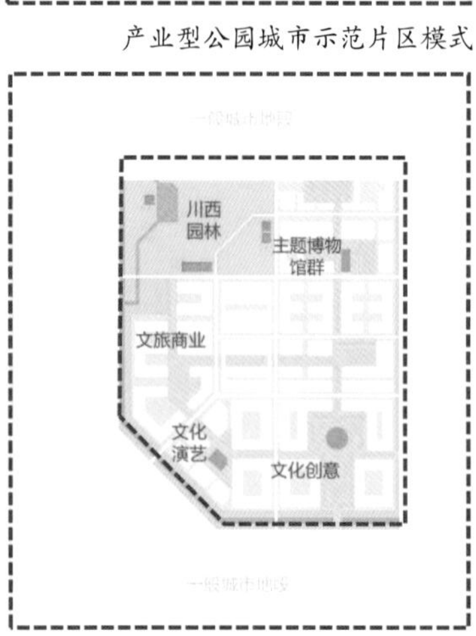

人文型公园城市示范片区模式

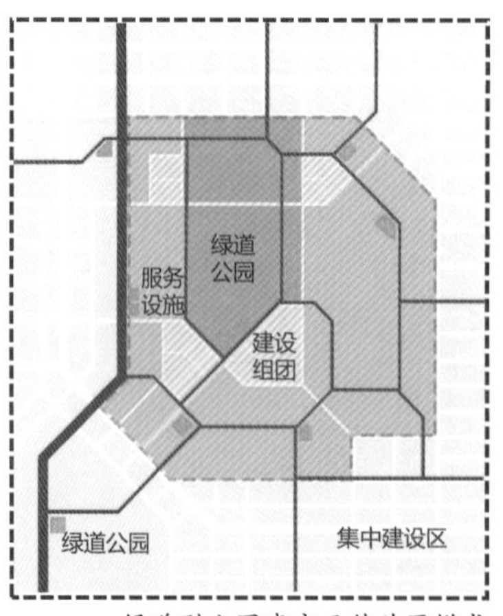

绿道型公园城市示范片区模式

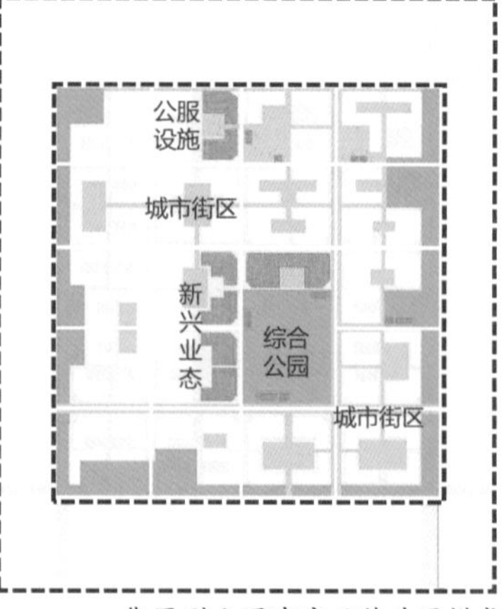

街区型公园城市示范片区模式

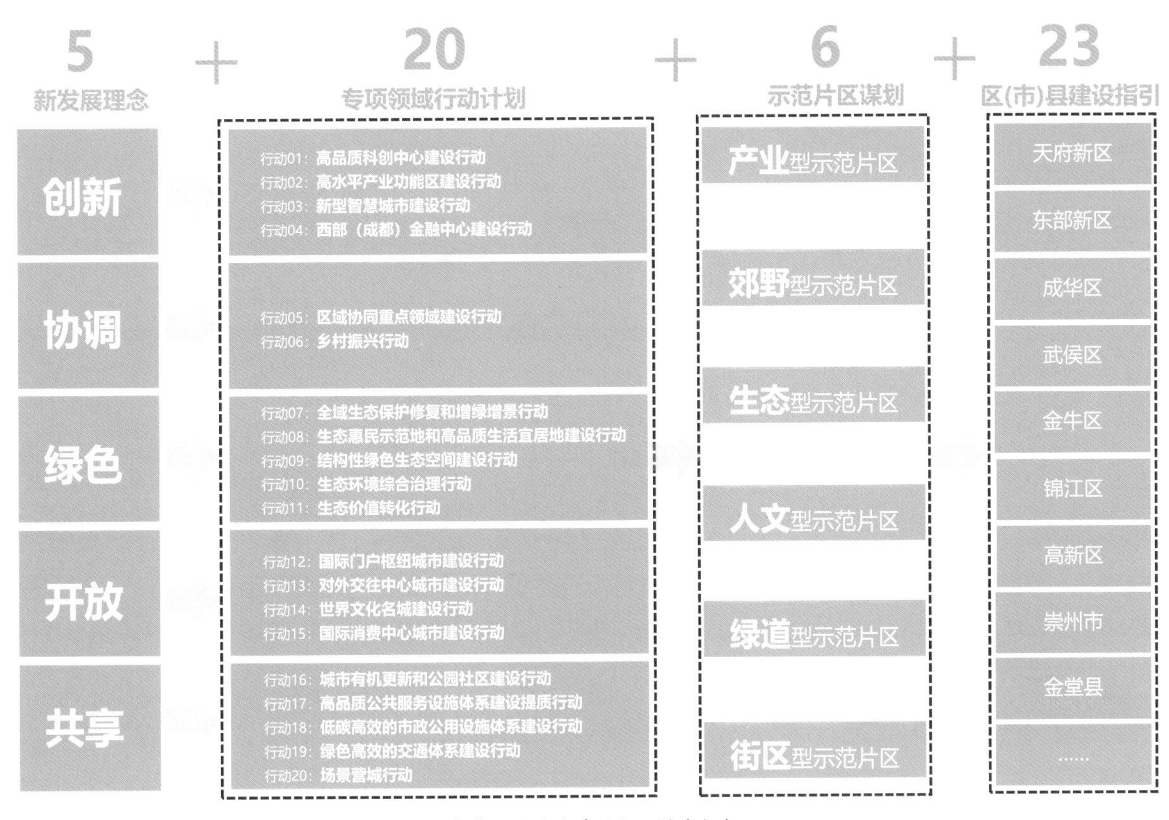

成都公园城市建设核心技术框架

公园城市示范区建设取得明显成效。到2035年，山水人城和谐相融的公园城市全面建成。

（2）系统谋划，以新发展理念统领公园城市建设。围绕践行新发展理念的公园城市示范区的总体目标，坚持创新发展，激发动力源；坚持协调发展，塑造和谐境；坚持绿色发展，夯实生态底；坚持开放发展，提升包容度；坚持共享发展，打造幸福城；系统谋划20类专项领域行动计划。在此基础之上，坚持使命导向、特色导向、发展导向和问题导向，明确各项公园城市重大支撑性工程，推动城市高质量可持续发展，探索践行新发展理念的新型城镇化路径。

（3）综合示范，推进公园城市示范片区建设。公园城市示范片区是成都市建设践行新发展理念的公园城市示范区的重要落脚点和行动抓手。秉持示范价值突出、类型特色明确、政府统筹主导、建设实施可行的原则，科学谋划公园城市示范片区的规划选址和建设运营，构建六型多类的示范片区功能类型体系，并进行分类规划建设指引，着力推进城市发展建设领域一系列可落地、可感知、可持续、可检验、可推广的重点工程与重点项目，探索践行新发展理念的公园城市示范区建设的“成都模式”。

创新要点

（1）直接应题，以新发展理念统领规划。围绕“创新、协调、绿色、开放、共享”新发展理念，聚焦城市发展建设领域，结合成都市优势特质和基础条件，逐条对标，明确公园城市发展建设的行动计划、重点工程和重大项目。

（2）系统谋划，以城乡发展建设领域多专业协同统筹规划。落实公园城市理念，围绕公园城市所涵盖的城乡发展建设领域和相关领域的主要行业门类，明确公园城市建设行动计划和重点工程。

（3）利于示范，以示范片区为落脚点落位规划。科学谋划公园城市示范片区的选址、规划、建设、运营，分批次、分类型建设好、运营好公园城市示范片区，通过城市发展建设领域一系列可落地、可感知、可持续、可检验、可推广的示范项目来落实新发展理念，为公园城市建设探索路径、积累经验、塑造样板。

（4）承上启下，以三大要件引领规划实施。三大要件即专项领域行动计划、示范片区谋划、区（市）县建设指引。既充分激励区（市）县开展探索实践、组织编制区（市）县层面建设实施规划，又加强市级层面的系统谋划，形成各部门各系统的专项建设规划，在此基础上交互衔接、相互支撑，形成具有系统性、全面性、可操作性的全市一盘棋的建设规划，实现探索中有统筹、统筹中有创新。

（执笔人：王全）

成都蜀园园林景观设计

编制起止时间： 2023.2—2024.2
承 担 单 位： 风景园林和景观研究分院
主 管 所 长： 束晨阳　　**主管主任工：** 韩炳越
项目负责人： 王忠杰、赵茜　　**主要参加人：** 王坤、吴雯、高倩倩、赵晅、刘媛、张思达、吴宜杭
合 作 单 位： 成都市公园城市建设发展研究院

背景与意义

蜀园建设实践是在“加强城乡建设中历史文化保护传承”时代要求下，探索中国传统园林在当代公园城市建设背景下的传承与发展的典型作品。蜀园是孟兆祯院士生前全程指导的作品，并由我院完成方案深化。

规划内容

深入研究巴蜀文化与川西园林文化，明旨立意。蜀园因势利导绘山水，因境安景始问名，布局有秩成章法，穷理尽微显文脉，达到艺海妙谛的愿景，余韵可期。以此探索在当代公园城市建设背景下中国优秀传统园林艺术传承与发展的方法与路径。

蜀园设计坚持守正创新原则，因地制宜构建山水间架，借山水成境，因境安景，营造梨园神韵、品茶悟道、艺海新航等八种不同意境，以意塑景，形成赏心亭、引妙谛廊桥、艺海妙谛坊等20处特色景观，注重细节塑造，以达到艺海妙谛的设计愿景。

实施效果

蜀园的建造提升了城市文化活力，带动了环境品质提升，做到了城园互动。

蜀园史诗院中庭舞台在节假日定期举办川剧惠民演出和非遗艺术表演，院

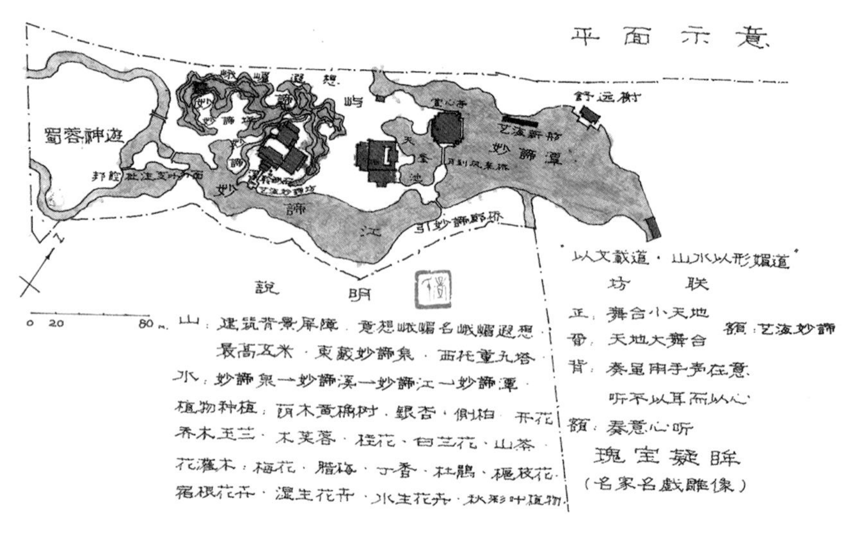

孟兆祯院士手绘稿

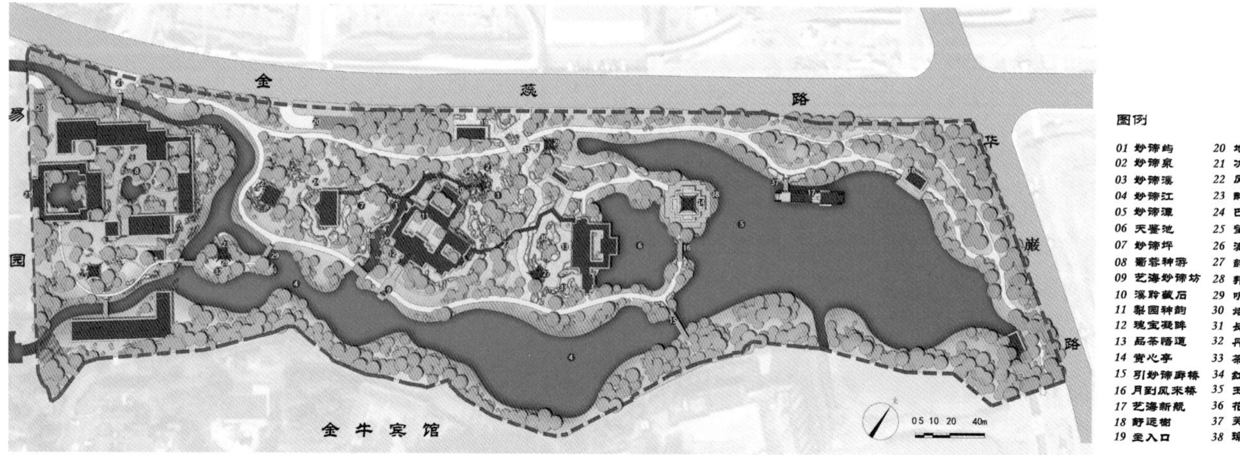

蜀园平面图

茶坞竹香

凭台赏心

蜀园西侧全景

艺海新航舫

内开放曲艺服装、道具展陈和手工艺展示场馆，西侧开放川派盆景展览，丛桂轩提供室内及水岸茶座，艺海新航舫提供冷餐品茗，蜀园通过传统文化活动的组织与经营吸引了大量戏曲艺术、茶艺、手工艺和盆景爱好者及体验者，提升了城市文化活力。同时，其独特的文人写意自然山水景为金牛区天府艺术公园片区提质增效，是成都公园城市建设的点睛之笔。

自2022年4月开园至今，蜀园日均人流量近千人。蜀园城园共融，未来可期。

（执笔人：赵茜）

武汉市江汉路步行街环境品质提升规划及综合整治工程设计系列项目

2021年度中国风景园林学会科学技术二等奖 | 2021年度北京市优秀工程勘察设计二等奖 |
2019年度湖北省优秀城乡规划设计三等奖 | 2022年度IFLA 国际风景园林师联合会亚非中东地区奖荣誉奖

编制起止时间： 2019.4—2020.10
承 担 单 位： 风景园林和景观研究分院
主 管 总 工： 张广汉　**主 管 所 长：** 王忠杰　**主管主任工：** 束晨阳
项目负责人： 崔宝义、高飞、邓妍　**主要参加人：** 吕攀、陈凯翔、宋欣、聂紫阳
合 作 单 位： 武汉市土地利用和城市空间规划研究中心、上海浦东建筑设计研究院有限公司、联合大道建筑设计咨询（北京）有限公司、武汉市交通发展战略研究院、仲量联行测量师事务所（上海）有限公司湖北分公司、盈石中国武汉公司

背景与意义

江汉路步行街位于湖北省武汉市汉口中心地带，自19世纪60年代汉口开埠后开街，成就了老汉口“十里帆樯依市立，万家灯火彻夜明”的商业繁华，被誉为武汉商业的“首街”。为深入贯彻习近平新时代中国特色社会主义思想和党的十九大精神，落实商务部关于开展高品质步行街改造提升试点工作的要求，特编制本次江汉路步行街环境品质提升规划。

规划内容

（1）高点定位，突出自身优势特色，明确发展愿景。本次规划首先突出高点定位，体现国家试点和武汉市政府的要求。基于城市发展要求与自身优势特征，确定本次提升规划以“闻名世界、示范全国、代表武汉”为总体目标，将江汉路定位为：长江纵轴，国际卓越滨江魅力空间；武汉首街，中国极致城市体验街区。力图建设一条具有国际吸引力的街道，成为国家层面步行街提升改造的示范与样板，塑造新时代武汉城市地标与形象窗口。

（2）文化引领，多专业“内外兼修”，实现系统提升。围绕总体目标定位，对标国际一流步行街、对比国内试点步行街，找准江汉路步行街的问题与差距，明确本次提升的总体策略——文化特征引领下的产业与空间“双转型”。在凸显江汉路历史文化特征、武汉地域文化特色的引领下，实现产业从单一零售到文旅商融合的转型、空间从商业街道到慢行街区的转型。依据“双转型”总体策略，对交通组织、建筑风貌、街道景观、夜景照明四大系统编制专项提升规划，实现系统性整体提升。

（3）面向实施，制定技术导则与计划，并深化详细方案与施工图设计，明确实施抓手。从技术导则和项目计划角度对接后续工作，在专项规划的基础上，针对交通、建筑、景观、夜景四个系统编制专项技术导则、实施项目库与行动计划，指导具体实施工作。面向近期实施工作，深化详细方案设计与施工图设计，直接参与后续具体实施。

武汉江汉路步行街改造提升实景图

创新要点

（1）创新了文化价值引领下产业与空间“双转型”的历史街区提升模式。立足电子商务时代，从公众需求出发，将从商业街道到步行体验街区的转变作为规划出发点。在凸显江汉路历史文化特征、武汉地域文化特色的引领下，实现产业从单一零售到文旅商融合的转型、空间从商业街道到慢行街区的转型。

（2）搭建了“市—区—街”联动的试点工作机制。武汉成立了高规格的工作领导小组，建立由市级领导小组领衔，区级领导小组统筹组织、区各职能部门监督实施、街道管理执行的步行街试点工作管理机制，助力项目高效推进。

（3）形成了“规划—实施—评估”动态工作模式。转变了历史街区既有的静态目标型规划思路，本次规划搭建了“系统评估—总体规划—专题研究与专项设计—工程设计—建设实施—实施后评估”六阶段、一体化的规划编制与实施框架，保障了规划与设计工作的有序实施与高效反馈。

实施效果

2020年，江汉路步行街克服新冠疫情的不利影响，完成了历史建筑修缮、建筑立面、街道景观、地下管线、智慧街区等多方面的改造提升，并于2020年10月21日正式开街。改造提升后，步行街在商业结构、街区销售额、街区客流量、特色文化活动上均得到显著提升。其中2021年五一期间的日均销售额比2019年同期上涨59.67%、2020年四季度客流量同比2019年增长11.5%。本次江汉路步行街的改造提升助力武汉实现新冠疫情后的快速复苏，让这条百年老街重新焕发时代风采。

（执笔人：邓妍）

（项目实景图片来源：武汉市江汉路步行街区综合服务中心）

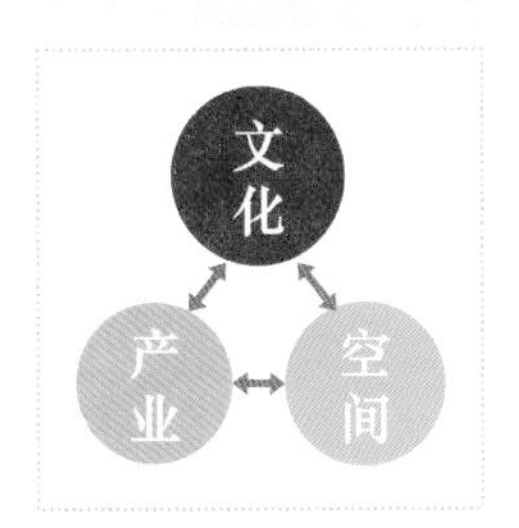

街区转型模式图

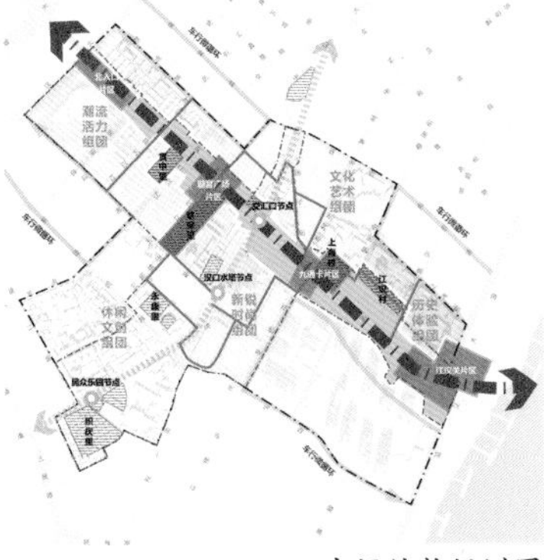

空间结构规划图

璇宫广场节点详细设计图

改造实施对比图

昆明滇池绿道建设项目

编制起止时间： 2019.5—2024.7
承担单位： 风景园林和景观研究分院
主管所长： 韩炳越　**主管主任工：** 牛铜钢　**项目负责人：** 王忠杰、刘华
主要参加人： 王剑、王坤、徐一丁、郭祖佳、宋原华、孙晓慧、黄冬梅、牛春萍、王春雷、杨光伟、张思达、王冬楠、范红玲、赵恺、吴宜杭、王美琳、施菁菁、刘媛、郗若君
合作单位： 上海现代建筑装饰环境设计研究院有限公司、中国电建集团昆明勘测设计研究院有限公司、云南省建设投资控股集团有限公司、云南建投第一勘察设计有限公司、云南建投基础设施投资股份有限公司、云南工程建设总承包股份有限公司、云南省设计院集团有限公司、中建科工集团有限公司、云南建投第二建设有限公司

背景与意义

为贯彻落实习近平生态文明思想和考察云南重要讲话精神，滇池绿道建设项目从流域系统研究出发，探索了从协助政府决策到规划设计再到实施落地的湖滨地区生态综合整治全过程解决方案，实现了人与自然的和谐共处，为城郊大型湖泊湖滨生态地区的治理困境探索了一条可行路径。

创新要点

（1）以道守线，科学划定生态空间，形成制度化底线保护共识。基于“认知生态过程+尊重历史文化+降低潜在破坏”多维度因素评估，协调确定绿道选线，建立保护控制刚性管控和准入标准弹性引导框架，助力“一湖一策”管理。

（2）串道活链，触媒激活生态文旅，特色化全民开放共享。整合优化专业技术、资金、行政审批等社会资源，推动滇池沿线美丽乡村与高标准农田建设，海晏村、河泊所等文化资源的挖掘激活，吸引了社会资本的投入，实现共治共享共赢。

（3）顺道带面，协同开展区域治理，一体化国土空间整治。滇池绿道建设以线带面，推动环湖山体生态修复、水环境生态治理、森林结构健康经营、农业空间优化与结构调整等建设，形成国土空间要素一体化整治。

（4）借道展卷，全面发掘美丽要素，多维度魅力空间显示。通过“实地勘查+资

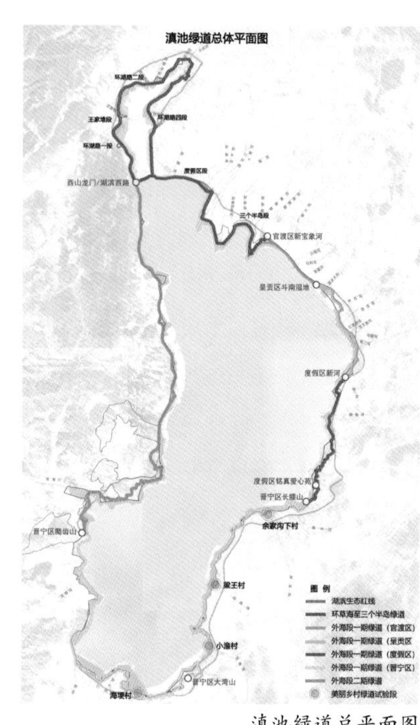

滇池绿道总平面图

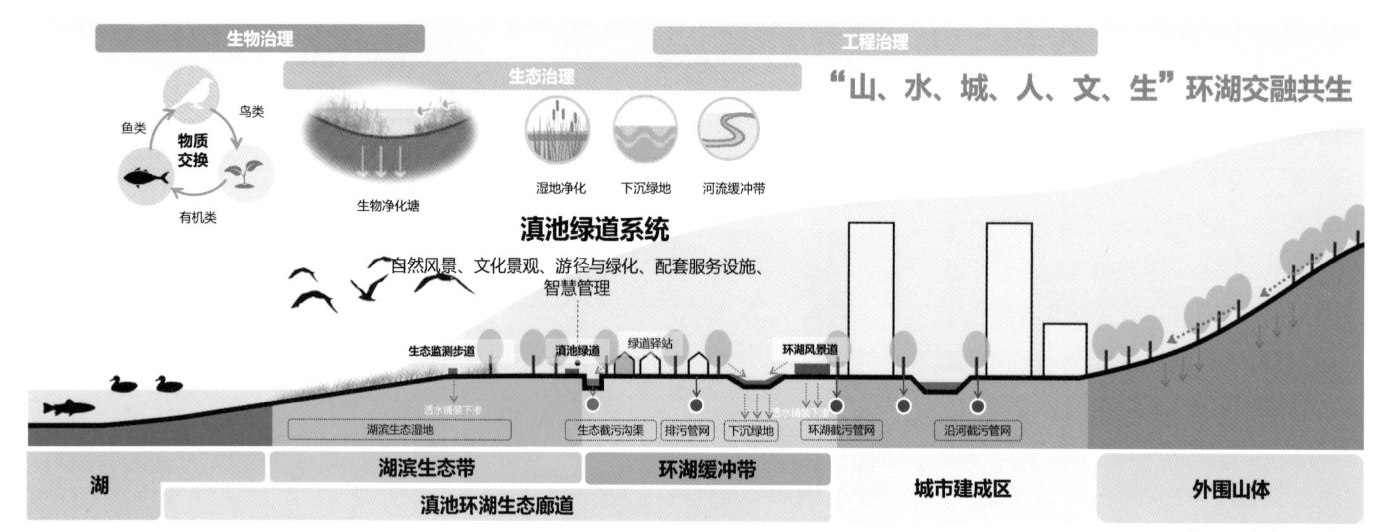

滇池绿道建设示意图

源评价”的方式梳理沿线风景资源，确定风景类型和风景等级，采取因地制宜的风景呈现方式，提供多维度、多视角的感知空间。

实施效果

通过滇池绿道的规划建设，提出“线、链、面、卷”的核心策略，将慢行绿道作为生态保护的硬实线、文旅发展的行动链、整治效果的展示面、魅力风景的流动卷。探索了以环湖绿道为抓手，大处着眼、小处着手的湖滨地区生态综合整治全过程解决方案。

在推动滇池绿道建设过程中，重塑了区域发展愿景，规避了复杂矛盾，统筹了部门力量，凝聚了各界共识，成功撬动了生态保护修复、耕地高效保护、文旅品质发展、村庄魅力整治等一系列综合治理问题的逐步解决。

项目实现滇池生态保护、环境改善、兴业富民等多重目标，促进城乡绿色协调发展、推动滇池湖滨地区建设成为“两山”理论实践基地，实现生态价值转化的“两山”理论、实现人与自然和谐共生的永续发展。

（执笔人：刘华）

滇池绿道草海段鸟瞰图

滇池绿道梁王山段生态检测步道

滇池绿道沙堤村段高标准农田

滇池绿道晋宁最美公路段鸟瞰图

长三角生态绿色一体化发展示范区嘉兴湖荡区规划设计

2022—2023年度中规院优秀规划设计二等奖

编制起止时间： 2020.9—2022.7
承 担 单 位： 风景园林和景观研究分院、上海分院
主 管 所 长： 韩炳越　　　**主管主任工：** 束晨阳
项目负责人： 王忠杰、刘华、王剑
主要参加人： 施菁菁、王冬楠、徐一丁、王美琳、刘玲、牛铜钢、辛泊雨、郭榕榕、王坤、舒斌龙、邓力文、刘安然、高倩倩、徐阳、王兆辰、祝启白、孙娟、张永波、葛春晖、肖颖禾、周鹏飞、邵玲
合 作 单 位： 安棣建筑事务所

背景与意义

推动长三角一体化发展是重大国家战略，建设长三角生态绿色一体化发展示范区是实施发展战略的先手棋和突破口。一体化示范区的初心就是生态绿色和一体化发展，生态绿色就是示范区高质量发展的集中体现。本项目将统筹“三生”空间，率先探索将生态优势转化为发展优势的规划建设模式。

规划内容

在坚守底线的基础上，通过区域林田水村的系统治理、提质增效、更新活化，建设生态高地、丰产高地、幸福高地，引领新的发展方式，推动区域成为价值高地。

（1）以水为脉，系统治理，恢复生态高地。针对水体流动不畅区域进行圩区整治，通过二级圩区的“分圩、退圩、拆圩”三种方式，打通水体，增加水域空间，实现活水周流。扩大湖荡水体湿地面积，构建“河口湿地—湖塘湿地—水下森林”的多级湿地水体净化单元，提升水体自然净化能力。针对农田面源污染，结合水网特征，建立“农田沟渠—净化库塘—溇港塘浜”的污染控制单元。通过尾水净化、循环回灌，实现农田退水零直排，全面消减农田面源污染。

（2）以田为底，标准治理，建设丰产高地。落实“藏粮于地、藏粮于技”国家粮食战略，借助高标准农田建设及土地流转政策，建立大户机制，形成集中连片的大田基底。遵循江南水乡肌理，以水为界，划分500~2000亩为一个灌区单元，建立“管道+低压灌溉系统”，梳理形成东西100~150m、南北200~300m的田相单元。结合田相梳理，优化机耕路路网与农业设施服务点，形成兼具生产、休憩、风景复合功能的新农人服务系统。

（3）以村为魂，分类引导，重塑幸福高地。转变“腾退拆迁”为主的思想，充分结合生态影响、居民意愿、文化价值以及资金测算等综合评估。制定“人走村走”“人走村留”“人留村留”三类村庄整治模式。拾取江南水乡聚落“基因”的特征，最大程度保留水网肌理、村巷肌理。以公共空间为先导，推动村头广场、滨水空间及公共界面的整治提质，带动村庄逐步有机更新。

长江生态绿色一体化发展示范区嘉兴湖荡区区位示意图

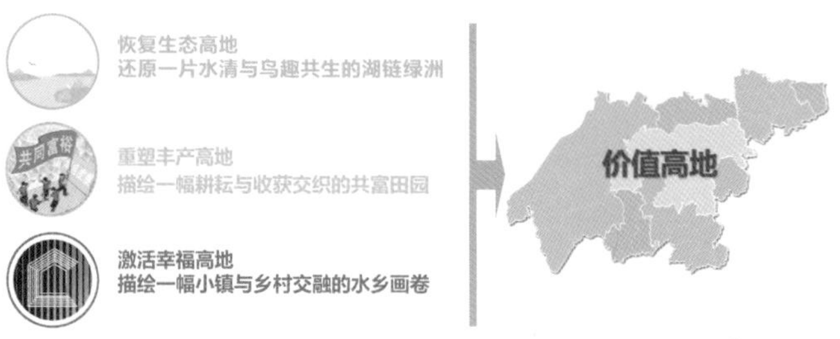

统筹“三生”空间，创建价值高地示意图

创新要点

（1）明确风景园林以塑造大地风景为基础的价值初衷，风景之美在营造，更在基于地域特征的生态美、生产美、生活美，重塑大地风景之美。

（2）在坚守多条底线的基础上，从规划理念到技术手段，实现要素、空间、功能协调统筹，助力“三生”空间融合发展。

（3）探索并示范了一套包含修复生态、服务生产、营建风景的可落地技术工法体系。

实施效果

以“有风景的地方就有新经济”的目标推动示范区全域功能与风景共融，再现了一幅幅优美的水乡人居画卷，实现生态优势转化为发展优势的价值高地示范。

同时，以长三角生态绿色一体化发展示范区嘉兴湖荡区规划设计为基础探索的思想、方法、技术，不仅助力示范区价值高地的全面提升，而且成功运用到昆明滇池环湖整治项目实践中，在国土美丽、魅力发展建设中进行更多的实践。

（执笔人：刘华）

善县竹小汇高标准农田与生态岛航拍实景

善县竹小汇零碳聚落与高标准农田实景

嘉善县竹小汇零碳聚落与高标准农田航拍实景

三亚市月川生态绿道项目

2017年中国人居环境范例奖 | 2015—2016年度中规院优秀城乡规划设计二等奖

编制起止时间： 2015.5—2017.10
承 担 单 位： 风景园林和景观研究分院
主 管 总 工： 詹雪红　　**主管所长：** 王忠杰　　**主管主任工：** 白杨
项目负责人： 刘圣维、马浩然、丁戎　　**主要参加人：** 牛铜钢、舒斌龙、齐莎莎、郝钰、程志敏
合 作 单 位： 广东潮通建筑园林工程有限公司

背景与意义

月川生态绿道项目作为三亚市绿道系统规划的启动项目，是中规院承担的三亚"城市双修"全国试点工作的重要组成部分，规划构建的三亚市系统性绿道绿廊的构架，践行了生态文明战略，促进了城市生态保护与修复以及城市品质的提升，同时绿道项目的实施，为市民提供了良好的居住环境。在全国"双修"工作现场会期间，月川生态绿道项目获得参会代表的好评，成为三亚全国"双修"工作现场会示范项目，并于2017年10月获得"2017年中国人居环境范例奖"。

规划内容

月川片区是三亚市城市腹地重要的综合性中心区，城市的建设切割了滨河空间，使得滨河的物种交流被阻断，以红树林湿地为代表的生境物种减少、生物多样性减弱。同时造成了人和河流之间的隔离，滨河空间变成了衰败和社会治安恶化的场所。月川生态绿道试图通过滨水绿廊的改造解决这些问题，重塑城市空间和生活。

本项目所需要思考和实践的目标是通过更合理的绿道空间的构建，促进城市健康可持续发展，增强绿地缓解大城市病的能力，为市民营造美好的生活环境，提升百姓幸福感。

该条绿道长约10.6km，串联起东岸湿地公园、丰兴隆桥头公园等十余个绿地，增加绿地约10hm^2，形成三亚河上的一条"绿色项链"，同时辐射到周边15个住宅小区，为数十万的市民和游客提供了一条高品质的休闲廊道，为市民开展多样的活动提供了舒适环境。

1. 退建还绿，构筑连续廊道

三亚市委、市政府下大力气将6000多m^{2}的违章建筑及280m的围墙全部拆除，保证了绿道小环的全线贯通，真正做到了还

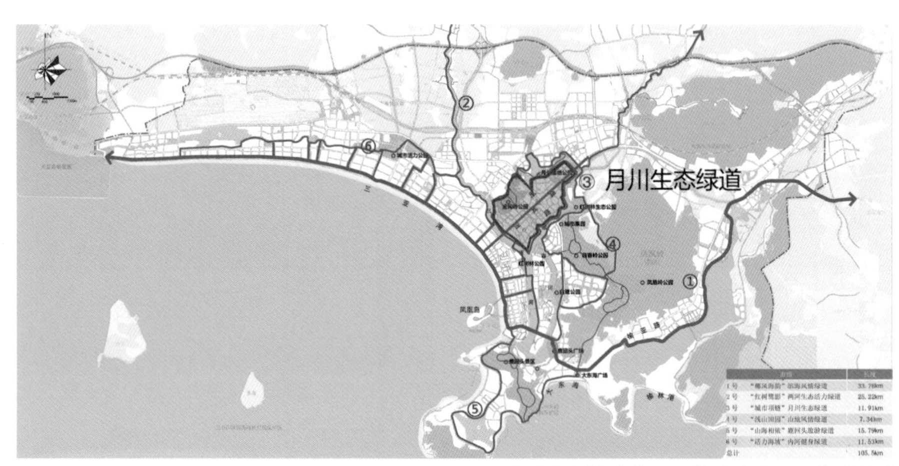

三亚月川生态绿道在三亚绿道系统网络中的位置

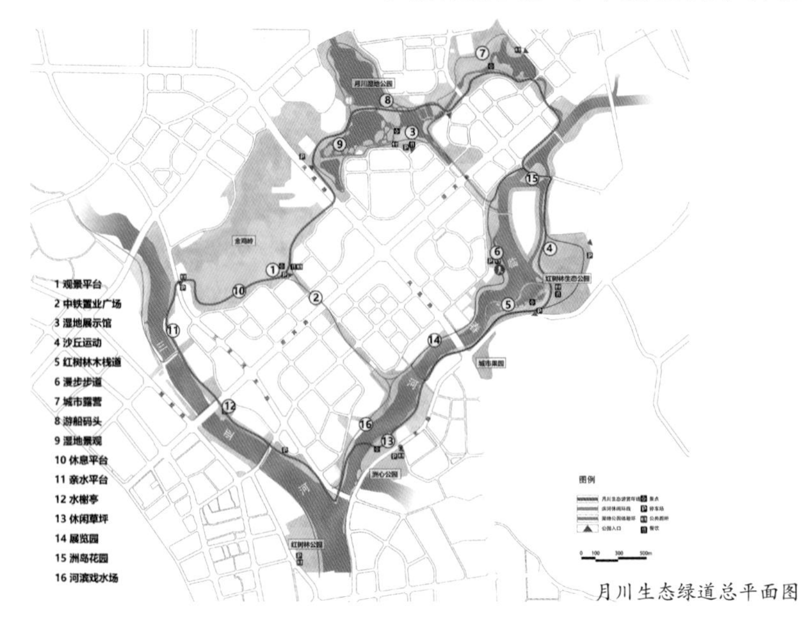

月川生态绿道总平面图

三亚月川生态绿道航拍

三亚月川生态绿道建设前后对比

三亚月川生态绿道居民使用情况

绿于民、还景于民。

2. 硬质软化，保证红树林生境

对红树林群落进行保护，将原有硬质驳岸改造为缓坡绿地，构建滨水湿地群落，营造鸟类栖息地，达到人与自然的和谐共处。

3. 服务配套，提供人性化设施

已实施建成的绿道沿线绿化提升效果显著，屏蔽了路上的噪声，为百姓提供了40余个自然宁静的游憩场地，标识、驿站等服务设施逐步完善，滨河绿廊恢复公共属性。

创新要点

1. 探索绿道绿廊作为城区生态修复与城市修补的重要方法

绿道系统作为“城市双修”总体规划的专项规划，其通过线性空间增绿弥补老城绿地空间的不足，通过廊道恢复重点修复受损的生态环境，成为“城市双修”推进的重要抓手。

2. 三亚绿道作为联系生活空间和生态空间的重要纽带

居民的生活空间与大自然的生态空间由于城市发展而不断割裂，人们对自然环境的向往不断增强，绿道的建立能将生态要素引入城市，山水风光融入城市，并展示城市的自然山水格局。

3. 绿道是优化城市功能结构和提升百姓生活品质的重要抓手

通过绿道的低影响开发措施重新连接和组合城市片区，提供慢行系统，恢复城市的环境脆弱地区，提升绿地品质，满足百姓对美好生活的需求。

实施效果

月川生态绿道已经成为三亚市区最受欢迎的公共场所之一，成为提升城市品质、惠及百姓民生的标志性工程。人们可以约上三五亲朋好友在树下休憩小聚，也可以在这里组织社区健身活动，不断举行的活动使这片绿地时刻生机勃勃。不管是周边居民还是过路游客，人们都可在这条绿色项链中暂时摆脱都市生活的喧嚣与繁忙，找寻到片刻的轻松与安逸。

（执笔人：白杨、刘圣维）

宁夏固原城墙遗址公园规划设计

2019年中国风景园林学会科学技术奖二等奖｜2021年北京市优秀工程勘察设计奖二等奖

编制起止时间： 2015.12—2016.4
承 担 单 位： 风景园林及景观研究分院
主 管 所 长： 韩炳越　　**主管主任工：** 唐进群
项目负责人： 吴雯、王坤　　**主要参加人：** 刘睿锐、李蔷强、牛铜钢、徐丹丹、齐莎莎、舒斌龙、张亚楠、刘孟涵

背景与意义

固原在历史上是“左控五原，右带兰会，黄流绕北，崆峒阻南，据八郡之肩背，绾三镇之要膂”的咽喉要冲，因此其在历史上便极为重视城防特别是城墙的建设。

固原回字古城是“丝绸之路”的重要节点和宝贵的历史遗存。保护与科学利用回字古城墙这一历史文化资源，对于彰显古城历史文化价值与特色有着重要的历史意义。

固原作为古丝绸之路的重要节点城市，回字城墙遗址是丝绸之路文明的重要见证，是中西文明交融的载体。城墙遗址公园建设在固原市对接国家“一带一路”倡议、创建国家级园林城市的行动中有着重要的现实意义。

遗址公园作为老城区最大的绿色空间，能够完善固原市的生态绿地系统，满足市民的休息活动需要；同时作为城市安全、防灾避险、应急的场所，能够完善城市功能，具有重要社会意义。

规划内容

固原城墙遗址公园以“丝路回城——生活·历史·文化”为主题，设计坚持生态为基、文化为魂、以人为本的设计理念，保护历史文化遗产，展现古城文脉，营造多元活力城市绿色空间，做到历史、文化、生活有机融合。

公园总体布局为“两环四角十景”，两环即外城墙环与内城墙环。外城墙环为苍茫有力、开敞大气的历史文化展示环，充分展示固原历史中的边塞军事文化、丝路文化、民族团结文化。内城墙环为景观丰富的市民生活与文化相融的休闲环，重点将古城墙的保护利用与市民生活紧密联系。四角分别为东南角、东北角、西北角

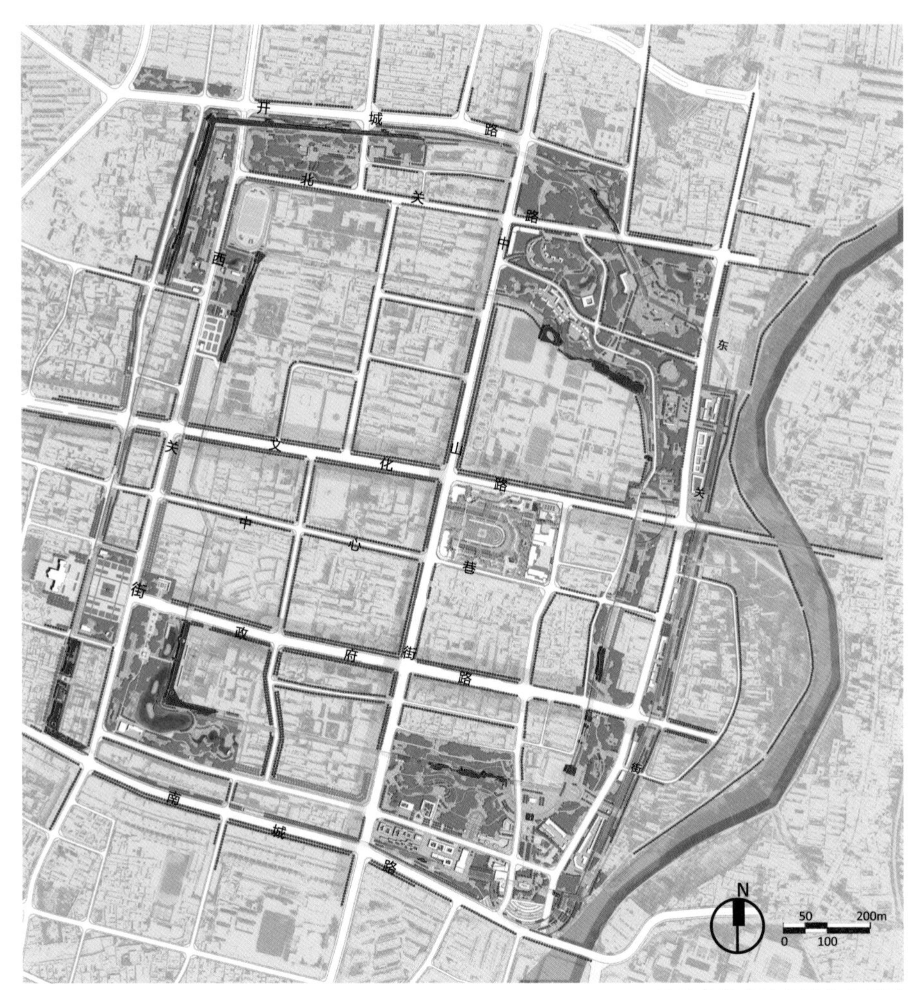

固原城墙遗址公园总平面图

与西南角，根据周边城市用地性质及公园功能分区来确定功能，设计与城市风貌协调统一。十景分别是：镇秦兴德、丝路驼铃、靖朔国色、城垣古韵、雄关漫道、汉唐风骨、文澜垂远、五原醇香、制府三边、西湖毓秀。

创新要点

（1）固原城墙遗址公园规划设计以“思古怀古不复古”为指导原则，保存古城墙的历史印记、文化变迁、城市发展等要素，充分保护古城墙的原真性，设计采用的工艺、材料与周边环境相融合，使其成为可读的历史遗迹。

（2）突出固原城墙结构的独特性。规划设计针对现状城墙的不同状态以及城墙遗址所在区域情况，结合设计主题与功能需求，确定不同段落的处理方式，通过连续的、完整的、开放的绿地空间重塑固原“回”字形城墙的结构。

（3）文化表达多元化。规划设计不局限于古城墙遗址文化本身，而是从多学科、多角度将城墙文化与城市文化有机融合，通过固原城墙遗址公园的建设突出城市文化。

实施效果

固原城墙遗址公园建成后，取得了显著的生态、经济、社会效益，实现了规划设计目标，保护并展现了回字形城墙文物和固原古城文化，并为固原人民提供了绿色开放空间，成为同时保护传承历史遗迹的示范地，展示城市千年文脉的魅力窗。

（执笔人：吴宜杭）

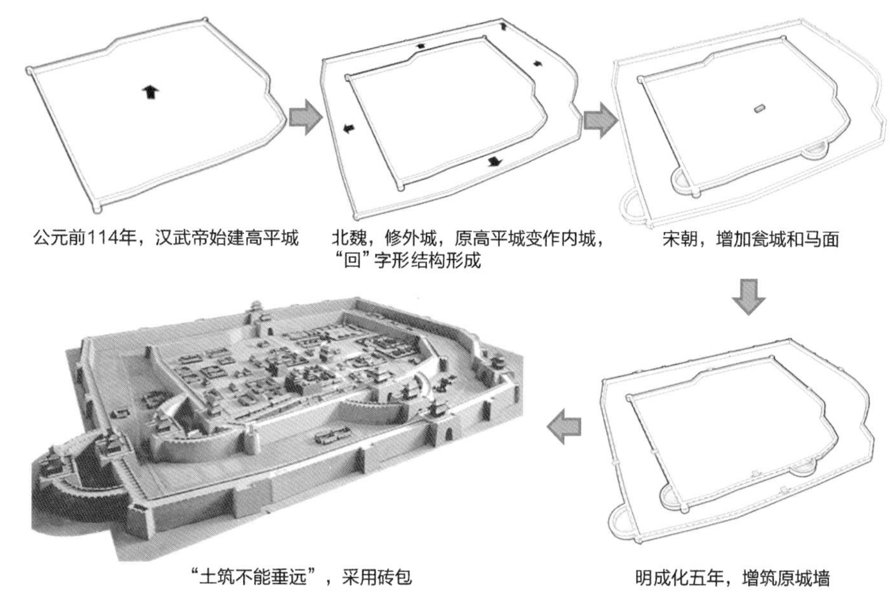

固原城墙演变示意图

固原城墙遗址公园鸟瞰图

雄关漫道建成实景

31

生态环境治理

长三角生态绿色一体化发展示范区水生态环境综合治理实施方案

2021年度上海市优秀国土空间规划设计奖三等奖

编制起止时间：2020.3—2022.12
承 担 单 位：上海分院
主 管 总 工：孔彦鸿、龚道孝　**分院主管总工：**孙娟、李海涛　**主管主任工：**刘世光
项目负责人：谢磊　**主 要 参 加 人：**周鹏飞、林辰辉、周杨军、戚宇瑶、方慧莹、杨鸿艺、席凡禹
合 作 单 位：上海勘测设计研究院有限公司、上海市政工程设计研究总院（集团）有限公司、北京正和恒基滨水生态环境治理股份有限公司

背景与意义

根据《长三角生态绿色一体化发展示范区总体方案》《长三角生态绿色一体化发展示范区国土空间总体规划》等要求，编制长三角生态绿色一体化发展示范区水环境综合治理实施方案。本方案坚持“生态优先、绿色发展”，按照系统化治理思路，全面分析示范区水系统现状格局，研究提出实施目标、主要任务，统筹重大涉水工程总体布局和项目实施安排，锚固示范区生态基底、植厚生态优势，助推示范区绿色发展。

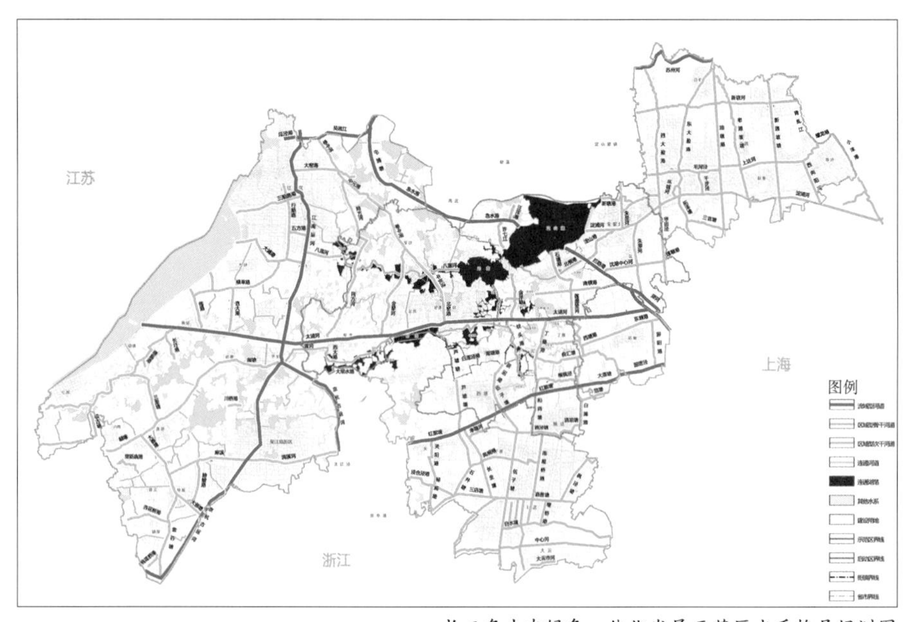

长三角生态绿色一体化发展示范区水系格局规划图

规划内容

（1）科学构建示范区水生态环境治理总体框架。按照“事权统一，分层推进，分类治理”的治理原则，提出了构建和谐共生的水生态管控体系、塑造量质双控的圩域环境治理单元、建设高效互联的生命线基础设施、重塑蓝绿共融的水脉文化价值格局、打造一体联动的智慧水务运维系统等五大治理策略。

（2）系统谋划启动区水生态环境治理实施路径。以排水系统提质增效、圩区面源治理、河湖综合治理和滨水景观文化提升为抓手，通过治水示范工程建

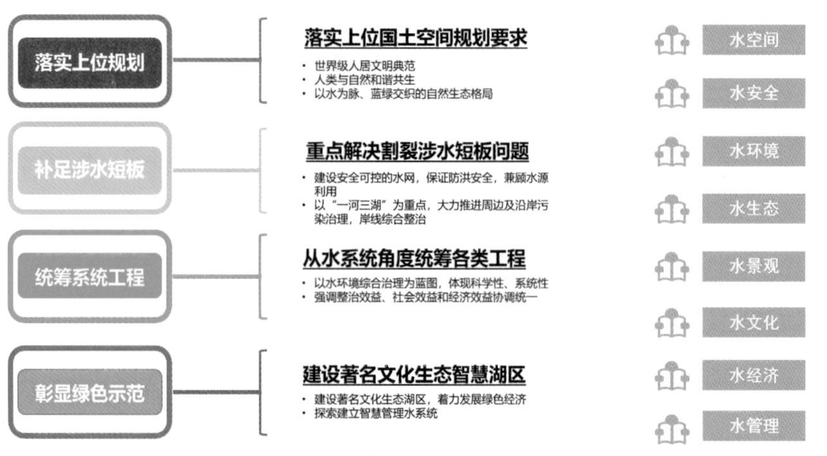

长三角生态绿色一体化发展示范区水环境治理实施方案总体要求

设，落实长三角生态绿色一体化发展示范区水生态环境综合治理目标和指标，提高先行启动区水生态环境综合治理的显示度，率先实现鱼翔浅底、水清岸绿的治理目标。

创新要点

（1）水环境多维系统治理，还水以空间，在维持现状水面率的基础上，通过水系贯通、拓浚整治、退渔还湖、退渔还湿、河湖修复等措施适度提升示范区水面率。

（2）圩域单元化生态整治，从单纯圩区排涝转向圩域生态化综合整治。以圩域为基础塑造水生态环境治理单元。对于城镇圩区，实施一厂一策，重塑城镇污水系统；对于农业圩区，运用黑灰分离、湿地、缓冲带等多重生态工法，开展污染源头管控。

（3）基础设施高效化建设，从灰色提质增效转向“蓝绿灰”融合高效。以水质目标提升为核心，开展“蓝绿灰”协同治理。落实海绵城市理念，提升污水系统效能，构建资源循环体系。

（4）生态品质魅力化打造，从单一工程治水转向构建魅力滨水。推进滨水可达，建设全域网络化滨水绿道体系；塑造魅力水岸，构建隐形堤防下的开敞滨水空间；打造示范节点，构建系统化节点改造样板。

（5）水环境治理智慧化管控，从多头分散管控转向智慧一体协同管理。有效整合一张监测网络、一个展示平台、一幅管理蓝图，从多头分散管控转向智慧一体协同管理。

实施效果

实施方案核心成果已纳入《长三角生态绿色一体化发展示范区重大建设项目三年行动计划（2021年—2023年）》等政府部门建设计划，跨界区域近期项目100%推进实施。跨界区域水环境治理方案促进多部门、多主体达成技术共识，支撑制度创新复制推广。

太浦河、淀山湖、元荡等水生态环境综合治理重点项目加速推进，逐步实现方案蓝图落地。

（执笔人：刘世光）

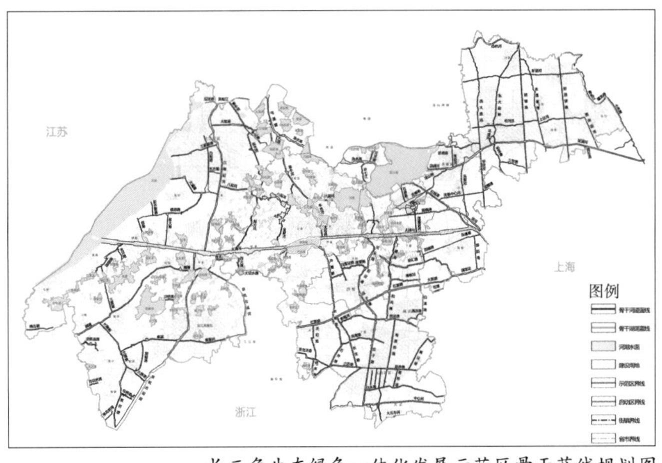

长三角生态绿色一体化发展示范区骨干蓝线规划图

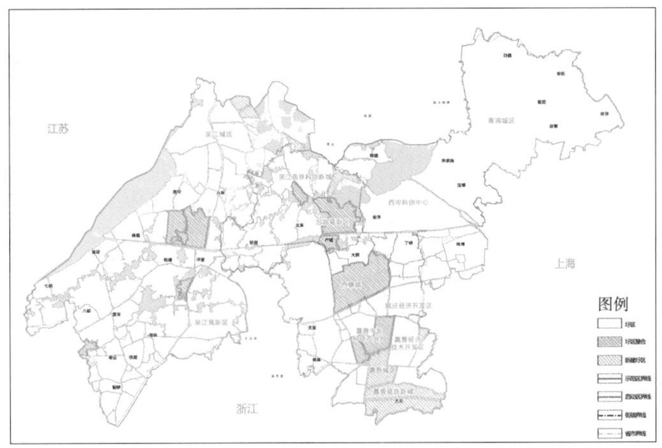

长三角生态绿色一体化发展示范区圩区规划图

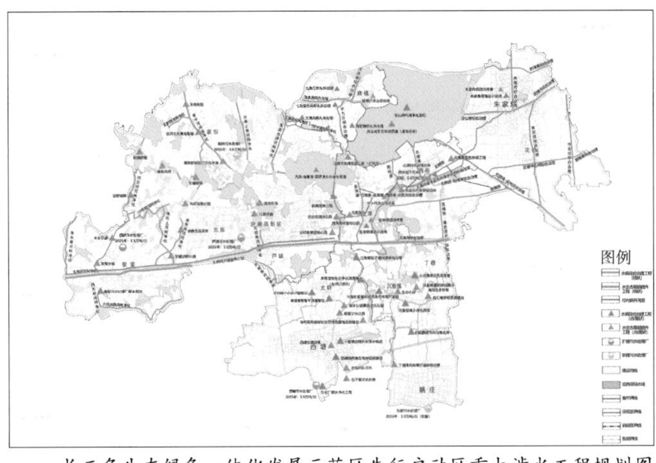

长三角生态绿色一体化发展示范区先行启动区重大涉水工程规划图

长江大保护治水新模式、新机制系列项目

2021年度全国优秀城市规划设计三等奖｜2020—2021年度中规院优秀规划设计二等奖

编制起止时间： 2018.9—2019.12
承 担 单 位： 城镇水务与工程研究分院
主 管 所 长： 龚道孝　　**主管主任工：** 宋兰合
项目负责人： 张志果、黄悦、余忻　　**主要参加人：** 安玉敏、陶相婉、白静、白桦、秦建明

项目一名称： 三峡集团参与长江经济带城镇污水治理新模式新机制研究
承 担 单 位： 城镇水务与工程专业研究院
主 管 所 长： 龚道孝　　**主管主任工：** 宋兰合
项目负责人： 张志果、黄悦　　**主要参加人：** 余忻、安玉敏、陶相婉、白静、白桦

项目二名称： 长江经济带重点省区水环境治理市场研究
承 担 单 位： 城镇水务与工程专业研究院
主 管 所 长： 龚道孝　　**主管主任工：** 宋兰合
项目负责人： 张志果、余忻　　**主要参加人：** 白静、黄悦、白桦、安玉敏、陶相婉、秦建明

背景与意义

长江是中华民族的母亲河，也是中华民族发展的重要支撑。但流域生态环境形势却严峻复杂，水资源短缺、水环境污染、水生态损害等新老问题交织存在。习近平总书记多次对长江大保护作出重要指示，明确提出“要把修复长江生态环境摆在压倒性位置，共抓大保护，不搞大开发”。

项目系统总结传统水环境治理工作中存在的碎片化、末端化、经验式等问题，以系统性、多目标、智慧化为导向，提出了适应于新时代治水要求的长江大保护新模式、新机制，并借助三峡集团为平台，在落地项目中先行先试，引领水环境治理行业发展创新。

规划内容

1. 提出长江大保护治水新模式

探索建立“厂网河湖岸”联动治理模式，推动实现长江生态良性循环；研究提出“城乡统筹”模式，推动水环境治理全

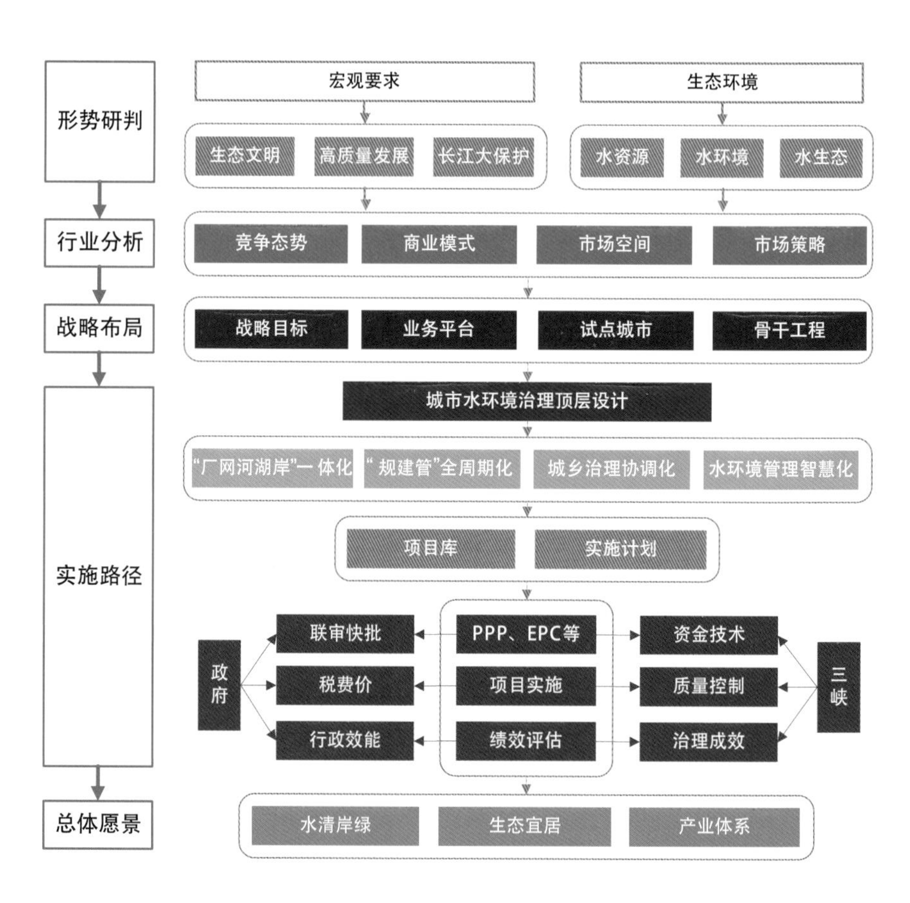

长江大保护总体技术路线

域协同化；推动建立全生命周期服务协同模式，激发水环境治理市场活力；研究提出“一库、一系统、一张图”智慧水务管理平台，推动水环境管理智慧化。

2. 提出长江大保护治水新机制

研究提出污水收集处理全链条成本核算机制，推动污水收集处理行业可持续发展；以污染物削减作为绩效考核目标，倒逼提升污水收集系统效能；构建以地方政府为责任主体、牵头企业为实施主体、多方协作，形成多元共建共治共享长江大保护工作格局。

3. 研判长江经济带城镇水务行业发展和战略

以长江经济带环保市场行业研究和市场调研为基础，构建生态环保市场细分业务评价指标体系，从城镇污水处理、工业废水治理、流域/区域水环境综合治理三个方面，分析市场规模、商业模式、竞争态势、行业前景、市场进入策略与路径，从行业视角为三峡集团参与长江大保护提供战略咨询。

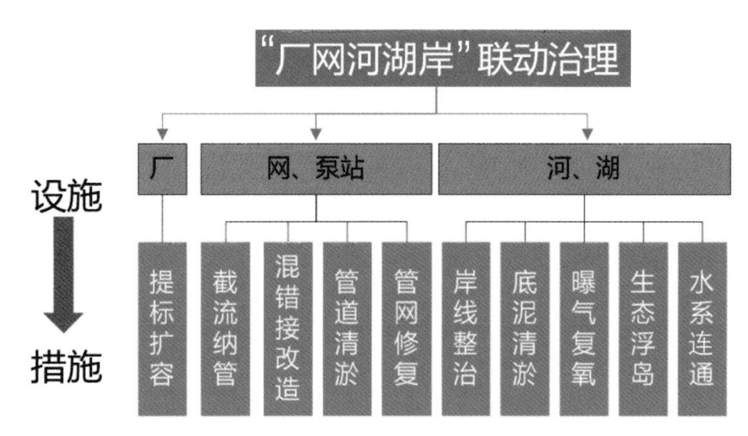

长江大保护“厂网河湖岸”联动治理模式

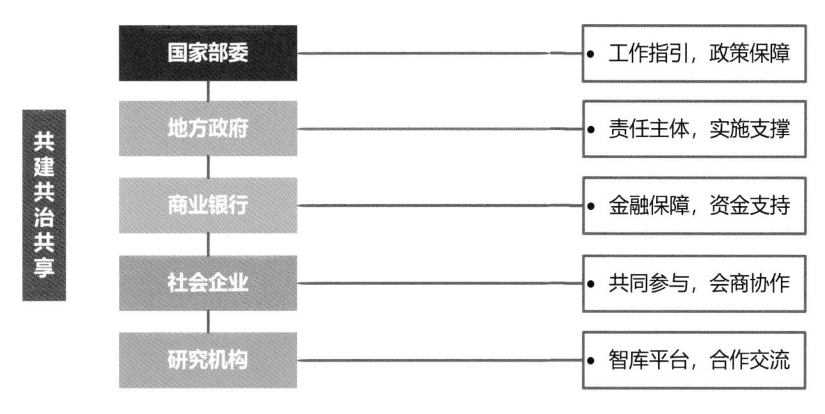

长江大保护多元共建共治共享机制

创新要点

（1）服务长江经济带绿色发展，提出了长江大保护治水的新模式、新机制。项目贯彻了新时期治水方针，提出的治水新模式、新机制，有效统筹了政府和市场、社会效益和经济效益，并率先在沿江城市成功应用，使得新模式、新机制完成了从理念到实践，从实践到经验，从经验到理论的闭环。

（2）首次全面分析了长江水环境治理市场，将行业进步需求与企业营利诉求有效融合。项目通过市场分析和行业研究，厘清了长江大保护以及水环境治理行业发展面临的难点痛点。通过内外部优劣势分析、细分业务筛选，制定可复制、可推广的市场切入策略，推动了社会和经济效益双见效，为引导其他市场主体进入、进一步激发水环境治理市场活力提供了良好的案例借鉴。

实施效果

新模式新机制研究成果，得到了国家部委及行业的高度认可和社会的高度关注，助力了共抓长江大保护基本格局的进一步巩固深化，长江大保护工作取得显著成效。实施效果主要体现在以下两个方面。

（1）建设成效：项目落地先行先试，为行业提供引领与示范。“新模式、新机制”集中落地实施，为城镇污水和水环境治理行业提供典范。“厂网一体化”“全域协同治理”“建设养护全周期”“排水系统智慧化”等模式在岳阳、宜昌、九江、芜湖等城市落地见效，并逐步推广到长江经济带11省市，是“高质量发展与高水平保护”的生动实践。

（2）社会关注：形成“三峡模式”，治水理念得到推广。本研究提出了三峡集团参与长江大保护的总体路线、实施路径以及平台抓手等，推动三峡集团从行业“新兵”成长为行业发展有生力量，助力于长江大保护共抓格局的巩固与提升，也见证了长江经济带水清岸绿、江山如画的蓝图绘就。

（执笔人：安玉敏）

永定河流域综合治理与生态修复实施方案

2021年度全国优秀城市规划设计二等奖｜2021年度北京市优秀城市规划设计一等奖｜2020—2021年度中规院优秀规划设计一等奖

编制起止时间： 2018.12—2020.12
承 担 单 位： 中规院（北京）规划设计有限公司
公司主管总工： 尹强、黄继军　　**主 管 所 长：** 王佳文　　**主管主任工：** 李铭
项目负责人： 黄少宏、徐有钢　　**主要参加人：** 刘颖慧、刘雪源、武旭阳、任东红、李江峰、谢骞、高文龙、王玉圳、陈笑凯、黄蓉
合 作 单 位： 中水北方勘测设计研究有限责任公司

背景与意义

永定河是京津冀重要水源涵养区、生态屏障和生态廊道，2016年年底永定河流域综合治理与生态修复启动，成为京津冀协同发展在生态领域率先实现突破的着力点。为减轻沿线政府“治河”财政压力，2017年底由国家发展和改革委员会牵头，京津冀晋四省市政府引入中交集团作为战略投资方，共同组建永定河流域投资有限公司（本项目中简称流域公司），负责全流域治理工作的总体实施和投融资运作，构建起运用经济杠杆保障流域治理持续运作的市场机制，也以流域公司为平台探索了流域上下游政府协同治理的新机制。

为保障“以市场化为主导的流域治理”这一创新机制的顺利施行，2018年年底以流域公司为主体，组织开展《永定河综合治理与生态修复实施方案》（本项目中简称《实施方案》）编制工作，经过近两年“流域公司+地方政府+技术单位”的共同推进，形成以一个流域总体实施方案和四个分省（市）实施方案为统领，土地、农业、林业等八个专项规划和协同保障机制等五项专题研究为支撑的规划体系。

规划内容

形成全流域“资源库、项目库、政策库、标准技术库”为核心的内容重点。

（1）构建全流域绿水青山生态价值的资源库。开展流域内土地、农林、文旅、绿色能源等资源资产现状调查，从“市场研究、行业研究、客群研究、政策研究、政企合作度、操作便利度”多个方面综合评价各类资源开发潜力，形成全流域生态资源资产评估报告。

（2）系统策划治理工作有序有效推进的项目库。实施方案从沿线资源高质量开发角度，制定契合流域政府和企业发展诉求的流域治理总体目标和开发保护总体格局，落实到生态修复与综合治理、土地整治与开发等五个方面，并进一步细化为30余项子任务和对应支撑项目。

（3）创新制定促进资产转化的配套政策库。以流域生态资源资产增值和转化为目标，系统梳理部门相关政策、地方

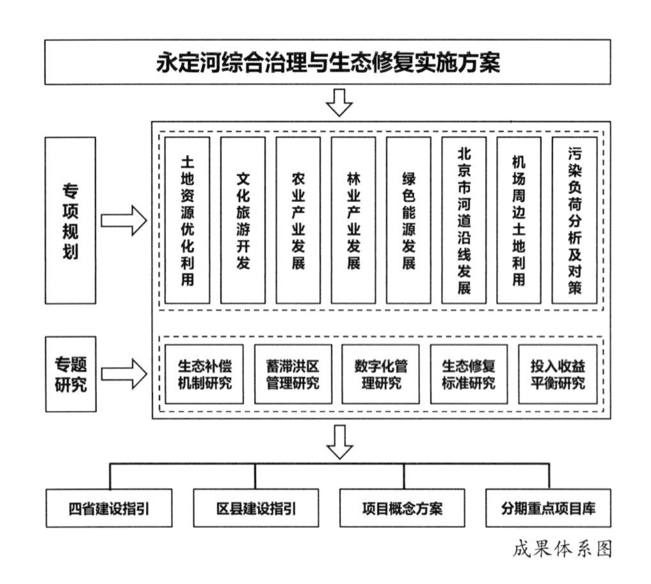

成果体系图

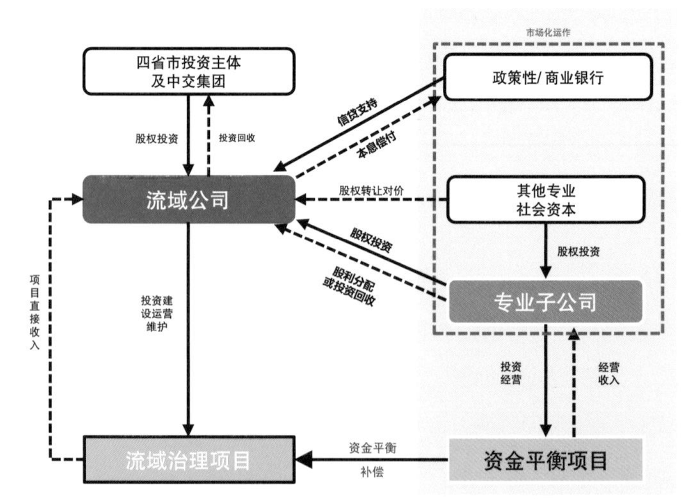

“生态治理类”和“资金平衡类”项目匹配关系示意图

政策、行业政策和试点政策，构建不同层面和领域的配套政策体系。

（4）制定保障工程质量的技术标准库。为有效监管市场主体和指导永定河后续治理，制定了“水安全、水环境、水生态”三类验收标准，形成长效技术监督和质量评估考核体系。

创新要点

《实施方案》以实现永定河流域生态保护和高质量发展为核心目标，以“政企协商”和“资源整合”为手段，为支撑市场化为主体的流域治理体系，构建了“资源价值评估——资金平衡与运维——配套政策支撑——技术标准考核”的全流程规划方法。

（1）明晰生态资源价值实现路径。围绕土地和生态资源，分类明晰增值溢价分配、生态指标和产权交易、生态补偿、生态产品收益等资源向资产转化方式，结合资源分布，制定流域不同区段价值转化和项目策划重点方向。

（2）保障资金平衡，创新项目组合关系。以“资金平衡类”项目为重点，以区县为单元，通过开发时序和空间关系，明晰项目运营模式和资产管理边界，形成流域治理和资本运营相契合的资源保护、利用和管理组合关系，支撑资金平衡目标实现。

（3）探索制定资产转化的配套政策。以吸引社会资本参与为导向，制定河流生态廊道及廊道内资源开发政策、资源综合开发和利益分配保障制度、水资源使用和交易制度等配套政策。

（4）围绕生态水量，完善跨区域治理工程要求。识别流域主要生态环境影响因素和生态环境问题，以生态水量保障为重点，确定河流各段生态功能定位、措施方向、技术指标与工程要求。

实施效果

随着项目有序建设，开工建设约两年后，2020年5月永定河实现了全线通水。

（1）规划确定的各地市“一地一策”实施方案陆续通过政府审批，成为流域公司与政府合作的重要纲领文件，以政企合作为核心的流域上下游协同治理机制初步建成。

（2）《实施方案》提出的土地整治、产业发展、文旅投资等政策创新导向，成为公司申报部委各类政策试点的重要依据。

（3）《实施方案》确定的资金平衡机制为后续流域公司设立产业投资基金提供重要参考。

（4）《实施方案》资源库、项目库和技术标准库接入永定河信息管理平台，为“数字永定河”建设奠定重要数据基础。

（执笔人：徐有钢、刘雪源、武旭阳）

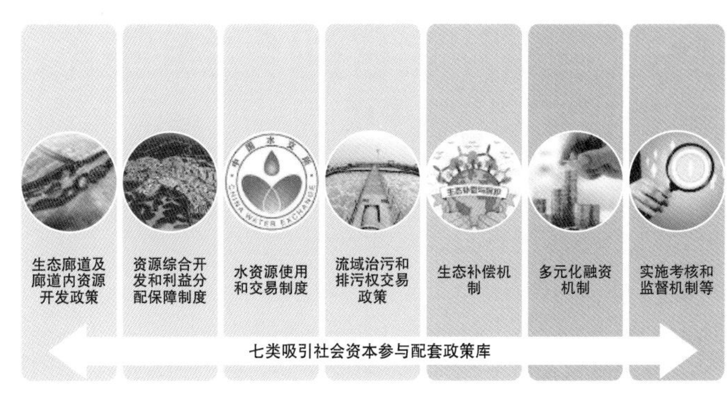

配套政策库示意图

内容框架图

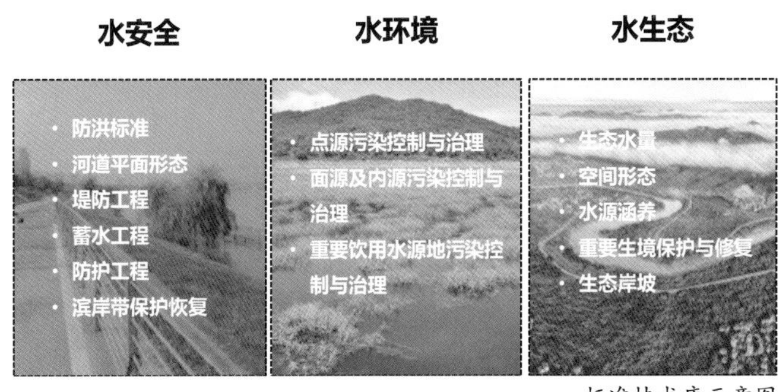

标准技术库示意图

“数字永定河”信息平台

石家庄市滹沱河全线生态修复规划及城区段景观提升规划

2017年度全国优秀城乡规划设计三等奖 | 2019年度中国风景园林学会科学技术奖（规划设计奖）三等奖 | 2019年度河北省规划设计一等奖

编制起止时间： 2015.10—2017.8
承 担 单 位： 风景园林和景观研究分院
主 管 所 长： 贾建中　　**主管主任工：** 唐进群　　**项目负责人：** 韩炳越、刘华
主要参加人： 郭榕榕、牛铜钢、赵娜、高倩倩、李沛、蒋莹、辛泊雨、舒斌龙、祝启白、范红玲、王苏宁、郝硕、王坤、赵恺、牛春萍、吴宜杭、杨光伟、张思达、张璐、刘硕、魏柳、李盼盼
合 作 单 位： 石家庄市国土空间规划设计研究院有限责任公司、河北省水利规划设计研究院有限公司

背景与意义

随城市发展战略升级，滹沱河由一条城市边缘河流成为城市中心河流，在区域生态环境改善、两岸经济发展、人居环境品质提升等方面发挥更为重要的作用。《滹沱河生态修复规划（暨沿线地区综合提升规划）》对黄壁庄水库至深泽县东边界的109km河流沿岸进行系统性梳理，全面整治、恢复滹沱河生态环境，充分发挥滹沱河河流带动效应，将滹沱河建设成为全省河流生态环境建设的示范，发挥其在美丽河北建设中的绿色生态引领作用。

规划内容

（1）建立多元复合的策略体系。以河流生态修复为切入点，从生态滹沱、安全滹沱、文化滹沱、活力滹沱及智慧滹沱五大层面提出规划设计要求，进行全方位生态修复，统筹周边城乡空间建设，构筑滹沱河两岸生态带、景观带和产业带。从保安全、复生态、强核心、延县城、富村镇、通道路、传文化及全智慧八个方面制定规划策略，形成水绿交融、城河互动的健康河流廊道。

（2）探索“安全为本、生态为基”的大尺度河道生态修复途径。在保证河道防洪安全的前提下，运用河流生态修复理论，从宏观至微观，从纵向至横向，结合场地现状探索一系列切实可行的河流生态修复途径，从而实现河道生态修复的最基本目标。

（3）构建“一城七县、拥河发展”的沿线产业发展布局。依据总规“依山拥河”规划思路，主城区段定位为石家庄市的开放景区，创造活力、传承文化、体现特色，引领滹沱河两岸城市建设，形成石家庄的“中央开放客厅”。

四个临河区县，利用滨河优势，统筹自然生态景观和历史文化特色，突出民俗旅游和文化创意。

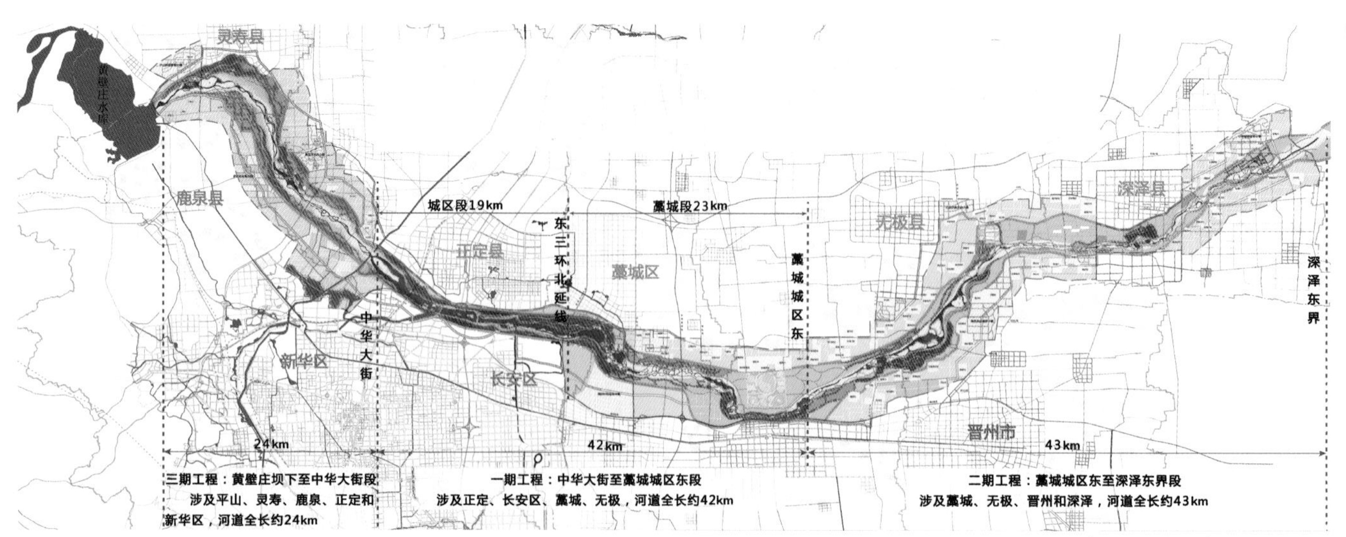

滹沱河生态修复规划总平面图

三个不临河区县，以城乡协调、绿色发展为出发点，依托自身资源特色，沿河发展以生态农业、旅游农业为主的多元新型农业。

（4）强调“蓝绿交融、景美民丰”的综合系统构建。完善顺河、跨河交通，增强城乡区域联动，科学布局停车场，分级设置出入口，形成便捷完善的交通系统；创新设计可移动服务设施，保证防洪安全的前提下，提升游览体验，形成以人为本的景观游憩系统；深研历史文化、诗词文化等，将其融入风景、地名、活动，形成可持续传承的滹沱河文化系统；数据库、管理平台及终端设备等建设多元一体，构建应急响应迅速、日常管理高效、市民游览便捷的智慧管理系统。

明曦湖夕阳飞霞

创新要点

1. 因地制宜，实施“小水大绿”的生态策略

综合考虑石家庄水资源短缺、堤内土壤沙质等特点，按照“以水带绿，以绿养水”的理念，打造水绿相融的河流湿地生态系统。营造溪流与水面交替的多样水系景观，植物种植因地制宜，顺应水势，沿河形成开阔、疏朗的大绿景观空间。

2. 巧于因借，构筑自然山水空间，实现依山拥河的生态格局

对主城区段滹沱河边的渣土山进行生态整治，建设滹沱河两岸的制高点，形成良好的城市山水骨架。全长109km的水系景观与西侧太行山交相辉映，构建石家庄大生态安全格局。

3. 城河一体，生态引领产业发展

以恢复滹沱河生态为核心，打造沿河公园群，塑造多样化滨水空间，增强城河互动。以滹沱河风景与文化资源为引力源，沿河布置各区县特色产业，将滹沱河打造成特色产业带和区域魅力中心。

4. 凝练乡愁人文，打造文化河流

河道多处代表性景点融入文化特色、历史记忆，将滹沱河建设成为一条文化之河。广袤的河滩地以田园风光为主，形成亲切、舒适的田野景观，留住乡土记忆。

实施效果

目前，滹沱河已呈现出河、湖、溪、滩、林、田、草交融的大河风貌，沿线水清岸绿、沙鸥翔集，成为石家庄一张崭新的生态名片，是燕赵大地上最亮丽的风景线。

（执笔人：郭榕榕）

（项目实景图片来源：张锦影像工作室）

晓月湖、映秀山与滹沱河

星野营地华灯初上

厦门市筼筜湖流域水环境综合治理系统化方案

2021年度全国优秀城乡规划设计三等奖｜2021年度福建省优秀城乡规划设计二等奖

编制起止时间：2018.7—2020.11

承 担 单 位：中规院（北京）规划设计有限公司

主 管 所 长：吕红亮　　**主管主任工：**任希岩　　**项目负责人：**王家卓、张春洋

主要参加人：刘冠琦、栗玉鸿、范丹、范锦、郭紫波、赵智、胡应均、李帅杰、林中奇、王晖晖、甘硕儒

合 作 单 位：厦门市城市规划设计研究院有限公司

背景与意义

筼筜湖旧称筼筜港，位于厦门市本岛西南部，毗邻西海域，周边为城市高密度核心区，水域面积1.6km²。

1988年3月30日，时任厦门市委常委、常务副市长的习近平同志主持召开“综合治理筼筜湖”专题会议，提出了“依法治湖、截污处理、清淤筑岸、搞活水体、美化环境”二十字治理方针。30多年来，厦门市先后投入11.3亿元开展四轮整治，湖体水质大大改善，但雨后易反弹。

为贯彻习近平生态文明思想，从顶层设计到落地实施层面指导流域治理，厦门市启动了筼筜湖流域水环境综合治理系统化方案编制与后续项目实施技术咨询。

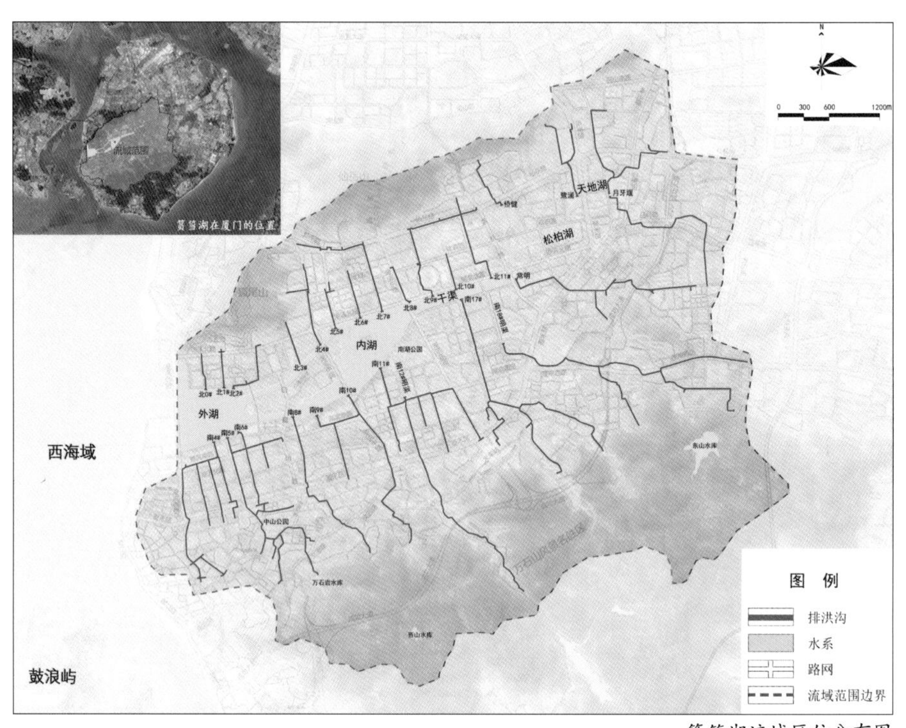

筼筜湖流域区位分布图

规划内容

规划以排洪沟雨天溢流污染控制为核心，制定流域治理顶层规划，指导近远期工程实施与管理，实现筼筜湖“清水绿岸、鱼翔浅底、城湖共融”生态功能。

（1）雨污分流改造，避免污水入沟。遵循“易改则改、能改则改、若改尽改”的原则，制定排水体制优化方案。

（2）滞蓄源头山水，降低山洪冲击。综合采取“调、蓄、排、用”组合，降低山洪对截污系统冲击，提高污水处理效能。

（3）调蓄合流溢流，减轻系统负荷。合流制区域规划新建CSO调蓄设施，达

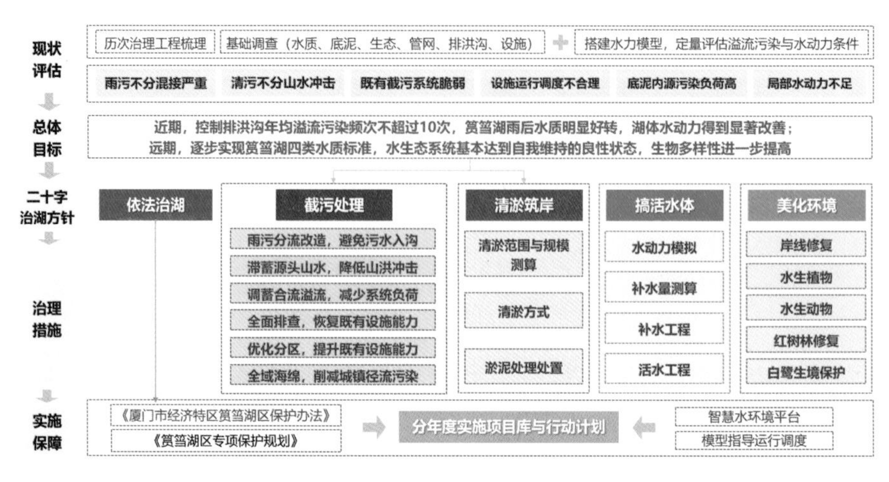

筼筜湖流域水环境综合治理系统化方案技术路线图

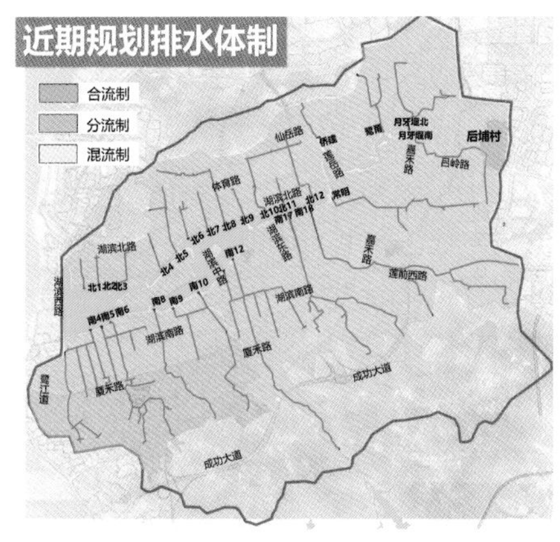

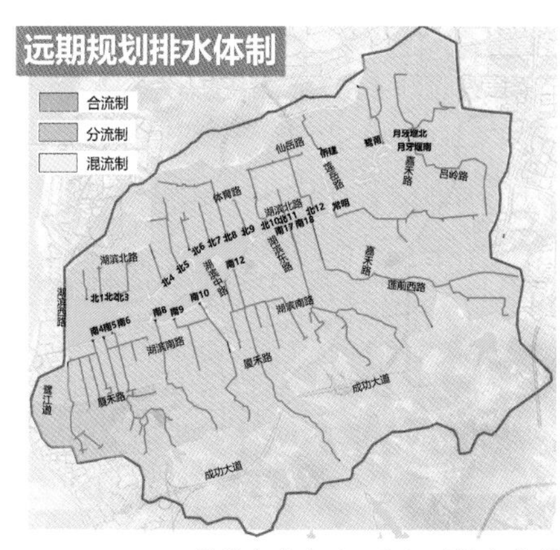

筼筜湖流域现状与规划排水体制

到全年溢流频次不超过十次的控制目标。

（4）优化分区，提升既有设施能力。优化污水分区、修复破损管网，为筼筜厂腾出10万t/日规模，处理雨季溢流污水。

（5）搞活水体，改善湖体动力条件。规划新建第二排涝泵站，扩建补水泵站，同步提高流域排涝能力与水体交换能力。

在反复论证用地条件等可实施性基础上，经多方对接，生成四大类33项治理工程，总投资约32.9亿元，并纳入政府逐年城建计划。

治理前的筼筜湖

治理中的筼筜湖

治理后的筼筜湖

创新要点

（1）雨天溢流污染是城市水体污染反弹的重要原因，是国内外普遍性难题。本规划坚持源头治理、系统治理、综合治理，捋顺雨水和污水、水中和岸上、近期和远期、工程和管理的关系，探索了面向实施与效果导向的高密度建成区雨天溢流污染控制技术体系。

（2）本规划采用先进的数学模型，辅助CSO污染控制方案优化与效果评估，为设施布局、规模与调度提供支撑。构建了“径流控制、在线调蓄、末端截污、厂站处理、达标排放”有机联动的控制体系。

（3）本规划与上位的市级层面污水专项规划同步编制，规划方案反馈至上位规划予以落实，并推动了厦门市政府做出决策，在全市范围内全面推行雨污分流改造。

实施效果

（1）目前，规划方案提出的各项重点治理工程正在有序推进。其中，排水系统正本清源改造工程、南湖公园西园调蓄池工程、松柏湖清淤工程以及“西水东调”生态补水工程等四项重点工程已基本完工，沿河截污干管、重点泵站修复两项工程正在进行前期工作。

筼筜湖北岸云顶花园、西堤别墅等一大批小区彻底实现了雨污分流，居民不再遭受异味、臭味和蚊虫等的困扰，大大改善了居民的生活环境。

（2）随着重点治理工程陆续建成，筼筜湖雨天溢流污染问题得到明显改善，湖体水生态环境持续好转，为厦门市湖泊湾区治理积累了可复制、可推广的经验。

（3）规划方案内容纳入《厦门市经济特区筼筜湖区保护办法》条文，为筼筜湖保护立法提供了技术支持。

（4）规划批复后，项目团队继续为厦门市提供为期两年的跟踪与技术服务，探索了从规划编制到落地实施的全过程指导与动态反馈治理模式，为将筼筜湖打造成为厦门市生态文明实践样本提供了有力支撑。

（执笔人：刘冠琦）

辽源市东辽河岸带生态修复工程

编制起止时间： 2020.6—2021.9
承 担 单 位： 中规院（北京）规划设计有限公司
主 管 所 长： 王家卓　　**主管主任工：** 吕红亮
项目负责人： 王欣、张明莹　　**主要参加人：** 焦秦、朱闫明子、李佩芳、羿宪伟、马静惠、鲍风宇、潘立爽
合 作 单 位： 中国市政工程华北设计研究总院有限公司

背景与意义

东辽河岸带生态修复工程是辽源市城区黑臭水体综合整治工程的补充工程。随着城镇化进程的快速推进，东辽河水系廊道生境退化、水质不佳，滨水空间特色缺失、品质低下、交通可达性差等问题凸显，并且在黑臭水体整治工程中，截污干管的埋设也对滨河环境造成了较大负面影响。在国家生态文明建设的大背景下，辽源市政府逐步将东辽河岸带的生态修复和更新改造提上日程。

项目位于吉林省辽源市龙山区，长14.27km，总面积61.57km^2，东起高丽墓桥,西至财富桥，贯穿辽源中心城区。东辽河作为辽源的母亲河自东向西穿城而过，凭借其在城市空间结构、生态景观格局、历史文化脉络中的重要地位，成为修复生态环境、提升城市韧性、完善城市功能、凸显地域文化的有力抓手。政府希望以城市更新行动和黑臭水体治理为契机，对东辽河城区段岸带进行整体改造，依托滨河岸带的整治推动城市高品质发展。

半岛荟前广场航拍鸟瞰

规划内容

辽源“十四五”规划中提出“宜居辽源、绿色辽源、韧性辽源、人文辽源”的建设目标，东辽河岸带生态修复工程旨在提升城市滨河风貌、提高公共空间品质，将东辽河岸带打造成具有辽源特色的生态滨水活力空间。针对东辽河近年来显现的主要问题提出以下设计策略。

（1）整合修复滨河绿地，保护城市水系廊道。对现状河岸及周边进行现场踏勘及系统分析，整合城市绿地，修复滨河生态系统，保护城市水系廊道，建立连续完整的生态基础设施，强化辽源中心城区“六山四水、一环一园”的总体空间结构。

（2）系统布局海绵设施，调蓄净化地表径流。对滨河绿带进行海绵化改造，兼具雨洪调蓄、休闲游赏等功能，融合生

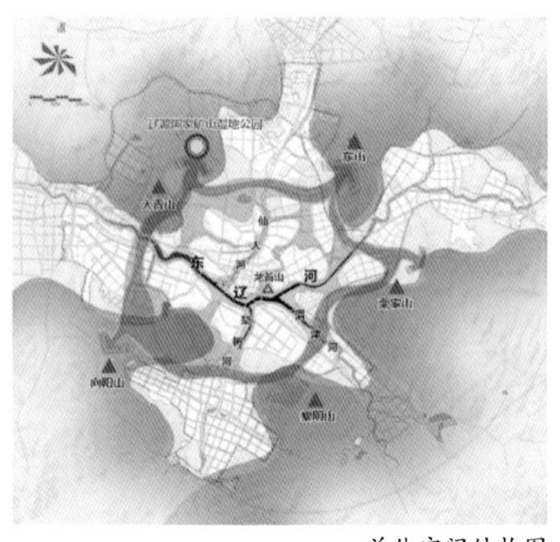

总体空间结构图

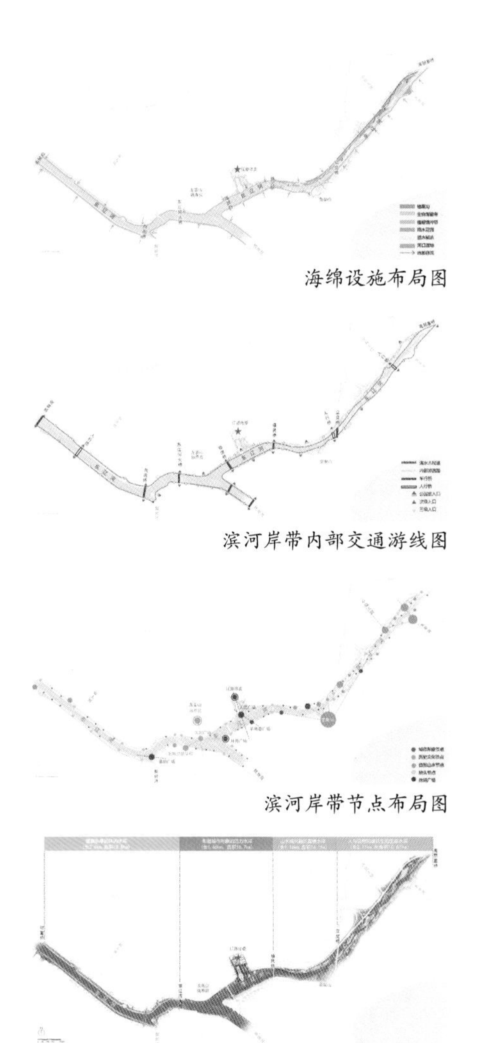
海绵设施布局图

滨河岸带内部交通游线图

滨河岸带节点布局图

滨河岸带特色分区图

景观栈桥建成实景

海绵设施建成实景

丰富多彩的市民日常活动

态价值与景观价值。

（3）完善滨河慢行体系，优化公共空间布局。规划便捷可达的交通系统，丰富游憩体验，提升游览舒适度。此外，识别出城市重要功能地块、历史文化和自然风景资源点，合理布置公共空间，覆盖周边人群，满足市民使用需求。

（4）划分功能特色分区，丰富滨水游憩体验。通过调研识别周边环境特征，并结合城市风貌特色、空间结构等要素将东辽河岸带划分为四大特色片区：健康乐享的休闲水岸、彰显城市形象的活力水岸、山水城共聪的宜居水岸、人与自然和谐共生的生态水岸。

创新要点

（1）从全局视角，统筹城水关系，发挥水系廊道在城市生态格局中的关键作用。通过建立连续完整的生态基础设施，保护修复城市生态环境，优化空间结构，提升东辽河水系廊道的生态效益。

（2）从发展视角，提升城市雨洪调节能力，应对极端天气。秉持海绵城市、韧性城市理念，遵循自然的地貌特征，打造平急两用的多功能海绵设施，实现平日可游赏、雨天保平安、旱涝两宜的景观效果。

（3）从人民视角，营造尺度宜人的滨河场景。关注市民需求、坚持问题导向、依据实际情况确认改造力度，尽力而为，量力而行。将滨河空间改造作为辽源城市更新的示范样板，推动城市高质量精细化发展。

实施效果

2021年9月，长达近15km的东辽河滨河岸带生态修复工程竣工并投入使用。改造后的东辽河水系廊道已成为辽源展示特色山水风貌的城市名片，滨水景观界面生动地描绘了一幅自然山林与宜居城市和谐共融的多彩画卷。滨水岸带也是市民喜闻乐见的好去处，公共空间便捷可达、功能类型丰富，满足了不同人群的需求，营造出自然生动、丰富多彩的滨水活力场景。

（执笔人：张明莹）

景德镇市水环境综合整治系列规划

2018—2019年度中规院优秀规划设计二等奖

编制起止时间： 2017.7—2022.7
承 担 单 位 ： 上海分院
分院主管总工： 张永波、李海涛　　**主 管 所 长：** 周杨军　　**主管主任工：** 赵祥
项 目 负 责 人： 谢磊、肖仲进　　**主要参加人：** 刘世光、鲍倩倩、杨鸿艺、周鹏飞、席凡禹

背景与意义

景德镇市位于江西省东北部，是享誉海内外的“世界瓷都、千年古镇、生态之城”。城市地属鄱阳湖五大水系之一的饶河水系，水资源充沛，人均和地均水量均高于江西省平均水平，其水环境质量影响着鄱阳湖流域乃至长江流域的水体健康。

项目组于2017年在景德镇市开展技术咨询工作。驻场之初，景德镇市排水设施建设远滞后于城市开发建设，城市排水系统短板问题较为突出。项目组通过“顶层系统规划+陪伴式技术服务+落地实施精品项目”的模式，大幅提升了景德镇市水环境质量。

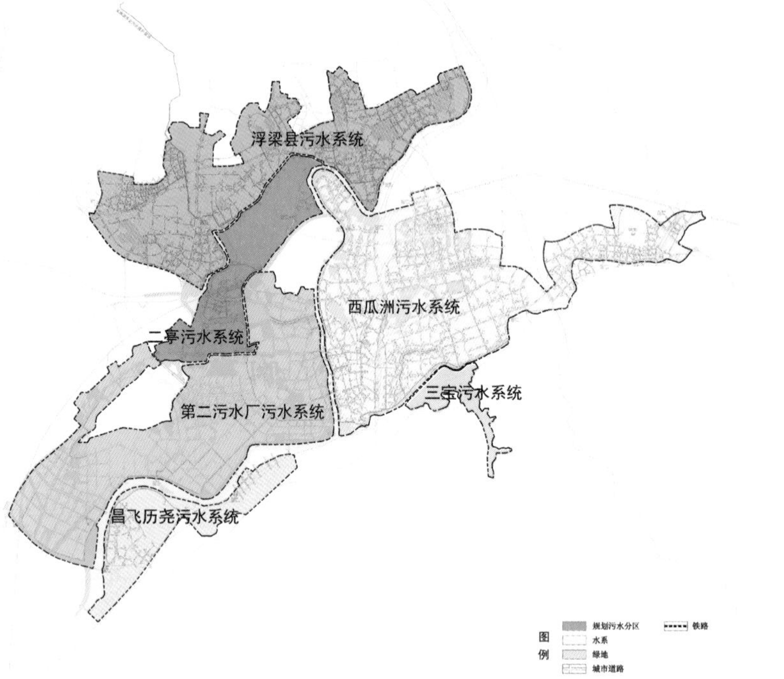

景德镇市污水工程总体布局图

规划内容

1. 顶层系统规划

系列规划包括《景德镇中心城区污水工程专项规划》《景德镇市污水系统方案》《景德镇市老南河水环境综合治理实施方案》《景德镇市西河流域水环境综合规划方案》等。

规划针对“管网运行差、污水浓度低、水体黑臭多”三大核心问题，构建“摸清家底、系统规划、完善体制、跟踪实施”的技术路径。以水质提升、总量减排为目标，编制管网布局合理、设施选址科学的污水系统专项规划；以专项规划为纲，编制系统治理与近远期相结合的污水系统方案；结合老南河等重点河道编制综合治理方案，系统构建了“点线面”相结合的水环境治理规划体系。

2. 陪伴式技术服务

项目组长期驻场服务，作为景德镇市水环境治理工作技术咨询单位，统筹景德镇市水环境整治项目。协助建立排水管理制度，建立健全景德镇市排水设计、施工、运营维护等方面的标准机制。

3. 落地实施精品项目

《景德镇市中心城区水环境整治项目工程设计》《景德镇市西城区主要道路雨污分流改造工程设计》《景德镇市韦陀桥直排口整治工程设计》和《景德镇市玖域壹品、海慧花园、陶瓷大学老校区海绵城市改造工程设计》等施工设计项目逐步实施落地，扎实推进景德镇市污水治理提质增效工作。

创新要点

1. 技术创新

构建了适用于南方丘陵地区的清污水混流治理方法，总结“查原因、撇清水、接污水、修管道”等四阶段的技术路线，评估分析清水、污水混流的真问题，针对性提出解决方案。

2. 方法创新

基于景德镇既有排水管网特征，细化

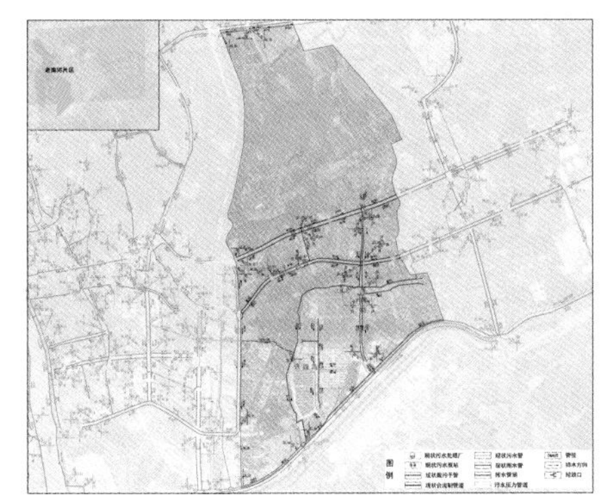

景德镇市水环境综合治理现状图（老南河片区）

雨污分流改造工程设计实施现场图

项目组成员指导工程实施现场图

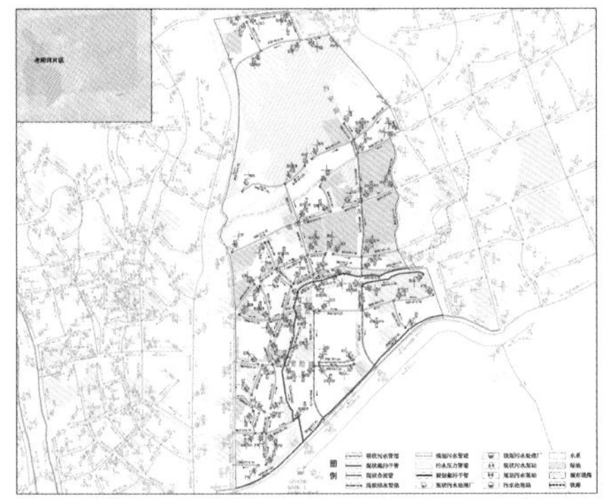

景德镇市水环境综合治理规划图（老南河片区）

治理后的韦陀桥山泉水排口水质改善，居民垂钓图

海慧小区雨水花园改造前后图

排水分区，建立了水量、水质联动的“网格化”调查技术方法。

3. 机制创新

以规划为抓手，建立健全景德镇市排水系统管理体制机制，明确规划、建设、运维的实施方、监督方等角色，协助制定排水管理条例，景德镇市水环境治理体系实现了从“九龙治水”到“规划—建设—管理”一体化。

4. 模式创新

2017年始，项目团队以技术驻场的形式，通过规划、设计、建设全过程技术咨询模式，系统解决景德镇市水环境整治工程诸多碎片化的问题，同时培养了项目成员从规划到实施的综合能力。

实施效果

1. 规划引领，城区污水系统初建成，污水处理厂进水浓度有提升

景德镇市以本规划为纲，全面启动污水治理工程。2017年至今，景德镇市已提标改造污水处理厂2座，新建水质净化站1座，完成45km已建截污干管的检测、修复、改造，新建41km截污干管和150km污水支管。项目开展至今，西瓜洲污水处理厂进水污染物（COD）平均浓度由70mg/L左右提升至120mg/L左右，第二污水处理厂进水污染物（COD）平均浓度由初期运行的40mg/L左右提升至目前的100mg/L左右。污水系统运行效能显著提升。

2. 工程落地，设计实施12条主干路和22个小区的雨污分流改造工程

在顶层规划编制的基础上，项目组完成了《景德镇市中心城区水环境整治项目工程设计》《景德镇市韦陀桥直排口整治工程设计》等施工设计项目，对瓷都大道、陶阳路、昌江大道和珠山西路等12条主干路，古镇天天御、春天花园等22个小区进行雨污分流改造设计。对玖域壹品、海慧花园、陶瓷大学老校区等3个社区进行海绵城市建设改造设计。设计项目完善了城区污水管网系统，消灭了污水直排。同时，落实海绵城市理念，提升城区雨洪调蓄能力。

3. 伴随服务，水环境质量全面提升，上级督察获好评

针对老南河、西河等城区水环境较差的河道，规划制定截污纳管、内源治理、生态修复等措施，随着治理工程的实施，城区主要水体环境质量得到明显改善，水质呈现好转趋势，老南河已消除黑臭水体。

景德镇水环境整治工作通过了生态环境部华东督察局、中央生态环境保护督察组、省委督察组、省审计厅等上级部门的督察，水环境整治成效获得一致认可。2018年8月江西省污染防治工作现场会于景德镇召开，周边城市至景德镇市学习和交流水环境整治工作经验。

（执笔人：杨鸿艺）

32 海绵城市

天津市海绵城市建设专项规划（2016—2030年）

2020—2021年度中规院优秀规划设计奖二等奖

编制起止时间： 2016.2—2020.12
承 担 单 位： 中规院（北京）规划设计有限公司
主 管 总 工： 孔彦鸿　**公司主管总工：** 黄继军　**主 管 所 长：** 王家卓　**主管主任工：** 吕红亮
项目负责人： 于德淼、熊林
主要参加人： 张中秀、张全、吴岩杰、孔彦鸿、李晓丽、李智旭、任希岩、刘星、王旭阳、石林、刘玉娜、蔺昊
合 作 单 位： 天津市城市规划设计研究总院有限公司

背景与意义

天津市地处我国华北地区，东临渤海，是华北地区的交通枢纽，市域面积约1.19万km^2，2020年城镇人口1174万人，常住人口城镇化率达到84%，是我国超大城市之一。天津素有“九河下梢、海河要冲”之称，市域范围内水网密布，共有行洪排涝河道128条。全市年平均降水量511.4mm，降水随季节变化大，夏季降雨量较大，海绵城市建设需求强烈。

为着力推动天津市市域范围内海绵城市建设，2016年2月，天津市启动了《天津市海绵城市建设专项规划》（本项目中简称《规划》）的编制，并于2017年进行了深化。

规划内容

（1）市域层面完善海绵空间格局，提出分区建设指引。保护湿地、大型绿地等天然大海绵体、主要水系及绿带等重要海绵通道、城市公园等建成区海绵节点，构建“七片、八廊、多节点”的海绵安全格局。

（2）中心城市实现系统目标控制，划分海绵功能分区。将中心城市划分为27个流域单元，分单元制定径流总量控制、雨水资源化利用等目标指标，实现雨水综合管理及低影响开发系统构建。形成生态保护与生态修复区、雨水资源综合利用区等五个不同功能片区，明确各片区海绵城市建设重点。

（3）中心城区构建海绵系统，突出设施层面补短板。构建以蓄代排、蓄排结合工程体系，提升城市排水防涝能力。多措并举有效控制合流制溢流污染和雨水径流污染。加强雨水等非常规水资源利用。推进河道生态岸线修复，重塑水生态系统。中心城区划分为60个控规单元，并加强规划建设指引，落实管控指标。识别近期建设区域，确定重点建设项目。

创新要点

（1）落实全域系统化推进海绵城市理念，保障全域集中连片建设效果，探索了超大城市全域系统化推进海绵城市建设

天津市中心城区排水系统规划图

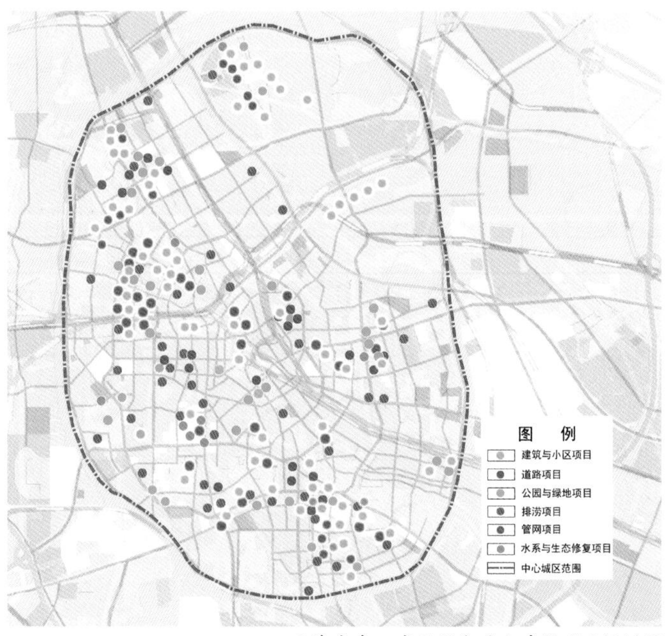

天津市中心城区近期重点建设项目规划图

的顶层设计思路和实施路径。

（2）突出技术创新与集成方法，支撑规划方案的系统性、科学性。集成运用了内涝风险评估模型技术，一、二维水环境容量核算模型技术，中尺度海绵管控指标模型优化技术等，为高地下水位弱透水区域的海绵城市建设提供了技术方法。

（3）强化60个海绵管控单元指标及重点项目要求，提高规划目标可达性。

（4）重视实施保障体系建设，确保规划顺利实施。通过完善规划管控与衔接，建立监测评估与考核体系，强化组织、制度和资金保障体系建设，确保《规划》能够顺利实施。

（5）规划在编制过程中，多单位、多专业融合，为天津市建立“产、学、研、用”海绵技术创新体系奠定了良好基础。

实施效果

（1）《规划》的编制和实施，进一步完善了海绵城市建设规划体系，实现了对超大型城市全域海绵建设的科学系统指引，有效地指导了全市海绵城市建设工作。为各区制定近远期海绵城市建设方案和确定海绵项目提供了支撑。

（2）与国土空间规划、控规、排水规划等相关规划作了充分衔接，要求在以上规划编制时应将海绵城市建设相关要求充分吸纳融入，落实海绵城市建设要求。

（3）《规划》促进了天津市海绵城市全流程规划建设管控制度完善和落实，实现试点到全域的转变。

（4）《规划》引领了海绵管控平台的建立，实现海绵建设全域推进。

（5）应对强降雨能力提升，海绵建设效果显著。

（6）试点成效充分凸显，居民获得感、幸福感和满意度不断增强。

（执笔人：吴岩杰、李智旭）

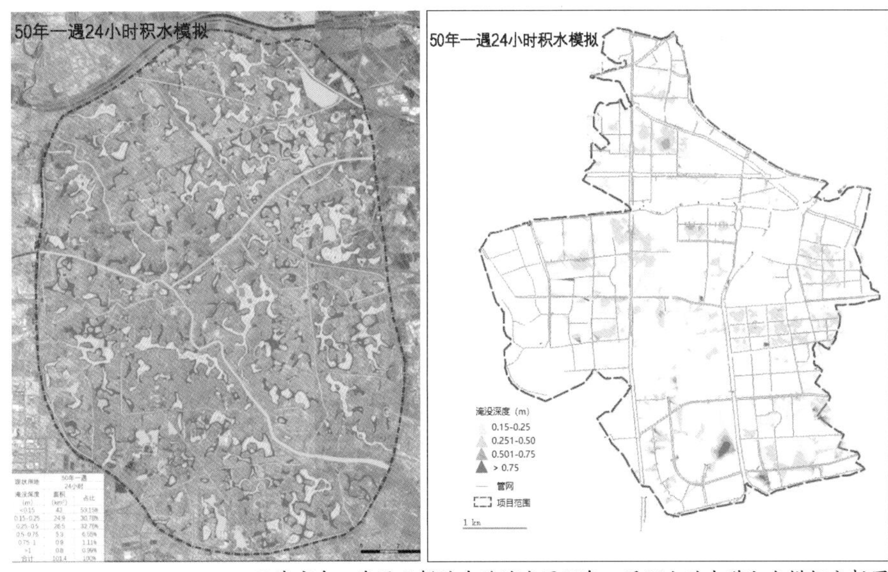

天津市中心城区及解放南路试点区50年一遇24小时内涝积水模拟分析图

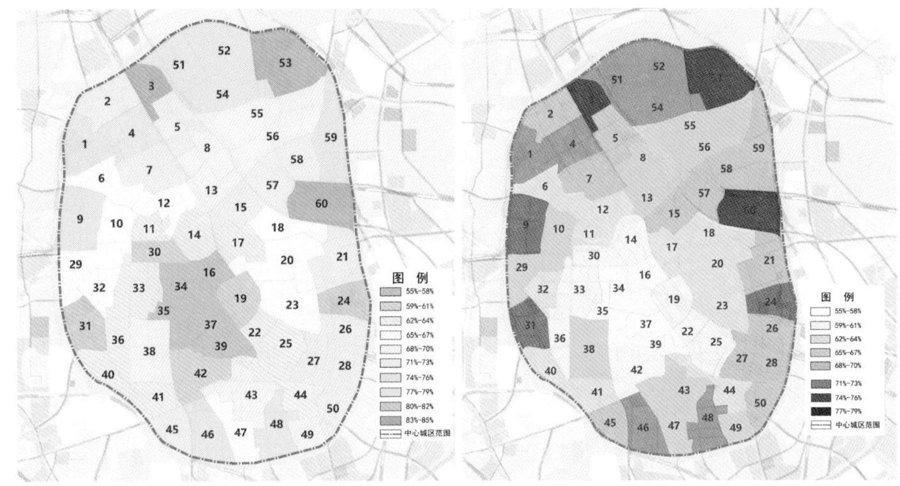

中心城区年径流总量控制率、年SS总量去除率规划图

台风入境后试点区海绵项目实景

石家庄市海绵城市专项规划

2017年度全国优秀城乡规划设计三等奖｜2017年度河北省优秀城乡规划设计一等奖｜
2016—2017年度中规院优秀城乡规划设计一等奖

编制起止时间： 2015.11—2017.7
承担单位： 城镇水务与工程研究分院
主管总工： 孔彦鸿、杨明松　　**主管所长：** 张全　　**主管主任工：** 任希岩
项目负责人： 张春洋
主要参加人： 王家卓、张彦平、栗玉鸿、胡应均、范锦、段宇浩、车晗、李帅杰、赵智、范丹、韩利明、刘晓宁、王越
合作单位： 石家庄市城乡规划设计院

背景与意义

2015年，国务院办公厅印发《关于推进海绵城市建设的指导意见》，部署推进海绵城市建设工作。河北省发布《关于推进海绵城市建设的实施意见》，要求海绵城市建设要坚持规划引领。

从自身角度看，随着石家庄城市建设不断扩展，下垫面过度硬化，加上排水系统标准不高等原因，城市内涝频发；民心河等主要河道形态过度硬化，城市水生态环境亟待改善；中心城区地下水长期超采，水资源严重匮乏。

基于上述背景，石家庄市启动了海绵城市专项规划编制，为全市开展海绵城市建设提供顶层指导。

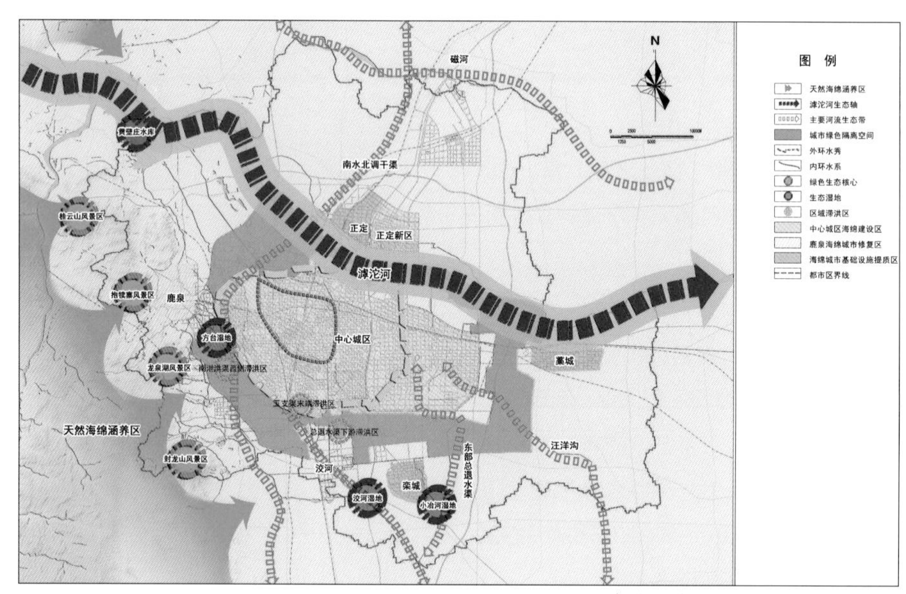

都市区自然生态空间格局规划图

规划内容

规划构建了石家庄山水林田湖等自然生态格局，明确城市河湖水系、低洼地等天然海绵体的保护范围。区域雨洪调蓄空间、规划恢复和新增的城市水系及蓝线范围等重要海绵空间在总体规划用地布局中予以保留。

规划编制尺度分为五个层次：尺度一是规划区范围，重点在于自然海绵空间的保护和修复，支撑城市总体规划；尺度二是中心城区尺度，通过构建海绵城市"源头、过程、末端"的系统性方案，支撑海

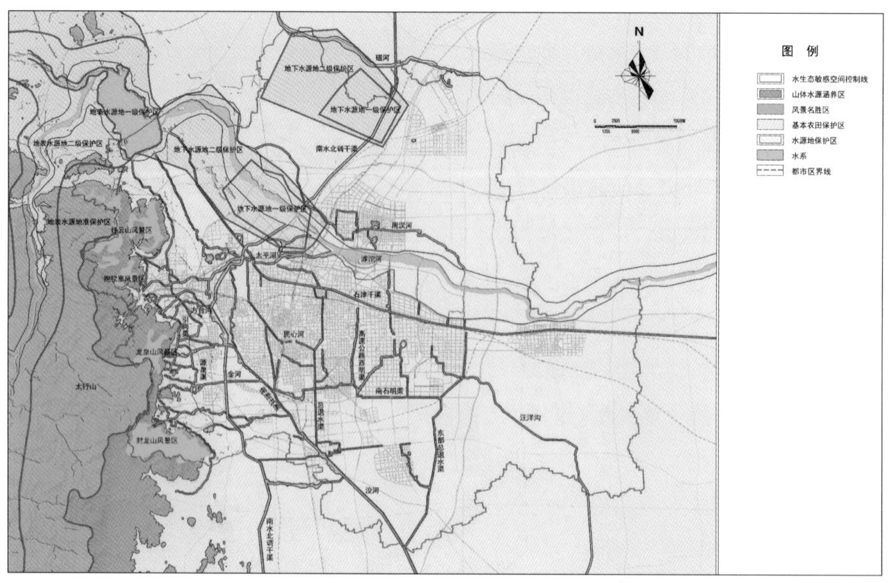

都市区生态保护与修复规划图

绵城市建设；尺度三是近期重点实施区，通过确定源头地块海绵城市建设项目，明确建设指标和建设规模；尺度四是控规单元尺度，落实海绵城市建设指标和目标，融入既有城市规划管理体系；尺度五是地块尺度，在重点区内，明确具体海绵城市建设项目和建设规模，指导后续建设实施。

创新要点

（1）坚持生态优先，从加强雨水径流管控的角度，识别山水林田湖草等自然海绵体，划定水系蓝线和城市绿色空间，纳入城市空间管控，保护、修复石家庄海绵城市自然生态格局。

（2）问题导向、因地制宜，针对缺水和内涝并存的问题，客观评估老城区源头海绵改造的可行性，同时加强雨水管渠等灰色基础设施建设，构建“源头—过程—末端”并重的解决方案，使雨水“慢下来、留下来”，缓解城市内涝的同时也缓解水资源短缺。

（3）与规划、园林、城管、水务等多个部门开展座谈会协调对接，逐步统一观念，确保规划可实施，建设项目可落地。

实施效果

（1）在本规划基础上，石家庄出台了海绵城市规划管理办法、规划设计导则，将海绵城市指标纳入城市开发规划管理程序，海绵城市规划管理体系初步建立。

（2）本规划中确定的海绵城市建设目标、自然海绵体的保护和修复范围、城市河流蓝线以及重大海绵设施用地，作为总体规划的“底图”，起到了良好的支撑作用。

（3）规划提出的多个海绵城市建设项目已经完成，并起到良好的示范效应，相关重点项目已经纳入政府建设计划。

（执笔人：张春洋）

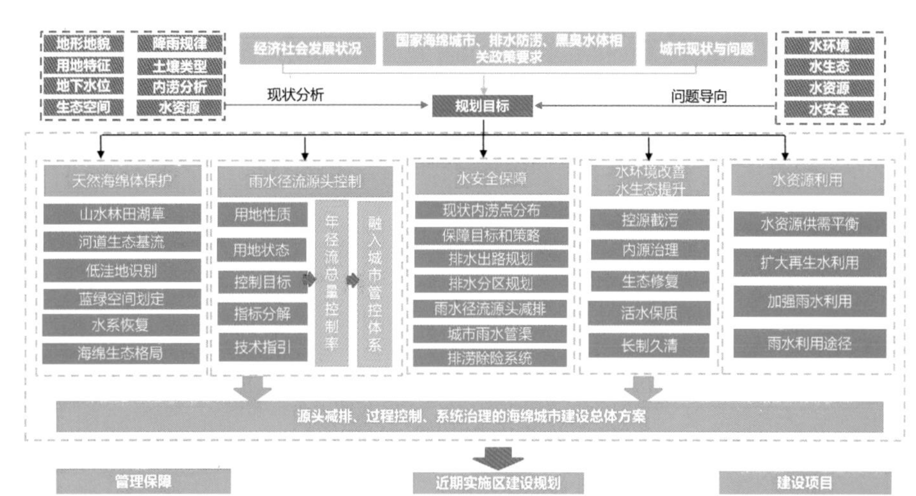

石家庄市海绵城市专项规划技术路线图

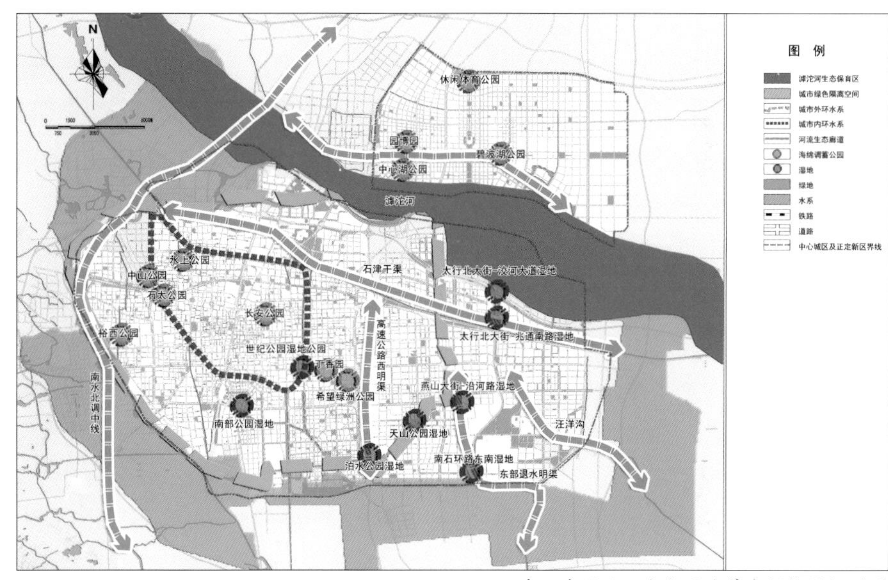

中心城区及正定新区海绵空间格局规划图

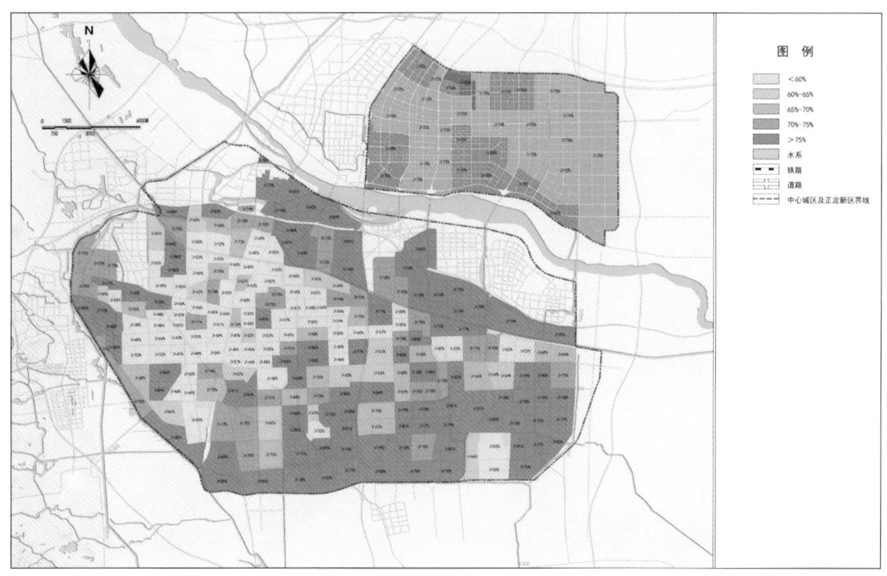

管理单元年径流总量控制率分布图

南宁市海绵城市总体规划

2016—2017年度中规院优秀城乡规划设计二等奖

编制起止时间：2015.7—2016.7
承 担 单 位：城镇水务与工程研究分院
主 管 所 长：张全　　**主管主任工：**郝天文
项目负责人：王家卓、张伟　　**主要参加人：**王晨、张春洋、石炼、范锦、车晗
合 作 单 位：南宁市城乡规划设计研究院有限公司

背景与意义

2015年，南宁市成功申报国家第一批海绵城市建设试点城市并委托我院开展了本规划的编制工作，研究海绵城市总体规划需要搭建的总体框架和解决问题的导向，全面统筹海绵城市建设。

规划内容

（1）科学制定技术路线和十大规划策略，制定了上游保水、蓄水，中游调水、净水，下游排水、截水的海绵建设策略，保证了规划的科学性。

（2）构建“一江穿城，三山环抱，四核镶嵌，三区互动，十八水系枕邕城”的海绵空间格局，生态优先，蓝绿融合，形成流域生态保护空间格局。

（3）划分23个流域和202个海绵管控单元，构建“城市总体目标—流域单元指标—控制单元指标—地块指标”的海绵指标分解体系，确保规划指标逐级分解落实到每个地块。

（4）以流域为单位，制定23个流域的“源头保护与修复—过程转输—末端调蓄”流域海绵系统方案，基于各流域自然海绵本底和规划用地布局，综合考虑内涝风险、城建计划等，确定海绵设施系统布局。

（5）将中心城市划分为十个海绵功能分区，结合功能分区特点，有针对性地选择包括透水铺装率、下沉式绿地率等在内的十项海绵城市建设指标，明确各分区不同指标的控制目标。

创新要点

（1）探索海绵城市建设与生态环境治理相结合的技术方法，通过对城市山水林田湖等海绵肌理的梳理，系统性构建海绵生态安全格局，保护和修复城市海绵基底，让城市与自然融为一体。

（2）探索“区域—流域—管控分区”三个层次的海绵城市系统，在流域海绵系统规划中，制定了“源头—过程—末端”的系统方案，提出了老城区以问题为导向，新城区以目标为导向的分类施策工作思路。

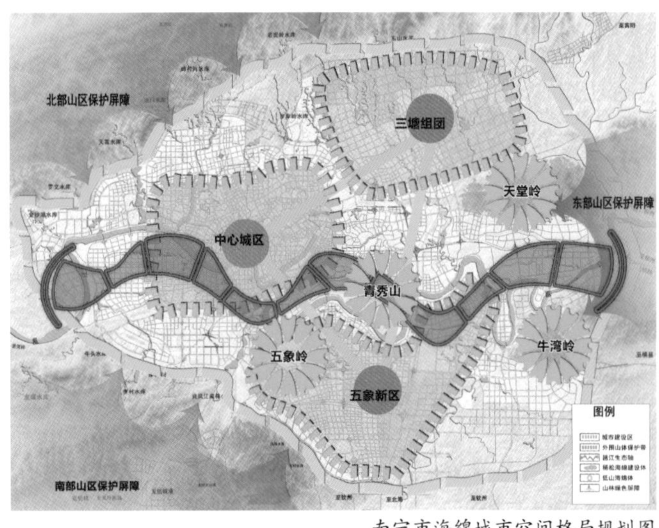

南宁市海绵城市空间格局规划图

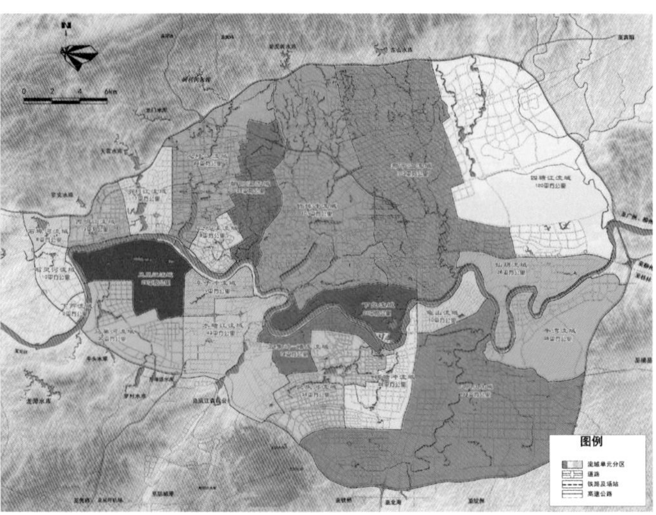

流域划分规划图

（3）探索海绵指标管控体系，通过流域、管控分区的划定，建立“城市—流域—管控单元—地块”管控体系，保证了海绵建设目标和指标的分解落实。

实施效果

（1）本规划有效指导了下一层次的《南宁市海绵城市示范区控制规划》，将总体规划确定的系统方案及管控单元建设目标进行落实到每个地块，保障了南宁市海绵城市建设的有序进行。

（2）在规划总领下，南宁市产生了一批优秀的海绵建设典型项目。竹排江上游植物园段（那考河）流域治理PPP项目是全国首个开工的水流域治理PPP项目。通过治理，那考河已经变成了“会呼吸的”湿地公园。

（3）本规划研究成果《海绵城市总体规划经验探索——以南宁市为例》已刊登在核心期刊《城市规划》上，为《海绵城市专项规划编制暂行规定》的起草，提供了重要的实践经验。

（执笔人：胡筱、崔洁）

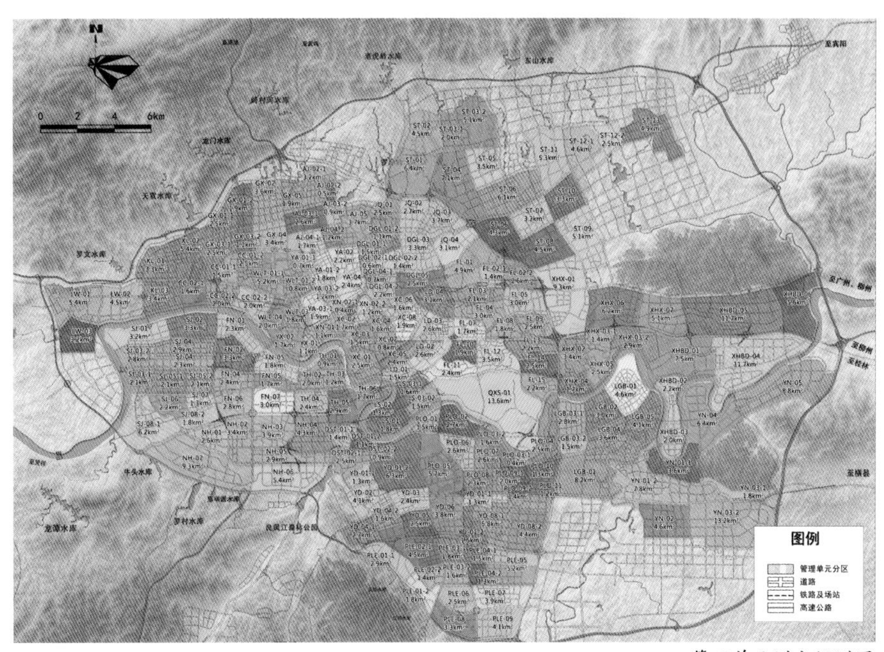

管理单元划分规划图

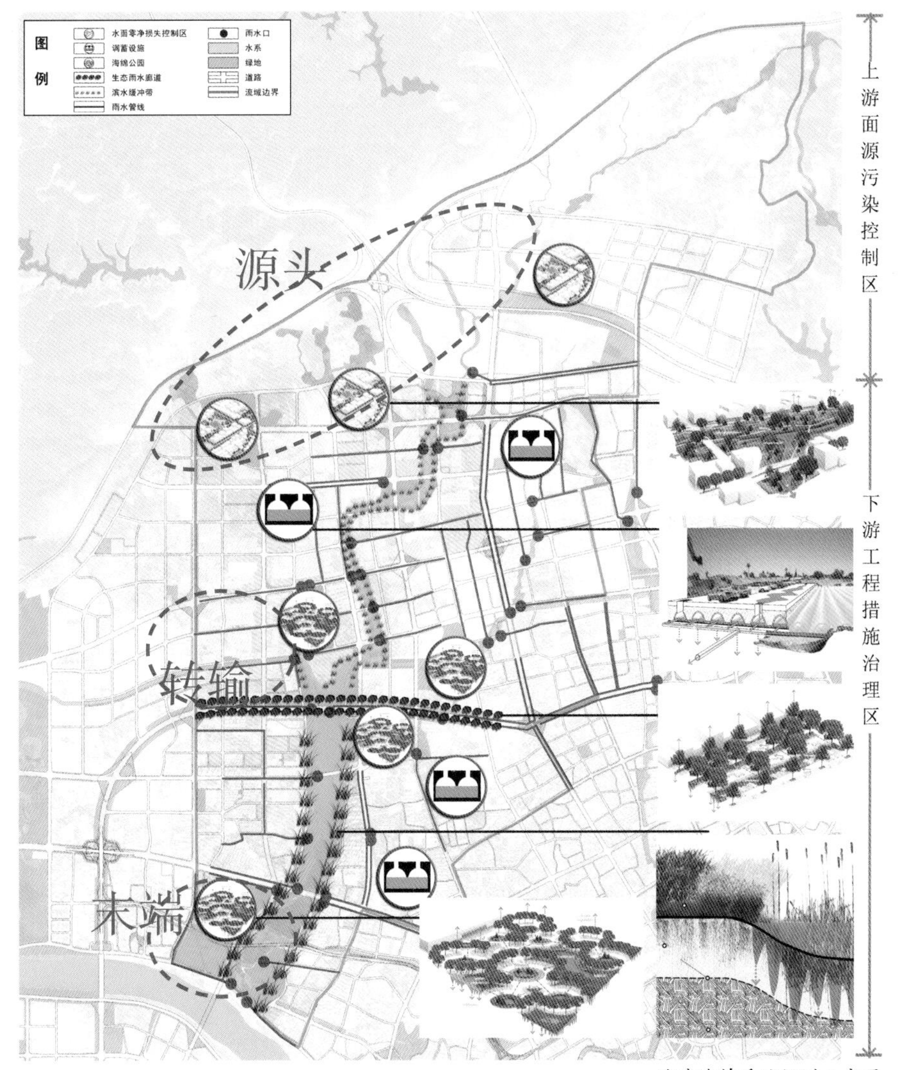

流域海绵系统规划示意图

苏州市海绵城市专项规划（2015—2020年）

2017年度全国优秀城乡规划设计三等奖｜2017年度江苏省城乡建设系统优秀勘察设计二等奖

编制起止时间：2015.6—2016.11
承 担 单 位：城镇水务与工程研究分院
主 管 总 工：杨明松　　**主 管 所 长：**张全　　**主管主任工：**莫罹
项目负责人：郝天文、司马文卉　　**主要参加人：**吕红亮、荣冰凌、杨新宇、沈旭、李婷婷、吴岩杰、王鹏苏、蔺昊
合 作 单 位：苏州规划设计研究院股份有限公司

背景与意义

苏州市属长江流域太湖水系，有大小湖泊300多个，各级河道2万余条，是著名的江南水乡。多年来，苏州始终坚持绿色、生态、文明的发展路径。为贯彻落实国家关于海绵城市建设的相关要求，促进生态文明建设，苏州市于2015年启动海绵城市专项规划，在较为完善的防洪排涝系统、雨污水管网系统基础上推进海绵城市建设，通过采取有效的雨水管控措施，进一步改善水环境、提升城市宜居水平。

规划内容

规划通过分析苏州市水系统现状和海绵城市建设基本条件，以提高城市雨水径流控制率与水环境综合治理水平为主要目标，以解决城市建设发展过程中水系统的主要问题为出发点，以增强海绵城市规划管控为核心，从公共海绵空间布局、分区建设指引、分期建设计划三方面提出海绵城市建设方案，并通过建设施工与运营维护、评估监测系统、制度建设等方面支撑和保障规划方案的落实。

规划总体目标为：将海绵城市理念与城市开发建设有机融合，探索改善水环境、保护水生态、强化水安全、弘扬水文化的协同模式，把苏州市建成平原河网城市城水共生的典范。

规划从宏观、中观、微观三个层次出发，协调区域水环境综合治理、流域防洪和水资源利用，在中心城区落实本地水污染防治措施、主干排水系统以及城市生态安全格局，同时针对内涝防治、生态修复以及环境治理、雨水利用等，结合低影响开发设施的建设提出规划策略。

在规划策略中，注重统筹自然水生态敏感区保护和低影响开发设施建设，开展针对平原多类型多水质水系交错地区的水系重构与生态修复，有效削减城市面源污染。建成区外重点加强河湖、湿地、林地、草地等水源涵养区的保护和修复，建成区内加强对已受到破坏水体的生态修复和恢复，并按照低影响开发理念，控制开发强度，构建以分散式低影响开发设施和自然水系为主、绿色和灰色基础设施并重的生态雨水蓄排系统。

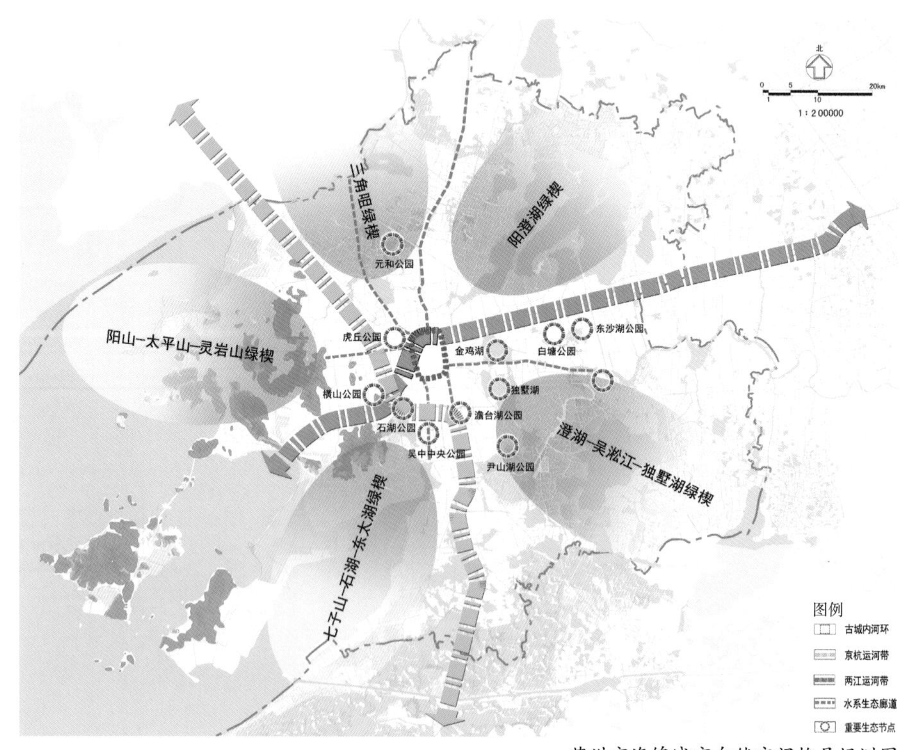

苏州市海绵城市自然空间格局规划图

创新要点

1. 海绵城市建设思路更好地体现苏州城水关系

规划深入分析总结苏州城水关系及海绵城市建设本底条件，提出规划应重点围绕水环境整体改善、水生态保护与修复以及防洪排涝安全格局优化等方面，以及“蓄、滞、净”为主，兼顾“渗、用、排”等功能需求的海绵城市建设总体思路，通过海绵城市建设使苏州城市品质得到进一步提升。

2. 以“圩区—自排区”划定海绵城市建设分区

苏州市地势低平、水系密布，规划以圩区和自排区两种方式分区，代替传统的根据雨水管布局划定排水分区，更符合苏州实际。结合各分区对于水质改善、雨水调蓄、缓解内涝的不同需求，布置滨河湿地、滨河缓冲带、人工湿地、下沉式绿地、海绵公园和调蓄水体等不同的公共海绵设施。

3. 采用模型评估指导各分区建设模式

结合苏州市建设条件，选择土壤渗透能力、地下水位、建设改造难度、现状开发强度、场地坡度、绿地系统、地下水污染控制等评价因子，通过层次分析、空间叠加分析等方法，科学评价海绵城市建设用地适宜性，针对下渗、滞蓄、净化等主要措施，提出不同用地功能区的建设建议。

4. 海绵城市建设指引突出苏州园林景观特色

灵活运用苏州园林、江南水乡等景观特色，因地制宜选择适宜的低影响开发设施，营造与城市风貌相协调的海绵设施景观。在海绵城市建设过程中，对老城区进行“微改造”和细节优化，在保护古城特色的基础上，提升城市的宜居程度。

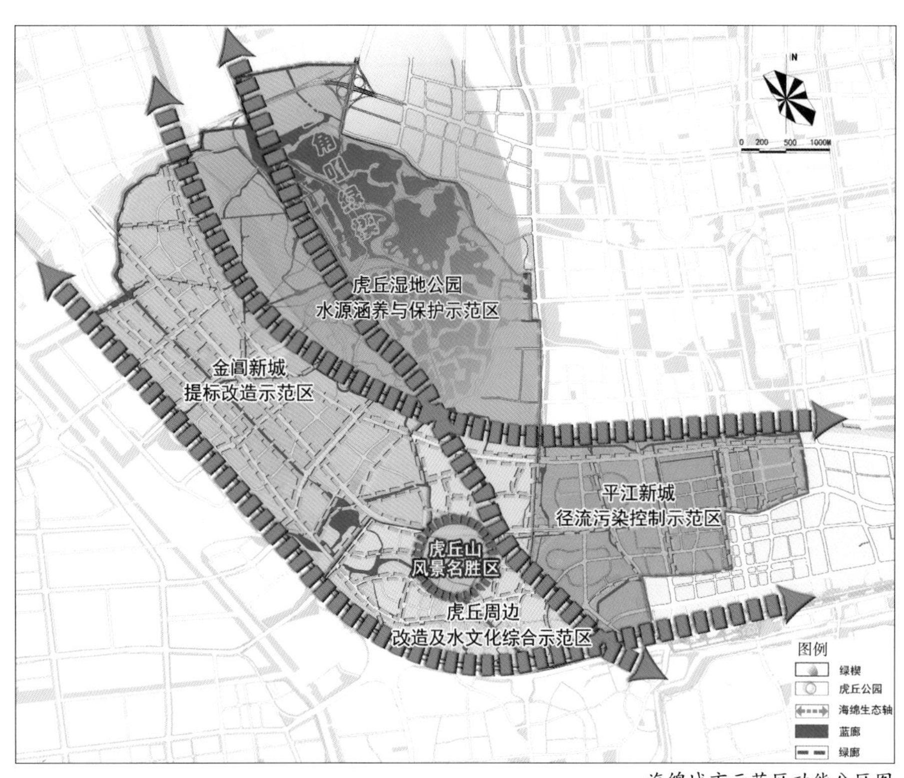

海绵城市示范区功能分区图

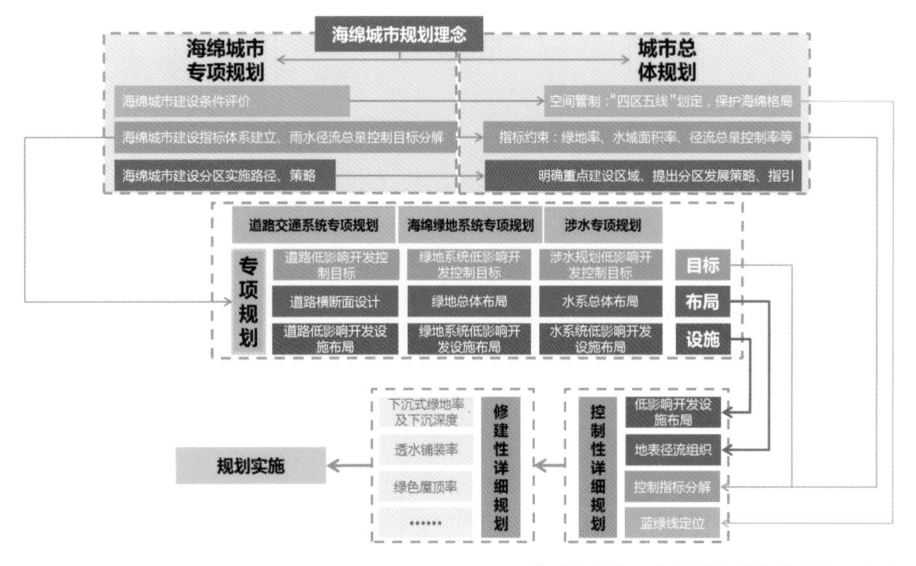

苏州市海绵城市规划体系衔接流程示意图

5. 承上启下、多规联动，统筹推进海绵城市建设

海绵城市的规划建设管控对实现建设目标、保障建设效果十分重要，因此需要规划体系整体协调，全面落实海绵城市建设理念。苏州市海绵城市专项规划发挥了其承上启下、多规联动的作用，不仅全面评估相关专项规划，而且对涉水专项规划、绿地系统专项规划、道路交通系统专项规划等分别提出具体的修改建议，各片区控规也均已在专项规划的指导下完成修编，确保海绵城市建设的有序推进。

（执笔人：司马文卉）

信阳市海绵城市专项规划（2016—2030年）

2021年度河南省优秀城乡规划设计一等奖

编制起止时间： 2016.1—2017.12
承 担 单 位： 中规院（北京）规划设计有限公司
主 管 所 长： 王家卓　　　**主管主任工：** 任希岩
项目负责人： 张春洋　　　**主要参加人：** 范丹、刘冠琦、王生旺、范锦、栗玉鸿、郭紫波、赵智、秦保爱、宋云鹏

背景与意义

信阳市位于鄂豫皖三省交界处，是大别山革命老区核心城市，地处南北气候分界带，年降雨量1100mm，是河南省降雨量最大的城市。城市建成区103km^2，常住人口97万。信阳素有“江南北国、北国江南”之美誉，城区低山浅丘环绕、坑塘众多，18条水系自北向南穿城而过，山水本底十分优越。

在城市建设中，由于缺乏科学的城市涉水规划指导，城区自然山体和水域未能得到保护，很多山丘被削平，大量内河和坑塘被填埋、覆盖，加之硬化面积增加、排水基础设施建设滞后，城市出现水源涵养功能下降、内涝多发、水生态环境质量下降等系列问题。为更好地指导城市建设，恢复山水特色，构建生态、安全、健康、可持续的城市水循环系统，信阳市编制海绵城市专项规划，系统化全域推进海绵城市建设。

规划内容

（1）立足中心城区生态本底，推进浉河生态修复，开展北湖、两河口湿地、自然山体、自然坑塘等保护建设，自然蓝绿空间保护比例达到100%，构建“七山环抱、两湖相映、一河带城、水网纵横”的山水海绵城市生态格局。

（2）根据城市排水分区，划分管理单元49个，逐级分解年径流总量控制率和水面率等指标，为下一阶段控制性详细

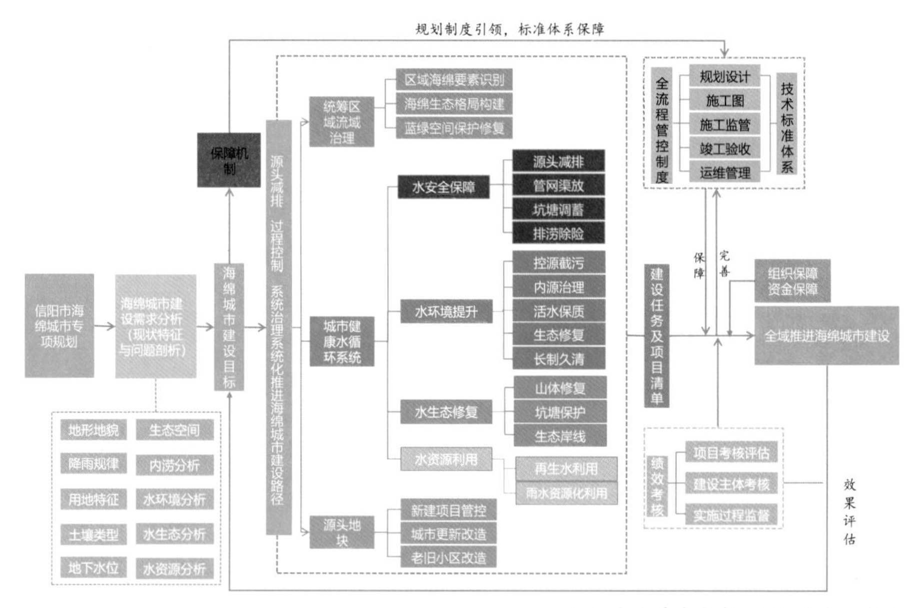

信阳市海绵城市专项规划技术路线图

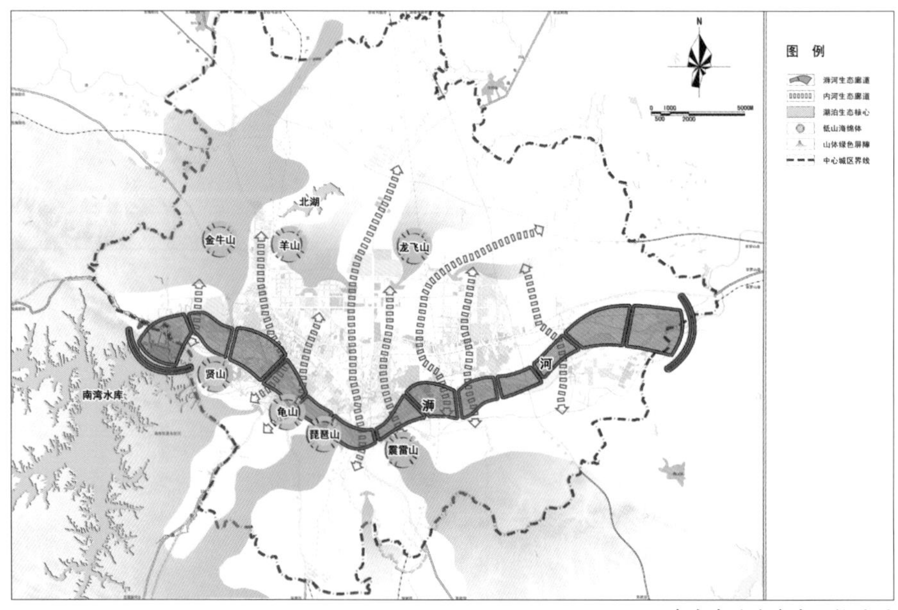

城市自然生态空间格局图

规划中明确地块指标提供依据。

（3）按照30年一遇内涝防治标准，通过源头减排就地消纳、雨水管渠提标完善、自然坑塘削峰调蓄、内河水系拓宽恢复等措施构建“蓝绿灰”相融合的城市排水防涝体系。

（4）以“净水、活水、乐水”为目标，补齐污水管网空白，实施清污分流、雨污分流工程，提高污水处理能力，提供优质补水，建设生态河道，构建“源、网、厂、河”系统治理方案。

（5）“干一片、成一片”。以“海绵+”与“+海绵”方式，重点打造北湖新城海绵城市建设管控示范区、羊山“蓝绿灰”融合水系统健康循环示范区、湖东海绵城市引领老城有机更新示范区、南湾源头海绵城市生态涵养示范区。

（6）根据不同类型项目审批流程和责任主体不同的特点，提出针对性管理要求和流程，包括土地出让类、土地划拨类（公建、公园）、新建道路类、政府投资改造类等项目，一一明确海绵城市“规建管”流程，确保所有新改建工程项目落实海绵城市理念。

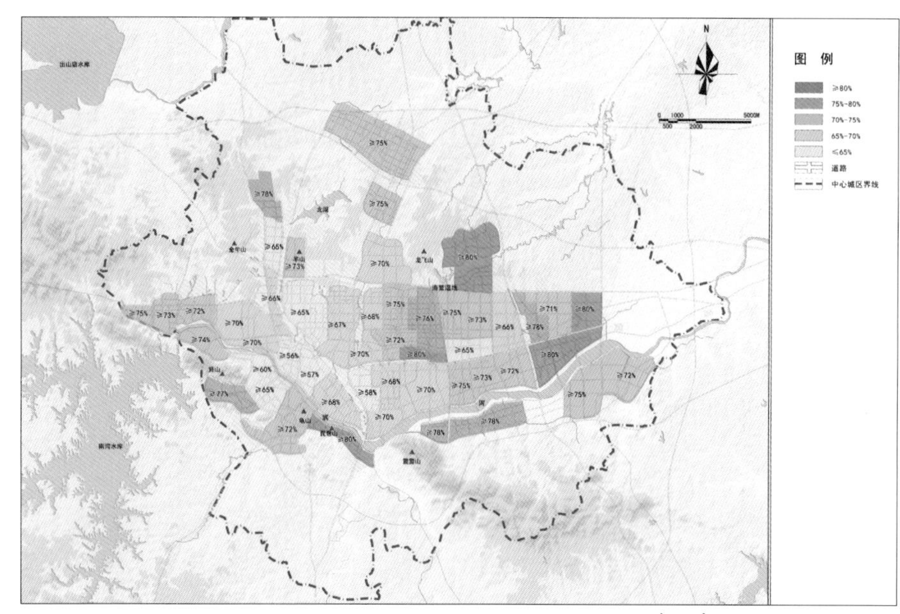

管理单元径流控制率分布图

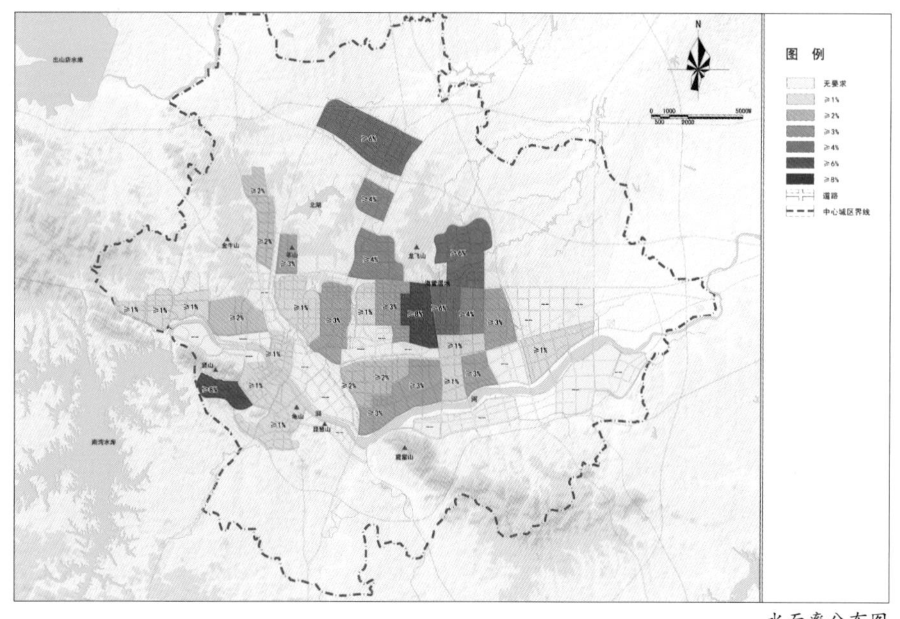

水面率分布图

创新要点

（1）坚持生态优先，强化中心城区山体及坑塘等自然海绵体保护修复，其中低山浅丘23座、自然坑塘109座，提高了城市雨洪调蓄能力，保护了良好的自然生态格局。

（2）聚焦城市内涝和内河水系污染等问题，融合信阳市坑塘水系、山体绿地以及排水管渠等设施，构建了“蓝绿灰”协同治涝和治污方案。

（3）构建了覆盖“一书两证”、施工许可、竣工验收、运维管理的全流程管控体系，确保了年径流总量控制率等指标落实到位。

实施效果

（1）信阳市出台了海绵规划管控、建设管理、运行维护、绩效考核等10余项全流程管控制度。2022年《信阳市排水管理条例》印发实施，将海绵城市理念融入其中。规划确定的规划建设管理闭环制度得到有效执行，做到了有法可依，有章可循。

（2）依据规划建成了一批以工商局家属院、行政中心、羊山森林植物园、羊山公园、新五大道、新二十大街、二号桥河等为代表的海绵城市典型示范项目。

（3）规划实施有力支撑信阳海绵建设，助力信阳市海绵城市建设示范市的成功申报，对保护和修复城区自然海绵体、恢复信阳市生态之美、提高城市宜居韧性发挥了重要作用。

（执笔人：范丹）

遂宁市海绵城市建设专项规划

2016—2017年中规院优秀城乡规划设计二等奖

编制起止时间： 2015.6—2015.12
承 担 单 位： 城镇水务与工程研究分院
主 管 所 长： 张全　　**主管主任工：** 郝天文
项目负责人： 程小文、朱玲　　**主要参加人：** 周广宇、常魁、江瑞、唐磊、莫罹
合 作 单 位： 遂宁市城乡规划设计研究院有限公司

背景与意义

2015年4月，遂宁市成功入选全国首批16个海绵城市建设试点城市。为了更好地指导海绵城市建设，2015年6月遂宁市探索开展了海绵城市建设专项规划的编制工作。

项目开始时，我国海绵城市建设刚刚起步。通过现场调研与问题分析，以及对海绵城市内涵的剖析，项目组认识到海绵城市专项规划不仅要落实低影响开发要求，而且要解决当地存在的城市水问题。

规划内容

1. 海绵城市空间格局

秉承海绵城市建设首先要保护自然生态的理念，保护修复“一江一渠八河，两山四岛多园”的海绵城市空间格局，形成“山中有城、城中有水、水中有洲”的城市特色。

2. 海绵城市建设管控

为便于控规承接和细化海绵城市专项规划的要求，结合控规单元与汇水分区，划定16个建设管控单元，重点落实径流控制要求；在年径流总量控制率分解时，综合考虑水文地质、开发强度、建设状况等因素。

3. 水系生态建设指引

城区水系划分为新区开发段、生活休闲娱乐段、历史文化保护段以及工业发展段，分类提出建设指引，制定“三面光”岸线生态化改造方案。

4. 水环境治理指引

采取源头、中途、末端结合的综合措施，多层次控制合流制溢流污染。

5. 水域空间管控指引

综合考虑城市排涝安全、工程造价等因素，提出流域面积在$2km^2$以上的水系通道在规划中应予以保留，并根据水系的重要程度划分为三级，分级明确了水域、陆域的管控要求。

创新要点

1. 基于径流控制的海绵管控体系

年径流总量控制率指标作为强制性指标予以执行、确保达标；下沉式绿地率、

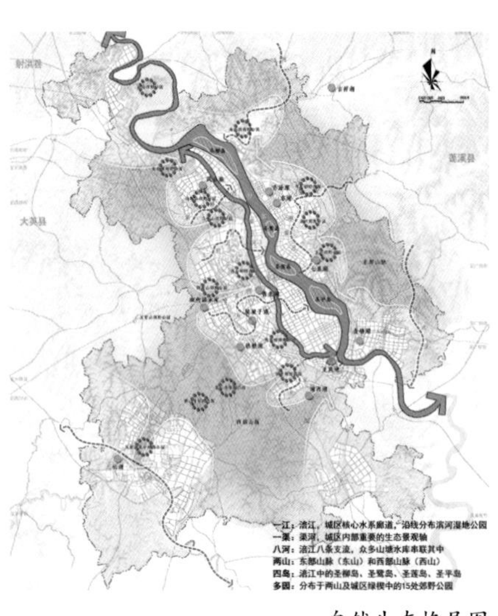

自然生态格局图

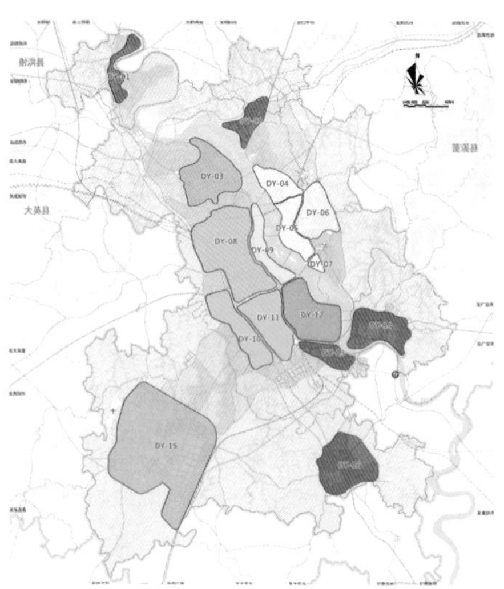

径流总量控制分区图

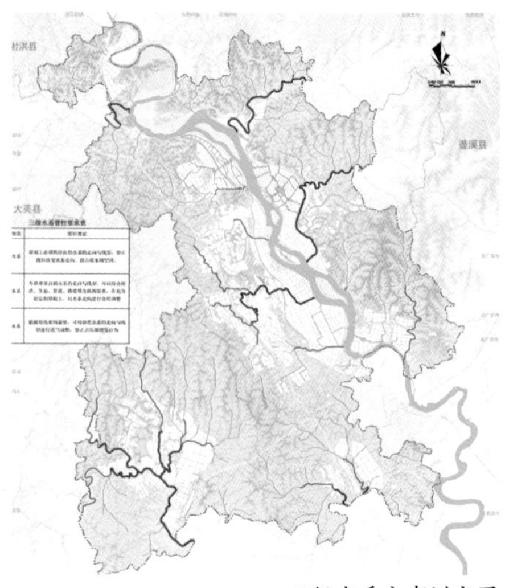

三级水系分布划定图

透水铺装率和绿色屋顶率等指标，属于措施性指标，引导源头、分散式的低影响开发建设，作为引导性指标予以执行，既体现了海绵城市理念，又给予了项目设计足够的自由度。

2. 基于可达分析的径流指标分解

年径流总量控制目标的实现，从公平度出发，需要片区内每一个地块都承担责任；在具体分解指标时，还需从可达性角度考虑，体现出不同地块的差异性，在片区内通过地块间协调实现弹性控制。因此，径流总量控制指标分解时，综合考虑用地性质、容积率、建筑密度、建设状况等。

3. 基于水文分析的洼地管控指引

基于遂宁市中心城区1：10000地形等高线图，利用ArcGIS水文模块，共识别出面积大于0.5hm²的洼地55处，总面积1170hm²。根据洼地的分布区域、有无水面和现状管控状况，将洼地分为三类，在规划中分类施策进行管控。

4. 基于排涝安全的用地调整建议

叠合比对三级水系分布图与用地规划图，对冲突点提出水系路由调整、建设用地调整等建议。以某片区为例，存在4处冲突点。冲突点1：水系等级为一级和二级，建设过程对原水系进行了局部加盖；建议尽快启动暗改明工作，严禁后续出现类似情况；冲突点2：水系等级为三级，周边尚未开发，用地规划调整后水系穿越山体，工程量大，且改道后水系与周边场地竖向处理困难；建议调整用地布局，遵循自然水系走向；冲突点3：水系等级为三级水系，周边尚未开发，规划方案未预留空间，建议适当调整水系线形，可与道路平行；冲突点4：水系等级为三级，周边尚未开发，规划方案未预留空间；建议预留该水系空间。

某片区三级水系与用地布局叠合图

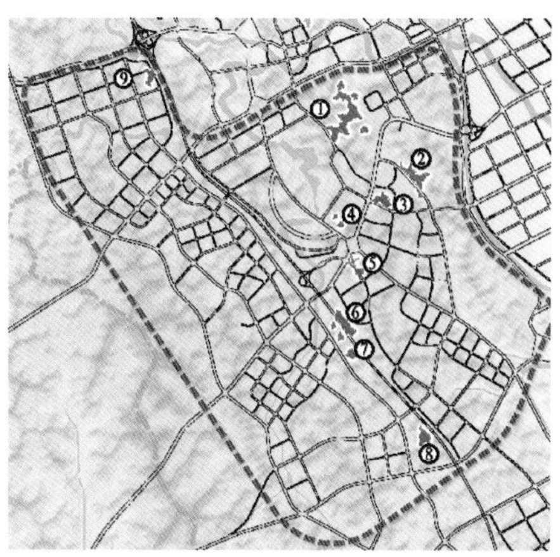
水域洼地分布图

永盛湖公园

实施效果

2015年底，《遂宁市海绵城市建设专项规划》通过了专家组评审，成为国内首部出台的海绵城市专项规划，为遂宁市全面开展海绵城市建设、从试点走向示范提供了技术支撑。2019年3月，遂宁顺利通过了财政部、住房和城乡建设部、水利部联合组织的海绵城市试点建设终期考评并获评优秀，成为全国仅有的6个获得1.2亿元额外专项奖励资金的城市之一。遂宁为推动海绵城市建设充分发挥了试点的示范作用，并提供了可复制、可推广的地方实践样本，成为我国西部丘陵地区海绵城市建设样板城市。

（执笔人：程小文）

贵州贵安新区中心区海绵城市建设规划（2016—2030年）

2019年度全国优秀城市规划设计三等奖｜2017年度贵州省优秀城乡规划设计一等奖｜2016—2017年度中规院优秀城乡规划设计二等奖

编制起止时间： 2016.6—2017.12
承 担 单 位： 城镇水务与工程研究分院
主 管 所 长： 龚道孝　　**主管主任工：** 任希岩
项目负责人： 张全　　**主要参加人：** 由阳、朱玲、房亮、张洋
合 作 单 位： 北京建筑大学

背景与意义

2014年国务院批准设立第八个国家级新区——贵州贵安新区。“建设生态文明示范区”是贵安新区肩负的三个重大使命之一。2015年6月，贵安新区以海绵城市为生态文明建设的抓手，经三部委批复成为国家首批海绵城市试点。

贵安新区亟待开展顶层设计，编制一部既能对接国家部委、满足试点城市建设要求，又能结合新区气象、地貌以及建设进度的规划。通过本次规划转变传统城市建设理念，发挥海绵城市优势，使贵安新区在城市建设中避免“城市看海”“先污染再治理”的老路，实现“小雨不积水、大雨不内涝、水体不黑臭、热岛有缓解”的海绵城市建设目标。

规划内容

系统分析海绵城市建设条件，以目标为导向，围绕新区现状存在的重大问题，总结新区开展海绵城市建设的迫切需求。通过构建指标体系和水量、水质三级控制屏障系统落实海绵城市建设要求。

1. 海绵城市指标体系构建

根据住房和城乡建设部《海绵城市建设绩效评价与考核指标》，结合新区实际，建立新区海绵城市建设目标。针对新区海绵城市建设目标，构建新区海绵城市建设指标体系，包含年径流总量控制率等四大类11项指标，并对每一项指标的现状值和目标可达性进行了分析。

2. 水量、水质三级控制屏障系统构建

一级系统为中心区（$43.3km^2$）的宏观尺度，在分析山水林田生态格局基础上构建海绵城市建设格局，强调末端治理，通过筑坝成湖扩大水面，形成“两湖一河”等区域内重要的海绵体，通过水系整治加强其调蓄和水质净化功能。

二级系统为小流域（$1.44\text{~}9.42km^2$）的中观尺度，分流域分区和排水分区两个层次，流域层次强调中途转输，通过修建

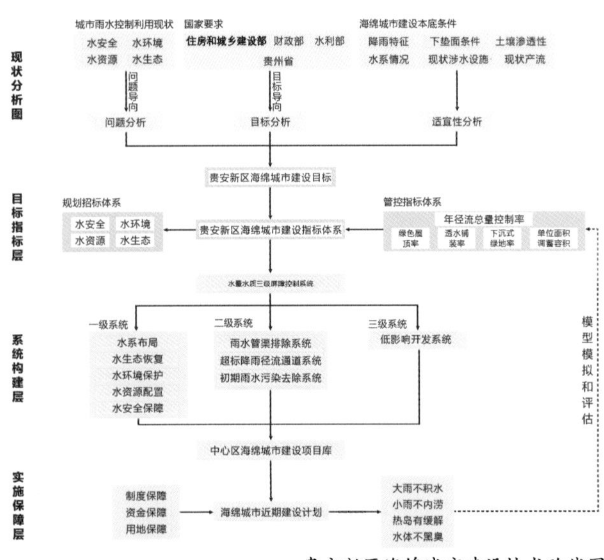

贵安新区海绵城市建设技术路线图

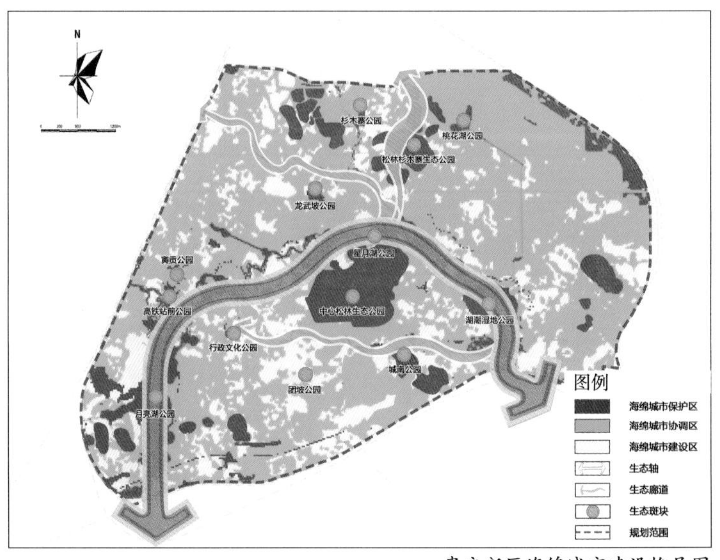

贵安新区海绵城市建设格局图

三级控制屏障系统设施分布图

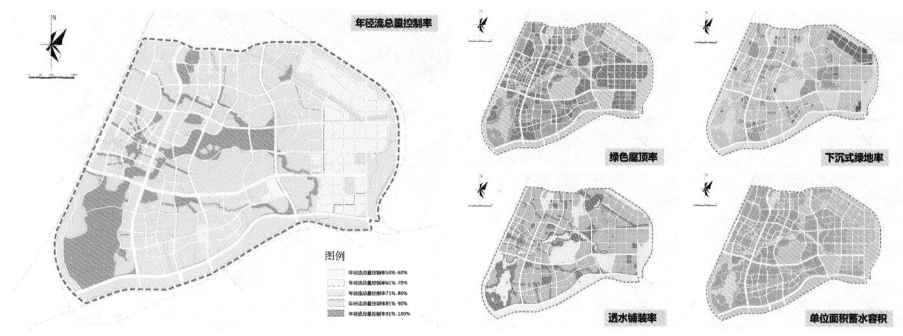

海绵城市建设“1+4”指标分解图

传统灰色基础设施和湿地、湿塘等绿色基础设施转输、净化地块外排的雨水。排水分区层次梳理了分区内项目布局，并以湖潮-V分区为例，系统构建源头—中途—末端海绵系统。

三级系统为地块内（3~5hm^2）的微观尺度，强调源头减排，通过海绵技术适宜性分析，选择适宜贵安新区的低影响开发设施，在各项目实施过程中，在地块内予以落实，实现设计降雨量以下的雨水不外排，初期雨水径流污染得到控制。

贵安新区海绵城市建设实景

创新要点

（1）规划理念上，突出蓝绿空间的营造，突出大海绵和小海绵的融合。

（2）规划策略上，结合新区海绵城市建设进度受主体工程制约的情况，提出点、线、面的工程体系建设策略。

（3）指标体系上，建立了建设项目“1+4”指标管控体系，通过与法定规划的融合确保规划落地。

（4）规划内容上，工程体系上建立了水量、水质三级控制屏障系统，在中心区、流域分区、排水分区三个层次统筹考虑灰色、绿色基础设施，突出设施的系统性，是“源头减排、过程控制、系统治理”思想的深化和具体化。

本规划作为建设规划，直接指导工程设计和建设，有效衔接专项规划和设计，是新区构建的多层级、多目标、多功能的海绵城市规划体系中的重要组成部分。

实施效果

（1）全面建成工程体系。根据本规划提出的水量、水质三级控制系统的构思，新区建成源头项目19.5km^2，中途雨水管线末端生态治理设施28处、雨水管渠117km、雨水超标径流通道23处，末端生态治理设施5处；中心区年径流总量控制率达76.9%，相对传统开发模式，海绵城市建设年SS总量去除率、COD径流污染物去除率达到44.7%、44.1%，中心区水生态、水环境、水资源、水安全各指标均已达到规划要求。

（2）构建海绵城市建设监管平台。全面构建新区海绵城市建设监管平台，形成各流域水量、水质在线监测系统，以大数据为基础，为以流域为单元海绵城市建设效果评价提供数据支撑。

（3）示范工程社会效益。新区以生态为理念，以海绵城市建设为抓手，形成一系列海绵城市建设亮点工程，居民满意度高，形成一定的社会影响，被省内外诸多知名媒体报道，将符合山地特色的海绵适宜技术推广至全省，为全域海绵城市建设奠定了基础，为贵州省生态文明先行示范区建设提供了支撑，为全国新区海绵城市建设提供了样板和示范。

（执笔人：张洋）

武汉市海绵城市试点建设系统方案

2019年度湖北省优秀城乡规划设计二等项目｜2019年度武汉市城市规划协会优秀城乡规划设计一等奖

编制起止时间： 2017.3—2017.8
承 担 单 位： 中规院（北京）规划设计有限公司
主 管 所 长： 张全　　**主管主任工：** 王家卓
项目负责人： 栗玉鸿
主要参加人： 李帅杰、彭波、李小风、张晓辉、姜勇、吕锦刚、李敏、陈雄志、马达、成钢、柴同志、宗晶
合 作 单 位： 武汉市政工程设计研究院有限责任公司、武汉市规划研究院、武汉市水务科学研究院、中信工程设计建设有限公司

背景与意义

武汉区位优越，具有大江大湖的天然格局，亦有伴随发展而至的内涝、黑臭水体等“城市病”问题。2015年武汉市入选国家首批海绵城市建设试点城市，为破解城市治水难题，迫切需要以海绵试点区作为“试验田”，针对海绵城市规划设计与落地建设开展先行先试实践探索，进而为武汉市全面推进海绵城市建设提供参照模板。

规划内容

（1）内涝防治规划。基于蓄排平衡分析，综合提升出江通道排水、湖泊调蓄和沿江泵站排水等功能，结合源头设施与雨水管渠提标，构建“灰绿结合”的大、小海绵体系，实现武汉市50年一遇24h降雨303mm的内涝防治目标。

（2）水环境治理规划。针对新老示范区，各有侧重地确定污水截污、混错接改造、面源污染控制、河道全面清淤、生态岸线等水环境治理措施，并配合大东湖生态水网、汉阳六湖连通等水系工程，构建了系统的活水保质与“长治久清”策略。

（3）推进机制创新。推动机制体制改革，形成海绵城市的专职部门、管控制度、技术标准、建设模式等长效推进机

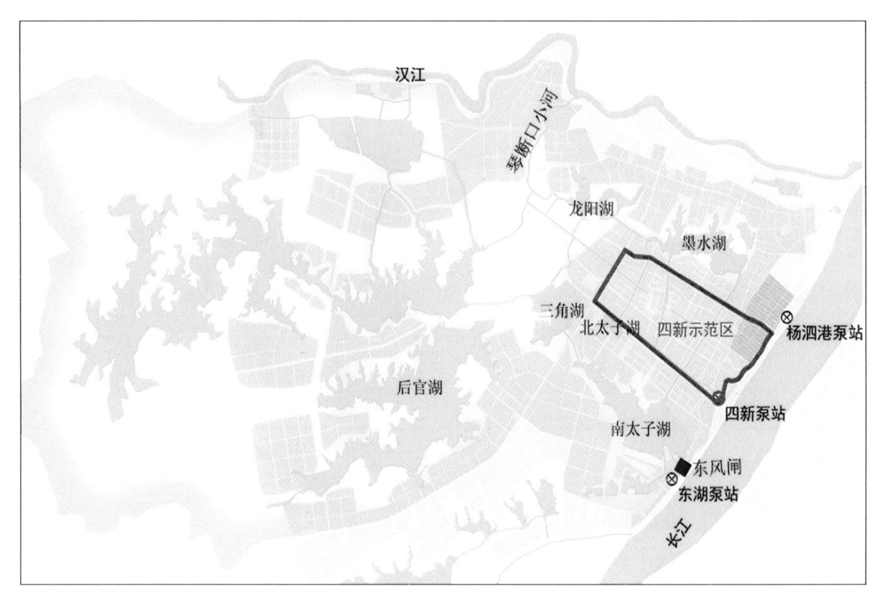

武汉四新海绵试点片区与流域关系图

武汉青山海绵试点片区与流域关系图

制；形成以政府为主导的政策激励、质量监督、考核机制的监管制度。

创新要点

（1）贯彻绿色发展理念，构建山水林田湖草的大海绵格局。基于已有法规，海绵城市通过机制协调与管控约束手段，进一步强化城市基本生态控制线与生态底线控制管控要求，引导城市开发与生态用地平衡。

（2）创新蓄排平衡理念，综合源头过程末端的系统优化思路。方案从降水不可压缩角度出发，确保目标降雨条件下滞蓄与排放的平衡，系统考虑产汇流过程，将源头减排、灰色设施提标、水体调蓄等工作统筹考虑，明确不同措施对降雨的控制目标与能力。从而根据试点区特点，构建不同类型尺度的海绵项目，尤其是充分发挥了源头减排的作用；并进行技术比选、优化，最终达到有效应对50年一遇24h降雨的控制目标。

（3）流域统筹治理，突破边界与红线的整体治理手段。方案编制以流域为基础，打破了试点区边界，将青山试点区扩展到东沙湖湖泊调蓄区整体考虑，将四新试点区扩展到属蔡甸后官湖水系，研究范围为试点范围的数十倍。

（4）坚持绿色优先，合理协调不同尺度“灰绿设施”作用。实事求是，不夸大绿色设施效果，也不重走只做灰色设施的老路，提出了“以滞促渗—以渗促净—以净促蓄—以蓄保排”的武汉本地海绵城市建设思路。充分发挥源头绿色设施与湖泊的作用，坚持源头绿色设施优先，系统“灰绿”结合的策略，有效提升了海绵城市建设的整体效果。

（5）转变单项推进的方法，融合治涝与治污的多目标工作体系。方案有效统筹了水安全、水环境、水生态等多种目标，发挥了海绵城市的综合作用，从整体出发，将治涝治污有效衔接，避免了割裂的项目安排，确保各项工程措施既有主要作用，也有综合功效，发挥最大效益。

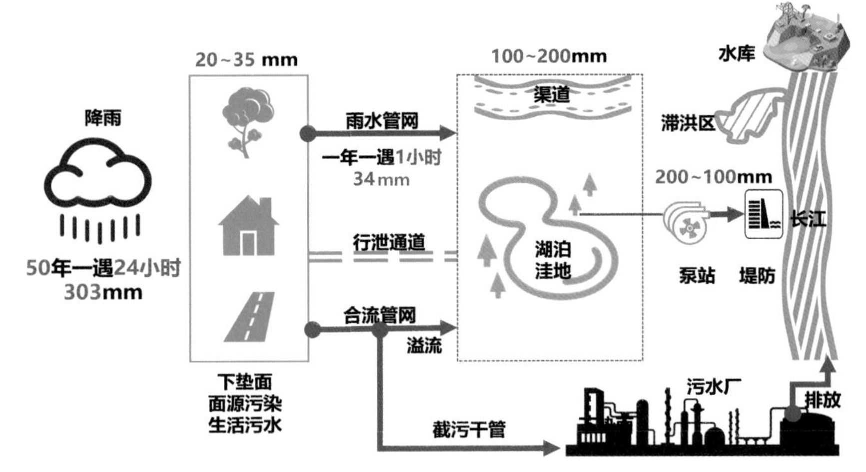

武汉市蓄排平衡与污涝同治海绵体系图

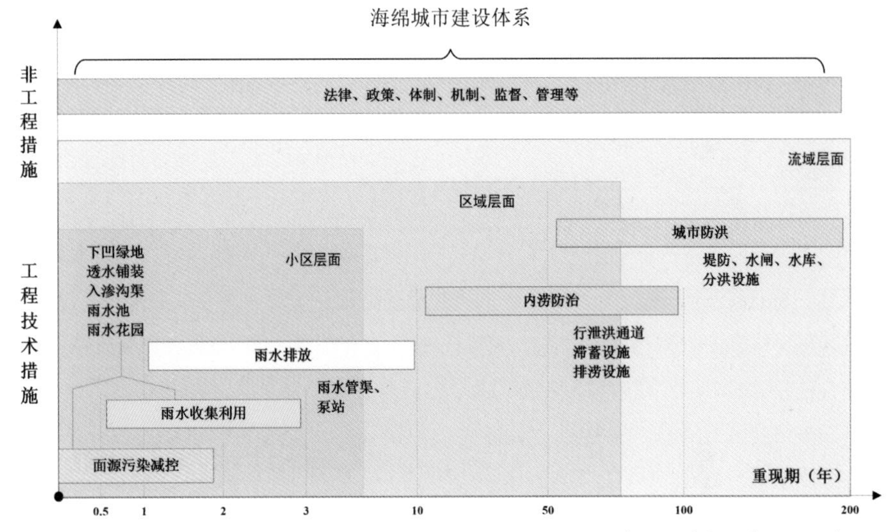

武汉海绵城市建设分级策略图

实施效果

（1）方案有效支撑了试点工作的开展，并作为第一批试点城市模板，提供给各试点城市参考学习。

（2）两试点区内涝风险明显降低，内涝点有效消除，成功应对超百年一遇的强降雨，成效显著，获得了中央电视台等媒体的多次报道。

（3）结合源头减排，试点区内管网、河道等在控制成本投入的情况下，灰色基础设施效能得到较大提升，水环境有效改善，黑臭水体消除。

（4）区内环境品质提升，提高了百姓的获得感。尤其通过学校改造，不仅提升了校园品质，解决了校园内涝等安全隐患，而且使海绵城市理念深入学生，生态文明思想理念在青年一代传播与继承。

（5）通过总结提炼试点期规划建设管控经验，紧扣国家“放管服”精神，通过强化诚信备案、事中事后监管，形成了以“三图两表”为代表的特色制度，也成为武汉市落实海绵城市的切实保障。

（执笔人：栗玉鸿、李帅杰）

贵州贵安新区海绵城市试点区建设系统化方案

2019年度全国优秀城乡规划设计三等奖｜2019年度北京市优秀城市规划设计二等奖

编制起止时间： 2018.3—2018.10
承 担 单 位： 中规院（北京）规划设计有限公司
主 管 所 长： 孙道成　　**主管主任工：** 李文杰
项目负责人： 由阳、张洋　　**主要参加人：** 史志广、李爽

背景与意义

2015年，贵安新区成功申报国家首批海绵城市试点后，构建了不同尺度、多个层次的海绵规划体系。这些规划在不同范围和不同阶段对新区的海绵城市建设起到了重要的指导作用，新区海绵城市建设初见成效。

系统化方案针对顶层规划与项目设计脱节、海绵项目建设进度受主体工程影响而滞后、海绵建设项目缺乏系统组织、建设效果无法科学评估等问题，以《贵安新区中心区海绵城市建设规划》划定的汇水分区和排水分区为依据，在水质、水量控制三级控制体系和低影响开发指标体系的基础上进行深化和量化，从汇水（流域）分区尺度构建工程体系，科学确定海绵项目布局和规模，量化评估海绵城市建设效果，构建海绵模型体系，实现建设方案的优化调整和建设效果的动态评估，切实高效指导新区海绵城市建设。

规划内容

（1）底数评估与问题分析。针对项目实施、模型构建和效果评估要明确的底数参数进行细化分析。围绕试点区海绵城市考核要求，基于试点区海绵建设现实情况，对比其与目标间的差距，识别实施过程中的困难和问题。

（2）试点管控体系构建。识别重点生态斑块、蓄排空间和岩溶发育等敏感区域，发挥新区“一张白纸”新建优势，以蓝绿空间的形式将敏感区域纳入法定规划，实现后续的切实有效管控。

（3）试点工程体系构建。依托上位规划提出的源头—中途—末端水量、水质三级控制屏障系统，构建从地块—管网—水系的完整模型体系，将源头、中途、末端各环节设施设置不同规模梯度，形成多套比选方案，综合水量、水质、投资、占地四项指标，定量化评估得到最优化方案。排涝系统方面，参照排水防涝计算成果，精准划定水系蓝线，进行河道与跨河道路的竖向协调，保证排水通道顺畅。

（4）采用全流程、在地现场服务的工作模式，精准识别项目实施问题，构建规划—设计—施工—运维的全流程管控体系。

创新要点

（1）充分发挥新建优势。系统化方案实现与法定规划融合，敏感性分析成果反馈至控规用地总图中，以蓝绿空间的形式对连片敏感区进行有效管控。对于建设

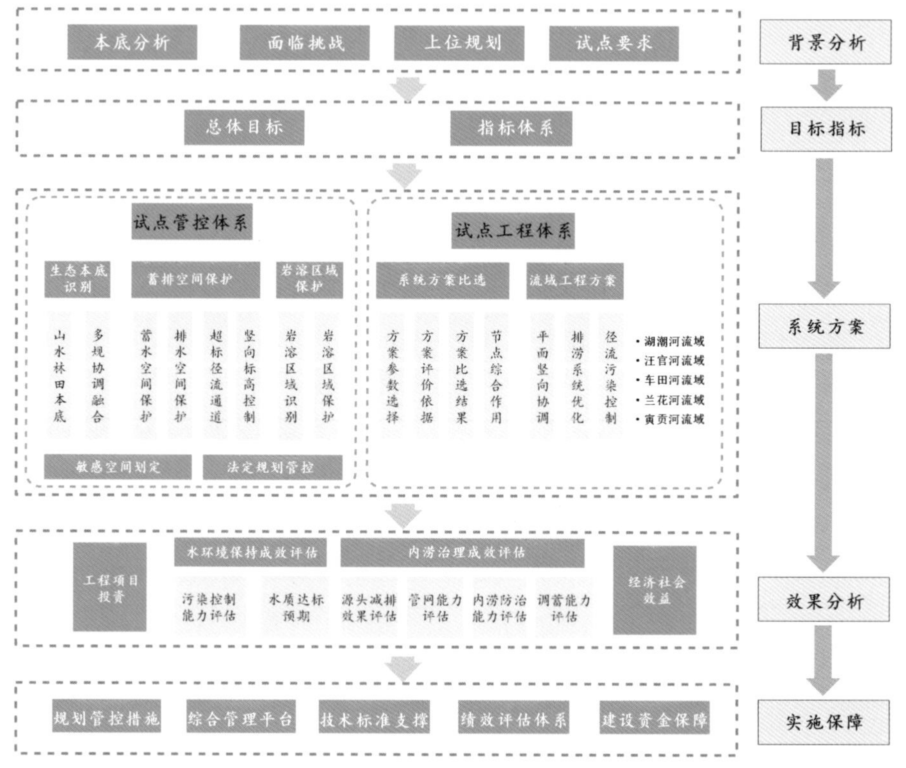

贵安新区海绵城市系统化方案技术路线图

用地内具有保留价值的山体、水系、洼地等分散式敏感区，纳入控规图则，明确后续地块开发时对该要素的保护要求。

（2）模型体系综合应用。系统化方案构建了源头—中途—末端三级水量、水质控制模型体系，实现了海绵方案的优化比选和海绵设施的定量、定点落实；进行了试点区域在开发建设前、海绵试点期末、规划期末三种不同情景下的水量、水质指标定量化评估；模型体系嵌入试点区海绵综合信息平台，实现了试点区海绵工程体系的智慧化管理。

（3）灵活安排建设时序。针对新区海绵建设受主体工程建设进度制约，试点期内无法完成所有地块建设任务的现实情况，提出政府作为中途和末端设施建设的主体，依托各流域河道整治项目，将中途和末端设施先行实施，构建雨水入河屏障；对于源头建设项目，政府通过构建海绵城市建设长效管控机制，以行政手段约束开发商后续建设行为，实现各个排水分区的持续动态达标。

（4）全技术周期服务。项目组采用现场工作模式，精准发现海绵建设过程中存在的实际问题，及时并有针对性地对上位海绵规划进行修正和调整，对下一层次的设计进行指导，从系统角度把控项目设计方案，确保海绵建设总体目标的有效落实。

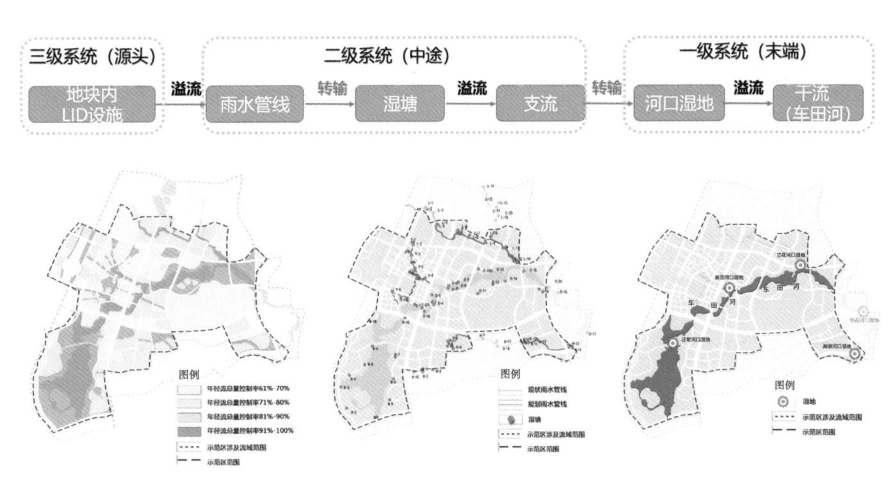

水量、水质控制三级屏障系统图

实施效果

试点管控体系方面：敏感空间由控规编制单位纳入现行控制性详细规划中，规划编制单位对部分占用高敏感区的建设用地进行了用地性质调整或地块局部修边，针对部分建设用地内部存在小型分散式敏感生态要素的情况，规划编制单位在图则中明确了后续地块开发时的避让和保护要求。

试点工程体系方面：在海绵设施精细化布局方案引导下，试点区建成了一系列海绵项目，各指标均达到目标要求：年径流总量控制率83.6%，面源污染控制率63.7%，地表水环境质量稳定保持在Ⅲ类标准；水系改造基本完成，落实了控规河道蓝线，蓄排能力提升，防洪标准达100年一遇；协调了河道与道路平面竖向关系，消除内涝风险点19处，排涝标准达50年一遇。

（执笔人：张洋）

贵安新区海绵城市试点区建设实景

无锡市系统化全域推进海绵城市建设示范城市顶层方案与落地实施

2022—2023年度中规院优秀规划设计二等奖

编制起止时间：2021.6—2024.6
承 担 单 位：城镇水务与工程研究分院
主 管 所 长：龚道孝　　**主管主任工：**莫罹
项目负责人：周飞祥、王巍巍　　**主要参加人：**周飞祥、王巍巍、杨映雪、赵政阳、唐君言、李宗浩、黄明阳、刘彦鹏

背景与意义

无锡，古称梁溪、金匮，地处长江三角洲平原腹地，坐享拥江枕河抱湖之地，境内有水系6288条，江河湖荡占市域总面积1/4，被誉为“太湖明珠”。水是无锡城市的灵魂，无锡因水而美，因水而兴，因水而荣，不论是“一碧太湖三万顷，屹然相对洞庭山”的太湖，还是“八省相连兴贸易，五河纵贯富工商”的京杭大运河，抑或是“天门中断楚江开，碧水东流至此回”的长江，数千年来，他们流经无锡、塑造无锡，滋润无锡。

水是无锡的优势，也在另外一个层面逐步演变成了无锡的忧患。尤其是快速城镇化以来，由于水务基础设施建设与城市发展不匹配，出现了一系列的水问题，更是发生了在世界范围具有负面影响的太湖水环境危机事件。面对“水忧患”，无锡市痛定思痛，围绕治水做了大量的工作，取得了一定的成效，但依然面临不少问题，太湖及城区水环境尚未得到根本性好转，“城市看海”时有发生，如何进一步协调好水与社会、城市发展的关系始终是摆在无锡面前不可回避的时代命题。

2021年6月，在中规院的全程技术支持下，无锡市入围国家首批系统化全域推进海绵城市建设示范城市，被赋予了新时代背景下系统治水的历史使命。在城市转型过程中如何进一步解决人水矛盾，实现人水城和谐，是无锡海绵示范城市建设面临的重要命题。与此同时，无锡也面临着示范周期短、建设任务重、考核标准高等多重挑战。在此背景下，无锡市委托中规院开展海绵示范城市顶层方案与落地实施技术咨询项目，以“系统服务+协同管理”为目标，围绕市、区、街道3个层级，住房和城乡建设、市政园林、自然资源和规划3个条线，开展专项规划、实施方案、项目方案3个层级的技术方案编制，简称“333”项目模式，以期为海绵示范城市创建开展全生命周期的技术咨询与把关。

规划内容

在充分认识项目背景和需求的基础上，项目组结合无锡城市特点，围绕示范城市创建要求，协助无锡市建立完善了海绵城市建设“一二三四”实施路径，即锚定争创成为全国海绵城市建设“示范中的示范”的总体目标（一条主线），强化制度建设和项目建设（两个建设）两大抓手，推动在城乡全区域、建设全领域、项目全过程（三个全）全面落实海绵城市建设理念，并通过存量增量结合、建管结合、条块结合、“灰绿”结合（四个结合），以期将海绵城市建设融入城市开发建设大盘子中，规避“为海绵而海绵”“打补丁式海绵建设”的非良性推进方式，助力城市建设高质量发展和城市人居环境改善，切实提升城市居民幸福感、获得感。

无锡长广溪国家湿地公园风光

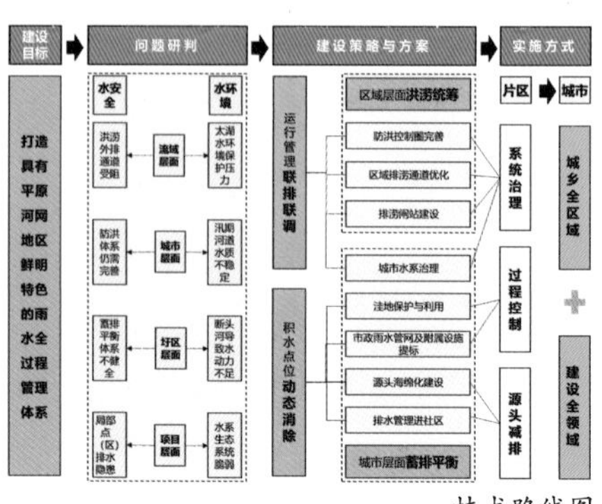

技术路线图

创新要点

1．打造平原河网地区雨水全过程管理模式

在建设方案编制中，梳理出水安全韧性能力提升、水生态环境持续改善两大需求，深入剖析因地势条件不利、排涝通道受限、调蓄能力不足等原因导致的洪涝风险问题，与水体交互受阻、换水水源不均、面源污染控制不力等原因导致的水环境问题，以打造适宜于平原河网地区、具有示范引领效应的全过程雨水管理模式为目标，建立覆盖雨水管理全过程的工程体系，并明确源头减排、过程控制、系统治理等366个建设项目。

2．制定基于“蓄排平衡”的洪涝统筹调度模式

在区域雨洪管理上，加强各部门协同，打通排水、防涝、防洪系统壁垒，提出以“蓄排平衡”为核心的洪涝统筹模式，优化区域排涝通道，明确预降水位要求，大幅提升调蓄滞存能力。

3．创建雨水排放单元概念和建设模式

在排水管网建设上，提出以“雨水排放单元”为单位的整体达标模式，明确平原河网地区雨水排放单元划定方法，以及整体评估、分步实施、系统达标的建设路径。

4．提出源头海绵项目“三位一体”建设模式

在源头项目建设上，针对景观与功能不协调等问题，提出景观、功能、人的活动“三位一体”的建设模式，形成了立体化、综合型、多功能海绵设施建设技术指引。

5．探索形成排水管网全生命周期管理模式

在长效运维管理上，针对建筑小区内排水设施属于管理盲区的问题，开展囊括海绵设施的“排水管理进小区”试点工作，探索推进排水设施全生命周期管理。

实施效果

在三年的示范城市建设中，项目提出的366项工程全部得到实施，19项承诺指标全部得以实现，城市水生态环境质量大幅提升，城市防洪排涝韧性显著提高，引领平原河网地区的城市治水的新模式、新路径逐步形成，海绵城市建设“无锡模式”更是享誉全国。

（执笔人：周飞祥）

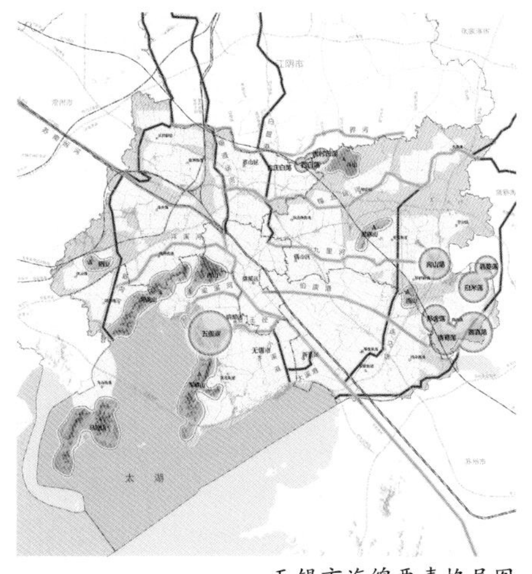
无锡市海绵要素格局图

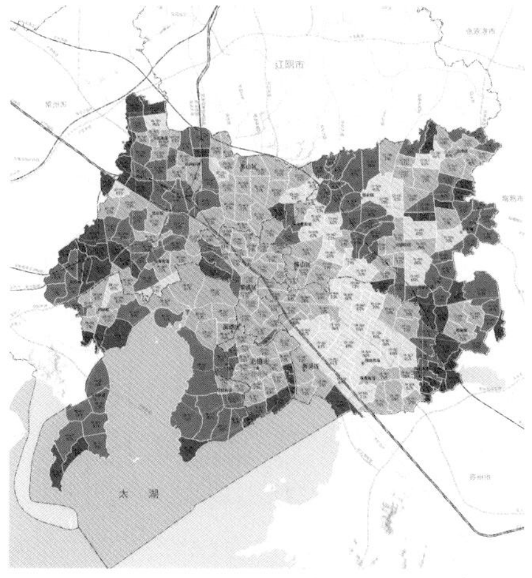
无锡市排水分区规划管控图

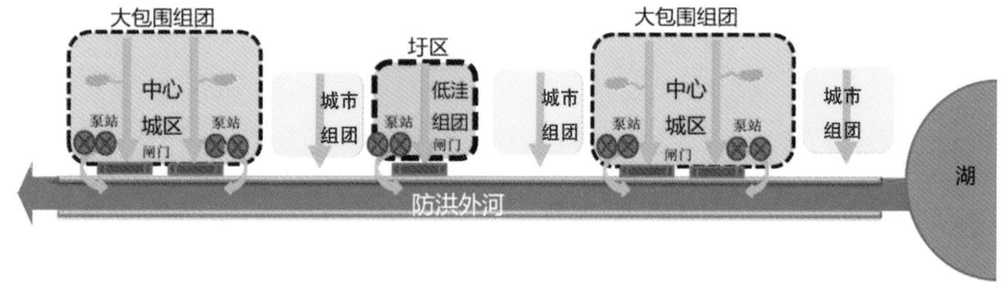

“蓄排平衡”模式示意图

建筑小区类项目：东南大学国际校区

水系治理类项目：荡东片区水系综合整治

道路广场类项目：江学路

公园绿地类项目：梁溪河滨水公园

鹤壁市海绵城市试点建设全流程技术咨询

2019年度全国优秀城市规划设计三等奖｜2018—2019年度中规院优秀规划设计一等奖

编制起止时间： 2015.4—2019.4

承 担 单 位： 城镇水务与工程研究分院

主 管 所 长： 孔彦鸿、龚道孝　　**主管主任工：** 刘广奇、莫罹

项目负责人： 周飞祥、王召森　　**主要参加人：** 贾书惠、刘彦鹏、徐秋阳、祁祖尧、周广宇、程小文、王巍巍、卢静

背景与意义

巍巍太行，悠悠淇水。因“仙鹤栖于南山峭壁”而得名的鹤壁，坐落于太行山东麓，是一座拥有3000多年历史的文化古城，更是一座具有丰厚底蕴的水文化名城。伴随着农业文明的发展，借助日益进步的工程技术，人们开始尝试“引淇开渠，发展农业”，1915年，在袁世凯资助下修建引水渠，“引淇河之水以灌良田”，成功解决了区域农灌问题，滋养了一方人，史称“天赉渠”。

进入工业文明时代后，鹤壁坐拥丰富煤炭资源的优势凸显，带来了社会经济的飞速发展。然而，在城市光鲜亮丽的背后，是长期“重发展、轻保护，重经济、轻环境”导致的日趋凸显的人水分歧：城市内河水体黑臭、岸线破败；天赉渠沿线人水争地，导致古河道“命悬一线”；城市排水通道拥阻，内涝灾害时有发生。人水分歧成为鹤壁面临煤炭资源枯竭困局时，选择生态转型、高质量发展的重要制约。

在天赉渠修建整整100年后，2015年4月，鹤壁成为国家第一批海绵城市建设试点，迎来了彻底解决人水分歧的重大机遇。然而，历史机遇的另一面却是试点周期短、建设任务重、考核标准高等多重挑战。在此背景下，鹤壁市与中规院建立了全生命周期战略合作关系，鹤壁市委托中规院开展专项规划、系统方案、技术服务、样板项目设计等“1+1+1+N”规划设计任务。《鹤壁市海绵城市试点区系统化方案项目》成为其中承上启下、不可或缺的重要一环，承担着明确建设项目、安排建设时序、确保满足考核等多重任务。

淇河沿岸风光

规划内容

在充分认识项目背景和需求的基础上，进行了深入细致的现状问题调研，并系统分析了试点区城市建设短板，结合城市发展目标，确定了以改善水环境和保障水安全为核心，以保护母亲河淇河水环境和修复历史水脉天赉渠为抓手，统筹绿色设施与灰色设施、统筹近期目标与远期目标、统筹景观效果与生态功能、统筹地上设施与地下设施、统筹问题导向与目标导向的工作思路。

在具体项目选择上，将雨水控制源头项目与老旧小区更新改造相融合，将历史水脉保护修复与传承发扬传统文化相融合，将排水防涝能力建设与综合防灾体系构建相融合，将水生态敏感区保护与生态安全格局构建相融合，将海绵城市试点建设与创建国家园林城市相融合。

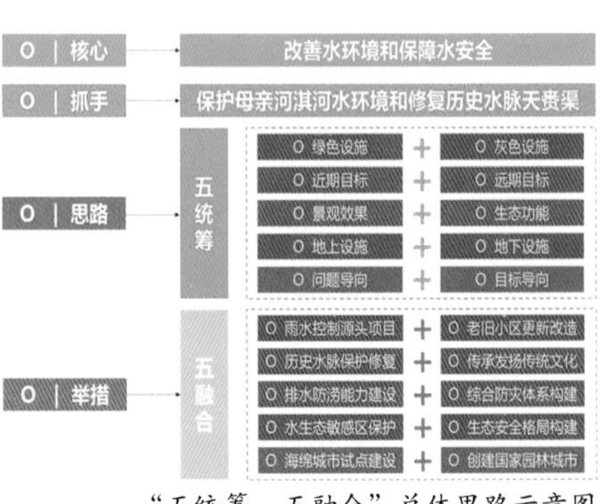

“五统筹、五融合”总体思路示意图

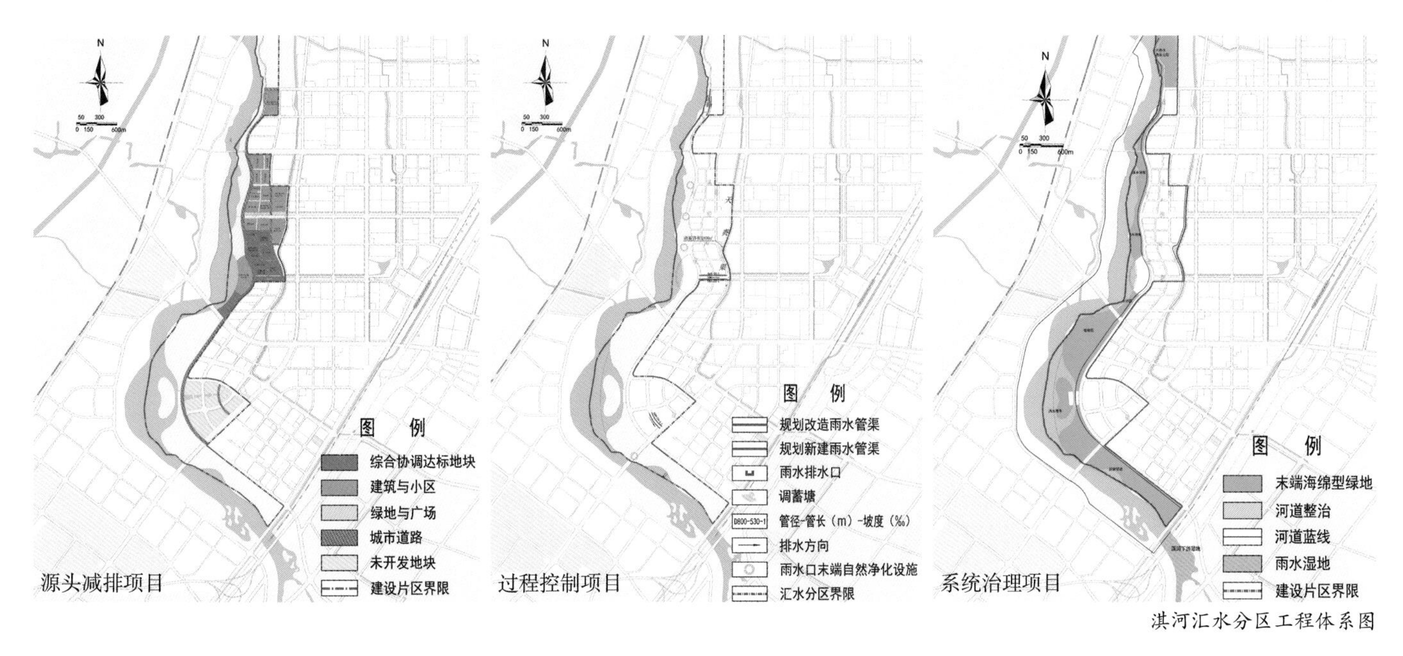

淇河汇水分区工程体系图

创新要点

在系统方案编制中，采取“一张蓝图+一套模式”的双保障框架，通过建设项目梳理，为试点区提供可以干到底的“一张蓝图”，通过建设模式指引，为项目落地提供强有力的保障。

（1）探索形成建设项目动态评估与优化模式。根据自然地形变化、受纳水体分布，结合控规单元和行政边界，划定七大海绵城市管控分区。坚持“五统筹、五融合”的思路，以“淇河水质不降低、城市内河不黑臭、极端降雨不内涝、水系畅通不拥阻”为总体建设目标，以海绵城市试点建设16项批复指标为约束条件，结合各个管控分区存在的现状问题，坚持问题导向和目标导向，通过量化计算和方案比选，明确各个管控分区的源头减排—过程控制—系统治理工程体系，并确定涵盖建筑小区、绿地广场、城市道路、雨污分流、防洪与水源涵养、河道治理等六大类273项建设项目。

（2）探索形成多类型项目因地制宜建设模式。研究制定了天赉渠水生态修复和水文化传承的统筹推进模式，并打通两处断头河，实现试点区“水通水畅”，在彻底解决排涝问题的同时，实现“步行五分钟即赏水景”。针对老旧小区排水设施不完善、改造难度大的问题，在全国层面率先提出了“雨水地表、污水地下”的雨污分流改造模式，破解了老旧小区管网改造难题，并成为海绵城市建设“鹤壁模式”的重要组成内容。针对不同类型项目的特征与问题，提出了针对性的海绵城市建设模式指引，有效推动海绵城市建设理念落地，并成功申请五项国家实用新型专利。

护城河改造前后对比

三和佳苑小区改造前后对比

实施效果

四载试点，千日征程，在四年的海绵城市试点建设中，《鹤壁市海绵城市试点区系统化方案项目》中确定的273项建设项目全部得到实施，鹤壁市以优异的成绩通过国家验收，海绵城市建设中诞生的“鹤壁模式”享誉全国。以本项目为蓝本、项目组负责撰写的《海绵之路——鹤壁海绵城市建设探索与实践》一书也已正式出版。

（执笔人：周飞祥）

昆山市系统化全域推进海绵城市建设示范实施方案

2022—2023年度中规院优秀规划设计二等奖

编制起止时间： 2022.3—2022.4
承 担 单 位： 中规院（北京）规划设计有限公司
主 管 所 长： 吕红亮　　　　**主管主任工：** 任希岩
项目负责人： 王家卓、张春洋、曹万春、郭紫波
主要参加人： 王月、施溯帆、王舒、邵捷、周璇、王生旺、洪凯、范丹、张强、姚永连

背景与意义

江苏昆山地处太湖流域碟形洼地，是太湖行泄洪水走廊，随着流域防洪新形势的变化，“上游压、下游顶、中间囤”的洪涝治理困境日益凸显。此外，昆山城市建设开发较早，基础设施老化制约城市宜居环境品质提升。如何以海绵理念推动现代化城市建设、以系统思维谋划可持续发展路径是昆山建设社会主义现代化县域示范的重要内容和抓手。2022年5月，项目组全方位助力昆山入选国家第二批系统化全域推进海绵城市建设示范城市，积极探索社会主义现代化城市系统推进海绵城市建设的具体途径，助力昆山打造平原水网圩区蓄排结

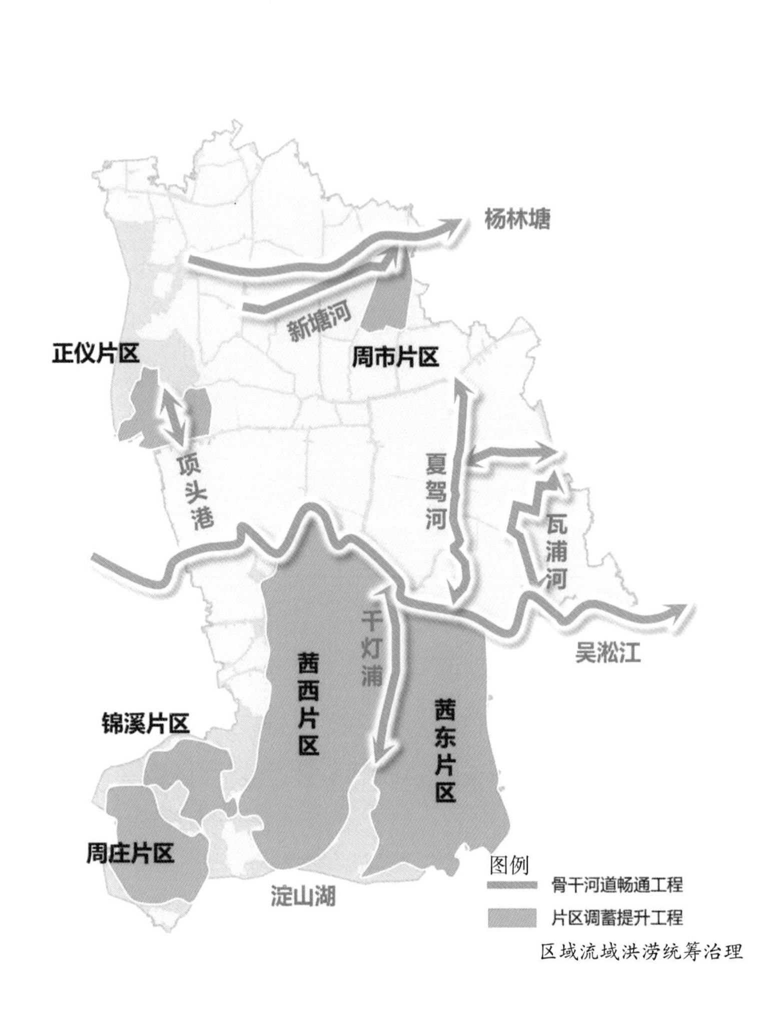

区域流域洪涝统筹治理

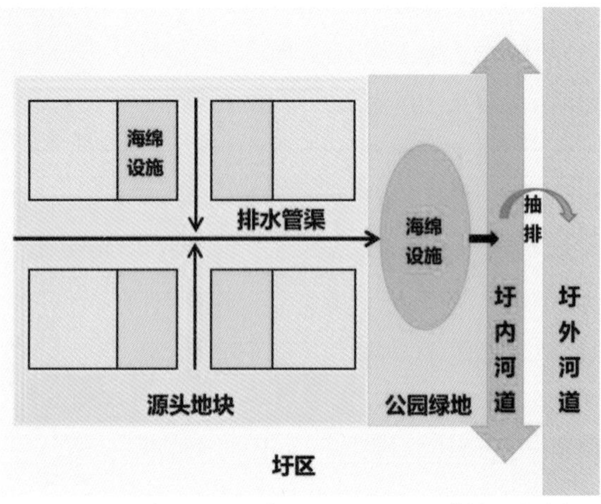

昆山市“源头—管网—圩区”三级蓄排体系模式图

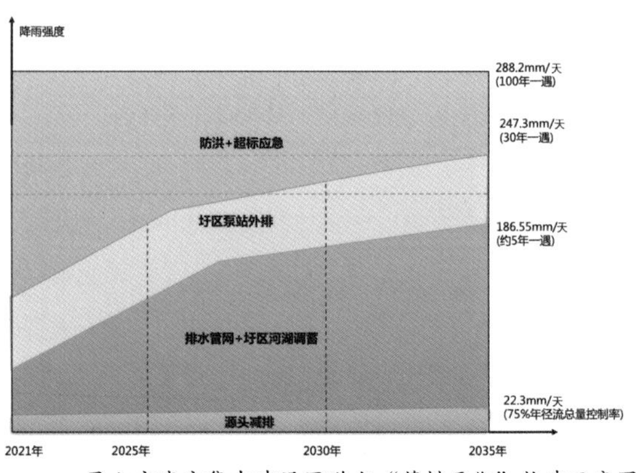

昆山市城市集中建设区涝水“蓄排平衡”构建示意图

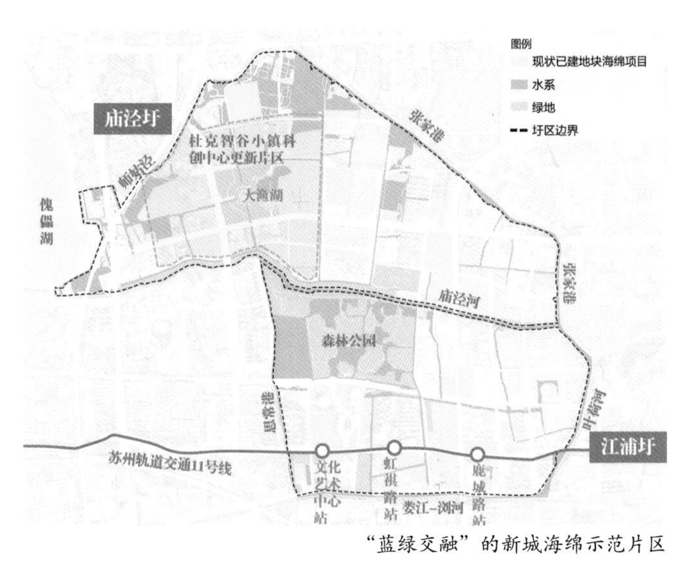

“蓝绿交融”的新城海绵示范片区

老城海绵化有机更新片区

合、促进洪涝统筹治理的样板，以及江南水乡地区精细化海绵促进城市宜居品质提升的标杆，形成江南平原水网地区海绵城市建设的昆山范式。

规划内容

项目聚焦城市防洪排涝，以太湖流域统筹共治为基础，紧扣江南平原水乡城市特质，力争将昆山建设成为能够有效应对雨洪灾害风险的韧性之城，打造水安、水兴、水美的现代化江南水乡海绵城市，提出流域格局优化、圩区系统施策、项目全面管控的系统治理路径。

流域格局优化方面，一是坚持保护修复“蓝网绿脉”，锚固水乡生态格局，二是坚持“洪涝统筹”治理，优化防洪安全格局。

圩区系统施策方面，一是构建“圩区河网—排水管渠—源头海绵”相结合的蓄排体系，降低城市内涝风险，二是基于自然净化策略，构建雨水径流污染全过程控制路径。

项目全面管控方面，一是严格落实海绵城市建设要求，因地制宜制定管控标准，二是统筹推进雨水资源利用与节水型城市建设，三是项目内外要素联动，系统推进项目建设，四是统筹功能与景观，建设有生命力的海绵项目。

创新要点

（1）坚持生态优先，制定“蓝绿灰”融合的工作思路，构建区域流域—城市—设施—社区多尺度“蓝绿灰”融合体系。在区域流域尺度严格蓝绿海绵空间保护要求，“蓝绿灰”协同提升城市防洪能力至50~100年一遇。在城市尺度以圩区为单元，按照“先蓝绿调蓄，后站闸（灰）排放”的总体思路制定33个圩区具体实施方案。设施尺度先充分挖掘城市蓝绿设施调蓄能力，再补齐管网站闸等灰色设施短板。建筑社区尺度落实源头减排要求，“蓝绿灰”融合保障各项目年径流总量控制率和年SS总量去除率等海绵源头管控指标达标。

（2）构建四维耦合的定量评估模型，提升实施方案编制的科学性。开展模型定量评估，以圩区为单元构建水力模型，包括2800km主要河道和1275座站闸，并耦合500余个源头海绵项目、2190km市政管渠、480km^{2}地表高程系统，形成四维耦合的水动力模型。开展不同情景下模型动态过程定量评估，精准评估各圩区现状内涝防治水平及方案实施后的内涝治理效果，进行水量蓄排平衡测算，有效支撑方案目标制定及实施效果评估。

实施效果

（1）本实施方案作为核心技术文件，有力支撑昆山成功入选国家系统化全域推进海绵城市建设示范城市。同时，项目组持续跟踪实施方案落地。2023年5月，项目组助力昆山在国家年度绩效评价中成功获评A档海绵示范城市。

（2）全面提升昆山市城市安全和韧性水平。入选国家海绵示范城市两年来，昆山落实方案要求新增可调蓄水域面积18.6hm^2，城市集中建设区天然水域面积比例达8.8%，可透水地面面积比例达40.9%。全市畅通整治103条河道、改造59座排涝泵站、新改建设排水管网超260km，城市集中建设区大部分面积内涝防治能力达20年一遇。

（执笔人：郭紫波）

南宁市石门森林公园海绵化改造工程

2019年度广西壮族自治区优秀工程勘察设计成果园林景观设计二等奖

编制起止时间：2015.8—2016.3
承 担 单 位：中规院（北京）规划设计有限公司
主 管 所 长：王家卓　　**主管主任工：**洪昌富
项目负责人：张春洋　　**主要参加人：**范锦、王晨、韦护、洪玫、潘政猷、赖聪捷等
合 作 单 位：南宁市古今园林规划设计院有限公司

背景与意义

南宁市石门森林公园海绵化改造工程是南宁市入选全国首批海绵城市建设试点城市的重点示范项目之一。项目位于南宁市城区密集建设区，是雨水资源综合利用的示范实践。

项目通过引入周边小区的径流客水，以“慢排缓释”和“源头分散”的控制方式削减径流量、截留径流污染物，并利用生态调蓄、循环净化、生态补水等工程，避免雨水中的污染物直接进入公园内水体明湖，从而最大限度地提升公园水生态、水环境的品质。

项目内容

项目针对小区改造难度大、源头减排达标难的问题，在小区海绵化改造的基础上，将超过小区海绵设施控制能力的径流雨水，转输至石门森林公园进行消纳，以达到项目雨水径流整体控制目标。

对转输到石门森林公园的客水，设置雨水花园、旱溪和雨水湿地等海绵设施进行多级净化，并结合明湖的循环净化处理，共同保障明湖水质，最终实现项目海绵建设的目标。

1. 小区海绵化改造

因地制宜在小区内建设下沉式绿地、植草沟、透水铺装等海绵设施，提高小区内雨水蓄滞能力。在此基础上，结合雨水管网改造，充分利用自然地势条件，将小区内不能消纳的雨水径流导向石门森林公园进行净化和调蓄。

2. 公园海绵化改造

利用明湖本身的容量（现状库容约8万m^3）对客水及公园径流雨水进行调蓄，通过湖体溢流口设置的可调节闸门，对湖体水位进行控制，在保证明湖最低水位的前提下，实现汛期和旱季的不同调蓄调度。

小区汇入公园的客水每年可达10.89万m^3，为保障明湖水质达标，需要对客水进行有效的净化。主要措施一是在客水接入公园处设置沉砂井，对入园雨水进行初步净化处理；二是充分利用石门森林公园中林地和草地，设置雨水花园和旱溪等，进一步降低汇入雨水的污染物总量，使雨水在进入明湖前基本达到与明湖水质相当的水平。

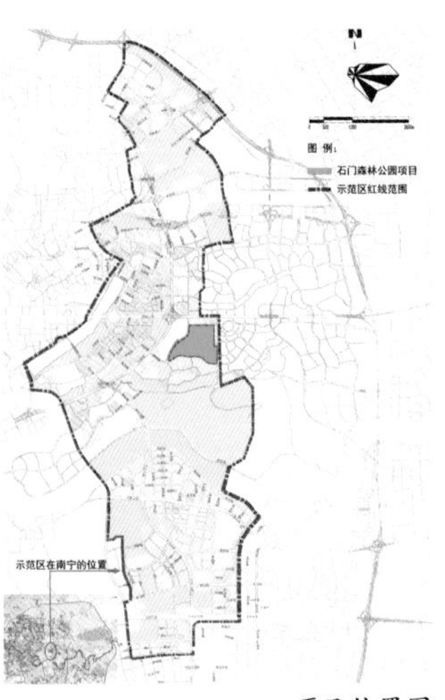
项目位置图

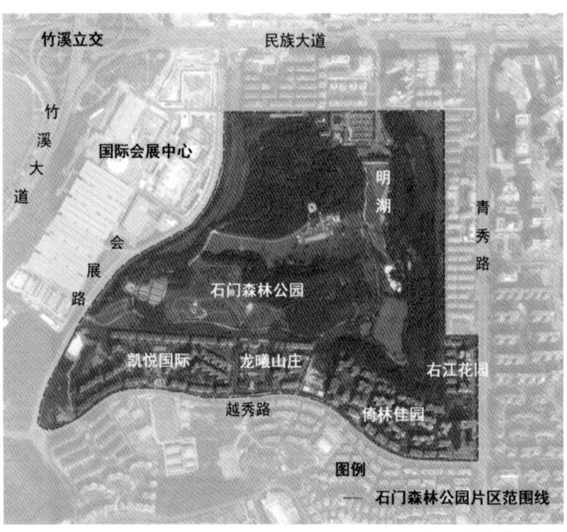

项目区域范围图

创新要点

1. 从规划指标管控到工程建设落实的实践探索

按照生态优先、系统治理的原则，将周边小区与石门森林公园的雨水进行径流控制整体平衡，使整个汇水片区满足年径流总量控制率的要求。

2. 生态优先，基于自然的工程设施实践探索

在本项目的设计上，本着尊重自然、顺应自然、结合自然的原则，优先采用生

态型低影响开发设施，通过与园林、交通、环境等多专业融合，使石门森林公园海绵化改造工程产生景观、生态、经济等多种效益。项目设计优先采用低成本、易于维护的设施，按照源头、小型、分散的原则进行低影响开发设施布局，并进行设施优化组合，通过模型定量化分析以确保目标的可达性。

3. 海绵功能与景观提升相结合的实践探索

将景观提升巧妙融入海绵城市的建设，打造城市溪流、湿地景观，在一定程度上恢复了雨水径流在建设前的自然循环状态，满足市民亲水的需要，提升老百姓的获得感。

实施效果

（1）通过小区、公园的海绵化改造，项目整体年径流总量控制率为83.8%，年SS总量去除率为54.5%，满足海绵城市建设的目标要求。

（2）通过项目的海绵化改造，系统梳理和组织了公园雨水净化系统，通过植物的合理布局，形成了不同的公园景观特色，石门森林公园景观效果提升明显。

（执笔人：范锦）

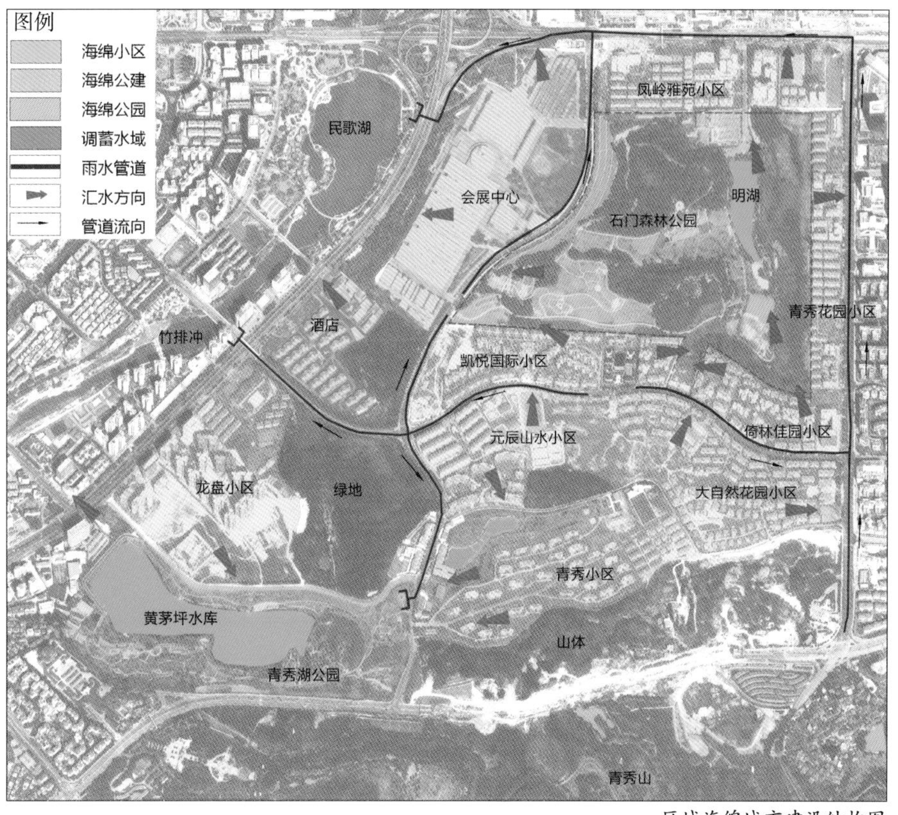

区域海绵城市建设结构图

改造后雨水花园

南门雨水花园雨水处理流程图

雨水经旱溪、雨水湿地梯级净化后进入明湖

33 黑臭水体治理

长春市黑臭水体整治示范城市实施方案

2019年度吉林省优秀城乡规划设计奖一等奖｜2018—2019年度中规院优秀城市规划设计奖表扬奖

编制起止时间： 2018.8—2018.11
承 担 单 位： 中规院（北京）规划设计有限公司
主 管 所 长： 王家卓　　**主管主任工：** 任希岩
项目负责人： 栗玉鸿
主要参加人： 宋刚、孙炜宁、刘冠琦、孙宏亮、高菲、姜志军、张赢月、周航、赵建伟、马志华、汪纯雨
合 作 单 位： 长春市市政工程设计研究院有限责任公司

背景与意义

黑臭水体治理是打好污染防治攻坚的重要任务，也是提升城市品质、提高居民获得感的重要手段。长春市黑臭水体数量多，治理难度大。为有效提高全市各流域水环境质量，提升长春市居民幸福感、获得感，贯彻落实国家水污染防治攻坚战的安排部署，编制本实施方案。

规划内容

方案按照控源截污、内源治理、生态修复、活水保质、“长治久清”的系统思路，构建了源头、过程、末端的综合治理体系，并安排了具体工程措施，明确了项目建设时序，开展了治理效果评估。评估结果证明方案技术经济合理，成效显著。

创新要点

（1）坚持流域统筹，综合施策。方案编制在全流域范围内展开，开展上下游联动、岸上岸下联动、河道管网联动，坚持水岸同治、水城同治、统筹布局；综合水安全、水环境、水资源、水维护等目标系统施策，通过全区段、全流域、全方位治理工作，坚持工程治理与长效管理协同推进；形成了以治污水、用雨水、净尾水、补中水、引客水五大治水攻略；构建了控源截污、内源治理、生态修复、活水保质四大建设工程。

（2）探索采用TMDL理念，以河道最大污染负荷为约束条件，将污水点源、城市面源、农业面源等污染综合考虑，统筹制定控制要求与目标。按照TMDL的思路，开展翔实的本底调查，方案编制过程中，共排查各类排口150余处，开展水质与底泥监测千余次；并对畜禽污染、面源污染与合流制溢流污染等进行了充分的评估与模拟，有效确定了不同河道的污染成因、污染物来源，从而针对性地提出治理措施。

（3）充分结合提质增效要求，坚持现象在水里、根源在岸上的思路，将污水系统补空白、厂站提能力作为治污的重要

长春市黑臭水体分布图

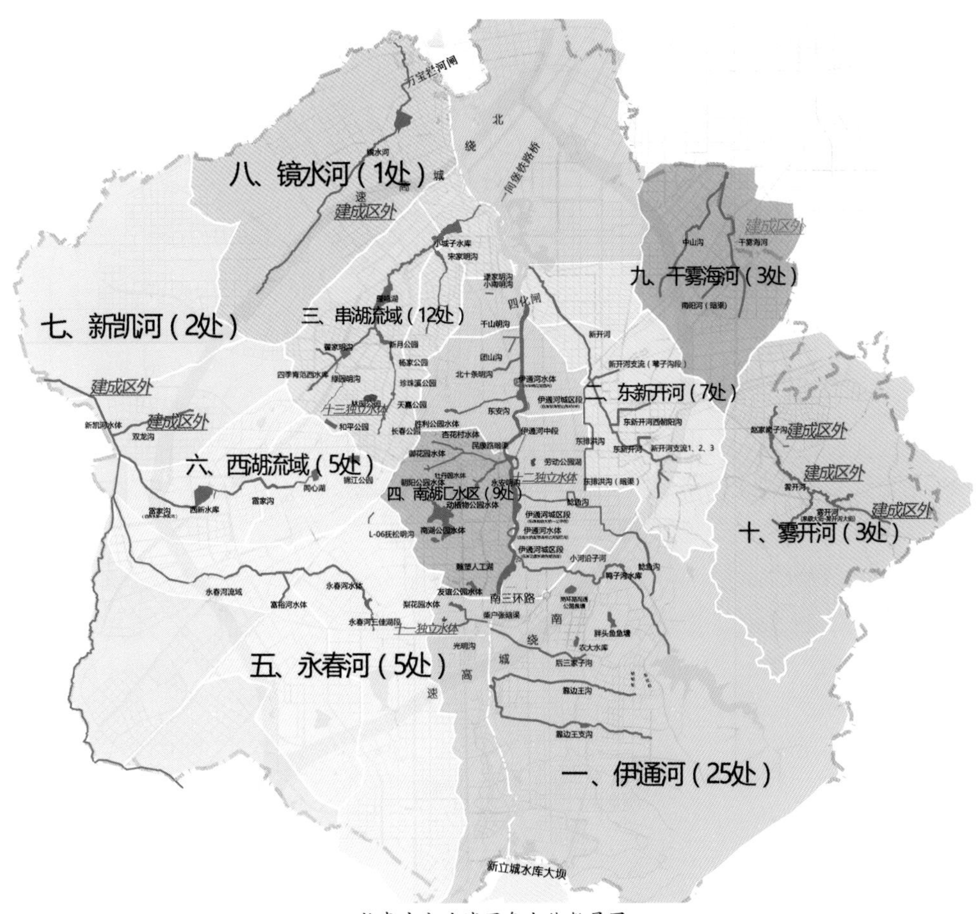

长春市分流域黑臭水体数量图

内容，有效提升长春市污水治理效率。同时充分考虑长春市污水系统现状，不盲目开展雨污分流改造，认真分析建设条件，优先开展排水分区优化与混错接改造工作，有效减少合流制区域与旱天直排情况。对于确实无法进行分流的区域，合理布设合流制溢流污染调蓄池，坚持定量模拟分析，保证调蓄池规模合理，运行稳定。

（4）坚持绿色优先、“灰绿”结合的理念。编制过程中充分结合长春市生态本底良好的特点，通过海绵城市建设、河道生态治理等工作，有效提升城市的生态水平和城市生态景观质量，提高百姓获得感。结合全市海绵专项规划与长春市海绵城市省级试点工作，推进从源头对雨水径流进行减量，进一步控制了面源污染与合流制溢流污染。规划永宁路北人工湿地、四化桥上游氧化塘湿地、南溪湿地等生态工程，充分将滨河景观与河道治理有机融合。

（5）坚持管治并举。推进体制机制建设，将工程措施与长效管理有机结合，加强“管治保”长效机制的探索，制定了各部门、城区、开发区的详细任务分工。明确属地污染源头减排的“管”、流域治理的“治”、以属地为主的“保”等工作要求。按流域对75个黑臭水体逐一进行了整治任务界面划分，建立了“一图一表一册”目标体系，进一步厘清了职责界限。结合水污染防治行动计划，制定考核要求，将治理成效纳入市直部门和城区绩效考核。

实施效果

（1）截至2018年年底，黑臭水体已经基本消除。同期COD和氨氮指标改善比例分别为41.5%和64.5%，群众满意度调查综合测评结果超过90%，社会各界广泛好评。

（2）通过长春市黑臭水体治理，总结形成了一批具有本地特色的标准经验、技术措施，支撑了《吉林省城市黑臭水体整治技术导则》编制，努力为其他北方寒地城市提供可复制、可推广的经验。

（3）2018年10月，以实施方案为基础，长春市成功申报第一批黑臭水体治理示范城市，获得国家6亿资金支持，为寒地黑臭水体治理及全面实现长治久清目标积累经验、树立标杆、提供示范引领。

（执笔人：栗玉鸿）

六盘水市黑臭水体治理实施全过程技术咨询

2020—2021年度中规院优秀规划设计一等奖

编制起止时间： 2019.5—2020.12
承 担 单 位： 城镇水务与工程研究分院
主 管 所 长： 龚道孝　　**主管主任工：** 刘广奇
项目负责人： 周飞祥、李昂臻　　**主要参加人：** 凌云飞、雷木穗子、姚越、李宗浩、赵政阳、顾思文、程睿

背景与意义

三池三湖六盘水，千岩万壑一凉都。六盘水市坐落于贵州西部乌蒙山区，地处滇、黔两省交界处，是我国为数不多的名字带水的城市；也是一座“以水为脉、水清则城美”的城市，无论是“三线”建设时期的项目布局，还是如今“两山夹一河”的城市结构，无不彰显着整个城市与水的密切联系；更是一座“因水而忧、以水为患”的城市，伴随着城镇化的发展，水城河——六盘水赖以为生的母亲河遭到了污染，水环境质量日趋下降，昔日老百姓休闲、娱乐的好去处已经变成了臭水沟，严重影响了城市形象，成为六盘水转型发展的“心头之患”。

2019年4月，在中规院的全程技术支持下，六盘水市成为国家第二批黑臭水体治理示范城市，为这座城市水生态环境提升带来了千载难逢的历史机遇。除了排水设施欠账多、问题多、短板突出等问题，六盘水市更面临着示范周期短、建设任务重、考核标准高等挑战。在此背景下，六盘水市委托中规院开展“系统化实施方案+伴随式技术咨询服务”的“1+1”技术咨询服务，开展覆盖全生命周期的黑臭水体治理技术咨询工作。

规划内容

面对六盘水市现状问题和黑臭水体治理需求，项目组基于中规院长期服务六盘

六盘水“两山夹一河”城市结构

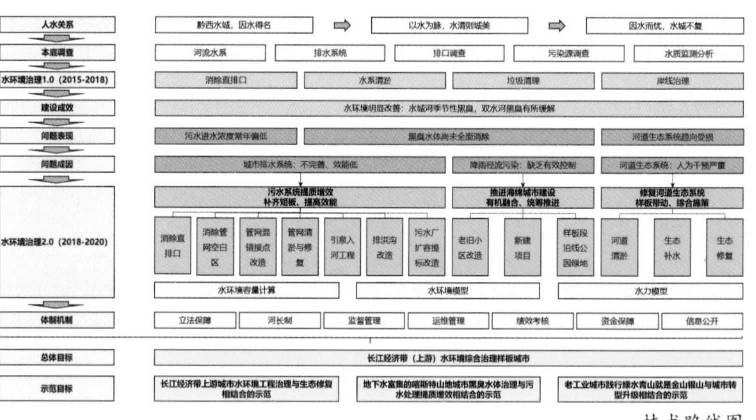

技术路线图

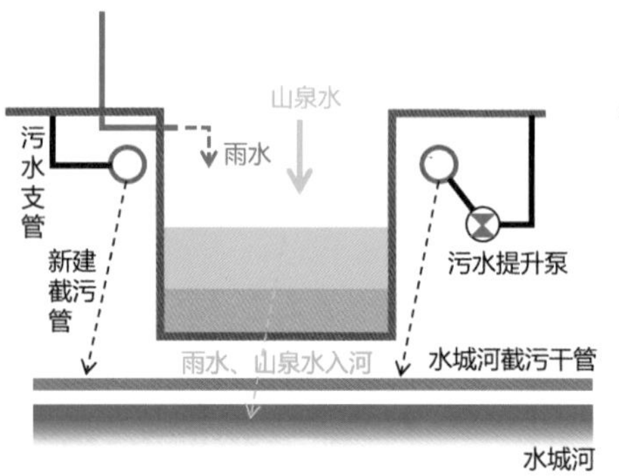

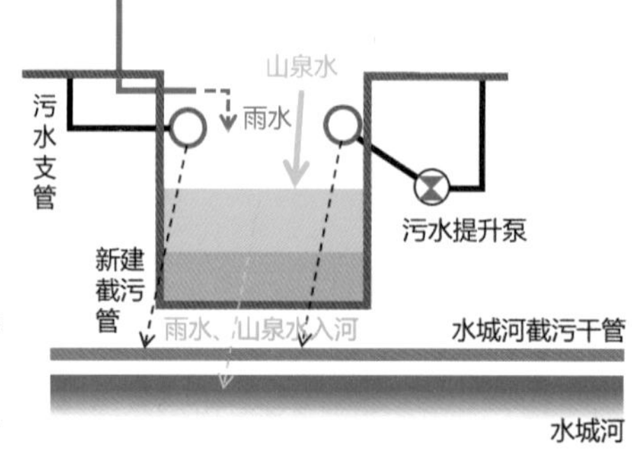

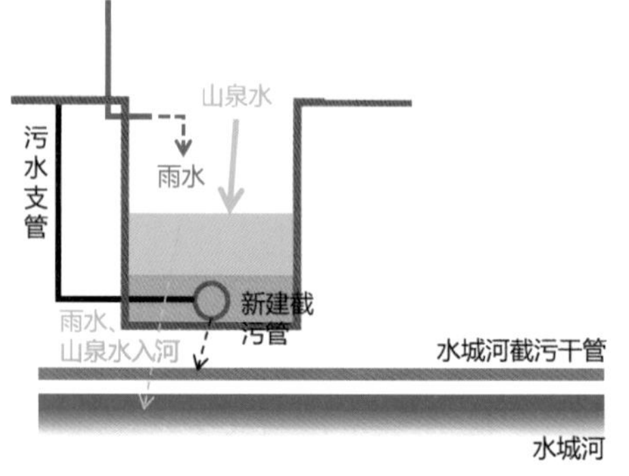

“四步走”——先清污分流，后雨污分流建设模式图

水的技术积累，结合六盘水市实际特征，形成了可以指导实施的“一张蓝图”。

围绕六盘水市黑臭水体治理建设需求和核心问题，结合示范城市考核要求，项目组提出了“全系统治理——混合型排水体制区域污水提质增效典范、全方位推进——海绵城市与黑臭水体治理协同推进示范、全社会参与——基于立法保障的黑臭水体治理长效机制”三大示范目标，构建了以污水提质增效为核心，融合海绵城市建设、河道生态修复的“1+2”任务体系，并为六盘水市量身定制了三大建设模式。

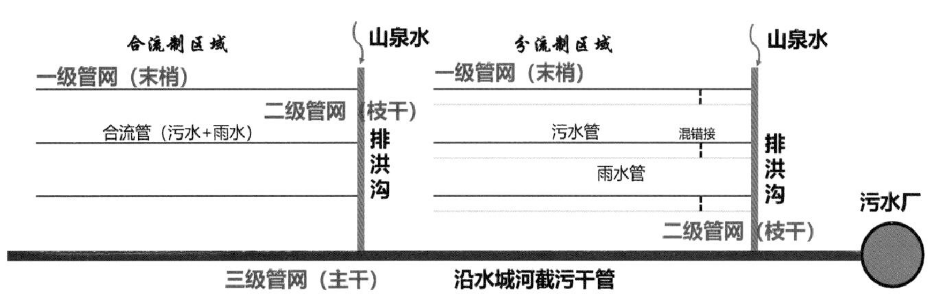

先主干管网，后支干管网建设模式图

与黑臭水体治理样板段打造协同推进模式图

创新要点

（1）污水提质增效“四步走”。先摸清问题，后解决问题。先重点问题，后次要问题。先清污分流，后雨污分流。先主干管网，后支干管网。

（2）海绵城市建设“三协同”。与老旧小区改造协同推进、与黑臭水体治理样板段打造协同推进、与重点项目建设（水钢排洪沟改造、九洞桥污水处理厂提标改造、水钢污水处理厂新建等）协同推进，以实现有机融合、统筹推进，系统提升城市人居环境。

（3）河道生态修复“两提升”。鉴于水城河、双水河河道岸线大部分已为硬化、渠化状态，提出主要通过两个方面进行生态修复：一是将再生水作为补水水源实施生态补水工程，提升河道流动性；二是通过清淤和岸线生态化改造，提升河道生态功能。

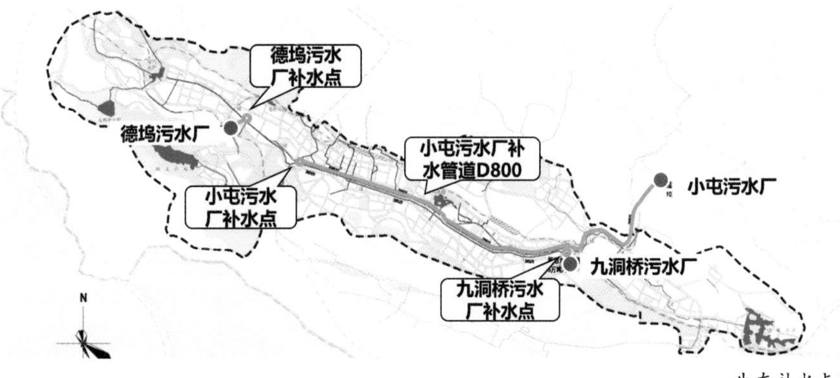

生态补水点位图

水城河治理前后对比

实施效果

（1）黑臭消除、人居环境改善。在示范城市建设中，项目组提出的17项建设项目落地率100%。项目实施后，六盘水市城市建成区内两条黑臭水体彻底消除，城市水生态环境明显改善；城市排水系统效能显著提升，污水处理厂进水BOD浓度提升50%以上。

（2）项目组总结形成水环境治理的“六盘水模式”——“四强化、四构建”长效模式，即强化高位推进、构建整体联动的组织工作体系，强化技术支撑、构建全面覆盖的技术保障体系，强化建管结合、构建全面监管的建设管控体系，强化多元投入、构建稳定有力的资金保障体系。该模式作为典型案例得到《贵州改革情况交流》《贵州省生态文明建设》等媒体刊发，在西南喀斯特地区实现示范、推广和应用。

（执笔人：周飞祥）

新余市两江黑臭水体整治方案

2020—2021年度中规院优秀规划设计二等奖

编制起止时间： 2019.4—2020.12
承 担 单 位： 城镇水务与工程研究分院
主 管 所 长： 龚道孝　　**主管主任工：** 洪昌富
项目负责人： 吕金燕、吴学峰　　**主要参加人：** 沈旭、魏锦程
合 作 单 位： 新余市规划设计院

背景与意义

贯早江、廖家江（本项目中简称"两江"）是新余市老城区的两条以暗涵为主的黑臭水体，周边建筑密集，市政管网雨污混错接严重。两江水体从2012年起经过多轮整治仍然黑臭难消，严重影响周边居民生活，被列入了国家黑臭水体监管平台并被环保督察通报。项目要求制定两江黑臭水体治理的实施方案，在一年内黑臭水体治理初见成效，实现2020年底前基本消除黑臭水体的目标。

规划内容

方案坚持问题和目标双导向的技术路线，基于新余"两江"黑臭水体特征与问题分析，结合国家对城市黑臭水体治理和长江大保护工作的总体要求和重点任务，统筹推进黑臭水体治理、排水防涝、海绵城市、污水处理提质增效等相关工作。

在通过"洗楼、洗管、洗井"等手段对市政排水系统和重点排水户进行全面系统排查的基础上，针对性实施"控源截污、内源治理、生态修复、活水保质"等方面的系统工程；同时基于跟踪监测评估、运用模型分析等技术方法，定量开展污染源解析、水环境改善效果评估等；依据工程项目规模，估算工程量和工程投资；注重工程措施和非工程措施的结合，根据新余市排水管理的实际情况，建立包括规划建设、运行维护、监督管理、评估考核、信息公开等方面的管理制度和运行机制，确保河湖"长治久清"。

创新要点

（1）因地制宜，选择"不揭盖"方式。针对两江位于高密度建成区且大部分位于道路下方的特点，以及水体黑臭主要是生活污水排放和底泥污染造成的实际情况，对比研究了广州中支涌和首尔清溪川等案例，研究发现新余市从两侧空间、交通组织、投资效益考虑都不具备揭盖条件。项目实事求是、因地制宜地选择了暗渠不揭盖的治理方案，以清淤和污水收集为重点，控源截污，正本清源，避免大拆大建，降低对交通的影响和项目投资。

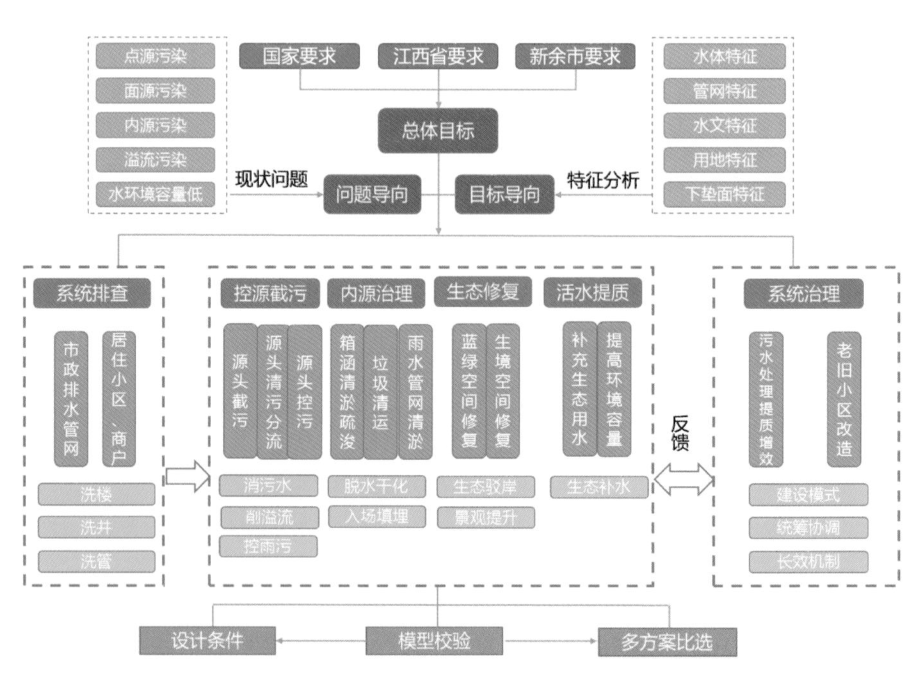

新余市两江黑臭水体整治方案编制技术路线图

（2）水量水质联合分析，多手段摸清家底。结合现场踏勘、管网普查资料和水量水质联合分析，排查污染来源，摸清家底。从上游到下游，针对暗涵和明渠段的交接节点、支渠汇入点和主要污水管汇入点等，开展沿程关键节点的流量和水质监测，通过流量及特征污染物浓度变化，确定污水排放的主要河段和排放量。针对排口，通过晴天和雨天的水质水量对比分析，结合管网资料对排口进行分类和污水溯源，为有针对性地提出排口整治方案奠定基础。

（3）多目标统筹，以控源截污为重点。项目按照“控源截污、内源治理、生态修复、活水保质”制定了系统全面的实施方案。其中，控源截污，包括污水直排口治理、污水管网补空白、污水管网修复和混错接点改造、小区源头雨污分流改造等；内源治理包括两江主渠和支渠清淤疏浚、管道清淤、水面垃圾和漂浮物清运；生态修复主要指廖家江明渠段生态化改造，以及在生态修复段两侧进行相应的景观绿化建设；活水保质为利用源头老彰坡水库、城区水系连通工程及应急备用水源建设等项目，对廖家江实施补水。

（4）注重效益，制定近远期结合实施时序。按照“优先系统骨干工程”“投入少见效快”的原则，提出了项目实施的优先次序。项目总投资6.7亿元，优先重点实施系统骨干工程1.8亿元，小区分流改造4.9亿元随着城市更新逐步实施。

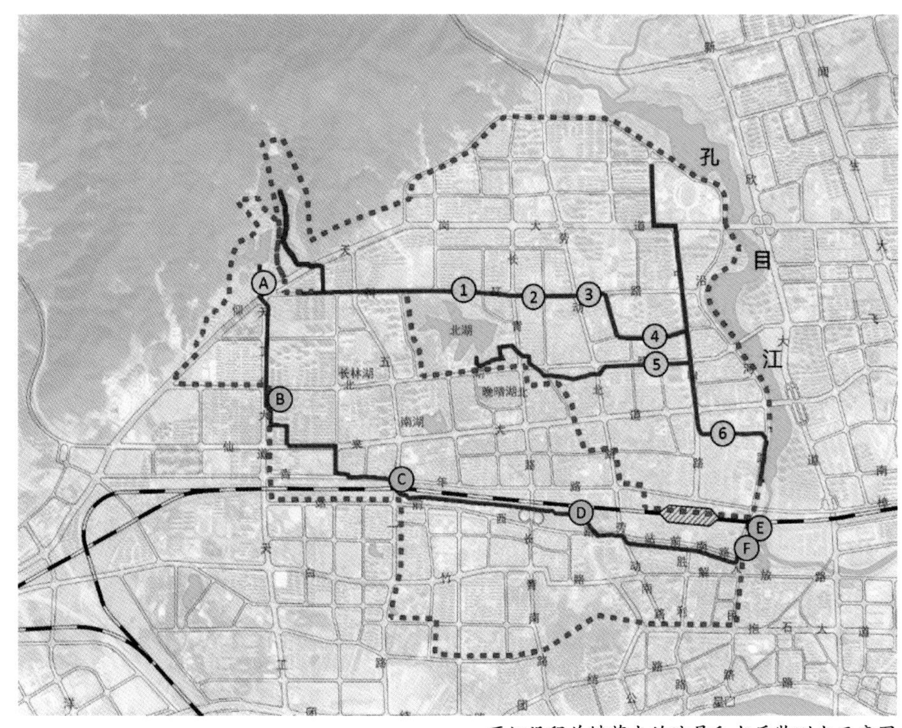

两江沿程关键节点的流量和水质监测点示意图

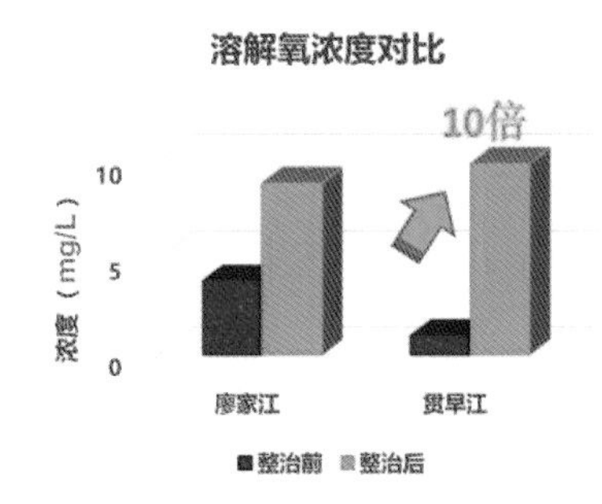

新余市两江整治前后的溶解氧浓度对比图

新余市两江整治前后氨氮浓度对比图

实施效果

经过治理，两江水体黑臭现象消除。逐月开展的水质检测结果表明，两江八个检测点位全部稳定达标。以氨氮指标为例，贯早江污染物浓度较整治前降低了95%，廖家江污染物浓度降低了80%。周边居民都切身感受到了两江环境质量的显著提升。第三方调查机构开展的公众评议结果显示，94%以上的当地群众对整治效果感到满意。

新余市黑臭水体的整治效果不仅得到了老百姓的认可，也通过了住房和城乡建设部、生态环境部两部委专项督查组的现场检查，实现了2020年“销号”成功的目标。

（执笔人：沈旭）

内江市城市黑臭水体治理示范城市建设实施方案及技术服务

编制起止时间： 2018.10—2023.6
承 担 单 位： 西部分院
主 管 所 长： 张圣海　　**主管主任工：** 郝天文
项目负责人： 唐川东　　**主要参加人：** 吴松、周宇、蒋潇、胡崇亮、雷凯、赵雨黛、何轶杰

背景与意义

内江市地处成渝腹心、长江一级支流——沱江的中下游，城区原分布11条黑臭水体，严重影响群众生活。2018年10月，经过竞争性评选，内江市成功入选全国首批城市黑臭水体治理国家示范城市，获得中央专项补助资金6亿元。

按照“控源截污、内源治理、生态修复、活水保质”的策略，系统开展城市黑臭水体治理，是加快建设长江上游生态屏障的重要手段，是带动成渝地区水环境整体提升的关键行动，是改善城市居民生活品质的具体举措。

规划内容

项目团队采用设计伴随式服务的方式，围绕黑臭水体所在流域单元，对水体城区段及上游14个乡镇各类污染源进行了精准溯源调查，形成调查报告十个、年度治理方案三个，制定了河道断面水质监测方案等，提供实施全过程跟踪服务。

（1）以实施方案为统领，系统指导项目建设。在系统化流域调查的基础上，拟定55个实施项目，明确项目时间节点。实施方案中重点对部门分工、管网检测、水质监测、体制机制建设等工作进行了安排，形成治理合力。

（2）以现场服务为依托，做好业主决策参谋。全过程参与城市黑臭水体治理方案的技术审查，对治理现场进行定期巡查，结合实施重难点编制技术要点文件，协助业主完成治理工作宣传推广。

（3）以节点设计为补充，发挥示范

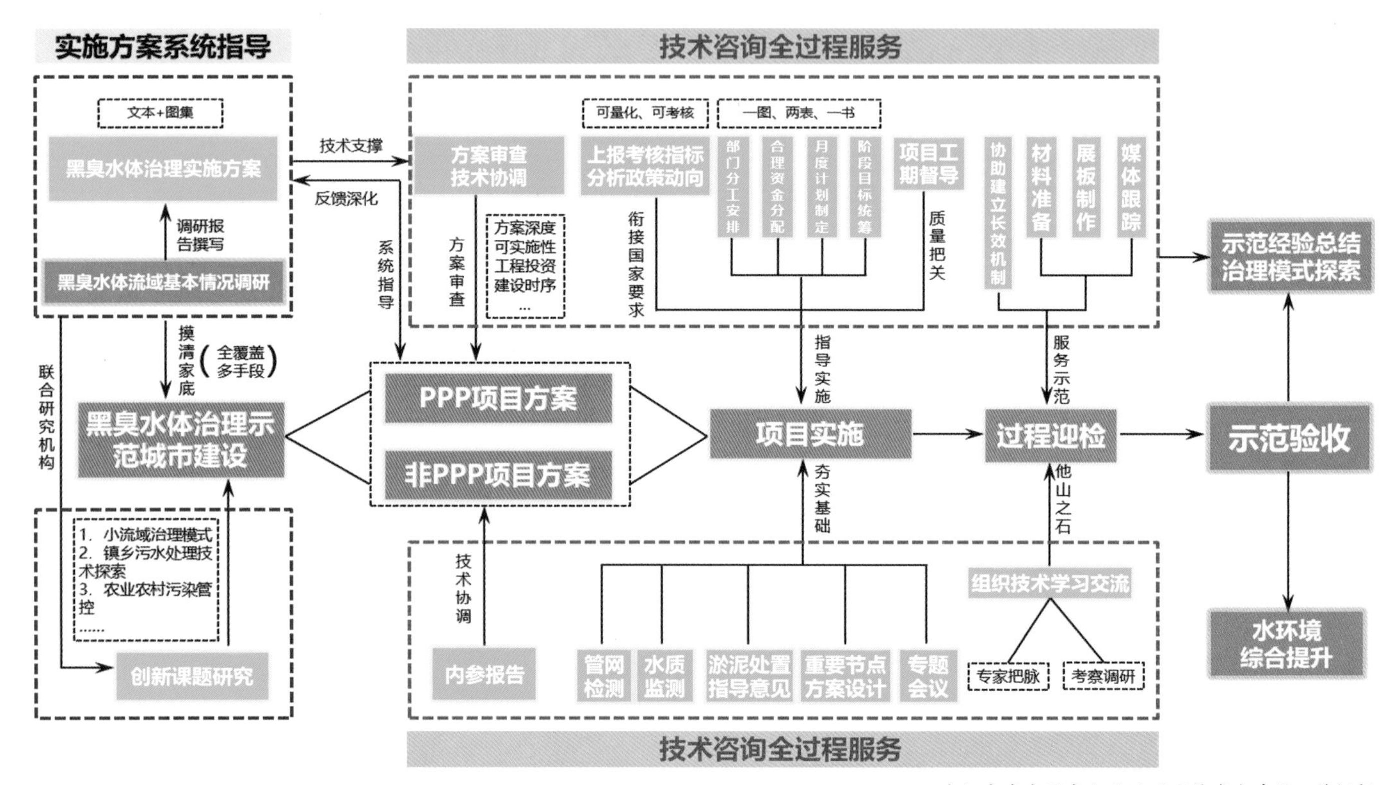

内江市城市黑臭水体治理示范城市建设工作框架

引领作用。完成大千路等重点排水分区治理方案设计，进行多方案经济技术比选，有效管控沿江地区雨天溢流污染，带动城市排水系统服务水平稳步提升。

创新要点

（1）将城镇污水与城乡垃圾治理相结合。按照先上游后下游、先岸上后岸下、先控源后内源的整治策略，实施方案提出同步推进污水管网、污水处理厂与有机废弃物处理中心、垃圾转运站等设施建设，并实施规模化畜禽养殖场、重点污染企业整治，实现黑臭水体流域范围内城镇污水和城乡垃圾治理全覆盖、全收集、全处理。

（2）将水环境改善与城市品质提升相结合。按照“将11条黑臭水体打造成为11个连接城乡的带状、环湖公园”思路，实施水陆共治。治污同步开展生态修复和景观建设，建设清溪湿地、谢家河北段、甜蜜花园等滨水公园，提升城区品质和滨水土地价值，为内江滨水宜居公园城市建设打下坚实基础。

（3）将治水与民众需求相结合，探索社会治理。完善城市黑臭水体长效管护机制，指导环保组织与内江市民群众参与城市黑臭水体巡护与排查，弥补政府及专业管护单位巡护的不足，提高污水管网及污水处理设施维护水平，增加城市黑臭水体治理在公众的知晓度与参与感。

实施效果

经过多年的不懈努力，内江黑臭水体治理示范城市建设取得明显进展。

（1）城市水质转变。原重度黑臭、轻度黑臭水体的氨氮指标比2019年平均下降85%、50%，入河削减量达181吨/年。城市水体快速地由黑臭向清透转变，河边嬉水群众逐渐增多，居民对城市水环境改善的满意度持续提升。

（2）宜居品质改善。河道中沉水、挺水植物等多样性植被逐步恢复，本地鸟类、两栖类和鱼类等动物逐渐重现，小青龙河等河道中陆续出现了白鹭、娃娃鱼等珍稀动物，城市河道生态系统得以重构。

（3）治理能力提升。城镇生活污水处理厂全部都纳入在线监管，实现“厂一网”联调联控，黑臭水体治理“长治久清”工作机制全面建立。通过引入先进的治水理念、技术和管理经验，内江市组建了一支专业化的技术队伍。

（执笔人：周宇）

内江市寿溪河黑臭水体治理后效果

内江市玉带溪黑臭水体治理后效果

内江市包谷湾黑臭水体治理后效果

营口市城市黑臭水体治理示范城市第三方技术咨询服务

编制起止时间： 2020.4—2021.9
承 担 单 位： 城镇水务与工程研究分院
主 管 所 长： 龚孝道　　**主管主任工：** 刘广奇
项目负责人： 姜立晖、林明利　　**主要参加人：** 安玉敏、李化雨、马晛、李萌萌

背景与意义

营口市是我国北方平原河网密集型城市，也是我国重要的港口城市、航运枢纽和先进制造业基地。作为国家渤海综合治理攻坚战的辽东湾主战场，营口市城市建成区内共有七条黑臭水体，且整治难度较大。一方面，受海洋潮汐影响，河流往复回荡，河道底泥淤积，水体透明度不佳；另一方面，沿河设有数十座合流制泵站，雨天排涝，排水管道污水直排河道，造成水环境污染。

2016年以来，营口市针对城市黑臭水体问题陆续开展了截污纳管、管道改造、河道清淤、垃圾清运等项目，并取得了阶段性成效。但因缺少顶层设计、工作系统性不足等问题，治理后的水体仍面临反黑反臭的风险。2019年，国家三部委联合印发《关于组织申报2019年城市黑臭水体治理示范城市的通知》，我院协助营口市成功申报了国家第三批黑臭水体治理示范城市，并在三年示范期内开展全过程第三方技术咨询服务，系统推进城市黑臭水体治理工作，以期为渤海综合治理城市水污染“河海共治”攻坚战提供样板参考。

规划内容

结合营口市城市实际，在摸清本底情况的基础上，识别水体黑臭的问题和成因，结合国家黑臭水体治理要求，合理确定营口市黑臭水体治理目标，以排外水、收污水、治涝污作为关键点，从控源截污、内源治理、生态修复三个维度系统性开展黑臭水体治理，统筹推进污水提质增效、海绵城市建设、城市排水防涝等一系列涉水工作，并探索出一套适合营口实际的长效管理机制，确保水体不黑臭、污水处理厂不低效、城区不内涝、5km示范段水清岸绿目标的持久实现。

在项目建设方面，统筹污水处理提质增效、空白区污水处理设施建设、海绵城市建设、城市排水防涝等工程项目，并加强信息化能力建设。在机制建设方面，推动建立“厂网河”一体化、河湖长制、黑臭水体督察考核等管理机制。最后，对示范城市建设成效进行评估，确保达到示范城市建设目标要求。

创新要点

1. 形成了高水位排水管网设施普查方法与技术手段

营口市采用气囊封堵临近区域检查井主要进出口，形成约1~3km^{2}管网独立区域。在夜间城市排水减少的情况下，通过潜污泵向邻近区域抽排污水，排空排水管道，采用CCTV机器人检测，测量排水管网管径、埋深等基础信息，查看管网结构性缺陷和功能性缺陷，重点查找外水混入。后期，扩大排水分区封堵范围，在夜间结合污水提升泵站和排涝泵站调度，降低管道水位，组织管网普查队伍实施普查检测，并将普查结果纳入排水管网信息管理平台。

2. 获悉了城市主要排水户排水水质“源”和“汇”规律

以COD、BOD、氨氮、氯离子等指标为特征指标，选定代表性排水户、泵站以及关键管网节点，监测“排水户—泵站/管网—污水处理厂”全过程特征水质指标。根据住宅小区、酒店、学校、政府大楼等代表性排水户的水质检测结果，获悉不同类型的排水户排水本底；根据各泵

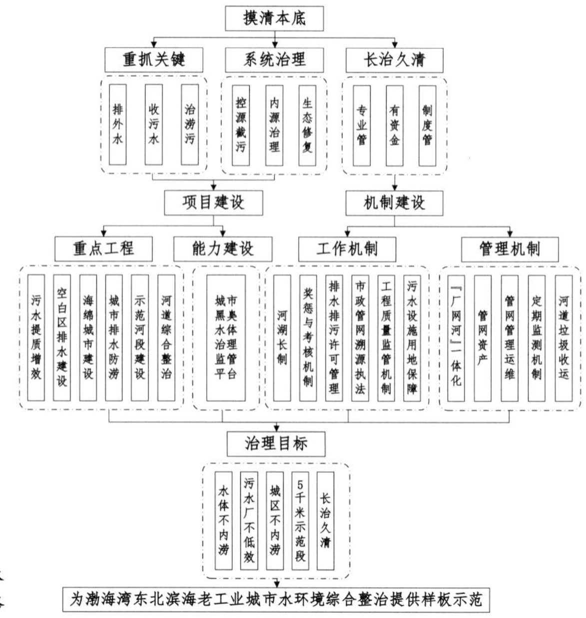

营口市城市黑臭水体治理总体思路

站进水井处水质检测结果，结合排水泵站上下游传输关系，分析确定外水汇入的大致位置；根据关键管网节点的水质检测结果，分析确定外水汇入的具体位置；从而，掌握排水管网系统中的水质特征规律，为封堵外水提供有力支撑。

3. 形成了滨海平原城市污水处理提质增效适用技术方法

围绕“收污水、挤外水”，实施“控、调、堵、疏、补”污水系统提质增效措施与工程。一是针对以工业废水为主的自贸试验区，管道结构性缺陷较多，地下水位高，苦咸地下水汇入量大，近期依据该片区供水量换算值，控制自贸试验区污水泵站提升水量，控制地下水汇入量；远期结合该片区雨污分流改造，将该片区调整为独立排水分区，建设工业污水处理厂，对片区内污水集中收集处理。二是针对普查发现的明显河水灌入口进行封堵。对管网普查和诊断发现的管网结构性缺陷和功能性缺陷，开展管道修复改造和清淤疏通工程，持续有序推进实施。三是优化排水分区，采取管道封堵断管措施，对汇水面积较大的排水分区重新划分，使得泵站排水能力与汇水面积相匹配。

4. 形成了适合东北老工业转型发展城市的排水管理模式与机制

整合建立排水运维专业化队伍，推行排水许可管理制度。一是整合建立排水运维专业化队伍，推行“厂网河”一体化管理模式。整合以市公共设施维护集团为主体的排水专业化管理队伍，统一负责主城区排水设施运行维护。在产业基地片区，为破解“厂网分离、建管分离”的弊端，打造营口市首个“厂网河湖”建设运维一体化项目，将排水管网、污水处理厂、再生水排放明渠、明湖生态补水与水质调控运维统一打包委托专业公司。同时，根据污水处理厂进水、河湖水环境质量实施按效付费，压实建设运营主体责任。

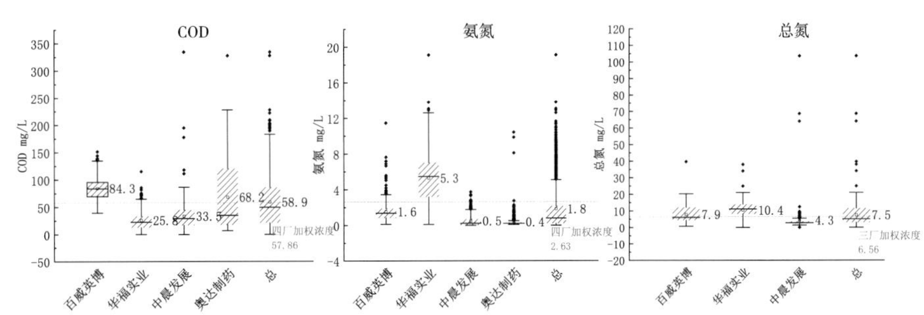

代表性排水户水质检测分析——以工业企业为例（mg/L）

全过程水质检测柱状地图（mg/L）

营口市城市黑臭水体治理效果

二是推行城市排水许可管理，监管排水户排水行为。根据政府机构改革职能划分，市、区行政审批部门负责排水许可证审批办理，市、区住房和城乡建设部门负责属地管辖范围内的排水管理与指导。通过创新排水户分类、分级管理模式，运用信用管理机制，引导、规范排水户排水行为，使排水户管理走向正轨。

实施效果

1. 城市黑臭水体全面消除

营口市按照系统化方案，科学开展黑臭水体治理工作，取得了显著的实施成效。项目实施后，建成区内15.27km的七条黑臭水体全部消除，并全部实现长治久清；建成5km清水岸绿示范河段；主城区庄林路、高家屯、兴隆屯三处排水管网空白区全部消除；沿河近20个污水直排口全部消除；滨水生态环境显著改善。

2. 污水收集效能明显提升

营口市持续推进城市污水处理提质增效工作，示范期内污水集中收集率由61%提高到74%，污水处理厂进水BOD平均浓度由78mg/L提高到86mg/L，排水管网水位下降明显，城市污水提质增效成果显著，城市入河污染物明显减少，生态环境有效改善。

3. 长效管理机制逐步健全

营口市围绕“有人管、有钱管、有制度管”等方面开展工作，建立排水许可管理、“厂网河”一体化管理等13项长效管理机制并逐步深化实施；同时，组建了一支专业化排水运维专业化管理队伍，建成了城市排水监管信息平台，城市排水管理能力显著提升。

（执笔人：李化雨）

临沂市污水处理提质增效全过程咨询

第二届山东省市政规划设计成果竞赛（方案类）一等奖

编制起止时间： 2020.8—2022.3
承 担 单 位： 上海分院
分院主管总工： 林辰辉、蔡润林　　**主 管 所 长：** 谢磊　　**主管主任工：** 刘世光
项目负责人： 吴健　　**主要参加人：** 解铭、田小波、陈继平
合 作 单 位： 同圆设计集团股份有限公司

背景与意义

2007—2019年，全国污水处理厂规模提升150%、污水量提升132%，但进水BOD浓度却下降24%。为此，住房和城乡建设部等三部委印发《城镇污水处理提质增效三年行动方案（2019—2021年）》，要求各城市消除污水收集处理设施空白区、提升城镇污水收集效能。临沂长期“重建轻管、重厂轻网、重末端轻源头”导致排水系统运行效能低下，污染物实际收集率持续走低。开展污水处理提质增效，对夯实临沂市黑臭水体治理成效、提升居民幸福感、促进高质量发展具有重要意义。

近年城镇污水处理量及污水处理厂进水浓度分析

临沂市中心城区污水系统分区

规划内容

临沂中心城区15座污水处理厂总处理规模为91.3万t/日，远超中心城区的用水量，且进水浓度低。为提高中心城区污染物收集效率，促进污水系统效能提升，项目组作为评估咨询单位全流程跟踪工程实施，制定了“摸清本底、系统评估、精准施策”的方案策略。

（1）摸清本底：开展城区水系统全面体检，对雨污错接、管网缺陷、空间分布、水源性质、排水能力等特性进行综合性分析评估，识别核心问题，绘制一张本底总图，涵盖“系统格局、水系排口、排水能力、空间性质、功能性结构性状态、节点水质水量”各要素，并纳入GIS地理信息系统统一管理。

（2）系统评估：对七大污水系统15个污水处理厂3000km市政管网及源头小区关键节点布置1580个监测点，全过程、分时段、分类型监测。综合研判临沂市污水系统内有管网破败、高水位低流速长转输加剧污染物沉积与降解；外有“清水入侵”，大量低浓度基坑水、河水等外水入侵稀释系统浓度。

（3）精准施策：因地制宜制定各系统可实现可操作的目标值，分区制定清污分

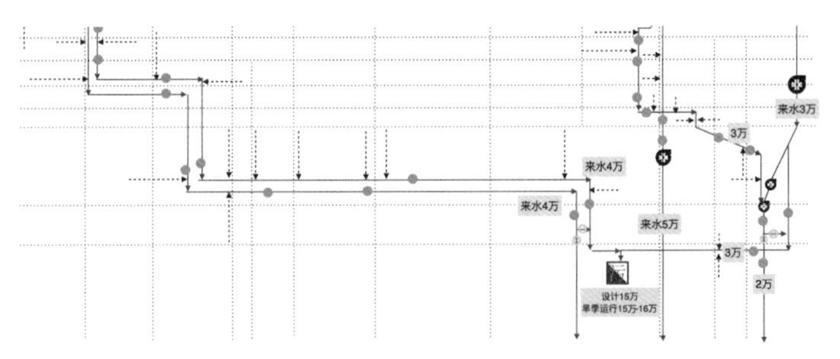

临沂市一污水处理厂排水分区拓扑结构分析

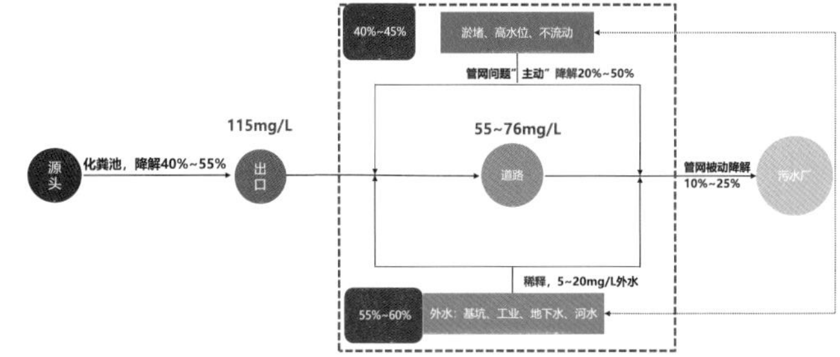

污水系统“源头—末端”系统浓度分析

管网排查清淤检测修复改造对比

“厂网河”一体化运管平台

离、管网改造修复计划，排除外水入管，提升管网质量和污水处理厂进水浓度。以相对独立的排水系统和道路、河流等为边界，老城区划分三大系统48个排水单元，将排水单元作为工程措施规划、落地实施与达标验收的主体依据，分片推进污水处理提质增效。

创新要点

（1）探索使用网格化监测及化学质量平衡法分析管道中外水量及来源。在管网中开展网格化水质特征因子和水量监测时，分区域建立化学质量平衡模型，解析不同区域的雨水管网混接污水量，识别重点问题区域。

（2）通过对污染源、排水管网、排水口、污水处理厂的拓扑关系分析，探索实现对污染源排放路径的全流程追踪和污水处理厂、排放口的污染源溯源反演功能，实现对污染排放的统计分析。

（3）探索总结临沂污水处理提质增效“1+1+1+1”模式，组织或协助构建“一类方法、一组典型、一套体系、一个平台”，即一类“一厂一策”系统方法、一组全过程的典型案例、一套一体化的建管体系、一个厂网和智慧平台，促进城镇污水全收集、全处理、全达标。

实施效果

（1）提高了污水处理厂进水浓度。统筹目标与工程体系协同，梳理多工程体系与目标实现之间的关系，综合优化比选，通过小蓝管、工业废水清退、清污分流、管网清淤修复改造等系列工程，顺利撇除基坑降水、河水、工业水等外水约10万m^3，中心城区污水处理厂进水BOD浓度提升至100.9mg/L。

（2）提升了生活污水集中收集率。通过管网空白区建设、管网降水位、逆坡混接改造，强化联排联调与运维管理，中心城区污水处理厂全年污染物处理总量（以BOD计）达3002.7万kg，城市生活污水集中收集率提升至74.6%。

（3）实现了“厂网河”一体化管理。通过“水质保障、水量均衡、水位预调”的系统化运营，保障排水系统低水位高效运维、河道长治久清。

（执笔人：吴健）

34 夜景设计

北京朝阳国际灯光节项目（设计施工一体化）

编制起止时间： 2023.10—2023.11
承担单位： 中规院（北京）规划设计有限公司
主管主任工： 李家志
项目负责人： 李丽 **主要参加人：** 陈清、于超、刘东岳、高坤、祁兴强
合作单位： 中海营设计集团有限公司

背景与意义

2023北京朝阳国际灯光节，用光影讲述朝阳故事，尽展“五宜”朝阳活力。为期21天的灯光节圆满落下帷幕，不仅赢得了市民游客的认可，更点亮了人民对美好生活的无限向往，吸引各界主流媒体、网络博主等通过不同途径纷纷对灯光节进行报道，用一场光影的节日向世界诠释精彩绚丽的朝阳之夜，用这场逐光的旅程向世界发出来自朝阳的邀请。全网相关报道及内容1.5万余篇次；可统计传播量累计超过7亿人次；重点商圈客流量超千万人次，销售额近21亿元。

2023北京朝阳国际灯光节光影讲述朝阳故事

规划内容

2023北京朝阳国际灯光节为本活动首届，本届灯光节以“潮朝阳，夜精彩”为设计理念，通过“潮玩法、潮视觉、潮科技”实现造梦，用光与影的邂逅传达出科技与自然的共鸣，并向世界讲述着“越夜越精彩”的“不夜朝阳”。设计充分融入和弘扬中华传统文化，其中，引自《诗经》中象征吉祥、美好的凤凰形象，与朝阳区“丹凤朝阳”曲意相合，形成灯光节的超级文化IP，既用潮流的光影语言弘扬了中华传统文化的瑰宝，也为市民和游客送去了美好的祝福。

创新要点

首届灯光节将科技感与文化味、创意性与艺术性、中国风与国际范融为了一体，由中规院（北京）规划设计有限公司光影中心总体设计，邀请国际团队加盟，创新性地将多点同步光影秀、人光互动、裸眼3D、AR等前沿技术元素融入灯光场景。

灯光节设计范围为“1+1+1+N”，即以“一路”（三里屯路）、“一河”（亮马河风情水岸）、“一园”（朝阳公园）为主场景，通过24小时全时段主题策划，整体游线串联三里屯、蓝色港湾两大商圈及多个节点，辐射奥林匹克中心区、大望京、通惠河三个重要分场景，形成六心联动；36个光影场景，通过声光电、艺术装置等光影科技，分主题、分层次打造多类型夜间活动场所及夜间消费打卡地，创造极具体验感和朝阳特色的夜景环境。

实施效果

2023北京朝阳国际灯光节核心区起于朝阳公园北湖区，经蓝港北侧滨河区域沿亮马河步行向西，途经好运桥、麦家桥、燕莎桥等区域，至三里屯路向南，途经使馆区，终点为三里屯南区。整体游线长约4km，共设置31个光影场景，包括9个光影秀表演、2个AR体验、5个交互装置、15个灯光装置及氛围营造。

1. 光影秀场，热力引流

吸睛的吉凤朝阳：朝阳公园贝壳剧场上空“吉凤朝阳”光影秀主要采用模拟信号技术，用遥控设备操控碳素骨架结构

灯光节光影秀场热力引流

灯光节AR靓马、龙行靓马效果

灯光节交互装置、灯光装置及氛围节点营造

“凤凰”表演，九凤共舞，国风满满，场景唯美。

唯美的亮马港湾：在亮马河国际风情水岸，用光影讲述“三生宇万物”的故事，激光投影糅合虚拟和实景两种视觉效果，唯美、浪漫、国际化，同时展现水岸活力。本场景创新使用3D裸眼投影秀结合水下实景艺术拍摄，并特邀国际知名水下电影制片和摄影团队进行拍摄，打造最美最出片的拍摄打卡点，为观众呈现一场国际前沿的视觉秀。

酷炫的河畔靓马：在凯宾斯基南广场，演绎超强未来感光影秀，打造爆点，赋能文旅夜经济。风情水岸飞马展翅，带来极具冲击力和国际范儿的视觉体验。

魔幻的光影魔术：特邀国际光影魔术师在亮马河畔天然舞台现场表演，打造国际首例户外河畔光影魔术表演。

质感的光影沙画：沙画艺术大师在河畔广场现场沙画手绘，描绘国泰民安、朝阳风采和亮马河风情，实时投影，营造全新艺术氛围，为游客带来文化光影体验。

抽象解构的京城大厦：京城大厦光影表演形成新源街口视觉焦点。光影画面呈现现代都市抽象几何形态。生命之水的不同形态及斑斓的色彩为抽象城市赋予了无限活力，艺术化地展现出现代人对都市生活的热情，花开满朝阳。

色彩愉悦的魔法花园：呼应三里屯时尚潮流氛围，在那里花园建筑立面打造出魔法花园的沉浸体验。灯光将建筑形态解构重组，黑白光影搭配蒙德里安风格派色彩，赋予建筑鲜活的生命力。

2. AR体验，科技前沿

AR幻奇：遥望贝壳剧场，游客可以借助手机欣赏到美轮美奂的“水舞映珍珠”AR演绎，这是科技带动旅游体验的应用实践，也是数字经济的大胆尝试，为文旅数字产业储备数据与信息，可作为永久可经营的项目进行广告植入和活动招商。

AR靓马：AR元宇宙虚拟现实与凯宾斯基饭店建筑投影秀相结合，亮马河IP飞马投影与AR形成超大空间的沉浸式体验。永久可经营的AR元宇宙场景与临时裸眼3D投影相结合，打造虚实相映的震撼光影空间。

3. 步行感受，互动参与

5个交互装置、15个灯光装置及氛围营造场景人气爆棚，串联起整条游线，助力本届灯光节打卡出圈。游人在步行中去感受、在互动参与中去体验灯光节的美好，在朝阳的夜色中来一场Citywalk光影旅程。

2023北京朝阳国际灯光节在国内主流媒体平台、社交平台等产生了广泛的社会影响力，《人民日报》、新华社等30多家国内主流媒体及《新闻联播》等都对其进行了报道。

灯光节的火爆热度盘活了商圈夜经济，成为灯光节助力夜经济发展的成功示范。朝阳区借助灯光节融合文商旅体资源，为市民打造“24小时”生活圈，组织区内重点商场开展了百余场“光影+”消费活动，北京SKP、蓝色港湾、THE BOX朝外年轻力中心、三里屯太古里、朝阳大悦城等重点商圈客流量超千万人次，较日常客流上涨31%，销售额近21亿元，同比2019年增长超过23%。

（执笔人：刘东岳）

北京市通惠河（高碑店段）运河文化水岸景观照明建设项目

编制起止时间： 2022.9—2022.10
承 担 单 位： 中规院（北京）规划设计有限公司
主 管 所 长： 李家志
项目负责人： 于超　　**主要参加人：** 陈清
合 作 单 位： 中建市政工程有限公司

背景与意义

京杭大运河是世界上最长的人工运河，是十分宝贵的文化遗产。北京通惠河是京杭大运河北京地区的重要河段和主体河道，如今的通惠河（高碑店段）作为通惠河主河道水面最开阔的区段，其夜晚景观缺少照明秩序与文化内核、没有夜游价值，存在着较大的提升空间。

基于对大运河的保护、传承、利用，及复兴城市公共空间、丰富市民夜间活动的迫切需求，夜间景观亟待提质升级，让古老大运河焕发时代新风貌。

规划内容

规划设计以“京城高碑店，御水映千年”为主题，用御水金环的灯光理念串联高碑店运河文化水岸，用光浸染千年的历史积淀，创造具有极致体验和运河情景的城市夜间形象。

在游赏节点的设计中，充分考虑高碑店地区通惠河与城市构筑物的空间布局，对景观、建筑、河道进行有机整合，通过不同层次照明对象的筛选，突出重要节点，同时打造空间的纵深延展，呈现有主有辅有节奏的区域整体夜景。

行进路线通过视觉场景变化引入多项互动式感官体验：“幻·阁秀”“忆·古闸”“祈·福缘”“喊·玉泉”“悦·同心”，主要通过声光电、装置艺术、AR技术等光影科技来创建沉浸互动式场景，将文化性、观赏性、娱乐性集于一体，形成大运河文化夜游聚集地。

创新要点

（1）文化引领、坚守民生体验为根本出发点。以运河为卷，光影为墨，用新技术讲述悠远的岁月文明，重现千年运河的盛世风景，互动体验千年京杭故事，让运河古韵焕发新生。

（2）科技赋能、拓展文旅夜游新空间。AR技术融合虚拟演绎与现实场景：AR光影秀综合了音响、光束、激光、投影、灯光、AR数字六大子项系统，解决了AR虚拟画面与实景投影同步启动与融合演绎，实现了数字化城市的未

通惠河运河文化水岸景观照明

通惠河滕隆阁“幻·阁秀”

通惠河“忆·古闸”“祈·福缘”“喊·玉泉”节点景观照明

来体验。

“双互动模式”喷泉调动观众积极参与：采用了隐藏升降式的浮台装置，全电脑自动控制系统可自动开关表演。同时，采用人机语音互答及声音体量增压的双互动模式，实现人机互动，增加项目的参与性和娱乐性。

云控平台集成多子项统一控制和管理。功能涵盖范围广，可扩展。

（3）可持续发展，永久设施及内容助力文旅运营。本项目全部为永久设施，可持续性服务城市宣传、广告招商，带动夜经济，提升周边地块价值。

（4）细节把控，最大化尊重自然生态。定制色彩与外形装饰，融入自然环境。

实施效果

项目落地实施后，灯光串联起高碑店运河水岸，建立了区域夜景观基础秩序，提升了整体夜景形象，民生乐享；同时景观照明融合数字智慧，行进路线中的多项互动式感官体验成功吸聚人气，促进文旅。

（1）地标滕隆阁处“幻·阁秀”：光影与沉浸式AR增强现实技术相结合，市民游客扫码下载App，可看到数字内容叠加到实景的全新效果。

（2）平津闸侧“忆·古闸”：光影赋能，古闸焕发新生命力，光影呈现荷花轻摇、鱼儿穿行。游客穿越古闸，漫步于历史长河之中，感受大运河沉淀的风土人情。

（3）湖心岛上“祈·福缘”：汇聚福缘的光影新菩提，呼应通惠河畔菩提园内的菩提古树。游客们扫码选曲，可欣赏菩提树上光影流转，激光、水雾与音乐相互追随，“大运河畔行大运，菩提树下结福源”。

（4）“喊·玉泉”：互动喊泉宽达40m，高喷40m，可通过词汇声控唤醒不同的喷泉水形，收获无穷的乐趣和感动。

（5）同心桥上“悦·同心”：双人同时触发心跳采集装置时，心跳同频、心意相通，屏幕数值可达到100分，收获掌声与玫瑰，爱意与美好化为绚烂光影，体验完美浪漫。此外，桥面灯光营造沉浸氛围，花朵铺地，爱心发射，可将同心桥的浪漫气息推向极致。

项目实施后，“京城高碑店，御水映千年”运河水韵空间夜间活力被激发，吸引聚集了越来越多的市民和游客，改善了民生，盘活了区域商业价值，带动整体夜游经济的发展。

（执笔人：于超）

同心桥桥面灯光

深圳市“星空公园”前期规划研究

编制起止时间： 2021.12—2023.3
承 担 单 位： 深圳分院
主 管 总 工： 方煜　　**主 管 所 长：** 梁峥
项目负责人： 刘雨姗　　**主要参加人：** 张冠华、许振潮、宋子燕、刘越、骆玉洁

背景与意义

“星空公园”前期规划研究响应国家节能降碳政策和上位规划提出的建设要求，响应大鹏新区建设“世界级滨海生态旅游度假区”的目标，创新性地提出将大鹏新区全域建设“星空公园”的设想，重点关注暗夜保护，传达深圳新时期“生态优先”的城市照明建设价值取向。提出以星空为主题，集度假旅游、科普教育于一体的特色夜间活动，拓展夜间旅游市场。力争将大鹏新区建设成为“平衡城市夜间公众活动与生态保护需求”和引领城市新型夜间经济形式（暗夜经济）发展的先行示范区。其中了“星空公园”核心区——西涌社区，通过照明改造和夜间活动组织，于2023年4月获得暗夜国际[Darksky International，原称国际暗夜协会（IDA）]认证，成为国内首个国际暗夜社区。

规划内容

（1）开展大鹏新区全域照明现状调研，对光污染现状及来源进行分析，提出光环境影响评价因子，并对大鹏各重点建设区照明现状进行评分，指导后续照明整改建设工作。

（2）研究已有星空公园、暗夜社区建设案例和相关照明控制标准，针对大鹏新区划分暗夜保护核心区、协调区和一般控制区，对各类照明载体提出基于暗夜星空保护的光环境评价指标，提升照明品质，控制照明建设强度。

（3）分析大鹏新区文旅活动现状及主体客群，从自然生态、在地文化等角度出发，策划星空主题夜间公众活动，依托星空资源发展暗夜经济。

创新要点

（1）开展大鹏夜间光环境评价因子提取、夜间光环境评价指标探索、夜间光环境分级分区管控等理论与技术创新。

（2）构建了特色夜间活动空间，拓

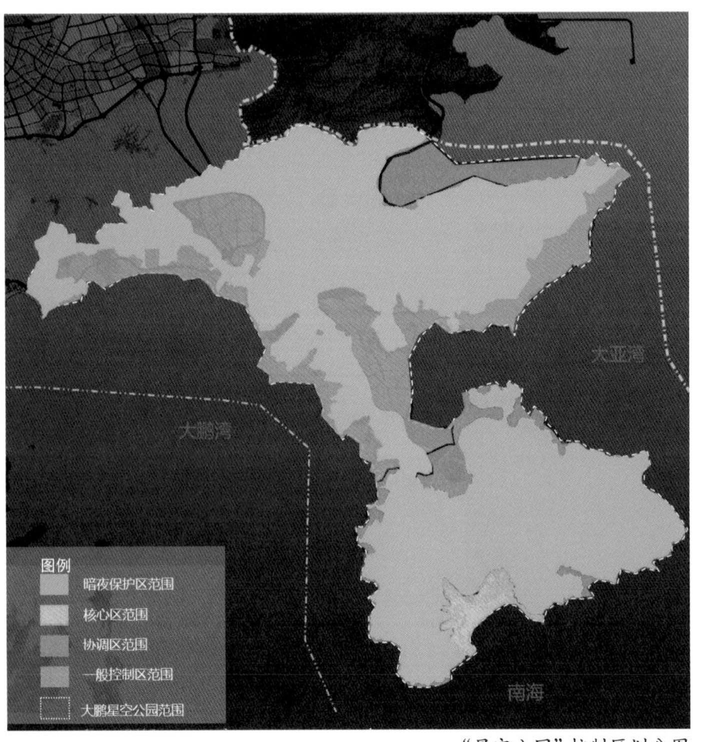

“星空公园”控制区划分图

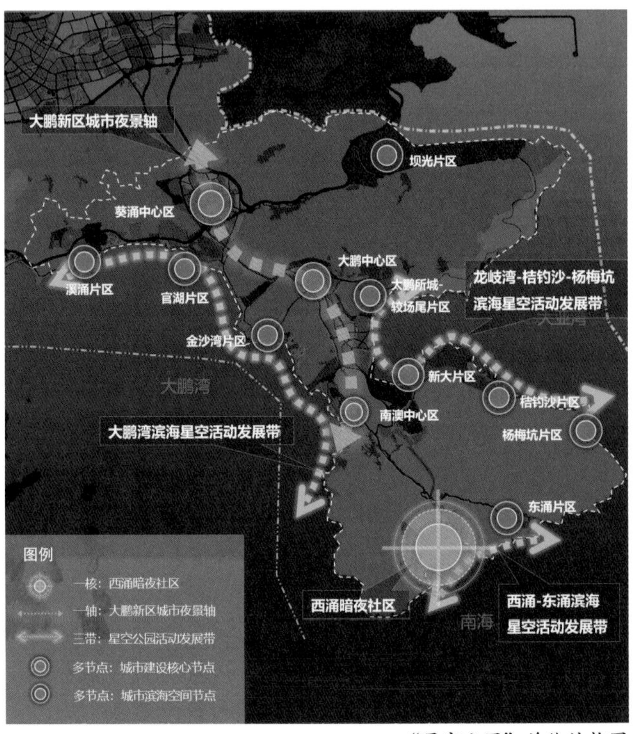

“星空公园”总体结构图

展了夜间旅游市场，为将大鹏建设成为引领城市新型夜间经济形式（暗夜经济）发展的先行示范区提供了技术支撑。

（3）为西涌国际暗夜社区的申报材料提供了翔实的数据支撑。

实施效果

（1）编制《西涌国际暗夜社区光环境管理办法》，有效地指导和规范了既有照明改造及未来照明建设。

（2）开展西涌国际暗夜社区照明设施分期改造工作，预计在获得认证的五年内完成全部照明设施改造工作。经过一期照明改造，西涌片区的照明品质得到明显提升，有效地控制了不当照明产生的天空溢散光。改造后典型空间的天光指数较改造前数值增大，表明总体夜空质量呈变好趋势，夏季萤火虫种群数量较改造前明显增多，造就了上有星空、下有萤火虫的一方乐土。

（3）2023年西涌国际暗夜社区认证后，全年吸引超60万市民到西涌观星。旅游服务时段由原来的5—10月延伸至全年。已落地10个天文文旅项目，吸引社会资本2500万改造西涌星空酒店、星空天文馆等文旅设施，2023年西涌暗夜社区与暗夜和天文相关的营收超过6000万元，为当地解决超过100人的就业。自创建以来西涌暗夜天文相关的游客数量同比增长500%以上。2024年元旦及春节期间，1号沙滩等区域游客较近年节假日旺季增加600%。重塑了文旅产业资源格局，切实带动消费产业兴旺，暗夜天文相关品牌文旅活动较往年同期增加400%。

（执笔人：刘雨姗）

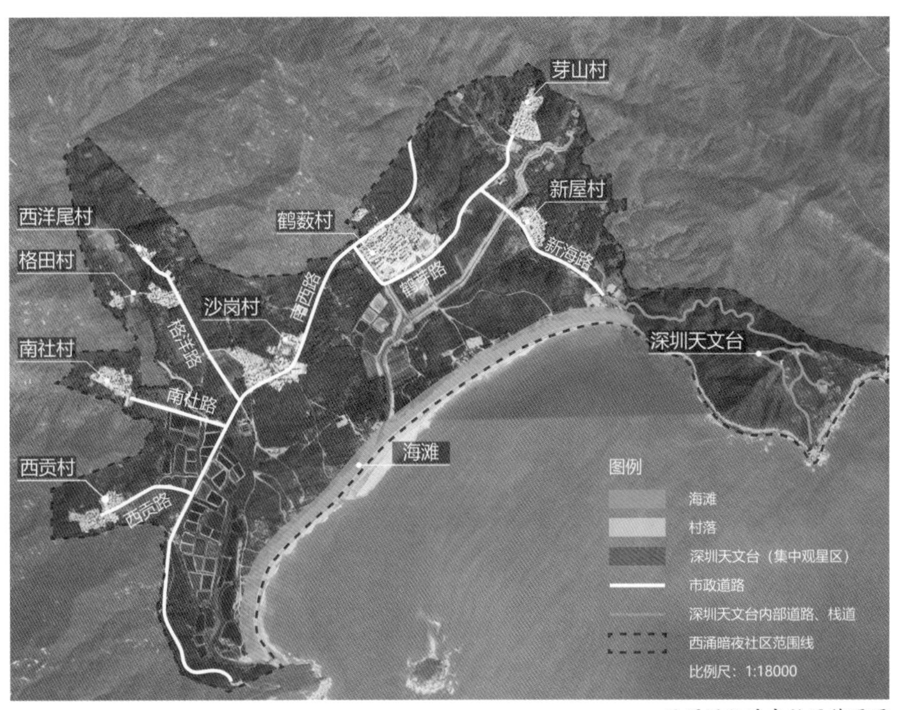

西涌国际暗夜社区范围图

西涌国际暗夜社区鹤芽路改造前后照明效果对比

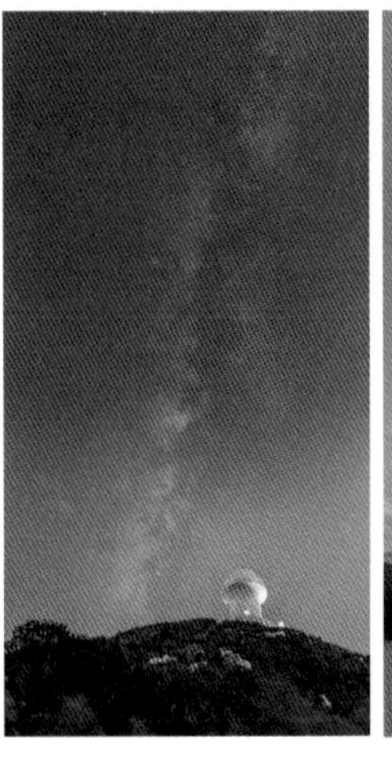

西涌国际暗夜社区星空摄影

深圳市宝安区城市照明详细规划

2018—2019年度中规院优秀规划设计二等奖

编制起止时间： 2017.8—2018.11
承 担 单 位： 深圳分院
主 管 所 长： 梁峥
项目负责人： 骆玉洁　　　**主要参加人：** 杨艳梅、张霞、吴潇逸、冯凯、刘缨、杨洋

背景与意义

深圳市宝安区城市照明详细规划是在已经批复的《深圳市城市照明专项规划（2013—2020年）》的指导下，结合宝安区的发展建设情况，编制的面向实施的照明详细规划。本规划对于宝安区的夜间生态本底保护、功能照明系统性提升、多层次夜间活力中心塑造、高品质空中门户形象塑造、“三同时”城市照明管控以及智慧照明发展等起到了重要的指导作用。

规划内容

（1）结合片区特征及发展需求，制定了片区照明总则要求，确定了“三轴两带、三核多中心”的规划结构，并结合生态保护要求，划定了暗夜保护区。

（2）结合总则要求，制定了重点区域全覆盖的景观照明规划、照明要素全覆盖的照明设计指引，以及功能照明规划和覆盖全生命周期的绿色智慧照明建设要求。

（3）结合片区城市发展需求及照明管理实际，制定了近、远期建设计划，并提出了规划实施保障措施建议。

创新要点

（1）通过生态控制、建设控制、节能控制，塑造可持续发展先锋。通过“暗山映水”，保护城市夜间生态；规模、强度两手抓，严格控制景观照明；落实绿色

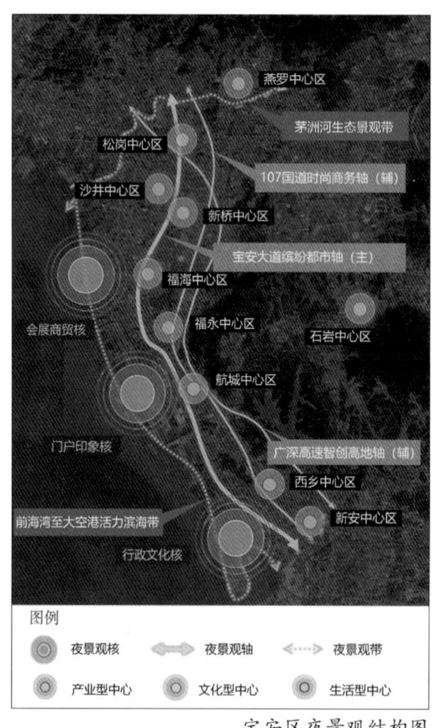

宝安区夜景观结构图

宝安区暗夜保护区范围示意图

宝安体育场及其周边的照明实景

照明理念、强化全生命周期管控。

（2）进行全覆盖的功能照明建设指引，针对十个街道进行夜景重点建设区域识别，指引夜间街道活力中心建设，实现城市照明均好普惠，树立民生幸福标杆。

（3）将城市照明建设重点放在与公众夜间活动息息相关的文化娱乐、运动休闲空间；以城市照明为媒介，积极引导多元化公众夜间活动，创建城市文明典范。

（4）结合宝安“区+街道”两级照明管控需求，针对性提出照明提升策略；推进智慧照明规划，助力智慧城市建设；通过分类分级的照明设计指引，指导精细化照明管控；落实照明工程建设“三同时”，引导一体化空间塑造；引入第五立面夜景规划，指引高品质门户形象建设。创新管控模式，形成法治城市示范。

实施效果

（1）夜间生态环境保护良好，自然山体、水体及红树林无一照亮。

（2）高品质功能照明逐步覆盖全区范围，重要人行天桥、公共空间、户外停车场功能照明提升显著。

（3）以暖白光、静态光为主，局部彩色、动态光点缀的夜景基调已基本形成。

（4）以海滨广场、宝安区体育中心、欢乐港湾为代表的高体验性城市夜间活力中心陆续形成。

（5）有效指导了深圳国际会展中心区商业配套项目片区的“三同时”城市照明建设。

（6）为《宝安机场片区城市第五立面景观风貌规划研究》提供了技术支撑，夜景照明管控要求纳入五立面景观风貌规划，对深圳空中门户夜景形象塑造起到了重要的指导作用。

（执笔人：骆玉洁）

停车场的功能照明实景

宝安区重要人行天桥的照明实景

滨海沿岸重要建筑的照明实景

海滨广场的照明实景

35

绿色低碳城区、街区

天津中新生态城修编系列规划

编制起止时间： 2016.6—2019.12

项目一名称：（天津市）生态城总体规划修编（中新合作区）
承 担 单 位： 绿色城市研究所、中规院（北京）规划设计有限公司、城市更新研究分院、城市交通研究分院
主 管 总 工： 杨保军　　**主管主任工：** 谭静
项目负责人： 董珂、王昆　　**主要参加人：** 王昊、刘继华、张帆、任帅、刘畅、黎晴、刘守阳

项目二名称：（天津市）生态城弹性规划及“白地”专题研究
承 担 单 位： 绿色城市研究所
主 管 所 长： 詹雪红　　**主管主任工：** 谭静
项目负责人： 董珂、王昆　　**主要参加人：** 刘畅、尚晓迪
合 作 单 位： 北京大学

背景与意义

2008年，中新天津生态城管委会委托中国城市规划设计研究院、天津市城市规划设计研究院和新加坡设计组三方团队共同组成中新天津生态城规划联合工作组，编制《中新天津生态城总体规划（2008—2020年）》。

自2008年总体规划批复以来，中新天津生态城的建设取得了举世瞩目的成就。2013年底，生态城管辖范围从中新合作区31km^{2}扩大到约150km^2，2016年生态城管委会为了应对规划范围调整、轨道交通Z4线改线、海绵城市建设等新形势和新要求，抓住天津市、滨海新区总体规划等上位规划修编的契机，进一步借鉴国内外生态城市的最新实践探索，对原总体规划进行修编，在保证城市发展延续性的同时，谋求在规划与管理机制等方面进行全面创新与升级。

2017年3月，住房和城乡建设部印发对中新天津生态城有关支持政策的通知，生态城开展弹性规划及“白地”专题研究。

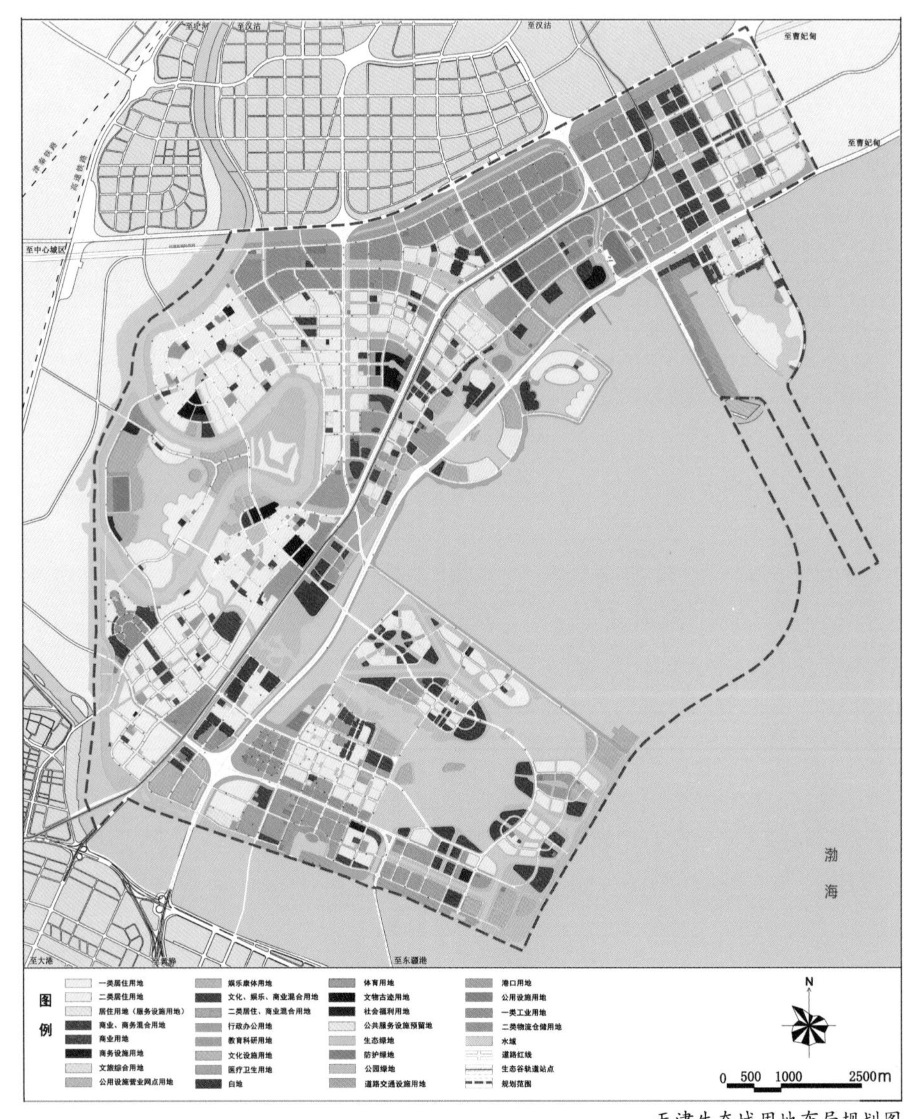

天津生态城用地布局规划图

规划内容

生态城形成了以“生态为纲、产城融

合、绿色宜居、以人为本”为主线的新版总体规划，总体规划修编主要包括“复制经验、融合发展、优化调整、创新制度”四方面的内容。其中，“复制经验”主要包括向扩区范围复制邻里社区建设、TOD 模式、生态环境建设等经验；“融合发展”主要包括融合中新合作区与扩区范围的城市空间格局和用地功能布局；“优化调整”主要包括升级城市发展定位、探索资源利用新方向、以城市设计塑造特色空间；“创新制度”主要包括开展“弹性规划”试点、编制行动规划、实施效果评估。

生态城弹性规划及“白地”专题研究主要完成了“三个一”的研究内容：“一个报告”针对天津生态城管理的需要，提出弹性规划及“白地”管理的重点与策略；“一个草案”在充分考虑实施可行性的基础上，制定天津生态城的弹性规划相关技术管理规定与政策建议；“一个示例”提出生态城的“白地”控制指标设置建议，并按照每种类型“白地”1~2块的标准，提出编制控规“土地细分导则”和“设计要求一览表”的具体要求，以及后续规划设计条件、开发条件和配套管理规程等具体内容示例。

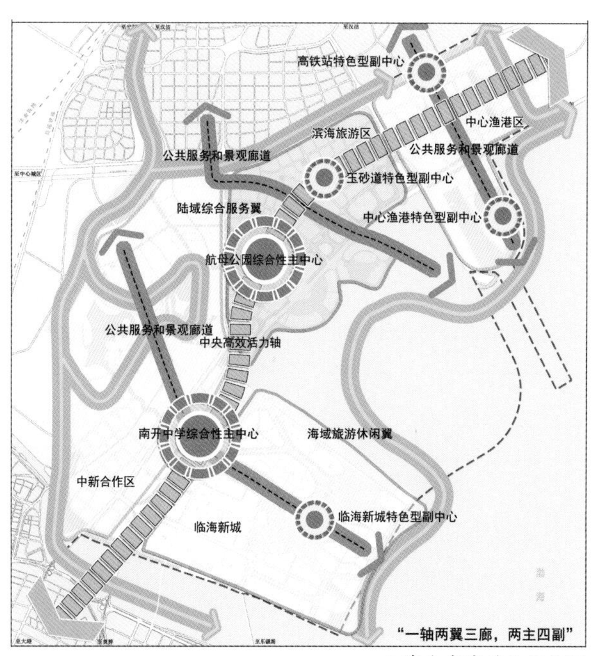

天津生态城总体结构图

创新要点

本轮总规突出国家利益和区域责任，坚持世界眼光、国际标准、中国特色、高点定位，深化京津冀协同发展的国家战略下生态城的发展目标，将生态城总体定位为“国际生态休闲湾”，并提出“生态城2.0”的规划设计方案。

（1）海洋城市，陆海共生。以海陆一体的战略眼光整体谋划空间发展，形成“一轴两翼三廊、两主四副”的总体空间格局，发挥海洋的生态、文化、旅游等复合功能。

（2）自然优先，蓝绿渗透。加强对区域性生态廊道、遗鸥栖息地保护，确定离岛式、小型化、分散化填海模式，尽可能减少滨海岸线生态干扰，形成区域一体化的生态格局。

（3）产城融合，层级清晰。构建“社区单元+自然系统+TOD引领”的“绿色街区2.0”系统，作为街区级单元。延续中新合作区空间布局模式，并结合蓝绿自然系统、落实TOD理念，以20~30km^{2}的产城融合片区作为组团级单元。

（4）弹性管控，精细管理。借鉴新加坡“白地”管理经验，在规划中设置“白地”，实现应对未来不确定性的弹性管控与精细化管理。

（5）产业驱动，造福民生。延续并做强低碳节能、绿色环保、智慧智能等优势产业，以创新引领和服务提质吸引高素质人才，提升生态城的活力、魅力、竞争力。

（执笔人：董珂、王昆）

规划设计条	规划用地主导性质	可建设用地面积（m²）	容积率	绿地率（%）	建筑密度（%）	建筑限高（m）	地上建筑面积（m²）	备注
	总用地面积（m²）		界内使用面积（m²）		界外处理面积（m²）		可建设用地面（m²）	
	规划设计要求	内容						
	道路交通要求							
	公共设施配置要求							
	城市设计要求							
	建筑体量风格色彩和景观要求							
	建筑退线要求							
	停车泊位要求							
	市政设施配置要求							
	绿化带规划要求							
	历史文化风貌保护要求							
	名木古树河湖水面保护要求							
	弹性要求： 一　弹性成分功能（强制性） 1.　主导用地性质：B1 商业用地； 2.　允许用地性质：G1 公园绿地、G2 防护绿地、G3 广场用地、A1 行政办公用地、A2 文化设施用地、A3 教育科研用地、A4 体育用地、B2 商务用地； 3.　有条件允许用地性质：R2 二类居住用地、A5 医疗卫生用地、A6 社会福利用地、S 道路与交通设施用地、U 公用设施用地、B1 商业用地（禁止B12批发市场用地）； 4.　禁止用地性质：M 工业用地、W 物流仓储用地。 一　弹性成分占总建筑面积比例 弹性成分占总建筑面积的比例不得超过40%，鼓励市场调节。（强制性）							

天津生态城商业型“白地”图则示例

海南博鳌近零碳示范区总体设计及实施系列项目

2023年度海南省优秀国土空间规划设计一等奖（项目一）| 2022—2023年度中规院优秀规划设计一等奖（项目一）、二等奖（项目四）

编制起止时间： 2022.2—2022.11

项目一名称： 海南博鳌近零碳示范区总体设计
承 担 单 位： 中规院（北京）规划设计有限公司、城镇水务与工程研究分院、风景园林和景观研究分院
主 管 总 工： 李晓江、张菁　**公司主管总工：** 孙彤、黄继军　**主 管 所 长：** 胡耀文　**主管主任工：** 曾有文
项目负责人： 王凯、王富平、孟宁
主要参加人： 董珂、高原、刘广奇、王忠杰、张璐、安志远、刘彦含、王丽、付霜、白金、单丹、崔鹏磊、牛铜钢、刘彦鹏、杨晗宇、吴杰、朱胜跃、周世魁、孙尔诺、高倩倩
合 作 单 位： 中国建筑设计研究院有限公司、清华大学

项目二名称： 海南博鳌近零碳示范区创建方案
承 担 单 位： 绿色城市研究所、中规院（北京）规划设计有限公司、风景园林和景观研究分院、城镇水务与工程研究分院、城市交通研究分院
主 管 总 工： 张菁　**公司主管总工：** 孙彤　**主 管 所 长：** 胡耀文、范渊
主管主任工： 董珂、王忠杰、刘广奇、伍速锋、曾有文、胡晶　**项目负责人：** 王凯
主要参加人： 谭静、王富平、孟宁、牛铜钢、程小文、王昆、安志远、高倩倩、王巍巍、翟健、邓力文、刘彦鹏、付凌峰、束晨阳、韩炳越、高原、孙尔诺、崔鹏磊、张璐、谭敏洁、郭嘉盛、刘彦含、蔡昇、梁昌征、马浩然、白金、单丹、辛泊雨、田欣妹、舒斌龙、刘华
合 作 单 位： 中国建筑科学研究院有限公司、中城院（北京）环境科技股份有限公司、中建科技集团北京低碳智慧城市科技有限公司

项目三名称： 海南博鳌近零碳示范区建筑绿色低碳改造及配套改造项目设计
承 担 单 位： 中规院（北京）规划设计有限公司
公司主管总工： 李利　**主 管 所 长：** 胡耀文　**主管主任工：** 单丹
项目负责人： 孟宁、王富平　**主要参加人：** 曾有文、王丽、付霜、刘彦含、白金、单丹、高原、陈晓伟、何易
合 作 单 位： 中国建筑设计研究院有限公司

项目四名称： 海南博鳌近零碳示范区建设项目（园林景观生态化）
承 担 单 位： 风景园林和景观研究分院、城镇水务与工程研究分院
主 管 总 工： 张菁　**主 管 所 长：** 韩炳越　**主管主任工：** 束晨阳　**项目负责人：** 王忠杰、牛铜钢
主要参加人： 高倩倩、王凯伦、邓力文、张婧、马浩然、辛泊雨、舒斌龙、赵娜、牛春萍、王春雷、刘彦鹏、刘安然、郑子昂、谭敏洁
合 作 单 位： 中国城市建设研究院有限公司

项目概况

2022年初，海南省与住房和城乡建设部决定共同创建海南博鳌近零碳示范区，计划利用三年的时间，按照“世界一流、国内领先”的标准，通过制度和技术集成创新，建设具有国际引领示范作用的近零碳绿色发展标杆。示范区总面积1.92km^2，包括博鳌亚洲论坛永久会址所在地——东屿岛和岛外四处配套设施用地。

在部省联合领导小组的指导下，中规院作为技术牵头单位，先后完成博鳌近零碳示范区创建方案、技术导则、总体设计、全过程技术管理及咨询、建筑

博鳌近零碳示范区总体鸟瞰效果图

绿色低碳改造、园林景观生态化改造、技术标准（试行）等全流程工作。

规划内容

以区域碳排放评估为基础，结合资源禀赋和现状条件，围绕“区域近零碳、资源循环、环境自然、智慧运营”四方面的规划理念，系统搭建降碳技术路径和项目构架，开展一体化布局规划与详细设计，共形成八大类关键技术和18个实施项目，实现了“近零”（区域零碳运营）、“两降”（建筑和交通能耗大幅下降）、“六个100%”（改造建筑中低碳建筑比例、建筑用能电气化率、可再生能源替代率、有机废物资源化利用率、污水再生回用率、区域能耗和碳排放监测服务覆盖率）的建设指标。

创新要点

（1）我国首个建成区近零碳更新改造项目，探索了城市建成区降碳更新改造技术与实施路径的典型案例。

（2）规划引领、协同创新，通过创建方案定系统目标、技术导则定实施标准、总体设计定技术布局、项目施工图设计定工艺工法，开展了全过程技术参与、全生命周期碳审计与碳管理等系列工作，形成一套可推广的区域近零碳规划、建设、管理运行流程。

（3）气候适应、借力自然，利用环境模型、能耗模型、负荷模型等数字分析手段，因地施策，精准应用降碳技术实现人与自然在零碳更新改造中的和谐共生。

（4）整体最优、适当超前，紧扣“区域碳排放整体下降”的目标，将示范区零碳技术方案与产品征集活动、技术经济性分析、气候适应性分析、多方案比较结合，综合研判形成具有较高推广价值的热带城区近零碳建设技术体系，集成应用一批国内外领先的技术产品。

新闻中心绿色低碳改造后实景

论坛会议中心及酒店绿色低碳改造后实景

停车场绿色低碳改造后实景

园林景观生态化改造后实景（椰林聚落）

循环花园改造后实景

运行管理中心改造后实景

运行管理平台展示界面

（5）智慧运管、精明提效，构建全要素整合、全域覆盖、全时数据监测、快速响应、动态调控的零碳运营管理智慧平台，提高运管阶段的降碳效益。

实施效果

2024年3月中旬，示范区正式进入近零碳运行阶段。

示范区已获得德国能源署颁发的“零碳运营区域认证标识”，通过了第三方碳评估认证机构认证评估，达到国家标准《零碳建筑技术标准》（征求意见稿）的零碳区域规定，入选住房和城乡建设部第一批城市更新典型案例名单、国家能源局能源绿色低碳转型典型案例名单。改造建筑全部达到国家标准《零碳建筑技术标准》（征求意见稿）的低碳建筑规定，新闻中心改造达到零碳建筑规定。

（执笔人：王富平、曾有文、孟宁）

上海奉贤新城“数字江海”绿色低碳试点区建设规划

编制起止时间： 2022.9—2024.6
承 担 单 位： 上海分院
分院主管总工： 孙娟、陈勇　　**主管主任工：** 陈阳
项目负责人： 林辰辉、罗瀛、周梦洁　　**主要参加人：** 吴浩、翁婷婷、毛斌、杨鸿艺

背景与意义

“数字江海”产业社区位于上海市奉贤新城东北部，总面积1.37km^2，是落实上海“五个新城”战略部署、率先探索“绿色低碳试点区”建设示范的样板地区。作为产业社区低碳规划落地实践的首批试点，需要在园区尺度探索“可量化、可落地、可复制”的规划建设方法，因此规划需要重点回答三大问题：一是方法上如何科学量化碳排放，二是规划上如何嵌入减碳策略，三是建设上如何打通“规建运”环节。

规划内容

1．科学量化评估减碳潜力

一是评估既有方案，摸清减碳潜力。依托碳中和计量模型，从消费端的建筑、工业、交通、资源、碳汇五大维度，测算原方案碳排放水平（总碳排放量为19.78万吨，人均年碳排放量为5.2吨），明确五大减碳方向。二是建立“场地—效能—成本”三维矩阵，遴选适宜技术。依托场地气候区充足的日照、周边电厂余热、丰富的林地碳汇与密集水网资源条件，结合减碳技术“效能—成本”联动分析，形成适合“数字江海”的减碳技术矩阵。优先选择低成本、高效能的关键技术，作为规划的前置技术包。

2．提前预留低碳技术的落位空间

一是能源前置的空间布局调整，明确能源供应方式，提前预留空间，建立多元融合的技术空间承载路径。如识别建筑光伏空间，根据平立面太阳能辐照模拟强度分布，形成建筑光伏布局方案，实现可再生能源利用率13.8%。基于地块用地负荷水平预测，以1km^{2}能源圈为单元，布局两处分布式能源中心。优化混合用地比例与模式，围绕能源单元重组功能，降低单元内的用能波动度。

二是气候前置的空间形态优化。通过风、热环境模拟，识别三条关键风道与五处热岛，控制10—20m的风道退界，引导热岛周边建筑降层约1/3，形成“冷巷暖台”，从而实现8%的空调用能降低。

三是低碳行为引导的场景营造，包括面向未来的绿色出行场景，构建全天候慢行的晴雨道系统。可体验的低碳休闲场景，保障开发前后场地绿地率不降低；因地制宜探索GIPV绿化光伏一体化模式；建设展示多类低碳技术的能量公园，展示

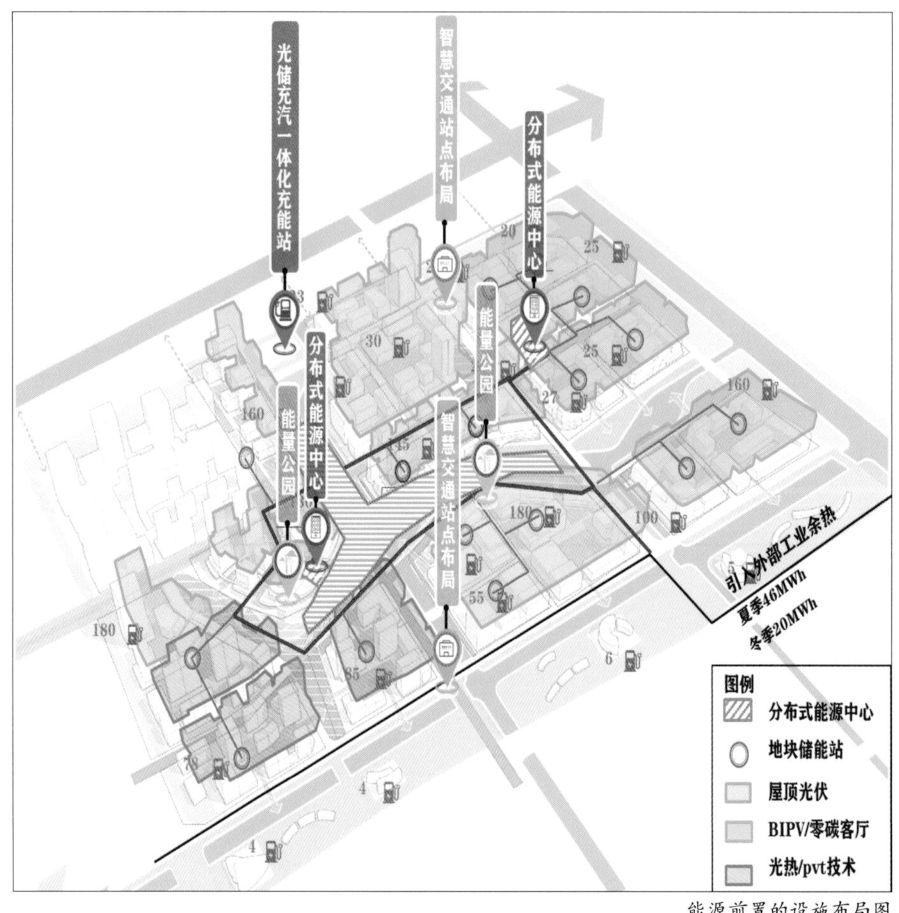

能源前置的设施布局图

碳中和数字森林、发电地砖、太阳能感知照明等互动设施。

3. 建立规建运一体的低碳总控机制，在规划阶段形成低碳专项总控“一图一表一导则”

通过低碳总控图、指标表、低碳建设导则形成总体层面的低碳管控统筹成果。在建设阶段，构建低碳技术标准化施工审批制度。加快完善低碳技术标准化施工审查体系，推动建立绿色建造实施框架与技术体系，研究形成低碳设备供应商企业名录。在管理阶段，搭建街区碳排放综合计量管理平台，实现动态监测。

创新要点

（1）创新了低碳园区的规划范式，建立了“技术—空间—行为”的低碳规划框架。技术上，基于场地、成本、效能平衡后的精准遴选，形成低碳技术库。空间上，创新性地前置能源与气候视角，以调整用地布局与空间形态。行为上，回归人本需求，以低碳场景营造影响低碳生活方式。

（2）探索了低碳园区的实施机制。通过低碳总控机制设计，打通“规建运”各环节，构建起一体化统筹的机制框架，实现低碳园区的长效运营。

实施效果

“数字江海”能源智慧管理平台已建成，首发区已基本建设完工。其中垂直工厂项目已结构封顶，多个运用规划减碳技术的建筑光伏一体项目已接近完工。

（执笔人：周梦洁）

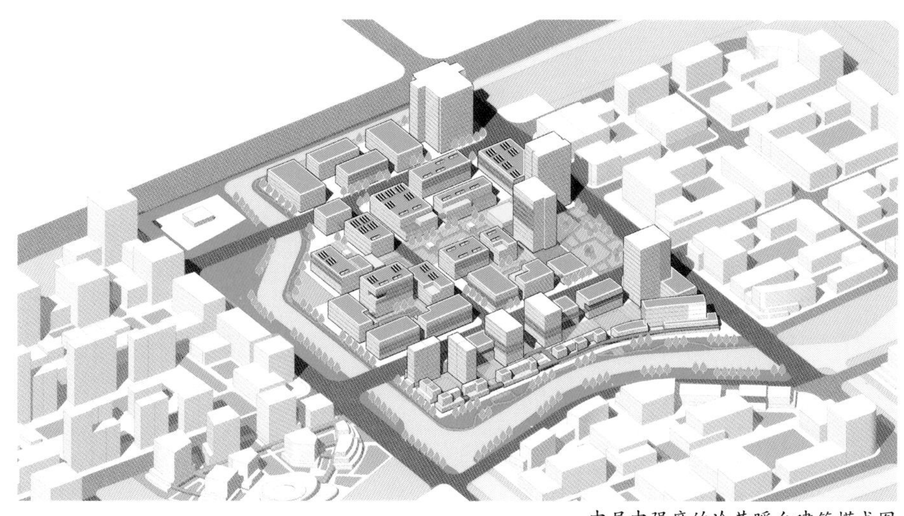

中层中强度的冷巷暖台建筑模式图

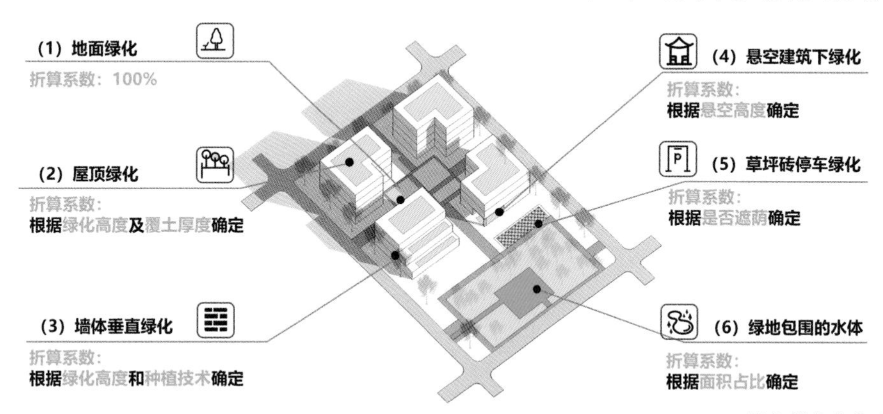

绿化模式分布图

“数字江海”首发区建成实景

东莞市东莞生态园综合规划设计

2013年度全国优秀城乡规划设计一等奖｜2020年首届大湾区城市设计大奖头奖｜2012—2013年度中规院优秀城乡规划设计一等奖

编制起止时间： 2007.5—2012.2
承 担 单 位： 深圳分院
主 管 总 工： 朱荣远　**分院主管总工：** 徐建杰　**主 管 所 长：** 方煜、梁峥
项目负责人： 何斌、李轲、覃原等
主要参加人： 赵迎雪、钟远岳、林楚燕、俞云、刘雷、陈郊、刘缨、谭敏敏、董佳驹、郦启亮、陆巍、陈媛媛、蒋岫、王凤云、周宝箭、李鑫、陈晚莲、张涛、金哲、纪宏、张景可、张迎、申立华、康蓉

背景与意义

2006年以来东莞市委、市政府提出了“双转型”的战略发展要求，同年6月提出生态园的发展设想，生态园选址于东莞市东北部，包括六个镇区的发展边缘地带，集合30.54km^{2}地势低洼的土地，是珠三角快速城镇化过程中带来负面效应的典型样本。本项目组合、联动镇区资源，共同构建东莞现代产业体系，综合治水可能带来的复合功能价值，探索和实践可持续的城镇化路径。

东莞生态园核心区鸟瞰效果图

规划内容

综合规划设计成果包括《东莞生态园总体规划（2007—2020）》《东莞生态园中心区城市设计》《东莞生态园水系及水环境整治综合规划》《 东莞生态园市政工程专项规划》《东莞生态园绿地系统专项规划（2007—2020）》六个项目。

创新要点

（1）治水为前，重塑“水系经络”。采取一系列水环境再造工程，形成以生态园为中心、串联周边六镇的“水系经络”。

（2）理水造地，营造岛城空间特色。设计土方就地平衡，理水成湖、移土成岛，塑造岛城相映、城水相融的特色空间格局。

（3）修复生态，营造湿地景观。营

中央水系及生态湿地岛群

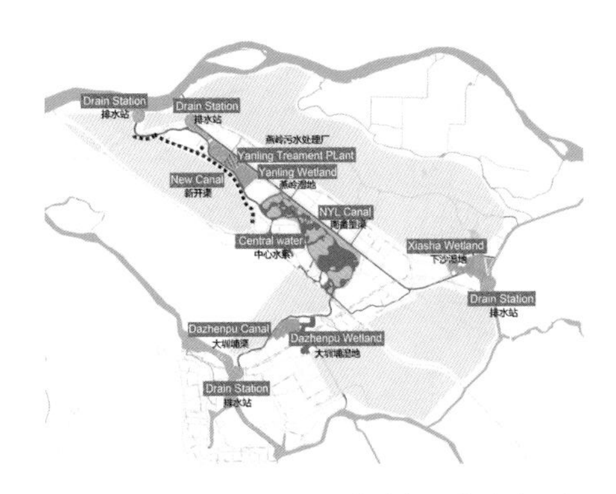

系列水环境再造工程

造多元生态水体景观，设计自然缓坡岸线。选取可消除残留污染物的本土湿地植物，修复环境的同时塑造湿地景观。

（4）设计生活与生产的新关系。以绿色生态的空间平台，组织创新产业、文化旅游、休闲游憩等城市功能，营建多元化的特色场所。

实施效果

在中规院团队的伴随服务下，曾经“藏污纳垢”的发展消极地带，如今已经成为环境友好的新型产业园区、大湾区创新企业的集聚地、市民喜爱的休闲出行目的地，是大湾区城镇化转型，探索可持续发展的一个实践范例。

2011年6月，东莞生态产业园区被批为广东省首批循环经济工业园区。2012年12月，成为国家生态产业园区、节水型社会试点。2013年12月，经住房和城乡建设部正式批准，东莞生态园湿地景区成为国家城市湿地公园，是珠三角地区首家国家城市湿地公园。

水质标准已从原劣Ⅴ类提高到Ⅳ类，园区排涝标准从原来的农业排涝提升到城市排涝，河涌防洪标准从原来10年一遇提高到20年一遇。建成全市第一个国家三星级绿色建筑——东莞生态园办事服务大楼，成为实施环境友好、建设生态文明的典型示范。

（执笔人：林允琦）

东莞生态园建设前后对比图

国家三星级绿色建筑——东莞生态园办事服务大楼

重庆市广阳岛片区总体规划

2021年度全国优秀城市规划设计奖二等奖｜2020年度重庆市优秀城乡规划设计一等奖

编制起止时间：2017.8—2019.11
承 担 单 位：西部分院
主 管 所 长：张圣海　　**主管主任工：**肖礼军
项目负责人：陈劲涛、郑洁　　**主要参加人：**刘加维、赵畅、杨皓洁、赵雨黛
合 作 单 位：北京知行堂品牌管理有限公司、重庆市规划设计研究院、中国建筑设计研究院有限公司、重庆市交通规划研究院

背景与意义

广阳岛位于重庆主城区铜锣山、明月山之间，是长江上游面积最大的江心绿岛，也是重庆独具特色的江河景观和自然生态资源，更是长江水域中不可多得的“生态宝岛”。在全面开放的新格局和生态文明的新时代，重庆市按下“大开发”停止键，提出努力把广阳岛打造成为“长江风景眼、重庆生态岛”，统筹考虑广阳岛保护利用与城市提升、广阳岛与周边区域、广阳岛与重庆全域的关系，按照生态文明理念进行一体化策划规划。

广阳岛鸟瞰

规划内容

规划聚焦长江经济带绿色发展示范，立足“长江风景眼、重庆生态岛”的高远立

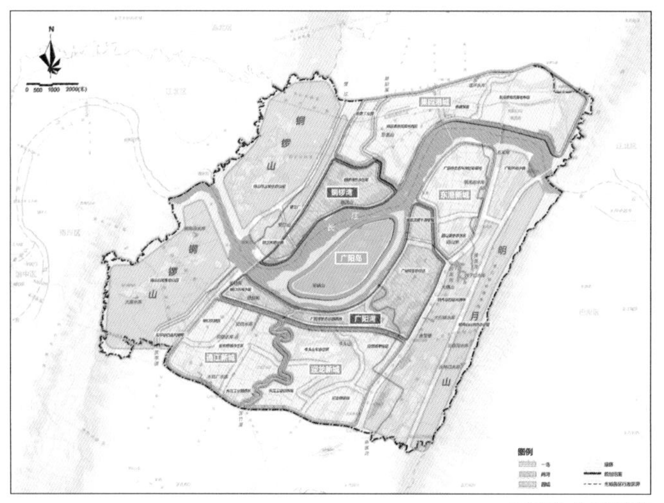
空间结构规划图

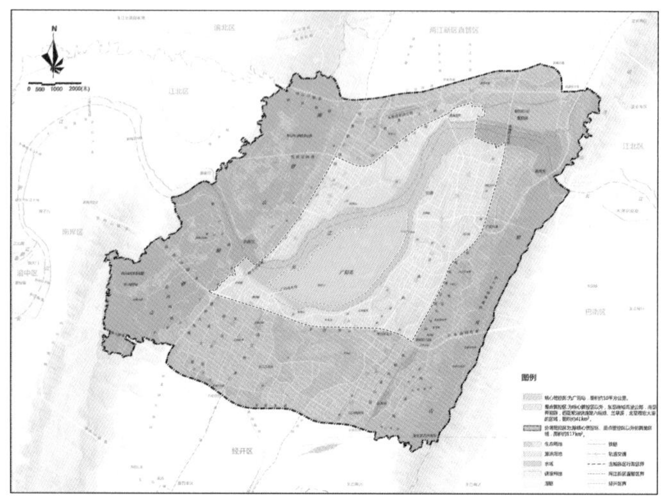
管控层次范围图

意和丰富内涵，策划长江生态保护展示、大河文明国际交流、巴渝文化传承创新、生态环保智慧应用、城乡融合发展示范等五大事业集群和一批重大项目。空间上统筹岛内与岛外，立足自然、人文和发展本底，明确广阳岛规划建设要求和广阳岛片区总体空间布局，落实生态保护和绿色发展空间，并提出规划管控要求和实施保障措施。

创新要点

（1）谋划、策划、规划、计划相结合，实现规划赋能。从全局谋划一域、以一域服务全局，谋划研究片区总体定位和发展方向。围绕“重庆生态岛”山水林田湖草生命共同体，适应策划“长江风景眼”的功能需求。划定168km^{2}广阳岛片区范围，整体布局、分区管控，明确资源保护利用措施，推动规划项目实施落地。通过规划赋能，实现岛内岛外保护开发联动，探索绿水青山转化为金山银山的有效路径。

（2）摸清底数、优化布局、完善系统，体现规划科学性。详细踏勘调研岛内外自然生态本底、历史人文本底和现状建设情况，在摸清本底、心中有数的基础上，围绕山、水、林、田、湖、草等资源优化广阳岛片区空间格局和功能布局，全面、科学、完善地开展规划编制工作。

（3）联合规划、同步编制、部门协同，发挥规划协调性。组建联合项目组，同步编制片区总体规划、控制性详细规划、综合交通规划、广阳岛详细规划，并积极对接国家部委、市级部门，配合国家山水林田湖草生态修复试点工程等重大项目落地。

（4）规划与立法同步，严格管控，确保规划法定性。配合市人大常委会草拟《关于加强广阳岛片区规划管理的决定》，明确规划体系、管控范围、管控措施、生态保护等立法保护内容。

谋划
长江风景眼、重庆生态岛
从全局谋划一域、以一域服务全局

策划
长江生态保护展示功能
大河文明国际交流功能
巴渝文化传承创新功能
生态环保智慧应用功能
城乡融合发展示范功能

规划
规划168 km^{2}广阳岛片区
同步立法
总体规划
同步编制
《关于加强广阳岛长江生态文明创新实验区规划管理的决定》
总体空间格局
分级分区管控
资源保护利用
支撑系统
产业发展
综合交通
公共服务
市政设施
环境保护
综合防灾
控制性详细规划
综合交通规划
广阳岛详细规划
……

计划
广阳岛片区规划实施方案
2019年岛内拟建项目
2019年岛周拟建项目

广阳岛片区规划技术思路

广阳岛生态修复后的高峰梯田

实施效果

（1）统一认识，凝聚共识。从“大开发”到“大保护”，广阳岛的转变曾经面临巨大争论。规划编制过程中反复论证、研讨、协调，逐渐统一认识，不断凝聚共识，获得各界支持。国家发展改革委、自然资源部、生态环境部发文支持广阳岛片区开展长江经济带绿色发展示范，打造山水林田湖草生态保护修复试点，成为国家“绿水青山就是金山银山”实践创新基地。

（2）推动片区相关规划和项目设计。广阳岛片区根据总体规划制定绿色发展建设三年行动计划，在总体规划获批后继续开展了广阳岛智创生态城总体设计、重庆东部生态城、广阳岛国际会议中心、长江生态文明干部学院等规划编制和建筑设计工作。

（3）生态修复初见成效，成为城市新名片。在总体规划指导下，广阳岛实施生态修复工程，山水林田湖草生命共同体逐步复原，生物多样性越来越丰富，绿水青山的独特魅力逐步显现，成为市民和游客亲近自然、休闲游憩、打卡拍照的目的地。

（执笔人：陈劲涛）

（项目实景图片来源：广阳岛绿色发展公司）

广州南沙粤港融合绿色低碳示范区创建方案

编制起止时间：2016.8—2019.1
承 担 单 位：绿色城市研究所
主 管 所 长：范渊　　**主管主任工：**林永新
项目负责人：董珂、谭静　　**主要参加人：**王昆、孟惟
合 作 单 位：广州南沙新区规划设计研究院有限公司

背景与意义

广州市南沙区地处珠江出海口，是粤港澳大湾区的地理几何中心。2022年国务院印发《广州南沙深化面向世界的粤港澳全面合作总体方案》（本项目中简称《南沙方案》），对新时期南沙区的发展提出了更高的要求。为深入贯彻党的二十大报告提出的“高质量发展”“绿色发展”相关要求，落实《南沙方案》提出的建设“高质量城市发展标杆”和基本确立“绿色智慧节能低碳的园区建设运营模式”等目标，开展广州南沙粤港融合绿色低碳示范区创建相关研究工作。

规划内容

贯彻“协同推进降碳、减污、扩绿、增长”的理念，聚焦建设青年友好的品质生活样板区、蓝绿融合的生态韧性示范区、高效利用的资源循环示范区、多场景互动的城市智慧试验场四个具体方向，探索适应亚热带滨海地区的绿色低碳城区建设路径，推动粤港澳标准融合和规则衔接，致力于为广东省乃至全国打造绿色低碳城区提供可复制、可推广的经验，形成向世界展示中国绿色低碳城市建设实践的窗口，重点开展以下七个方面的任务。

一是多元混合街区打造。建设职住/学住均衡的城区，形成匹配密度、功能的“小街区密路网”，融合粤港公共服务设施配置标准，构建面向青年人群全时支撑高效即达的5分钟“楼宇服务圈”、全龄友好的15分钟居住区生活圈、24小时零售餐饮娱乐交通服务体系，鼓励街坊内的土地用途混合，鼓励建筑内部的垂直混合。

二是立体绿色交通组织。采用“短线路、小站距、高频次”的公交接驳，建设活力高街、景观大道、特色后巷、社区步道、亲水步道等多类型的高密度慢行道，完善轨道站点与周边建筑的连廊和地下通道等设施，轨道站点周边布局“P+R”停车场和实施停车位配建折减，推动枢纽和周边区域的慢行网络一体化建设。

三是城市蓝绿空间建设。营造强连通性、高可达性的蓝绿空间，打造安全韧性、健康活力的滨水空间，建设林荫道，打造建筑尺度的“立体花园”，采用高碳汇的园林种植方式。

四是绿色低碳建筑建造。优化建筑群布局，发展高品质绿色建筑，加强自然通风、遮阳隔热等技术的使用，开展岭南特

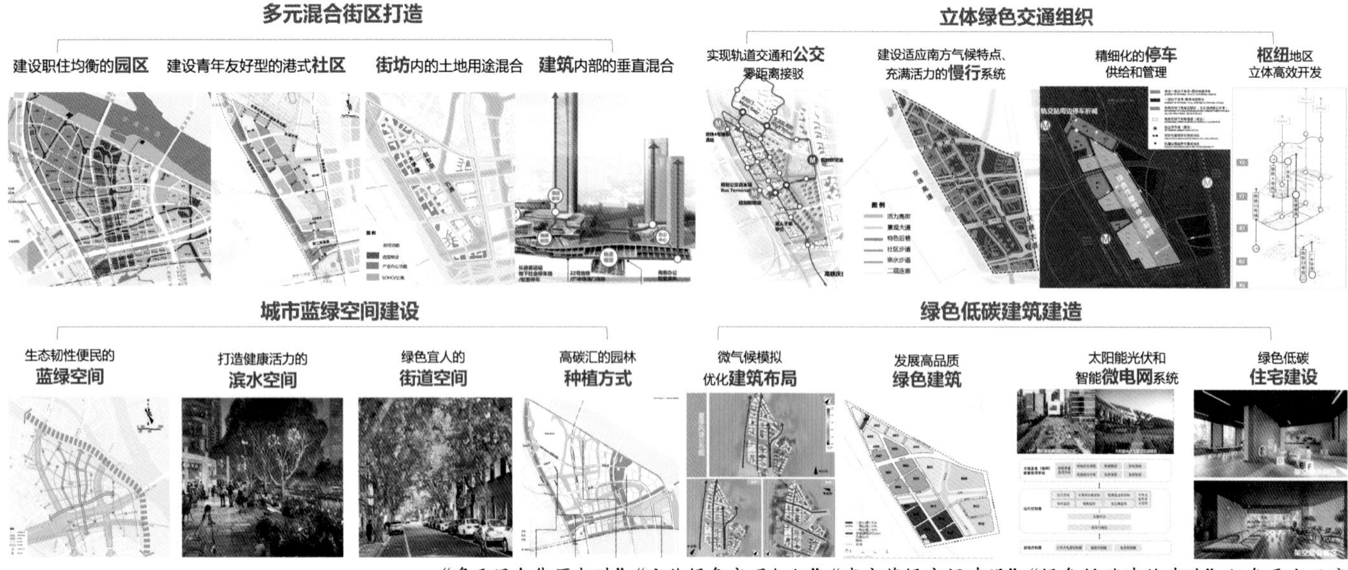

“多元混合街区打造”“立体绿色交通组织”“城市蓝绿空间建设”“绿色低碳建筑建造”任务要点示意

色超低能耗、近零能耗和零碳建筑示范，建设绿色低碳住宅。

五是提高城市生态韧性。推动沙湾水道沿岸工业企业的搬迁改造，实施水环境综合治理，系统化全域推进海绵城市建设，预留雨洪蓄滞空间，保留和连通现状河涌，结合河涌和两侧绿化空间建设通风、生态廊道，减缓城市热岛效应。

六是资源循环高效利用。因地制宜发展屋顶光伏，集成应用“光储直柔”技术，建设智能微电网，推广地源、空气源热泵，在香港科技大学（广州）校区等区域建设综合能源站，建设社区垃圾回收网络。

七是多场景智慧化运营。加强智慧基础设施的建设。建设智能综合交通管理和服务系统，推广无人驾驶。开展区域能源监测，实行区内工业、建筑、交通、居民生活等类型运行能耗的监测和统计分析，实现冷、电、气的统一规划和综合调度。

创新要点

形成了“3”路径“1”技术。包括：探索中高开发强度下人与自然和谐共生的宜居城市建设路径，滨海临湾生态敏感、海潮风险地区的韧性城市建设路径，产业和智慧化建设良性互促的智慧城市建设路径，以及亚热带水乡地区的绿色规划建设技术。

围绕“三个一”开展了深度探索。一是探索了绿色低碳城区规划、建设、治理一体化的工作机制，二是探索了“绿色建筑—绿色小区/社区—绿色城区”多层次衔接的建设体系，三是在绿色低碳城区的建设过程中探索了粤港澳标准的融合和规则的衔接。

（执笔人：谭静、王昆）

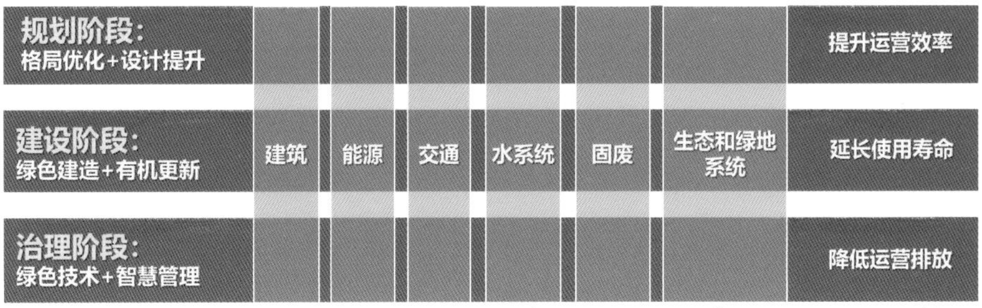

规划阶段：
格局优化+设计提升
提升运营效率

建设阶段：
绿色建造+有机更新
建筑
能源
交通
水系统
固废
生态和绿地系统
延长使用寿命

治理阶段：
绿色技术+智慧管理
降低运营排放

绿色低碳城区规划、建设、治理一体化工作机制

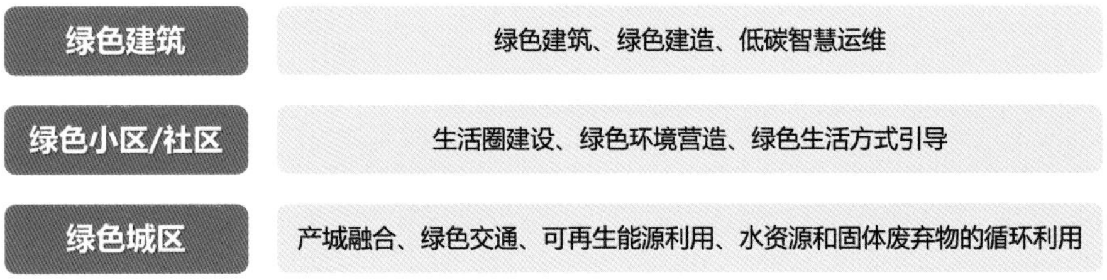

绿色建筑
绿色建筑、绿色建造、低碳智慧运维

绿色小区/社区
生活圈建设、绿色环境营造、绿色生活方式引导

绿色城区
产城融合、绿色交通、可再生能源利用、水资源和固体废弃物的循环利用

“绿色建筑—绿色小区（社区）—绿色城区”多层次的建设体系

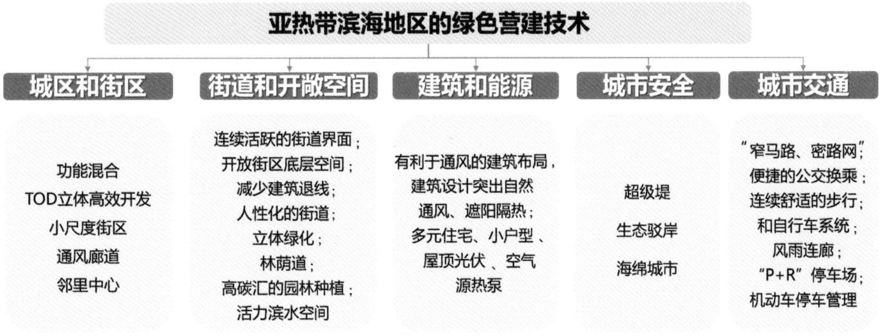

亚热带滨海地区的绿色营建技术

城区和街区
功能混合
TOD立体高效开发
小尺度街区
通风廊道
邻里中心

街道和开敞空间
连续活跃的街道界面；
开放街区底层空间；
减少建筑退线；
人性化的街道；
立体绿化；
林荫道；
高碳汇的园林种植；
活力滨水空间

建筑和能源
有利于通风的建筑布局，
建筑设计突出自然
通风、遮阳隔热；
多元住宅、小户型、
屋顶光伏 、空气
源热泵

城市安全
超级堤
生态驳岸
海绵城市

城市交通
“窄马路、密路网”；
便捷的公交换乘；
连续舒适的步行；
和自行车系统；
风雨连廊；
“P+R”停车场；
机动车停车管理

适应亚热带滨海地区的绿色低碳城区建设路径

广州南沙庆盛绿色低碳城区试点核心指标表

类型	主要指标	类型	主要指标
品质生活样板区	混合功能街坊比例	生态韧性示范区	蓝绿空间占比
			水系连通度
	步行和自行车交通网络密度	资源循环示范区	可再生能源比例
	绿地和开敞空间300m覆盖率		生活垃圾资源化利用率
		城市智慧试验场	车路协同系统路段覆盖率
	新建建筑二星级及以上认证绿色建筑占比		城市运管服平台覆盖率

青岛市绿色城市建设发展试点评估系列项目

编制起止时间： 2021.8—2023.12
承 担 单 位： 绿色城市研究所
主 管 所 长： 董珂　　**主管主任工：** 谭静
项目负责人： 吴淞楠　　**主要参加人：** 常新、王梓琪、高晗、廖丹妍、苟镔倬、李梓赫

项目一名称： 青岛市绿色城市建设发展试点终期评估
承 担 单 位： 绿色城市研究所
主 管 所 长： 董珂　　**主管主任工：** 谭静
项目负责人： 吴淞楠、常新　　**主要参加人：** 王梓琪、高晗、苟镔倬、李梓赫

项目二名称： 青岛市绿色城市建设发展试点中期评估
承 担 单 位： 绿色城市研究所
主 管 所 长： 董珂　　**主管主任工：** 谭静
项目负责人： 吴淞楠　　**主要参加人：** 常新、王梓琪、廖丹妍

项目三名称： 青岛市绿色城市专项体检报告
承 担 单 位： 绿色城市研究所
主 管 所 长： 董珂　　**主管主任工：** 谭静
项目负责人： 吴淞楠　　**主要参加人：** 常新、王梓琪、廖丹妍

背景与意义

2020年12月，住房城乡建设部、中国人民银行、银保监会共同批复青岛市成为全国首个绿色城市建设发展试点，开展绿色城市建设工作。绿色城市建设发展试点旨在加快探索城市绿色高质量发展新路径，转变城市"大量建设、大量消耗、大量排放"的建设方式。通过试点，在青岛探索出若干推动城乡建设绿色发展可复制的经验，进而向全国推广。

青岛市先后开展《青岛市绿色城市建设发展试点中期评估》和《青岛市绿色城市建设发展试点终期评估》等工作。通过评估"优长板"，对青岛市在绿色城市建设发展方面的先进做法进行总结，形成可复制、可推广的经验，在全国绿色城市建设发展中贡献青岛智慧与青岛方案。通过评估"找短板"，发现重点建设领域仍然存在的问题，并结合国家最新的政策及要求，及时、动态地调整下一阶段工作方向与重点。

规划内容

（1）总结既往。对标《青岛市人民政府关于加快推进绿色城市建设发展试点的实施意见》（本项目中简称《实施意见》）的目标要求，通过构建可量化、可考核的评估指标体系进行实施绩效评估，反映青岛市绿色城市建设"好不好"。确定绿色金融、绿色生态、绿色建造、绿色生活四大领域共包含31项指标。设立指标权重，采取横向对比和纵向对比相结合的评价方式，评估各项指标是否达到试点要求以及变化趋势。

根据《实施意见》中的各项工作，对33个相关部门完成情况进行汇总和评估，反映各部门工作完成"全不全"。因各部门在青岛市绿色城市建设中所承担

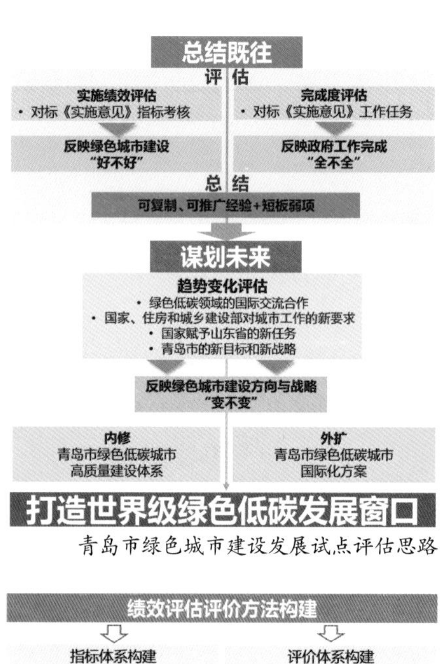

青岛市绿色城市建设发展试点评估思路

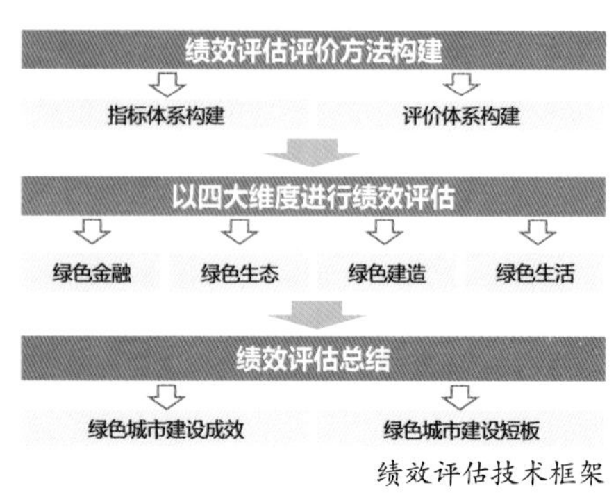

绩效评估技术框架

的工作任务强度及重要度设立各部门权重系数，综合考量各部门的工作完成情况，确保青岛市绿色城市建设“清单化管理、项目化推进、责任化落实”工作机制的落实到位。

（2）谋划未来。以宏观目标为导向，研判新阶段新政策。结合新时代国家、住房和城乡建设部、山东省和青岛市的新要求新任务，动态调校青岛市绿色城市建设的战略方向与工作重点。全面建立青岛市绿色低碳城市建设长效机制，保障绿色低碳城市建设工作常态化、深入化、国际化发展，使青岛市从绿色城市建设发展试点转向全面推动城乡建设绿色低碳高质量发展。

创新要点

（1）建立科学全面又兼顾青岛特色的评估体系。通过构建具有青岛特色的指标体系进行实施绩效评估；对标《实施意见》进行政府工作完成度评估；对标国家、部省和青岛市的新要求、新任务进行趋势变化评估，判断青岛市绿色城市发展方向和战略“变不变”。

（2）形成经验总结推广的新模式。结合总体把控和重点深化两个层次，全面梳理青岛市各领域绿色低碳重点案例，形成八方面二十条可复制可推广的绿色低碳建设经验，并在全国绿色城市试点大会及全国市长研修班城乡建设绿色低碳发展专题中进行推广。

（3）结合趋势评估动态调校绿色城市发展战略方向和工作重点。详细梳理国家、住房和城乡建设部、山东省及青岛市针对“双碳”的最新要求及目标，以绿色金融为支撑，提出“内修补短板”与“外扩寻发展”相结合的青岛市绿色城市建设的下阶段工作建议，为青岛市乃至全国其他城市在实现绿色低碳可持续发展的过程中提供系统工作模式的借鉴与参考。

（执笔人：吴淞楠）

绩效评估指标体系表

维度	分项	指标
绿色金融（4项）	绿色金融市场表现	绿色贷款余额年增长率
		绿色金融产品创新能力
		绿色贷款余额占贷款余额比重
	绿色金融服务能力水平	绿色金融政策管理机制建设
绿色生态（13项）	碳排与用能	单位GDP二氧化碳排放降低率
		城市清洁供暖率
		农村清洁取暖率
	生态环境	空气质量优良天数比率
		大陆自然岸线保有率
		近岸海域水质优良比例
		城市建成区绿化覆盖率
		农村无害化卫生厕所普及率
		农村生活污水治理率
	资源利用	城市生活污水集中收集率
		城市再生水利用率
		城市生活垃圾资源化利用率
		农村生活垃圾分类收集覆盖率
绿色建造（5项）	新建节能	绿色建筑占新建建筑比例
		装配式建筑占新建建筑比例
		超低能耗建筑占新建建筑比例
	既有改造	既有居住建筑节能改造完成率
	资源利用	建筑垃圾资源化利用率
绿色生活（9项）	社区建设	完整居住社区覆盖率
		实施物业管理的住宅小区占比
		社区志愿者数量
	宜居品质提升	公园绿化活动场地服务半径覆盖率
		人均公园绿地面积
	历史文化保护	历史文化街区、历史建筑挂牌率
	绿色出行	清洁能源和新能源公交车车辆比例
		45分钟公交服务能力占比
		高峰时段绿色出行比例

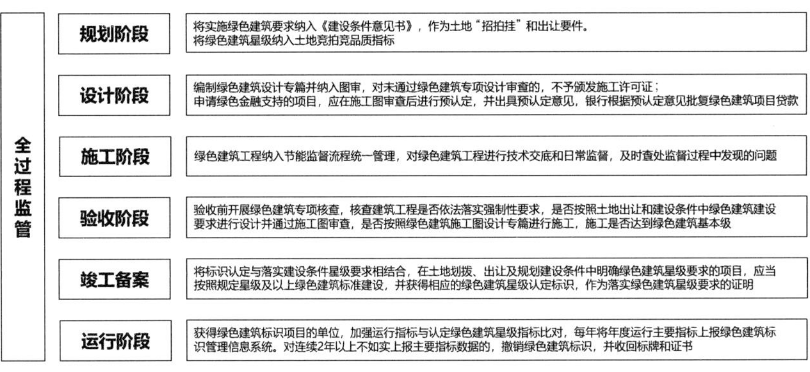

青岛市绿色建筑全过程监管流程示意图

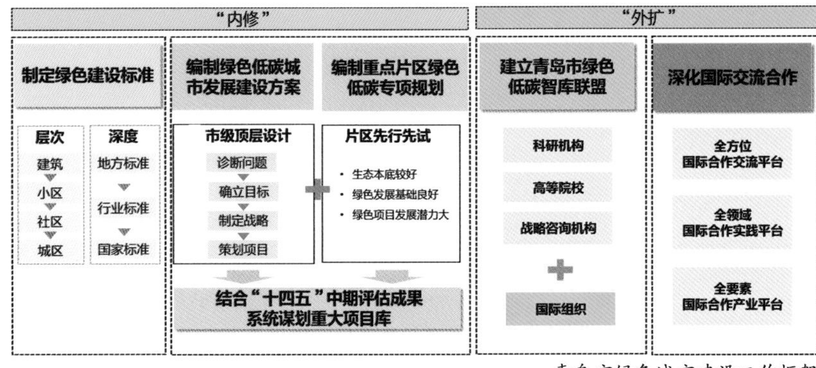

青岛市绿色城市建设工作框架

36

全龄友好及完整社区

珠海市参与式社区规划试点

2019年度全国优秀城市规划设计一等奖｜2019年度广东省优秀城乡规划设计二等奖｜2018—2019年度中规院优秀规划设计二等奖

编制起止时间： 2015.12—2018.1
承 担 单 位： 中规院（北京）规划设计有限公司
主 管 总 工： 朱子瑜、张菁　　**主 管 所 长：** 尹强　　**主管主任工：** 李海涛、李家志　　**项目负责人：** 罗赤
主要参加人： 孙萍遥、杨峥屏、章征涛、潘裕娟、陈恳、黄嘉浩、田向阳、吴恒、兰小梅、陈燕、李媛媛、陈碧燕、吴玲、赵明
合 作 单 位： 珠海市规划设计研究院

背景与意义

2015年，国务院《关于加强城乡社区协商的意见》出台后，广东省住房和城乡建设厅随即印发关于选取试点社区开展城乡规划公众参与工作的通知，珠海被选为第一个试点城市。项目组选定位于香洲老城区的狮山街道及所辖行政社区为对象，展开了“参与式社区规划”的试点工作。参与式社区规划是基于社会建设为核心目标的规划行动，是以社区居民为主体，尊重居民意愿而进行的自下而上的规划，实现基层治理与社区赋权的主要途径与创新工作。规划师的角色是以满足社区居民的诉求和基层组织的建议为基本出发点的专业协助者。参与式社区规划的成果主要体现在规划进行的过程之中，以社区空间环境为相关议题，通过持续与不断深入的协商与互动，吸纳更多社区居民参与社区建设的行列，实现城市社区建设“共同缔造”。

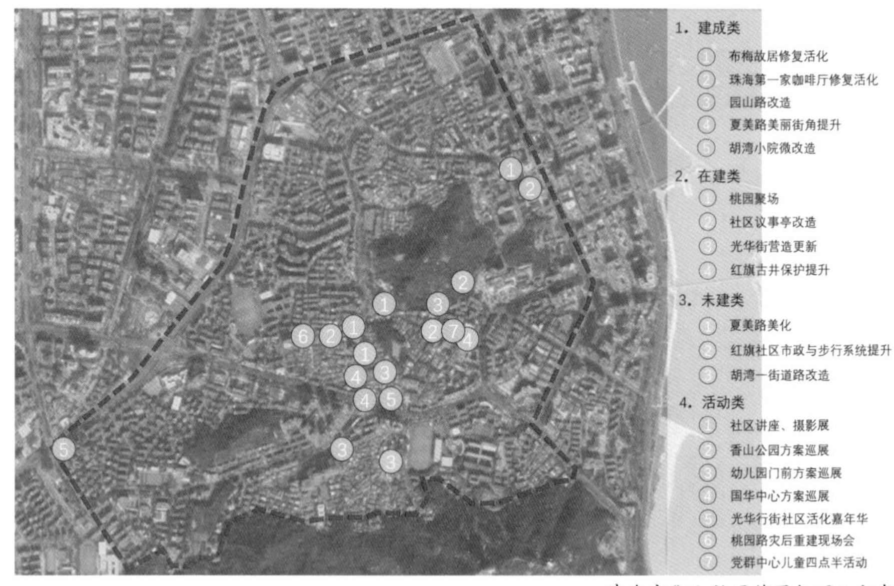

珠海市狮山社区范围与项目分布

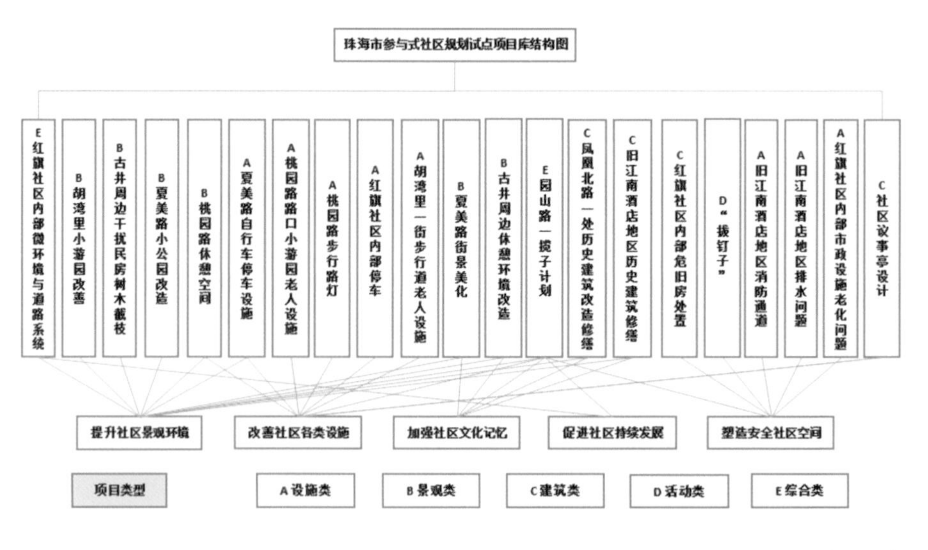

社区改造项目库

规划内容

第一阶段：通过开展访谈式调研、居民口述历史、开放式讲座培训、社区生活摄影大赛等一系列活动，将参与理念带入社区，让专业人员与居民、基层建立起信任关系，调动居民参与热情，完成建立社区意识的第一步。

第二阶段：项目组充分了解社区居民

社区摄影比赛与社区历史走访调研

社区设计方案巡展与设计方案大赛评选

与中欧低碳合作项目的欧盟专家一起参与古井周边环境改造设计

规划后期狮山小美节点实施方案

在日常生活中关注的社区环境方面的一些关键性问题，通过开展以社区空间环境优化提升为目标的规划设计竞赛，引入本地在校大学生的参与，通过组织活动认识空间、发现问题，并针对问题共同设计协商方案，让社区居民以主人的身份为家园环境的改善与提升建设出谋划策，完成提升社区治理能力的第二步。

第三阶段：通过多次现场设计工作坊与居民共同完善方案，并形成社区发展提案计划与项目库，协同相关建设部门共同推进项目落地。后期在狮山基层组织的带领下，进一步发掘拉动新的资源促进协商，形成自主的参与机制，专业者则以协助方式帮助社区开展参与活动，逐渐达到社区可持续发展的第三步。

创新要点

（1）基于社区赋权理论框架下的规划进程。国家有关课题提出社区赋权的三个阶段，包括：初期激活社区意识，推进权力与服务的下放；中期社区居民参与意识增强，调动社区精英和积极分子提升社区协作治理能力；后期由基层自组织居民参与社区事务的决定和执行，不断扩大社区影响与社区间的交流。

（2）从需求出发的工作计划和行动。参与式规划自下而上的工作思路决定了项目推进必须以问题为导向，要求专业人员不断深入社区和居民日常生活中，不间断为社区解决实际问题提供技术支撑。工作进程会考虑四季的气候因素、不同人群的闲暇时段，在不同的室内外场景中安排互动与沟通活动。每次策划均以居民方便为第一考虑因素，充分利用周末或节假日等时间组织现场参与。工作计划也会因特殊事件发生作出相应安排。2017年8月台风“天鸽”侵袭珠海，狮山街道严重受损，项目组启动了灾后重建现场工作坊，邀请专家介入，与居民面对面地讨论桃园路行道树重修计划。

（3）搭建多方平台，保持持续跟踪。在试点项目中，规划师作为协调者不断打通居民、政府部门和机构、社会组织、大学院校、公益团队等多方力量的对话渠道，在逐步递进的空间美化行动中，利用网络微信平台及线下参与活动搭建起多方参与的公共平台，不断凝聚更多参与群体，社区借此拓展与各种社会资源的联结，形成互动的网络关系。通过系列社区微改造项目和参与活动，形成了真实的自治力量。项目合同期结束后，项目组持续跟踪、借助外部资源的社区活动并未停止。

2019年5月底，中规院（北京）规划设计公司特邀中欧生态城项目欧盟专家团队，与狮山街道办再度携手策划、组织了一次珠海狮山社区参与式微改造访谈与方案设计活动。

实施进展

2024年，结合早期参与式规划和后续的市集活动，狮山街道已申请到城市更新专项债，对区内一处历史街区建筑群和一处市集走巷内街启动了参与式的更新提质改造。

（执笔人：罗赤、吴恒）

深圳市无障碍城市专项规划（2023—2035年）

深圳市第19届优秀城市规划设计奖二等奖｜2021年度广东省优秀城乡规划设计奖三等奖｜
2022—2023年度中规院优秀规划设计三等奖

编制起止时间： 2020.5—2023.12
承 担 单 位： 深圳分院
分院主管总工： 朱荣远　**主 管 所 长：** 王泽坚　**主管主任工：** 张若冰
项目负责人： 傅一程　**主要参加人：** 卓伟德、刘堃、蔡海根、任婧、梁尚婷、蔡佳秀、魏子珺、周佩玲、胡桢
合 作 单 位： 哈尔滨工业大学（深圳）

背景与意义

本专项规划着眼于国内外的无障碍建设趋势，围绕以人为本、聚焦全民全龄人群的无障碍需求。规划提出系统性建设城市无障碍公共网络，让更多深圳人平等享受居住、出行、工作、休闲等全方面幸福生活，强化城市包容性、提升城市文明度、缔结家园归属感。

规划内容

基于深圳市现状无障碍环境调研评估的典型问题，本次规划提出建设“全民全龄无障碍网络”的空间目标，空间体系包含点、线、面三个层次。

（1）点——公共设施无障碍，包含残障人士专属服务设施和城市通用服务设施等共同组成的城市公共设施无障碍功能提升，支持全民、全龄使用者在“文教体卫娱”等全生活场景都能获得高质量公共服务。

（2）线——交通出行无障碍，是指城市多样化交通出行无障碍体系。规划提出依托线性骨架（城市轨道线、公交走廊、主要生活性道路等）规划一体化无障碍出行体系。

（3）面——公共空间无障碍，规划提出推动城市社区、城市中心区、公园与游憩空间的系统化无障碍提升，并向

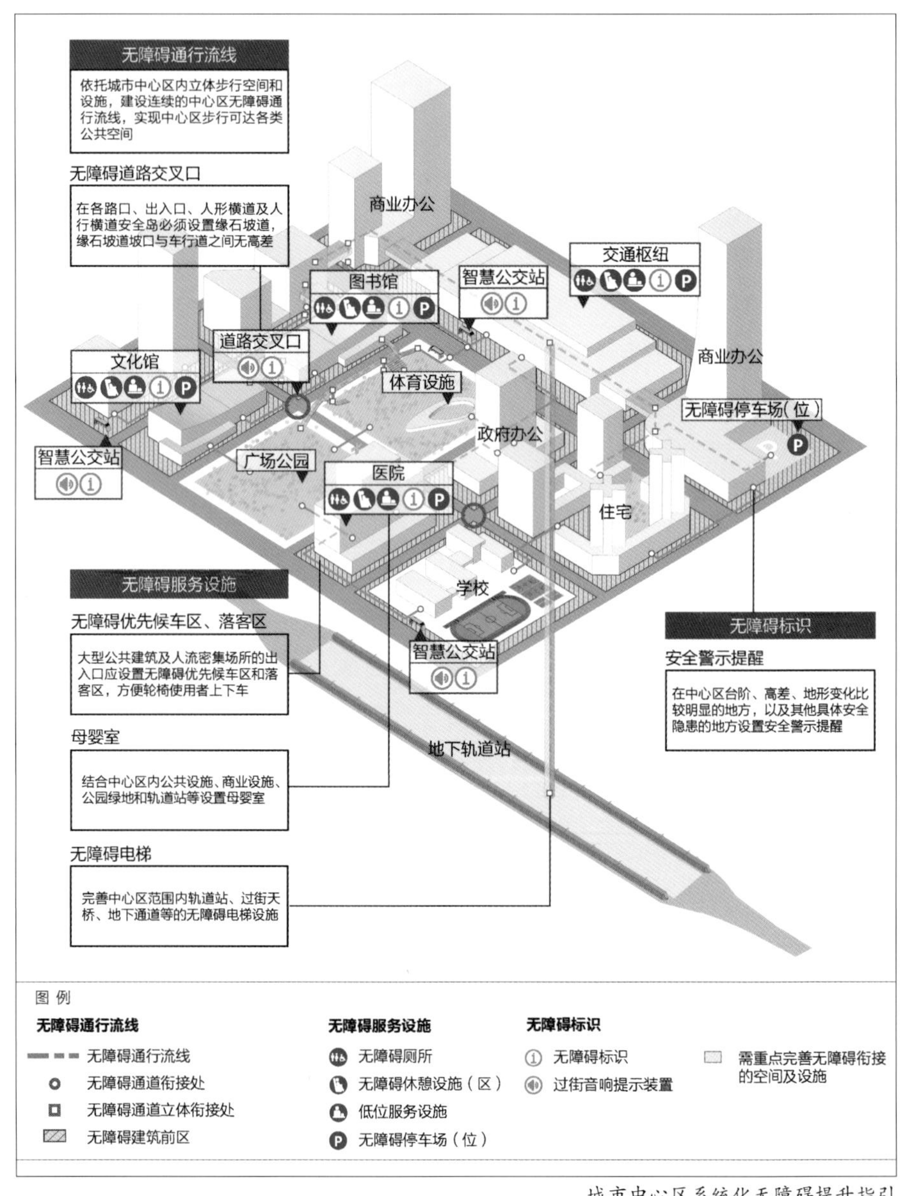

城市中心区系统化无障碍提升指引

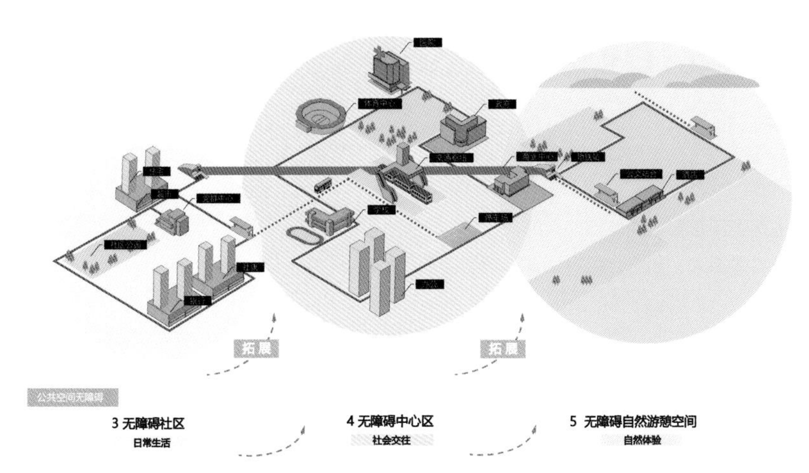

深圳市无障碍城市空间体系点、线、面模式图

下层次的更新改造设计传导具体系统化设计技术要求。

创新要点

（1）体验与访谈结合，精准描绘需求画像。以人为本，通过公众网络调查问卷、残障人士访谈调查问卷、残障人士访谈记录、无障碍环境调研和数据分析等多种方式结合，对全市人群需求特征进行摸底。对人群总体需求与空间分布、各类人群行为特征和空间需求进行了精准描绘和模式总结，并形成完整研究报告，对本次规划以及其他同类规划提供了详尽的研究基础。

（2）问题与目标结合，提升系统设计标准。通过梳理现状建设问题、对标国际先进案例相结合的方式，找到深圳无障碍建设的关键问题和提升路径。规划提出应关键围绕系统化设计指引要求提升各要素建设标准，统筹不同管理部门、不同建设时期、不同建设主体的空间要素。

（3）规划与实施结合，强化“规建管”反馈闭环。基于规划提出的深圳市无障碍空间体系图，强化后续实施项目库和保障措施，以规划设计、建设改造、管理维护三个阶段的反馈闭环机制为基础，促进无障碍实施项目在市区层级的有效落实。

实施效果

后续阶段，深圳市无障碍公共服务设施、各区的无障碍社区以及无障碍交通廊道等项目得到有序实施，并已开展《深圳市无障碍城市专项规划（2023—2035年）》规划评估阶段相关工作。

（执笔人：傅一程）

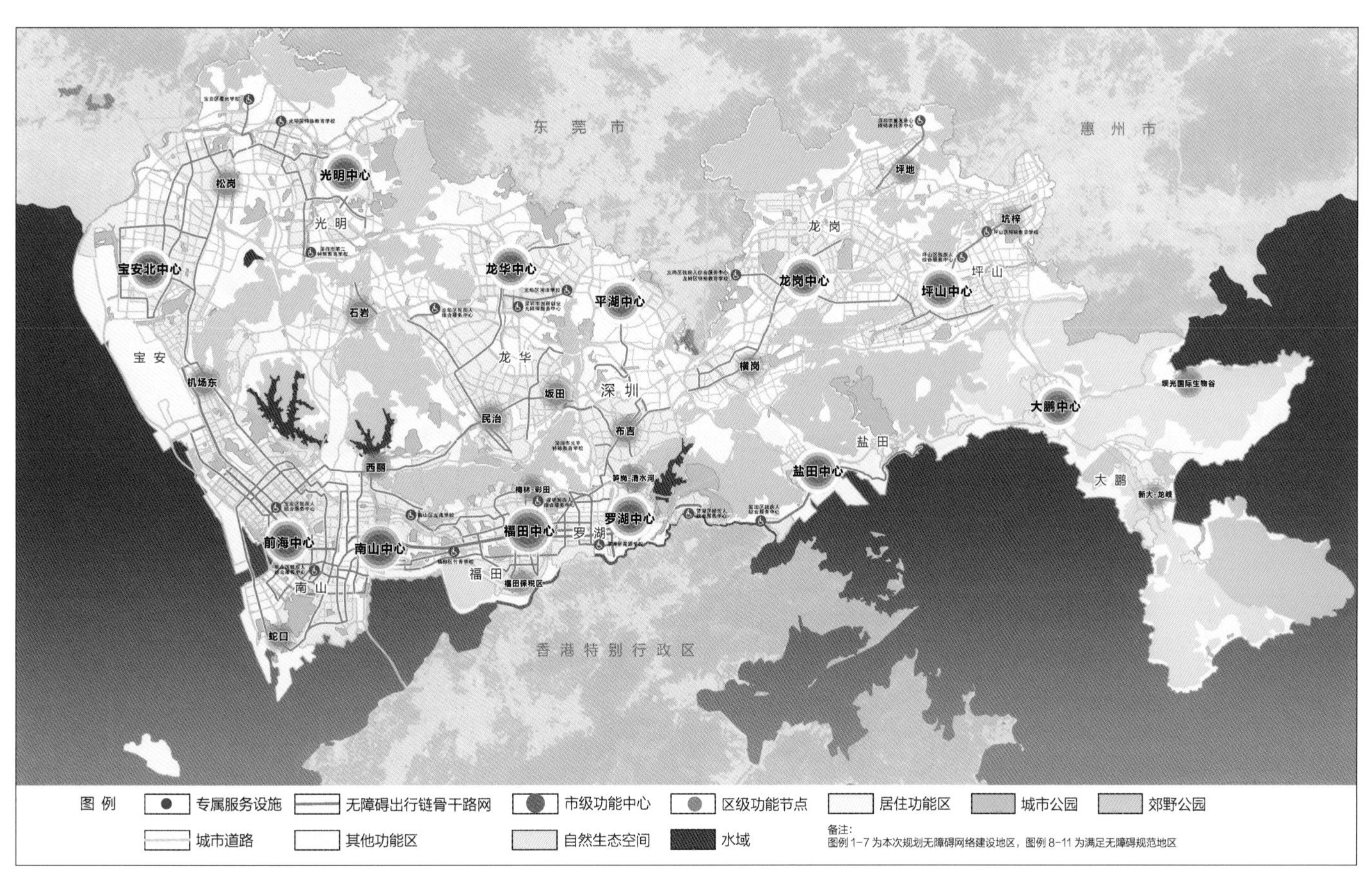

深圳市无障碍城市空间体系图

浙江省衢州市儿童友好城市建设系列项目

编制起止时间：2022.9至今
承 担 单 位：绿色城市研究所
主 管 所 长：范渊　　**主管主任工：**胡晶
项目负责人：兰慧东、许阳、赵星宇、王亮　　**主要参加人：**于凯、马嵩、谯锦鹏、王秋杨、闻雯、牛玉婷
合 作 单 位：国家发展和改革委员会社会发展研究所

项目一名称：衢州市儿童友好城市建设方案课题编制项目
承 担 单 位：绿色城市研究所
主 管 所 长：董珂　　**主管主任工：**范渊
项目负责人：胡晶、王亮、兰慧东　　**主要参加人：**于凯、许阳、牛玉婷
合 作 单 位：国家发展和改革委员会社会发展研究所

项目二名称：衢州市诗画风光带儿童友好城乡融合示范带规划设计
承 担 单 位：绿色城市研究所
主 管 所 长：范渊　　**主管主任工：**胡晶
项目负责人：许阳、赵星宇　　**主要参加人：**兰慧东、马嵩、于凯、谯锦鹏、王秋杨、闻雯

项目三名称：航埠镇全域儿童友好示范建设采购发展计划
承 担 单 位：绿色城市研究所
主 管 所 长：范渊　　**主管主任工：**胡晶
项目负责人：许阳、赵星宇　　**主要参加人：**兰慧东

背景与意义

习近平总书记指出，孩子们成长得更好，是我们最大的心愿。国家“十四五”规划纲要明确提出全面推动儿童友好城市建设，并将100个儿童友好城市建设试点列入“十四五”期间的重大工程。

2022年以来，配合浙江省衢州市成功申报第二批国家儿童友好城市试点，聚焦“南孔圣地、儿童友礼”，以在“有礼”城市中培养“友礼”儿童，让“友礼”儿童为“有礼”城市发展赋能为目标，“小手拉大手”“发展促治理”，探索形成城市示范、乡村联动的城乡融合型儿童友好城市建设模式。

规划内容

（1）编制《衢州市儿童友好城市建设方案》，成功申报第二批国家儿童友好城市建设试点。以“南孔圣地、儿童友礼”为主题，围绕社会政策友好、公共服务友好、权利保障友好、成长空间友好和发展环境友好五大维度，按照申报要求完成编制工作。2023年5月，浙江省衢州市成功入选国家发展和改革委员会、国务院妇女儿童工作委员会联合印发的第二批建设国家儿童友好城市名单。

（2）开展诗画风光带儿童友好城乡融合示范带规划设计全过程技术服务。发挥诗画风光带（航埠段）城乡接合部优势，规划设计乡村课堂、农业乐园等城乡儿童交流平台，将新增校外活动场所和游憩设施、盘活适儿化改造与沿线

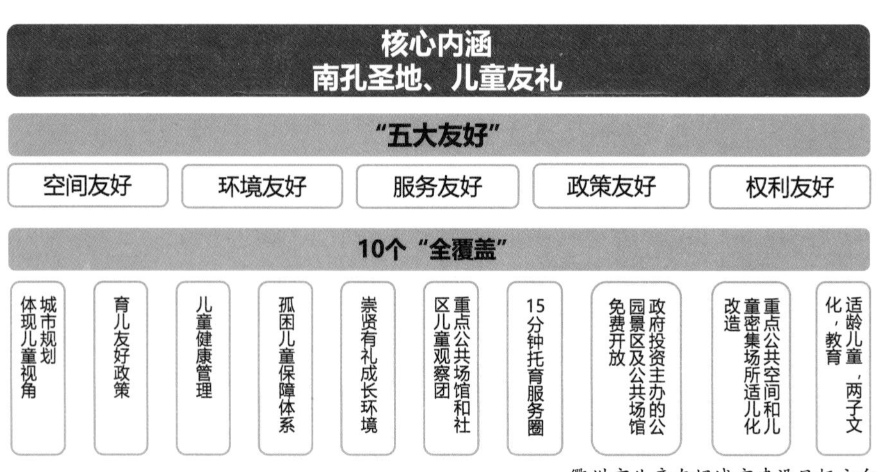

衢州市儿童友好城市建设目标方向

特色资源、整治沿江风貌等工作相结合。分步骤推进各节点详细设计，配合市政府共同确定实施方案和运营方案，指导施工方、运营方共同完成一系列儿童游学场地建设。

（3）编制儿童友趣行动计划，形成乡镇儿童友好建设指南。结合航埠镇居民需求和城镇建设短板查漏补缺，制定儿童服务设施增补与改造清单。以诗画风光带沿线为重点片区，编制并发布儿童友好活力空间发展计划，形成面向政府、运营主体和村民的建设指导手册。

（4）结合地方日常工作需要，提供全过程、伴随式专业技术咨询服务。组织召开“城乡融合、共建共享”儿童健康成长空间建设研讨会，为社会各界搭建交流互鉴平台；为《衢州市重大事项儿童影响评价指引》《衢州“南孔圣地 · 友礼儿童”公约征集》等拟出台的政策文件和拟上报的项目清单等提供建议；参加儿童友好城市建设工作推进会，为系统推进儿童友好城市提供指导，为各类儿童友好试点单元建设提供现场咨询。

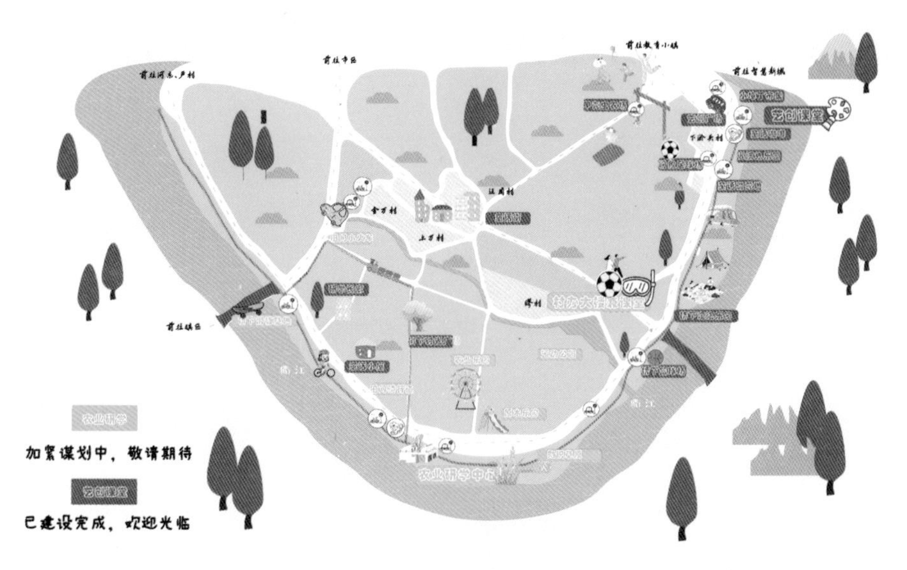

衢州市诗画风光带（航埠段）儿童友好集成示范地图

下淤头村艺创课堂及周边微丘乐园实施和运营效果

下淤头村飞盘营地建设效果

创新要点

（1）以试点申报凝聚政府共识。突出“南孔圣地、儿童友礼”主题，推动儿童友好理念全面融入城市发展。

（2）以建成项目凝聚基层共识。在促进城乡共融、实现共同富裕的整体目标下，规划设计儿童友好、城乡融合示范带，实现以发展促治理。

（3）以公众参与凝聚社会共识。坚持以“童”为本、以小见大、一举多得，广泛推动儿童友好城市建设理念落地。

实施效果

（1）依托顶层设计，广泛凝聚共识。围绕《衢州市儿童友好城市建设方案》，政府主导、条块结合、部门联动、全社会共同参与，相关经验多次在全国、全省交流推广，发挥了国家试点城市的示范作用。

（2）通过集成示范，推动实施落地。作为儿童友好集成示范的重要组成部分，目前已完成下淤头段灯塔公园、互动性微地形乐园、飞盘营地等节点建设，通过政企合作方式，实施运营“童话岛”，获得城乡居民和游客的广泛好评。

（执笔人：范渊、胡晶、许阳）

深圳市景龙社区儿童友好示范点建设规划

2018—2019年度中规院优秀规划设计二等奖|2022年大湾区城市设计大奖提名奖

编制起止时间：2018.7—2019.9
承 担 单 位：深圳分院
分院主管总工：王瑛　　**主 管 所 长：**刘雷
项 目 负 责 人：王方　　**主要参加人：**梁中良、林芳菲、刘艳、黄晓希、陈毅春

背景与意义

为贯彻落实《深圳市建设儿童友好型城市战略规划（2018—2035年）》和《深圳市建设儿童友好型城市行动计划（2018—2020年）》提出的要求，以儿童友好示范社区建设推进龙华区儿童友好城区工作，龙华区龙华街道于2018年7月开展《深圳市景龙社区儿童友好示范点建设规划》编制工作。

规划内容

规划基于景龙社区“深圳高速城市化的空间样本”这一特色，重点识别城中村、花园小区和新建小区在儿童友好领域面临的不同问题以及儿童活动路径的特点与差距。强调公众咨询中儿童全过程参与，从儿童视角出发，补充儿童专属室内外活动场地、建立系统性的儿童友好步行路径，充分挖掘地方特色，运用城市设计的手法对儿童活动场地、友好步行路径、配套设施等提出优化完善的针对性策略，提供儿童友好社区建设可推广的经验。在此基础上，通过儿童友好型社区建设行动优化完善社区公共资源，为社区提供高质量、有吸引力的城市公共环境，打造满足居民未来需求的深圳城市社区标杆。

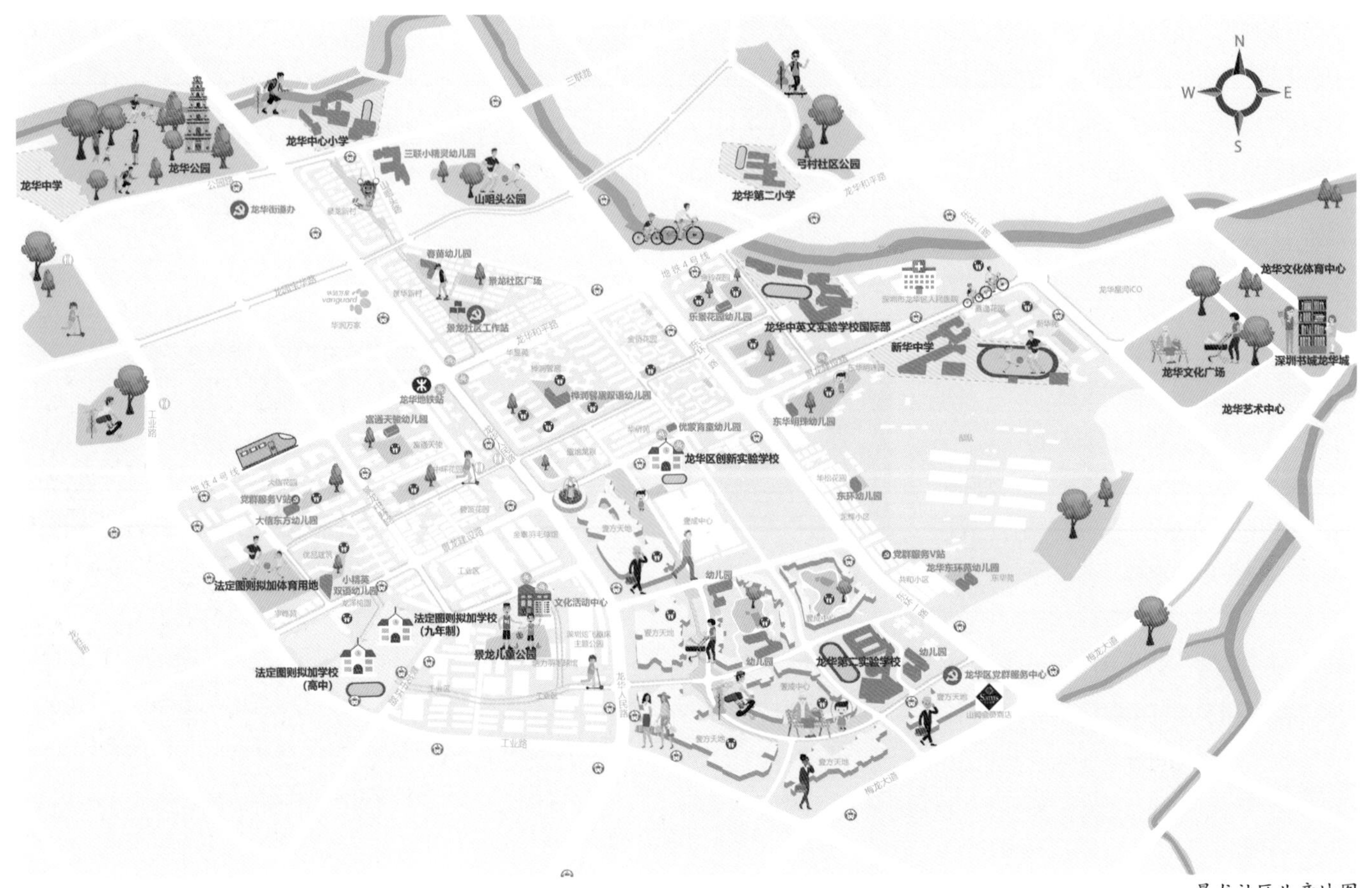

景龙社区儿童地图

花园小区A组团儿童活动空间建设指引图

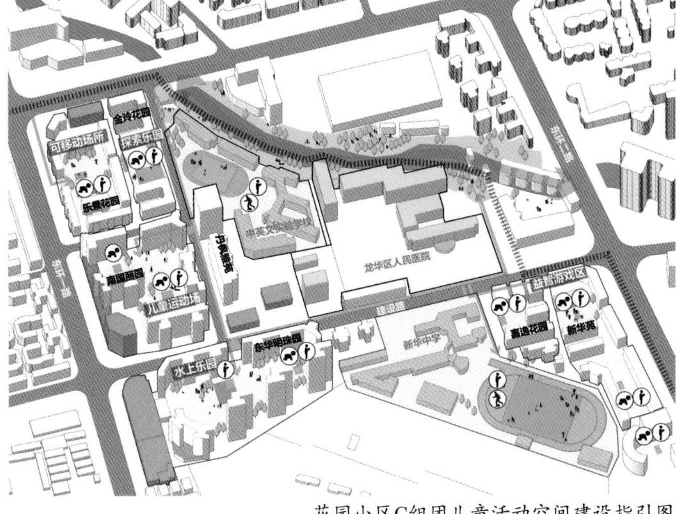

花园小区C组团儿童活动空间建设指引图

创新要点

1. 微激活、塑系统，为儿童设计的社区空间蓝图

掌握儿童的多元需求。社区儿童年龄分布较均衡，调研访谈显示，儿童对探索和体验自然有一定需求，低龄儿童倾向于有设施的场地，青少年的运动需求则更强烈。不同类型居住社区的问题不尽相同。城中村的巷道具有交通和活动双重属性，安全性低且活动空间严重不足；花园小区的儿童常活动于周边小区，缺少专属的设施与场地；新建小区儿童活动场地为标准模式化设计，品质不足、特征不显。

识别儿童出行特征。景龙社区是一个15分钟生活圈，由九个被城市干道划分出的5~10分钟生活圈构成，低龄儿童活动范围基本在5~10分钟生活圈，青少年活动范围与社区15分钟生活圈较吻合。

微激活、塑系统、多混合的总体设计。通过一系列“针灸式”的儿童友好空间的补充，以及安全、有趣的步行系统将社区内及周边各个节点串联，系统化提升社区儿童生活空间品质。并为儿童设计一份趣味地图，为不同年龄段儿童提供探索社区兴趣点以及活动空间的指引。

2. 因地制宜，应对空间分异的儿童友好空间建设指引

满足不同类型居住社区的改善需求。城中村采取低成本、结合管理措施的策略。景龙、景华新村内部的主街——景龙路有一定活动空间，因此将其改造为兼顾儿童与成人活动的步行街，同时，在晚间保留其交通属性。此外，低成本打造小型活动场地，并注重对空闲停车位、垂直空间等微小空间的利用。花园小区践行共享多元的理念，在建通路、中环路、乐雅一路三个5分钟居住组团设计不同主题、针对不同年龄段儿童的活动场所。新建小区践行个性化、精细化的设计理念，结合亲近自然、寓教于乐、融入艺术元素等理念进行优化，提升场地的精细化程度。

3. 分时空共享，拓宽高密度社区儿童和市民活动空间广度

把景龙社区划分为七个组团（5~10分钟生活圈尺度），每个组团内包含至少两个中型及以上的儿童活动场地（或半开放的学校操场）以及若干小型活动场地，这些活动场地在不同时段被不同人群所使用。

4. 与儿童共成长，凝聚各方力量共同缔造的社区长效治理机制

推行社区规划师制度。社区规划师作为重要中间人，协助政府、第三方机构、居民以及开发商等各利益主体建立共同协商的平台，并以专业视角提供社区治理建议。创新差异化的实施机制，城中村以政府公共资源的投入为主；花园小区充分发挥社区自治效益。景龙社区儿童议事会以儿童为主导，展开了一系列议事、调研和拓展活动，如针对步行巴士和儿童图书馆的议事项目，儿童参与度高，建议丰富多样，有效地促进了儿童深度参与社区治理。

实施效果

2019年，景龙社区被推荐为广东省“儿童友好示范社区”，被实践证明的景龙儿童友好社区的创新规划、社区治理与实施机制经验，正在龙华区全区推进儿童友好型城市建设中得到推广。

（执笔人：王方）

北京市苹果园地铁2号地全龄友好公园改造

2023年度中国风景园林学会科学技术奖（规划设计奖）二等奖丨2023年度北京园林学会科学技术奖三等奖丨
2020—2021年度中规院优秀规划设计奖二等奖

编制起止时间： 2020.12—2021.10
承担单位： 风景园林和景观研究分院
主管所长： 王忠杰　　**主管主任工：** 牛铜钢
项目负责人： 马浩然、舒斌龙、宋欣　　**主要参加人：** 徐阳、许卫国、高倩倩、徐丹丹、赵恺、牛春萍、史健、吴雯、赵桠菁、孙明峰

背景与意义

金顶山全龄友好公园位于北京市石景山区中部，总体设计面积29.5hm^2，一期已建成面积5.2hm^2。

场地改造前是一片城市废弃地，2016年对场地进行了环境基础整治提升。随着公园周边建设的逐步完善，公园功能也要求更加复合，对公园进行更新已经迫在眉睫。在城市更新背景下，为进一步优化城市结构、完善城市功能、提升城市品质，将本项目作为北京市全龄友好公园试点工程进行打造。

规划内容

生态层面，金顶山与小西山一脉相连，与永定河共同构建了石景山区“一半山水一半城”的生态格局。

文化层面，金顶山是古代商旅往来、文化交流的重要通道，见证了京西历史文化的发展。

空间层面，公园位于模式口历史文化保护区、北京保险产业园和苹果园交通枢纽三个核心区域的中心，是石景山商务科技绿廊、永引渠滨水绿廊交汇的门户节点。作为融合自然与城市的核心纽带，公园承担着重要的生态、文化、休闲职能。规划将公园定位为以市民休闲、活力共享、生态绿色的全龄友好公园，是石景山中部城区绿色地标。基于对现状问题和功能需求的判定，方案以“金顶秋风”为设计主题，构建“一脉贯南北、一环连三区、林木映五台”的景观结构，划分“北部滨水文化区、中部山体观景区、南部城市休闲区”功能分区，打造功能多元、生态优良、环境舒适的全龄友好公园。

创新要点

（1）聚焦全龄友好，助力城市更新，彰显无微不至的人文关怀。结合城市功能

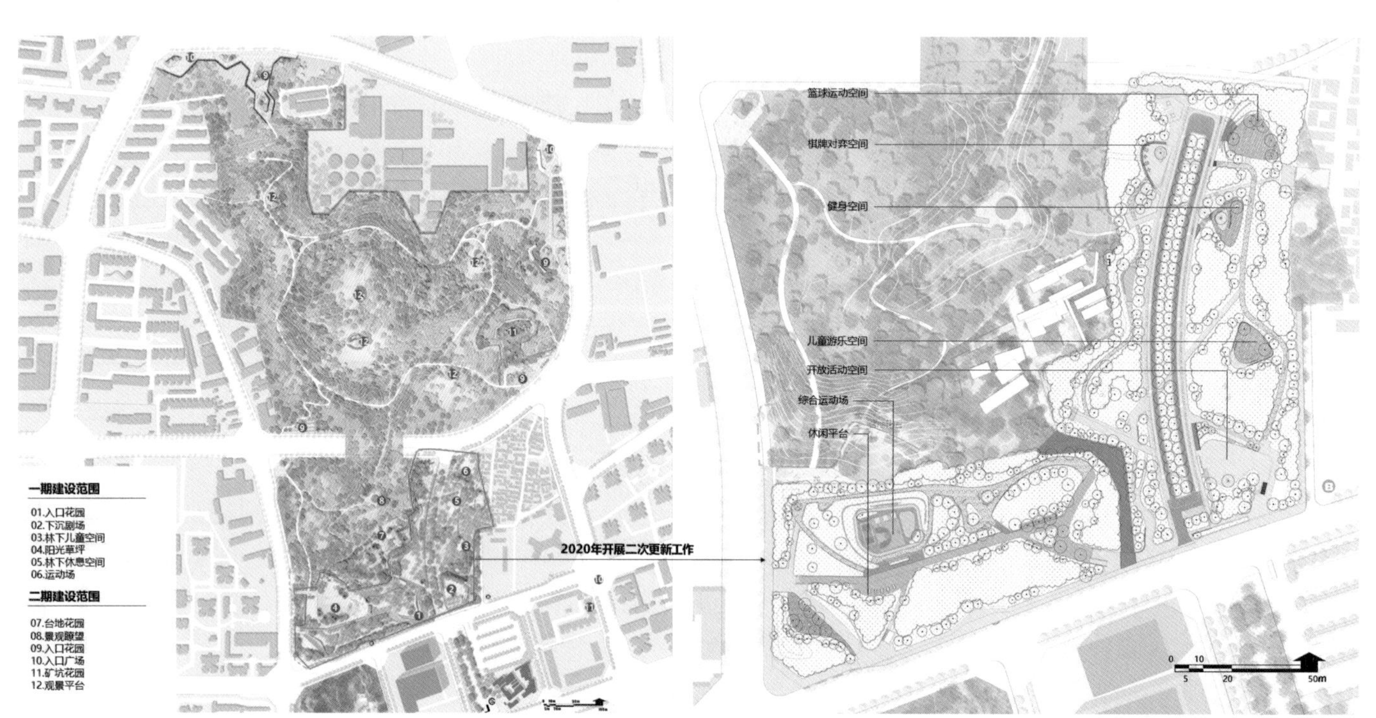

总体范围与一期实施范围平面图

布局，对场地进行重新梳理优化，形成连续开放的城市界面。根据不同年龄段人群的行为特点，细分活动空间类型。针对老年人活动特点设置休憩场地、广场空间、棋牌桌椅，健身活动广场，满足老年人活动需求；为中青年设计了集篮球场、乒乓球场、羽毛球场、滑板场于一体的综合运动空间；500m的彩色健身跑道串连多样的场地。根据儿童不同成长阶段的行为特征，设置儿童活动场地。儿童活动区周边设置家长看护区。通过多样色彩对不同功能空间进行使用引导。不同亮度照明设施匹配不同功能空间，保障夜间活动使用安全。

（2）挖掘历史文化，传承场所精神，延续丰富多元的场地记忆。挖掘并充分利用历史文化要素，彰显古韵悠长。利用拆除后的半山村落地基遗址，设计基地花园，提供半山休闲交流空间，保留场地记忆，传承场所历史精神。

（3）修复生态本底，构建城市绿心，营造金顶秋风的诗意栖居。考虑坡度、坡向等影响植物群落分布的主要限制性环境因子，运用抗逆性强、有特色的乡土耐旱植物，以营建不同群落类型的方式对山体进行分区、分类修复提升；植物品种选择上，突出季相变化，以秋色叶为骨干树种，营造金顶秋风诗意的景观风貌；构建鸟类栖息地，根据鸟类觅食、筑巢以及食源需求，增加生物多样性；营造城市生态岛，构建西山动物迁徙廊道踏脚石，形成石景山城市绿心。

儿童活动场地

秋叶大道

阳光草地

景观照明

廊架休息空间

林下休闲平台

综合运动场

实施效果

金顶山全龄友好公园一期建设工程于2020年12月开展设计工作，2021年5月开始施工，于2021年10月竣工并向市民全面开放。公园受到了周边市民的好评和赞扬，为市民带来友好、便捷、愉悦的使用体验。

（执笔人：宋欣）

37 乡村振兴

拉萨市尼木县吞巴乡特色小城镇示范点规划

2017年度全国优秀城乡规划设计二等奖丨2016—2017年度中规院优秀村镇规划设计一等奖

编制起止时间： 2015.9—2016.9
承 担 单 位： 村镇规划研究所
主 管 总 工： 陈锋　**主 管 所 长：** 靳东晓　**主管主任工：** 陈鹏
项目负责人： 白理刚　**主要参加人：** 卓佳、田健、邹亮、魏保军、王磊

背景与意义

2015年，为贯彻落实习近平总书记"治国必治边、治边先稳藏"战略思想，"坚定不移走有中国特色、西藏特点的发展路子"重要指示，落实精准扶贫和新型城镇化工作会议精神，决胜全面小康，西藏自治区以特色小城镇为突破点探索新型城镇化发展模式。自治区制定了特色小城镇示范点建设工作实施方案，提出特色鲜明、功能完善、集约节约、宜居宜业宜游的总体要求，旨在探索一条在藏区可以推广的样板，拉萨市尼木县吞巴乡便是重要的示范点之一。

规划内容

规划提出吞巴乡依托自身独特的文化资源，促进旅游城镇化惠及更多民众、使旅游区与集镇区取得功能与景观的协调，实现精准扶贫脱贫，全面小康。规划以吞弥·桑布扎作为吞巴的文化源头，不断深化和阐述文化的内涵和外延，打造全域旅游目的地，持续拓展产业发展路径，通过两条主线、三种途径带动地区全面小康。

两条主线：一是把文化传承、自然风光和文化创新与城景交融相结合，打造吞巴旅游目的地，将过路游提升为隔夜游；二是将文化与产业相融合，重点发展净土产业。

三种途径：一是从观光游到体验游的文化内涵拓展途径；二是从河谷游到周边游的区域拓展途径；三是一、二、三产业

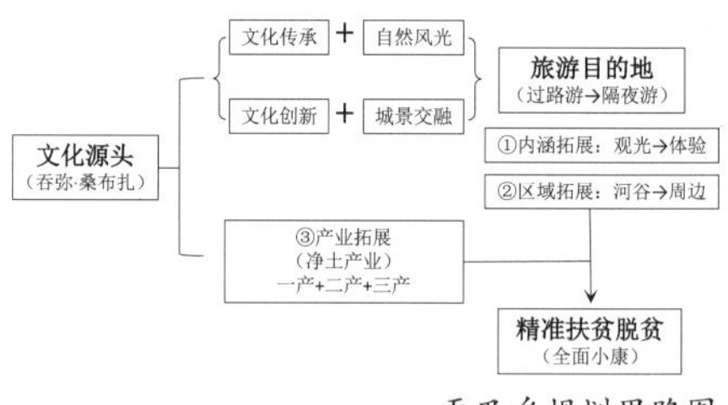

吞巴乡规划思路图

融合发展的途径。

创新要点

吞巴乡是尼木县东部中心镇，拉萨西部的特色旅游城镇，前后藏联系的重要纽带。规划以人为本，提出四项举措。

生态惠民：统筹生态环境要素，促进旅、居融合，转化生态价值。一是慎砍树、禁挖山、不填湖、少拆房，保护

吞巴乡吞达村鸟瞰图

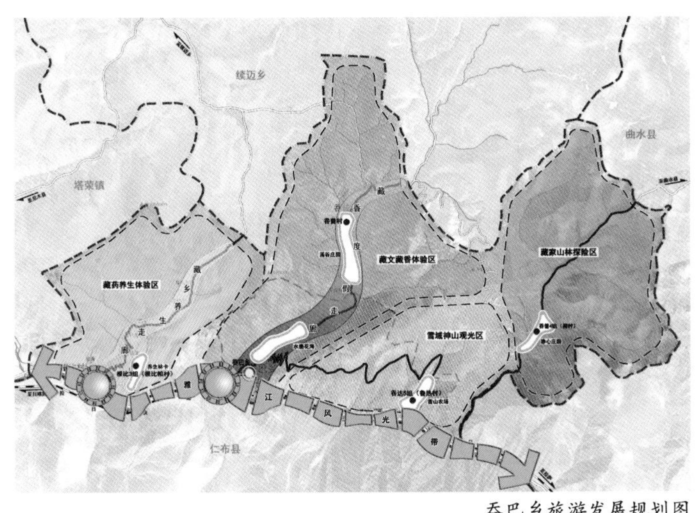

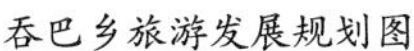
吞巴乡旅游发展规划图

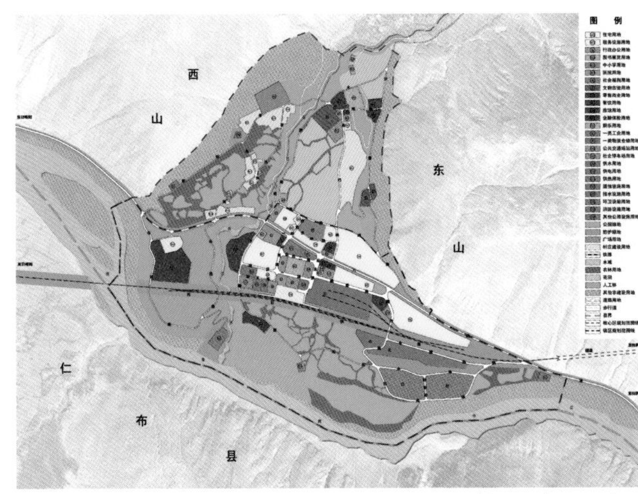

吞巴乡吞达村用地布局规划图

住房—安置住房建成实景

公共服务—农业银行建成实景

产业发展—尼木藏香销售店建成实景

湿地、林地、草地、河流、山体等环境本底。二是优化园、林、牧草地和村庄布局，打造尼木国家森林公园示范地。三是调整农业种植结构，提升田园风貌，复合利用生态空间。三是促进农业生产清洁化、农村废弃物资源化、村庄发展生态化，提升乡村绿色发展水平。

产业富民：以产业兴旺为目标，引导乡域经济多元化、优势产业特色化发展，实现农牧民稳定增收。一是延伸藏香特色产业链，围绕手工藏香和规模化生产，提高农牧民就业质量。二是挖掘吞弥·桑布扎遗产文化内涵，拓展旅游的深度、长度、广度，依托拉日黄金旅游通道和尼木站交通优势，将点状旅游转换为全域旅游。三是发展净土产业，通过农牧业生产、加工、销售紧密结合，创新产业经营组织，促进农牧民增收。

人本便民：基于多目标人群需求的服务要素配置，切实改善人居环境。一是通过详尽的调研、访谈，结合居民实际需求和游客群体特征配置公共服务设施。二是结合居住人群特征，形成传统院落型、商住型和提升改造型三种居住类型。

文脉兴民：保护传承文化遗产，建设西藏人居环境典范。一是保护中国历史文化名村吞达村，活化利用古堡遗址、差役住房等文化遗产。二是建筑群依地势变化，建筑单体采用石块加平顶的造型，运用本土材料，展现藏式建筑艺术。三是建设格桑广场、非物质文化展示中心、吞巴博物馆等地域文化标志物，改善公共空间。四是加强环境设计，以“千尺为势，百尺为形”的理念营造山、江、河、田园、花海互为映衬的田园情景。

实施效果

规划批复后，集镇建设进程加速，成效显著。2016年10月，吞巴乡以西藏第一名的成绩入选首批“中国特色小镇”，2019年吞巴乡撤乡设镇。

依据试点方案，在镇村建设方面，吞巴镇实施了高水平的安居房建设，完成了非物质文化展示中心、农业银行等公共服务配套设施的建设，镇区周边村容村貌得到了进一步改善，交通更加便捷，环境和设施水平稳步提高。在产业发展方面，吞巴镇藏香生产规模进一步扩大，尼木国家森林公园吞巴景区的建设取得实效，已成为拉萨、日喀则之间最具特色的旅游目的地。得益于镇村建设和产业发展，吞巴镇居民收入水平和幸福指数不断提高，中华民族共同体意识越铸越牢。

（执笔人：白理刚、陈鹏）

安徽省潜山市万涧村传统村落保护和乡村振兴系列项目

2022—2023年度中规院优秀规划设计二等奖

编制起止时间： 2017.10—2020.12
承 担 单 位： 中规院（北京）规划设计有限公司
主 管 总 工： 朱波　　**主 管 所 长：** 张全　　**主管主任工：** 杜锐
项目负责人： 曹璐
主要参加人： 刘琳、卢晖临、穆钧、彭小雷、靳东晓、蒋蔚、方跃、周铁钢、朱穆峰、李敏、郭秋晨、肖景馨、胡文娜、胡枚
合 作 单 位： 北京大学、西安建筑科技大学、潜山市美丽乡村建设服务中心、潜山市规划编制研究中心

背景与意义

伴随着现代化与城镇化进程，传统村落保护面临诸多困境。2017年4月，受安徽省住房和城乡建设厅委托，万涧试点正式启动。万涧村是第五批国家级传统村落，在试点推动早期，村内大量传统建筑损毁严重、人居环境堪忧、村落人心涣散。规划师团队立足于对既往保护模式的反思，尝试通过陪伴式规划为村落构建综合性发展路径，培育真正具有可持续成长力量的村落。

规划内容

经过五年多实践摸索，试点以陪伴式规划凝聚多学科、多领域力量，从传统建筑保护、传统文化传承、村落人居环境整治、产业发展、乡村教育、妇女发展、积极老龄化等多方面探索传统村落保护与乡村振兴新路径。

创新要点

万涧陪伴式规划总结为坚持规划的引领作用、保持社会协同、保障农民主体性这三个技术要点。

（1）针对农民主体性缺失、乡村规划实用性不足问题，试点以“乡村综合性成长”为目标、以“陪伴式”“动态式”规划为技术核心，将不同保护项目的推进过程拆解策划为丰富多彩的活动，即村落“公共性事件”，并将乡村产业培育、人才培养、机制建设、文化传承等议题融入其中，让陪伴式规划成为乡村发展赋能的重要手段。

（2）针对村落保护多方各自为战、难以合力的问题，团队构建了以规划、社会学为核心，联动多学科、多团体协同的“2+N”树形工作模式和搭建了由村民、政府、社会资本和公益力量等不同主体组成且互为支持的协作架构，借助大量活动策划和项目式合作，形成“外部力量引入+内部力量培育”的高效资源整合方案。

（3）构建以村民为主体的传统村落保护模式，结合乡村留守儿童，留守老人，留守妇女和中老年村民四类核心群体诉求强化机制设计，引导村民组建合作社和村级公益组织，协助引入外部公益力量，构建了“内力为主、外力为辅”

志愿者为村民诗歌兴趣小组编撰诗集

“回味乡愁”农民专业合作社金丝黄菊种植

北京林业大学师生培训村民搭建竹建筑

村民施工队参与传统建筑修缮

的乡村建设运维新模式，破解了传统建筑利用和乡村公共设施运维的难题。

实施效果

驻村规划师带领村民谋划了“萤萤公益书屋”“青栖堂老年人活动中心”“杨家花屋青年旅社”“金丝皇菊花田”“溪畔剧场”“共享社区”“永续农场”等建设项目，推动成立万涧农民专业合作社、村落施工队、留守妇女为核心的乡村服务发展中心、黄梅戏兴趣小组、诗歌兴趣小组等机构完成撂荒土地复垦、传统建筑保护修缮和创新利用、农文旅特色产业培育、文化传承创新、人居环境整治提升等工作。萤萤公益书屋、青栖堂老人活动中心等探索山区儿童课后教育、老人居家养老的新型公共服务设施落地运营。中规院（北京）规划设计有限公司控股的“中北规划设计（潜山）乡村振兴有限公司”陪伴村民开展科普研学、农产品直播销售、公益农产品市集等文旅运营项目。三届乡土创变营和几十个国内公益机构联动城乡力量，四届北京潜山两地论坛邀请数十位国内知名学者探讨。东方时空、大地讲堂、三农群英会、《农民日报》《新京报》《工人日报》《文汇报》等媒体报道。

（执笔人：曹璐）

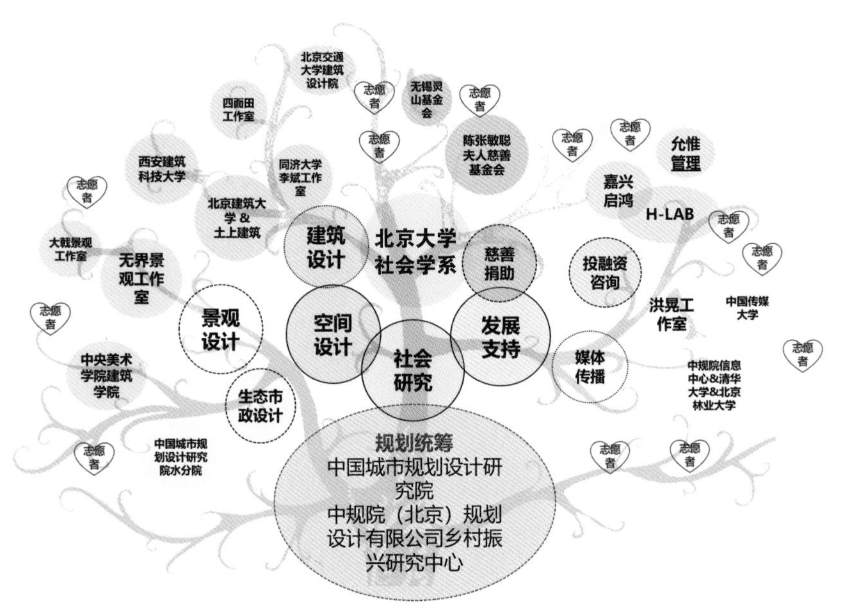

“2+N”树形工作模式

万涧村“涧行者”乡村服务发展中心

第三届“潜山-北京”传统村落保护与乡村振兴两地论坛现场

萤萤公益书屋

山南市乃东区传统村落集中连片保护利用系列项目

编制起止时间： 2023.5至今
承 担 单 位： 西部分院
主 管 总 工： 靳东晓　**主 管 所 长：** 张圣海　**主管主任工：** 金刚
项目负责人： 余妙、潘劼、刘加维、冯凌、赵之齐　**主要参加人：** 李亦晨、余和芯、王慧鹏、浦鹏、万山霖
合 作 单 位： 众生设计集团有限公司、西南大学、重庆交通大学

背景与意义

2023年，山南市乃东区成为西藏自治区首个传统村落集中连片保护利用示范区，标志着乃东区传统村落保护发展利用工作进入了以点带面、连片保护、辐射带动的新阶段。中规院长期驻村服务，统筹协调各类项目建设，积极推动传统村落的共建共治共享，总结提炼高原河谷地区“文化引领”的乃东经验做法，具有较强的创新性。

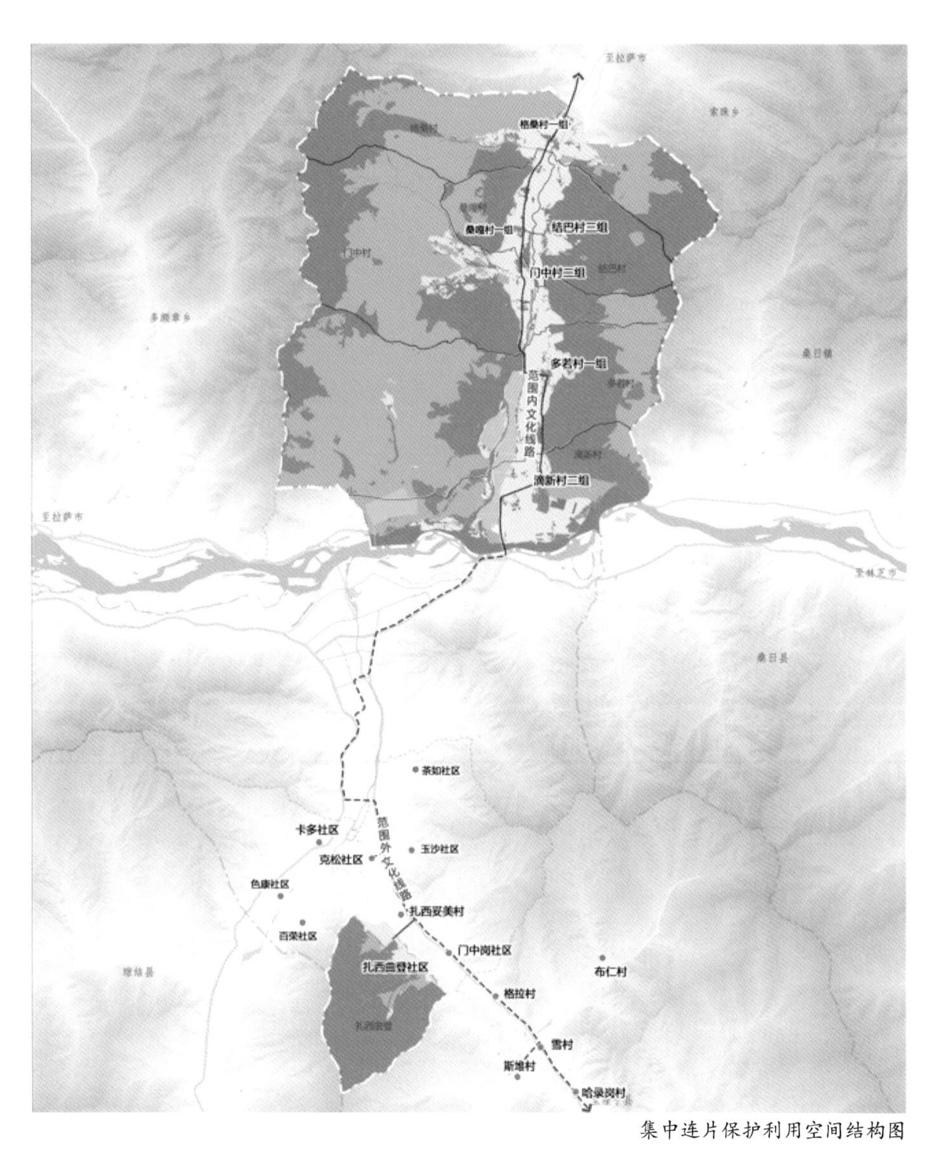

集中连片保护利用空间结构图

规划内容

（1）探索以文化振兴为导向的“树状”保护利用模式。构建温曲河谷和雅砻河谷一北一南两个沿着河谷保护利用单元，从点、线、面三个维度统筹推进传统村落集中连片保护利用工作。形成人居环境改善与绿色发展、建筑保护与活化、文化保护传承与价值转化、民俗生活场景营造、高原河谷生态保护修复五大保护利用行动，共计164个近期实施项目。

（2）规划统筹乡村振兴、生态环境保护等部门的专项资金达2.4亿元，整体推进财政资源合理配套，有效指导项目实施，放大资金聚合效应。

创新要点

（1）突出村民主体，激活传统民居

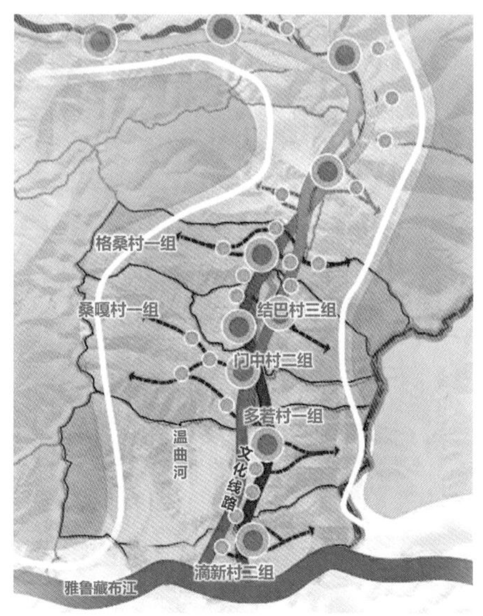

文化振兴为导向的“树状”模式图

生命力。为解决好传统民居保护与居住现代化需求之间的矛盾，出台了“一政策一手册一档案”。“一政策”为《山南市乃东区传统村落民居改造补助实施方案》，明确民居改造行动开展流程、补贴标准、管控要求。“一手册”为《民居改造手册》，用图文并茂、简单直接的方式分析典型问题，总结传统样式，提出适应现代化功能又符合传统风貌的改造工艺。每户民居建立“一户一档”档案，明确每户现状、改造内容，发动村民自改自建，形成以村民为主体的传统民居保护利用机制。

（2）伴随式服务，“规划—设计—实施”全过程统筹。一方面，促成以书记为组长，统筹相关各部门以及区、乡、村三级的领导小组与工作专班；另一方面，了解村民急难愁盼的问题，以机制保障村民全过程参与，建立传统村落人才信息库，培养传统工匠，推进共建共治共享。

实施效果

（1）形成了一套村民主体、政府和设计师引导、传统工匠及村民施工，专业技术人员支撑、独具西藏地域特色的传统民居保护利用机制。在近半年内，政府仅通过补贴200余万元，完成了130余户传统民居的改造提升，平均每户民居改造可使村民增收7400元，村民共增收102.9万元，显著提高资金利用效率。

（2）人居环境得到极大改善，解决村民急难愁盼问题，包括增加污水处理设施、公共服务设施等。

（3）强化村民主体意识，让村民明确了如何保护传统民居，建立民居“自家的民居自己保护”的保护价值观，村民的归属感和自豪感不断增强。

（执笔人：潘劼、刘加维）

民居改造验收基本流程及《民居改造手册》示意

项目组伴随式规划现场实景

改造前

改造中

改造后

示范民居改造前后对比

黄冈市红安县柏林寺村美好环境与幸福生活共同缔造示范

2018—2019年度中规院优秀规划设计一等奖

编制起止时间： 2017.11—2018.12
承 担 单 位： 科技促进处、村镇规划研究所、城镇水务与工程研究分院、中规院（北京）规划设计有限公司
主 管 总 工： 朱子瑜 **主 管 所 长：** 彭小雷 **项目负责人：** 杨保军、曹璐
主要参加人： 赵明、何晓君、桂萍、石炼、邓鹏、张婧、鲁坤、凌云飞、邓力文、孔晓红、宋知群、胡文娜、高倩倩、魏锦程、王丹江、李佳俊

背景与意义

为贯彻落实党的十九大有关共建共治共享社会治理的要求，探索形成可复制可推广的共同缔造乡村治理模式，受住房和城乡建设部委派，在湖北省红安县柏林寺村开展“美好环境与幸福生活共同缔造”示范建设的对口帮扶工作。

规划内容

（1）转变思想，发动群众。探索改变自上而下的工作方式，充分调动人民群众的积极性、主动性、创造性，政府部门从由原来的“决策者”变为“辅导员”，规划师从“专家”变为“参谋”，村民由“旁观者”变为“参与者”，形成政府、社会、村民协商共治的局面。

（2）组织建设，机制创新。以建立和完善全覆盖的基层党组织为核心，在柏林寺以构建“纵向到底、横向到边、协商共治”的城乡治理体系。

党的领导、政府服务和监督职能下沉到底，发挥村民自治，柏林寺村建立了“1+4N”的组织机制，“1”是村“两委”班子，“4N”包括村组理事会、村经济合作社、专项责任组和村落事务监事会。

（3）村民参与，协商推动。以村民为主体，问题为导向，以改善村民身边、房前屋后人居环境的实事、小事为切入点，探索“决策共谋、发展共建、建设共管、效果共评、成果共享”的“五共”工作方法。

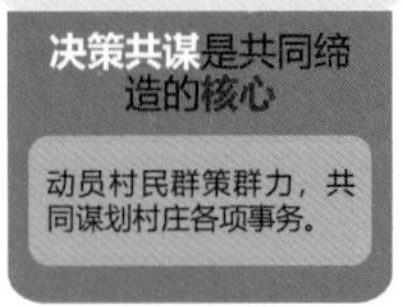

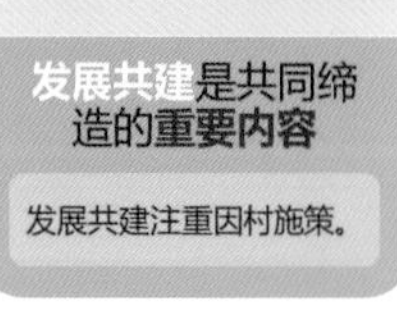

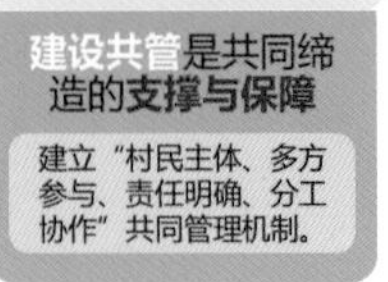

“五共”工作方法

创新要点

（1）分类施策，推动村民共建。建立村庄三种不同改造模式：家庭自建农房院落，设计师给予引导和技术培训；连户合建化粪池，村里“能人”组织共建；集体共建，由村委会组织对接施工队，同时邀请村民投工投劳。

（2）搭建信息平台，引导村民共谋。通过设立“柏林寺之声”微信公众号和微信群，发布村内信息，组织村民参观考察，引导村民主动讨论发展意愿，协商问题解决方法。

（3）针对村民关注的核心问题，探索村庄适老化改造设计。改造村史馆功能，向老年人倾斜，增加专人管理的老年活动室和亲人见面角，设置老年共享食堂，面向全村所有65岁以上的空巢老人提供敬老餐。

实施效果

通过“决策共谋、发展共建、建设共管、效果共评”，村民切实参与共同缔造，开展了活动，建立了组织，推动了项目，村庄面貌焕然一新，村民感受着村容整洁、乡风文明、管理民主、产业发展的美丽乡村新气象，享受着共同缔造结出的硕果。

在共同缔造的理念推动下，村庄规划建设的各参与方都发生了明显转变。村民从“要我干”转变为“我要干”，真正成为村庄规划建设的主体，能够主动查找村庄的问题，商讨解决方法，积极筹措资金。规划团队从过去的“出方案、搞建设”变为“听意见、来参谋”，在项目进程中提供相应的技术支持。政府从过去“立项目、出资金”转变为“出机制、促保障”，通过制度创新，指导、支持农村基础组织建设；调动村庄内生动力，通过共同缔造的方式，实现乡村振兴。

（执笔人：邓鹏、赵明）

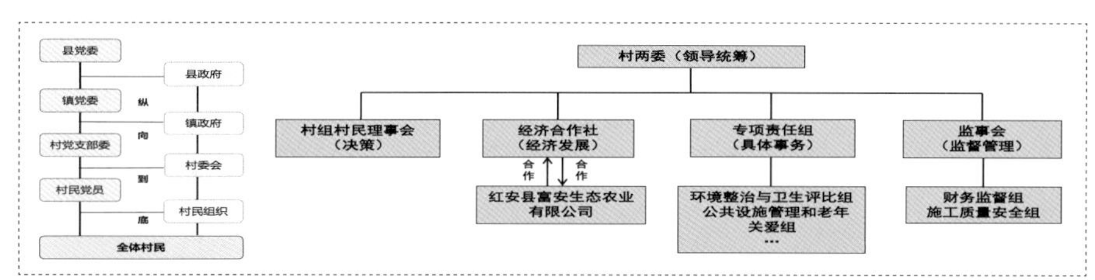

“纵向到底、横向到边”组织机制

餐厅

视频角

休闲区改造

多功能休闲场地建设

村史馆功能改造

新建聂家坳村民活动中心

大堂黄格村庄人居环境改善

湖州余村“两山”理念示范区综合发展规划及节点详细设计

2021年度全国优秀城市规划设计三等奖｜2020—2021年度中规院优秀规划设计一等奖

编制起止时间： 2019.11—2020.11
承 担 单 位： 上海分院
主 管 总 工： 王凯　**分院主管总工：** 孙娟、李海涛　**主 管 所 长：** 刘迪　**主管主任工：** 刘竹卿
项目负责人： 朱慧超、古颖　**主 要 参 加 人：** 俞为妍、高一凡、张恺平、陈晨、杜嘉丹、谢磊、张淦、古嘉城、刘竹卿

背景与意义

浙江省为深入贯彻“两山”理念，于安吉县天荒坪镇设立余村“两山”理念示范区，包含“1+1+4”范围，即余村、天荒坪镇区和周边四个村庄，面积41.19km^2，户籍人口8881人。作为“绿水青山就是金山银山”理念的发源地，示范区上轮发展中，初步实现了“从卖石头到卖风景”的蜕变，已然是全国乡村振兴的典范。

但进入生态文明新时代，示范区在从“两山保护”到“两山示范”进程中，仍然面临发展动力单一、生态质量不高、地区发展不均衡和村民参与村庄建设不充分等问题。因此，通过规划先行，探索在地性策略和措施，帮助示范区实现高质量发展、可持续发展、融合发展，使示范区真正成为名副其实的“两山”转化样板地、模范生。

规划内容

规划提出“‘两山’理念转化的样板地和模范生”的总体定位，以余村为核心打造“中国余村 · 世界竹乡”，整合浙江乡村振兴经验，打造生境丰富、产业兴旺、生活幸福、文化彰显的未来乡村。

发挥余村示范带动效应，突出五村协同、镇村融合，通过生态共保、产业共谋、发展共商、项目共建等措施，推进实现共同富裕。示范区整体空间结构上形成“一厅一芯，两链四区”的整体布局，规划提出共护一个生境丰富的余村、共谋一个产业兴旺的余村、共享一个幸福生活的余村、共建一个文化彰显的余村四大策略。

安吉“两山”理念示范区余村效果图

以国土空间规划为依托来落实“1+1+4”范围的“一张蓝图”，谋划示范区国土空间各项建设及其布局建议。依托“一图一册一库一民约”保障各项建设有效实施和合法落地。

余村游客中心实景

创新要点

（1）探索了一条保护与发展的平衡路径。针对生态遗留问题，规划提出“治好一汪水、改造一片林、优化一方田、修

余村印象实景

复一条廊”。治好一汪水，将水塘、湿地治理与公园建设结合。改造一片林，将公益林建设与风景旅游结合，对乔木林阔木林进行增补，策划彩色森林“网红”景点。优化一方田，腾退低效工业，将田园改造、有机鱼养殖与农业观光体验相结合。修复一条廊，将岸线改造与村民生活、游客休闲结合，将矿坑修复与研学教育结合，策划设计青少年研学基地。

（2）创新了一套复合韧性的乡村产业架构。针对现状单一竹产业，规划提出“竹+”产业的复合产业体系，形成农林、创新、文旅的多源动力，促进一、二、三产业全面提升，开辟“两山”转化新途径。引导竹林种植复合化，落实“竹+林下”，引入林下中草药、林下养殖等公司。引导竹加工业向“竹+科技”转型，引入产业研究院，培育一批精深加工高新技术企业。促进竹林观光向“竹+文化”延伸，植入文化创意体验和业态。发挥风景魅力，推进“互联网+”与“三农”融合，策划数字游民公社，引入电商、新媒体、研学等新经济业态。

（3）建构了一套乡村地区双向治理模式。建立多级协商推进机制，示范区层面建立一体化协商和管理机构，村庄、村小组成立常态化协商组织。转变过去政府主导的统建统管模式，建立政府、村民、社会组织共商机制，以重点项目为抓手，组织村民代表大会共商方案。建立共建机制，以奖代补，发动村民主观能动性参与村庄改造，成立村庄创业基金，招募全球人才参与示范区建设。建立成果共享机制，由余村先富带动共富，规划余村大道串联景区景点，建议五村合作成立股份制公司，一体化推进示范区内开发经营和利益分配。

余村开展开放庭院建设实景

规划师现场与村民沟通

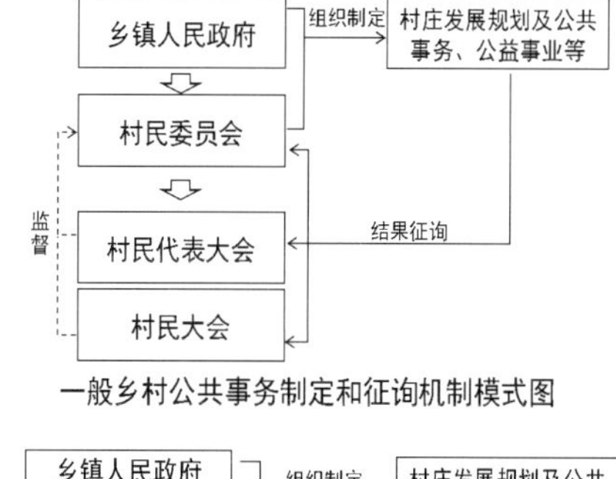

一般乡村公共事务制定和征询机制模式图

规划师与余村村民共同推进开放庭院施工

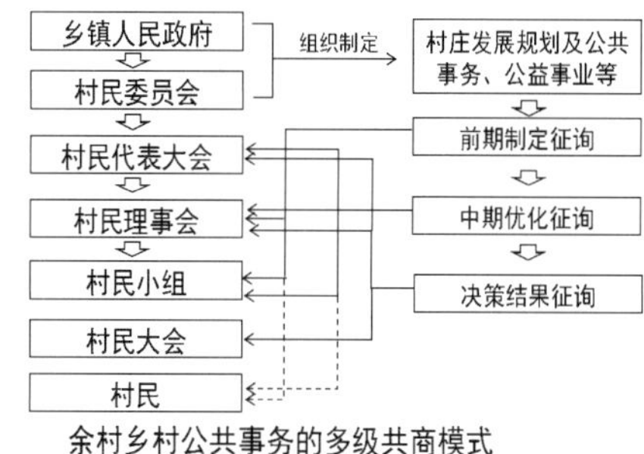

余村乡村公共事务的多级共商模式

一般乡村和余村公共事务协商机制示意图

实施效果

（1）有效改善了生态环境，并带来了经济效益。腾退了余村入口闲置工厂，改建为景观农田，举办了多场青年市集。建成了余村矿坑公园，举办了露营、表演、青少年研学活动。

（2）初步构建起“竹+”产业体系。以“竹+农业”先行，将分散农户的竹林经营权统一流转至专业合作社，建立了林下经济园，吸引了一批种植、精深加工企业。

（3）有效改善了村庄面貌。建成了余村游客中心、余村印象、余村后巷、余村环线绿道，示范改造了一批开放庭院，成功带动村民自发改造自家庭院。

（4）初步构建起示范区新型治理机制。成立了“两山”议事会、村组组务理事会等民主议事机构，创建了五子联兴公司，开展了“余村全球合伙人计划”“余村可持续计划”等，吸引来了一批青年创业人群、艺术家等参与乡村振兴。

（执笔人：古颖）

雅安市芦山县飞仙关镇综合规划设计

2017年度全国优秀城乡规划设计一等奖丨2017年度中规院优秀村镇规划设计一等奖

编制起止时间： 2013.7—2014.12
承 担 单 位： 深圳分院
分院主管总工： 朱荣远 **主 管 所 长：** 周俊 **主管主任工：** 卓伟德
项目负责人： 龚志渊
主要参加人： 王泽坚、石蓓、劳炳丽、曹方、王广鹏、方煜、杨默、刘越、张文、钟远岳、李东曙、邴启亮

背景与意义

飞仙关镇位于芦山与雨城、天全交界处，鸡鸣三县。自古以来，飞仙关地处交通要塞，是南方丝绸之路和川藏茶马古道的必经之地，被称为“西出成都，茶马古道第一关”。2013年4月20日8时2分，四川省雅安市芦山县发生7.0级强烈地震。全镇农房全面受损，需拆除重建农房1061户、受损2366户。作为通往芦山、天全、宝兴的三个重（极重）灾县必经之路，飞仙关是中央、省、市、县最关注的“一城四镇”重点之一。震后，党中央、国务院高度重视，习近平总书记作出重要指示，科学重建规划，精心组织实施，努力实现恢复重建和经济社会发展双赢。

规划内容

（1）灾后评估。在当地政府的积极配合下，中规院项目组在震后第一时间深入现场，科学评估灾损情况。开展了每家每户的入户访谈工作，广泛听取当地群众意见，搜集了最翔实的第一手基础资料。识别传统文化价值，突出生态文明、传统民俗与民族特色，基于文化线路视角，统筹区域旅游发展和城乡建设，力求实现保护与发展的共赢。充分解读上位规划要求，明确发展目标。规划以生态环境建设为主线，以产业结构调整为重点，以市场为导向，以富民强镇为目标，实现全镇经济的跨越式发展。

（2）应急规划。如何实现住房重建、产业重建和公共服务重建齐头并进，是重建工作的一大难题。本次规划主要包括飞仙驿和北场镇修建性详细规划、茶马古道和省道210飞仙关段沿线景观风貌设计等内容。

（3）动态维护。针对灾区实际情况的不确定性，规划师实行项目跟踪服务和动态修正工作，在规划框架内，与当地政府、村民密切沟通，不断更新优化相关实施细节。我院作为技术总协调单位，通过长期驻场规划师制度，与建筑、景观、施工团队积极合作，对规划实施起到了强有力的推动。

创新要点

规划深度挖掘飞仙关历史文化，结合地域特点和风土人情，按照以“场镇为龙头，村落为景区，民居为景点”的可持续发展重建理念，高起点规划，精心组织施工，攻坚克难，倾力重建地震灾区新大门。

我院在芦山作为技术总协调，为地方政府提供规划咨询、技术把控和指导建议服务，实行有限责任制，探索出了

飞仙驿建设过程实景图

一条“中央统筹指导，以地方为主体，群众广泛参与”的新路子，其地方负责制的实践更具可复制性和推广价值。通过“地方负责制”，大大加强了地方政府的执行力，有效推动了灾后重建的有序实施。

飞仙关片区规划拼合图

实施效果

飞仙关的建设严格按照综合规划组织实施，呈现了翻天覆地的变化。

省道210两边的环境整治风貌提升，白墙、灰瓦、褐柱、花撑体现浓郁川西民居风格，成为灾区门户一大靓点，撑起灾区门户形象；凤凰新村在芦山地震灾区灾后发展重建中率先启动，并完成投入使用，受灾群众喜气洋洋搬入新家，成为整个芦山地震灾区首批重建的“亮点”和“靓点”。古道木韵，是飞仙关指挥部基于地质差，地基处理难度大，修建混凝土房屋建设成本大的现实情况，而按照川西传统工艺修建的92栋纯木结构建筑，政府统一风貌提升，深挖茶马古道文化，按照旅游标准配套基础设施，群众建设和装修投入成本低，建设时间短，冬暖夏凉，风格独特，自建成之日起，游客络绎不绝，普受好评，成为“4·20”地震灾区最具地方特色的小区。南场镇三期，依山而建，错落别致，曲径通幽，混凝土框架结构木质外装饰，秉承川西民居风味，兼顾实用，更令人耳目一新，成为川藏线和茶马古道上一颗明珠，与古道木韵分居南北，遥相呼应，同是飞仙关国家4A级旅游风景区、国家水利风景区重要景点。

（执笔人：石蓓）

飞仙驿最终建成实景

台州天台县白鹤镇重点地区总体城市设计

2015度全国优秀城乡规划设计二等奖｜2014—2015年度中规院优秀村镇规划设计一等奖

编制起止时间： 2012.2—2012.12
承 担 单 位： 上海分院
主 管 所 长： 郑德高　　**主管主任工：** 蔡震
项目负责人： 林辰辉、孙晓敏　　**主要参加人：** 孙娟、刘竹卿、刘昆轶、李维炳、方伟

背景与意义

浙江省东部山区，一弯碧水三面青山，环抱着一座美丽的小镇——天台县白鹤镇。白鹤镇历史悠久，白鹤信仰于此开篇，唐诗之路源此兴盛，刘阮遇仙爱情传说源远流长。白鹤镇域3.7万人，镇区人口8000人，是一座典型的山区小镇。白鹤镇虽小，却拥有众多风景旅游资源，浙东第一瀑龙穿峡、天台山八大景桃源春晓，七座千年古刹、六座美丽山村、十三条历史古道在此汇聚。如何通过规划设计为这类小城镇找到发展方向，让“绿水青山”切实成为“金山银山”，是本次规划面临的核心命题。

规划内容

规划力求从四个方面寻求突破：做一个“坚持个性”的规划，做一个“白鹤气质”的规划，做一个“村民需要”的规划以及做一个“地区规划师”的规划。

（1）做一个“坚持个性”的规划。通过核心资源辨识、问卷调研及市场分析，规划坚定了白鹤旅游兴镇的特色发展方向。规划围绕刘阮遇仙传说构建爱情主题旅游，“浪漫桃源，传奇白鹤”成为小镇未来发展目标。一方面规划提出景点激活策略，升级现有的桃源春晓景点打造遇仙之旅与婚礼庄园；激活龙穿峡景区，打造水上乐园；恢复护国寺，打造护国禅园。另一方面规划提出延伸休闲策略，强化向非景点旅游经济的延伸，深入策划刘阮民俗村、悠然田园、四季花园等弹性的休闲旅游项目。

（2）做一个“白鹤气质”的规划。小镇拥有独特的人文气质，它承载的最本土的乡愁应该得到呵护与延续。在没有任何完整资料的情况下，规划通过拜访当地老人、查阅古文献，梳理出白鹤的历史空间格局，发掘出重要的镇区生长脉络——白鹤老街。规划着力恢复古渡口、古塔、古殿、古街的历史格局，营造老街十景；通过轻微的街景立面改善和公共空间梳理，延续老街百姓的社会网络与城镇活力；修葺求雨古道、恢复唐诗之路，传承白鹤镇的历史文脉。在建筑风貌上，规划采集立面、山墙、门窗等八类特征要素，形成属于白鹤镇的建筑风貌指引手册；在建筑高度上，规划提出以一塔一阁和山体背景作为建筑高度的统领要素，并形成全域覆盖的城市设计导则。

（3）做一个“村民需要”的规划。小城镇是连接乡村和城市的重要纽带。在规划过程中，规划师走进乡村田野，组织4场村民公众参与会，调研村民近200户。

在服务设施方面，规划通过与村民多次讨论，确定了“一核三片”的布局方式，不仅服务镇区，也能便捷服务周边村民；在道路设计方面，详细梳理镇区与周

镇区东南鸟瞰图

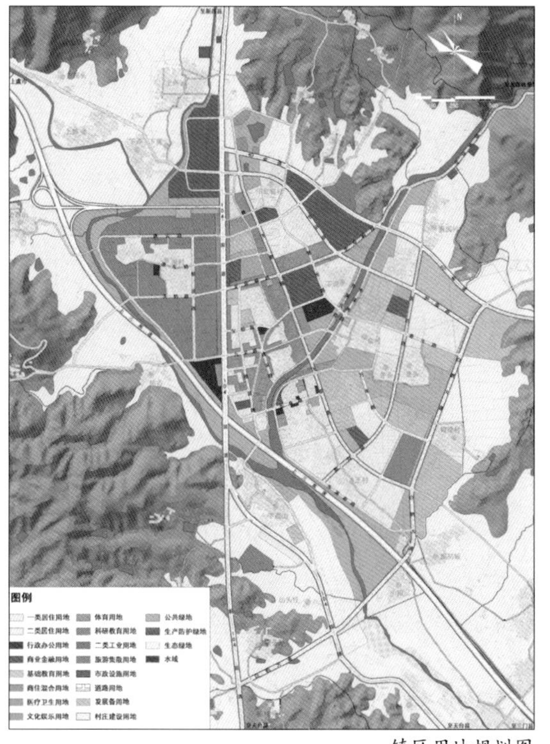

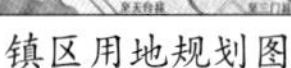
镇区用地规划图

袜业市场实施建设实景

白鹤公园实施实景

边村庄鱼骨状的空间组织脉络，并对这种脉络予以保留和贯通；在住房类型上，充分衔接村民需求，确定商品房、联建式住宅和地基式住宅三种住宅业态与建设比例；在旅游发展上，倾听村民意见，共同制定多种村民参与栽植景观树种、建设农家乐的政策方案。

（4）做一个“地区规划师”的规划。小城镇的技术管理力量是相对匮乏的，有必要建立起“地区规划师”制度。

项目完成后，项目负责人被聘请为镇总规划师，以保证规划内容切实得到实施。

创新要点

（1）探索“一体化”的小城镇规划编制方法。小城镇面临“有风景缺方向、有文化缺设计、有动力缺指引”的普遍问题，对规划的技术需求非常综合。本次规划突出战略上有方向、系统上有设计、项目上有策划、实施上有指引，探索一种能够满足小城镇需求的一体化规划编制方法。

（2）探索“接地气”的小城镇总体设计方法。与城市不同，小城镇具有规划管理力量匮乏的现实特征以及服务“三农”的重要责任。本次规划坚持寻找城镇个性、突出村民全程参与、强调延续历史文脉、探索地区规划师制度，为我国的众多小城镇找寻接地气、可实施的总体设计方法。

在“坚持个性”的规划指引下，“浪漫桃源、传奇白鹤”成为城镇的名片；工业用地逐步更新，旅游发展如火如荼。

在延续“白鹤气质”的规划指引下，白鹤老街得到完整保留，街景立面改善工程正在进行；古道逐步修复，成为游客追寻历史的心灵路径。

在“村民需要”的规划指引下，村民开设的农家乐初具规模，发动村民共同栽植的桃花谷已完成700多亩，村民从旅游发展中得到实惠；高山移民安置区按照村民需要的住宅类型，已完成初步设计；中心幼儿园建设、中心小学改造、白鹤中学改造、袜业市场建设等一批村民需要的服务项目开始启动。

在“地区规划师”的总体管控下，白鹤镇完成了镇区控制性详细规划、桃源春晓等重点景区的深化设计以及一系列实施项目的修建性规划；镇规划展示室对外开放，成为百姓了解规划、参与规划的平台；按照规划实施的四个公园已经建成，飞泉路等四条道路已铺好路基。而标识系统、旅游导览图、白鹤雕塑的设计甚至广告牌的策划、宣传营销的建议都成为地区规划师的日常工作内容。

白鹤镇成为单向度城镇化进程的“反磁力”小镇，是村镇复兴的一次有益实践，是生态文明时代美丽中国建设的一次有益探索。

（执笔人：林辰辉）

厦门海沧区青礁村芦塘社美丽乡村规划设计

2017年年度全国优秀城乡规划设计二等奖丨2016—2017年度中规院优秀村镇规划设计一等奖

编制起止时间： 2015.12—2016.10
承 担 单 位： 厦门分院
分院主管总工： 李金卫　**主 管 所 长：** 王冬冬　**主管主任工：** 黄建军
项 目 负 责 人： 沈丽贤　**主要参加人：** 林木祥、吴迪、郑开雄

背景与意义

1. 项目背景

青礁村芦塘社位于海沧区西南部海沧自贸区范围内。村庄主要面临两大发展问题一是发展空间不足且村庄环境差、各项设施不足、古厝破败；二是社会问题突出，如村庄“空心化”严重，儿童放学后无人照看、外来务工人员无法融入村庄社区等。

2. 项目意义

本次规划对于提升芦塘社人居环境及村庄治理水平、促进海沧城乡统筹发展具有重要的意义。

规划内容

本次规划基于芦塘社自身面临的问题、通过整合已有资源，提出了“以解决现状问题为切入点，先‘活化’再谋产业”的发展思路。

规划确定芦塘社的发展目标为：耕读文化名村，宜居花园村落。为落实发展目标，提出提升人居环境与构建乡村治理体系两方面策略。

人居环境方面通过挖掘现有文化资源，形成以耕读文化特色的公共空间体系，并针对现状设施不足的问题完善村庄各类设施。

乡村治理体系方面则通过参与式规划设计及开展多元文化活动，从而凝聚村民共识，形成“以在地村民为主导，以乡村社团为支撑，以外来力量为辅助，协商共治”的乡村决策机制。具体做法包括：提出“芦塘书院再兴计划”活化了废旧宗祠改造为书院，开设“四点钟学堂”，辅导儿童功课，帮扶困难家庭；同时开展乡村耕读文化体验、传统文化活动、文艺

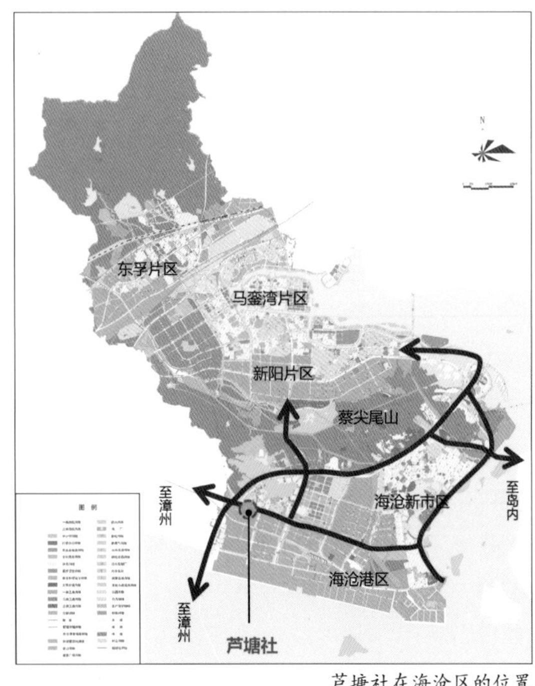

芦塘社在海沧区的位置

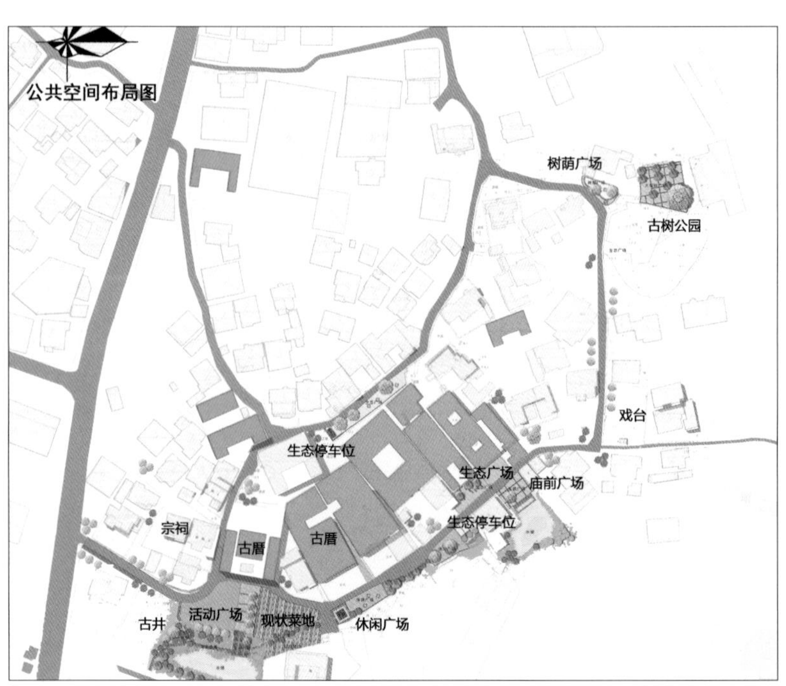

芦塘社公共空间布局规划图

汇演以及农民培训活动。各类活动的开展，激活了村庄活力，丰富村民文化生活的同时提高了农民就业能力，提升了乡村治理水平。

创新要点

规划探索了以下两方面内容：

一是基于乡村治理角度，激发村民主体意识，使更多的村民参与到村庄规划建设中来。全村在平改坡、林荫绿道、花台建设等项目中，群众让地、投工投劳真正实现“大家一起做”，据统计全村累计让地达10000m^2。

二是探索乡村规划师作为咨询者角色全过程陪伴乡村规划建设的规划及实施路径。芦塘社乡村治理体系的构建既离不开乡村内部主体的共建，也离不开乡村规划师的全过程陪伴。在陪伴中，规划师的作用从原本的空间专业者的单一身份向咨询者、桥梁者、陪伴者的综合身份转变。为政府及乡村居民提供相关政策及发展计划等方面的咨询；协调各方利益，同时将政府的各项政策以及乡村发展要求进行解读和传达；在规划阶段、实施阶段、实施后的动态维护阶段以及后续乡村发展中全程的关注和支持，陪伴乡村成长。

实施效果

（1）村庄人居环境得到提升。通过规划及设计实施，村庄水系得到治理、道路系统得到梳理，绿化、公共空间增加多处，历史文化资源得到保护、更新，村庄房前屋后也变得整洁干净，村庄人居环境得到了大大提升。利用村内闲置用地，新增公共空间10处，利用历史文化资源打造了芦塘书院、芦塘戏台等特色文化设施，为村民提供了多样化的休憩与活动空间。

（2）乡村治理机制逐步完善。通过规划逐步实施，村民参与治理的能力得到提升，乡村治理主体更加多元化，内部治理架构也得到完善。形成由村两委、芦塘发展协会为主导，自治理事会、群团组织、合作社等为支撑的乡村自治架构；在此基础上，整合政府、企业、规划师、学校等外部资源，形成共同缔造、协商共治的现代乡村治理机制。

（3）乡村日益活化。自规划实施以来，吸引了5000多名参访人员，并成功举行了2017年第九届海峡论坛“书院建设与文化自信”主题活动以及2019年海沧农民丰收节。基于芦塘社美丽乡村规划建设一期实施成效良好，2018年厦门市将芦塘社确定为市级乡村振兴重点示范村、市级农村人居环境示范村。2023年芦塘社所在的青礁村被列为厦门市乡村振兴精品村。

（执笔人：沈丽贤）

整治后的芦塘社人居环境

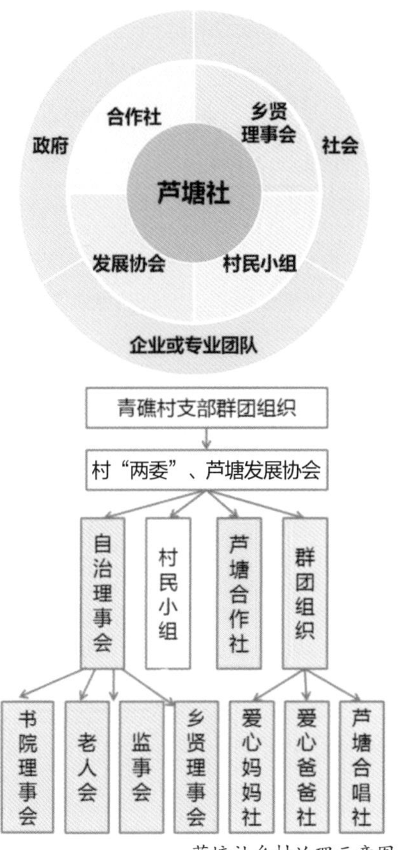

芦塘社乡村治理示意图

长垣市蒲西街道云寨村村庄规划（2019—2035年）

2020—2021年度中规院优秀规划设计二等奖

编制起止时间： 2019.4—2021.8
承 担 单 位： 文化与旅游规划研究所、城镇水务与工程研究分院、城市规划学术信息中心
主 管 所 长： 徐泽　　**主管主任工：** 罗希
项目负责人： 周学江　　**主要参加人：** 王一飞、刘翠鹏、罗启亮、黄鹤、黄仕伟、沈旭、李佳俊、岳晓婧、项冉、张璐
合 作 单 位： 清华大学建筑学院、中国农业大学

背景与意义

河南省组织开展“乡村规划 千村试点”工程，着力解决村庄规划实用性差、科学性不足、实施性不强等问题。

云寨村位于河南省长垣市蒲西街道西侧，是平原地区典型的城边村。经过多年新农村建设，村内人居环境得到一定改善，但随着新时代人民日益增长的美好生活需要，现状产业发展动力不足、公共服务设施与村民需求不匹配、乡土建筑风貌消亡、坑塘水质恶化等问题日益凸显。规划突出问题导向，重新定义新时代乡村价值，明确乡村振兴“2.0时代”村庄规划的着力点。

规划内容

（1）以乡村全域空间价值增值为主线，围绕“花香云寨”的主题定位，培育以农文旅融合发展为核心的乡村产业内生动力。

（2）以人居环境改善为重点，明确建设儿童友好型乡村的目标，结合农村闲置宅基地的活化利用，推动少儿需求型公共文化设施和公共活动场地建设，回应村民关切。

（3）以乡村景观再造为方向，由关注面子工程向关注庭院生活转变，引导村庄硬质庭院向绿色景观庭院转变，植入庭院经济，让村民更有获得感。

（4）以共同缔造为手段，明确乡村规划师由传统规划技术负责人向多元乡村治理参与者与协调员的角色转变，通过示范性项目的建设实施凝聚共识，保障村庄规划的有效实施。

创新要点

（1）在国内率先探索了建设儿童友好型乡村的规划设计方法与实践路径。注重倾听儿童声音、强调儿童参与式规划。围绕儿童友好型乡村的四大功能需求和三大设计原则，推动少儿需求型设施和场地建设，营造儿童友好环境，并以亲子旅游为突破，激发乡村旅游内生动力。

（2）探索了新时期乡村人居环境整治的新路径。过去乡村人居环境整治强调解决环境卫生问题，本次规划将环境卫生整治与乡村生态系统提升相结合，突出生态性；过去注重街景美化，追求好看，本次规划将乡村公共空间营造与景观庭院建设相结合，内外兼修，并植入功能，突出

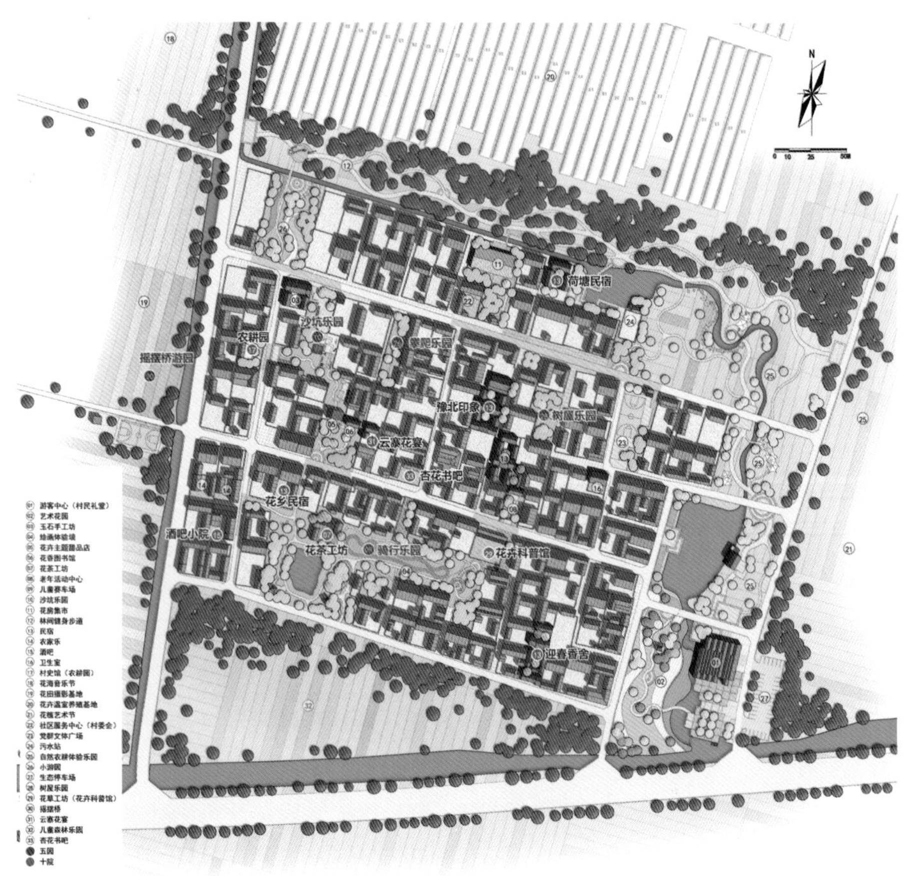

村庄总平面图

实用性；过去重点关注新房及新村建设，本次规划突出乡村存量挖潜，探索闲置宅院有效利用途径，同时注重地域乡土建筑文化的有效传承。

（3）多专业协作，探索乡村“多规合一”的系统整合方法。项目联合工作团队技术人员构成涵盖城乡规划、土地利用规划、园林、建筑设计、市政工程、农业生态、农业种植、文化旅游、信息技术等九个相关专业，各专业在规划编制和共同缔造过程中分工协作，共同谋划云寨村村庄发展，保障规划的科学性。

（4）田野调查与新技术运用相结合，完善乡村地区基础信息数据库。通过田野调查绘制地域乡土建筑风貌图谱，传承地域乡土建筑文化；通过引入无人机360°倾斜摄影与数字三维建模技术，解决乡村地形图精度不足的制约，有效支撑详细设计；依托中规院信息中心的技术力量，在三维在线规划管理业务协同平台上发布三维航拍模型，公众可通过手机扫描二维码查看云寨村现状三维模型，表达自己的意见与建议。

针对云寨村35位儿童群体的设施偏好访谈

村民参与“我来扎扎针”规划意见征询

儿童游憩场建成实景

杏花书吧建成实景

庭院经济——花匠乐园

庭院经济——祥云茶餐馆

实施效果

规划实施以来，乡村产业活力不断增强，乡村人居环境得到显著提升，村庄闲置宅基地得到高效利用，杏花书吧、摇摆桥、树屋乐园、健身步道、绿道驿站等一批规划项目得到实施落地。村里开展了“长垣云寨国际灯会”“五一网红节”“花香+雪乡”嘉年华等一系列节庆活动，年游客接待量超过 30 万人次。其规划实施成效被新华社、河南新闻联播等新闻媒体报道，云寨村已成为长垣市热门乡村旅游休闲目的地。

（执笔人：周学江）

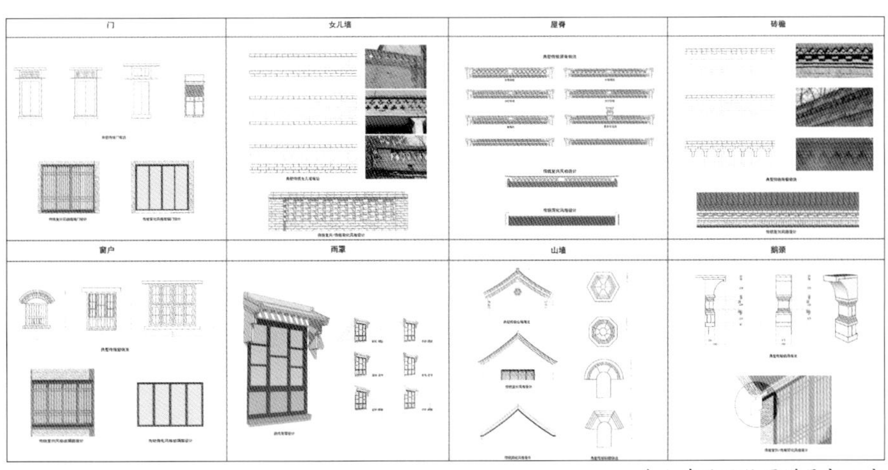

乡土建筑风貌图谱局部示意

38

全过程技术咨询

北京海淀责任规划师设计治理全过程系列规划

2023年度北京市优秀城乡规划奖三等奖｜2022—2023年度中规院优秀规划设计三等奖

编制起止时间： 2018.10—2024.6
承 担 单 位： 城市设计研究分院
主 管 所 长： 朱子瑜、陈振羽　　**主管主任工：** 刘力飞
项目负责人： 王颖楠、黄思曈　　**主要参加人：** 马云飞、魏钢

背景与意义

项目以建立健全海淀责任规划师（本项目中简称责师）制度作为提高城市规划建设品质、提升精细化治理水平的重要抓手，以创新性的制度设计，探索基层设计治理新模式，为北京乃至全国开展责任规划师工作提供了独树一帜的经验做法。

规划内容

项目以保障首都高质量发展，实现海淀高品质城市建设为目标，开创性地提出“1+1+N”责师组织架构，即为辖区每个街镇配备1名全职街镇责任规划师，全天候动态跟踪社情民意、谋划参与基层建设更新、组织推进社区治理、多渠道协同各委办局开展城市运维工作；配备1个高校合伙人，发挥高校多学科交叉研究能力，以教研结合实践开展公众参与、社区营造等探索；结合市、区、街镇实际需求，针对重点地区、专项需求逐步设置N个多专业总设计师团队，引入总设计师的统筹工作模式，保障重大项目的高品质落地。

海淀责任规划师制度的建立发挥了三个方面的主要作用：一是推动第三方专业人员伴随规划建设的实施管理；二是提升“区—街镇—社区”联动的精细化治理能力；三是促进公众参与，实现共建共治共享，突破性地搭建了建设治理的重要专业化平台。

1名[全职街镇责任规划师]
专职技术专家
区政府统筹计划配置

1名[高校合伙人]
兼职高校团队
区政府统筹计划配置

N个[多专业总设计师团队]
根据项目需要，政府引导，
市场主导，按照择优原则
遴选的设计单位团队

海淀“1+1+N”责任规划师人员组织架构

制度建立　2018　海淀街镇责任规划师工作体系及行动计划研究
制度落地　2019　海淀街镇责任规划师工作相关支撑研究
制度细化　2020　海淀街镇责任规划师考核制度和实践工具更新研究
运行维护总结提炼　2021　海淀责师实施案例指南研究及年度工具更新服务
运行体检制度更新　2022　海淀街镇责师制度运行研究及年度支撑服务（2022年）

海淀责任规划师系列工作研究历程及成果展示

创新要点

（1）紧跟实践反馈，锤炼制度范式。分类提炼工作职责，完善任务清单，制定人员管理办法，明确进出细则。坚持自评和多方评价，定性与定量结合，以监督管理个体、鼓励引导工作、宣传展示成效为目标，在实践中逐年探索规范化、制度化考核模式，探索可复制的工作管理方法。

（2）紧抓基层建设，创建工具体系。把握上位规划，建立“一图一册”，盘点街镇建设发展资源，引导街镇合法依规开展建设管理工作；对标市、区体检评估，建立街镇年度体检报告“街镇画像”，剖析基层痛点难点；建立“种子计划”引领街镇开展常态化城市更新工作，打造系列

更新行动，推动特色治理品牌塑造；汇总实施案例，提供操作性强、借鉴度高的基层建设宝典。

（3）紧盯制度效能，创新模式机制。探索各街镇责师从独立工作到“分组协作、专业协同”的“集团式”组织模式；分类构建意见反馈机制，强化属地责任规划师对规划建设项目的跟踪反馈，引导街镇建立系统性工作流程和多主体全过程议事协商制度；搭建线上线下“海师议事厅”沟通协调平台，强化信息报送机制，打通责师与各级领导、各部门的常态化沟通渠道。

实施效果

（1）推动责师制度融入治理体系，提升城市治理现代化水平。海淀责师工作现已纳入新街道党政机关“三定”，七成以上全职街镇规划师已担任街镇主要领导助理，并通过信息报送、意见回复、出席会议等形式，使责师参与到街镇建设工作当中。

（2）推动街镇建设水平提升，助力精细化治理见效。制度落地以来，海淀责师逐步实现了打通基层建设治理“最后一米”的工作目标。四年来全职街镇规划师通过开展现场调研、组织工作会议、把关技术内容等方式，累计参与服务了1378个项目，覆盖规划与自然资源、园林、住房和城乡建设、城市管理等25个城市管理部门；在社区、乡村开展公众参与类营造活动达523次；问卷统计显示街镇对责师工作的满意度较高，82.1%的街镇认为全职责师在提升街镇工作效率、改善街镇建设品质等方面带来了很大帮助，有效助力街镇的精细化建设和治理。

（3）率先探索全职工作模式，在城市更新背景下发挥重要作用。在北京全市范围内率先开展了全职责任规划师这一具有职业化特征的工作模式探索，成为市级责师工作专班开展责师职业化发展研究的主要对象。海淀“1+1+N”责师团队能够通过分工协作，适应不同类型的城市更新工作，并在诸如京张铁路遗址公园、清河行动、“三山五园”综合整治提升、冬奥会环境提升、美丽乡村建设等实践工作中取得良好成效。

（执笔人：马云飞、王颖楠、黄思曈）

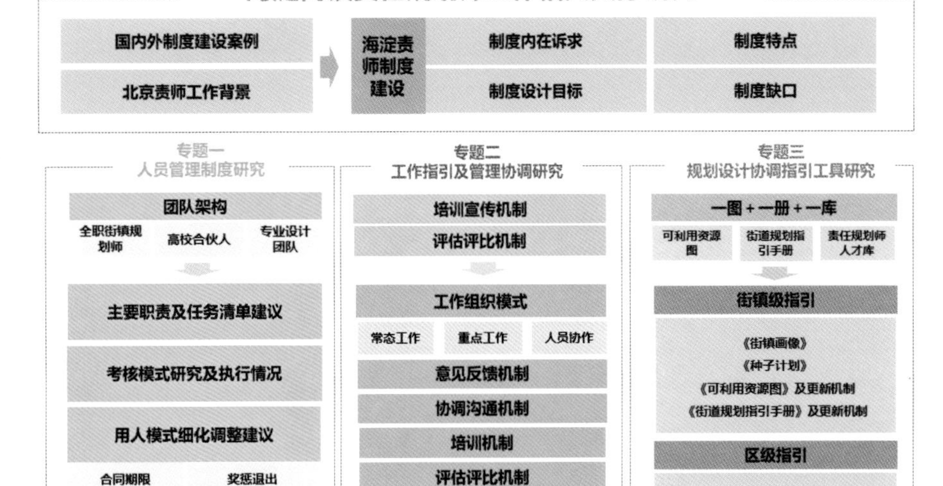

海淀责任规划师工作研究框架

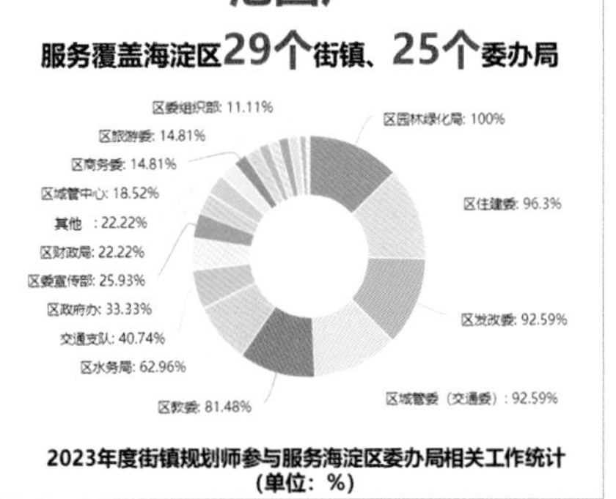

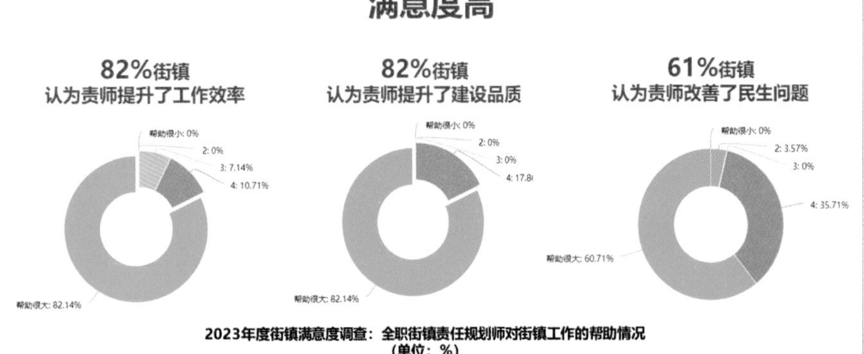

海淀责任规划师制度建设实施成效

深圳国际会展城总设计师咨询服务

2020—2021年度中规院优秀规划设计一等奖

编制起止时间： 2018.5—2021.7
承 担 单 位： 深圳分院
主 管 总 工： 王泽坚　　**主 管 所 长：** 周俊　　**主管主任工：** 王瑛
项目负责人： 朱荣远、龚志渊
主要参加人： 杜宁、金鑫、周游、王帅、胡磊、丁华杰、汤雪璇、胡恩鹏、赵连彦、李春海、陈郊、曾胜、邱凌偈、汪杉、温俊杰、陈杨、卓伟德、吕韦良、张文生、陆巍、林毅、万慧茹、陈旻昊、许诺、龙颜
合 作 单 位： 香港华艺设计顾问（深圳）有限公司

背景与意义

按照深圳市委、市政府关于城市重点地区高品质、高标准开展规划设计建设和管理以及打造世界一流国际会展中心的要求，为进一步提升国际会展城整体品质，强化规划设计管理与开发建设实施的有效衔接，特此提出国际会展城开展总设计师制度。2018年5月，中规院深圳分院与香港华艺设计顾问（深圳）有限公司联合中标成为国际会展城总规划师与总建筑师，并正式启动为会展新城规划建设提供总设计师服务。

规划内容

国际会展城总设计师咨询服务的目的是保障会展中心与周边地区城市规划的实施，提升城市空间品质。通过实行总设计师制度，推进城市重点地区高品质、高标准开展规划、设计、建设和管理。

针对深圳国际会展中心工程及周边城市设计管理缺乏协调统筹等问题，总设计师以保障规划实施的公共利益，推进建筑与城市空间建设协调，提升城市形象和品质为原则，为精细化管理提供专业的技术支持。

总设计师团队全过程跟踪地区规划设计、工程建设动态，为指挥部、招华集团、空港办、市区两级政府的各个部门提供规划、建筑、景观、市政、交通、生态等各领域的技术协调、专业咨询、技术审查等服务，构建多方参与的协调平台，充分发挥规划设计集成与协调性。

通过总设计师高层级的协调服务机制，自上而下地推动项目高效建设。

创新要点

深圳国际会展中心是全球第一个集地铁、周边市政道路桥梁及管廊、

深圳国际会展城综合规划鸟瞰图

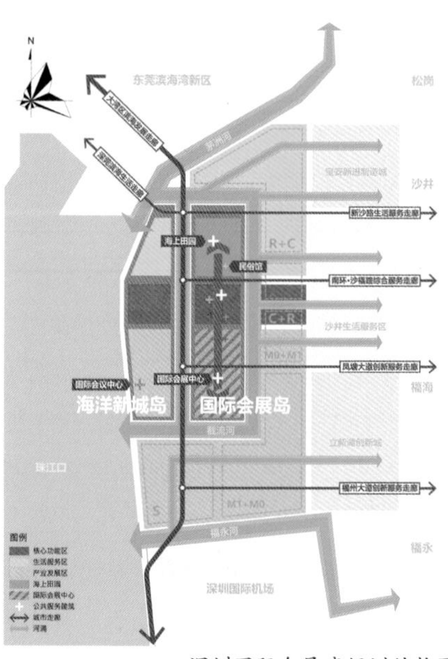

深圳国际会展城规划结构图

水利工程同时开发并投入使用的建设工程，涉及项目众多，建设时间紧迫，对片区项目规划建设的统筹协调是一个巨大考验。因此，深圳国际会展城是深圳第一个采用“双总师”制度实践的重点地区，即由深圳国际会展中心建设指挥部办公室聘请“1名总规划师+1名总建筑师”作为国际会展城总设计师，为深圳国际会展中心建设和深圳国际会展城综合规划项目规划统筹、交通优化、产业升级、景观提升等提供及时专业意见。

通过规划和建筑“双总师”的共同协调，把保障重大项目落地和周边地区高质量发展整体营造进一步结合。落实中央城市工作会议要求，提高规划实效性，深化规划编制与规划管理的对接机制，探索建立全过程、精细化的规划编制责任制度。调动政府、社会和市民三方参与城市规划的积极性，转变思路，减量提质，“多规合一”，探索新的发展道路。

总设计师以规划实施为导向，通过伴随式咨询服务，主抓城市规划和城市设计的结构和系统，主动发现问题，及时优化调整，纲举目张地把控从城市设计到建设实施的全过程。

其中，总规划师偏重中观层面的地区城市设计引导，弥补了宏观规划实施传导方面的不足；总建筑师团队在微观层面又深化落实中观城市设计的要求。两大团队优势互补形成合力，系统地主导项目前期咨询、设计服务、现场指导直至运营管理。在提高会展中心整体工程建设效率、减少工程浪费和弥补工程缺陷的同时，保障了周边地区城市品质的全面提升，实现了从“会展中心”建设到“会展新城”营造的跨越。

深圳国际会展城核心区鸟瞰图

总设计师团队驻场办公

总设计师现场工作指导

实施效果

总设计师团队对标深圳市委、市政府提出的“一流的设计、一流的建设、一流的运营”的要求，把初心和使命融入片区规划建设的全过程，充分发挥规划设计的集成与协调性，对片区设计成果进行逐个把关，强化了规划设计与建设实施的衔接。

深圳国际会展中心是深圳建市以来最大的单体建筑，2016年9月奠基开工，2019年9月落成,11月正式启用开展，创造了会展中心建设的“深圳速度”。投入运营后，即将成为全球创新产业的超级展示平台，形成以会展为核心的经济群体，会展经济也将成为深圳经济新的增长点。

（执笔人：龚志渊）

深圳国际会展中心建设过程

深圳市南山后海中心区城市设计系列规划

2019年度全国优秀城市规划设计一等奖｜2018—2019年度中规院优秀规划设计二等奖｜2020年大湾区城市设计大奖入围奖

编制起止时间： 2005.5—2024.6（持续服务中）
承 担 单 位： 深圳分院
分院主管总工： 朱荣远、王泽坚、张若冰　　**主 管 所 长：** 王飞虎
项目负责人： 梁浩、王旭
主要参加人： 张弛、陈志洋、李明、ArlenneFertizana、陈晖、夏天、崔福麟、陈深达、于紫杨、肖彤、熊伟豪、王树声、袁艺、郑健钊、高健阳、欧阳兆龙、王青子、崔玥、王一男、吴潇逸、朱顺杰、王韵淏

背景与意义

深圳湾公园制定了城市西部滨海地区“连接”的空间架构并开展了一系列伴随式城市设计，其中后海中心区的类总设计师服务阶段是对伴随式城市设计的制度化探索和总结。从2005年开始已达20年的类总设计师服务，保证了设计实施，并且这个服务工作仍在继续着。

作为继福田中心区后的深圳第二代城市中心，后海中心区融合了生态、公共、人本的设计原则，不仅为深圳市塑造了生态文明时代的湾区公共文化中心，更为城市设计管理和实施提供了新的范式。

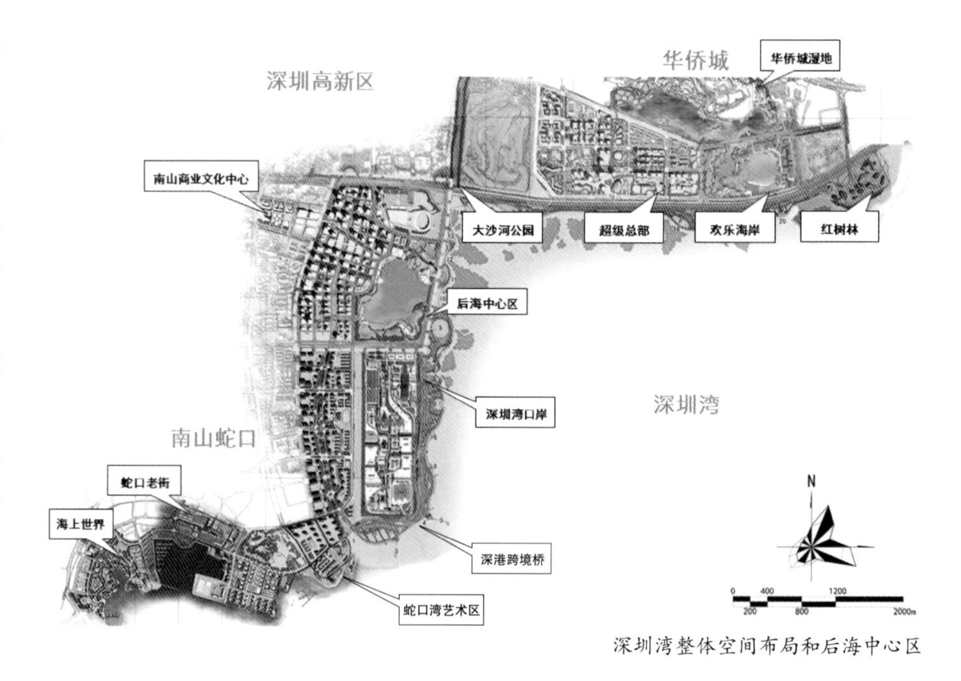

深圳湾整体空间布局和后海中心区

创新要点

（1）连接公共生活。后海中心区空

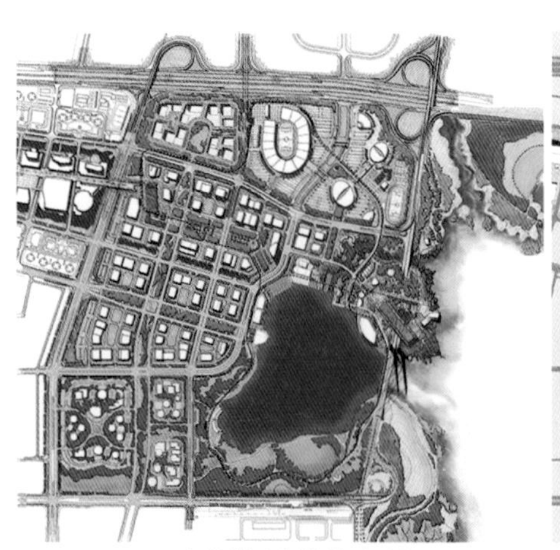
2005深圳湾概念规划后海平面图

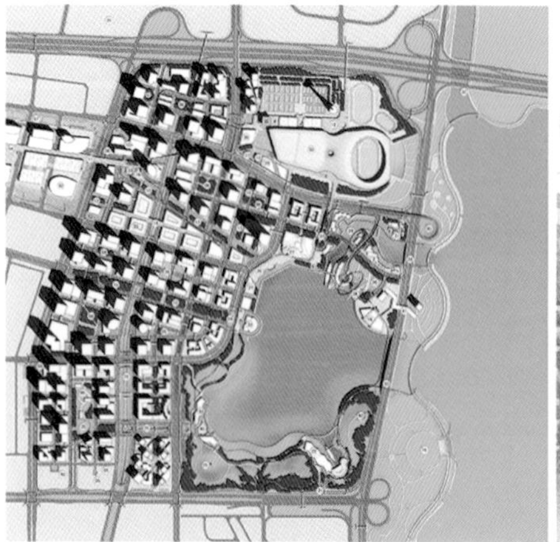
2010后海中央区城市设计总平面图

2019后海中心区深化设计总平面图

动态更新的历版方案

整体空间形象（左图2018年、右图2024年）

湾区的城市空间形象演变（左图2018年、右图2024年）

间布局以内湖公园、三横一纵公共廊道、组团绿地形成的开放空间系统为骨架，将生态系统引入城市绿地和公共场所，实现公共活动与滨海生态的衔接。

（2）激发街道空间活力。强调公众生活回归街道空间，采用“窄街、密路、贴线”方式保障街道的公共属性，并在开发用地红线内设置准公共空间，实现公共用地与开发地块在步行网络和公共活动空间中的无缝衔接。

（3）提升可步行性。单元内采用单向交通循环、小转弯半径保障慢行路权，鼓励建筑贴线强化沿街活跃功能，制定高效的车行交通组织方案，保障地面各类慢行体验优先。

（4）慢行系统立体化。依托轨道站点和商业公共功能布局，公共二层廊道与公共地下空间共同构成了后海的复合慢行系统。作为地面街道慢行系统的补充，立体慢行系统设计逐步深入，为使用者提供全天候无障碍的多元化便捷通行体验。

（5）重塑海湾景观风貌。以滨海岸线和重要城市廊道为基准，致力于塑造特征突出、轮廓清晰的海湾高度序列和景观风貌，形成地标（湾区地标、组团地标）引领、由城向海逐级降低的高度管控序列。

（6）探索伴随服务制度化。基于前期若干实施项目伴随式服务过程中的统筹实施工作经验，建立一套结合后海中心区实施环境的技术统筹制度框架，在总结了类总设计师的服务经验的基础上，探索了深圳总规划师制度的运行机制。

实施效果

城市设计探索在空间形象、设计实施和文明细节等方面持续创新。

（1）定义了深圳滨海城市新形象。经过20年的跟踪服务，后海中心区成为深圳新的城市名片地区和服务多元化人群的公共活力中心。

（2）深圳设计实施的新制度。类总师服务经验奠定了深圳总师制度的基础城市设计走向实施的动态协调机制，与规划管理部门、设计机构、建设运营单位积极互动，制定兼具刚性与弹性的建设管理依据，根据发展需求实时作出正向反馈。

（3）展现了深圳文明细节的样板间。关注人的需求服务，从硬件延伸到软件，在人行优先的慢行系统、全天候无障碍服务、公共文化场景等方面展现深圳未来生活的文明细节。

（执笔人：王旭）

（项目实景图片来源：朱顺杰、王旭 摄）

致谢

《中国城市规划设计研究院七十周年成果集 规划设计》汇集了中国城市规划设计研究院近十年来在规划设计领域的代表性作品。不论项目大小、级别、类型与所在地域，中规院的每一位规划设计师都怀着极强的责任心，以心系人民、真诚敬业、活力进取的工作态度履行着对委托方、对行业、对社会的忠诚职责。在此感谢所有项目团队的辛勤付出与不懈追求！

感谢中规院的各级领导，各个项目的主管总工、主任工，作为项目团队的坚强后盾，他们在全过程给予了充分的技术指导和专业支持，帮助项目团队开拓视野、启发思路，坚守底线、保障质量。

感谢中规院的项目委托方，正是由于他们的支持和信任，中规院才有机会施展自己的专业理想和抱负；正是由于他们的精益求精和严格要求，中规院才有机会与其共同铸就人民满意的作品。中规院人也屡屡以项目为纽带，与很多委托方的同事结下了深厚友谊，并期望友谊地久天长，共同铸就美好未来。

在本书的编写过程中，中规院的很多同事都倾注了大量的心血，王凯院长、陈中博书记等院领导亲自领衔成立中国城市规划设计研究院70周年系列学术活动工作委员会，中规院原总规划师张菁全程策划、统筹，总工室董珂、王雯秀汇总收集并整理了规划设计成果材料，王娅、王金秋、纪静等协助完成了文字校对、图片整理及出版整合等工作。

感谢中国建筑工业出版社领导对本书的高度重视，特别感谢各位编辑的辛劳工作和无私付出。

感谢帮助和关心中规院的所有朋友，感谢大家。

2024年9月